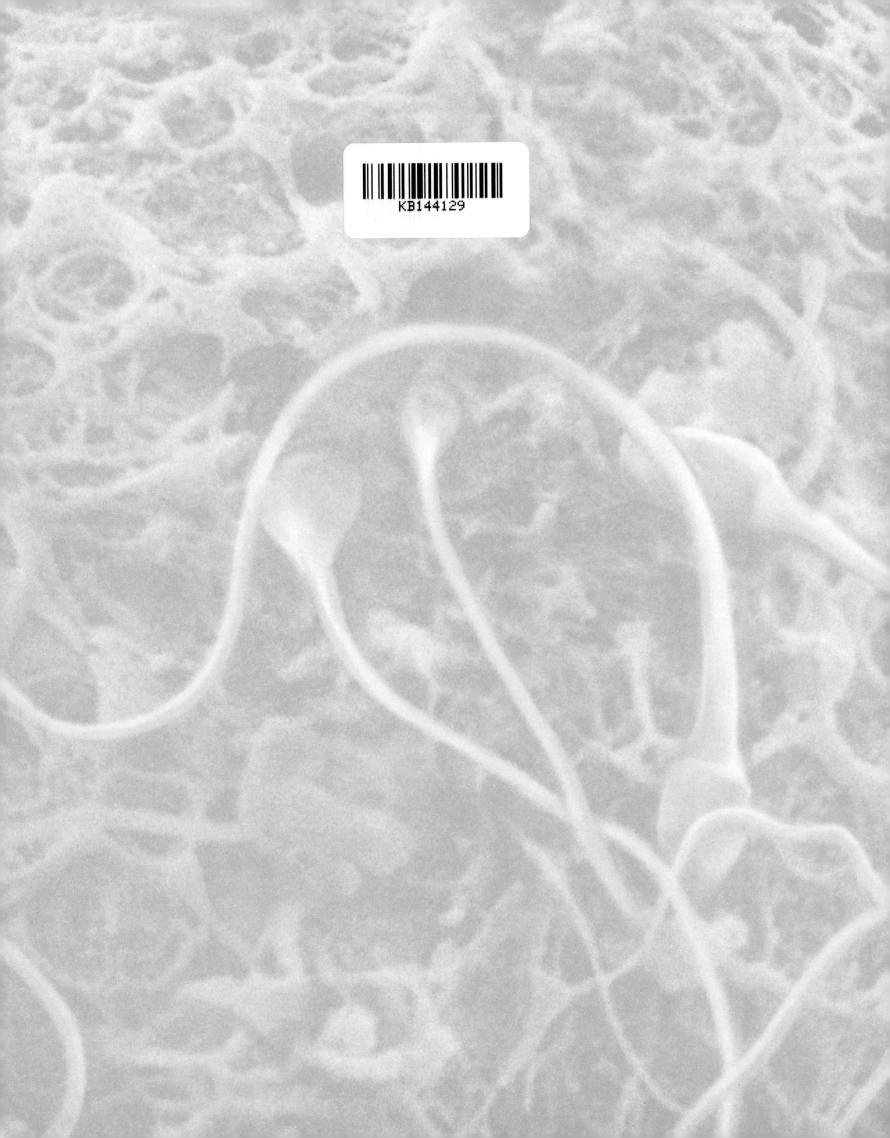

임신과 출산

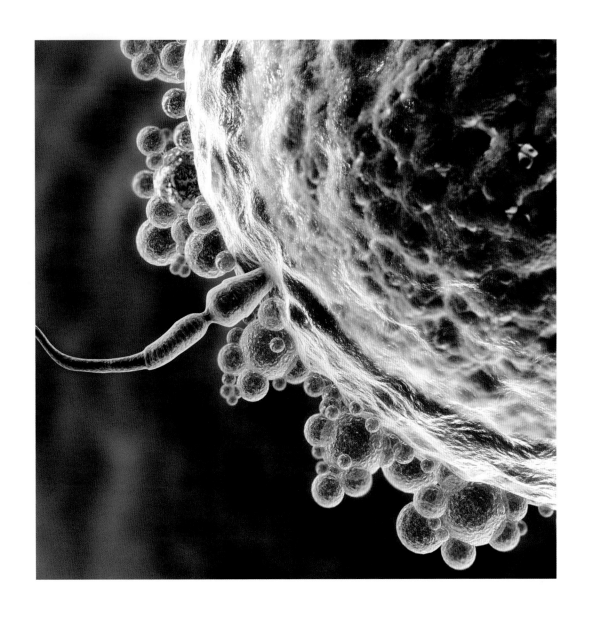

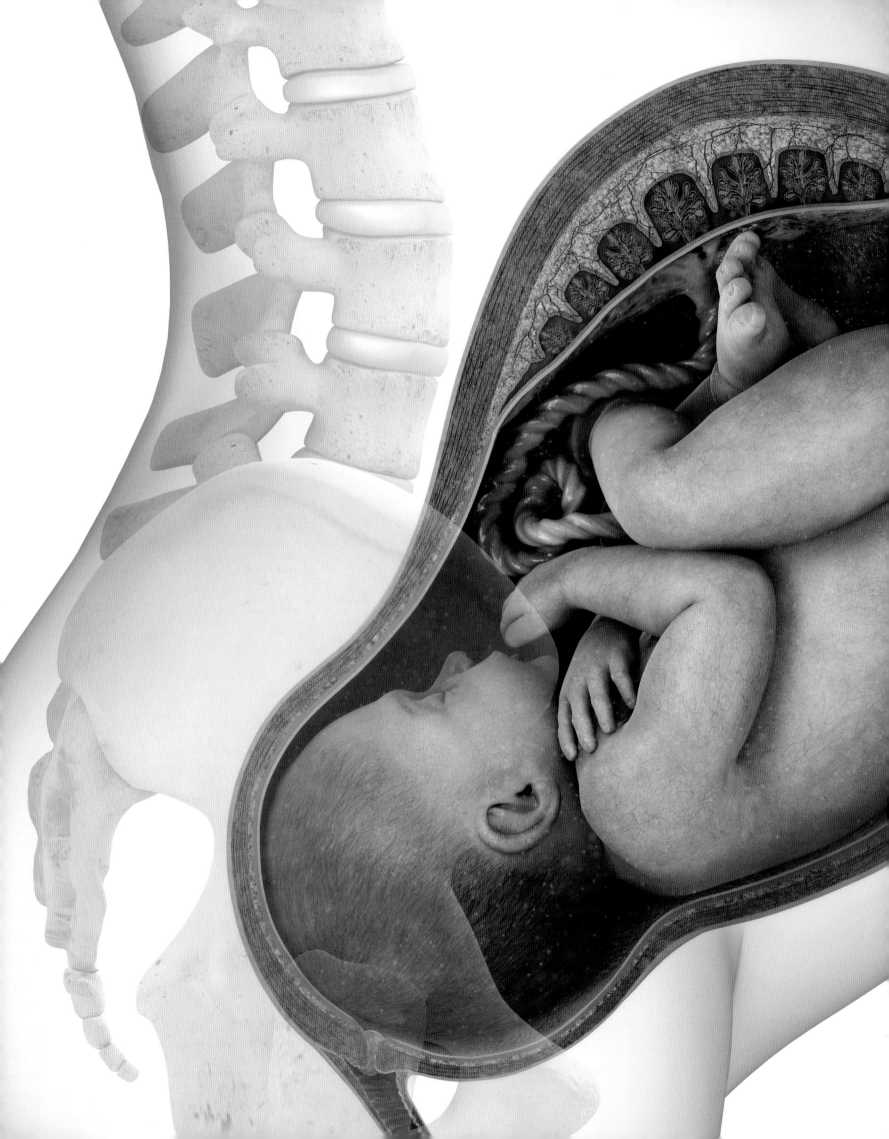

THE PREGNANT BODY BOOK

임신과 출산

3차원 입체 영상으로 보는 인간 생명의 탄생

DK 『임신과 출산』 제작 위원회

김암, 이필량, 박경한, 황종윤, 나성훈 옮김

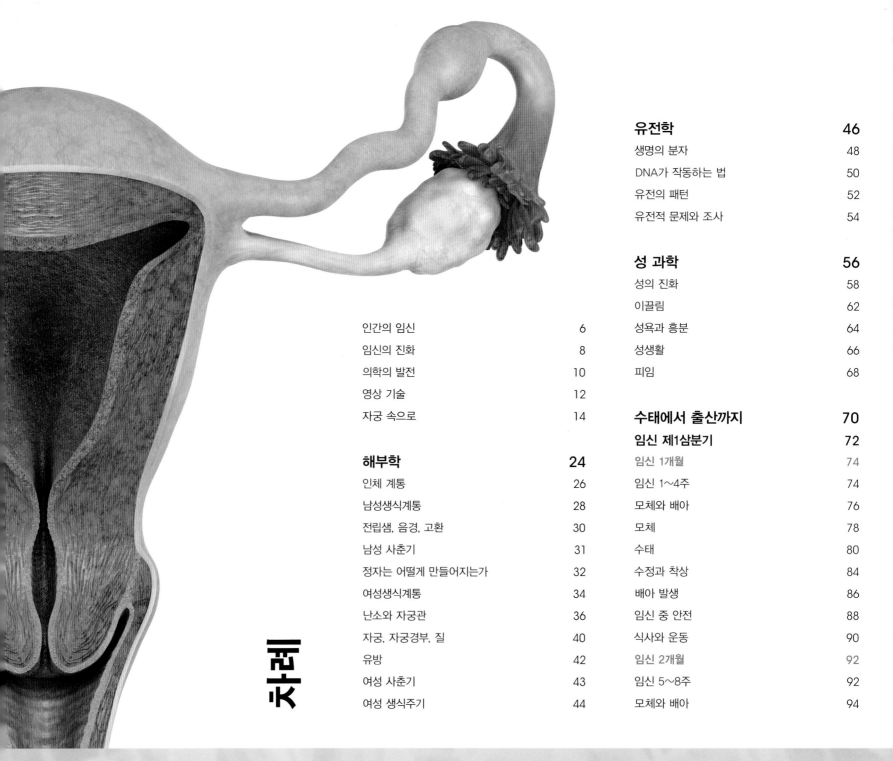

차례

옮긴이

김암 서울대학교 의과 대학을 졸업하고 동 대학원에서 산부인과학 전공으로 석사 및 박사 학위를 받았다. 현재 울산대학교 의과 대학 및 서울아산병원에서 교수로 재직하고 있다. 한국의학도서관협의회장, 대한주산의학회 회장 및 대한산부인과초음파학회 회장을 역임하였으며, 『산과학 1-4판』, 『태아심박동 모니터링』, 『임신과 약물 선택 1-2판』, 『기형태아의 초음파 영상 도해』 등의 전문 서적을 번역하였다.

이필량 서울대학교 의과 대학을 졸업하고 동 대학원에서 산부인과학 전공으로 의학 박사 학위를 받았다. 서울대학교병원에서 산부인과 전공의 및 모체태아의학 전임의 과정을 마치고, 충북대학교 의과 대학 조교수를 거쳐 현재 울산대학교 의과 대학 서울아산병원 교수로 재직하고 있다. 『산과학』, 『산부인과학 지침과 개요』, 『기형태아의 초음파 영상 도해』 등의 서적에 공저자로 참여하였고, 100편 이상의 연구 논문을 발표하였다.

박경한 서울대학교 의과 대학을 졸업하고 동 대학원에서 신경 해부학 전공으로 의학 박사 학위를 받았다. 현재 강원대학교 의학 전문 대학원 교수로 재직하고 있다. 『스넬 임상신경해부학』, 『인체신경해부학』, 『무어 핵심임상해부학』, 『새 의학용어』, 『사람발생학』, 『마티니 핵심해부생리학』 등의 전문 의학 서적과 『인체』, 『휴먼 브레인』, 『인체 완전판』 등의 교양 과학 서적을 번역하였다.

황종윤 조선대학교 의과 대학을 졸업하고 울산대학교에서 산부인과학으로 의학 석사 및 박사 학위를 받았다. 서울아산병원에서 산부인과 전문의를 취득하고 스탠퍼드 대학교에서 자궁 생리에 대해서 공부하였다. 현재 강원대학교 의학 전문 대학원 교수로 강원대학교병원 산부인과 주임교수 및 강원대학교 어린이병원 병원장으로 재직 중이다. 한미 수필 문학상을 수상하였고 『기형태아의 초음파 영상 도해』를 공저하였으며 『닥터황의 생생 미국 연수 길라잡이』를 집필하였다.

나성훈 충남대학교 의과 대학을 졸업하고 울산대학교 대학원에서 산부인과로 의학 박사 수료를 하였다. 이후 서울아산병원에서 전공의를 하고 공중보건의를 마친 다음 서울아산병원에서 모성태아의학 임상강사로 있었다. 강원대학교 의학 전문 대학원 산부인과학 교실에서 교수로 재직하고 있다. 현재 강원대학교 어린이병원 분만실장을 겸직하고 있다.

사이언스북스
SCIENCE BOOKS

임신과 출산

1판 1쇄 찍음 2014년 7월 1일
1판 1쇄 펴냄 2014년 7월 15일

지은이 DK『임신과 출산』제작 위원회
옮긴이 김암, 이필랑, 박경한, 황종윤, 나성훈
펴낸이 박상준
펴낸곳 (주)사이언스북스

출판등록 1997. 3. 24.(제16-1444호)
(135-887) 서울시 강남구 도산대로1길 62
대표전화 515-2000, 팩시밀리 515-2007
편집부 517-4263, 팩시밀리 514-2329
www.sciencebooks.co.kr

한국어판 ⓒ (주)사이언스북스, 2014. Printed in China.

978-89-8371-658-3 04400
978-89-8371-410-7 (세트)

LONDON, NEW YORK, MELBOURNE, MUNICH, AND DELHI

A Dorling Kindersley Book
www.dk.com

THE PREGNANT BODY BOOK

통계

 맥박수
 머리엉덩길이
 혈압
 머리발꿈치길이
 체내 혈액량
 체중

인체 계통

 뼈대계통
 피부, 털, 손발톱, 치아
 근육계통
 림프계통
 신경계통
 소화계통
 내분비계통과 면역체계
 비뇨계통
 심장혈관계통
생식계통

호흡계통

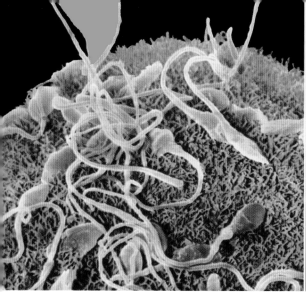

수억 개의 정자 중 단 1개만이 난자에 들어가 새로운 생명이 탄생한다.

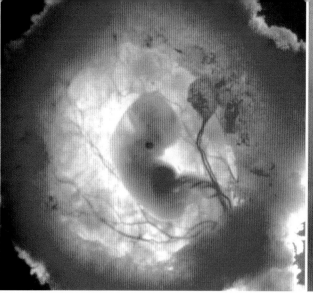

7주경에 태아의 구조, 장기 및 사지가 거의 발달한다.

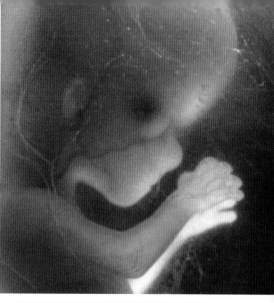

14주경에 머리가 불균형적으로 큰 태아의 얼굴 형상이 관찰된다.

인간의 임신

여성의 자궁 안에서 임신 9개월 동안 새로운 생명이 성장한다는 것은 생물학적으로 정말 놀라운 일이다. 생명의 탄생 과정은 믿기 힘들 정도로 복잡하다. 모든 임신이 독특하지만 해마다 전 세계에서 1억 3000만 명의 여성이 기쁨과 위험을 경험한다.

인간의 몸은 많은 놀라운 일들을 할 수 있다. 이중에서 가장 복잡하고 심오한 일은 생명이 수태되고 9개월간 유지되어 무방비 상태지만 놀라운 형태의 아이로 태어나는 과정이다. 임신은 새로운 생명을 약속함과 동시에 광범위한 변화를 가져오기 때문에 우리는 아이의 탄생을 놀랍고 경이롭게 여긴다. 생식능력에 대한 오늘날의 걱정에도 불구하고 인간은 굉장히 많은 아이를 갖는다. 현재 출산 비율을 유지한다면 2050년경에는 세계 인구가 약 110억 명에 달할 것이다.

임신한 여성의 몸은 새로운 생명을 수용하고 양육하기 위해서 놀랍고 다양한 방법으로 적응한다. 여성의 인대는 자궁이 성장할 수 있는 공간을 마련하려고 이완되고 늘어나며 관절은 출산을 위해서 부드러워진다. 자궁은 작은 서양배만 한 크기에서 임신 말에는 수박만 하게 커진다. 임신한 여성은 평소보다 혈액을 50퍼센트가량 더 생산해 자궁 주변에 충분한 혈액을 보내 태아에게 충분한 산소와 영양분을 공급한다. 임신 제3삼분기에는 심장박동수도 분당 15회 늘어나 20퍼센트 정도 증가한다. 또한 태아를 외부 물질로 인식하지 않도록 여성의 면역체계의 상당 부분은 충분히 억제되어 있다.

아이 만들기

아이를 갖는 방법은 한 가지 이상 존재한다. 인간을 포함한 모든 생명체는 두 가지 전략 중 하나를 따르도록 진화했다. 첫 번째 전략은 많은 수를 생산하고 한 번에 많은 자식을 갖는 방법으로 빅뱅(big bang) 생산이라고 불린다. 많은 자식을 갖는다는 것은 매우 많은 에너지를 소비하는 일로 이 전략을 사용하는 태평양연어나 일부 나비와 거미 등의 생물은 단지 한 번만 자식을 낳고 죽는다. 이들의 후손은 상당수가 죽겠지만, 엄청나게 많은 수가 태어나기 때문에 나머지는 생존할 것이다.

좀 덜 극적이지만 두 번째 전략은 일생 동안 적은 자식을 갖는 대신 투자를 집중해 생존 확률을 높이는 것이다. 이 방법은 인간이 따르는 전략이다. 이러한 전략으로 인류는 부모의 보살핌으로 성장할 수 있는 우수한 자질의 아이들을 태어나게 한다.

수컷 황제펭귄이 알을 품고 있다. 새끼가 알에서 깨어날 때까지 돌보는 동안에는 단식한다.

마지나타 육지거북은 1년에 알을 최대 3번 낳는데 보통 한 번에 4~7개의 알을 낳는다.

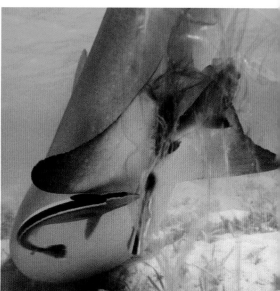

새끼 레몬상어는 빨판상어가 탯줄을 끊고 먹는 동안에 어미로부터 태어난다.

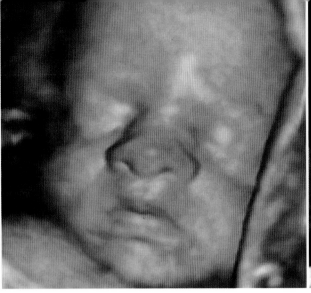

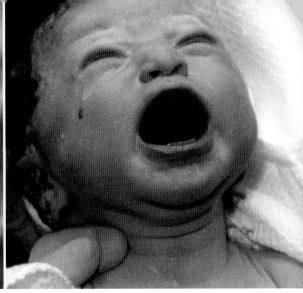

임신 20주에 아이는 빠르게 성장한다. 이 시기에는 눈썹, 속눈썹, 머리가 성장할 것이다.

임신 29주에 빠른 성장과 체중 증가가 계속되면 아이의 얼굴은 지방이 붙기 시작한다.

건강한 여자아이가 태어나는 순간 울고 있다. 아이의 피부는 감염을 막아 주는 태지로 덮여 있다.

다른 동물들이 번식하는 법

인간으로서 우리는 당연한 듯이 임신을 한다고 생각되지만 거기에는 다음 세대를 생산하는 불가사의하고 놀라운 방법들이 존재한다. 어떤 동물들은 단순히 알을 낳지만 다른 동물들은 부화할 때까지 몸 안에서 알을 품는다. 그리고 인간과 같은 많은 동물들은 임신을 유지하고 살아 있는 새끼들을 분만한다. 흔히 새나 하등동물들만 알을 낳는다고 생각하지만, 오리 주둥이를 가진 오리너구리도 알을 낳는다.

모든 조류, 대부분의 파충류와 어류 등 알을 낳는 동물들은 난생(ovipary) 방식을 따른다. 알들은 모든 배아의 영양분을 포함하고 있는 난황, 그것을 보호하고 있는 껍질과 배아를 안전하게 유지시켜 주는 막으로 구성되어 있다. 대개 부모는 알들을 따뜻하게 유지하고 보호해야만 하며 많은 종들이 알이 부화할 때까지 알을 품는다.

번식 스펙트럼의 다른 끝에는 배아를 몸 안에서 유지하고 보호하며 따뜻하게 하고 영양분을 공급하는 동물들이 있다. 인간, 대부분의 포유류, 아주 드물지만 파충류, 어류, 양서류 및 전갈 등 이런 동물들을 태생(vivipary)이라고 한다. 인간과 많은 포유류가 임신 기간 동안에 태반과 같은 특별한 장기들이 발달하기 때문에 자궁 내에서 새끼들을 양육할 수 있다. 태생 동물 모두가 태반을 갖는 것은 아니지만, 인간의 진화에 매우 중요한 장기였을 수도 있다.

번식 방법이 난생과 태생 사이에서 변화하는 일부 동물들도 있다. 즉 임신과 비슷하게 배아가 동물의 몸 안에 존재하는 알에서 발달한다. 새끼들이 부화할 때가 되면 한 무리의 알들을 '출산'하고 이 알들은 즉시 흩어질 것이다. 상어와 아나콘다 같은 일부 어류와 파충류가 이러한 난태생(ovipary)의 번식 전략을 사용한다.

부모의 의무

배아가 수정되자마자, 어머니와 아버지 사이의 역할 분담이 시작된다. 많은 종에서 암컷이 알을 품고 보호하며 양육하지만 수컷이 중요한 역할을 수행할 수 있다. 어떤 종에서는 수컷이 '임신'을 한다. 수컷 해마와 실고기는 양육주머니에 수정된 알들을 양육한다. 암컷이 수컷의 주머니에 낳은 알들이 그곳에서 정자에 의해서 수정되면 나중에 수컷이 '출산'을 한다. 수컷 황제 펭귄도 역시 아버지로서의 역할을 한다. 수컷이 영하의 온도에서 9주간 발 위에 알 하나를 품고 힘든 시간을 보내고 알을 낳은 암컷이 먹이를 구하러 다니며 대부분의 조류처럼 서로 새끼를 키운다. 인간은 오랜 기간, 집중적인 기간 동안 관리가 필요하기 때문에 인간의 아이들 역시 아버지와 어머니의 도움 또는 가족의 협력 체계 아래 성장한다.

캥거루와 같은 일부 동물들은 자궁 내에 착상된 배아의 성장을 느리게 함으로써 임신을 멈출 수도 있다. 임신은 몇 주 뒤, 심지어는 1년 뒤에도 다시 시작할 수 있다. 이러한 동물들은 생존할 수 있을 때 후손을 출산하는 방법으로 진화했다. 진화는 후손에게 가능한 한 가장 좋은 기회를 줄 수 있게 임신 방법을 발전시켰다.

일본해마는 수컷이 임신을 한다. 이 조그마한 해마들은 태어나자 마자 독립적이다.

주머니여우는 일반적인 포유류와 다르게 태반에서 영양분을 섭취하지 않고 모유에서 영양분을 섭취한다.

생후 4일 된 일본원숭이가 어미의 젖꼭지에 손을 뻗는다. 아마 18개월까지는 수유를 할 것이다.

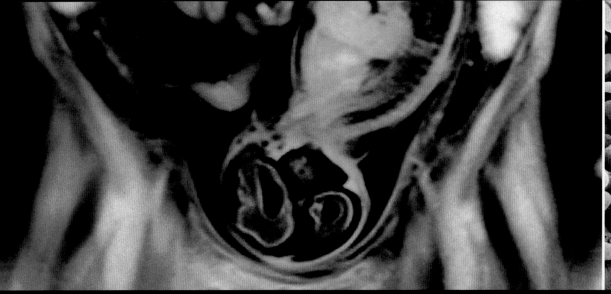

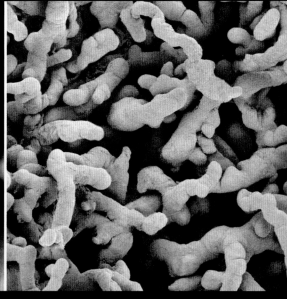

이 색조영 자기공명영상(MRI) 사진은 36주 된 태아 두뇌의 크기와 해부학적 형태의 일부분(녹색)을 보여 준다.

이 색조영 전자 현미경 사진은 태반을 형성하는 태아 조직(융모)을 보여 준다. 태반에서 생명 유지에 필요한 기체, 영양분, 노폐물 등의 교환이 이루어진다.

임신의 진화

인간에 있어서 임신은 성장하는 태아를 장기간 보살피고 또 놀라울 정도의 학습 능력이 있는 커다란 뇌를 갖도록 진화했다. 여성의 몸은 9개월 동안 태아를 태아를 갖고 있는 데 알맞도록 진화했다.

임신은 경이로운 현상이지만 위험 역시 존재한다. 단순한 방법들이 있는데 인간은 왜 이렇게 복잡하고 위험한 번식 방법으로 진화했을까? 답은 간단하다. 임신의 이득이 부정적인 면을 능가하기 때문이다.

9개월 동안 자궁 안에서 아이를 키우는 것은 그곳의 환경들이 조절된다는 것을 보증한다. 그곳은 따뜻하게 유지되고 안전하며 산소와 영양분이 공급된다. 만일 인간이 몇 안 되는 포유류처럼 알을 낳는다면 태아의 영양 공급은 난황 안에 있는 영양분만으로 제한될 것이다. 임신은 우리에게 돌볼 시간과 영양분의 수준을 확대할 수 있게 한다. 이 기간이 길게 유지될수록 후손들은 더욱 강해진다. 비록 태반이 임신에 필수적이지는 않지만 (유대류는 훨씬 간단한 동일 기관이 있음) 태반은 인간의 아이들에게 많이 유리하게 도와준다.

결정적으로 오랜 임신 기간은 인간에게 큰 뇌를 가진 아이를 출산하게 한다. 크고 복잡한 뇌 조직에 더해서 직립 보행을 할 수 있는 능력은 인간을 특별하게 만든다. 인간의 뇌 용량은 1,100~1,700세제곱센티미터다. 이는 인간과 가장 가까운 친척인 침팬지의 뇌가 300~500세제곱센티미터인 것과 비교가 된다. 인간의 아기는 몸에 비해 거대한 머리를 가지고 있다. 신생아의 뇌는 이미 성인 뇌 4분의 1 크기이고 체중의 약 10퍼센트를 차지한다. 성인의 뇌는 전체 체중의 단지 2퍼센트를 차지한다.

임신에 관련된 사실

임신, 출산, 그리고 신생아는 동물 세계에서는 놀라울 정도로 다양하다. 인간의 신생아는 다른 동물들의 갓 태어난 새끼와 비교해서 매우 취약하다. 새끼 영양은 출생 직후부터 포식자를 피해 달릴 수 있다. 새끼 박쥐는 출생 후 2~4주 안에 날 수 있다. 유대류는 복잡한 태반이 없기 때문에 임신 기간이 짧은 대신 어미가 보살피는 기간이 길다. 운동 발달, 화학적 발달 및 뇌의 발달 면에 있어서 인간의 아이들은 포유류 사촌들이 출생 당시 보여 주었던 발달 단계를 9개월 정도에야 같은 수준으로 보여 준다.

	인간	누영양	코끼리	붉은캥거루	쥐	박쥐
임신 기간	40주	8개월	22개월	32~34일	18~21일	40일~8개월
새끼 수	1~2명(매우 드물지만 더 많을 수 있다.)	1마리	1마리(매우 드물지만 쌍태아)	1마리	8~12마리	1~2마리(일부 종에서는 3~4마리)
평균 체중	2.7~4.1킬로그램	22킬로그램	90~120킬로그램	0.75그램	0.5~1.5그램	모체 체중의 0~30퍼센트
출생 당시 가능한 일	무력하고 스스로 머리를 들 수 없으며 45센티미터 앞에 있는 사물만 볼 수 있다. 어른이 될 때까지 부모의 양육이 필요하다.	15분 내에 설 수 있고 10일 내에 목초를 먹을 수 있다. 9개월에 젖을 뗄 수 있다.	오랜 기간 동안 어미의 보살 핌이 필요하고 학습 기간이 길다. 4~5세가 될 때 젖을 뗄 수 있다.	3분 안에 도움 없이 어미의 주머니를 탈 수 있고 240일 이 되면 주머니를 벗어난다. 3~4개월 동안 젖을 빤다.	무력하다. 착색이나 털이 없고 눈과 귀를 닫고 있다. 약 3주가 되면 어른처럼 털이 존재하고 눈과 귀를 뜨며 이빨이 생기면 젖을 끊는다.	음식이나 보호에 대해서는 어미에 의존적이지만 성장 이 빨라서 2~4주가 되면 날고 이후 젖을 뗀다.
다음 임신까지의 기간	비록 많은 경우 터울이 있지 만 수개월 안에 가능하다.	1년	4~6년, 암컷의 나이에 연관된다.	출산 후 1일 뒤에 가능하지 만 젖을 먹는 새끼가 200일 이 될 때까지 임신을 멈출 수 있다.	출생 후 몇 시간 내에 가능 하지만 수유를 한다면 착상 을 조절해서 임신을 늦출 수 있다.	1년에 한 번 낳지만 다양한 방법으로 임신을 연기한다.

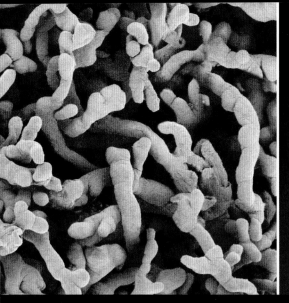

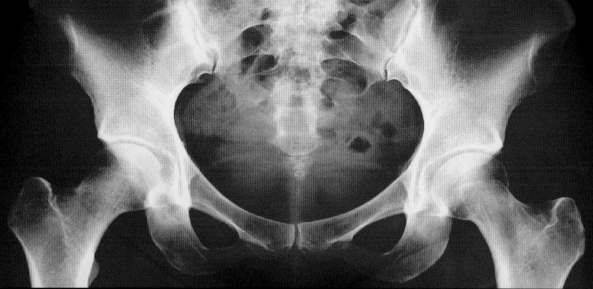

이 색조영 X선 사진은 출산에 잘 적응되도록 여성의 골반이 짧고 넓다는 것과 직립 보행이 가능하게 입구가 좁다는 것을 잘 보여 준다.

태반
태아에게 영양분과 산소를
공급하고 노폐물과
이산화탄소를 제거하며
면역체계를 제공한다.

생명 유지 기관

인간과 다른 포유류는 생존을 유지하는 장기인 태반 덕분에 진화와 번식에 성공했다. 많은 과학자들은 인간이 태반 때문에 발달된 큰 뇌를 가진 아이를 가질 수 있다고 여기고 있지만 논란은 존재한다. 태반은 엄마와 태아의 혈액 사이에 생명에 중요한 교환을 가능하게 한다. 영양분과 산소를 태아에게 보내고 노폐물과 이산화탄소를 태아에서 엄마에게 보내서 제거한다. 태반은 장벽의 역할을 하여 일부의 항체만 엄마에서 태아로 이동하게 허용하는 중요한 면역 기능이 있다.

인간에 있어서 태반은 자궁벽 안으로 깊게 파고든다. 최근 연구에 따르면 이렇게 깊게 파고드는 것은 영양분 많은 엄마의 혈액 공급에 더욱 접근이 용이하게 하려는 것으로 여겨지고 그럼으로써 인간에게 큰 뇌를 가진 아이들을 가질 수 있게 한다. 많은 포유동물들은 분만 후에도 태반의 도움을 받는데, 바로 영양분이 풍부한 기관인 태반을 섭취하는 것이다. 일부 인류 문화에서도 태반을 먹는다고 알려져 왔다.

여성이 특별한 이유

여성의 몸은 아이를 출산하게끔 디자인되었지만 진화는 이를 위해서 두 가지 상반되는 도전에 맞춰야 했다. 인간은 복잡하고 큰 뇌 조직과 직립할 수 있는 능력 때문에 특별하다. 그러나 이러한 2개의 거대한 진화의 장점은 직접적으로 충돌한다.

짧고 넓은 골반은 인간을 직립 보행을 하게끔 한다. 하지만 출산을 위한 통로가 반듯하거나 넓지 않고 굽어 있으며 좁다는 부작용이 있다. 비록 출산을 위한 통로가 짧다고는 하지만 진통의 마지막 단계에는 여성은 아이의 머리를 아래로 밀어야 할 뿐더러 골반의 굽어진 부분이라고 불리는 척추뼈의 일부를 통과할 때에는 위로 밀어야 한다. 이러한 어려운 문제는 여성의 골반이, 큰 뇌를 가진 아이를 통과시킬 수 있도록 충분히 넓으면서 직립 보행이 가능하도록 좁은 입구를 갖게끔 특별하게 진화해야 한다는 것을 의미한다.

우리 몸의 많은 요구사항들은 진화에 의해서 섬세하게 균형이 이루어진다. 하지만 이러한 충돌과 타협 가운데에 아이를 출산한다는 것은 여전히 위험하다. 오랜 세월에 걸쳐 인류는 인간의 아이들을 세상에 내놓기 위한 최적의 방법을 구했고 오늘날에는 의학이 여러 가지 방법으로 자연에게 도움의 손길을 주고 있다.

골반
직립보행이 가능하게 충분히
작지만 태아의 머리가 통과할 수
있게 골반의 열림(골반 입구)은
충분히 넓다.

큰 머리
큰 머리가 큰 두뇌를
감싸고 있다. 출산하는
동안에는 반드시 골반
입구를 통과해야 한다.

치골결합
임신 중에는 커진다.
출산하는 동안에는
유연해진다.

특별히 고안된 골반
여성은 태아의 머리가 통과할 수 있기 위해서 남성보다 약간 짧고, 넓은 골반을 갖는다. 다른 포유류와는 다르게 인간의 아이는 출산 통로와 같은 크기를 갖기 때문에 합병증이 유발되고 통증이 심한 진통을 야기한다.

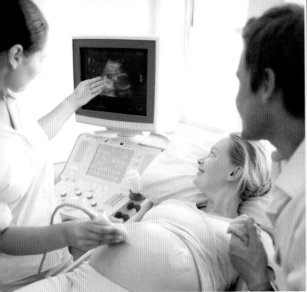

복부 초음파 검사는 기대 중인 부모들에게 잠깐 동안 아이를 볼 기회를 제공한다.

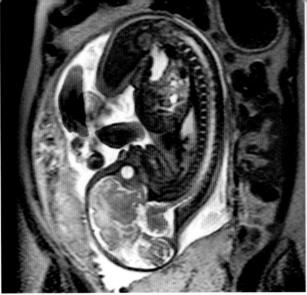

임신 33주에 실시하는 자기공명영상(MRI) 검사는 태반이 자궁 입구를 덮고 있는 것(전치태반)을 보여 준다.

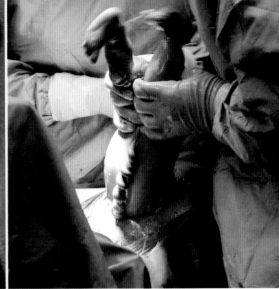

산부인과 의사가 제왕절개술을 시행함으로써 아이가 자궁 밖으로 태어난다.

의학의 발전

현대 의학의 발전 덕에 임신하기에 가장 안전한 시대가 되었다. 임신 관리에서 이루어진 발전은 대부분의 선진국에서는 엄마와 아이가 임신의 위험 요인으로부터 보호받는 것을 의미하고 이러한 상황은 전 세계로 확대되고 있다.

임신과 출산 동안 임신한 여성이 받는 관리는 잘 인지되지 않은 채 발전해 왔는데 임신과 출산이 대개 당연한 듯이 받아들여지고, 얼마나 위험한지는 잊기 쉽기 때문이다. 1세기 전 미국이나 영국 같은 나라에서 아이를 출산하는 여성 10만 명당 약 500명의 모성 사망률의 보고는 드물지 않았다. 오늘날 이러한 현상은 매우 감소하여 선진국에서는 10만 명당 4~17명의 여성이 사망한다.

이러한 급격한 변화는 의학 부문의 진보와 건강 관리 향상의 결과이며 특히 20세기 후반에 이루어진 영양 공급 및 사회 경제적 증진 덕분이다. 그럼에도 불구하고 임신 기간 안전에 관한 문제는 여전히 전 세계적으로 발전할 필요가 있다. 2008년에 약 36만 명의 여성이 임신 혹은 출산과 관련된 원인으로 사망했고 대부분 개발 도상국에서였다. 전 세계적으로 영아의 건강은 많이 향상되었고 한 살 이하의 아이들에 있어서 사망률은 1960년대의 절반 이하로 감소했다.

임신 전 관리

의학적 이해가 늘어나면서 오늘날 많은 여성은 아이가 최적의 조건으로 시작할 수 있게 임신 전에 (건강식을 섭취하고 적당한 운동을 해서) 몸을 준비하기 시작한다. 많은 여성이 수정 전과 임신 제1삼분기에 엽산을 섭취하는데 척추이분증 등 태아의 신경관 장애를 막기 위해서이다. 아이를 계획하고 있는 커플들은 수정 기회를 향상하기 위해서 생활 습관을 조절할 것이다. 예를 들어 여성은 금연을 하고 술, 카페인 심지어는 스트레스를 줄일 것을 권고 받으며 남성 역시 정자의 질에 영향을 줄 수 있는 술과 담배의 소비를 줄이도록 권고 받는다.

의학의 발전은 많은 여성이 아이를 갖는 것을 연기함을 의미한다. 여성의 나이가 너무 적거나 많은 경우, 아이들의 터울이 너무 짧거나 긴 경우에는 엄마 및 아이의 건강에 영향을 미칠 수가 있다.

시간에 따른 변화

의학의 발전은 20세기 후반에 몰려 있다. 이 시기 이전의 주목할 만한 의학적 진보에는 고대부터 인도, 로마, 그리스에서 이루어진 첫 제왕절개술을 비롯해 17세기부터 분만을 돕기 위해 사용된 겸자(forceps), 1895년에 발명된 청진기 등이 있는데 1930년대 이후 항생제가 사용되며 모성 사망률이 현저하게 감소했다.

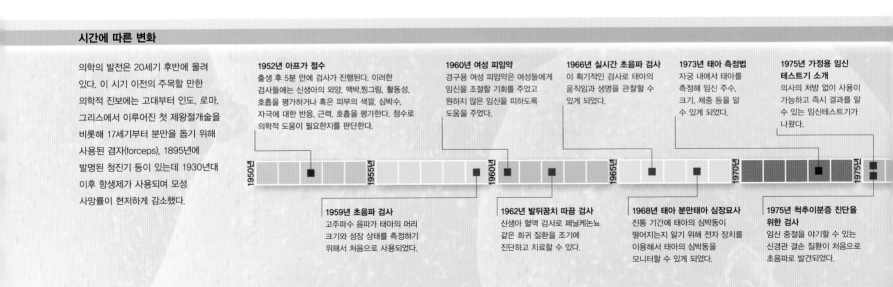

1952년 아프가 점수
출생 후 5분 안에 검사가 진행된다. 이러한 검사들에는 신생아의 외양, 맥박찡그림, 활동성, 호흡을 평가하거나 혹은 피부의 색깔, 심박수, 자극에 대한 반응, 근력, 호흡을 평가한다. 점수로 의학적 도움이 필요한지를 판단한다.

1960년 여성 피임약
경구용 여성 피임약은 여성들에게 임신을 조절할 기회를 주었고 원하지 않은 임신을 피하도록 도움을 주었다.

1966년 실시간 초음파 검사
이 획기적인 검사로 태아의 움직임과 생명을 관찰할 수 있게 되었다.

1973년 태아 측정법
자궁 내에서 태아를 측정해 임신 주수, 크기, 체중 등을 알 수 있게 되었다.

1975년 가정용 임신 테스트기 소개
의사의 처방 없이 사용이 가능하고 즉시 결과를 알 수 있는 임신테스트기가 나왔다.

1959년 초음파 검사
고주파수 음파가 태아의 머리 크기와 성장 상태를 측정하기 위해서 처음으로 사용되었다.

1962년 발뒤꿈치 따끔 검사
신생아 혈액 검사로 페닐케논뇨 같은 희귀 질환을 조기에 진단하고 치료할 수 있다.

1968년 태아 분만태아 심장묘사
진통 기간에 태아의 심박동이 떨어지는지 알기 위해 전자 장치를 이용해서 태아의 심박동을 모니터할 수 있게 되었다.

1975년 척추이분증 진단을 위한 검사
임신 중절을 야기할 수 있는 신경관 결손 질환이 처음으로 초음파로 발견되었다.

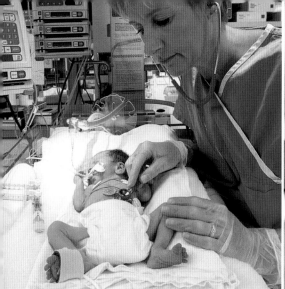

조산아는 특수한 치료 장소에서 경험자의 관리를 받으면서 생존율이 높아졌다.

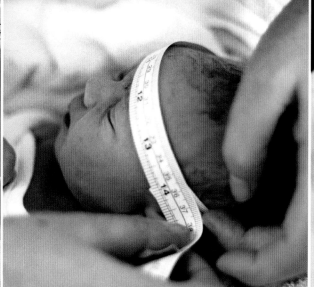

신생아의 측정으로 건강 전문가들은 아이가 정상 범위에서 어디에 속해 있는지를 평가한다.

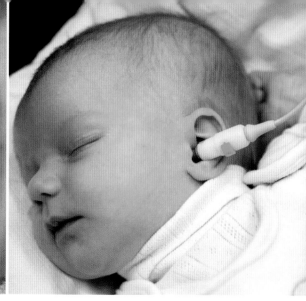

청력 검사는 조기에 문제를 알아낼 수 있다. 청력의 장애는 발성과 언어 발달에 영향을 미친다.

산전 관리의 발전

임신 기간, 특히 산전 기간 관리는 현대에 놀라울 정도로 발전했다. 여러 국가들에서 일반적인 의학적 관리가 이루어진다. 청진기의 발명과 최근에는 초음파의 발명과 같은 기술의 도약은 태아를 볼 수 있고 들을 수 있게 한다. 이러한 기술 덕분에 건강 전문가들은 특정한 임신 시기에 관리가 필요한지를 평가할 수 있다.

아직 태어나지 않은 아이들에게 영향을 미칠 수 있는 상태를 알기 위해서 엄마의 건강이 일상적으로 확인된다. 예를 들어 조기 진통을 야기하는 요로 감염을 확인하기 위해서 규칙적으로 소변 검사를 한다. 자궁 내에서 혹은 출산 당시에 태아에게 감염을 일으킬 수 있는 성매개질환을 확인하기 위해서 혈액 검사를 한다. 혈액 검사는 치료가 필요한 빈혈이나 임신성 당뇨를 진단할 수 있다. 혈압 검사는 임신중독증과 같은 상태를 경고할 수 있다.

초음파 검사 혹은 양수 검사(태아 주변의 양수에서 채취되고 염색체 이상이 있는지를 확인함)와 같은 검사를 통해서 이상이 발견될 수 있다. 유전 질환의 위험이 높은 일부 환자에는 유전자 검사가 시행될 수 있다. 새로운 기술들은 유전자 문제에 직면한 사람들에게 체외수정을 하는 동안 질환이 없는 배아를 선택할 기회를 제공한다.

주산기 관리의 발전

주산기는 임신 28주부터 출산 4주까지의 기간이다. 이 기간에는 엄마와 아이의 건강에 매우 중요하다. 항생제의 발명과 청결한 위생 등의 발전으로 지난 세기에 모성 사망이 대폭 감소했다.

이제 출산과 출산 후 기간은 훨씬 안전해졌다. 유도 분만이나 겸자 등을 이용하거나 제왕절개술을 시행할 수 있다. 진통을 완화하는 여러 방법을 비롯해 진통 기간 동안 태아 곤란증이 발생하는지를 보기 위한 지속적인 관찰이 가능해졌다.

분만 후 관리의 발전

신생아는 의학적인 도움이 필요한지 여부를 파악하기 위해서 출산 후에 즉시 이학적 검사를 한다. 신생아의 생존과 건강은 의학과 백신 덕분에 많이 향상되었다. 현대 기술 덕분에 조산아의 생존 기회가 늘어났다. 엄마와 아이는 흔히 출산 후 6주 동안 모니터 되고 건강 전문가들은 물리적인 건강 정도(아이의 체중, 영양에 대한 조언, 일반 예방 접종)와 정신 건강(산후 우울증, 애착관계, 조언과 지지의 제공)을 확인한다.

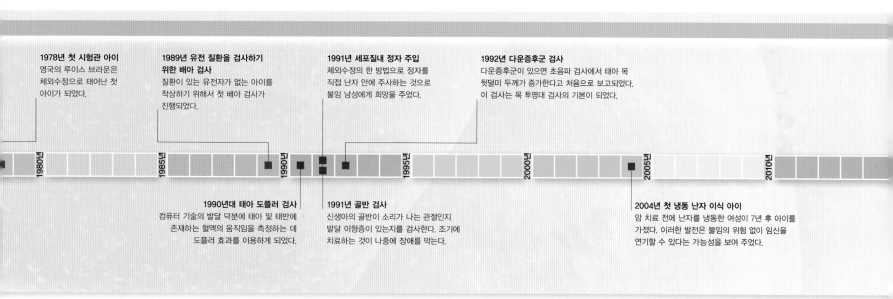

1978년 첫 시험관 아이
영국의 루이스 브라운은 체외수정으로 태어난 첫 아이가 되었다.

1989년 유전 질환을 검사하기 위한 배아 검사
질환이 있는 유전자가 없는 아이를 착상하기 위해서 첫 배아 검사가 진행되었다.

1991년 세포질내 정자 주입
체외수정의 한 방법으로 정자를 직접 난자 안에 주사하는 것으로 불임 남성에게 희망을 주었다.

1992년 다운증후군 검사
다운증후군이 있으면 초음파 검사에서 태아 목 뒷덜미 두께가 증가한다고 처음으로 보고되었다. 이 검사는 목 투명대 검사의 기본이 되었다.

1980년 1985년 1990년 1995년 2000년 2005년 2010년

1990년대 태아 도플러 검사
컴퓨터 기술의 발달 덕분에 태아 및 태반에 존재하는 혈액의 움직임을 측정하는 데 도플러 효과를 이용하게 되었다.

1991년 골반 검사
신생아의 골반이 소리가 나는 관절인지 발달 이형증이 있는지를 검사한다. 조기에 치료하는 것이 나중에 장애를 막는다.

2004년 첫 냉동 난자 이식 아이
암 치료 전에 난자를 냉동한 여성이 7년 후 아이를 가졌다. 이러한 발전은 불임의 위험 없이 임신을 연기할 수 있다는 가능성을 보여 주었다.

영상 기술

자궁 내의 태아를 보고 듣고 감시하는 기술은
20세기의 가장 심오한 의학적 성과 중 하나이다.
이를 통해 건강 전문가들이 태아 및 태반의 건강을
측정하고 임신 과정을 평가할 수 있게 되면서 산전
관리가 발전했다.

초음파의 역사

수십 년 전까지 태아의 성장과 위치를 알아보는 유일한 방법은
임신부의 배를 촉진하는 것이었다. 1940년대 이후에 과학자들
은 인체 안을 살펴보기 위해서 고주파수 음파를 사용하는 것
을 연구했는데 제2차 세계 대전은 산과 영역에서 초음파를 사
용할 기폭제로 작용했다. 글래스고 대학교의 이언 도널드는 영
국 공군 복무 경험에서 영감을 얻었다. 그는 음향 표정 장치
(sonar)의 원리를 공부했고 산부인과 의사인 존 맥비카와 기술
자인 톰 브라운과 함께 임상적으로 2차원 영상을 생산할 수 있
는 최초의 초음파 스캐너를 만들었다. 1958년 이 팀은 100명
의 환자에서 복부 종양을 발견하기 위해서 초음파를 어떻게 사
용하는지를 기술한 논문을 발표했다. 그리고 얼마 되지 않아
자궁 안에 있는 태아를 측정하는 기술을 개발했다.

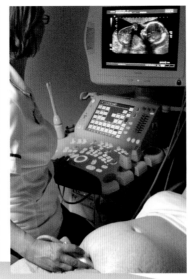

탐촉자 사용하기
젤을 임신부의 복부에 바르고 탐촉자를 가볍게
같은 부위에 누르면서 움직인다.

음파로 그린 그림
엄마의 복부를 관통하는
음파는 태아의 몸뿐만 아니
라 양수와 태반과 같은 다른
구조물들에도 반사되어 나
온다.

초음파 작동법

초음파는 2~18메가헤르츠 범위의 고주파수 음파를 이용한다.
피부를 누르면서 손에 쥐고 사용하는 탐촉자라고 불리는 프로
브는 음파를 방출하는 크리스탈이 안에 있다. 또한 탐촉자 안
에는 장기나 뼈와 같이 단단한 물질에 부딪쳐 되돌아오는 에코
를 기록하기 위한 마이크로폰이 내장되어 있다. 이 에코들은 실
시간 2차원 영상을 생산하기 위해서 컴퓨터 작업으로 진행된
다. 이런 안전하고 통증이 없는 시술은 일반적인 산전 관리 검
사에서 널리 사용된다. 비슷한 기술로는 도플러 초음파 검사가
있다. 이 검사는 태아 및 태반의 혈류와 같은 움직이는 물질들
을 보기 위해서 사용된다. 최신 기술 발달 덕에 초음파로
태아의 3차원 영상을 구현할 수 있
게 되었다.

마이크로폰
이곳은 되돌아오는 음파를 수신하는
곳이다. 음파는 내부의 구조물에 의해서
방향이 바뀔 수 있다.

접촉하는 지점
탐촉자와 복부 사이에 있는
젤은 공기의 영향을 제거한다
(공기가 있으면 잘 안 보임).

탐촉자
탐촉자 안에 존재하는 피조-
일렉트릭 크리스탈에 전기
에너지의 적용하면 물리적인
구조물들이 일그러져 보인다.
이것은 방출되는 초음파를
확대하면서 수축한다.

음파
영상에 사용되는 주파수는
인간이 들을 수 없고 태아와
엄마에게 유해성이 없다고
알려져 있다.

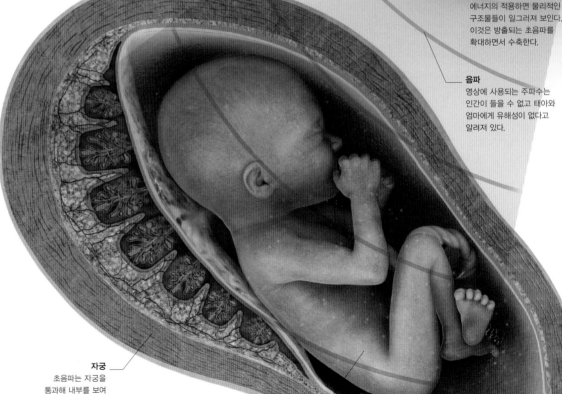

자궁
초음파는 자궁을
통과해 내부를 보여
준다.

임신 20주 태아
초음파 검사는 기형 검사에서 가능성이
높은 선천성 장애를 찾아내기 위해서
이 시기의 태아를 선별검사한다.

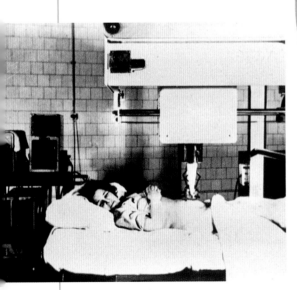

다이아소노그라프
1963년에 생산된 것으로, 최초의 상업화된 초음파
기계이다. 환자가 기계 아래 누워 있으면 기기의 탐
촉자가 수직, 수평으로 이동한다.

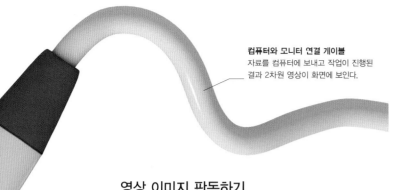

컴퓨터와 모니터 연결 케이블
자료를 컴퓨터에 보내고 작업이 진행된 결과 2차원 영상이 화면에 보인다.

3차원 영상

최근에는 태아의 놀랍고 상세한 영상이 3차원 영상으로 보인다. 3차원 영상은 잘 촬영된 연속적인 2차원 영상들을 함께 묶어서 최근 발달된 컴퓨터 기술을 이용해서 3차원 영상으로 변환하여 얻는다. 일부 부모들은 마치 기념품처럼 상업적으로 3차원 영상을 얻지만 많은 의학 단체에서는 이러한 '보관용' 영상에 부정적이다. 이러한 영상으로 혹시 모를 태아의 장애를 판별할 수 있어야 하는데 의료용이 아닌 상황에서는 부모들이 적절한 지원을 받지 못할 수도 있기 때문이다.

영상 이미지 판독하기

2차원 영상은 검정색, 하얀색, 회색으로 나타난다. 이러한 색상은 음파가 몸을 관통할 때 만나는 구조물들의 종류와 어떻게 구조물들이 에코들을 생성하는지에 따라서 나타난다. 초음파가 뼈나 근육 같은 단단한 조직들을 만나 산란이 될 때면 하얀색이나 회색 영상이 생성이 된다. 하지만 눈이나 심장의 내부와 같이 부드럽고 비어 있는 지역을 통과하면 검정색으로 보인다.

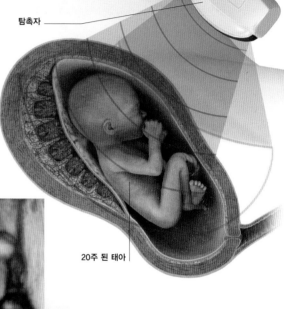

탐촉자

다중영상 조각들
연속적인 2차원 조각들 혹은 영상들은 표면 연출(surface rendering)이라 불리는 과정을 통해서 3차원 영상으로 만들어진다.

20주 된 태아

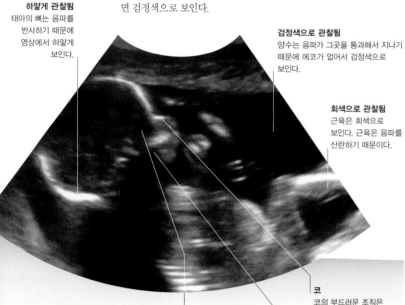

하얗게 관찰됨
태아의 뼈는 음파를 반사하기 때문에 영상에서 하얗게 보인다.

검정색으로 관찰됨
양수는 음파가 그곳을 통과해서 지나기 때문에 에코가 없어서 검정색으로 보인다.

회색으로 관찰됨
근육은 회색으로 보인다. 근육은 음파를 산란하기 때문이다.

얼굴 양상
초음파에서 태아의 얼굴이 관찰된다. 2차원 영상이지만 얼굴의 모양과 같은 얼굴 특징을 보여 줌으로써 태아의 외양에 대한 단서를 제공한다.

눈
눈의 부드러운 조직은 영상에서 검정색으로 보인다. 반면에 안와의 뼈 조직은 하얀색 윤곽을 보여 준다.

코
코의 부드러운 조직은 관찰이 되지 않는다 하지만 주변의 뼈는 하얗게 보인다.

구강
이곳은 검정색으로 보인다.

3차원
3차원 깊이는 우리에게 더욱 분명하게 태아의 모습을 볼 수 있게 한다.

인체 내부 관찰하기

임신 전 또는 기간 동안에 인체의 내부를 평가할 수 있는 다른 영상 기술들이 있다. 외과적 시술에 이용되는 복강경은 의사가 자궁관(난관), 난소, 자궁을 검사할 수 있게 도와줘서 임신이 가능한지를 알아볼 수 있다. 태아경은 태아를 시각적으로 관찰하고 태아 조직을 채취하고 심지어는 태아 수술을 가능하게 한다. 이런 시술을 하기 위해서는 광섬유관이 자궁 입구로 혹은 외과적으로 복부를 통해서 삽입되어야 한다. 자기공명영상(MRI)은 임신 제1삼분기에는 사용이 제한되지만 임신부에서 문제를 발견하기 위해서 사용된다.

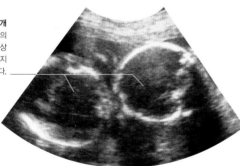

머리 2개
두개골의 하얀색 윤곽은 쌍태아의 머리가 2개임을 보여 준다. 이 영상 이미지만으로는 일란성 쌍태아인지 이란성 쌍태아인지는 알 수가 없다.

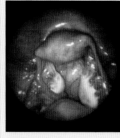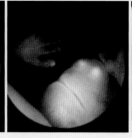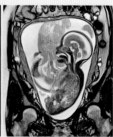

복강경 사진
카메라와 광원이 달린 굽어지는 관이 복부를 통해 삽입된다. 생식계통이 화면에 중계된다.

태아경 사진
내시경이 자궁 안으로 삽입되어 진단 목적으로, 혹은 유전질환을 확인하기 위한 피부 조직을 얻기 위해서 태아를 검사한다.

자기공명영상(MRI)
강력한 자기장과 라디오파는 상세한 이미지를 만든다. 임신부에게는 이 검사가 필수적일 경우에만 시행된다.

영상이 알려 주는 것

영상은 임신에 대한 기본적인 정보를 제공한다. 태아의 성별, 크기, 임신 주수, 자궁 내에서의 아이의 위치, 다태 임신인지 그리고 태반에 대한 정보도 제공한다. 영상은 전치태반(태반이 출산 통로인 자궁 입구를 막고 있는 경우) 또는 태아 혹은 태반의 성장 문제와 같은 위험한 문제들을 알려 줄 수 있다. 비정상 문제들을 선별 검사하는 것은 영상 촬영에 있어서 매우 중요한 기능이다.

음파로 관찰하기
탐촉자를 움직임으로써 초음파 검사자들은 많은 정보를 얻을 수 있는 화면을 볼 수 있게 초음파를 보낼 수 있다.

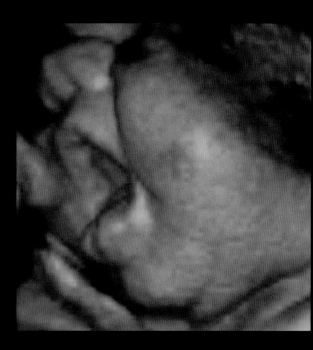

자궁 속으로

첨단 기술, 그중에서 특히 최신 영상 기술을 사용하면 자궁 속에서 새 생명이 어떻게 자라고 있는지 들여다볼 수 있는 거짓말 같은 기회를 얻게 된다. 덕분에 지금은 태아를 실시간으로 관찰하고 사진을 찍을 수 있게 되었으며, 과거에는 불가능했던 자세한 동영상까지 만들 수 있게 되었다.

믿기 어렵겠지만 불과 50년 전만 해도 임신부의 배를 만지는 방법 말고는 태아가 얼마나 어떻게 자라고 있는지 확인할 도리가 없었다. 그런 상황에서 태아가 자기 눈을 비비고 혀를 내미는 광경을 실시간으로 볼 수 있으리라고는 누구도 상상하지 못했다. 1950년대 후반에 산과 초음파 영상검사가 개발됨으로써 이를 다양한 분야에서 응용할 수 있는 길이 열렸으며, 이제는 수많은 나라에서 임신부마다 초음파 영상검사를 하고 있을 뿐 아니라 더 자세한 영상검사까지 할 수 있게 되었다. 간단한 2차원 초음파 영상검사는 주로 임신 제1삼분기 때 실시해서 언제 임신이 되었는지를 추정하고, 그 후 20주 전후에 다시 촬영해서 척추갈림증(이분척주)이나 입천장갈림증(구개열) 같은 다양한 선천 장애가 있는지를 미리 확인하는 데 이용하기도 한다. 그보다 훨씬 더 자세한 영상은 3차원 초음파 검사나 자기공명영상(MRI) 촬영을 해서 제작할 수 있으며, 태반을 흐르는 혈액처럼 움직이는 존재는 도플러 초음파 검사를 이용하면 영상으로 만들 수 있다. 이 단원에 있는 사진은 대부분이 3차원 초음파 검사를 해서 제작한 영상이다. 이 모든 기법을 함께 사용하면 임신 기간 동안 태아를 살펴보고 무슨 문제가 있는지 알 수 있는 강력한 수단이 되며, 부모는 아직 태어나지 않은 아기를 볼 수 있는 기쁨을 얻는다.

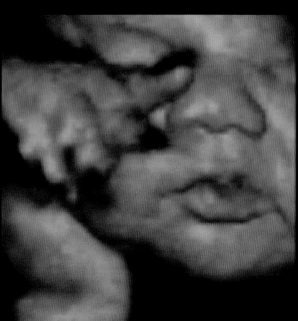

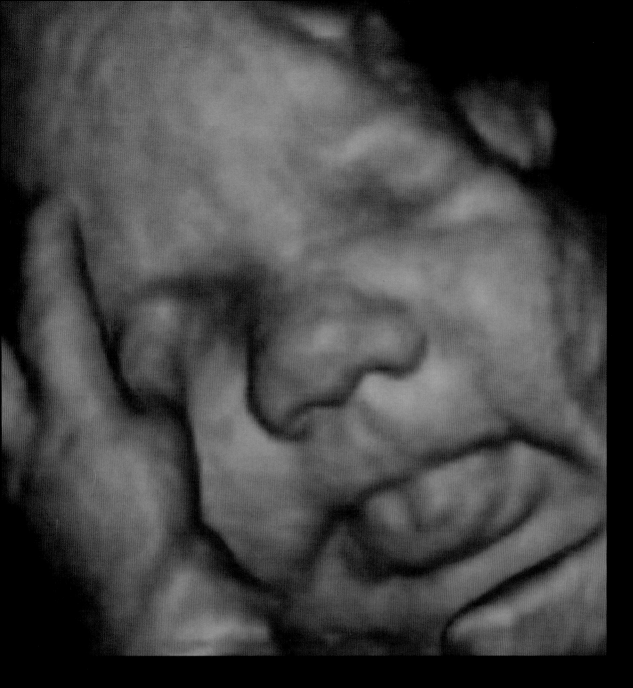

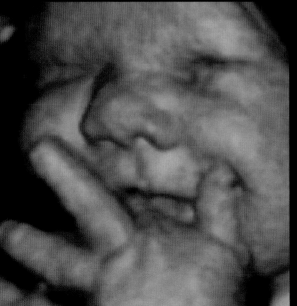

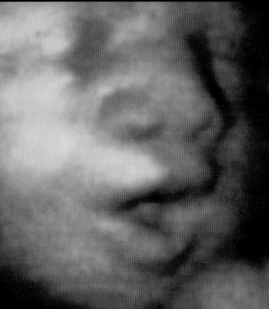

표정

38주 된 태아의 3차원 초음파 영상으로, 눈과 얼굴을 비비고 입을 벌리며 혀를 내미는 별의 별 표정이 드러난다. 이러한 영상들은 컴퓨터 의 정보 처리 능력이 폭발적으로 향상된 덕분 에 만들 수 있게 되었는데, 컴퓨터를 이용하여 2차원 평면 영상들을 '꿰매 붙이면' 놀랍도록 자세한 3차원 영상이 만들어져서 손톱이나 이 목구비까지 확인할 수 있다. 태아의 얼굴은 임 신 초기에 빠른 속도로 형성되는데, 임신 7주 쯤에는 작은 콧구멍이 보이고 눈의 수정체가 형성된다. 그러나 사람다운 얼굴 형태는 임신 제2삼분기가 되어야 비로소 나타난다. 임신 16주까지는 두 눈이 얼굴 정면으로 이동하고, 두 귀가 그 최종 위치에 가까워진다. 태아의 얼 굴 근육도 더 발달하기 때문에 얼굴을 찡그린 다든지 미소를 짓는 표정까지 볼 수도 있다.

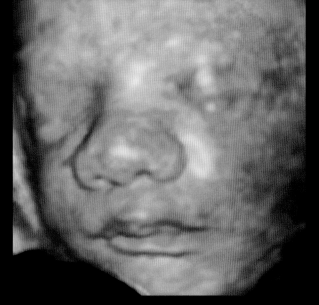

임신 8개월 때 얼굴의 앞면 영상

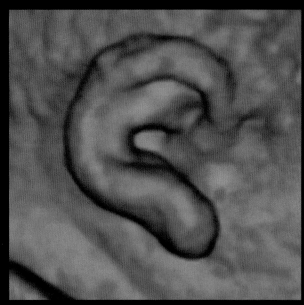

대략 임신 39주 때 귀

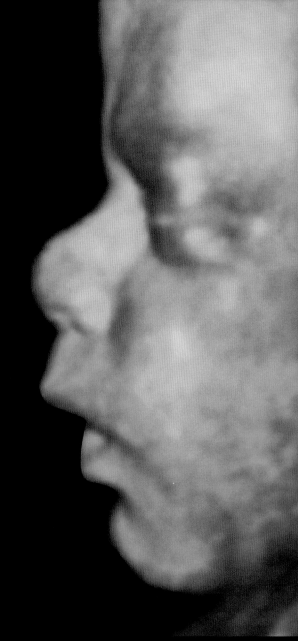

임신 9개월 때 얼굴의 옆면 영상

머리와 얼굴

머리와 얼굴은 임신 초기에 발달하기 시작하는데, 처음 발달 속도는 비교적 더디다. 장차 눈이 될 싹과 귀가 될 통로는 임신 6주경에 머리 옆면에서 발생하기 시작한다. 늦어도 임신 10주까지는 머리가 더 둥글어지고 목이 발달하기 시작한다. 이 초기 단계 태아는 머리가 매우 큰데, 예를 들어 임신 11주 태아는 머리가 신체 길이의 절반이나 차지한다. 임신 제2삼분기는 머리와 얼굴이 빠르게 발달하는 기간이다. 이때 두 눈이 얼굴 정면으로 이동하며, 눈꺼풀은 감겨서 눈을 보호하고, 두 귀는 최종 정착지로 이동하며, 얼굴 근육이 발달한다. 임신 22주쯤이면 눈썹을 볼 수도 있고, 26주쯤에는 속눈썹이 생기기도 한다. 임신 27주가 되면 눈꺼풀이 열리고 머리카락이 나타난다. 태어날 때쯤이면 아기 신체에서 머리가 차지하는 비율이 더 작아지지만 아직 자기 키의 약 4분의 1이나 된다.

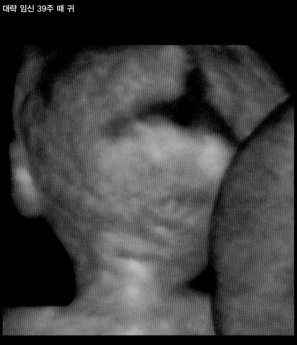

뒤숫구멍(소천문)

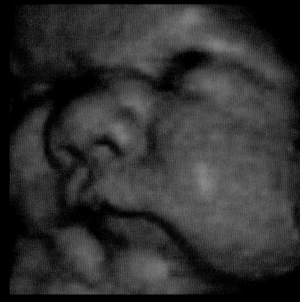

대략 임신 27주 때 얼굴의 앞면 영상

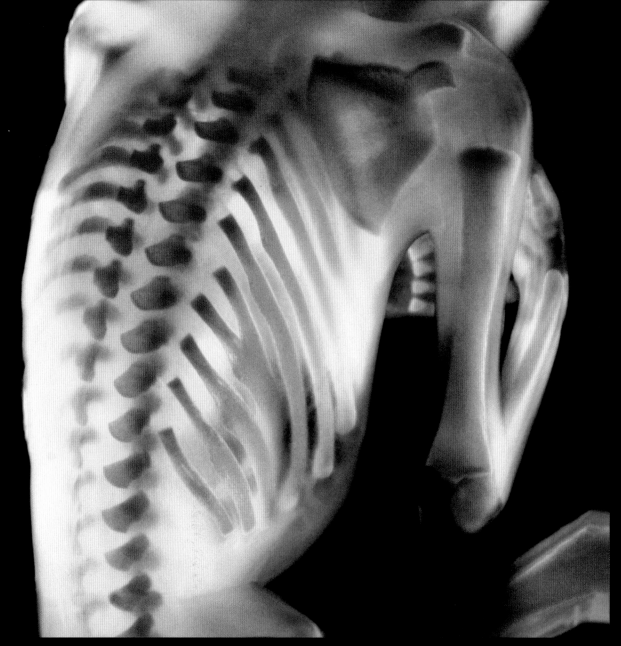

임신 16주 때 뼈대

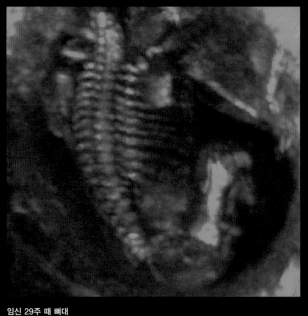

임신 29주 때 뼈대

임신 12주 때 뼈되기(골화) 상태

뼈대(골격)

태아 뼈대는 임신 제1삼분기에 발생하기 시작
하지만 출생 후 한참이 지나야 비로소 완성된
다. 맨 위 사진의 주인공은 16주 된 태아다. 그
전에는 뼈가 될 조직이 머리 주위나 팔이나 다
리나 손가락 부위에 먼저 자리를 잡고, 이어서
이 조직이 뼈되기(골화) 과정을 거치면서 뼈로
바뀐다. 뼈되기 과정은 두 가지 방식으로 일어
난다. 태아 이마처럼 납작한 막으로 이루어진
부위는 막에 뼈조직이 자라서 결국 뼈판을 이
룬다. 이와 달리 팔다리나 갈비뼈나 척추뼈 같
은 곳에서는 연골이 먼저 생겼다가 뼈로 바뀌
는데, 뼈로 바뀌는 과정은 연골의 중간 부분에
서 시작해서 양끝을 향해 진행된다. 아래 오른
쪽 사진은 뼈되기 과정이 일어나고 있는 12주
된 태아의 영상으로, 머리뼈와 팔뼈와 가슴우
리뼈 중에서 뼈되기가 어느 정도 일어난 부분
이 빨갛게 표시되어 있다. 늦어도 임신 29주까
지는(아래 왼쪽 사진) 모든 뼈가 발생하지만
아직 단단하지 않다.

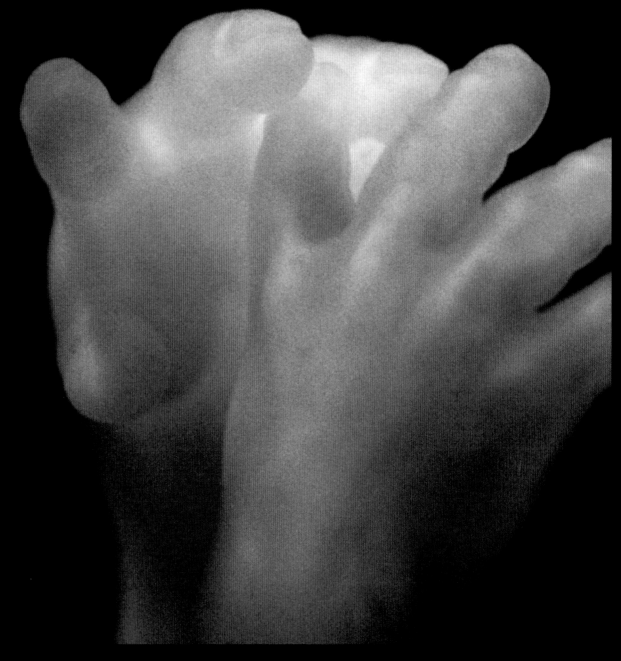

팔다리

팔과 다리는 임신 6주경에 나타난 작은 팔싹과 다리싹에서 각각 시작한다. 팔다리는 처음에는 주걱처럼 생겼다가 점점 길어지고, 두 주가 지나면 손가락이 형성되기 시작한다. 발가락은 임신 9주경에 나타나는데, 아래 오른쪽 사진에서 10주 된 태아의 발가락을 관찰할 수 있다. 임신 9주에는 팔에 뼈가 발생해서 팔꿈치를 굽힐 수 있고, 14주쯤에는 이미 태어날 때 팔 길이에 도달하기도 한다. 지문이나 족문 같은 세밀한 구조는 임신 23주 전후에 형성되기 시작한다. 늦어도 임신 25주까지는 두 손의 발생이 완료되고, 태아는 손으로 자궁 속을 더듬기도 한다. 손톱과 발톱은 임신 제2삼분기 말기와 제3삼분기 초기에 자란다. 이 페이지에서 가장 큰 사진에 있는 두 손은 23주 된 태아의 것으로, 손 발생이 순조롭게 진행되고 있음을 알 수 있다. 임신이 진행됨에 따라 태아의 팔다리도 계속 자라고, 제3삼분기가 되면 엄마를 힘껏 때리고 차기도 한다.

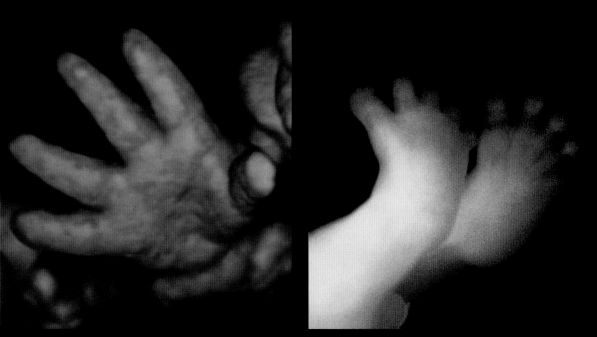

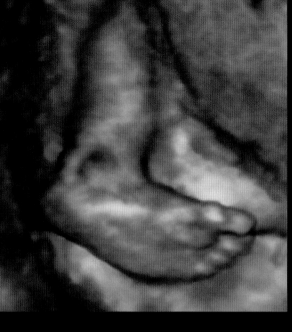

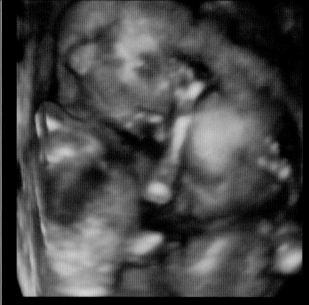

쌍둥이

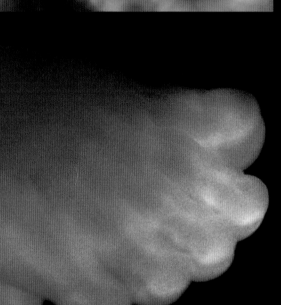

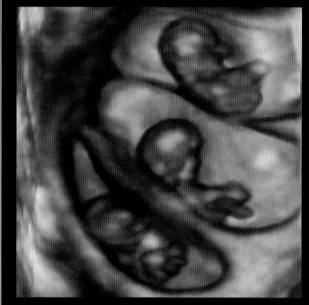

세쌍둥이

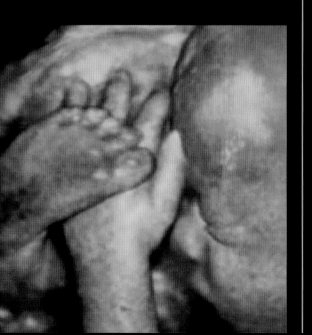

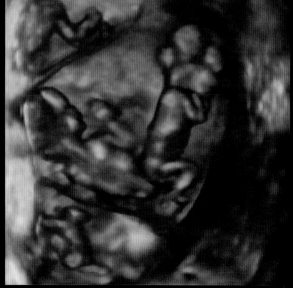

네쌍둥이

다태임신

옆에 있는 세 사진은 위에서부터 차례대로 쌍둥이, 세쌍둥이, 네쌍둥이 태아의 3차원 초음파 영상이다. 세쌍둥이 사진에서는 각 태아를 에워싸고 있는 세 양막주머니가 또렷이 구분된다. 각 양막주머니 사이에 태반 조직이 조금씩 V자 모양으로 끼어 있다. 오늘날에는 이 같은 첨단 영상 기술을 사용함으로써 다태임신 여부뿐 아니라 임신 상태에 관한 중요한 정보도 알아낼 수 있다. 다태임신은 외동임신보다 위험하다. 초음파 검사를 하면 쌍둥이 태아들이 태반이나 양막주머니를 공유하는지 아닌지, 태아마다 잘 자라고 있는지, 그중에 특히 위험한 태아는 없는지 등을 알 수 있다. 그리고 이러한 정보를 활용해서 조기에 유도분만을 해야 할지 등을 결정할 수 있다.

세포에서 태아까지

배아에서 태아를 거쳐 신생아가 되는 여정은 임신 제1삼분기에 배아가 빠른 속도로 발생하면서 개시되고, 이어서 제2삼분기에 대규모 성장을 거쳐 제3삼분기에 이르면 태어날 준비를 하게 된다. 수태 후 수정란이 여러 세포들로 분할되어 공 모양으로 모여 있는 배아를 형성하고, 이 공처럼 생긴 배아는 수정 후 6일경에 자궁내막(자궁속막)에 착상한다. 이 세포들은 분화하여 세 층을 이루고, 각 층들로부터 태아의 주요 인체 계통이 발생한다. 임신 5주쯤에는 척수가 형성되고 있고, 팔싹과 다리싹이 돋고 있으며, 장기들이 발생하고 있다. 임신 10주부터는 포도알 크기인 배아가 태아로 이름이 바뀐다.

그리고 임신 12주까지는 태아의 기본 구조가 완성된다. 태아의 몸통은 임신 제2삼분기에 급속히 성장해서 머리와 몸통이 좀 더 균형을 이루게 된다. 임신 14주쯤이면 태아가 남자인지 여자인지 알 수 있을 수도 있다. 뇌는 제2삼분기의 마지막 몇 주 동안 급속히 성장한다. 임신 제3삼분기 때 30주에 이르면 태아가 계속 포동포동해진다. 그리고 출생을 준비하는 동안 엄마 항체가 태아 혈액으로 전달되고, 태아는 두 눈을 뜨며, 생식기관이 성숙하고, 폐는 늘어나는 연습을 하고 있다.

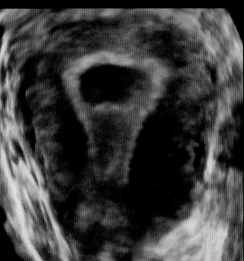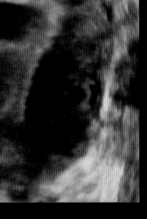

임신하지 않은 자궁

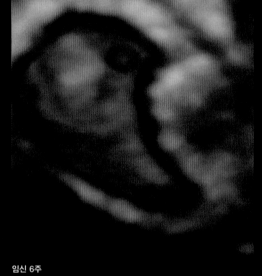

임신 6주

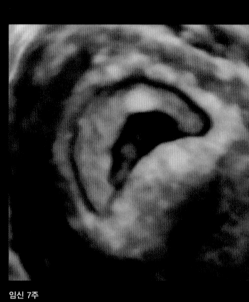

임신 7주

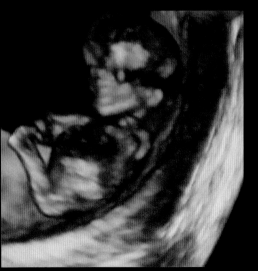

임신 11주

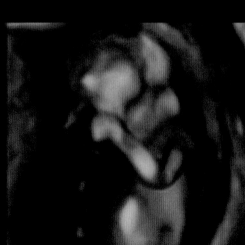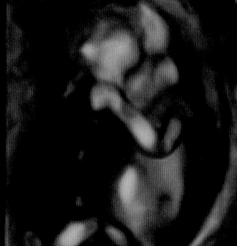

임신 12주

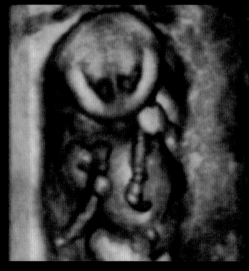

임신 13주

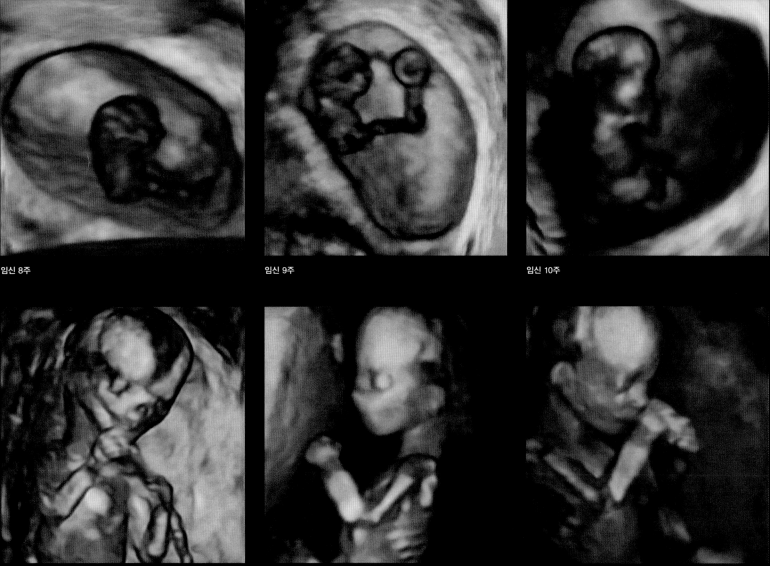

임신 8주　　　　　　임신 9주　　　　　　임신 10주

임신 14주　　　　　　임신 15주　　　　　　임신 16주

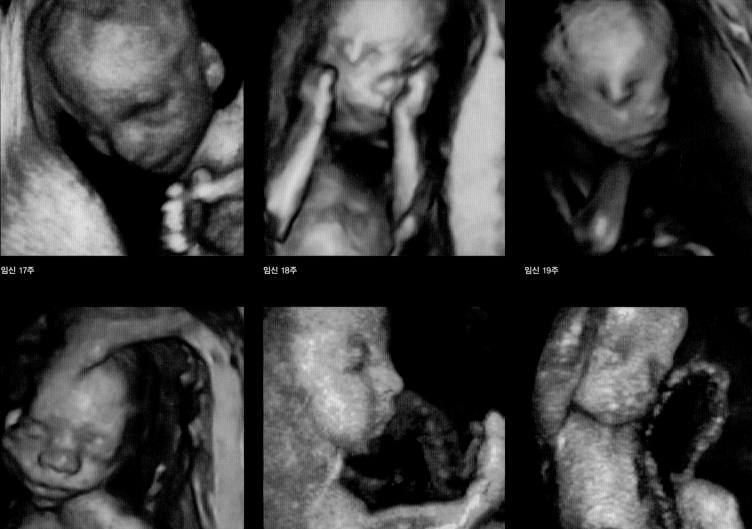

임신 17주
임신 18주
임신 19주
임신 22주
임신 24주
임신 26주

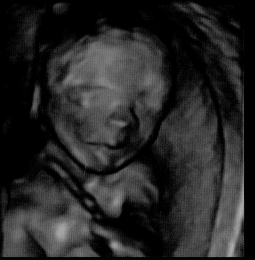

임신 20주

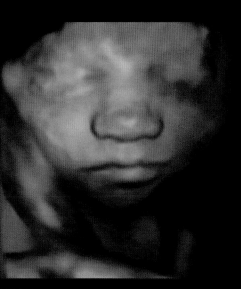

임신 28주

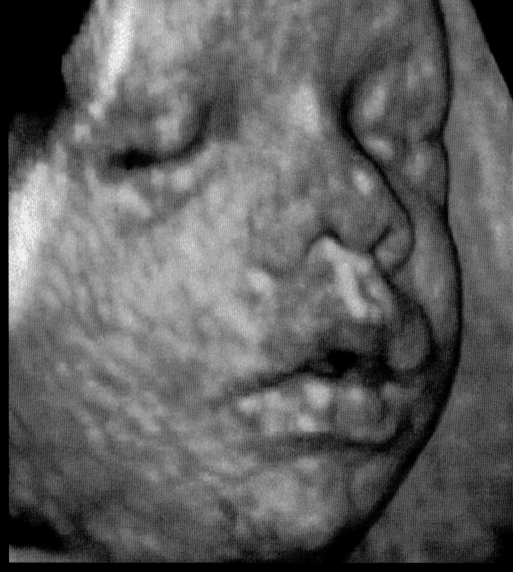

임신 30주

여성생식계통과 남성생식계통은 각각 난자와 정자를 만들고 저장한 후 서로 만나게 함으로써 새로운 생명이 탄생할 기회를 주선한다.

여성생식계통은 이 새 생명을 9개월 임신 기간 동안 자궁에서 양육하며 보호하다가 출산 때 바깥 세상으로 내보내는 일도 한다. 출산 후 엄마는 젖을 먹임으로써 아기를 계속 양육할 수 있다. 이 모든 과정은 여러 가지 호르몬의 복잡한 상호 작용을 통해 일어나는데, 이 작용으로 인해 사춘기 때 생식기능이 처음 시작되며, 그 후로 더 이상 임신할 수 없는

해부학

인체 계통

인체는 여러 계통들로 구성된다. 계통은 서로 협력해서 특정 기능을 한 가지 이상 수행하는 여러 장기와 조직들의 집단을 가리킨다. 이 계통들 중 상당수는 임신 기간 동안 크기와 구조가 변하고 심지어 기능도 변하는데, 그 이유는 급속히 성장하는 태아의 요구를 맞추기 위함이다. 이러한 변화들 중 일부는 눈에 잘 띈다. 그 예로는 급속히 커지는 자궁과 유방 등이 있다. 반면에 혈액량이 크게 늘어나는 것 같은 변화는 겉으로 잘 드러나지 않지만 태아가 건강하게 자라고 임신이 잘 마무리되는 데 꼭 필요하다.

생식계통

여성과 남성의 생식기관은 각각 난자와 정자를 만듦으로써 새로운 생명을 창조하게 한다. 난소는 수정란이 자궁에서 자라는 데 필요한 호르몬을 만든다. 임신이 시작되자마자 엄마의 생식계통에서 놀라운 변화가 시작된다. 자궁은 커져서 성장하는 태아를 감당하며, 태반은 발달해서 태아와 엄마의 혈액을 이어 주고, 유방은 젖을 먹일 준비를 한다.

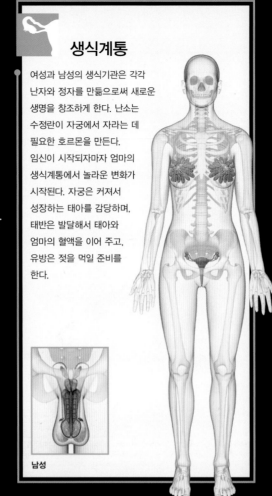

남성

비뇨계통

비뇨계통은 복잡한 여과 장치로, 콩팥을 흐르는 혈액을 여과해서 노폐물을 제거함으로써 인체의 평형을 정밀하게 유지한다. 제거된 노폐물은 방광 속 소변에 포함되어 잠시 저장된다. 콩팥에서 소변이 만들어지는 양은 호르몬 등이 조절하고, 만들어진 소변은 요도를 통해 배설된다. 엄마는 임신 기간 동안 콩팥이 1센티미터 길어지고 콩팥을 흐르는 혈액량도 크게 늘어나기 때문에 소변을 더 자주 보게 되는데, 태아가 엄마 방광을 압박할 만큼 커지기 전에 이미 소변이 잦아진다.

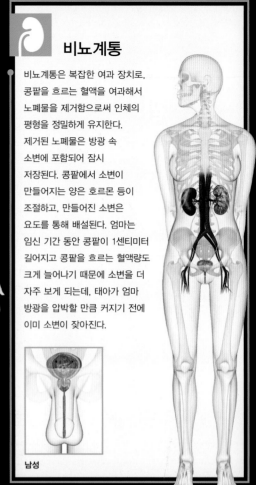

남성

호흡계통

근육으로 이루어진 가로막(횡격막)이 수축과 이완을 되풀이하면 공기가 코와 기관(숨통)을 거쳐 폐(허파)로 들어갔다가 배출되는 과정이 반복된다. 폐로 들어간 공기에 포함된 산소는 혈액으로 녹아 들어가 퍼지고, 혈액에 있던 이산화탄소는 혈관 밖으로 확산되어 허파꽈리(폐포)로 들어간 후 곧 날숨으로 배출된다. 이렇게 가스 교환을 해야만 모든 인체 조직이 생명을 유지할 수 있다. 임신이 되면 산소 소모가 천천히 늘어나서 만삭 때는 20퍼센트까지 증가한다. 엄마는 평소에 분당 12~15회 숨을 쉬다가, 임신하면 18회 정도 숨을 쉰다. 분만 때는 산소를 최대 60퍼센트 더 소모하는데, 그만큼 더 육체노동을 하는 셈이다.

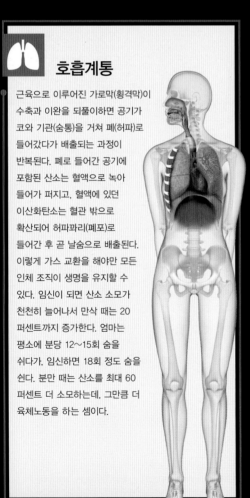

심장혈관계통

심장은 쉴새 없이 혈액을 뿜어내어 온몸에 있는 복잡한 혈관망에 전달함으로써 모든 조직과 장기에 혈액을 공급한다. 인체 혈관망은 동맥과 세동맥과 모세혈관과 세정맥과 정맥으로 구성되어 있다. 임신이 되면 혈액량은 최대 50퍼센트 증가하는데, 이는 성장 중인 태아가 필요한 것을 빠짐없이 공급해야 하기 때문이다. 심장은 혈액을 더 많이 뿜어내려면 더 세게 그리고 더 자주 수축해야 한다. 심장박동수는 분당 최대 15회 증가한다.

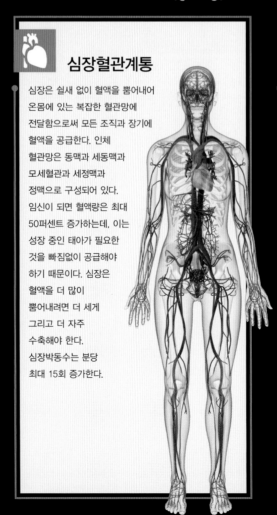

림프계통과 면역체계

넘치는 조직액이 혈액으로 돌아가도록 물꼬를 터주는 것이 림프계통이다. 자궁이 점차 커지면 골반 속 혈관을 압박하고, 그 결과 세포와 세포 사이에 조직액이 축적되는 부종이 일어나는데, 대개 다리와 발에 일어난다. 면역체계는 감염이나 외부에서 침입한 물질로부터 인체를 보호한다. 임신부는 감기나 다른 흔한 감염병에 잘 걸리는 것처럼 보이는데, 이는 점막을 흐르는 혈액이 많아지는 탓도 있다.

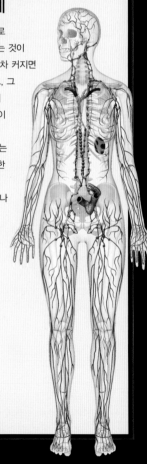

신경계통

뇌 및 척수와 온몸에 분포하는 신경망은 끊임없이 신체 작용을 조절하고 변화에 반응한다. 임신이 되면 여성호르몬의 일종인 프로게스테론이 뇌의 호흡중추에 직접 작용해서 이산화탄소에 평소보다 더 민감하게 반응하도록 만든다. 그 결과 호흡 빈도가 잦아져서 이산화탄소를 더 많이 배출할 수 있다. 궁둥신경통(좌골신경통) 같이 말초신경을 침범하는 몇몇 질환들이 임신 때 더 많이 발병하기도 한다.

소화계통

소화계통은 따지고 보면 입에서 시작해서 식도와 위와 창자를 거쳐 항문까지 이어지는 하나의 긴 대롱이라 할 수 있다. 소화계통은 음식을 잘게 분해하여 영양소가 흡수되고 노폐물이 배설될 수 있게 한다. 한편 간이나 이자(췌장)나 쓸개 (담낭) 같은 부속기관은 소화 과정에서 일어나는 화학반응을 돕는다. 임신이 되면 호르몬이 변하기 때문에 창자 수축이 느려진다. 그 결과 음식물과 노폐물이 창자를 통과하도록 밀어주는 힘이 약해지기 때문에 변비가 생길 수 있다. 식도와 위 사이에 있는 판막이 더 느슨해지기도 하는데, 그러면 속 쓰림(명치 쓰림)이 생긴다.

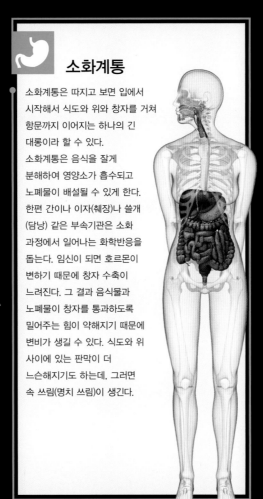
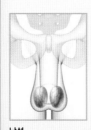

내분비계통

내분비샘(내분비선)들은 갖가지 호르몬들을 만들어서 인체의 평형을 유지하는데, 임신하면 특정 임신 단계마다 여러 가지 호르몬 변화가 일어난다. 예를 들어 뇌하수체 중 한 부분은 옥시토신을 분비하는데, 이 호르몬이 있어야 분만이 개시된다. 다른 부분이 분비하는 프로락틴은 젖을 생산하려면 꼭 필요하다. 태반은 태아와 엄마의 혈액 순환을 이어줌은 물론 그 자체가 내분비샘으로서 에스트로겐과 프로게스테론 등을 분비해서 임신을 지속시킨다.

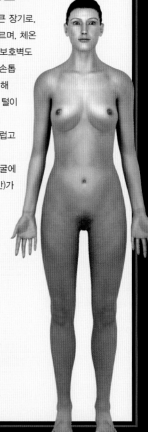

남성

뼈대계통(골격계)

뼈는 인체가 구동하는 틀을 제공한다. 임신이 되면 호르몬인 프로게스테론과 릴랙신이 관절을 느슨하게 만든다. 덕분에 산도를 통과하기에는 너무 클 듯싶던 아기 머리가 엄마 골반을 통과해서 태어날 수 있다. 임신하면 창자에서 흡수하는 칼슘의 양이 두 배로 늘어난다. 더 흡수한 칼슘은 태아 뼈대를 만드는 데 쓰인다. 출산 후에는 아기가 필요한 칼슘을 젖으로 공급해야 하기 때문에 엄마는 뼈에 있는 칼슘을 그만큼 더 잠시 '빼돌려서' 아기에게 준다.

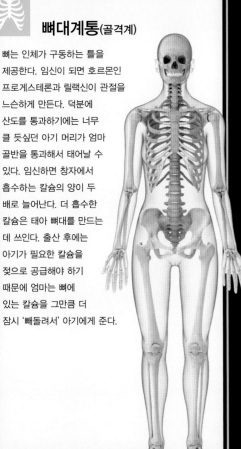

근육계통

근육은 뼈를 움직일 수 있다. 근육은 인대와 힘줄(건)과 협동해서 곧게 선 자세를 유지하게도 한다. 임신 기간 동안 태아가 점점 더 무거워지기 때문에 엄마 자세도 변해서 허리에 있는 근육과 인대와 관절에 가해지는 하중이 늘어난다. 그 밖에 임신부 중 상당수가 배 근육이 갈라졌음을 깨닫는다. 덕분에 배가 그만큼 커질 수 있다. 분리된 배 근육은 대개 출산 후 몇 주가 지나면 다시 합쳐진다.

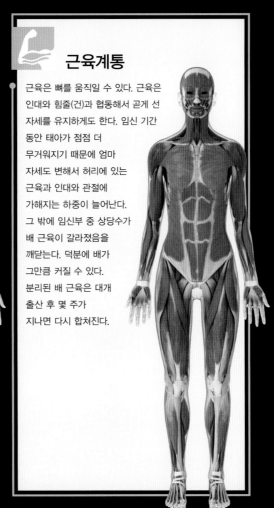

피부와 털과 손톱 발톱

피부는 인체에서 가장 큰 장기로, 면적이 2제곱미터에 이르며, 체온 조절을 도울 뿐 아니라 보호벽도 제공한다. 피부와 털과 손톱 발톱은 임신 때 더 건강해 보이는 경향이 있다. 즉 털이 덜 빠지고 더 굵고 윤이 나며, 손톱 발톱은 매끄럽고 덜 갈라진다. 피부색도 변하는데, 예를 들어 얼굴에 검은 반점인 기미(갈색반)가 나타나거나 아랫배에 흑선이라는 검은 선이 세로로 나타나기도 한다.

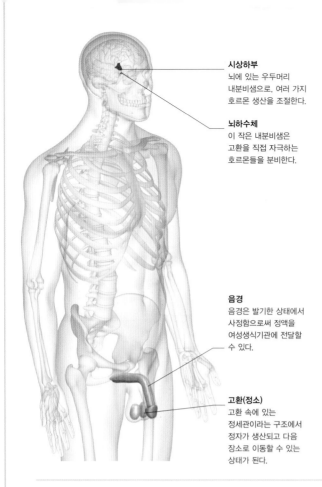

시상하부
뇌에 있는 우두머리 내분비샘으로, 여러 가지 호르몬 생산을 조절한다.

뇌하수체
이 작은 내분비샘은 고환을 직접 자극하는 호르몬들을 분비한다.

음경
음경은 발기한 상태에서 사정함으로써 정액을 여성생식기관에 전달할 수 있다.

고환(정소)
고환 속에 있는 정세관이라는 구조에서 정자가 생산되고 다음 장소로 이동할 수 있는 상태가 된다.

남성생식계통

남성생식계통의 핵심 장기인 음경과 고환은 다른 생식기관이나 분비샘과 협력해서 정자를 만들어 여성생식기관에 바친다. 정자는 난자와 합쳐져서 새로운 생명을 창조하기도 한다. 남성생식계통은 수정 후 단 6주 만에 발생하기 시작한다.

생식기관

남성생식계통은 음경, 음낭 속에 자리잡은 고환 한 쌍, 여러 가지 분비샘들, 이 모두를 이어 주는 가느다란 관들로 구성된다. 정자는 고환에서 만들어지자마자 부고환으로 이동한 후 잠시 저장되면서 성숙한다. 성숙한 정자는 먼저 정관을 통해 이동하다가 사정관을 거쳐 요도로 연결된다. 요도는 음경의 전장에 걸쳐 이어진다. 음경에는 길쭉한 원기둥처럼 생긴 해면조직이 있다. 해면조직은 스펀지처럼 엉성하며, 성적으로 흥분하면 혈액이 가득 차는 혈관망이 발달되어 있다(64~65쪽 참조). 음경은 혈액이 가득 차면 발기되고, 덕분에 정자를 질의 위끝 부분에 사정할 수 있다(66~67쪽 참조).

남성생식계통의 장기들이 있는 곳

음경과 고환은 몸통 속에 있지 않고 밖에 위치한다. 고환에서 일어나는 일들은 뇌하수체가 분비한 호르몬의 조절을 받으며 진행되는데, 뇌하수체는 시상하부가 조절한다.

정자 생산 공장

정자는 고환에 들어 있는 정세관 속에서 대량생산되는데, 이 과정을 정자발생이라 한다(32~33쪽 참조). 발생 중인 정자는 세르톨리 세포라는 도우미 세포가 보호하고 양육하는데, 이 세포는 정세관의 벽에서부터 중심을 향해 연장되어 있다. 정자는 고환을 벗어나자마자 부고환으로 들어가고, 이곳에서 성숙하면서 최대 4주간 저장될 수 있다. 정액은 수많은 정자가 분비물에 골고루 퍼져 살고 있는 상태인데, 정액 1밀리리터당 정자가 약 1억 개 있다. 남성이 오르가슴(성극치감)에 도달하면 발기된 음경 속에 있는 요도를 통해 정액이 3~5밀리리터 정도 배출된다.

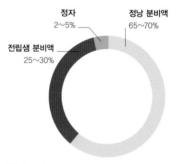

정자 2~5%
전립샘 분비액 25~30%
정낭 분비액 65~70%

정액의 구성

정액에서 정자는 아주 일부에 불과하며, 대부분은 우유처럼 하얀 액체로 구성된다. 이 액체의 대부분은 전립샘과 정낭이 만들어 분비한 것이다.

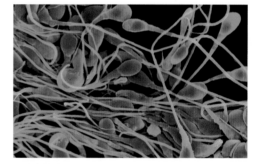

정자 수족관

정자의 구조는 이 단체 현미경 사진에서 확인할 수 있다. 각 정자는 머리 하나와 길고 가는 꼬리 하나로 구성되는데, 머리에는 그 남성의 유전 정보 중 절반이 들어 있다.

테스토스테론

대표적 남성호르몬인 테스토스테론은 남성생식기관이 발달하기 시작하도록 촉발하고 사춘기 때 목소리가 낮아지는 것이나 폭발적인 성장 같은 변화가 일어나도록 만든다(31쪽 참조). 정자가 만들어지려면 테스토스테론이 꼭 있어야 한다. 여성에서 일어나는 호르몬 생산과 난자 발생과 마찬가지로 남성의 테스토스테론 합성이나 정자 발생 과정도 뇌하수체가 분비하는 호르몬인 난포자극호르몬(FSH)과 황체형성호르몬(LH)이 조절한다. 이 두 호르몬은 뇌의 일부인 시상하부가 조절한다. 테스토스테론은 고환의 정세관들 사이에 있는 사이질내분비세포(라이디히 세포)가 만든다.

테스토스테론 결정체

테스토스테론은 몸 밖으로 나오면 결정을 형성하기 때문에 현미경으로 관찰할 수 있다. 남성 태아에서 분비되는 테스토스테론은 아기가 태어나기 전에 고환이 음낭으로 내려오도록 작용한다. 테스토스테론 농도는 아기가 태어난 후 매우 낮은 상태를 유지하다가 사춘기가 되면 급격히 상승한다.

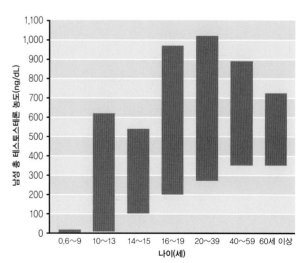

남성 총 테스토스테론 농도(ng/dL)

나이(세): 0,6~9 / 10~13 / 14~15 / 16~19 / 20~39 / 40~59 / 60세 이상

연령별 테스토스테론 생산량

남성은 사춘기 이후로 60세가 훌쩍 넘을 때까지 거의 평생 동안 테스토스테론을 충분히 많이 생산한다. 테스토스테론 농도가 가장 높은 시기는 20세와 40세 사이 젊은 성인 때다.

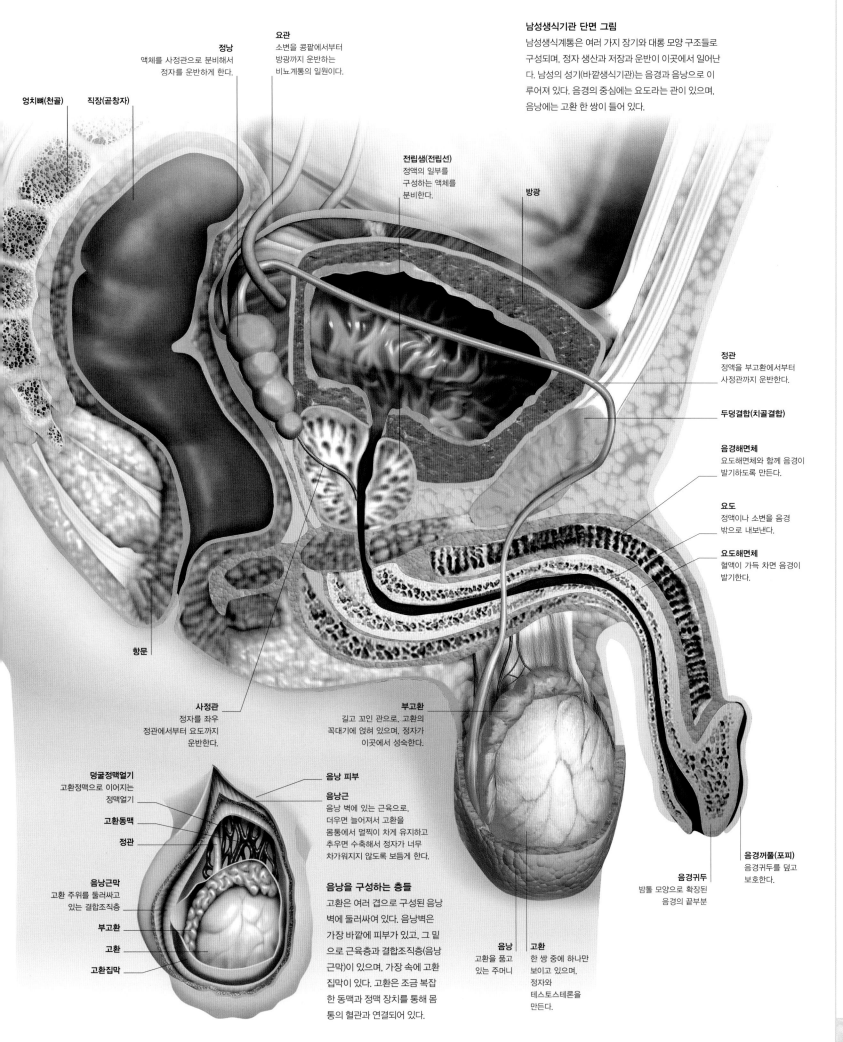

정낭
액체를 사정관으로 분비해서 정자를 운반하게 한다.

요관
소변을 콩팥에서부터 방광까지 운반하는 비뇨계통의 일원이다.

남성생식기관 단면 그림
남성생식계통은 여러 가지 장기와 대롱 모양 구조들로 구성되며, 정자 생산과 저장과 운반이 이곳에서 일어난다. 남성의 성기(바깥생식기관)는 음경과 음낭으로 이루어져 있다. 음경의 중심에는 요도라는 관이 있으며, 음낭에는 고환 한 쌍이 들어 있다.

엉치뼈(천골)

직장(곧창자)

전립샘(전립선)
정액의 일부를 구성하는 액체를 분비한다.

방광

정관
정액을 부고환에서부터 사정관까지 운반한다.

두덩결합(치골결합)

음경해면체
요도해면체와 함께 음경이 발기하도록 만든다.

요도
정액이나 소변을 음경 밖으로 내보낸다.

요도해면체
혈액이 가득 차면 음경이 발기한다.

항문

사정관
정자를 좌우 정관에서부터 요도까지 운반한다.

부고환
길고 꼬인 관으로, 고환의 꼭대기에 얹혀 있으며, 정자가 이곳에서 성숙한다.

덩굴정맥얼기
고환정맥으로 이어지는 정맥얼기

음낭 피부

음낭근
음낭 벽에 있는 근육으로, 더우면 늘어져서 고환을 몸통에서 멀찍이 차게 유지하고 추우면 수축해서 정자가 너무 차가워지지 않도록 보듬게 한다.

고환동맥

정관

음낭을 구성하는 층들
고환은 여러 겹으로 구성된 음낭 벽에 둘러싸여 있다. 음낭벽은 가장 바깥에 피부가 있고, 그 밑으로 근육층과 결합조직층(음낭근막)이 있으며, 가장 속에 고환집막이 있다. 고환은 조금 복잡한 동맥과 정맥 장치를 통해 몸통의 혈관과 연결되어 있다.

음낭근막
고환 주위를 둘러싸고 있는 결합조직층

부고환

고환

고환집막

음낭
고환을 품고 있는 주머니

고환
한 쌍 중에 하나만 보이고 있으며, 정자와 테스토스테론을 만든다.

음경꺼풀(포피)
음경귀두를 덮고 보호한다.

음경귀두
밤톨 모양으로 확장된 음경의 끝부분

전립샘, 음경, 고환

정자는 고환에서 만들어진 후 전립샘과 음경 등을 지나 전달된다. 하부 골반에 자리잡은 전립샘과 몸통공간(체강) 밖에 있는 음경과 고환은 놀라우리만큼 길고 복잡한 대롱 장치를 통해 연결되어 있다.

전립샘(전립선)

전립샘은 너비가 약 4센티미터로, 방광에 저장된 소변을 배출하는 관인 요도가 방광에서 막 시작된 부분을 에워싼다. 전립샘은 끈적끈적하고 우유 같은 알칼리성 액체를 분비하는데, 이 액체는 정액 부피의 약 20퍼센트를 차지하고 산성인 다른 액체 성분을 중화한다. 전립샘은 테스토스테론과 신경이 조절하는데, 남성이 성적으로 흥분되면 신경이 전립샘과 정낭과 정관을 자극해서 액체를 분비하게 만든다. 이 분비액은 사정할 때 정자와 함께 음경 밖으로 배출된다.

음경

음경은 긴 막대 모양이지만 끝부분인 귀두는 불룩하게 커져 있다. 음경의 기능은 두 가지로, 정자를 운반하고 소변을 배출한다. 음경은 원기둥처럼 길쭉한 발기조직 3개를 포함하고 있다. 그 중 둘은 서로 나란히 있는 음경해면체고, 나머지 하나는 요도를 둘러싸고 있는 요도해면체다. 남성이 성적으로 흥분하면 세 해면체에 있는 혈관에 혈액이 들어차서 음경이 발기한다(64~65쪽 참조). 음경의 평균 길이는 약 9센티미터지만 발기하면 19센티미터까지 커질 수 있다. 사정은 일종의 반사작용이다.

요도

정맥
동맥
음경해면체
요도
요도해면체

음경의 단면

남성생식기관
남성생식계통을 구성하는 장기와 관들은 비뇨계통의 장기 및 관과 밀접한 관련이 있으며, 특히 음경에 있는 요도는 두 계통 모두에 속한다. 방광의 아랫부분에 있는 조임근(괄약근)은 사정이 일어날 때 마치 밸브처럼 닫혀서 소변과 정액이 섞이지 않도록 막는다.

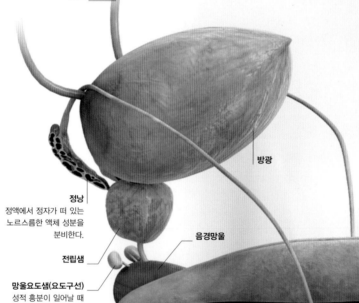

방광

정낭
정액에서 정자가 떠 있는 노르스름한 액체 성분을 분비한다.

전립샘

음경망울

망울요도샘(요도구선)
성적 흥분이 일어날 때 알칼리성 액체를 요도로 분비한다.

음경해면체

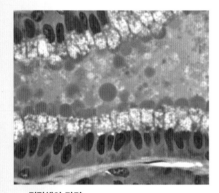

전립샘의 단면
전립샘의 현미경 사진으로, 알칼리성 액체를 분비하는 세포들이 관찰된다. 이 액체는 산성인 정액을 중화함으로써 정자의 운동능력을 향상시킨다.

고환(정소)

좌우 한 쌍의 고환은 남성생식계통의 에너지원이자 실세로, 정자와 강력한 남성호르몬인 테스토스테론을 만든다. 고환은 길이가 4~5센티미터며, 수많은 윈뿔 모양 소엽으로 칸칸이 나눠져 있다. 각 소엽에는 촘촘히 꼬여 있는 정세관이 가득 들어 있는데, 정세관은 정자가 발생하는 곳이다(32~33쪽 참조). 두 고환은 음낭이라는 주머니에 싸인 채로 매달려 있다. 음낭 속 온도는 체온에 비해 섭씨 1~2도 낮은데, 이는 정자 생산에 적합한 조건이다. 정세관들 사이에 모여 있는 사이질내분비세포(라이디히 세포)에서 테스토스테론이 분비된다.

정관
길이가 약 45센티미터씩인 한 쌍의 관으로, 각각 좌우 부고환에서 시작한다.

요도해면체

고환

정세관
둘둘 감긴 가느다란 관으로, 길이는 약 12미터며, 정자가 끊임없이 발생하는 곳이다.

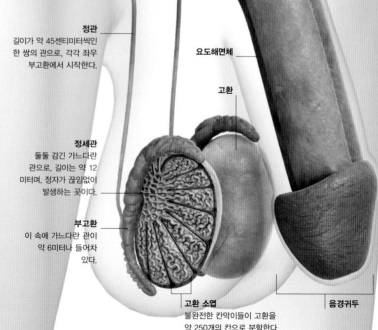

부고환
이 속에 가느다란 관이 약 6미터나 들어차 있다.

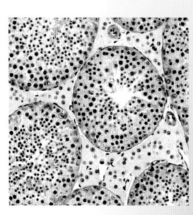

정세관의 단면
확대한 현미경 사진으로, 덜 성숙한 정자와 세르톨리 세포(도우미 세포)들로 가득 찬 정세관 여러 개의 단면이 관찰된다. 정세관들 사이에 녹갈색으로 염색된 사이질내분비세포들이 보인다.

고환 소엽
불완전한 칸막이들이 고환을 약 250개의 칸으로 분할한다.

음경귀두

남성 사춘기

남성 사춘기는 남성호르몬인 테스토스테론으로 인해 신체와 감정 모두에 격렬한 변화가 일어나는 시기다.
신체는 구조와 겉모습이 바뀌며, 몸속에 있는 생식기관들은 성숙해서 정자를 만들 채비를 끝낸다.

신체 변화

첫 사정이 일어나는 남성 사춘기는 대개 12~15세에 시작하며, 여성 사춘기에 비해 평균 2년 늦다. 신체 변화는 매우 뚜렷하다. 일부 변화는 생식기관 자체와 관련이 있는데, 가장 큰 변화는 성기가 커지는 것이다. 다른 변화는 생식기관과 관련이 없는 것처럼 보일지 모르지만 이 모든 변화는 결국 테스토스테론 농도가 급격히 상승해서 일어난 결과다. 사춘기 때 마지막 급속 성장이 일어난다. 남성은 여성에 비해 사춘기가 늦게 시작하기 때문에 최종 성인 신장에 도달하기까지 성장할 수 있는 여유 시간이 훨씬 많다.

사춘기 소년의 목소리가 갈라지는 이유

테스토스테론은 후두의 연골뼈대는 물론 성대 자체에도 영향을 미친다. 성대는 60퍼센트 정도 길어지고 굵어지기 때문에 진동수가 낮아지기 시작해서 목소리가 낮아진다. 동시에 후두가 기울어지고 튀어나오기 시작해서 후두융기, 속칭 Adam's apple이 나타난다.

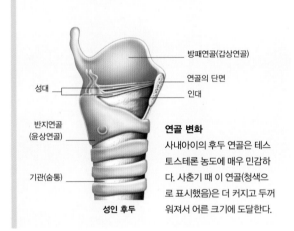

방패연골(갑상연골)
연골의 단면
인대
성대
반지연골(윤상연골)
기관(숨통)

성인 후두

연골 변화
사내아이의 후두 연골은 테스토스테론 농도에 매우 민감하다. 사춘기 때 이 연골(청색으로 표시했음)은 더 커지고 두꺼워져서 어른 크기에 도달한다.

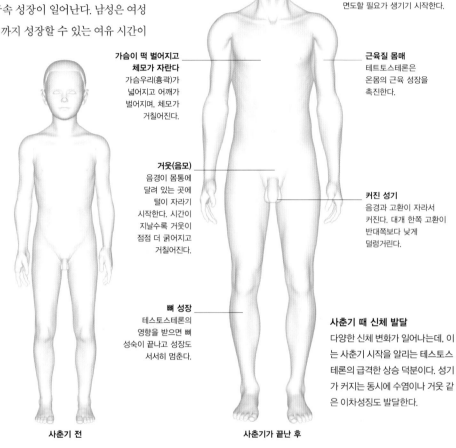

키
성인 남성은 여성에 비해 사춘기가 늦게 시작했기 때문에 키가 더 크다.

수염
사춘기 때 입술 위와 볼과 턱에 수염이 자라기 시작하기 때문에 면도할 필요가 생기기 시작한다.

가슴이 떡 벌어지고 체모가 자란다
가슴우리(흉곽)가 넓어지고 어깨가 벌어지며, 체모가 거칠어진다.

근육질 몸매
테트토스테론은 온몸의 근육 성장을 촉진한다.

거웃(음모)
음경이 몸통에 달려 있는 곳에 털이 자라기 시작한다. 시간이 지날수록 거웃이 점점 더 굵어지고 거칠어진다.

커진 성기
음경과 고환이 자라서 커진다. 대개 한쪽 고환이 반대쪽보다 낮게 덜렁거린다.

뼈 성장
테스토스테론의 영향을 받으면 뼈 성숙이 끝나고 성장도 서서히 멈춘다.

사춘기 때 신체 발달
다양한 신체 변화가 일어나는데, 이는 사춘기 시작을 알리는 테스토스테론의 급격한 상승 덕분이다. 성기가 커지는 동시에 수염이나 거웃 같은 이차성징도 발달한다.

사춘기 전   사춘기가 끝난 후

호르몬 변화

사내아이는 10세경에 시상하부가 생식샘자극호르몬분비호르몬(GnRH)을 분비하기 시작한다. 이 호르몬은 뇌하수체가 난포자극호르몬(FSH)과 황체형성호르몬(LH)을 분비하게 하고, 이 두 호르몬은 고환을 조절한다. FSH와 LH는 정자 생산을 촉진하는데, LH는 테스토스테론을 분비하도록 자극하는 기능도 있다. 테스토스테론 농도가 높아지면 급격한 성장이 일어나고, 기타 사춘기 변화가 초래된다. 사춘기가 지나면 테스토스테론 분비는 음성되먹임을 통해 조절되기 시작한다.

십대 소년들과 공격성

10대 소년 때 테스토스테론이 갑자기 대량으로 분비되는 현상은 공격성이 증가하는 것과 관련이 있는 것으로 생각된다.

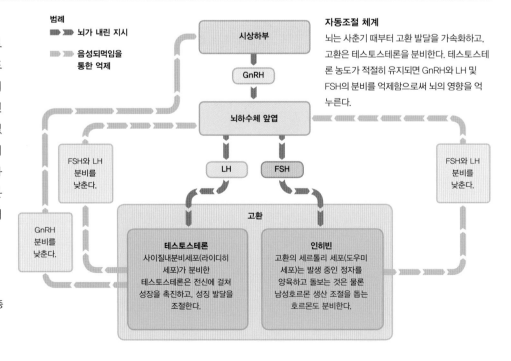

범례
뇌가 내린 지시
음성되먹임을 통한 억제

시상하부 → GnRH → 뇌하수체 앞엽 → LH / FSH → 고환

테스토스테론
사이질내분비세포(라이디히세포)가 분비한 테스토스테론은 전신에 걸쳐 성장을 촉진하고, 성징 발달을 조절한다.

인히빈
고환의 세르톨리 세포(도우미 세포)는 발생 중인 정자를 양육하고 돌보는 것은 물론 남성호르몬 생산 조절을 돕는 호르몬도 분비한다.

FSH와 LH 분비를 낮춘다.
GnRH 분비를 낮춘다.
FSH와 LH 분비를 낮춘다.

자동조절 체계
뇌는 사춘기 때부터 고환 발달을 가속화하고, 고환은 테스토스테론을 분비한다. 테스토스테론 농도가 적절히 유지되면 GnRH와 LH 및 FSH의 분비를 억제함으로써 뇌의 영향을 억누른다.

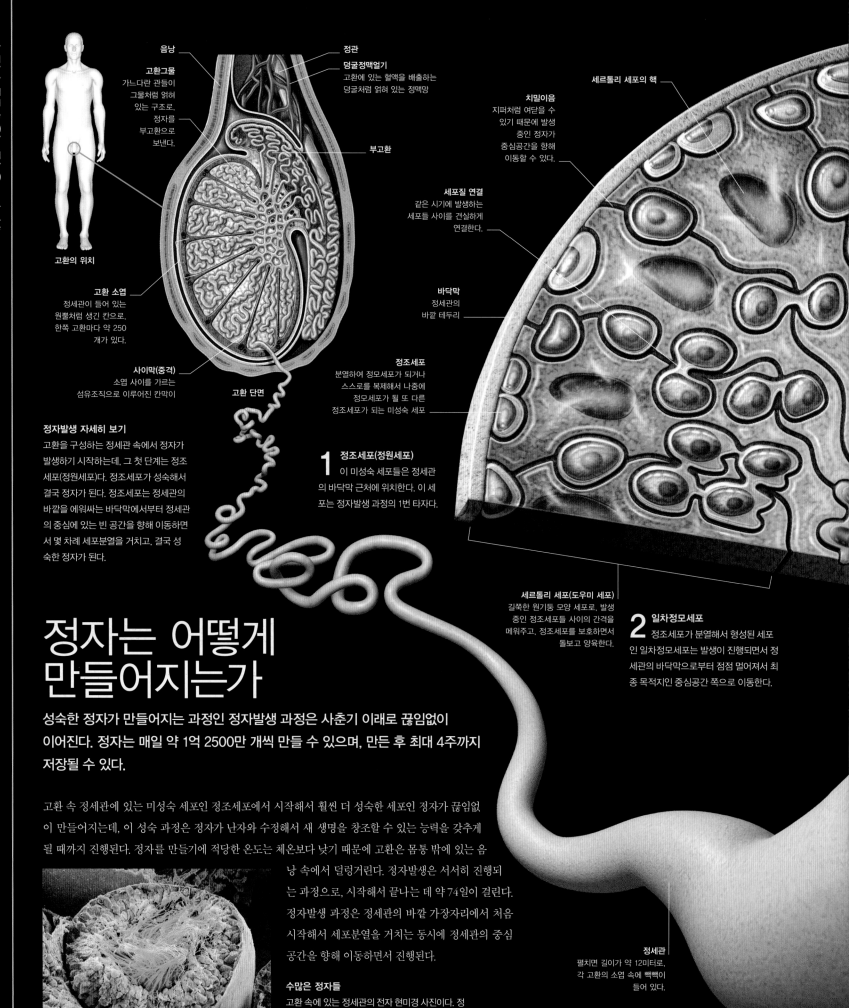

음낭

고환그물
가느다란 관들이 그물처럼 얽혀 있는 구조로, 정자를 부고환으로 보낸다.

고환의 위치

고환 소엽
정세관이 들어 있는 원뿔처럼 생긴 칸으로, 한쪽 고환마다 약 250 개가 있다.

사이막(중격)
소엽 사이를 가르는 섬유조직으로 이루어진 칸막이

정관

덩굴정맥얼기
고환에 있는 혈액을 배출하는 덩굴처럼 얽혀 있는 정맥망

부고환

고환 단면

정자발생 자세히 보기
고환을 구성하는 정세관 속에서 정자가 발생하기 시작하는데, 그 첫 단계는 정조 세포(정원세포)다. 정조세포가 성숙해서 결국 정자가 된다. 정조세포는 정세관의 바깥을 에워싸는 바닥막에서부터 정세관의 중심에 있는 빈 공간을 향해 이동하면서 몇 차례 세포분열을 거치고, 결국 성숙한 정자가 된다.

세르톨리 세포의 핵

치밀이음
지퍼처럼 여닫을 수 있기 때문에 발생 중인 정자가 중심공간을 향해 이동할 수 있다.

세포질 연결
같은 시기에 발생하는 세포들 사이를 견실하게 연결한다.

바닥막
정세관의 바깥 테두리

정조세포
분열하여 정모세포가 되거나 스스로를 복제해서 나중에 정모세포가 될 또 다른 정조세포가 되는 미성숙 세포

1 정조세포(정원세포)
이 미성숙 세포들은 정세관 의 바닥막 근처에 위치한다. 이 세 포는 정자발생 과정의 1번 타자다.

세르톨리 세포(도우미 세포)
길쭉한 원기둥 모양 세포로, 발생 중인 정조세포들 사이의 간격을 메워주고, 정조세포를 보호하면서 돌보고 양육한다.

2 일차정모세포
정조세포가 분열해서 형성된 세포 인 일차정모세포는 발생이 진행되면서 정 세관의 바닥막으로부터 점점 멀어져서 최 종 목적지인 중심공간 쪽으로 이동한다.

정자는 어떻게 만들어지는가

성숙한 정자가 만들어지는 과정인 정자발생 과정은 사춘기 이래로 끊임없이 이어진다. 정자는 매일 약 1억 2500만 개씩 만들 수 있으며, 만든 후 최대 4주까지 저장될 수 있다.

고환 속 정세관에 있는 미성숙 세포인 정조세포에서 시작해서 훨씬 더 성숙한 세포인 정자가 끊임없이 만들어지는데, 이 성숙 과정은 정자가 난자와 수정해서 새 생명을 창조할 수 있는 능력을 갖추게 될 때까지 진행된다. 정자를 만들기에 적당한 온도는 체온보다 낮기 때문에 고환은 몸통 밖에 있는 음낭 속에서 덜렁거린다. 정자발생은 서서히 진행되는 과정으로, 시작해서 끝나는 데 약 74일이 걸린다. 정자발생 과정은 정세관의 바깥 가장자리에서 처음 시작해서 세포분열을 거치는 동시에 정세관의 중심 공간을 향해 이동하면서 진행된다.

수많은 정자들
고환 속에 있는 정세관의 전자 현미경 사진이다. 정 세관은 정자발생이 일어나는 곳으로, 속에 정자가 가득 차 있다.

정세관
펼치면 길이가 약 12미터로, 각 고환의 소엽 속에 빽빽이 들어 있다.

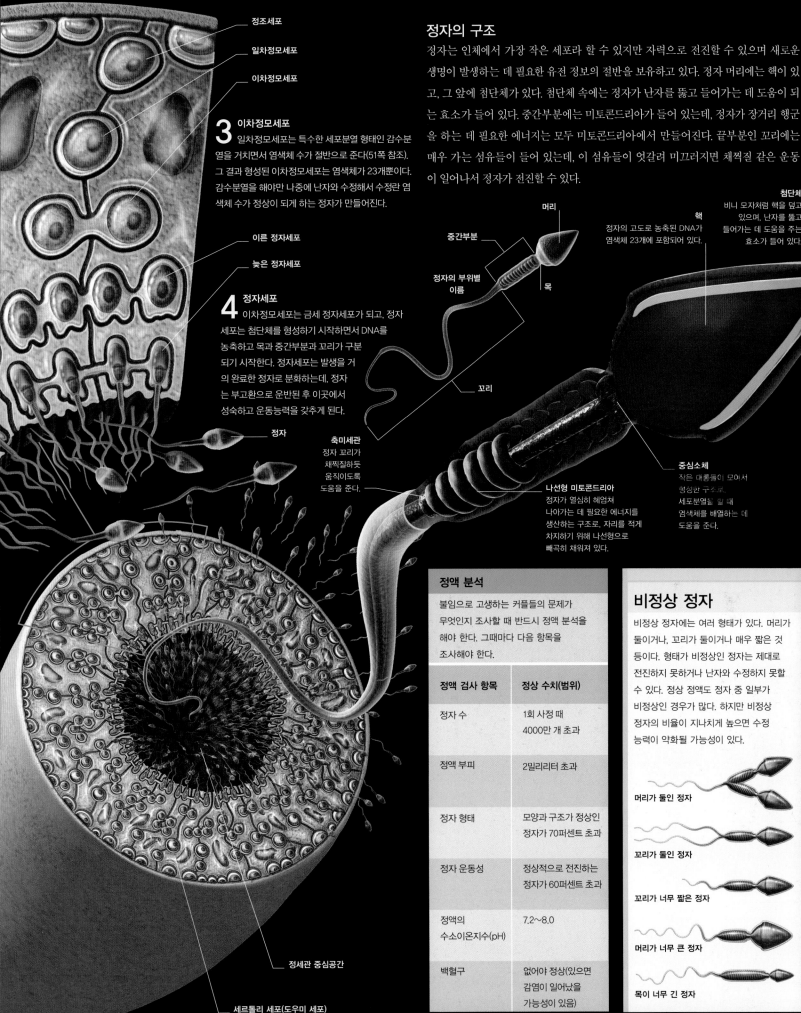

정조세포

일차정모세포

이차정모세포

3 이차정모세포

일차정모세포는 특수한 세포분열 형태인 감수분열을 거치면서 염색체 수가 절반으로 준다(51쪽 참조). 그 결과 형성된 이차정모세포는 염색체가 23개뿐이다. 감수분열을 해야만 나중에 난자와 수정해서 수정란 염색체 수가 정상이 되게 하는 정자가 만들어진다.

이른 정자세포

늦은 정자세포

4 정자세포

이차정모세포는 금세 정자세포가 되고, 정자세포는 첨단체를 형성하기 시작하면서 DNA를 농축하고 목과 중간부분과 꼬리가 구분되기 시작한다. 정자세포는 발생을 거의 완료한 정자로 분화하는데, 정자는 부고환으로 운반된 후 이곳에서 성숙하고 운동능력을 갖추게 된다.

정자

축미세관
정자 꼬리가 채찍질하듯 움직이도록 도움을 준다.

정세관 중심공간

세르톨리 세포(도우미 세포)

정자의 구조

정자는 인체에서 가장 작은 세포라 할 수 있지만 자력으로 전진할 수 있으며 새로운 생명이 발생하는 데 필요한 유전 정보의 절반을 보유하고 있다. 정자 머리에는 핵이 있고, 그 앞에 첨단체가 있다. 첨단체 속에는 정자가 난자를 뚫고 들어가는 데 도움이 되는 효소가 들어 있다. 중간부분에는 미토콘드리아가 들어 있는데, 정자가 장거리 행군을 하는 데 필요한 에너지는 모두 미토콘드리아에서 만들어진다. 끝부분인 꼬리에는 매우 가는 섬유들이 들어 있는데, 이 섬유들이 엇갈려 미끄러지면 채찍질 같은 운동이 일어나서 정자가 전진할 수 있다.

머리

중간부분

정자의 부위별 이름

목

꼬리

핵
정자의 고도로 농축된 DNA가 염색체 23개에 포함되어 있다.

첨단체
비니 모자처럼 핵을 덮고 있으며, 난자를 뚫고 들어가는 데 도움을 주는 효소가 들어 있다.

중심소체
작은 대롱들이 모여서 형성된 구조로, 세포분열을 할 때 염색체를 배열하는 데 도움을 준다.

나선형 미토콘드리아
정자가 열심히 헤엄쳐 나아가는 데 필요한 에너지를 생산하는 구조로, 자리를 적게 차지하기 위해 나선형으로 빼곡히 채워져 있다.

정액 분석

불임으로 고생하는 커플들의 문제가 무엇인지 조사할 때 반드시 정액 분석을 해야 한다. 그때마다 다음 항목을 조사해야 한다.

정액 검사 항목	정상 수치(범위)
정자 수	1회 사정 때 4000만 개 초과
정액 부피	2밀리리터 초과
정자 형태	모양과 구조가 정상인 정자가 70퍼센트 초과
정자 운동성	정상적으로 전진하는 정자가 60퍼센트 초과
정액의 수소이온지수(pH)	7.2~8.0
백혈구	없어야 정상(있으면 감염이 일어났을 가능성이 있음)

비정상 정자

비정상 정자에는 여러 형태가 있다. 머리가 둘이거나, 꼬리가 둘이거나 매우 짧은 것 등이다. 형태가 비정상인 정자는 제대로 전진하지 못하거나 난자와 수정하지 못할 수 있다. 정상 정액도 정자 중 일부가 비정상인 경우가 많다. 하지만 비정상 정자의 비율이 지나치게 높으면 수정 능력이 약화될 가능성이 있다.

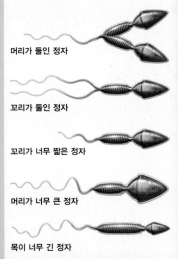

머리가 둘인 정자

꼬리가 둘인 정자

꼬리가 너무 짧은 정자

머리가 너무 큰 정자

목이 너무 긴 정자

여성생식계통

여성생식계통을 구성하는 장기와 관들은 서로 연결되어 있으며, 태아를 잉태하고 양육하는 데 필요한 모든 것을 제공할 수 있다. 여성생식계통은 아기가 태어나는 즉시 최고급 영양식인 모유도 공급할 수 있게 된다.

시상하부
뇌의 일부인 '우두머리 내분비샘'으로, 호르몬 분비를 촉발하고 조절한다.

뇌하수체
이 작은 장기가 난소를 자극하는 호르몬을 분비한다.

유방
여러 젖샘소엽들로 구성된 유방은 호르몬 변화에 반응해서 젖을 생산한다.

난소
난자는 난소에서 성숙하며, 매달 하나씩 배란된다.

자궁관(난관, 나팔관)
성숙한 난자를 난소에서부터 자궁까지 밀어 보내는 관이다.

자궁
자궁의 속면을 덮고 있는 자궁내막은 달마다 배아를 받아들일 준비를 하지만 수정이 일어나지 않으면 떨어져 나간다.

질
치약 튜브처럼 생긴 장기로, 신축성이 있어 늘어날 수 있기 때문에 출산 때 아기가 통과할 수 있다.

여성생식계통 장기는 어디어디에 있나?
주요 생식기관들은 골반 속에 있다. 이들과 유방의 작용은 뇌의 특정 부분이 조절한다.

생식기관
자궁과 질과 난소와 자궁관(난관)은 분업과 협동을 통해 새 생명을 창조한다. 질은 발기한 음경을 받아들이고, 음경은 자궁의 입구인 자궁경부(자궁목)로 정자를 전달한다. 난자는 난소에 저장되었다가 때가 되면 발달한다. 달마다 난자가 하나씩 배란된 후(매우 드물지만 난자 2개가 배란되기도 한다) 한쪽 자궁관을 따라 이동하다가 종착역인 자궁에 도달한다. 난자가 자궁으로 가는 도중에 정자 하나와 합쳐지면 배아로 발생해서 자궁 속에서 성장하고, 배아는 나중에 태아라 불리게 된다. 자궁은 그 후 몇 달에 걸쳐 본래 크기의 몇 배로 늘어난다. 난소는 생식기능에 결정적인 역할을 하는 호르몬들도 생산한다.

아기를 가질 수 있는 나이
여아가 태어날 때 난소에는 100만~200만 개나 되는 미성숙 난자들이 있지만 나이가 들면서 그 수가 줄어들어 사춘기쯤이면 약 40만 개만 남는다. 대개는 달마다 난자가 하나씩만 배란된다. 여성은 나이가 들면 더 이상 임신할 수 없게 되는데, 오늘날에는 의술이 발전한 덕분에 나이가 좀 더 들어도 임신할 수 있는 여성이 늘고 있다. 일반적으로 여성이 아기를 가질 수 있는 기간은 사춘기에 시작해서 폐경이 일어나는 50세 전후에 끝난다. 반면에 남성은 훨씬 더 나이가 많아도 아빠가 될 수 있다.

가족적 가족
난소에서는 사춘기부터 폐경 전까지 성숙한 난자가 배란된다. 여성의 임신 능력은 27세경부터 서서히 감퇴되다가 35세가 되면 급격히 낮아지기 시작한다.

성호르몬
난소에서 주로 만들어지는 여성호르몬인 에스트로겐과 프로게스테론(황체호르몬)은 사춘기 때 생식기관 발달과 신체 변화(43쪽 참조)를 초래하고, 월경주기(44~45쪽 참조)가 일어나게 하며 임신이 가능하게 만든다. 이 호르몬들은 뇌 밑에 있는 작은 내분비샘인 뇌하수체가 분비하는 호르몬인 황체형성호르몬(LH)과 난포자극호르몬(FSH)의 조절을 받는다. 뇌하수체는 뇌의 일부인 시상하부가 조절한다. 이 성호르몬들은 감정에도 영향을 미친다. 상당수 여성은 월경주기 동안 기분 변화를 경험하는데, 이는 호르몬 변동 양상과 일치한다. 그밖에 남성호르몬인 테스토스테론도 여성호르몬에 비해 농도가 낮지만 엄연히 여성 신체에 영향을 미친다.

프로게스테론 결정체
고배율 색조영 현미경 사진으로, 프로게스테론 결정이 관찰된다. 이 호르몬은 자궁내막이 두터워지고 혈액을 많이 공급받게 함으로써 자궁이 임신에 대비하도록 도와준다.

성호르몬이 여성 신체에 미치는 영향

여성호르몬인 에스트로겐과 프로게스테론은 월경주기가 일어나는 데 결정적인 역할을 할 뿐 아니라 인체 기능 전반에도 영향을 미친다. 테스토스테론은 남성호르몬이지만 여성에도 있다.

호르몬	작용
에스트로겐	에스트로겐은 사춘기 때 생식기관이 성장하도록 촉진하고 신체 변화, 즉 이차성징이 발달하도록 촉진한다. 에스트로겐은 난소에서 난자가 성숙하도록 촉진하며, 자궁경부(자궁목)이 분비하는 점액을 묽게 만듦으로써 정자가 자궁목을 좀 더 쉽게 통과하도록 돕는다. 에스트로겐 농도는 배란 직전에 정점을 찍는다. 한편으로는 자궁내막 성장을 촉진한다.
프로게스테론 (황체호르몬)	달마다 자궁내막(자궁속막)이 임신에 대비하도록 도우며, 임신이 일어나면 자궁내막이 임신 대비 상태를 유지하게 만든다. 임신이 일어나지 않으면 농도가 낮아져서 월경이 일어난다. 한편으로는 유방이 젖을 만들도록 준비시킨다.
테스토스테론	테스토스테론은 비록 혈액 내 농도가 낮지만 여성 신체에 영향을 미친다. 테스토스테론은 사춘기 때 폭발적인 성장을 일으킨 후, 성장판이 닫히게 해서 성장이 끝났음을 알린다.

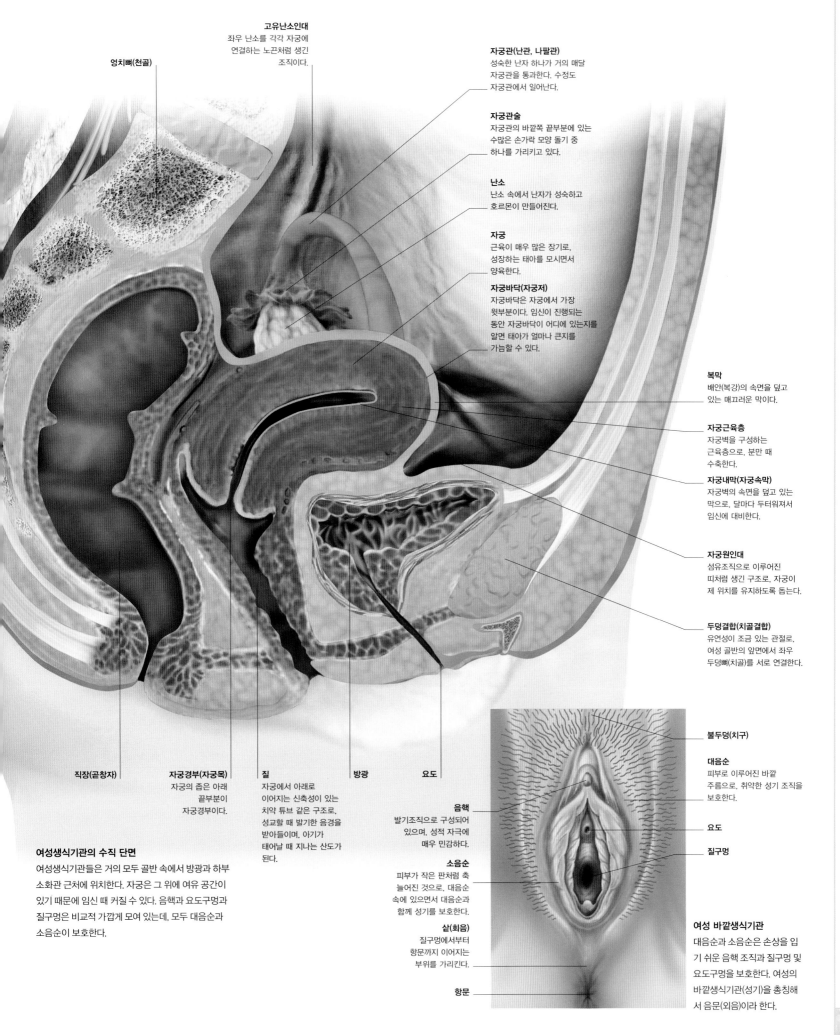

엉치뼈(천골)

고유난소인대
좌우 난소를 각각 자궁에
연결하는 노끈처럼 생긴
조직이다.

자궁관(난관, 나팔관)
성숙한 난자 하나가 거의 매달
자궁관을 통과한다. 수정도
자궁관에서 일어난다.

자궁관술
자궁관의 바깥쪽 끝부분에 있는
수많은 손가락 모양 돌기 중
하나를 가리키고 있다.

난소
난소 속에서 난자가 성숙하고
호르몬이 만들어진다.

자궁
근육이 매우 많은 장기로,
성장하는 태아를 모시면서
양육한다.

자궁바닥(자궁저)
자궁바닥은 자궁에서 가장
윗부분이다. 임신이 진행되는
동안 자궁바닥이 어디에 있는지를
알면 태아가 얼마나 큰지를
가늠할 수 있다.

복막
배안(복강)의 속면을 덮고
있는 매끄러운 막이다.

자궁근육층
자궁벽을 구성하는
근육층으로, 분만 때
수축한다.

자궁내막(자궁속막)
자궁벽의 속면을 덮고 있는
막으로, 달마다 두터워져서
임신에 대비한다.

자궁원인대
섬유조직으로 이루어진
띠처럼 생긴 구조로, 자궁이
제 위치를 유지하도록 돕는다.

두덩결합(치골결합)
유연성이 조금 있는 관절로,
여성 골반의 앞면에서 좌우
두덩뼈(치골)를 서로 연결한다.

직장(곧창자)

자궁경부(자궁목)
자궁의 좁은 아래
끝부분이
자궁경부이다.

질
자궁에서 아래로
이어지는 신축성이 있는
치약 튜브 같은 구조로,
성교할 때 발기한 음경을
받아들이며, 아기가
태어날 때 지나는 산도가
된다.

방광

요도

음핵
발기조직으로 구성되어
있으며, 성적 자극에
매우 민감하다.

소음순
피부가 작은 판처럼 축
늘어진 것으로, 대음순
속에 있으면서 대음순과
함께 성기를 보호한다.

샅(회음)
질구멍에서부터
항문까지 이어지는
부위를 가리킨다.

항문

불두덩(치구)

대음순
피부로 이루어진 바깥
주름으로, 취약한 성기 조직을
보호한다.

요도

질구멍

여성생식기관의 수직 단면

여성생식기관들은 거의 모두 골반 속에서 방광과 하부
소화관 근처에 위치한다. 자궁은 그 위에 여유 공간이
있기 때문에 임신 때 커질 수 있다. 음핵과 요도구멍과
질구멍은 비교적 가깝게 모여 있는데, 모두 대음순과
소음순이 보호한다.

여성 바깥생식기관

대음순과 소음순은 손상을 입
기 쉬운 음핵 조직과 질구멍 및
요도구멍을 보호한다. 여성의
바깥생식기관(성기)을 총칭해
서 음문(외음)이라 한다.

난소와 자궁관(난관)

난자는 난소에서 처음 발생한 후 난소에 저장되었다가 배란할 채비가 될 때까지 성숙한다.
배란된 난자는 자궁관을 따라 이동하다가 자궁에 도달하는데, 도중에 수정이 된 난자는
자궁벽에 파묻혀서 임신이 시작된다.

난소

골반의 양옆에 놓여 있는 난소 한 쌍에서 성숙한 난자가 배란되고, 이 난자가 정자와 합쳐지
면 새로운 사람으로 태어날 수 있다. 난소는 에스트로겐과 프로게스테론(황체호르몬)도
만드는데, 이 호르몬들은 생식기관의 발달과(43쪽 참조) 월경주기(44~45쪽 참조)를 조
절한다. 난소는 아몬드 정도 크기에 불과하지만 아직 성숙하지 않은 난자가 수만
개나 들어 있다. 난자와 난자를 포함한 난포(여포)는 사춘기 때부터 발달하기 시
작하고, 결국 난소에서 방출된다. 배란된 난자는 자궁관(난관)으로 들어간
다. 난자가 빠져나간 빈 난포는 난소에
남아서 임신을 유지시키는
호르몬을 만든다.

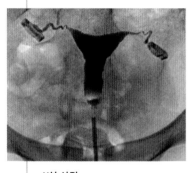

X선 사진
질에 삽입한 관을 통해 조영제를 주입했
기 때문에 자궁과 난소와 자궁관을 확
실히 관찰할 수 있다.

자궁관 팽대
이 긴 부분은 수정이 가장
많이 일어나는 곳이다.

난소 속질(수질)
난소의 중앙
부분으로,
혈관과 신경이
분포한다.

원시난포
이 난포는 가장 초기 단계인 미성숙
난포로, 여아가 태어날 때부터
있었다.

일차난포
난포 발달이 시작된
첫 단계가 일차난포다.

이차난포
일차난포가 더 발달하면
이차난포가 된다.

고유난소인대
난소를 자궁에 연결하는
띠 모양 조직이다.

자궁
근육이 발달한 장기로,
배아가 자리잡고
성장한다. 배아는 나중에
태아라 불린다.

혈관

난소 겉질(피질)
여러 가지 발달 단계에 있는
수많은 난포들이 이곳에서
발견된다.

황체
배란이 일어난 빈 난포가
자라서 형성되며, 에스트로겐과
프로게스테론을 생산한다.

배란 전 난포
배란 직전인 성숙
난포를 가리킨다.

80 · 0 나이(세)
폐경 후 난소는
에스트론을
분비한다.

12 — 지방세포가
에스트로겐을 조금
생산한다.

16

범례
■ 에스트라디올
■ 에스트리올
■ 에스트론

난소의 난포는
사춘기부터 폐경
전까지
에스트라디올을
생산한다.

50

40

임신 때 태반에서
에스트리올이
만들어진다.

에스트로겐의 일생
어떤 에스트로겐이 만들어지는지는 그 여성이
살아가는 단계에 따라 다르다. 아기를 가질 수
있는 나이에는 에스트라디올이 가장 많이 분
비된다.

에스트로겐 군

에스트로겐은 비슷한 화학물질들로 이루어진 집단으로, 그중에
서 세 가지, 즉 에스트라디올과 에스트리올과 에스트론이 많이 만
들어진다. 이 세 가지 호르몬의 농도는 그 여성이 살아가는 단계마
다 달라지는데, 아기를 가질 수 있는 나이에(초경에서부터 폐경 전까
지) 가장 많이 분비되는 호르몬은 셋 중 가장 중요한 에스트라디올이
다. 에스트로겐은 주로 난소에서 만들어지지만 콩팥(신장) 위에
있는 부신이나 지방세포도 조금이지만 에스트로겐을 생산한다.
체중이 지나치게 무거운 여성은 에스트로겐 농도가 높아질 수 있
기 때문에 난소 기능에 영향이 가해져서 임신 가능성이 낮아질 수
있다.

난소와 자궁관의 내부

성숙한 난자는 난소 표면에서부터 골반으로 방출되
고, 근처에 있는 자궁관술이 움직이면서 자궁관 끝
부분으로 쓸려 들어간다. 자궁관술은 자궁관의 끝
부분에서 손가락 모양으로 돌출된 돌기들을 가리킨
다. 자궁관 속으로 들어간 난자는 자궁관의 처음부
터 끝까지 약 12센티미터를 이동해서 자궁에 도달
한다.

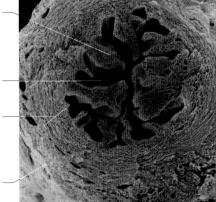

자궁관(난관)

자궁관(난관)
속면은 주름이 많아서 쭈글쭈글하며, 민무늬근육(평활근)이 자궁관을 빙 둘러싸고 있다.

상피
속면은 매우 쭈글쭈글하며, 섬모세포들과 그 사이에 쐐기못처럼 끼어 있는 못세포들로 가득 차 있다.

자궁의 양옆에 달려 있는 자궁관은 성숙한 난자를 난소에서부터 자궁까지 운반한다. 난자는 스스로 움직이지 못하지만 자궁관의 몇 가지 작용 덕분에 최종 목적지에 도달할 수 있다. 즉 자궁관술이 먼저 난자를 잡아채고, 자궁관의 근육벽이 수축하고 속면에 있는 섬모들이 박자를 맞춰 움직임으로써 난자를 밀어 이동시킨다. 자궁관은 크게 세 부분, 즉 가장 바깥에 있는 자궁관 깔때기와 자궁관 팽대와 가장 속에 있는 자궁관 잘록으로 나뉜다. 수정은 대개 자궁관 팽대에서 일어난다. 자궁관은 세 부분마다 지름이나 미세구조가 다르다. 예를 들어 자궁관 잘록은 근육이 매우 두꺼워서 난자를 자궁 속으로 밀어 넣을 수 있다. 수정이 일어나면 수정란(접합자)이 자궁관을 따라 이동하면서 분열하는 동시에 자궁벽에 착상할 준비를 한다.

속공간(내강)
자궁관 속에 있는 주름이 많이 접힌 공간이다.

근육벽
자궁관을 빙 둘러싸는 민무늬근육 층

장막
자궁관 벽의 가장 바깥층

자궁관의 미세구조
자궁관 팽대 부위의 가로단면을 촬영한 현미경 사진이다. 벽을 이루는 각 층들이 뚜렷이 관찰된다.

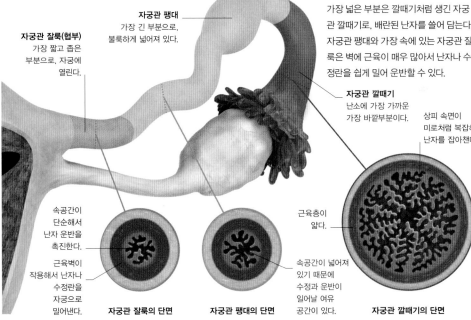

자궁관 팽대
가장 긴 부분으로, 불룩하게 넓어져 있다.

자궁관 잘록(협부)
가장 짧고 좁은 부분으로, 자궁에 열린다.

자궁관술
가느다란 손가락 모양 돌기로, 난자를 자궁관 속으로 쓸어 담는 데 도움을 준다.

자궁관의 부위별 구분
가장 넓은 부분은 깔때기처럼 생긴 자궁관 깔때기로, 배란된 난자를 쓸어 담는다. 자궁관 팽대와 가장 속에 있는 자궁관 잘록은 벽에 근육이 매우 많아서 난자나 수정란을 쉽게 밀어 운반할 수 있다.

자궁관 깔때기
난소에 가장 가까운 가장 바깥부분이다.

상피 속면이 미로처럼 복잡해서 난자를 잡아챈다.

속공간이 단순해서 난자 운반을 촉진한다.

근육벽이 작용해서 난자나 수정란을 자궁으로 밀어낸다.

근육층이 얇다.

속공간이 넓어져 있기 때문에 수정과 운반이 일어날 여유 공간이 있다.

자궁관 잘록의 단면

자궁관 팽대의 단면

자궁관 깔때기의 단면

자궁관이 난자를 밀어내는 방식

난자가 난소에서 방출되는 즉시 자궁관이 작용한다. 자궁관은 먼저 난자를 자궁관 중간 3분의 1 부분으로 운반해서 정자가 난자를 뚫고 들어가는 수정이 일어나게 하고, 이어서 계속 자궁으로 운반한다. 자궁관의 바깥 끝부분에 있는 자궁관술이 움직이는 동시에 섬모가 단체로 박자를 맞춰 움직이면 꽃술처럼 생긴 자궁관술로 난자를 끌어당기는 기류가 발생한다. 난자가 일단 자궁관 속으로 들어오면 근육이 물결치듯 수축하고 섬모가 작용해서 난자를 자궁 속으로 운반한다.

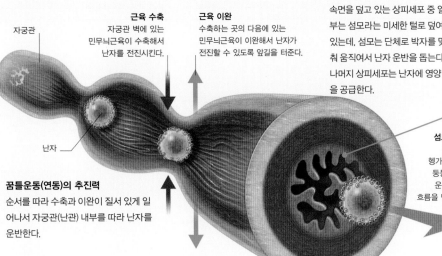

자궁관

난자

근육 수축
자궁관 벽에 있는 민무늬근육이 수축해서 난자를 전진시킨다.

근육 이완
수축하는 곳의 다음에 있는 민무늬근육이 이완해서 난자가 전진할 수 있도록 앞길을 터준다.

꿈틀운동(연동)의 추진력
순서를 따라 수축과 이완이 질서 있게 일어나서 자궁관(난관) 내부를 따라 난자를 운반한다.

상피세포의 고배율 현미경 사진
속면을 덮고 있는 상피세포 중 일부는 섬모라는 미세한 털로 덮여 있는데, 섬모는 단체로 박자를 맞춰 움직여서 난자 운반을 돕는다. 나머지 상피세포는 난자에 영양을 공급한다.

섬모세포
난자를 헹가래치듯 둥둥 띄워 운반하는 흐름을 만든다.

자궁을 향해 이동

못세포
난자에 영양을 공급하고 난자를 돕는다.

난자 사로잡기
자궁관술이라 불리는 가느다란 돌기들이 자궁
관의 한쪽 끝부분을 이룬다. 자궁관술은 속면
에 주름이 매우 많기 때문에 난소에서 배란이
일어나는 지점을 향해 움직일 때 난자를 잡아
채서 자궁관 속으로 인도한다.

자궁, 자궁경부(자궁목), 질

자궁의 속면을 덮고 있는 자궁내막은 한 달에 한번 꼴로 수정란이 도착할 가능성이 있기 때문에 이를 대비하고자 달마다 구조 변화가 일어난다. 자궁은 임신 기간 동안 태아가 성장하는 보금자리며 자궁목과 질은 태아가 바깥 세상으로 나가는 출구라 할 수 있다.

여성 생식관의 내부
여성 생식관의 중심에 위치하는 자궁은 가장 윗부분에서 양옆으로 좌우 자궁관에 연결되며, 아래로 질에 연결된다. 아래로 연결되는 출구는 자궁경부(자궁목)에 있다.

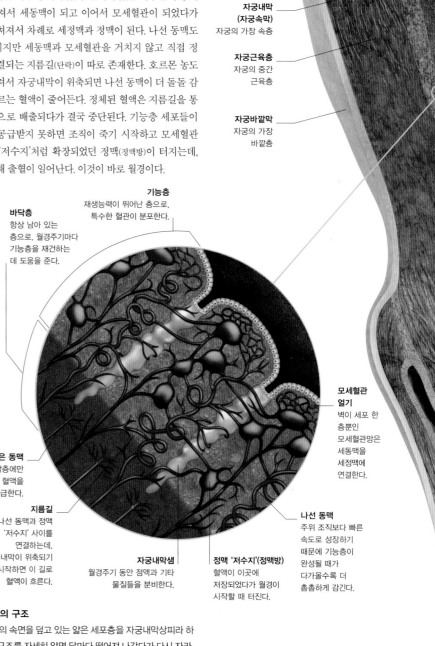

자궁

자궁은 근육이 발달한 장기로, 수정란이 착상하는 곳이다. 자궁은 임신 기간 동안 태아가 자람에 따라 본래 크기의 몇 배로 커진다. 자궁벽은 세 층으로 이루어지는데, 바깥층은 자궁바깥막, 중간층은 근육으로 구성된 자궁근육층, 속층은 자궁내막(자궁속막)이다. 자궁내막은 달마다 두터워져서 수정란이 도착할 가능성에 대비하지만 수정이 일어나지 않으면 떨어져 나간다. 자궁은 세 부분, 즉 가장 위에 돔 지붕처럼 생긴 자궁바닥(자궁저)과 가장 큰 중간 부분인 자궁몸통과 가장 아래에 있는 잘록한 부분인 자궁경부로 나뉜다.

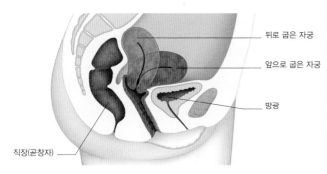

뒤로 굽은 자궁

앞으로 굽은 자궁

방광

직장(곧창자)

자궁의 위치
자궁은 각도가 여성마다 다르지만 대다수는 앞으로 굽어 있으며, 20퍼센트 정도는 뒤로 굽어 있다.

자궁은 늘어날 수 있다

자궁벽은 주성분이 근육인 덕분에 엄청나게 커질 수 있어서 태아가 성장해도 감당할 수 있다. 자궁바닥 높이(자궁저고)를 정기적으로 측정하면 태아 성장의 지표로 삼을 수 있다(아래 참조). 자궁바닥 높이(센티미터)는 대략 임신 주수와 일치하기 때문에 사용하기 편리하다.

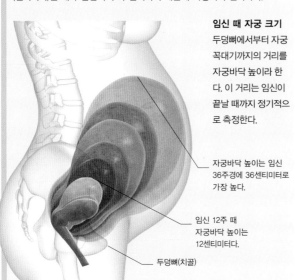

임신 때 자궁 크기
두덩뼈에서부터 자궁 꼭대기까지의 거리를 자궁바닥 높이라 한다. 이 거리는 임신이 끝날 때까지 정기적으로 측정한다.

자궁바닥 높이는 임신 36주경에 36센티미터로 가장 높다.

임신 12주 때 자궁바닥 높이는 12센티미터다.

두덩뼈(치골)

자궁내막(자궁속막)

자궁의 속면을 덮고 있는 자궁내막은 기능층과 바닥층으로 구성된다. 기능층은 달마다 두터워지다가 호르몬 농도가 낮아지면 떨어져나가서 월경으로 배출된다. 바닥층은 계속 남아 월경이 끝나면 기능층이 새로 돋도록 싹을 틔운다. 자궁내막은 혈관이 독특해서 바닥층에는 곧은 동맥이, 기능층에는 나선 동맥이 있다. 인체에 있는 대부분의 동맥은 갈라져서 세동맥이 되고 이어서 모세혈관이 되었다가 다시 합쳐져서 차례로 세정맥과 정맥이 된다. 나선 동맥도 마찬가지지만 세동맥과 모세혈관을 거치지 않고 직접 정맥에 연결되는 지름길(단락)이 따로 존재한다. 호르몬 농도가 낮아져서 자궁내막이 위축되면 나선 동맥이 더 돌돌 감겨서 흐르는 혈액이 줄어든다. 정체된 혈액은 지름길을 통해 정맥으로 배출되다가 결국 중단된다. 기능층 세포들이 혈액을 공급받지 못하면 조직이 죽기 시작하고 모세혈관 얼기와 '저수지'처럼 확장되었던 정맥(정맥방)이 터지는데, 이로 인해 출혈이 일어난다. 이것이 바로 월경이다.

자궁안(자궁강)

자궁내막 (자궁속막)
자궁의 가장 속층

자궁근육층
자궁의 중간 근육층

자궁바깥막
자궁의 가장 바깥층

바닥층
항상 남아 있는 층으로, 월경주기마다 기능층을 재건하는 데 도움을 준다.

기능층
재생능력이 뛰어난 층으로, 특수한 혈관이 분포한다.

곧은 동맥
바닥층에만 혈액을 공급한다.

지름길
나선 동맥과 정맥 '저수지' 사이를 연결하는데, 자궁내막이 위축되기 시작하면 이 길로 혈액이 흐른다.

자궁내막샘
월경주기 동안 점액과 기타 물질들을 분비한다.

정맥 '저수지'(정맥방)
혈액이 이곳에 저장되었다가 월경이 시작할 때 터진다.

모세혈관 얼기
벽이 세포 한 층뿐인 모세혈관망은 세동맥을 세정맥에 연결한다.

나선 동맥
주위 조직보다 빠른 속도로 성장하기 때문에 기능층이 완성될 때가 다가올수록 더 촘촘하게 감긴다.

자궁내막의 구조
자궁내막의 속면을 덮고 있는 얇은 세포층을 자궁내막상피라 하는데, 그 구조를 자세히 알면 달마다 떨어져 나갔다가 다시 자라는 이유를 이해하는 데 도움이 된다. 자궁내막에 분포하는 혈관은 독특해서 바닥층에는 곧은 동맥이, 기능층에는 나선 동맥이 있다. 나선 동맥은 기능층이 성장함에 따라 더 돌돌 감긴다.

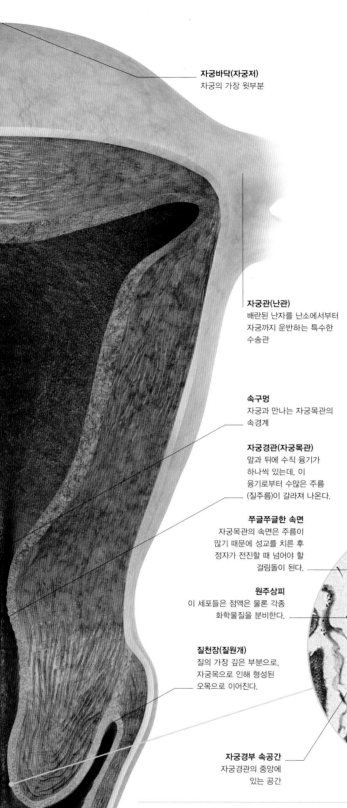

자궁바닥(자궁저)
자궁의 가장 윗부분

자궁관(난관)
배란된 난자를 난소에서부터
자궁까지 운반하는 특수한
수송관

속구멍
자궁과 만나는 자궁목관의
속경계

자궁경관(자궁목관)
앞과 뒤에 수직 융기가
하나씩 있는데, 이
융기로부터 수많은 주름
(질주름)이 갈라져 나온다.

쭈글쭈글한 속면
자궁목관의 속면은 주름이
많기 때문에 성교를 치른 후
정자가 전진할 때 넘어야 할
걸림돌이 된다.

원주상피
이 세포들은 점액은 물론 각종
화학물질을 분비한다.

질천장(질원개)
질의 가장 깊은 부분으로,
자궁목으로 인해 형성된
오목으로 이어진다.

자궁구멍
질로 이어지는
자궁경부의 바깥
경계다.

질
근육으로 이루어진 신축성
있는 치약 튜브 같은
구조로, 자궁경부를
음문에 연결한다.
질주름이라 불리는
융기들이 질의 속면에
있다.

자궁경부(자궁목)

자궁의 목부분인 자궁경부는 자궁구멍에서 질로 열림으로써 자궁과 질 사이를 연결한다. 자궁경관의 쭈글쭈글한 속면을 덮고 있는 고도로 특화된 상피세포는 정자가 전진하는 데 걸림돌이 된다. 이 상피세포들은 점액도 분비하는데, 점액의 성질과 성분은 월경주기에 따라 변한다. 월경주기 중 대부분의 시기에는 정자를 거부하는 점액으로 바뀌고, 배란 전후에는 정자에 우호적인 점액이 된다(44~45쪽 참조). 평소 정자 수명은 24시간이지만 점액이 정자에 우호적일 때는 점액이 정자의 저장고 노릇을 하기 때문에 정자가 더 오래 산다. 임신기간 동안에는 점액마개가 자궁경부를 밀봉해서 바깥 세상으로부터 자궁경부를 보호한다.

자궁경부의 분비 상피

자궁경부 상피는 원기둥 모양 세포들로 이루어져 있는데, 이 세포들이 자궁경부 점액을 분비한다. 이 점액이 만들어지는 과정은 월경주기에 일어나는 호르몬 변화의 영향을 받는다.

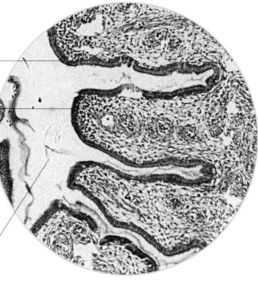

자궁경부 속공간
자궁경관의 중앙에
있는 공간

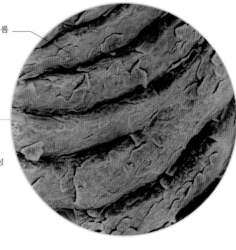

질주름

질주름
질 속면에 있는 융기를 질주름이라 하는데,
질주름 덕분에 성교를 하거나 아기를 낳을
때 질의 신축성 높은 벽이 늘어날 수 있다.

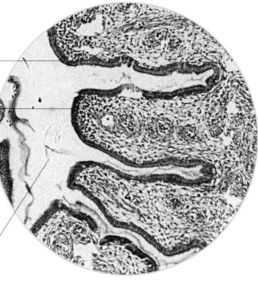
(사진: 밑에서 올려다본 자궁경부)

밑에서 올려다본 자궁경부(자궁목)
이 자궁경부 사진에서 자궁구멍이 관찰된다. 질을 통해 아기를 낳은 적이 없는 여성은 이 구멍이 꼭 닫혀 있다. 질을 통해 아기를 낳은 경험이 있는 여성은 이 구멍이 덜 닫혀 있다. 이 사진에 있는 점액은 하얗고 묽게 보인다.

자궁경부 점액의 특성

월경주기 동안 일어나는 호르몬 변화에 따라 자궁경부 점액의 양이 달라진다. 점액은 월경주기 동안 임신 가능성이 가장 높은 시기가 언제인지를 판정하는 지표 중 하나가 된다(79쪽 참조).

정자에 우호적인 점액	정자를 거부하는 점액
많이 만들어진다.	조금만 만들어진다.
더 잘 늘어나고 탄력이 있다.	덜 늘어나고 탄력이 적다.
물기가 많기 때문에 그만큼 묽다.	물기가 적기 때문에 그만큼 진하다.
더 알칼리성이다. (pH가 높다.)	더 산성이다. (pH가 낮다.)
실 모양 구조가 들어 있다.	공 모양 구조가 들어 있다.
정자를 공격하는 항체가 없다.	정자를 공격하는 항체가 있다.

질

질은 근육이 발달되고 신축성이 있는 치약 튜브 같은 구조로, 자궁과 음문을 연결한다. 질은 성교를 할 때 음경을 받아들이고 아기가 태어날 때 크게 넓어져서 산도(출산길)를 이룬다. 질은 월경 때 혈액과 탈락된 조직이 배출되는 통로가 되기도 한다. 질 벽은 바깥을 둘러싸는 막과 중간 근육층과 상피를 포함한 속층으로 구성된다. 속층에는 질주름이라는 융기가 있다. 질의 속층 상피 자체는 분비물을 만들지 않지만 자궁경부에서 분비된 물질들이 질의 속면을 매끄럽게 만든다. 질에는 정상적으로 살고 있는 세균들이 있는데, 이 세균이 질을 강산성으로 만든다. 덕분에 병원균으로부터 질을 보호하는 데 도움이 된다.

41

유방

유방의 기능은 생식기관의 기능과 밀접한 관련이 있다. 유방은 사춘기 때 발달하며, 임신 기간 중이나 후에 추가 변화가 일어나서 신생아에게 먹일 젖을 만든다.

유방 조직

유방은 샘조직과 지방과 유방의 형태를 유지하도록 지지하는 조직들로 구성된다. 유방 조직은 젖샘소엽들로 나뉘는데, 각 소엽 속에는 샘 세포들이 꽈리샘이라 불리는 포도송이 모양 집단을 이루고 있다. 그리고 각 꽈리샘에서 시작한 대롱들이 모여서 젖샘관이 된다. 젖샘관은 젖꼭지에 열린다. 임신 기간에는 에스트로겐과 프로게스테론(황체호르몬) 농도가 높아져서 젖샘과 분비관이 젖을 분비할 준비를 한다(174~175쪽 참조). 유방의 형태는 유전자와 지방조직의 양과 근육 긴장도가 결정한다.

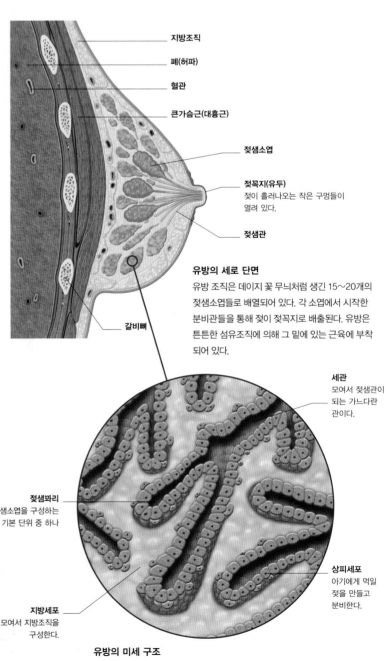

지방조직

폐(허파)

혈관

큰가슴근(대흉근)

젖샘소엽

젖꼭지(유두)
젖이 흘러나오는 작은 구멍들이 열려 있다.

젖샘관

갈비뼈

유방의 세로 단면
유방 조직은 데이지 꽃 무늬처럼 생긴 15~20개의 젖샘소엽들로 배열되어 있다. 각 소엽에서 시작한 분비관들을 통해 젖이 젖꼭지로 배출된다. 유방은 튼튼한 섬유조직에 의해 그 밑에 있는 근육에 부착되어 있다.

세관
모여서 젖샘관이 되는 가느다란 관이다.

젖샘꽈리
각 젖샘소엽을 구성하는 수많은 기본 단위 중 하나

상피세포
아기에게 먹일 젖을 만들고 분비한다.

지방세포
모여서 지방조직을 구성한다.

유방의 미세 구조
이 그림은 유방 조직을 확대한 것으로, 젖을 생산하는 세포들로 구성된 젖샘꽈리가 지방조직 속에 파묻혀 있음을 알 수 있다. 각 젖샘꽈리는 가느다란 세관을 통해 배출된다.

젖꽃판(유륜)
젖꼭지를 에워싸는 동그란 부위로, 색이 짙다.

젖꼭지(유두)
젖꽃판의 중심에 위치한다.

젖샘관
각 젖샘소엽에서부터 젖꼭지로 젖을 운반하는 관

젖샘소엽
젖을 생산하는 세포들로 구성된 구조

유방의 특징
유방은 젖을 만드는 분비샘이 발달되어 있다. 유방의 크기나 모양은 사람마다 다르지만 젖을 만드는 조직의 양은 비슷하다. 젖꼭지는 젖꽃판에 둘러싸여 있으며, 근육이 들어 있어서 자극을 받으면 발기할 수 있다. 각 젖샘소엽에서 배출되는 젖샘관을 통해 젖이 젖꼭지로 운반된다.

여성 사춘기

사춘기는 생식기관이 발달하고 커다란 신체 변화가 일어나는
인생의 한 중요한 단계로, 여성은 대개 10~14세에 시작해서
3~4년간 지속된다.

사춘기 때 신체 변화

사춘기 때 신체 변화는 순서가 정해져 있다. 소위 '가
슴 몽우리'가 봉긋 돋는 초기 유방 발달이 사춘기 때
첫 신체 변화로, 이를 '유방발육개시'라 한다. 이때 젖꼭
지와 이를 에워싸는 부위가 조그맣게 가슴벽으로부
터 돌출되기 시작한다(오른쪽 칸 참조). 그리고 약
6개월 내에 음부에 거웃이 자라고, 곧이어 겨드랑
에 털이 자란다. 유방은 서서히 부풀어오르고, 거
웃과 겨드랑털이 많아지며, 성기가 발달한다. 자
궁도 커져서 첫 월경주기인 초경이 일어난다. 이
모든 변화가 일어나는 동안 키가 커지고 몸매가
변해서 엉덩이와 골반이 넓어진다. 남성 사춘기는
여성 사춘기에 비해 약 두 살 늦게 시작한다.

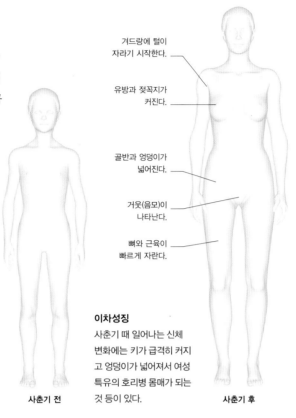

겨드랑에 털이
자라기 시작한다.

유방과 젖꼭지가
커진다.

골반과 엉덩이가
넓어진다.

거웃(음모)이
나타난다.

뼈와 근육이
빠르게 자란다.

이차성징
사춘기 때 일어나는 신체
변화에는 키가 급격히 커지
고 엉덩이가 넓어져서 여성
특유의 호리병 몸매가 되는
것 등이 있다.

사춘기 전 **사춘기 후**

유방 발육

사춘기 때 유방 변화는 다섯 단계를 차례대로 거친다.
첫 단계인 '유방발육개시' 때는 젖꼭지가 솟아오른다.
그다음에 '가슴 몽우리'가 젖꼭판 뒤에 발달하여
젖꼭지와 그 주위 조직이 가슴벽에서부터 앞으로
튀어나온다. 그다음에는 젖꼭판이 넓어지고 유방
조직이 계속 커진다. 이어서 젖꼭지와 젖꼭판에 변화가
일어나서 이들이 나머지 유방 조직에 비해 앞으로
돌출된다. 마지막 단계에는 유방의 매끄러운 자태가
완성된다.

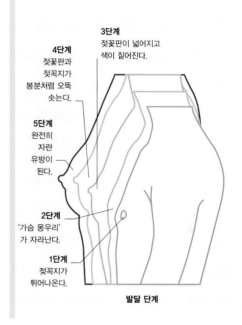

3단계
젖꼭판이 넓어지고
색이 짙어진다.

4단계
젖꼭판과
젖꼭지가
봉분처럼 오똑
솟는다.

5단계
완전히
자란
유방이
된다.

2단계
'가슴 몽우리'
가 자라난다.

1단계
젖꼭지가
튀어나온다.

발달 단계

호르몬에 의한 조절

사춘기 시작은 뇌의 일부인 시상하부에서 생식샘자극호르몬분
비호르몬(GnRH)이 분비됨으로써 촉발된다. 이 호르몬은 뇌하
수체에 작용해서 두 호르몬, 즉 난포자극호르몬(FSH)과 황체형
성호르몬(LH)이 분비되도록 자극한다. 난포자극호르몬과 황체
형성호르몬은 난소로 하여금 또 다른 두 호르몬(에스트로겐과 프
로게스테론)을 만들게 한다. 이 두 난소 호르몬은 사춘기 때 나타
나는 주요 변화들을 초래하고, 그 후 수십 년 동안 반복되는 월
경 주기를 일으킨다(44~45쪽 참조). 이 호르몬들의 분비 과정은
음성 되먹임 체계가 통제한다. 즉 난소 호르몬 농도가 올라가면
이 호르몬들이 덜 분비되도록 자극하는 호르몬 농도도 함께 높
아진다.

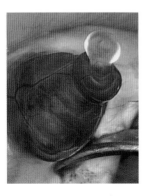

배란 현장 사진
뇌 밑에 있는 작은 뇌하수
체에서 황체형성호르몬
(LH)이 분비되고, 이 호르
몬은 난소 속에 있는 난포
가 터지도록 자극한다. 그
러면 성숙한 난자가 방출
된다. 이 과정은 달마다 반
복된다.

자동 조절
시상하부와 뇌하수체는 자극호르몬을 분
비해서 난소가 에스트로겐과 프로게스테
론을 분비하도록 촉진한다. 두 난소 호르
몬 농도가 높아지면 뇌로 되먹임되어 이
호르몬들의 분비 과정을 통제한다.

범례
⫸⫸⫸ 뇌에서 내려온 지시
⫸⫸⫸ 음성 되먹임을 통한 억제

시상하부

**GnRH
생식샘자극호르몬
분비호르몬**

GnRH 분비를 낮춘다.

GnRH 분비를
낮춘다.

뇌하수체 앞엽

LH 황체형성호르몬 **FSH 난포자극호르몬**

FSH와 LH 분비를
낮춘다.

LH 분비를
낮춘다.

난소

에스트로겐
난포세포들이 성장하고
발달하면서 에스트로겐을
분비한다. 에스트로겐 농도가
중간 정도로 유지되면 GnRH,
LH, FSH 분비를 억제한다.

인히빈
난포의 과립층세포들은 황체와
더불어 인히빈을 분비하는데,
인히빈은 뇌하수체로
되먹임되어 LH 분비를
억제한다.

릴랙신
황체는 달마다 릴랙신을
조금씩 분비하여 자궁 근육을
이완시킨다. (태반도 릴랙신을
만든다.)

프로게스테론(황체호르몬)
황체를 구성하는 세포들은
프로게스테론을 분비한다.
프로게스테론 농도가 높아지면
뇌로 되먹임되어 GnRH와 LH
분비를 낮춘다.

여성 생식주기

발달 중인 난자는 언제나 많지만 그중에 하나만 달마다 배란된다. 배란된 난자는 정자와 만나 수정할 가능성이 있다. 따라서 자궁이 수정란 착상에 대비할 수 있도록 달마다 호르몬 농도가 높아졌다 낮아지고 자궁내막이 변하는 주기가 반복된다.

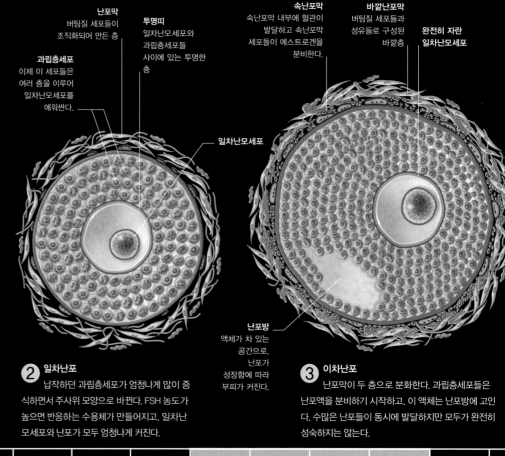

난소

난소의 위치

난포가 성숙하고 배란이 일어나는 단계별 과정

난자를 방출할 성숙한 난포가 난소에 만들어지는 난포발생 과정은 약 28주가 걸린다. 난자는 태어난 후 사춘기 전까지 계속 미성숙 상태로 난소에 머문다. 그러다가 사춘기 때 생식 기능이 성숙하면 난자를 포함한 난포가 정해진 단계를 따라 성숙하기 시작해서 원시난포, 일차난포, 이차난포, 삼차난포(성숙난포)를 차례로 거친다. 결국 성숙한 난자가 방출되는 배란이 일어나면 출혈체가 난소에 남고, 출혈체는 황체로 발달한다. 여성은 아기를 가질 수 있는 나이 동안 성숙한 난자를 400여 개만 배란하고, 대부분의 난자는 난소에 남아 쓸쓸히 죽음을 맞는다.

난포막
버팀질 세포들이 조직화되어 만든 층

투명띠
일차난모세포와 과립층세포들 사이에 있는 투명한 층

속난포막
속난포막 내부에 혈관이 발달하고 속난포막 세포들이 에스트로겐을 분비한다.

바깥난포막
버팀질 세포들과 섬유들로 구성된 바깥층

완전히 자란 일차난모세포

과립층세포
이제 이 세포들은 여러 층을 이루어 일차난모세포를 에워싼다.

일차난모세포

일차난모세포
발달이 중단된 상태에 갇혀 있다.

버팀질 세포
난포의 바깥 가장자리에 있는 섬유들 속에 묻혀 있다.

과립층세포
납작한 세포들이 일차난모세포를 둘러싸는 층 하나를 이루면서 일차난모세포의 성장과 발생을 돕는다.

난포방
액체가 차 있는 공간으로, 난포가 성장함에 따라 부피가 커진다.

① 원시난포
사춘기 후 폐경이 일어날 때까지 달마다 생식샘자극호르몬(FSH와 LH)이 난소에 있는 여러 원시난포가 발달하도록 자극한다.

② 일차난포
납작하던 과립층세포가 엄청나게 많이 증식하면서 주사위 모양으로 바뀐다. FSH 농도가 높으면 반응하는 수용체가 만들어지고, 일차난모세포와 난포가 모두 엄청나게 커진다.

③ 이차난포
난포막이 두 층으로 분화한다. 과립층세포들은 난포액을 분비하기 시작하고, 이 액체는 난포방에 고인다. 수많은 난포들이 동시에 발달하지만 모두가 완전히 성숙하지는 않는다.

①	1	2	3	4	5	6	7	8	9	10	11	12	13	14

주

주기 내 날짜

월경주기

이 28일 주기는 자궁내막이 떨어져 나간 것이 보이면 시작한다. 자궁내막이 떨어져 나가면 혈액이 질을 통해 배출되는데, 이를 월경이라 하며, 며칠 동안 계속된다. 월경이 끝나면 자궁내막이 다시 두터워져서 수정란이 착상할 가능성에 대비한다. 자궁내막이 착상에 가장 적합한 며칠 동안을 임신 가능일이라 하는데, 이 기간은 배란 5일 전에 시작해서 약 1주일 지속된다. 난자가 수정되지 않으면 자궁내막이 무너지고 월경주기가 다시 시작한다. 서로 영향을 미치는 네 가지 호르몬인 난포자극호르몬과 황체형성호르몬과 에스트로겐과 프로게스테론의 농도가 변동함에 따라 월경주기가 달마다 유발되고 조절을 받는다. 월경주기의 전반은 난포기라 불리며, 배란 후인 후반은 황체기라 한다.

호르몬

FSH 농도가 높아지면 난자가 성숙하고, 이어서 LH가 급속히 상승하여 배란이 일어나게 한다. 에스트로겐 농도는 배란 직전에 최고조에 이르고, 이어서 프로게스테론(황체호르몬) 농도가 올라가면 자궁내막이 두터워진다.

범례
— 난포자극호르몬(FSH)
— 황체형성호르몬(LH)
— 에스트로겐
— 프로게스테론

자궁내막(자궁속막)

에스트로겐과 프로게스테론은 자궁내막이 약 6밀리미터까지 두터워지게 만들어서 배아 착상을 준비한다. 수정이 일어나지 않으면 자궁내막 기능층이 떨어져 나가고, 새로운 월경주기가 시작하면 다시 두터워진다.

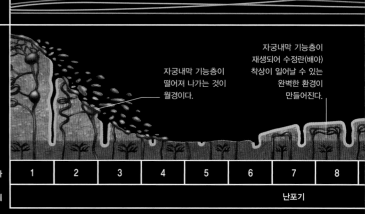

자궁내막 기능층이 떨어져 나가는 것이 월경이다.

자궁내막 기능층이 재생되어 수정란(배아) 착상이 일어날 수 있는 완벽한 환경이 만들어진다.

월경주기 내 날짜	1	2	3	4	5	6	7	8
월경주기 단계				난포기				

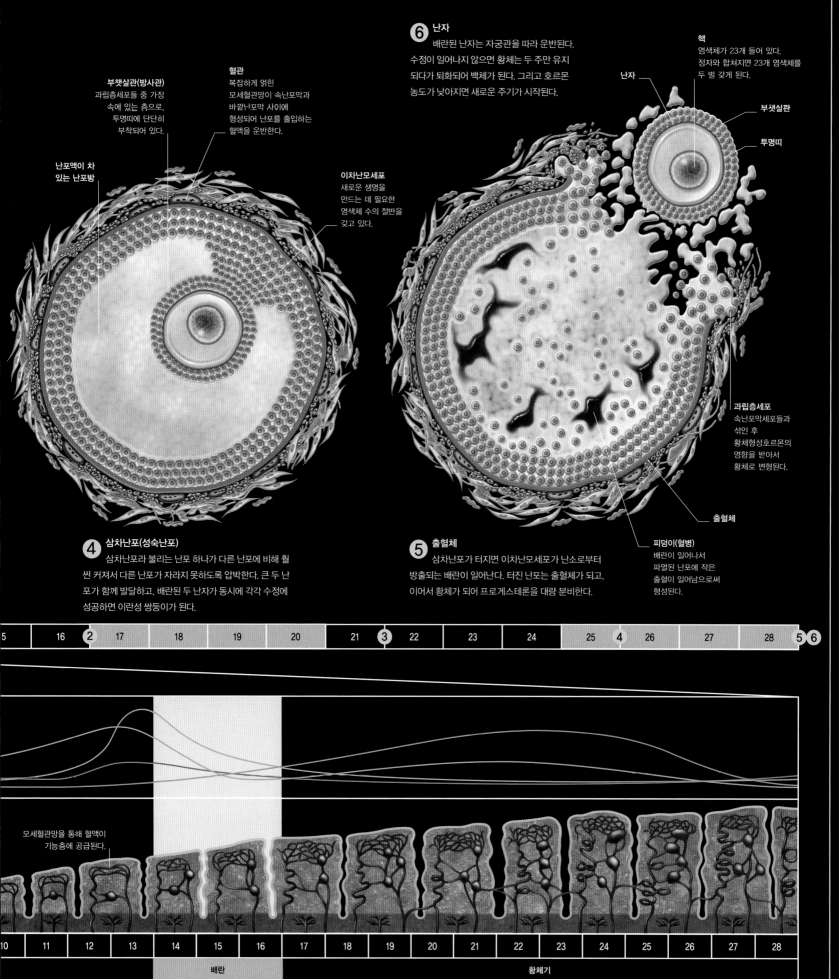

혈관
복잡하게 얽힌
모세혈관망이 속난포막과
바깥난포막 사이에
형성되어 난포를 출입하는
혈액을 운반한다.

부챗살관(방사관)
과립층세포들 중 가장
속에 있는 층으로,
투명띠에 단단히
부착되어 있다.

**난포액이 차
있는 난포방**

이차난모세포
새로운 생명을
만드는 데 필요한
염색체 수의 절반을
갖고 있다.

⑥ **난자**
배란된 난자는 자궁관을 따라 운반된다.
수정이 일어나지 않으면 황체는 두 주만 유지
되다가 퇴화되어 백체가 된다. 그리고 호르몬
농도가 낮아지면 새로운 주기가 시작된다.

핵
염색체가 23개 들어 있다.
정자와 합쳐지면 23개 염색체를
두 벌 갖게 된다.

난자

부챗살관

투명띠

과립층세포
속난포막세포들과
섞인 후
황체형성호르몬의
영향을 받아서
황체로 변형된다.

출혈체

피덩이(혈병)
배란이 일어나서
파열된 난포에 작은
출혈이 일어남으로써
형성된다.

④ **삼차난포(성숙난포)**
삼차난포라 불리는 난포 하나가 다른 난포에 비해 훨
씬 커져서 다른 난포가 자라지 못하도록 압박한다. 큰 두 난
포가 함께 발달하고, 배란된 두 난자가 동시에 각각 수정에
성공하면 이란성 쌍둥이가 된다.

⑤ **출혈체**
삼차난포가 터지면 이차난모세포가 난소로부터
방출되는 배란이 일어난다. 터진 난포는 출혈체가 되고,
이어서 황체가 되어 프로게스테론을 대량 분비한다.

모세혈관망을 통해 혈액이
기능층에 공급된다.

배란

황체기

인간의 몸이 어떻게 성장하고 발달하고 기능하는지에 대한 설계도는 모든 세포의 핵에 돌돌 말려 있는 DNA 덩어리에 있다. 새로운 생명이 잉태될 때 그 DNA 속 유전자 설명의 절반씩은 부모 각각에게서 유전된다. 비록 DNA의 구조물들은 단순하지만 실제 유전자 설명들은 매우 복잡하고 놀라운 과정을 통해 읽힌다. 하지만 일이 잘못될 수도 있다. DNA 암호가 어떻게 작동하는지를 알고 그것을 판독할 수

유전학

생명의 분자

인간을 포함한 모든 살아 있는 생명체가 존재하는 것은 암호화된 화학적 블록으로 된 복잡한 구조 덕분인데 이것을 통해 우리 몸을 창조한다.

DNA, 유전자, 염색체

인간의 몸은 데옥시리보핵산 혹은 DNA라고 불리는 기본적인 화학적 단위에 따라 구성되고 기능한다. DNA 분자에 암호화된 것은 우리의 유전자로서 차례로 염색체로 응축된다. DNA는 뉴클레오티드라고 불리는 단위로 구성되는데 4개의 다른 종류, 즉 아데닌(A), 구아닌(G), 시토신(C), 티민(T)이 유전자 코드를 형성한다. 기본적인 단계에서 유전자는 단백질을 코딩하기 위한 DNA 순서이다. 만일 유전자가 '읽힐' 필요가 있는 세포의 안내 암호라면 단백질은 세포의 근로자로서 세포의 기능을 유지하는 중요한 일을 수행한다. 단백질은 인간의 몸에서 모든 화학 반응을 감독하는 효소를 만드는 블록이다.

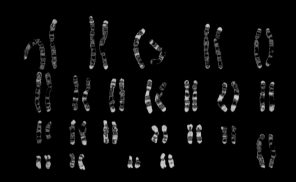

핵형
고등생물의 DNA는 염색체 안에 들어 있다. 이 전체 세트를 핵형이라고 한다. 이 광학 현미경 사진은 어느 여성의 염색체 23쌍, 즉 46개의 염색체를 보여 준다(XX 염색체는 아래의 오른쪽에 존재).

조절염기순서　　인트론　　엑손

유전자

유전자의 해부학
유전자는 몇 개의 부분으로 구성된다. 단백질을 형성하기 위해 암호화된 부분은 엑손이라고 불린다. 엑손과 엑손 사이의 암호가 해독되지 않은 부분은 인트론이라고 한다. 전사와 복사(50쪽 참조)를 조절하는 단백질은 스스로 조절염기순서에 붙는다.

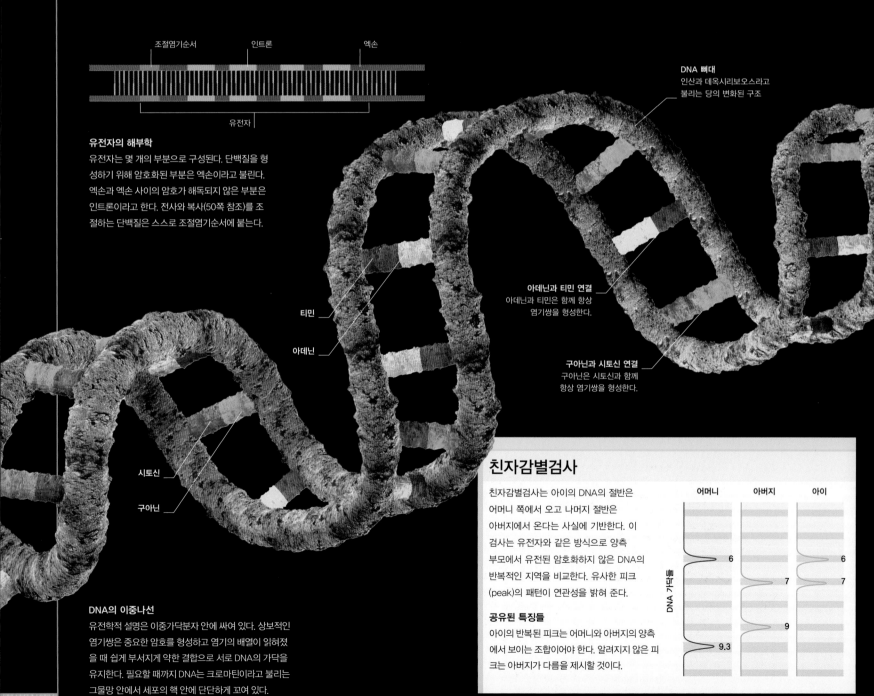

DNA 뼈대
인산과 데옥시리보오스라고 불리는 당의 변화된 구조

아데닌과 티민 연결
아데닌과 티민은 함께 항상 염기쌍을 형성한다.

구아닌과 시토신 연결
구아닌은 시토신과 함께 항상 염기쌍을 형성한다.

티민

아데닌

시토신

구아닌

DNA의 이중나선
유전학적 설명은 이중가닥분자 안에 싸여 있다. 상보적인 염기쌍은 중요한 암호를 형성하고 염기의 배열이 읽혀졌을 때 쉽게 부서지게 약한 결합으로 서로 DNA의 가닥을 유지한다. 필요할 때까지 DNA는 크로마틴이라고 불리는 그물망 안에서 세포의 핵 안에 단단하게 꼬여 있다.

친자감별검사

친자감별검사는 아이의 DNA의 절반은 어머니 쪽에서 오고 나머지 절반은 아버지에서 온다는 사실에 기반한다. 이 검사는 유전자와 같은 방식으로 양측 부모에서 유전된 암호화하지 않은 DNA의 반복적인 지역을 비교한다. 유사한 피크(peak)의 패턴이 연관성을 밝혀 준다.

공유된 특징들
아이의 반복된 피크는 어머니와 아버지의 양측에서 보이는 조합이어야 한다. 알려지지 않은 피크는 아버지가 다름을 제시할 것이다.

어머니　　아버지　　아이

DNA 가닥들

6　　　　　　6
7　　　　　　7
9
9.3

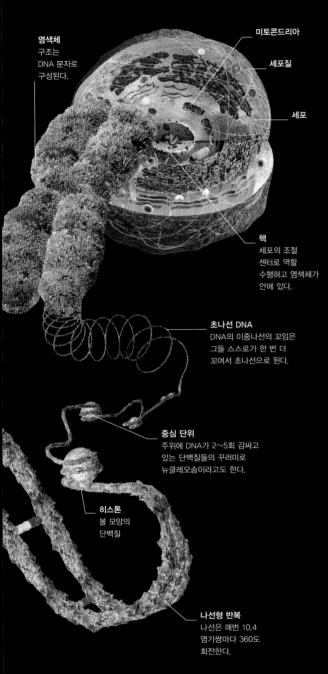

염색체
구조는
DNA 분자로
구성된다.

미토콘드리아

세포질

세포

핵
세포의 조절
센터로 역할
수행하고 염색체가
안에 있다.

초나선 DNA
DNA의 이중나선의 꼬임은
그들 스스로가 한 번 더
꼬여서 초나선으로 된다.

중심 단위
주위에 DNA가 2~5회 감싸고
있는 단백질들의 꾸러미로
뉴클레오솜이라고도 한다.

히스톤
볼 모양의
단백질

나선형 반복
나선은 매번 10.4
염기쌍마다 360도
회전한다.

인간 유전체

유전체(genome)는 생물의 전체 유전자 암호이다. 1990년에 시작하여 과학자들의 경쟁팀들이 인간 유전체의 30억 개의 염기와 문자들을 암호를 해독하기 위해서 경쟁했다. 과학자들은 개개인의 DNA를 읽을 수 있고 인간의 질환과 건강에 대해서 더욱 이해할 수 있으리라 희망했다. 알츠하이머병, 암, 심장 질환과 같은 만성 질환에 대한 통제 방법이 달라지고 개인별 맞춤 약이 현실화될 것 같았다. 인간 유전체의 첫 초안은 인간을 만드는 재료로 공식적으로는 2003년에 완성이 되었다. 2만~2만 5000개의 유전자가 있다고 여겨졌지만 전체 수는 여러 해 동안 확정되지 못했고 전체의 약 5퍼센트만이 알려졌다. DNA의 나머지 부분은 쓸모없는 정크 DNA거나 단백질 암호화와는 거리가 먼 다른 목적을 가지고 있다.

7번 염색체
화학적 염색으로 염색체에 나타난 테는 유전자의 위치를 그리는 데 사용된다. 여기서 보여주는 7번 염색체는 인간 세포의 DNA 중 약 5퍼센트를 포함한다.

DFNAS 유전자
DFNAS 단백질을 위한
암호들은 정상적인 청력에
필요한 구조인 내이(inner
ear)에 존재하는 달팽이관의
기능에 매우 중요하다고
여겨진다.

DDC 유전자
뇌의 2가지 신경전달물질인
도파민과 세로토닌 생성에
중요한 뇌 및 신경계통의
효소를 생성한다.

KRITI 유전자
정확하지 않지만
혈액뇌장벽을 포함하는
혈관과 연관 조직의 발달과
형성에 역할을 수행한다.

OPNISW 유전자
망막 세포에서 활동적이며
색감을 확인하는 데
필요하다. 이 스펙트럼의
청보라색 끝에서 볼 수
있다.

SHH 유전자
배아에서 뇌, 척추, 사지와
눈의 형성에 관여하는
단백질인 소닉헤지호그(sonic
hedgehog)를 생성한다.

성 선택하기

남성은 각각의 정자가 단지 X, Y 염색체를 가지고 있기 때문에 성(gender)에서 최종 결정권을 갖는다. 성이 자연스럽게 영향을 받을 수 있는지는 정확하지 않지만 수정할 시기의 상태는 관여할 것이다. 성은 희망했던 정자가 있는 양질의 정액을 배열하고 이런 정자를 이용함으로써 조절될 수 있다. 혹은 착상 시기에 체외수정을 하는 동안 배아를 선택해 조절될 수 있다. 일부 국가에서는 의학 외적 이유로 성을 결정하는 것은 불법이다.

X 와 Y 정자
이 전자 현미경 사진은 정액에 동일한 수의 X 와 Y 정자를 가지고 있다고 보여 주기 위해 착색했다.

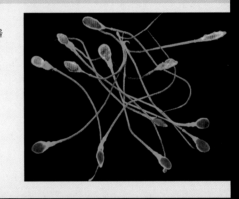

성 결정

소년을 소년처럼, 소녀를 소녀처럼 만드는 것은 무엇일까? 성은 X와 Y라고 알려진 특수한 염색체에 의해서 결정된다. X 염색체는 Y 염색체보다 길고 더욱 많은 유전자를 가진다. 이 2개의 염색체는 쌍을 형성한다. 때로는 23번 염색체라고 불린다. 여성에 있어서 쌍을 이루는 2개의 염색체는 X이고 XX가 된다. 남성은 1개의 X와 Y를 가지고 이것들이 XY를 형성한다. 이들 염색체 위의 유전자들은 한 개체를 여성과 남성으로 만드는 중요한 과정들을 작동하고 끈다.

예를 들어 SRY라고 알려진 Y 염색체에 중요한 유전자는 태아를 남성으로 발달하게 책임지고 있다. Y 염색체의 다른 유전자는 남성 생식에 관여한다고 알려져 있다. 여성은 염색체가 2개 있기 때문에 대개 1개가 배아 초기에 비활성화된다.

X 염색체
전체 DNA의 약
5퍼센트를 담당한다.

Y 염색체
세포의 전체 DNA
의 약 2퍼센트를
가지고 있다.

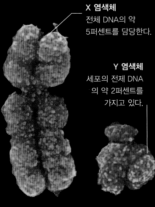

성염색체
23번 염색체는 2개의 XX(여성) 혹은 XY(남성)로 구성된다. X 염색체는 약 1400개의 유전자를 가지고 Y 염색체는 약 70~200개의 유전자를 갖는다.

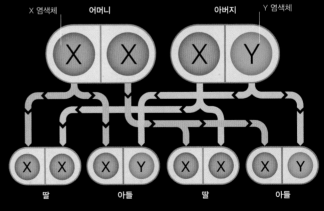

X 염색체 | **어머니** | **아버지** | **Y 염색체**

딸 | 아들 | 딸 | 아들

소년 혹은 소녀
아이의 성은 아버지의 정자에 의해서 결정된다. 만일 난자와 수정할 정자가 Y 염색체를 가졌다면 후손은 소년이다. X 염색체는 소녀를 만든다. 어머니는 아이들에게 X 염색체 중 1개만을 전달한다.

DNA가 작동하는 법

DNA는 몸의 세포들에서 일어나는 모든 것들을 조작하는 주요 분자이다. DNA의 중요한 기능 중의 하나는 새로운 체세포와 생식세포를 만들기 위해 스스로를 복제하는 것으로, 이로 인해 DNA가 영원히 남는다.

전사와 복사

DNA의 청사진이 읽힐 수 있기 전, 이것의 구조는 먼저 해독될 수 있는 형태로 바뀌어야 한다. DNA로부터 정보가 복제되어 전령 RNA(mRNA)라고 불리는 중간 형태의 분자를 형성한다. mRNA는 핵으로부터 리보솜이라는 단백질 조립 단위들로 이동한다. mRNA가 틀(template) 역할을 하여 아미노산이라는 단백질 소단위가 만들어지며 유전자 암호가 해독된다. 그 순서는 코돈(codon)이라는 mRNA 염기 쌍 3개로 정해진다.

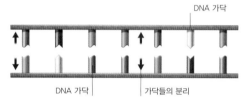

DNA 가닥
DNA 가닥
가닥들의 분리

1 분리
효소가 2개의 DNA 가닥을 분리한다. 이러한 갈라진 가닥은 mRNA로 알려진 분자의 조립 틀 역할을 수행한다. mRNA는 이러한 과정에 일시적으로 작용한다.

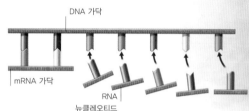

DNA 가닥
mRNA 가닥
RNA 뉴클레오티드

2 전사
mRNA의 단위 혹은 뉴클레오티드들은 DNA의 암호와 상보적인 분자와 어울려 붙는다. 암호의 연쇄 복사를 형성하고 mRNA와 DNA 사슬은 분리된다.

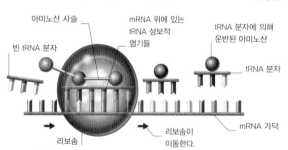

아미노산 사슬
mRNA 위에 있는 tRNA 상보적 염기들
빈 tRNA 분자
tRNA 분자에 의해 운반된 아미노산
tRNA 분자
리보솜
리보솜이 이동한다.
mRNA 가닥

3 유전자 암호 해독
유전 정보는 리보솜에 있는 핵의 외부에서 단백질 사슬로 이동한다. 리보솜에서는 소형 전달 RNA(tRNA)들이 각각의 코돈에 따라 암호화된 아미노산들을 수집한다.

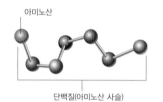

아미노산
단백질(아미노산 사슬)

4 단백질 형성
아미노산들은 단백질 사슬을 형성하기 위해서 연결된다. 이러한 배열들은 독특한 3차원 모양을 이루는데 단백질의 모양은 단백질의 기능에 매우 중요한 역할을 한다.

세포막
세포막은 세포의 분리 과정이 시작될 때 분열된다.

방추사(방추의 실)
각 염색체의 중간을 연결한다.

중심소체
속이 빈 세관으로 형성된다. 세포가 분열하기에 앞서 2개로 복제된다.

세포소기관
세포질에 존재하는 특화된 구조로서 세포분열 동안에는 떨어진다.

새로운 세포들의 형성
세포들은 항상 분열하고 있으므로 유전체가 정확하게 복제되고 분열하는 것이 중요하다. 보통 세포가 죽기 전까지 50번 이상 분열한다.

유사분열

인간의 몸은 다양한 목적을 위해서 새로운 세포를 지속적으로 생산한다. 수명이 다하거나 찢어지거나 다 써서 낡은 오래된 세포를 대체하거나, 감염에 맞설 면역세포를 더 만드는 것과 같은 특별한 일을 수행하는 세포를 만들거나 근육 조직을 강화하고 아이 키를 자라게 하는 등 성장을 위해서이다. 새로운 세포를 만들기 위해서는 정확히 스스로를 복사해야 하고 특히 매우 정밀하게 DNA의 구조가 복사되어야 한다. 이것은 유사분열이라고 알려진 과정에 의해서 완성된다. 세포들이 2번째의 동일한 염색체를 생성할 때쯤에 일시적으로 DNA가 2배가 된다. 2개의 세트가 나뉘기 직전 각각의 새로운 세포가 완벽하게 복사된 청사진을 가질 수 있게 하기 위해서 정교하게 분리된다.

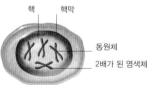

핵
핵막
동원체
2배가 된 염색체

1 준비
유사분열 전에 모세포는 성장하고 쌍 염색체를 형성함으로써 유전 물질을 2배로 복제한다.

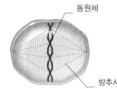

동원체
방추사

2 배열
세포의 핵은 사라지고 쌍 염색체(염색분체)는 공사장의 비계 구조(방추)처럼 배열한다.

단일 염색체

3 분리
방추사의 반대편 극이 모세포의 2배로 된 염색분체를 당겨서 분리한다.

단일 염색체
핵막

4 분열
새로운 세포는 분리된 핵에 담긴 염색체를 동일하게 나누면서 분열되었다.

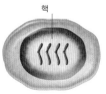
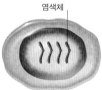

핵
염색체

5 새로운 세포들
2개의 동일한 세포들은 완전한 46개의 염색체로 완성된다. 세포의 염색체는 다시 분리되기 전까지는 나선형(크로마틴) 형태로 존재한다.

분리
세포가 분리가
시작되는 지점

염색체
염색체는 세포의 유전
물질의 대부분을 가지고
있다.

동원체
1개의 염색체를 만들기 위해서 쌍
염색체가 분리되는 지점

감수분열

이 특별한 형식의 세포분열은 생식세포(난자와 정자)를 생성하기 위해서 사용된다. 사람은 각각의 부모로부터 DNA의 절반을 물려받는다. 그래서 성염색체는 독특하게 다른 세포들의 DNA의 절반만을 가지고 있다. 난자와 정자 세포 양쪽은 23개의 염색체를 가진다. 양쪽 세포들이 배아를 형성하기 위해서 결합할 때 완전한 46개 세트로 합쳐진다. 생식세포는 독특해서 각각의 부모로부터 물려받은 염색체가 아주 동일한 복제물은 아니다. 대신에 염색체 안에 있는 유전자는 유전자 재조합이라 불리는 과정을 통해서 카드놀이의 패를 섞는 것처럼 뒤섞인다.

2배로 복제된 염색체들

1 준비기
정소들과 난소들에 있는 부모의 세포들은 성장하고 크기가 2배로 되며 2개의 염색체를 형성함으로써 유전 물질을 2배로 복제한다.

염색체들의 짝짓기

2 짝짓기
어머니와 아버지의 염색체들로부터 동일한 복사는 짝이 되고 재조합의 과정에서 서로 섞인다. 이 시기에 유전자 혹은 염색체의 일부분이 바뀔 것이다.

염색체들의 짝짓기

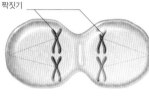

3 제1분열
한 쌍이 된 염색체들은 (자매 염색분체) 부모의 세포가 나뉠 때 새로운 2개의 딸 세포들로 분리되어 당겨진다.

2배가 복제된
염색체들

4 2개의 후손
딸 세포는 유전적으로 부모의 세포와 동일하지는 않지만 각각은 생식세포를 만들기 위해 절반으로 나뉜 46쌍의 염색체를 가지고 있다.

1개의 염색체

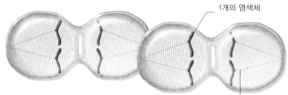

방추

5 제2분열
핵들은 사라지고 방추는 다시 생성이 되어서 자매 염색분체들을 서로 분리시켜 4개의 새로운 세포들 안으로 당긴다. 이 시기에는 유전 물질이 두 배가 되지는 않는다.

염색체

핵

6 4개의 후손
23개의 염색체를 가진 4개의 새로운 세포들이 생성된다. 이들 세포 각각은 원래의 염색체로부터 유전자를 무작위로 조합했기 때문에 유전적으로 독특하다(왼쪽 지문 참조).

유전 재조합

유전자는 재조합이라고 알려진 과정에 의해서 감수분열의 '짝짓기' 동안에 무작위로 이리저리 움직인다. 각각의 세포는 각각의 부모로부터 매 염색체당 2개를 복사한다. 재조합하는 동안 염색체 쌍들은 '교차' 과정에서 서로 합쳐진다. 염색체 쌍들은 DNA의 조각들을 서로 교환하면서 엮는다.

교차
염색체 쌍들은 적게는 일부 유전자에서 많게는 전체 분절까지 교환해 생식세포에서 유전자 조합이 이루어지도록 한다.

2배로 복사된 어머니의
염색체

2배로 복사된 아버지의
염색체

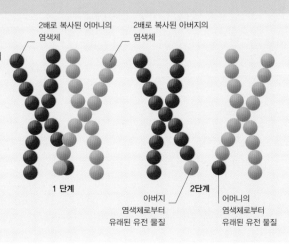

1 단계

2단계

아버지
염색체로부터
유래된 유전 물질

어머니의
염색체로부터
유래된 유전 물질

유전의 패턴

사람들은 어떻게 종조부(great-uncle)의 코 혹은 별난 유머 습관을 공유할 수 있을까? 물론 양육도 그러한 소질이 나타나는 데 영향을 주지만 유전 대물림 양식은 우리가 이것을 이해하는 데 도움을 준다.

가계도

DNA는 한 세대에서 다음 세대로 무작위로 섞인다. 하지만 거기에는 유전적 연관성에 대해서 밝힐 수 있는 규칙과 기본적인 수학 원리가 있다. 인간은 각각의 부모로부터 남성 혹은 여성의 DNA의 절반을 공유한다. 부모들 각각도 그들의 부모들의 유전자 절반을 갖는다. 이것은 개개인이 각각의 조부모의 유전자 4분의 1을 갖는 것을 의미한다. 비록 형제들은 각각 다르지만 그들의 유전자 절반을 공유한다. 유전적 연관성이 가장 밀접한 경우는 일란성 쌍태아로 이들의 유전자는 100퍼센트 동일하다. 이와 반해서 사촌은 유전자의 12.5퍼센트를 공유한다.

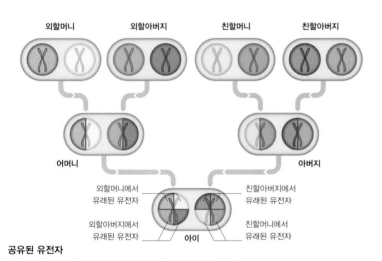
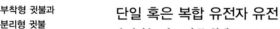

공유된 유전자

보통의 유전자의 공유는 새로운 각각의 세포에서 절반 정도로 나뉜다. 모든 사람은 부모에게서 유전자의 절반을 물려받고 자식들에게 이 절반을 전달한다.

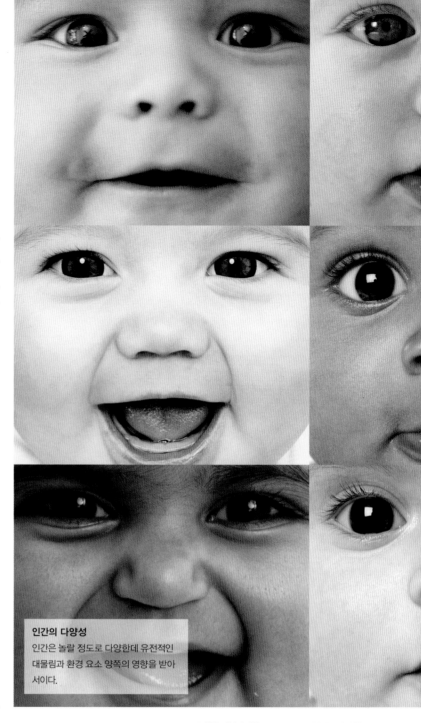

인간의 다양성

인간은 놀랄 정도로 다양한데 유전적인 대물림과 환경 요소 양쪽의 영향을 받아서이다.

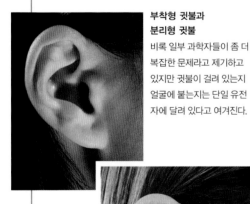

부착형 귓불과 분리형 귓불

비록 일부 과학자들이 좀 더 복잡한 문제라고 제기하고 있지만 귓불이 걸려 있는지 얼굴에 붙는지는 단일 유전자에 달려 있다고 여겨진다.

단일 혹은 복합 유전자 유전

유전자는 서로 다른 형태(대립 유전자)로 나타나는데 어떤 경우 1개의 대립 유전자는 각각의 부모로부터 유전된다. 후손에게 유전자가 발현되는 것은 그것이 단일하게 작용하는지 복합적으로 작용하는지에 따라, 즉 대립 유전자의 조합에 달려 있다. 가장 단순한 유전 형태는 1개의 유전자가 1개의 형질을 드러내는 것이다. 예를 들어 헌팅톤병과 같은 질환은 단일 유전자에서 나타난다. 일반적으로는 대립 유전자는 우성 혹은 열성이다. 한 부모에게서 우성 복제가 되고 다른 부모에게서 열성 복제가 되었을 때는 우성 형질이 발현하는 데 단지 1개의 복제만 필요하다. 열성 형질은 열성 내립 유전자가 2개 모두 유전될 때 발현한다. 하지만 눈 색깔 같은 많은 형질은 여러 유전자에 의해 이루어지며 단일 유전과 마찬가지로 작용하지만 결과를 예측하는 것은 더 어렵다.

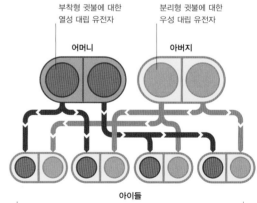

부착형 귓불에 대한 열성 대립 유전자

분리형 귓불에 대한 우성 대립 유전자

어머니

아버지

아이들

모든 아이들은 분리형 귓불을 갖는다.

우성과 열성 유전자

이 도표는 귓불 모양의 유전에 있어서 가능한 유전자 조합에 대해서 보여 주고 있다. 열성 소질이 표현되기 위해서는 이 유전자에 대해서 2개의 열성 대립 유전자가 필요하다. 여기서 아이들은 분리형 귓불을 가지지만 열성 소질의 보균자이므로 그들의 아이들 중 일부는 부착형 귓불을 가질 수 있다.

성 연관 유전

생식 기능이 없는 일부 유전자들도 성염색체인 X와 Y에 존재한다. 다음 세대로 전달되는지 여부는 염색체에서의 유전자의 위치에 달려 있고 또한 대립 유전자가 우성인지 열성인지에 따라 다르다. 예를 들어 남성은 XY로 단지 1개의 X 염색체를 가지고 있으므로 X 염색체와 연관된 유전자라면 그들의 딸 모두에게 전달될 것이지만 아들에게는 아니다. 만일 대립 유전자가 열성이면 딸들 모두는 '보균자'일 것이고 우성이면 모두 영향이 있을 것이다. 여성은 2개의 X 염색체를 갖고 1개는 무작위로 비활성화된다. 그래서 X 염색체 연관 열성 질환은 거의 발현되기 어렵다. 왜냐하면 다른 세포에는 대립 유전자의 정상적인 대체품이 있기 때문이다.

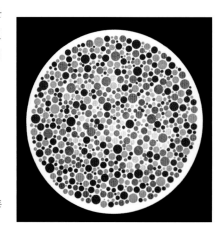

색맹
적색 바탕에 녹색 숫자 74가 있는 이 이미지는 고전적인 색맹 검사에 쓰인다. 색맹은 성 유관 열성 질환으로서 여성보다 남성에게서 더욱 흔하다.

유전자와 환경

인간의 많은 소질은 종종 복잡한 유전자와 환경 사이의 상호 교류를 통해 드러난다. 본성인지 양육의 결과인지는 논란이 있다. 개인성, 지적, 신장과 같은 소질은 연속성 위에 있다. 사람들이 알아낸 방법은 소질은 가족의 훈련, 사회경제적 상태, 영양 공급, 물리적 정서적 환경과 같은 외부 환경뿐 아니라 부모에게서 물려받은 유전 소인에 달려 있다. 우울증, 심장질환, 정신분열증, 암과 같은 많은 질환들이 유전적, 환경적 영향을 받기 때문에 유전적 요소도 부정적인 혹은 긍정적인 환경 요소에 따라 균형의 방향이 달라지기도 한다. 특정 소질이 어느 정도 유전되는지를 보기 위한 일란성 쌍둥이 연구가 이루어지고 있다.

중간세대 유전

최근에 과학자들은 주변 환경에 반응하면서 인체 내부에서 어떻게 유전자가 꺼지고 켜지는지 패턴을 찾아냈다(후생유전학(epigenetics)에서 연구됨). 그 패턴 역시 유전되는데 환경에 반응해 온 조상들로부터 유래된 유전자 발현이 변화하고 유전된다는 것을 의미한다. 예를 들어 기근은 다음 세대에 비만을 야기하는 특정 유전자의 발현에 영향을 준다.

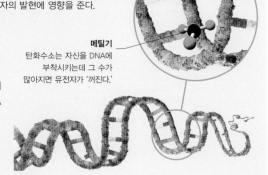

메틸기
탄화수소는 자신을 DNA에 부착시키는데 그 수가 많아지면 유전자가 '꺼진다.'

유전자를 끈다.
유전자들은 메틸기가 염기에 부착하면 꺼질 수 있다. DNA에서 많은 부분이 메틸화가 된 부분은 비활성화된 것처럼 보인다. 메틸기의 이런 패턴은 유전될 수 있다.

유전되는 지능?
인간 아이큐에서 편차의 약 50퍼센트는 유전학적으로 떨어질 수 있다. 하지만 아이들의 유전학적 약속이 다 채워질 수 있는지에 대한 여부는 양육에 달려 있다. 운 좋은 아이가 아니라도 좋은 환경에서는 그 차이를 따라잡을 수 있다.

특징 소질의 근원

환경	상호 작용	유전
• 특정한 언어(전적임)	• 신장	• 혈액형(전적임)
• 특정한 종교(전적임)	• 체중	• 눈의 색깔(전적임)
• 특정한 문화(전적임)	• 지적 능력	• 머리 색깔(전적임)
• 방사선 같은 환경으로 인한 스트레스에 민감한 경우(대부분 환경적임)	• 인격	• 헌팅톤병과 같은 일부 유전 질환(전적임)
	• 심장 질환과 같은 일부 다인적 질환들	• 대머리(대부분 유전적임)

유전적 문제와 조사

DNA는 평생 수없이 놀라울 정도로 정확하게 자가 복제한다.
그러나 가끔은 오류가 일어난다.

유전적 문제는 어디서 발생하는가

DNA에 변화가 발생하는 경우(보통 정상 기능을 하는 세포에서 발생하는 내부적인 오류나 돌연변이 유발원(matagen)으로 알려져 있는 외부 환경의 공격 때문에 발생함), 문제는 크게 세 단계에서 일어날 수 있다. 첫째, 한 유전자의 변화가 그것이 부호화하는 단백질에 영향을 주는 단계에서 오류가 일어날 수 있다. 다음 단계는 많은 수의 염색체에서 일어나는 변화이다. 세 번째 단계는 몇 개의 유전자의 변화에 환경적인 유발 요인이 더해졌을 때 발생할 수 있다. 네 번째는 다른 세 단계에 비교해서 매우 드물지만 미토콘드리아의 DNA에 영향을 주는 단계이다.

유전자 수준
태양의 자외선, 방사선 혹은 담배 등의 돌연변이 유발원에 장기간 노출된 후에 결함이 발생한 유전자는 다음 세대로 전달될 수 있으며, 배아에서 돌연변이를 일으킬 수 있고, 돌연변이는 축적될 수 있다.

염색체 수준
염색체 수 이상이 유전되는 것처럼, 오류는 염색체가 유사분열과 감수분열 중 나눠지는 동안 발생할 수도 있다 (50~51쪽 참조).

다인자 수준(단계)
여러 질환은 수많은 유전자의 돌연변이와 더불어 감수성에 영향을 주는 환경적 요인에 영향을 받아 발생한다. 예를 들어 알츠하이머병과 유방암은 원인이 다양하다.

미토콘드리아 수준
돌연변이는 세포의 미토콘드리아(세포가 활동하는 데 필요한 에너지를 부여하는 기관)가 가지고 있는 DNA에서 일어나기도 한다. 미토콘드리아의 DNA는 미토콘드리아의 역할을 적절하게 지속하는 데 관여하는 단백질을 부호화한다.

돌연변이

DNA 염기순서에 대한 부호화에 발생하는 어떤 영구적인 변화도 돌연변이로 간주된다. 이러한 변화는 유전자의 한 '글자(letter)'의 변화처럼 작을 수도 있고 한 염색체 전체에 걸쳐서 올 정도로 클 수도 있다. 염색체 돌연변이의 결과는 구조적인 변화의 크기 및 위치 및 어떤 DNA가 결손되었는지에 따라 다르다. 이러한 상황은 정자나 난자 모두에서 일어날 수 있으며, 배아 발생 초기에 일어날 수도 있다. 유전자 돌연변이는 유전되거나 배아에서 자연적으로 발생할 수 있다. 그러나 종종 DNA 복제와 관련된 복잡한 과정 어딘가에서 실수가 일어날 때 신체의 세포에서 돌연변이가 일어난다. 유전자의 정상 기능을 손상시킨다면 유전자 돌연변이는 좋지 않은 결과를 초래할 것이다.

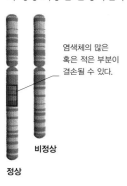

염색체의 많은 혹은 적은 부분이 결손될 수 있다.

결손
염색체의 한 부분이 분리될 수 있다. 결손 부위의 유전적 기능이 얼마나 큰가에 따라 이에 대한 영향은 달라진다.

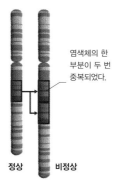

염색체의 한 부분이 두 번 중복되었다.

정상 비정상

중복
염색체의 한 부분이 잘못되어 한 번 이상 복제될 수 있다. 이 경우 그 부분은 여러 번 중복된다.

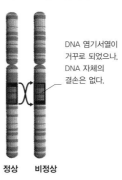

DNA 염기서열이 거꾸로 되었으나. DNA 자체의 결손은 없다.

정상 비정상

역위
염색체는 두 부분에서 쪼개질 수 있다. 손실된 부분은 다시 삽입될 수 있지만 방향이 잘못되었다. 보통 DNA의 손실은 없다.

유전자 돌연변이의 여러 유형

유전자 돌연변이는 특정한 유형의 오류로 발생한다. 돌연변이가 DNA 염기서열의 암호를 읽는(해독하는) 것을 방해하는지 여부와 차후에 일어나는 변화가 유전자에 의해 합성되는 단백질에 영향을 미치는지 여부가 유전자의 기능을 좌우한다.

돌연변이 유형	맞는 부호화	틀린 부호화
프레임시프트 돌연 변이 DNA는 아미노산으로의 번역을 위해 필요한 3개의 문자(글자)로 이뤄진 프레임을 단위로 해독된다(읽는다). 돌연변이는 이 프레임을 바꿔서 결국 아미노산의 변화를 일으킨다.	CAT CAT CAT CAT ↑ 세 글자(문자)로 이뤄진 틀	ATC ATC ATC ATC 서열은 하나의 프레임을 오른쪽으로 이동시킨다. 따라서 CAT은 ATC가 된다.
결실 돌연변이 크건 작건 DNA 염기서열이나 유전자 글자의 어떤 손실이 있다면 결실(deletion)에 속한다.	CAT CAT CAT	CAT CTC ATC 'A'가 제거되었다.
삽입 돌연변이 한 단위부터 큰 단위들까지에 걸쳐 어떤 여분의 DNA의 삽입이라도 유전자의 기능을 잠재적으로 방해할 수 있다.	CAT CAT CAT CAT	CAT CAT ACA TCA ↑ 'A'가 삽입되었다.
반복 돌연변이의 증가 이것은 일종의 삽입 돌연변이로, 유전자의 기능을 손상시킬 수 있는 DNA 서열이 짧게 반복된다.	TAG GCC CAG GTA	TAG GCC CAG CAG ↑ 프레임이 반복된다.
미스센스 돌연변이 부호화하는 도중 하나의 글자가 다른 것과 교환되는 것이다. 이로써 발생한 새로운 DNA 서열은 의도한 것과 다른 아미노산을 만들게 된다.	CAT CAT CAT	CAT CAT CCT ↑ 'A' 대신 'C'가 잘못 삽입되었다.

유전 상담

낭포성 섬유증이나 몇 가지 암과 같이 가족력이 있는 유전 질환을 가진 사람은 자녀에게 병이 전해질 위험도 때문에 유전 상담을 받기를 원할 것이다. 유전 상담자는 만약 환경적인 요인이 있는 질환이라면 예방이 가능한 방법을 찾기 위하여 조언을 하고, 가족 구성원에 대한 검사가 가능한 적합한 상황이라면 검사를 진행하고, 치료가 가능한 경우라면 치료 방법을 제시해야 한다. 임신부는 산전 검사 결과가 비정상으로 나온 경우 유전 상담자를 찾아갈 수 있다. 유전적인 문제가 있어 보이는 의학적 혹은 학습 장애가 있는 자녀를 둔 부모는 평가에 참여할 수 있다. 유전상담자는 또한 잠재적인 문제 유전자를 가지고 있을지도 모르는 태아에 대하여 정보를 제공해야 한다. 유전 상담자는 임신부에게 임신 기간 중 시행한 유전 검사 결과를 제공하고 이러한 상황에서의 치료 및 해결 방안에 관련한 선택 사항에 대한 전반적 개요를 설명해 주어야 한다.

병력 가계도
유전 상담자는 유전 질환의 위험도를 분석하기 위하여, 부모 및 그들 가족의 건강에 대하여 자세하게 병력 청취를 한 후 다음과 같은 가계도를 그려 봐야 한다.

범례
- ■ 암에 의해 영향
- ■ 받은 경우
- □ 암에 의한 영향이
- □ 없는 경우

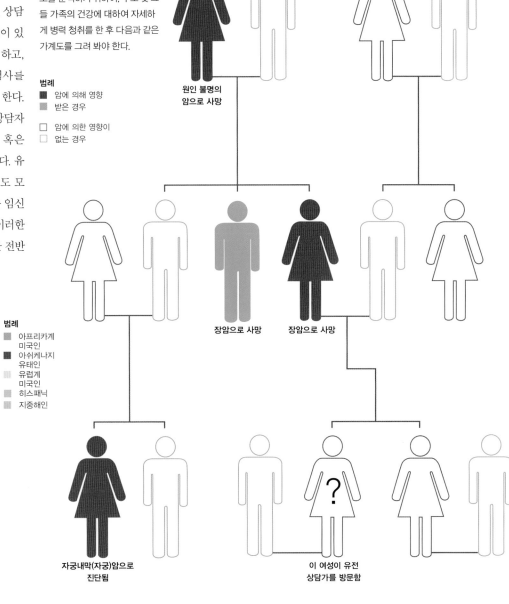

원인 불명의
암으로 사망

장암으로 사망   장암으로 사망

자궁내막(자궁)암으로
진단됨

이 여성이 유전
상담가를 방문함

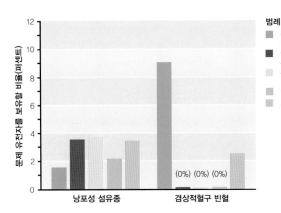

범례
- 아프리카계 미국인
- 아쉬케나지 유태인
- 유럽계 미국인
- 히스패닉
- 지중해인

(세로축) 문제 유전자를 보유할 비율(퍼센트)

(가로축) 낭포성 섬유종   겸상적혈구 빈혈

(0%) (0%) (0%)

유전적 장애와 민족
일부 민족 집단은 다른 집단보다 유전적인 문제가 훨씬 많다. 이 그래프는 아프리카계 미국인이 타 민족보다 겸상 적혈구 빈혈에 걸릴 확률이 매우 높음(9퍼센트)을 보여 준다.

유전병 선별 및 검사

유전병에 대한 유전학적 검사는 생애 초기에 치료할 수 있는 질환(페닐케톤뇨증 등)을 선별하기 위하여, 혹은 생애 후반기에 발생하지만 증상이 발생하기 전에 질환에 관여하는 유전자(유방암과 관련 있는 BRCA1과 같은 유전자)를 선별하기 위하여 임신 초 혹은 출생 직후(신생아기)에 하게 된다. 산전검사로 양수 검사를 할 수 있다. 양수 검사는 양막강 내 양수에 떠다니는 태아로부터 유래된 태아세포를 얻는 것이다. 이러한 세포들은 염색체 이상을 위하여 분석되며, 이 같은 방법으로 다운증후군 등의 질환을 진단할 수 있다.

착상 전 검사
몇 나라에서는 유전적 질환의 위험도가 높은 경우에는 체외수정시켜 배아를 발생시킨 후 건강한 배아를 골라서 착상을 시키기도 한다.

형제 구조자

간혹 블랙팬–다이아몬드병과 같은 심하고 치명적인 유전 질환이 있는 아이를 치료하기 위한 '형제 구조자(savior siblings)'를 탄생시키기 위하여 착상되기 전 배아가 선별되기도 한다. 착상 전 유전자 검사로, 병이 없는 상태로 형제에게 적합한 조직을 생산할 수 있는 것을 목적으로 배아를 선택한다. 이러한 아이들이 태어날 때 얻은 제대혈 혹은 골수의 줄기세포는 아픈 형제의 치료를 위해 사용된다.

치료를 위한 출생
2003년 영국에서 재인 해시미의 부모는 재인의 베타 지중해 빈혈의 치료를 위하여 재인과 조직 접합성을 가진 건강한 형제를 얻기 위한 법적 분쟁에서 승리했다.

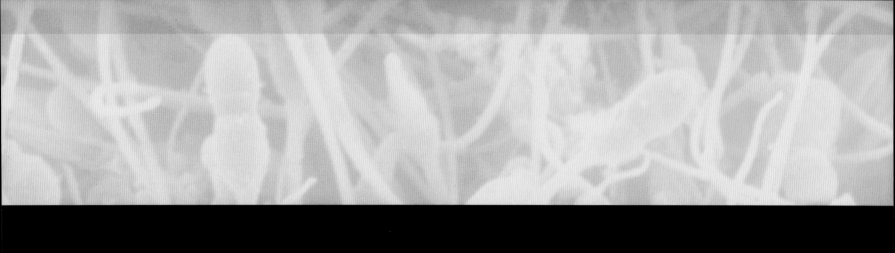

임신이 시작되는 과정은 보기보다 훨씬 더 복잡하다. 인간의
성행위는 감각자극과 호르몬 간의 상호 작용으로 시작되어
성적인 끌림으로 이어진다. 성기와 뇌가 신경계통을 통하여
지속적으로 교호하면서 성욕, 흥분 그리고 성적 흥분의
절정이 뒤따른다. 인간은 생식 목적만이 아닌 즐거움을 위해
성행위를 한다는 점에서 다른 대부분의 동물들과 다르다.

성 과학

성의 진화

'성'이란 단어는 남성과 여성을 구분하는 데 사용되며 생식행위를 의미할 수도 있다. 진화는 종이 환경에 적응하고 번식하여 유전자의 생존을 극대화하도록 해 주는 성에 대한 정의와 관련이 있다.

성이란 무엇인가?

인간의 성은 외성기로 분명히 구분되지만 많은 동물들에서 성별은 성염색체나 성세포의 크기로만 결정된다. 여성은 일반적으로 큰 성세포(난자)를, 남성은 그보다 작은 성세포(정자)를 가지지만 생물의 초기 진화 시에는 동일한 크기의 성세포가 자손을 번식시키기 위해 결합되었다. 성세포 크기가 달라진 것은 일부 성세포가 동일한 적합성을 가진 자손을 생산하기 위하여 커진 반면 다른 성세포는 작아지고 빨라지는 것이 유리하다고 보았기 때문에 그렇게 진화한 것으로 생각된다.

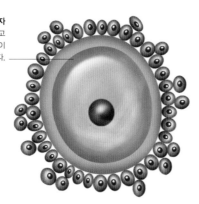

정자
작은 크기의 세포는 헤엄치기에 적합하다.

난자
난자는 크고 비교적 움직임이 없다.

성세포의 상대적 크기
효모균과 같은 일부 종은 여전히 동일한 크기의 성세포의 융합으로 번식하지만 보다 최근에 진화된 많은 유기체들은 남성 성세포보다 훨씬 큰 여성 성세포를 가지고 있다.

왜 성교를 하는가?

성생활의 일차적인 이유는 자체의 유전자 복제물을 생산하는 데 있다. 유전자의 보존을 위해서는 자손을 낳는 것이 유일한 방법이기 때문이다. 많은 동물들은 암컷의 가임기 중에만 성행위를 하지만 인간과 고래와 같은 일부 종은 즐거움을 위해 성행위를 한다. 이러한 인간의 본능은 남성과 여성을 부부로 결합시키는 데 도움이 되는 방향으로 진화된 것일 수 있는데 혼자 아이를 양육하기 어려웠던 과거에는 절대적으로 필요했을 것이다. 성교는 뇌하수체의 옥시토신 호르몬 분비를 자극하며 이 호르몬은 성생활에서 핵심 역할을 하는 것으로 보인다.

유전자 복제
자손은 부모의 유전자 생존을 위하여 필요하며 각각의 부모가 자신의 유전자의 50퍼센트만을 자손에게 전달할 수 있다.

쾌락을 위한 성교
인간은 대부분의 진화 역사에서 즐거움을 위해 성행위를 해 왔는데 이는 고대 그리스 시대의 호색적인 장면처럼 보편화된 예술적인 묘사에서도 알 수 있다.

정자의 경쟁

여성만이 자녀가 여성으로부터 유래한 생명이라는 것을 보장할 수 있고 남성은 그럴 수 없다. 여성의 난자를 수정시킬 수 있는 가능성을 높이기 위하여 남성은 정자가 다른 경쟁자보다 더 적합하다는 것을 확신시켜야 한다. 나비를 포함한 일부 동물들은 두 종류의 정자를 생산하는데 하나는 수정용이고 다른 하나는 수정을 돕는 보조 정자이다. 많은 정자를 생산하는 것 또한 성공적인 수정에 유리할 수 있다. 난잡한 종은 보다 많은 정자를 생산하기 때문에 고환이 크다. 인간은 고릴라와 같은 다른 영장류보다 훨씬 더 성생활이 난잡하여 고환은 수컷 고릴라 고환보다 비교적 더 크다.

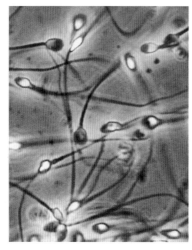

적자생존
인간의 정자에는 보통 1밀리미터당 1억 5000마리의 정자가 있다. 각 정자는 난자와 수정하기 위하여 다른 정자와 경쟁하며 최적의 정자만이 그 승자가 된다.

자웅동체

이중의 외부 생식기를 가지고 태어난 인간은 드물게 호르몬 교란으로 남성 여성 모두가 될 수 있다. 그러나 그들은 생식을 위하여 두 성기 모두를 사용할 수 없다. 진성 반음양은 남성과 여성 생식기 모두를 가지고 있으며 서로 수정할 수 있다. 이것은 개체가 혼자 생활하고 서로 만날 기회가 드문 민달팽이나 달팽이 같은 동물에게는 진화적인 장점이 되고 있어 일회 만남이 성공적인 번식 기회를 배가시켜 준다.

무성생식

일부 유기체는 자신의 복제품을 만들어 무성생식으로 번식한다. 무성생식에 의한 번식에는 여러 다양한 방법들이 있지만 각 과정은 번식 필요성을 우회하여 성적인 번식 방법보다 훨씬 신속하게 자손을 번식시킨다. 따라서 자손은 유전적으로 부모와 동일한 셈이 된다. 무성생식에 의한 번식은 환경적인 변화를 극복하는 데 이상적인 유전적인 다양성을 창출하지 못하지만 이것은 유기체에서 성공적인 전략이다. 적응력이 더 뛰어난 종과 경쟁하거나 변화가 거의 없는 환경에서 서식하는 유기체에는 이러한 번식 방법이 가장 적당하다.

복제
산호충과 같은 일부 동물은 자체의 정확한 유전 복제물을 생산해 번식할 수 있으며 성적 번식도 할 수 있다.

재생
재생은 한 동물이 부모의 몸의 일부에서 떨어져서 형성되는 것이다. 불가사리는 이런 식으로 번식하지만 떨어져 나온 부분 중 부모의 중심 부분이 포함될 때만 가능하다.

장점과 단점

무성생식에 의한 번식은 박테리아와 같은 단일세포 유기체에서 가장 흔하지만 채찍꼬리 도마뱀과 같은 몸집이 큰 동물은 물론 많은 식물과 곰팡이류도 역시 이러한 번식 방법을 이용한다.

장점	• 짝을 찾을 필요가 없다. • 새로운 복제품을 만드는 데 정력을 쏟을 수 있다. • 신속한 번식 방법 • 부모의 유전자가 짝의 유전자를 희석시키지 않는다.
단점	• 유전 변이가 없다. • 환경 변화에 따른 복제에 대한 적응이 필요 없다.

단위생식
단위생식(처녀생식, 단성생식)은 수컷에 의해 수정되지 않은 난자로부터 자손을 번식하며 채찍꼬리도마뱀도 이런 방법으로 번식한다.

유성생식

유성생식은 암컷과 수컷이 수정을 통해 성세포에 있는 유전자를 조합시켜 일어난다. 유성생식에는 성기를 삽입하는 성관계가 필요 없는데 일부 어류 성세포는 수컷 몸 밖 물속에서 조합된다. 모든 성세포는 반수체로, 전체 염색체 수의 정확한 반을 가진 반수체가 서로 결합해 온전한 개수의 염색체를 가지게 된다. 유성생식은 유전적으로 다양한 자손을 낳아 자연적 선택을 가능하게 만든다. 환경이 변화하면서 새로운 환경에서 도움이 되는 유전자를 가진 개체는 적응, 생존하며 그렇지 않은 개체는 사멸한다. 그리하여 성적으로 번식하는 유기체가 시간이 지나면서 진화 가능성이 높아진다.

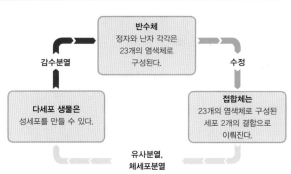

반수체
정자와 난자 각각은 23개의 염색체로 구성된다.

감수분열

수정

다세포 생물은
성세포를 만들 수 있다.

접합체는
23개의 염색체로 구성된 세포 2개의 결합으로 이뤄진다.

유사분열, 체세포분열

성세포의 결합
46개 염색체를 가진 모세포는 감수분열에 의해 분열되어 단지 23개 염색체의 반수체가 된다. 각 부모의 한 가지 성세포는 결합되어 반수체 자손을 낳고 이것이 감수분열에 의해 분열되어 유기체(생물)가 된다.

유당내성
인간은 최근의 진화 역사에서 유제품을 소비하기 시작했다. 초기 사회에서 일부 사람들은 우유에 함유된 당분인 유당을 소화할 수 있는 유전자를 가지게 되었다. 이러한 사람들은 인간이 낙농을 시작하면서 번창했으며 유당내성 유전자가 널리 퍼지게 되었다. 전통적으로 낙농을 하지 않는 일부 사회에서 유당불내성은 일반적이다.

장점과 단점

유성생식은 현재 유기체의 주요 번식 형태이다. 이것은 동물계의 구성원 상당수가 보이는 번식 방법이다.

장점	• 두 부모가 유전변이를 일으킨다. • 종은 환경 변화에 용이하게 적응한다. • 유전적 질병 가능성은 적다.
단점	• 짝을 찾는 데 시간이 필요하다. • 수정이 언제나 성공하지는 않는다. • 부모는 그들 유전자의 반만을 전달할 수 있다.

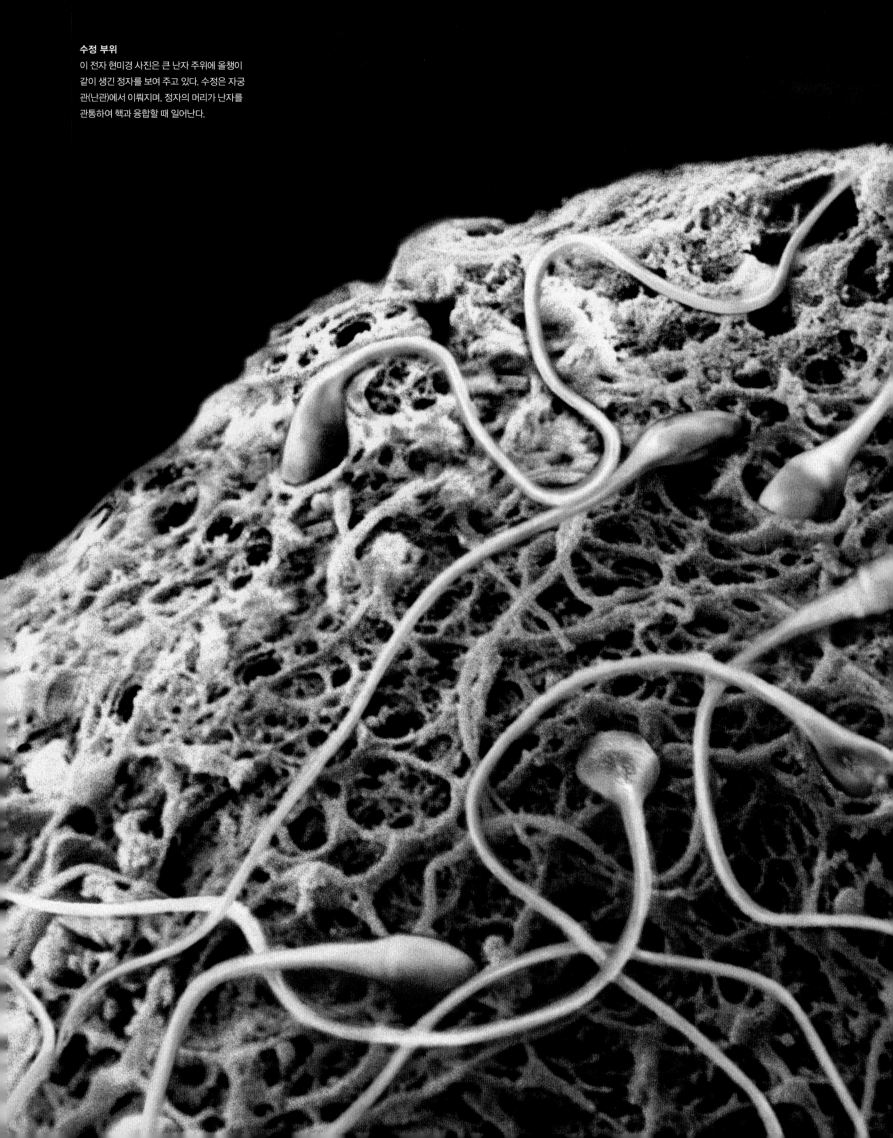

수정 부위

이 전자 현미경 사진은 큰 난자 주위에 올챙이 같이 생긴 정자를 보여 주고 있다. 수정은 자궁관(난관)에서 이뤄지며, 정자의 머리가 난자를 관통하여 핵과 융합할 때 일어난다.

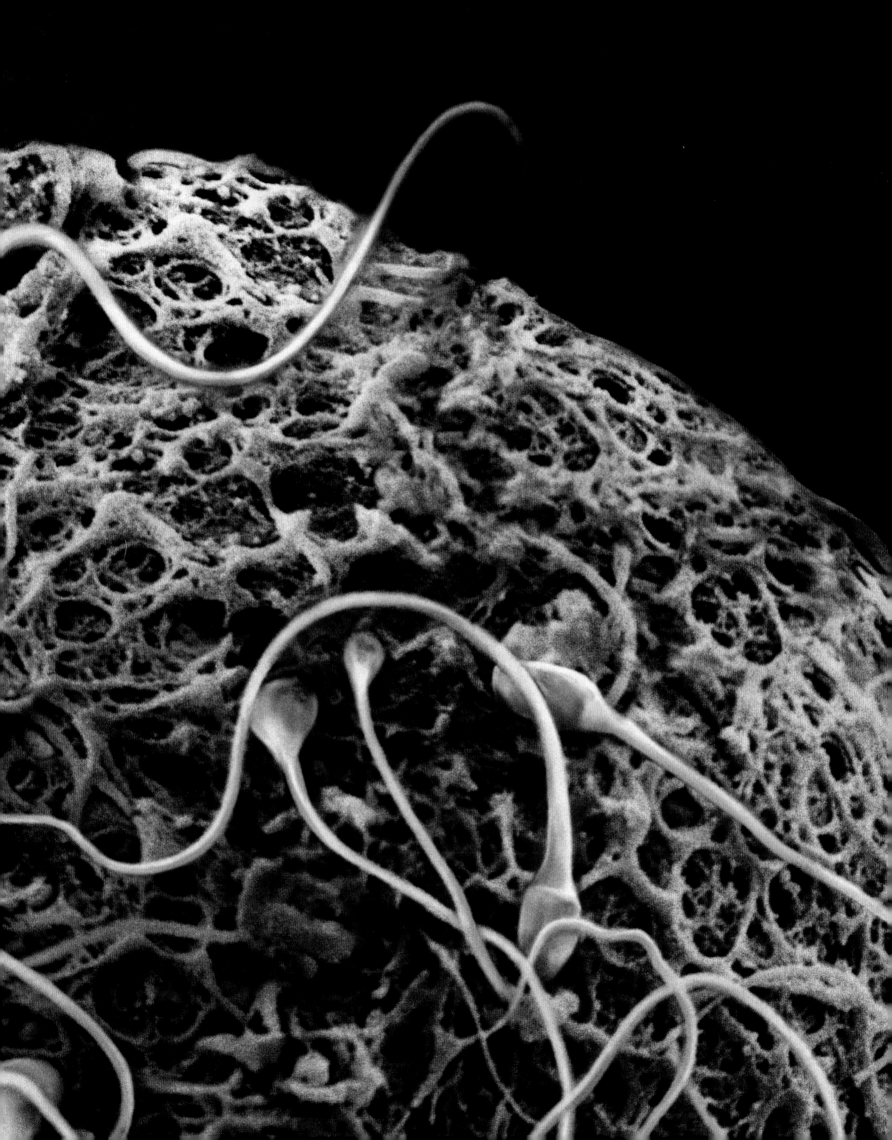

이끌림

성적인 끌림은 종종 설명할 수 없는 본능으로 추정되지만 많은 인자의 상호 작용이 신비스러운 화학 작용 뒤에 숨어 있다. 페로몬(pheromone)으로 생각되는 화학적 신호는 호르몬 효과, 시각적 신호 그리고 알려지지 않은 다른 요인에 더해, 사람을 다른 사람에게 끌리게 만든다.

교배법이 외모에 미친 영향

동물이 살아가는 환경은 교배법 발달에 커다란 영향을 주었다. 대부분의 동물들의 세계에서 큰 무리의 암컷 집단은 단일 수컷의 보호를 받는다. 수컷은 종종 암컷보다 몸집이 크며, 암컷 쟁탈전에 사용하는 큰 뿔과 같은 무기를 개발해 왔다. 암컷 쟁탈전이 실익이 없는 일부 환경에서는 수컷은 짝짓기 상대로 적합하다는 신호를 보내기 위하여 화려한 색 깃털과 같은 현란한 물리적 속성을 이용하여 암컷을 유혹한다.

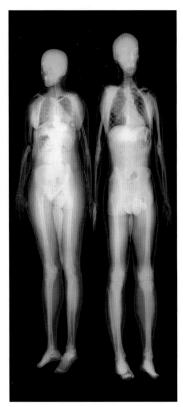

신체 크기의 비례
난혼 또는 장기적 결합이 형성되는 인간 세계 등에서는 남녀 또는 암수의 외양이 유사하다.

치장
공작 꼬리에 안점이 많은 것은 수컷이 유전적으로 적합하고 우수한 유전자를 전달할 수 있다는 것을 의미한다.

무기
붉은 수사슴은 암컷을 차지하기 위해 경쟁한다. 만일 경쟁하는 수컷이 상대방의 외모에 겁을 먹지 않는다면 치열한 싸움이 일어나게 된다.

긍정적인 동류교배(선택결혼)

긍정적인 동류교배는 유사한 속성을 보이는 짝을 선택하려는 유기체의 성향이다. 인간은 잠재적으로 외모와 지적 수준이 비슷한 사람들이 짝을 이루는 경향에 따라 자기 짝을 선택한다. 이러한 본능은 장기적이고 안정적인 관계를 위해 인간세계에서 진화한 것일 수 있다. 이것은 초기 인간의 진화 역사에서 필수적이었는데 양쪽의 부모 모두가 자손을 돌볼 수 있을 경우 자손들의 생존 가능성이 높아지기 때문이다.

신체적 유사성
인종이나 키와 같은 신체적 유사성을 볼 때 동류교배(선택결혼)를 하고 있는 것이 쉽게 관찰된다.

월경주기와 배우자 선택

월경주기 동안 호르몬 변화는 여성이 어떻게 남성의 매력을 평가하는지에 영향을 준다. 가장 임신 가능성이 높은 기간에 여성은 유전적으로 우월한, 남성다운 속성을 나타내는 남성에 이끌리는 경향이 있다. 이 잠재의식적인 매력은 이러한 남성이 가장 유전적으로 적합한 자손을 가질 수 있다고 여성이 생각하기 때문에 생기는 것으로 보인다. 그러나 월경주기의 다른 단계에서는 여성은 유전적으로 유사하지만 덜 남성적이면서도 동반자 관계가 되어 자손들을 잘 돌볼 가능성이 높은 남성에게 끌리는 경향이 있다. 즉 여성은 유전적으로 적합한 남성과 짝을 이루어 보다 양호한 양육 성격을 가진 것으로 보이는 남성과 장기적인 동반자 관계를 형성하려고 진화해 온 것으로 보인다.

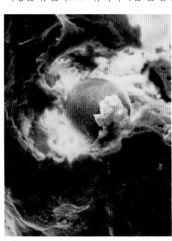

배란과 이끌림
이 색조영 주사 전자 현미경 사진은 난자가 방출될 때 배란의 순간을 보여 주고 있다. 이 무렵 여성은 잠재의식적으로 가장 유전적으로 적합하고 자손을 양육하는 데 적당한 남성에 끌리게 된다.

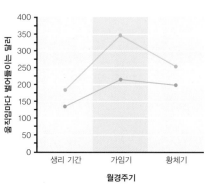

월경주기 (x축)
움직임마다 벌어들이는 달러 (y축): 0, 50, 100, 150, 200, 250, 300, 350, 400
생리 기간 / 가임기 / 황체기

범례
— 경구 피임약 미복용 여성들
— 경구 피임약 복용 여성들

숨겨진 배란

한 연구 결과는 랩 댄서가 배란기에 어떻게 팁을 더 많이 받아 내는지를 보여 주고 있다. 배란기의 미묘한 행동 변화가 여성이 가임기에 있는지 여부를 남성들이 판단할 수 있게 해 준다.

경구 피임약의 효과

경구 피임약은 일반적으로 배란을 억제한다. 이는 여성이 배란기 동안 유전적으로 우월한 남성에 끌리게 하는 미묘한 신호가 교란된다는 것을 말한다. 이러한 현상의 장기적인 영향은 아직까지 알려진 것이 없다. 그러나 이것은 여성이 그들과 유전적으로 유사한 남성과 덜 적합한 자손을 낳을 가능성을 높일 수 있다. 또한 여성이 경구 피임약 사용을 중지했을 때 파트너를 다르게 보기 시작할 수도 있기 때문에 경구 피임약은 인간관계의 안정성에 영향을 미칠 수도 있다.

페로몬

페로몬은 동일한 종의 동물이 서로 의사소통을 하기 위해 배출하는 화학물질이다. 일부 동물들은 영역을 표시하기 위하여 이를 이용한다. 개미는 음식이 있는 곳으로 다른 개미들을 안내하는 통로를 정하거나 그들에게 위험을 알리기 위하여 페로몬을 이용한다. 페로몬은 짝짓는 역할을 하기도 한다. 아마도 인간을 포함하여 많은 종에서 이 물질은 여성이 짝짓기 준비가 되었다는 신호를 보내는 역할을 할 것이다. 한 연구 결과 남성은 배란기의 여성의 옷에 더 끌린다는 것이 밝혀졌다. 또한 페로몬은 유전적으로 다른 파트너에 끌리는 현상을 설명하기도 하며, 잠재적으로 자손의 유전적 다양성을 높일 수 있다.

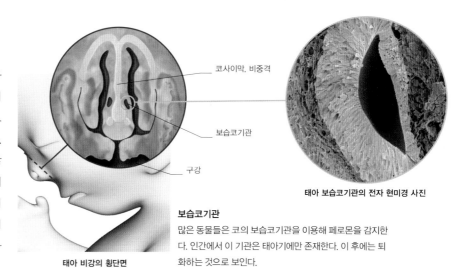

코사이막, 비중격

보습코기관

구강

태아 비강의 횡단면

태아 보습코기관의 전자 현미경 사진

보습코기관
많은 동물들은 코의 보습코기관을 이용해 페로몬을 감지한다. 인간에서 이 기관은 태아기에만 존재한다. 이 후에는 퇴화하는 것으로 보인다.

안면대칭성

안면은 남성의 경우 남성적으로 보일 때, 여성의 경우 여성적으로 보일 때 매력적인 것으로 평가된다. 잠재의식적으로 안면대칭성은 남성다움이나 여성다움의 인지에 양향을 준다. 대칭적인 안면과, 고유의 성적인 특징을 보이는 안면을 가진 사람들은 건강상의 문제가 적음을 보여 준다. 안면은 파트너에게 자신이 적합함을 나타내는 수단이 될 수 있다. 안면의 대칭성은 훌륭한 유전자를 가진 남성이나 여성에게서만 나타나며, 궁극적으로 더 남성적 혹은 여성적인 특성을 드러나게 해 준다.

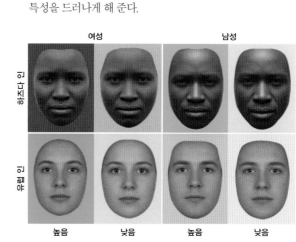

여성　　　　　　남성

하즈다 인

유럽 인

높음　　낮음　　높음　　낮음

안면대칭성의 높음과 낮음
두 인종에 속하는 사람들의 사진으로 만든 이 복합 안면은 각 집단에 대해 각각높고 낮은 대칭성을 보여 준다.

대칭성을 보기 위한 선
안면의 대칭 여부를 판단하기 위하여 사람들은 안면의 중앙에 눈, 안면 주변 그리고 코의 가장자리까지의 거리를 평가한다.

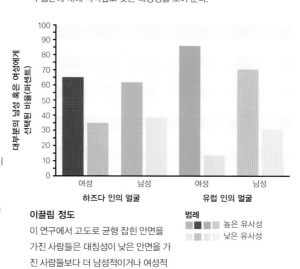

선택된 남성 혹은 여성에게 파트너의 비율(퍼센트)

100
90
80
70
60
50
40
30
20
10
0

여성　　　남성　　　　　여성　　　남성
하즈다 인의 얼굴　　　　　유럽 인의 얼굴

이끌림 정도
이 연구에서 고도로 균형 잡힌 안면을 가진 사람들은 대칭성이 낮은 안면을 가진 사람들보다 더 남성적이거나 여성적인 것으로 판단되고 있다.

범례
높은 유사성
낮은 유사성

성욕과 흥분

성욕과 흥분은 성행위에 대한 의식적인 전조 현상이다. 이러한 인간의 기본적인 본능에는 감각적, 물리적 자극에 대한 신체의 반응을 조절하는 뇌, 신경망 그리고 호르몬의 복합적인 상호 작용이 관여한다.

무엇이 성욕을 자극하는가?

성욕은 일반적으로 수많은 감각적 욕망 신호의 결합으로 일어난다. 시각, 후각, 청각, 촉각적 그리고 심지어 미각적 자극이 모두 성욕을 일으킨다. 자극은 신경중추을 우리가 감각을 '느끼는' 뇌의 체성감각 과정에 전달하는 말초 신경계통에서 탐지된다. 변연계로 알려진 그 외의 뇌 부위에서 만들어지는 성적 상상 또한 성욕에 핵심 역할을 한다. 일단 이러한 감각들과 상상으로 발생한 뇌의 자극은 이를 처리하는 시상하부의 상상부로 이동하여 성욕과 흥분을 야기한다.

키스

입맞춤은 성욕에 대한 매우 효과적인 자극이다. 입술과 혀의 사용은 신체적 근접성을 요하며, 얼굴 촉각, 미각 그리고 후각을 활성화시킨다.

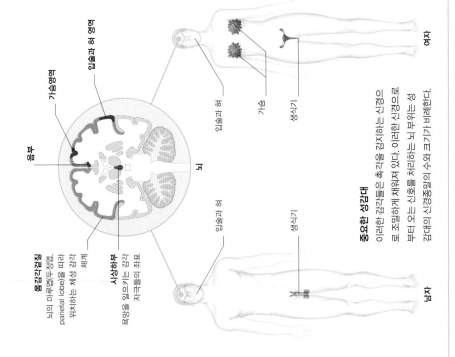

변연계/변연엽
뇌의 마루엽(두정엽, parietal lobe)을 따라 위치하는 체성 감각 체계

시상하부
성욕을 일으키는 감각 자극들의 좌표

입술과 혀 영역

가슴영역

흥부

뇌

중요한 성감대
이러한 감각들은 촉각을 감지하는 신경으로 조밀하게 채워져 있다. 이러한 신경으로부터 오는 신호를 처리하는 뇌 부위는 성 감대의 신경종말의 수와 크기가 비례한다.

입술과 혀

생식기

입술과 혀

생식기

가슴

남자

여자

성욕의 변동

성욕 정도는 일생을 통하여 변한다. 이러한 변화에는 호르몬과 정신적 요인 등 여러 요인이 관여한다. 여성이 성욕 정도는 월경주기마다 일어나는 단기 호르몬 변화로 장기적으로 변한다. 테스토스테론 또한 양성 모두에서 장기적인 성욕과 관련된다. 성욕은 테스토스테론 이 상승하는 사춘기 후 급격히 증가하며 나이가 들면서 감소한다. 남성에서 테스토스테론 수준은 30대 중반에 정점에 달하여 서서히 감소되고 여성의 경우 모든 성호르몬 수준이 폐경기 여성의 경우 급격히 떨어진다.

분비
남성에서 테스토스테론은 고환의 세포(전자 현미경 사진에서 붉은색 부분에서 분비되며 여성은 난소에서 생성된다.

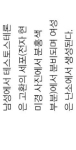

월경이 시작됨
이 시기 동안 보통 성욕은 가장 저하된다.

월경주기
성욕과 흥분 과정은 일반적으로 여성의 임신 가능성이 가장 높은 시기인 배란 무렵 증가한다.

28일 0일 6 12 15

가임 시기
월경주기 14일경 배란기에는 여성의 성욕이 가장 급격히 상승한다.

월경 전 시기

성적반응

남성과 여성에서, 성적흥분은 척추로 이동하는 흥분으로 조절된다. 이동하는 흥분은 성감각신경의 복합적인 상호 작용으로 성적지검에 도달할 수 있는 흥분으로 이어진다. 부적절한 시기에 발생하는 흥분을 방지하기 위하여 뇌로는 교감신경을 통하여 억제 신호를 보낸다.

1 **뇌신호**
시상하부의 자극은 뇌교와 이에 대한 기본 흥분 감각으로 인하여 이를 억제로 전달된다. 뇌교에서는 억제 신호를 보낸다.

시상하부
뇌교
척수

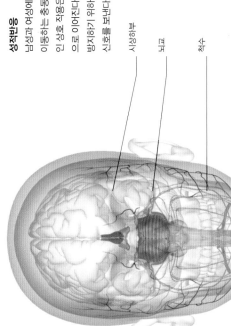

흥분 경로(회로)

신호는 뇌와 성기 사이에서 감각신경과 부교감신경 및 교감신경의 자율 과정을 조절하는 자율신경계의 일부분)에 의해 전달된다. 이러한 신호는 흥분을 일으키도록 성기에 신호를 전달하는 부교감신경과 상호 작용하는 척수로 신호를 보낸다. 이러한 신호는 시상하부에 의해 조절된다. 감각신경은 성기에서 척수로 다시 이동하여 성적 증가움이 충돌을 포함한 성기흥분을 전달한다. 이것은 척경 교감신경이 작용하여 발기(조직의 발기흥분을 증가시키기고 포함 뇌에 신호를 보내 흥분상태를 북돋운다. 이것은 교감신경이 관여하여 성극치감(orgasm)을 일으키는 부발점에 다다를 때까지 계속된다.

범례
교감신경섬유
부교감신경섬유
흥분신경

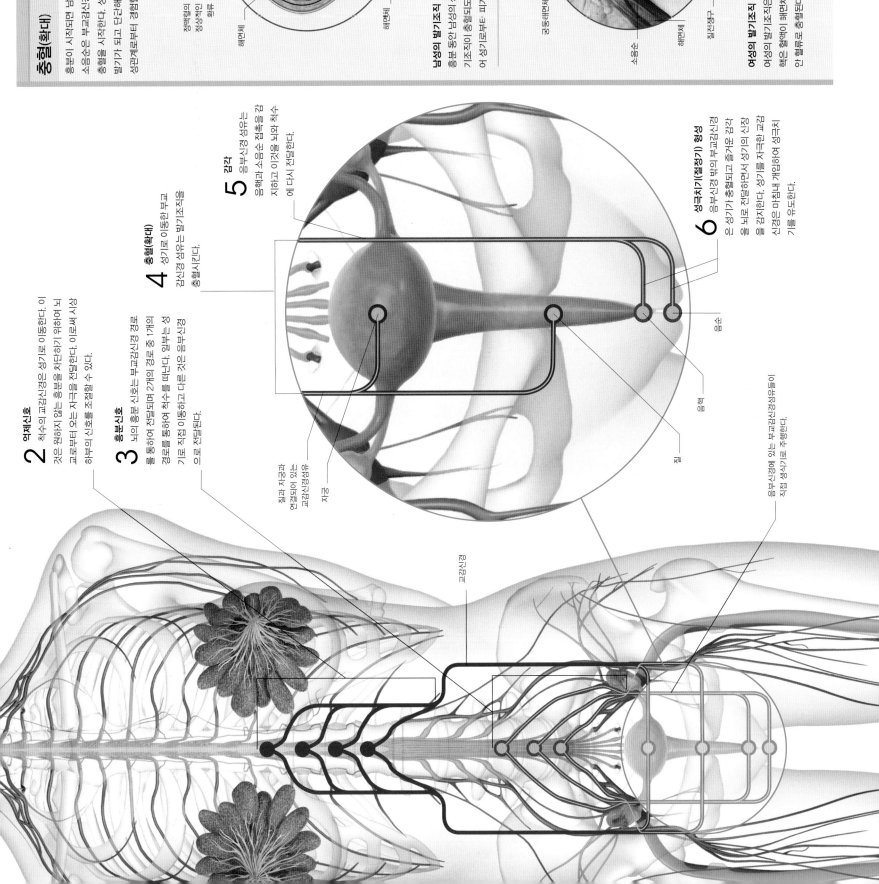

충혈(확대)

흥분이 시작되면 남성의 성기로 있는 발기조직과 여성의 음핵과 소음순은 부교감신경섬유를 따라 보낸 신호에 대한 반응으로 충혈을 시작한다. 성기가 충혈되면서 성기는 성에 필요한 상태로 발기가 되고 단단해진다. 음핵과 소음순의 충혈은 여성이 성관계로부터 경험할 수 있는 즐거움을 고조시킨다.

남성의 발기조직

흥분 동안 남성의 성기로 공급된 동맥이 확장되어 스펀지 같은 발기조직이 성기로 흘러들도록 혈액이 과도하게 흐르게 한다. 정맥은 압축되어 여성기로부터 피가 빠져나가는 것을 막아 발기를 유지시킨다.

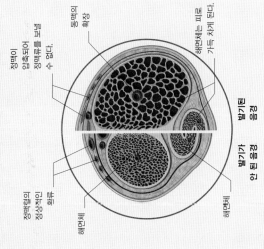

- 동맥의 확장
- 정맥이 압축되어 정맥류를 보낼 수 없다.
- 정맥혈의 정상적인 환류
- 해면체
- 해면체
- 발기가 안 된 음경
- 발기가 된 음경
- 해면체는 피로 가득 차게 된다.

여성의 발기조직

여성의 발기조직도 남성의 것과 유사하지만 그 부피는 훨씬 작다. 음핵은 혈액이 해면체를 충혈시킬 때 발기가 되며 외부 성기 또한 충혈된다. 음순이 벌어지면서 질 입구도 충혈로 충혈된다.

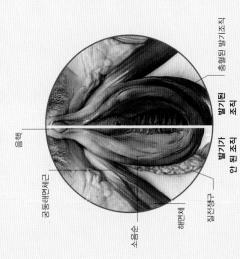

- 음핵
- 공동해면체근
- 해면체
- 질전정구
- 소음순
- 발기가 안 된 조직
- 충혈된 발기조직
- 발기가 된 조직

---

2 억제신호

척수의 교감신경은 성기로 이동한다. 이것은 연하지 않는 충혈을 차단하기 위하여 뇌 교로부터 오는 자극을 전달한다. 이로써 시상하부의 신호를 조절할 수 있다.

3 흥분신호

뇌의 흥분 신호는 부교감신경 경로를 통하여 척수로 전달되며 2개의 경로 중 1개의 경로로 전달된다. 일부는 성기로 직접 이동하고 다른 것은 부교감신경으로 전달된다.

4 충혈(확대)

성기로 이동한 부교감신경 섬유는 발기조직을 충혈시킨다.

5 감각

음부신경 섬유는 음핵과 소음순 접촉을 감지하고 이것을 뇌와 척수에 다시 전달한다.

6 성극치(절정기) 형성

음부신경 밖의 부교감신경은 성기가 충혈되고 즐거운 감각을 뇌로 전달하면서 성기의 신장을 감지한다. 성기를 자극한 교감신경은 마침내 충혈시킬 때 음부신경을 개입하여 성극치 기름 유도한다.

- 질과 자궁과 연결되어 있는 교감신경섬유
- 자궁
- 질
- 음핵
- 음순
- 교감신경
- 음부신경에 있는 부교감신경섬유들이 직접 성식기로 주행한다.

성생활

인간은 신체적 즐거움과 감성적 유대감은 물론 교접을 가능하게 하는 성교를 한다. 대조적으로 대부분의 다른 동물들은 성관계를 순전히 번식(생식)수단으로 이용한다.

성교

일반적으로 성교 시 남성 성기의 질 내 삽입이 이뤄진다. 삽입을 위해서는 발기된 성기가 질 내로 쉽게 통증 없이 들어갈 수 있도록 충분하게 윤활이 되는 과정이 필요하다. 질 분비선에서 분비되는 분비물은 윤활작용을 돕고 망울요도샘과 같은 남성 성기 부위의 부속샘은 남성 요도의 윤활작용을 돕는다. 남성 성기의 귀두는 성기가 질 내외로 움직이면서 자극을 받는 수백 개의 감각신경 종말로 이루어져 있다. 이러한 움직임은 또한 음핵과 질의 신경종말을 자극한다. 성관계의 즐거움은 증가되고 결국 성극치감에 도달하게 되는데, 이는 일반적으로 여성보다는 남성에서 보다 쉽게 도달한다.

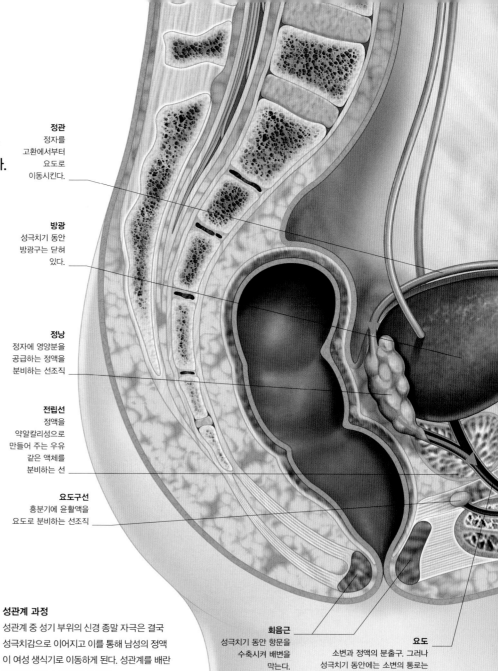

정관
정자를 고환에서부터 요도로 이동시킨다.

방광
성극치기 동안 방광구는 닫혀 있다.

정낭
정자에 영양분을 공급하는 정액을 분비하는 선조직

전립선
정액을 약알칼리성으로 만들어 주는 우유 같은 액체를 분비하는 선

요도구선
흥분기에 윤활액을 요도로 분비하는 선조직

회음근
성극치기 동안 항문을 수축시켜 배변을 막는다.

요도
소변과 정액의 분출구. 그러나 성극치기 동안에는 소변의 통로는 차단된다.

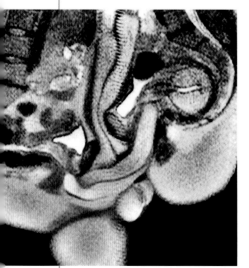

삽입
성관계 중 촬영한 이 자기공명영상(MRI) 사진은 성기의 대부분이 질 밖에 놓인 것을 보여 주고 있다. 삽입 중 부메랑 모양이 될 것이다.

성관계 과정
성관계 중 성기 부위의 신경 종말 자극은 결국 성극치감으로 이어지고 이를 통해 남성의 정액이 여성 생식기로 이동하게 된다. 성관계를 배란기에 할 경우 수정이 될 수 있다.

성관계의 단계

양성 모두에서 성관계의 네 가지 고전적인 단계가 있다. 첫 단계는 성적인 신체적 또는 정신적 자극이 흥분을 야기하여 발기조직이 윤활상태가 되는 흥분단계이다. 두 번째 단계는 발기조직이 최대 크기로 팽창하고 흥분이 극도에 도달한 고조기이다. 이 두 단계는 지속 시간이 다르다. 세 번째 단계는 성극치감이 일어나는 절정기로 짧은 기간 동안 일어난다. 이후에는 발기된 조직이 이완되고 남성의 발기가 당분간은 다시 시작될 수 없는 불응기이다.

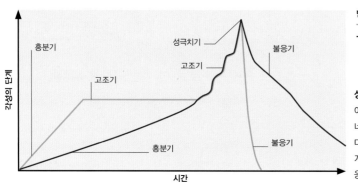

범례
— 여성
— 고전적 곡선

성극치기 · 불응기 · 고조기 · 흥분기 · 고조기 · 흥분기 · 불응기 · 불응기

(세로축) 각성의 단계 (가로축) 시간

성 각성
이 그래프는 성관계 중 일어나는 네 단계에 대한 고전적인 곡선이다. 대부분의 사람들은 이러한 단계를 거치지만 일부 여성의 성 반응 곡선은 이와 다를 수 있다.

사랑 호르몬

옥시토신은 뇌하수체에서 혈류로 방출되는 호르몬이며 유방 및 자궁과 같은 기관으로 이송된다. 옥시토신은 여러 작용을 하지만 성적행동, 흥분절정, 임신, 산통, 모유수유, 성관계에도 영향을 준다. 성관계 후 커플이 안정된 쌍을 이루도록 도와주는 것이 옥시토신이라고 여겨진다.

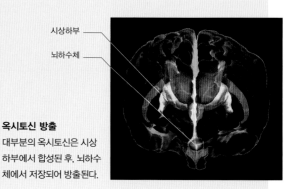

시상하부

뇌하수체

옥시토신 방출
대부분의 옥시토신은 시상하부에서 합성된 후, 뇌하수체에서 저장되어 방출된다.

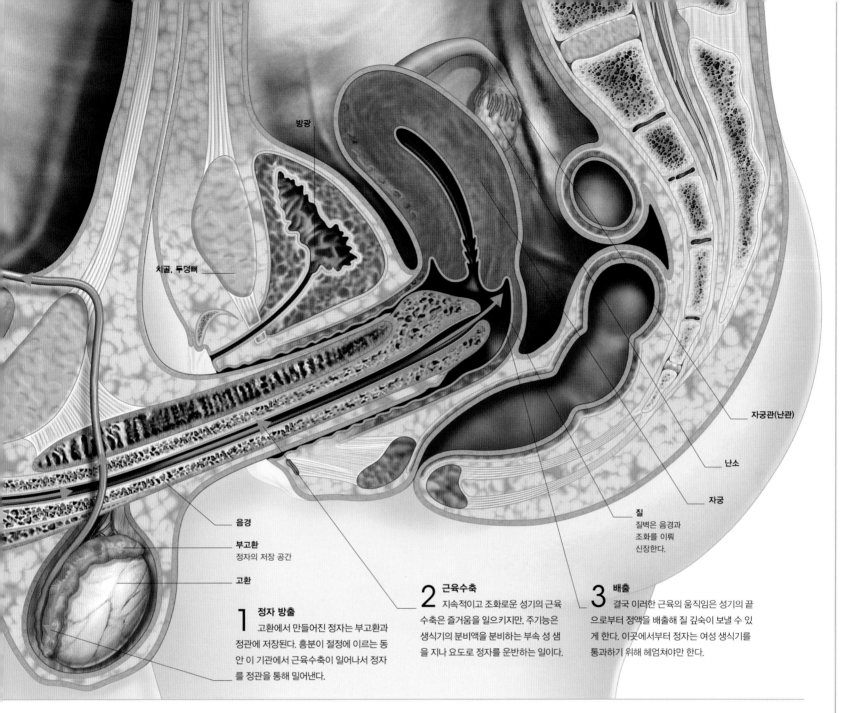

방광

치골, 두덩뼈

자궁관(난관)

난소

자궁

질
질벽은 음경과
조화를 이뤄
신장한다.

음경

부고환
정자의 저장 공간

고환

1 정자 방출
고환에서 만들어진 정자는 부고환과
정관에 저장된다. 흥분이 절정에 이르는 동
안 이 기관에서 근육수축이 일어나서 정자
를 정관을 통해 밀어낸다.

2 근육수축
지속적이고 조화로운 성기의 근육
수축은 즐거움을 일으키지만, 주기능은
생식기의 분비액을 분비하는 부속 성 샘
을 지나 요도로 정자를 운반하는 일이다.

3 배출
결국 이러한 근육의 움직임은 성기의 끝
으로부터 정액을 배출해 질 깊숙이 보낼 수 있
게 한다. 이곳에서부터 정자는 여성 생식기를
통과하기 위해 헤엄쳐야만 한다.

성극치기(절정)

성극치감은 천골부위의 척수신경에 위치한 교감
신경의 자극에 의해 일어나는 성적 즐거움의 절
정이다. 이 신경은 골반하부의 근육을 지배하며,
이 근육을 율동적으로 수축하게 한다. 또한 교감
신경은 흥분절정 동안 배뇨작용이 동시에 일어
나지 않도록 방광 입구의 근육을 폐쇄시킨다. 근
육수축의 횟수는 다를 수 있으나 일반적으로 흥
분절정당 총 10~15회이다.

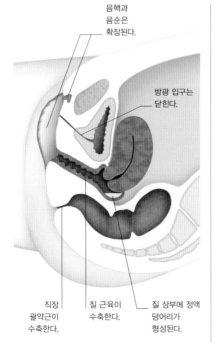

음핵과
음순은
확장된다.

방광 입구는
닫힌다.

직장
괄약근이
수축한다.

질 근육이
수축한다.

질 상부에 정액
덩어리가
형성된다.

여성 성극치기의 정액
상부 질의 정액과 정자는 계속 수영하여 자궁경관을
지나가야 한다. 이 시기의 수축은 자궁경관을 열어
주며 정액이 자궁관(난관)으로 움직이도록 도와준다.

사정

남성에서 성기기저의 구해면체 근육과 같은
하부골반 근육의 율동적인 수축은 정액이 생
식기를 통해 지나가도록 밀어 준다. 정액은 정
자 및 정낭, 전립선과 요도구선 등의 부속 성
샘과 정관에서 분비된 액체로 구성되어 있다.
정액은 알칼리성으로 질의 산성 상태를 극복
하여 정자가 수영하도록 해 준다. 정액은 흥
분 절정의 첫 번째와 일곱 번째 수축 사이에
질 상부로 배출된다. 정자는 일단 수정능 획
득이라는 과정에서 활성화되어야만 난자와
수정할 수 있다.

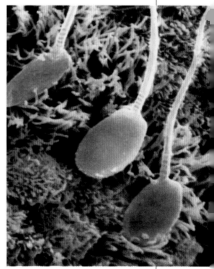

정자의 여행
이 색조영 전자 현미경 사진은 여성
생식기 안의 정자를 보여 주고 있다.
점막 세포는 정자에 피복을 입히고
보호하기 위하여 액체를 분비한다.

피임

피임은 원하지 않는 임신을 피하기 위해 수 세대 동안 이뤄져 왔다.
다양한 방법이 있으며 사람들은 그들에 맞는 수단을 찾고 있다.

피임의 중요성

피임은 많은 사람들이 임신의 두려움 없이 성관계를 갖도록 해 준다. 한편 이것은 전
세계적으로 여성의 지위를 높이는 요인이 되어 왔으며 성 건강 개선에 크게 기여해 왔
다. 개발도상국에서 원하지 않는 임신을 피함으로써 여성들은 교육받고 가정 밖으로
나가 직업을 가질 수 있게 되었다.

선택적 임신
경구 피임약과 다른 피임 방법으로 사람들은 성생
활을 즐기고 원하는 시기에 임신할 수 있다.

피임 방법

질외사정과 정자 차단법과 같은 자연적인 방법은 수백 년 동안 사용되어 왔다. 현대적
방법은 1960년대 들어 광범위하게 사용되기 시작하였다. 현재 사용되고 있는 주요한
피임법은 정자 차단법, 호르몬 요법 그리고 자궁내 장치 등이다. 이러한 방법은 난자의
수정을 막는 피임법이거나 수정된 난자가 자궁에 착상하는 것을 막는 방법이다.

차단 피임법

정자와 난자 간의 만남을 물리적으로 차단하는 방법을 차
단 피임법이라고 한다. 네 가지 주요 유형은 남성용 및
여성용 콘돔, 자궁경부용 콘돔(cervical cap), 다이아
프레임(가로막, diaphragm)이다. 콘돔은 일반적으로
일회용인데 반해 자궁경부용 콘돔과 가로막은 여러 번 사
용할 수 있다. 이것들 모두는 자궁경관을 통하여 자궁으로
들어오는 정자를 막아 임신을 방지한다. 또한 콘돔은 성관
계로 전염되는 질병을 예방해 준다. 차단 피임법은 비용이
저렴하고 사용이 용이해서 인기가 있지만 다른 방법들보
다는 피임률이 떨어진다. 수년 동안 여성이 매번 성관계 시
콘돔을 사용할 경우 임신할 확률은 100분의 2이다. 자궁
경부용 콘돔과 다이아프레임은 피임률이 더 떨어지지만
살정제를 함께 사용함으로써 피임률을 높일 수 있다.

막힌 링은
자궁 입구를
막는다.

열린 링

여성용 콘돔
얇은 고무로 만들어진 주머니는 2개의 링으
로 연결되어 있다. 이중 하나의 링을 질 깊숙
이 삽입하고 다른 하나는 질 밖에 놓는다.

남성용 콘돔
라텍스로 만들어지며, 성관계 시 남
성 성기에 씌워 사용한 후 폐기한다.

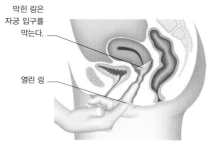

자궁경부(자궁목) 자궁경부용 콘돔

자궁

자궁경부용 콘돔

자궁경부용 콘돔
고무로 만들어진 작고 신축성이 있는 자궁경부용 콘돔
을 질 상부에 위치시킨다. 삽입된 콘돔은 자궁경부 위에
단단히 고정되어 자궁입구를 차단할 수 있다.

다이아프레임

다이아프레임
다이아프레임은 여성 콘돔보다는 크다. 돔 모양의 몸체는 질벽에
위치한 신축적인 링을 둘러싸여 자궁입구를 차단시켜 준다.

자궁   다이아프레임

질벽

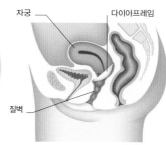

골반 X선 사진

골반 X선 사진
X선 사진에서 여성 골반에 장착된 자궁내 장치
를 볼 수 있다. 이 사진에서 자궁의 윗부분이
꺾여 있어서 자궁내 장치가 거꾸로 장착된 것
처럼 보인다. 이렇게 보이는 이유는 자궁의 자
체가 전방으로 구부러져 있기 때문이다.

자궁내 장치

자궁내 장치는 의사나 간호사가 넣어야 하는데, 장
기 피임을 위하여 한 번 삽입하면 수년 동안 유지할
수 있다. 주로 두 가지 형태가 있는데 하나는 구리
로 된 것이고 다른 하나는 프로게스테론(황체호르
몬)이 함유된 것이다. 모두 자궁에서 프로스타글란
딘의 배출을 자극해 난자와 정자에 적대적인 환경
을 만든다. 프로게스테론을 분비하는 자궁내 장치
는 자궁내막을 얇게 하고, 자궁경부 점액을 증가시
키고, 배란을 억제한다. 또한 착상을 막는 역할도
한다.

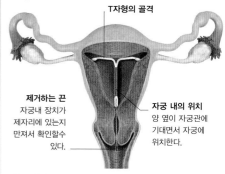

T자형의 골격

제거하는 끈
자궁내 장치가
제자리에 있는지
만져서 확인할수
있다.

자궁 내의 위치
양 옆이 자궁관에
기대면서 자궁에
위치한다.

자궁 안에 장착된 자궁내 장치 모습
자궁내 장치를 삽입하기 전에 자궁 크기를 작은 장치로 측
정한다. 프로게스테론을 분비하는 자궁내 장치는 크기가
커서 출산 경험이 없는 여성에게 삽입하기 어려울 수 있다.

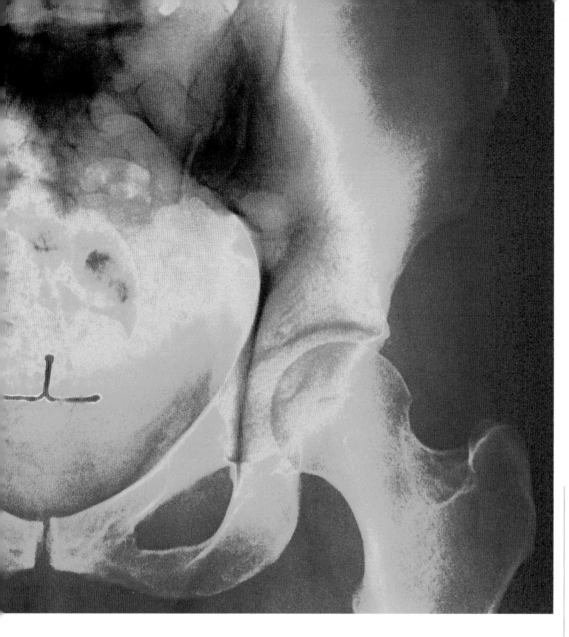

에스트로겐의 역할

에스트로겐에는 여러 가지 종류가 있다. 에스트로겐은 난소가 난포자극호르몬(FSH)이나 황체형성호르몬(LH) 자극에 반응하여 생성한다. 이러한 과정은 모든 척추동물의 생식주기와 관계 있다. 에스트로겐은 사후 피임약은 물론 복합 경구 피임약의 중요한 성분이다. 피임약의 에스트로겐은 보통 인공적으로 합성하지만 일부는 임신한 암말의 소변에서 추출한 성분으로 만든다.

에스트라디올
이 현미경 사진은 에스트라디올 결정체를 보여 주고 있다. 에스트라디올은 월경주기를 조절하는 에스트 로겐 호르몬의 일종이다.

응급 피임

사후 피임약은 무방비적 성관계 후 임신을 방지하기 위하 여 사용된다. 일부 피임약은 프로게스테론 같은 호르몬 을 함유하고 다른 피임약은 에스트로겐과 프로게스테론 이 함께 들어 있다. 미페프리스톤(mifepristone)이 함유 된 피임약은 프로게스테론의 효과를 차단한다. 조성은 다 르지만 이러한 피임약들은 배란을 지연시키거나 정자가 난자에 도달을 못하게 함으로써 수정을 방지한다. 그러나 사후 피임약의 주요 작용이 배란 지연이기 때문에, 배란 이 이미 일어난 경우에는 사후 피임약의 효과가 감소한다. 덜 효과적이기는 하지만 자궁내 장치는 수정된 난자가 착 상되는 것을 방해하기 때문 에 응급 피임을 목적으로 사 용할 수 있다.

호르몬 요법

가장 잘 알려진 호르몬 요법은 복합 경구 피임약 을 복용하는 것이다. 이것은 인체의 호르몬보다 고 농도의 에스트로겐과 프로게스테론을 함유하고 있다. 매월 인체에서는 주기적으로 프로게스테론 과 에스트로겐이 감소하게 되고, 이러한 호르몬 농도 저하는 뇌하수체가 난포자극호르몬(FSH) 과 황체형성호르몬(LH)을 생성하도록 자극해 배란을 일으킨다. 피임약에 포함된 고농도의 에스트로겐과 프로게스테론은 이러한 호르 몬 자극 경로를 억제한다. 피임용 이식 장치 (contraceptive implants) 역시 피하에서 꾸 준히 호르몬을 배출시켜서 배란을 마는다. 프로게스테론만 포함하고 있는 단일 경구 피임약은 복합 경구 피임약보다는 피임률 이 낮기는 하지만 배란을 억제할 수 있을 뿐만 아니라, 자궁경부 점액을 진하게 하여 정자가 자궁관(난관)에 도달하는 것을 막 는 역할을 한다.

피임을 위한 호르몬 요법
피임을 위한 호르몬제는 다양한 방 법으로 월경주기를 방해할 수 있어 개개인이 선호하는 방식에 따라 사 용할 수 있다.

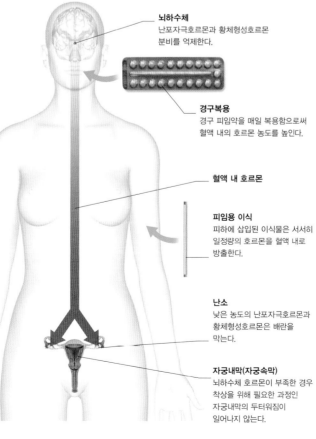

뇌하수체
난포자극호르몬과 황체형성호르몬
분비를 억제한다.

경구복용
경구 피임약을 매일 복용함으로써
혈액 내의 호르몬 농도를 높인다.

혈액 내 호르몬

피임용 이식
피하에 삽입된 이식물은 서서히
일정량의 호르몬을 혈액 내로
방출한다.

난소
낮은 농도의 난포자극호르몬과
황체형성호르몬은 배란을
막는다.

자궁내막(자궁속막)
뇌하수체 호르몬이 부족한 경우
착상을 위해 필요한 과정인
자궁내막의 두터워짐이
일어나지 않는다.

간헐적 사용
응급 피임법은 다른 피임 방법이 실패했을 경우 사 용하도록 고안되었다. 임 신을 방지하기 위하여 성 관계 후 다양한 피임제나 자궁내 장치 등을 사용할 수 있다.

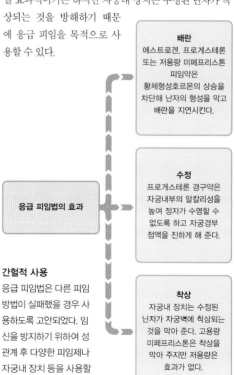

응급 피임법의 효과

배란
에스트로겐, 프로게스테론 또는 저용량 미페프리스톤 피임약은 황체형성호르몬의 상승을 차단해 난자의 형성을 막고 배란을 지연시킨다.

수정
프로게스테론 경구약은 자궁내부의 알칼리성을 높여 정자가 수영할 수 없도록 하고 자궁경부 점액을 진하게 해 준다.

착상
자궁내 장치는 수정된 난자가 자궁벽에 착상되는 것을 막아 준다. 고용량 미페프리스톤은 착상을 막아 주지만 저용량은 효과가 없다.

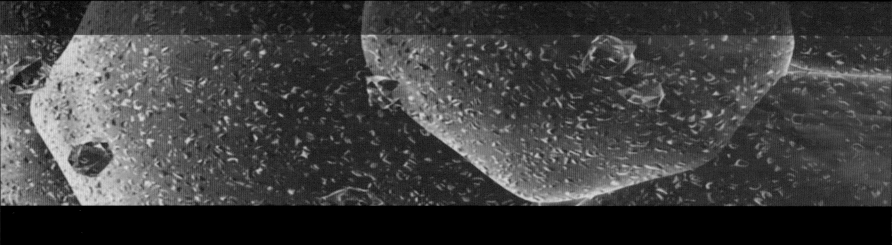

배란하는 동안 여성의 난소에서 성숙된 난포는 파열되어
난자로 배출이 된다. 만일 난자가 2개의 자궁관 중 1개에서
나와 자궁으로 여행하는 과정에서 정자를 만나면 수정이
일어날 것이다. 다양하고 복잡한 과정을 통해서 수정된
난자는 처음에 세포의 뭉치가 된다. 시간이 지나면서
그것들은 기본적인 인간의 모양을 갖춘 배아로 발달한다.
움직이고 반응도 할 수 있고 결국에는 완벽하게 발단된

수태에서 출산까지

눈 싹과 간 원시 눈이 9주 된 태아에서 보일 수 있다. 복부의 검정색 부분은 발달하는 간이다.

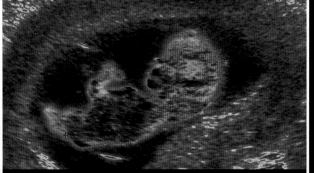
12주 초음파 초음파 촬영은 태아를 측정할 수 있고 이 측정으로 임신 주수 및 성장을 추정할 수 있다.

외이와 손가락 임신 12주경에 작은 외이가 머리의 바깥에서 쉽게 관찰된다. 그리고 손가락이 분리되고 발가락들이 형성된다.

제1삼분기
임신 1~3개월 ┃ 임신 1~12주

임신 제1삼분기 동안에 1개의 세포로 된 수정된 난자는 자궁 내로 파고든다. 그리고 그곳에서 작지만 쉽게 인간으로 알아볼 수 있으면서 모든 주요 장기들을 가진 배아로 변형된다.

임신 제1삼분기는 눈에 띄게 성장하고 발달하는 시기이다. 단일 세포로 된 수정된 난자는 빠르게 배아로, 그다음에는 태아로 분할된다. 비록 많은 성장과 성숙이 있지만 이 삼분기의 끝이 되어서야 태아는 얼굴 형태, 감각기관, 작은 사지의 끝에 있는 손가락과 발가락, 심지어 치아싹, 지문, 그리고 발톱 들을 가진, 인간으로 알 수 있을 정도의 형태가 된다. 두뇌, 중추신경계와 근육은 모두 기능을 한다. 그리고 태아는 심한 움직임, 삼킴, 딸꾹질, 하품 및 배뇨와 같은 불수의인 반사를 수행할 수 있다.

인간 발달 기간 초기에 위험이 있을 수 있다. 태아의 장기가 형성될 때 배아는 약물, 오염 물질, 감염을 포함한 유해한 영향에 특히 민감하다. 임신 제1삼분기에는 선천성 손상이 쉽게 발생하고 유산되는 경우가 가장 흔하다. 하지만 이 시기가 끝날 때쯤이면 위험은 현저하게 줄어든다. 비록 임신 3개월이 될 때까지 임신이 분명하게 드러나지 않겠지만 허리둘레가 늘어나고 입덧과 같은 임신 초기 증상들이 나타날 것이다. 많은 여성이 임신 제1삼분기가 끝날 때쯤에 임신을 알린다.

시간에 따른 변화

모체					

임신 1주
생리 후 그 달에 수태가 이루어지면 생리는 임신의 시작을 알린다. 난포는 배란을 위한 준비를 갖추고 숙성되기 시작한다.

임신 2~3주
난포자극호르몬(FSH)은 난포 안에서 난자의 성숙을 유발한다. 난포는 난소 표면으로 이동하여 파열되면 안에 있는 성숙된 난자가 배출된다.

임신이 될 경우를 대비해서 자궁벽이 두꺼워진다.

배란이 될 때 기초 체온이 상승하고 자궁경부(자궁목) 점액이 실처럼 끈적해진다.

임신 4주
두꺼워진 자궁내막(자궁속막)은 주머니배를 받아들이고 영양분을 공급할 준비가 된다.

자궁경부에 있는 점액 마개는 외부의 감염으로부터 자궁을 보호한다.

임신 5~6주
임신 테스트기는 심지어는 다음 월경주기가 돌아오기 전이라도 양성 결과를 보여 줄 것이다.

초기 임신의 증상은 입덧, 빈뇨, 피로, 유방 민감성 증가 등이 있을 수 있다.

임신 1개월	임신 1주	임신 2주	임신 3주	임신 4주	임신 2개월	임신 5주	임신 6주

태아					

임신 1~2주
성숙된 난자가 난소로부터 배출된 후 자궁관을 통해서 자궁 쪽으로 아래로 여행한다. 만일 이 가임 기간에 성교를 하면 정자는 자궁관을 거슬러 헤엄치고 난자를 만나고 수정이 발생한다.

임신 3주
만일 수정이 일어나면 수정된 난자는 자궁관을 내려가면서 분할하기 시작한다.
사람 융모생식샘자극호르몬(hCG)은 월경주기의 '스위치'를 끌 것이다.

임신 4주
주머니배는 자궁내벽에 착상한다. 그리고 향후에 난황이 될 중심에 체액이 채워진다. 태반세포로부터 배아세포가 분리된다.

임신 5~6주
배아는 3개의 층으로 분리되고 세포는 특별해진다. 가장 바깥층은 뇌과 척수로 발달한 신경관을 형성한다.

가운데층의 팽창은 4개의 구역으로 분리가 시작될 심장을 형성한다. 그리고 몸 주변으로 혈액을 순환시킨다.

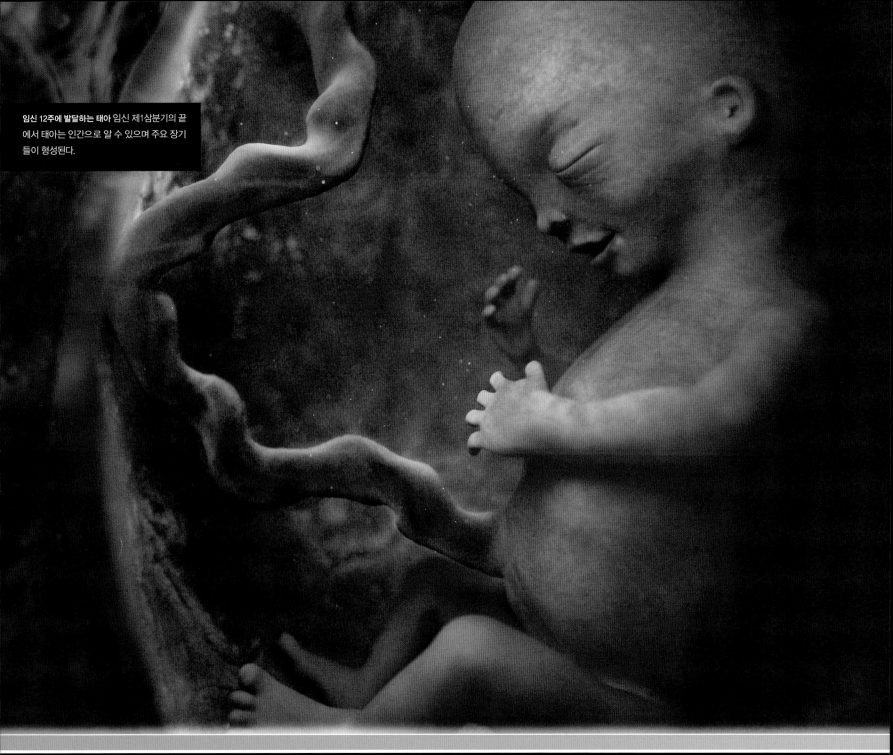

임신 12주에 발달하는 태아 임신 제1삼분기의 끝에서 태아는 인간으로 알 수 있으며 주요 장기들이 형성된다.

임신 7~8주

대사가 빨라지고 심장과 폐는 효율적이 된다. 혈액량이 임신의 시 요구량에 맞게 증가한다.

체중의 증가는 뚜렷해진다.

일부 여성에게 입덧, 미각과 후각, 그리고 음식에 대한 갈망이 고조된다.

임신 9~10주

유방과 허리가 커진다. 옷이 꽉 끼게 될 것이다.

커지는 자궁은 허리를 압박하여 통증을 유발한다.

혈액순환이 증가해 일부 여성에게 불편한 화끈거림이 느껴질 수 있다.

호르몬의 변화로 질 분비물이 증가한다.

임신 11~12주

자궁은 커져서 골반 밖으로 이동하여 만져질 수 있다. '돌출부'가 보이기도 한다.

에너지가 증가하고 비뇨기 증상은 감소한다.

정맥류나 치질이 문제를 야기할 수 있다.

젖꼭지, 젖꽃판 주근깨가 진해진다. 얼굴에 갈색의 반점이 보이기도 한다.

		임신 3개월			
임신 7주	임신 8주	임신 9주	임신 10주	임신 11주	임신 12주

임신 7주

- 장은 위를 형성하기 위해서 돌출한다.
- 사지 싹은 주걱 모양으로 발달한다.

임신 8주

- 태반이 형성될 때 난황은 사라지기 시작한다.
- 사지는 길어지고 팔꿈치와 물갈퀴와 같은 손가락이 발달한다. 원시 꼬리는 사라진다.

임신 9~10주

- 코, 입, 입술은 거의 완전히 형성되고 눈은 얼굴의 앞쪽으로 이동한다. 눈꺼풀은 눈 위에서 합쳐진다.
- 방광에서 싹이 위쪽으로 자라서 콩팥이 된다.
- 성선은 고환과 난소로 발달한다. 난소에서는 난자를 생성하기 시작한다.

임신 11~12주

- 입은 열고 닫거나 삼킬 수 있고 작은 치아싹을 가진다.
- 심박동이 측정될 수 있다.
- 뇌가 2개의 반구로 발달할 때 뇌세포도 빠르게 성장한다.
- 태아는 반사 능력을 가지고 배를 누르면 움직일 것이다.

임신 1개월 | 임신 1~4주

임신은 여성의 최종월경이 시작하는 날로부터 그 기간을 산정하기 시작한다. 최종월경시작일로부터 첫 2주 동안 여성의
몸에서는 수태를 위한 준비가 시작된다. 그리고 수정된 난자는 배아의 발달이 시작되는 자궁으로 착상(implantation)을 위해
이동해 가는 동안 빠른 속도로 세포분열을 하게 된다.

임신 1주

자궁내막(자궁속막)은 지난 월경주기 동안에 이미 수정된 난자를 맞기 위한 준비를 마치게 된다. 만약 수태에 실패하면, 두꺼워진 자궁내막은 떨어져 나가게 된다. 만약 이번 달에 수태에 성공하면, 이번 월경의 시작일이 임신의 시작일로 간주된다. 임신을 계획하고 있는 여성은 자신의 몸이 임신 시작에 가능한 한 가장 좋은 상태를 유지할 수 있도록 이미 엽산을 복용하고 있고, 몸에 좋은 음식을 먹으며, 규칙적인 운동을 시작하고 있을 것이다. 임신을 원하는 여성은 수태 가능성을 최대한 높이기 위해 배란일 확인을 위한 기초체온이나 자궁경부 점액(cervical mucus)의 변화를 추적검사해 볼 수도 있다. 대개 한 개의 난포만이 완전하게 발달하지만 월경주기 중 호르몬들의 변화는 난소에서 여러 난포들을 자극하여 성숙되도록 한다.

신체 변화의 관찰
여성은 자신의 몸에 나타나는 미묘한 변화들을 살펴봄으로써 언제 배란이 일어날지 예측할 수 있다.

월경
이 전자 현미경 사진의 자궁내막 상층부는 월경 중 떨어져 나간다. 이 부위는 자궁내막의 하층부로부터 재생된다.

임신 2주

일단 월경으로 인한 출혈이 끝나고 나면, 자궁내막은 뇌하수체(pituitary gland)에 의해 조절되는 주기적인 호르몬 변화에 의해 임신이 가능하도록 다시 두꺼워지기 시작한다. 동시에 난소의 난포들도 계속 성숙하게 된다. 이 시기가 끝날 때까지 난소의 표면에 있던 난포들 중 하나가 완전하게 성숙하여 난포벽의 파열이 일어난다. 배란은 기초체온(휴식 중 몸의 가장 낮은 온도)의 급격한 상승과 묽고 잘 늘어나는 자궁경부 점액으로 확인할 수 있다. 배란 후 난자는 자궁관 끝의 작은 잎모양의 자궁관술(fimbriae)에 의해 잡혀 당시 자궁관에 도달한 정자와 만나기 위해 자궁관을 따라 움직여 내려간다. 월경주기 중 14일째에 성교를 하는 것이 임신이 성공할 가능성이 높다.

자궁경부 점액
배란기 자궁경부 점액을 말리면 결정화되면서 이 광학 현미경 사진에서 볼수 있는 양치식물 같은 모양이 나타난다.

배란
월경주기 중 14일째에는 난포자극호르몬(FSH)과 황체형성호르몬(LH)의 급격한 증가가 일어나 한쪽 난소의 표면이 팽창되고, 이것이 파열되면서 성숙한 난자가 방출된다.

임신 3주

한 번 사정(ejaculation)에 의해 약 3억 5000만 마리의 정자가 배출되지만 이들의 1000분의 1보다 적은 수의 정자가 자궁경부를 지나 자궁 안으로 들어가는데 단지 200마리만이 난자를 만날 수 있는 자궁관에 도달한다. 수태의 순간에는 단 한 마리의 정자만 난자 속으로 들어가며, 다른 정자들이 들어가지 못하도록 통로는 폐쇄된다. 수정된 난자가 분비하는 사람 융모생식샘자극호르몬(hCG)은 자궁내막을 유지하는 데 필수적인 프로게스테론의 생성을 지속적으로 자극해서 월경주기가 중지되도록 한다. 난자는 자궁관을 따라 이동하면서 난할이 일어나며, 2 세포성 접합자(zygote)가 형성된 후 결국 분할세포(blastomere)라 불리는 작은 세포 무더기를 형성한다. 분할세포가 자궁에 도달할 때는 주머니배(blastocyst)라 불리는 100개 정도의 공 모양의 세포 덩이가 되어 있다.

성교
음경이 질 안으로 깊숙이 들어가는 성교 자세는 수태에 도움이 된다. 성교 후 다리를 올리는 것도 도움이 될 수 있다.

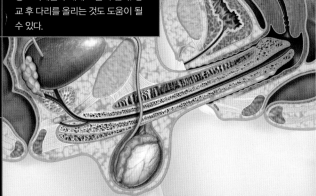

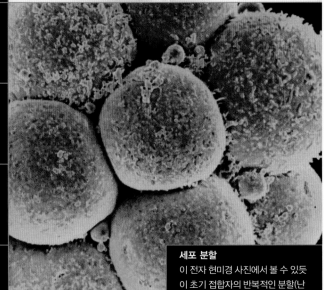

세포 분할
이 전자 현미경 사진에서 볼 수 있듯이 초기 접합자의 반복적인 분할(난할)에 의해 배아세포의 덩이가 형성된다.

임신 4주

수태 후 평균 6일째면 주머니배는 자궁 안에 도달하게 된다. 이때 자궁내막은 주머니배를 착상시키고 영양분을 공급할 수 있도록 두터워져 있다. 또한 호르몬들은 자궁경부(자궁목) 점액의 농도를 진하게 해서 자궁경부에 마개를 형성하는데, 이 마개는 임신 중 질에서 상부로 전파되는 감염들로부터 자궁을 보호하게 된다. 이때 주머니배에는 2개의 세포층으로 형성된 액체가 고인 공간이 발달한다. 바깥층(영양막, trophoblast)은 자궁내막으로 파고 들어 후에 태반(placenta)을 형성한다. 속세포덩이(inner cell mass)는 초기 배아(배아모체, embryoblast)를 형성한다. 이 세포들은 2층인 배아원반(embryonic disk)으로 분화된다. 액체가 고인 공간은 난황주머니(yolk sac)로 발달하여 태반이 발달할 때까지 임신 초기 동안 배아 영양을 공급한다.

균형잡힌 식사
임신이 아직 확인되지 않았더라도, 잠재적 배아를 보호하고 육성하기 위해 건강한 식사를 해야 한다는 것은 필수적이다.

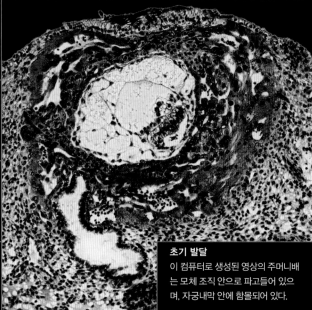

초기 발달
이 컴퓨터로 생성된 영상의 주머니배는 모체 조직 안으로 파고들어 있으며, 자궁내막 안에 함몰되어 있다.

임신 1개월 | 임신 1~4주
모체와 배아

엄마 몸은 월경주기가 시작할 때마다 혹시 있을지 모를 임신을 준비한다. 월경주기 중 첫 두 주 동안은 난자가 배란되거나 자궁내막이 자궁내막(자궁속막)에 변화가 있어도 진정으로 보태지는 임신을 할 수 없다. 자궁내막은 한번 떨어져 나간 뒤에 새로 돋고, 한두 주에 걸쳐 점차 두비워진다. 자궁내막은 프로게스테론(황체호르몬)과 에스트로겐의 영향을 받아서 끄적끄적해지고 영양소가 풍부해져서 수정된 주머니배(포배)가 착상에 성공해서 잘 자랄 토양을 만들어 준다. 각 주기마다 수태할 확률은 40퍼센트 정도다. 수태되었다는 첫 단서로 착상 때 출혈이 조금 일어나기도 하느니, 이럴 보고 월경이 매우 가볍게 지나갔다고 착각할 수 있다. 그렇지만 대개는 월경을 한번 거르는 것이 임신했음을 알 수 있는 첫 확증이 된다. 4주 전후에는 임신 검사를 한번 하면 임신이 맞는지 확인할 수 있다.

임신 4주의 임신부

이 그림의 장기는 모두 평소와 같다. 아직 임신 초기라서 엄마의 주요 내장의 내부 구조와 크기에 변화가 두렷하지 않기 때문이다.

폐(허파)

폐는 정상 위치에 있다. 임신이 진행되면 가로막(횡격막)이 위로 밀려 올라가고 폐는 새 위치에 익숙해진다.

창자

가로잘록창자(횡행결장)가 이(胃)의 아래이자 작은창자의 위에 있기 때문에 정상 위치라 할 수 있다. 임신이 진행되면 자궁이 커져서 골반 밖까지 올라가기 때문에 가로잘록창자가 밀려 올라간다.

자궁

자궁은 아직 서양배 정도 크기며, 골반 속에서 보호를 받고 있다.

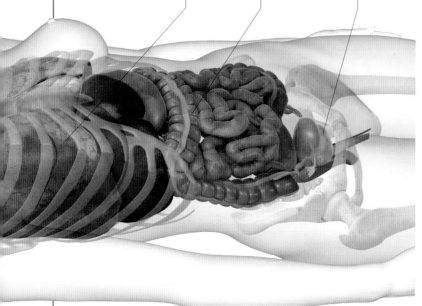

모체

- 분당 65회
- 107/70mmHg
- 4.26리터

배아가 착상하면 사람 융모생식 샘자극호르몬(hCG)이 분비된다. 임신 검사를 할 때는 엄마 소변에 이 호르몬이 있는지 확인한다.

20퍼센트

임신 첫 몇 주 동안 임신부의 약 20퍼센트가 냄새에 더 민감해진다.

난자는 배란된 후 수정이 일어나지 않으면 24시간만 생존한다.

1 2 3 4 5 6 7 8 9 10 11 12 13 14 15 16 17 18 19 20 21 22 23 24 25 26 27 28 29 30 31 32 33 34 35 36 37 38 39 40

배아

배아의 성은 수정 때 정자가 결정한다. 정자에 Y 염색체가 있으면 남성 배아가 되고, X 염색체가 있으면 여성 배아가 된다.

심장은 임신 5주에 박동하기 시작하는데, 속도는 분당 20~25회로 비교적 느리다. 임신 3개월경에는 심장박동수가 분당 157회로 엄청나게 빨라진다.

1밀리미터

임신 28일경이면 배아가 1밀리미터 정도로 자라지만, 아직 성냥골보다 작다. 주머니배는 세포분열을 계속하기 때문에 자궁안(자궁강)에 착상할 때 세포 수가 100~150개가 된다. 이 세포들은 세 겹으로 이루어진 공모양으로 구조를 형성한다.

임신 2주

수정은 정자가 난자에 도달해서 이제 곧 난자 속으로 들어가기 직전이다. 정자 하나가 난자의 바깥벽을 뚫고 들어가는 여기까지 성공하면 이 배에 둘러싸이는 곳기세다. 정자 하나가 난자의 바깥벽을 뚫고 들어가는 곳기세다. 정자에 비해 됩부구이라는 여기까지 성공하면 이 배에 둘러싸이는 곳기세다. 곧 단 하나의 정자가 난자 속으로 들어가서 수정을 일으킬 수 있게 된다.

수정

정자 하나가 막 난자의 바깥벽을 뚫고 들어가 수정하려는 순간이다.

부챗살관(방사관)

큰 난자 주위를 작은 부챗살관 세포들이 둘러싸고 있다.

자궁관(난관)

자궁관에서 가장 굵은 부분인 자궁관 팽대에서 수정이 일어난다.

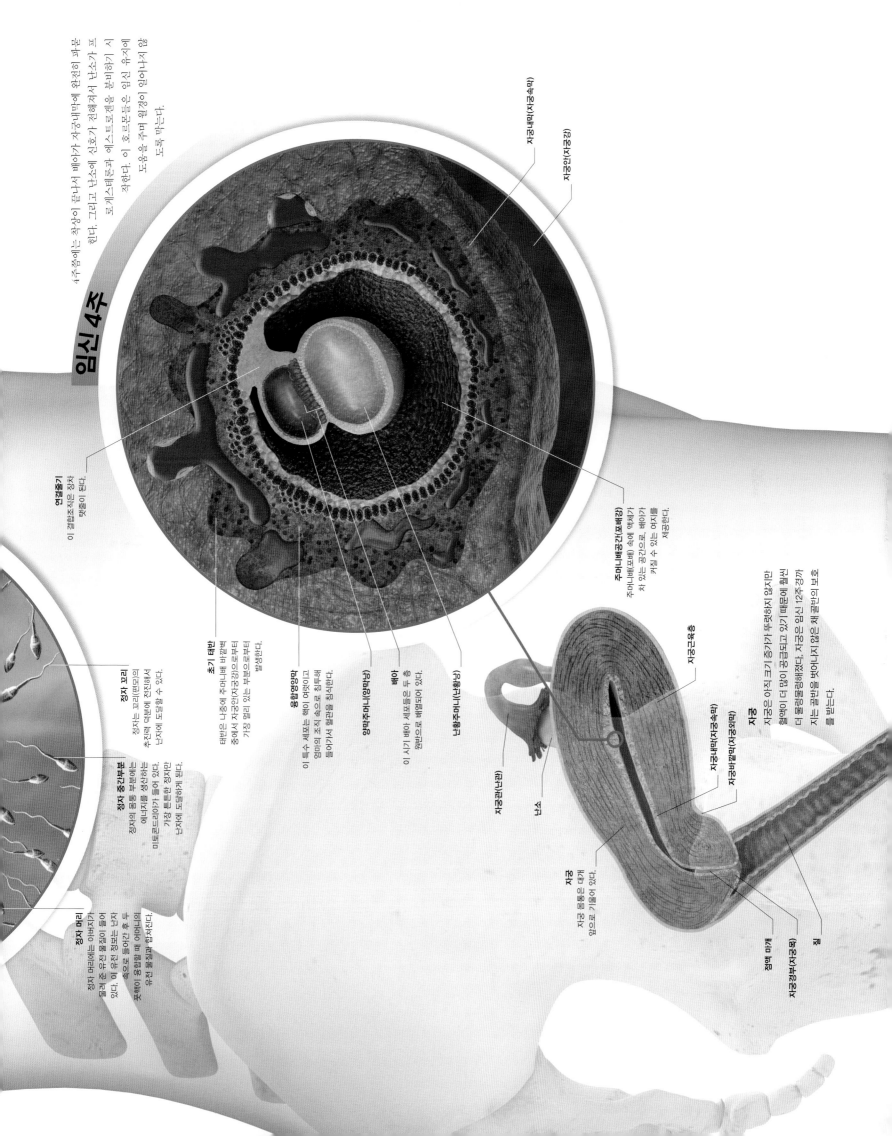

4주쯤에는 착상이 끝나서 배아가 자궁내막에 완전히 파묻혀야 한다. 그리고 난소에 신호가 전해져서 난소가 프로게스테론과 에스트로겐을 분비하기 시작한다. 이 호르몬들은 임신 유지에 도움을 주며 월경이 일어나지 않도록 막는다.

자궁내막(자궁속막)

자궁안(자궁강)

연결줄기
이 결합조직은 장차 탯줄이 된다.

주머니배공간(포배강)
주머니배(포배) 속에 액체가 차 있는 공간으로, 배아가 커질 수 있는 여지를 제공한다.

자궁근육층

초기 태반
태반은 나중에 주머니배 바깥벽 중에서 자궁안(자궁강)으로부터 가장 멀리 있는 부분으로부터 발생한다.

융합영양막
이 특수 세포조는 해이 어렸이고 엄마의 조직 속으로 침투해 들어가서 혈관을 침식한다.

양막주머니(양막낭)

배아
이 시기 배아 세포들은 두 층으로 배열되어 있다.

난황주머니(난황낭)

정자 머리
정자 머리에는 아버지가 물려준 유전 물질이 들어 있다. 이 유전 정보는 난자 속으로 들어간 후 포배할 용합할 때 어머니의 유전 물질과 합쳐진다.

정자 중간부분
정자의 몸통 부분에는 에너지를 생성하는 미토콘드리아가 들어 있다.

정자 꼬리
정자는 꼬리(편모)의 추진력 덕분에 전진해서 난자에 도달할 수 있다.

자궁관(난관)

난소

자궁내막(자궁속막)

자궁바깥막(자궁외막)

자궁
자궁 몸통은 대개 앞으로 기울어 있다.

점액 마개

자궁경부(자궁목)

질

자궁
자궁은 아직 크기 증가가 두드러지지 않지만 혈액이 더 많이 공급되고 있기 때문에 훨씬 더 물렁물렁해졌다. 자궁은 임신 12주 경까지는 골반을 벗어나지 않은 채 골반의 보호를 받는다.

모체

임신의 시작

수태 순간부터 모체의 몸에 일어난 호르몬 변화는 자궁으로 하여금 임신(착상, implantation)을 수용하도록, 그리고 성장하는 배아의 앞으로의 요구에 적응할 수 있도록 준비하게 한다.

임신에 적응하기 위해서 자궁의 부피는 500배 이상 늘어나고 모체와 태아의 요구에 균형을 맞추기 위해서 수많은 호르몬과 대사의 변화가 일어나게 될 것이다. 평균적으로 임신은 배란일로부터 266일(38주) 동안 지속된다. 간편하게 하기 위해 임신 주수는 최종월경 제1일로부터 계산되며, 이것은 일반적으로 배란일보다 2주 빠르기 때문에 평균 임신 기간은 280일(40주)이 된다.

배란
수태는 이 시기 이후에 가능하며, 대개 월경주기의 14일째이다.

배란

LMP

배란

LMP

EDC

EDC

최종월경일
임신의 첫째 날로 계산된다.

만기 후 임신
일반적으로 임신 40주를 넘긴 기간이다.

만삭
태아가 만삭이라고 간주되는 기간이다.

조산
임신 24~37주의 시기로 태아는 생존이 가능하지만 완전히 발달하지는 않은 기간이다.

월경
이 전자 현미경 사진은 자궁 내층(붉은 층)이 떨어지는 것을 보여 준다. 붉은 점들은 밑에 있는 혈관들로부터 나온 혈구들이다.

분만예정일
최종월경 제1일로부터 280일 후이다.

분만예정일 계산기
이 바퀴 모양의 간단한 달력은 최종월경일로부터 분만예정일을 추정하는 데 사용된다.

엽산

엽산은 몇몇 과일과 다수의 녹색 야채들에서 발견되는 비타민 B이다. 엽산은 척추갈림증(spina bifida), 척수(spinal cord)와 척주(vertebral column)의 결손의 위험도를 75퍼센트까지 낮춰 준다. 그러나 건강에 가장 좋은 식사를 하더라도 충분한 엽산을 공급한다는 것은 어려울 수 있기 때문에, 임신을 계획하는 모든 여성들에게는 엽산의 보충요법이 권장된다. 엽산은 임신하기 3개월 전부터 복용을 시작해서 임신 후 첫 3개월 동안은 계속 복용해야 한다.

가장 좋은 야채들
브로콜리, 양배추, 시금치, 방울양배추에는 모두 엽산이 들어 있다. 쪄서 먹는 것이 가장 좋은 요리법이다.

자궁 내부의 변화

수태의 순간부터 자궁이 주머니배를 받아들이기 위한 준비를 할 수 있는 기간은 단지 6일밖에 없다. 난소에서 배란이 일어난 장소인 빈 난포(황체, corpus luteum)로부터 에스트로겐(여성호르몬)과 프로게스테론(황체호르몬)이 분비되면서 월경이 멈춘다. 자궁내막은 착상이 잘 되도록 점점 두꺼워지며, 더 수용적으로 변하고, 끈적끈적해진다. 샘(gland)의 활성도가 증가하고, 에스트로겐과 프로게스테론의 농도가 증가하며, 혈액 공급이 증가한다. 다만 모든 수정된 난자가 착상되는 것은 아니며, 또한 자궁외 임신과 같이 자궁 밖에 착상이 일어나기도 한다. 실제로 자궁내막은 단지 하루 내지 이틀 정도만 착상을 받아들일 수 있다.

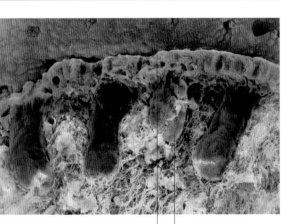

자궁내막
월경이 끝나면 다시 재생된다.

자궁내막샘(자궁속막샘)
자궁내막이 착상을 위해 준비되도록 분비물들을 생성한다.

자궁내막
매 월경이 끝날 때마다 자궁내막(자궁속막)의 가장 바깥층이 떨어져 나온다. 더 깊은 곳의 샘층은 다음 월경을 위해 남아 있게 된다.

생식능력의 감시

배란의 시기는 월경주기의 기간에 따라 다양할 수 있으나, 임신이 안 된 경우에는 배란 14일 이후에 월경이 시작된다. 배란 시기를 예상하기 어려운 월경주기가 매우 불규칙한 여성들의 경우 기초체온의 측정이나 자궁경부(자궁목) 점액의 질적 평가가 가임 시기의 단서를 제공해 줄 수 있다. 일단 배란이 되면, 난자는 수정이 안 된 경우에 단지 24시간 동안만 생존하게 된다. 정자는 자궁관(난관) 안에서 48시간 동안 활동성을 유지할 수 있고, 어떤 경우에는 80시간까지도 활동성을 유지하기 때문에 가임 시기는 이 기간보다 좀 더 길어진다.

남성 생식능력

남성은 사춘기 초반부터 일생 동안 생식능력을 유지한다. 생식능력은 사정되는 양과 전적으로 연관되지는 않지만, 전체 정자의 수, 정자의 모양과 운동성과는 연관성이 있다. 검사실에서 시행하는 정액 검사는 불임부부의 검사에 필수적이다. 나이가 들수록 정자의 수는 감소하지만, 일반적으로 이것이 생식능력의 현저한 장애를 일으키지는 않는다. 배란일 근처에 성교 전 수일간 금욕하면 수태의 가능성을 높일 수 있다. 다양한 상태가 생식능력을 감소시킬 수 있으며 (222~223쪽 참조), 흡연이나 음주를 줄이는 것과 같은 생활양식의 변화를 통해 생식능력이 향상될 수 있다.

가임 시기

체내 변화

기초체온
정확한 체온계만이 배란이 일어났는지를 나타내는 섭씨 0.2~0.5도 정도의 미세한 기초체온의 상승을 측정할 수 있다. 갑작스러운 체온의 상승이 결정적이기 때문에 체온은 매일 측정해야 한다.

월경주기
매 월경주기의 상세한 사항들에 대한 주의 깊게 기록하면 월경주기가 규칙적인지 여부를 알 수 있다. 평균 월경주기는 28일이지만 정상 범위는 21~35일이다. 불규칙한 월경주기란 대부분에서 월경의 기간이 다르므로 배란일을 계산하기 어렵게 한다.

자궁경부 점액
자궁경부 점액은 배란 때 정자의 자궁경관 통과를 촉진하기 위해 에스트로겐의 영향을 받아 배란시기에 변화한다. 점액은 정자의 운동성을 촉진할 수 있도록 잘 늘어나고, 더 묽어지며, 산성이 약해진다. 나중에는 프로게스테론(황체호르몬)의 영향을 받아서 이들 변화들은 반대로 일어나게 되며, 진해진 점액에 의해 정자의 통과가 제한된다.

배란일 검사
엄지와 검지 사이에서 자궁경부 점액을 늘려 봄으로써 점액의 질을 평가할 수 있다. 만약 점액이 묽고, 물 같으면서, 약간 늘어나 가는 줄처럼 만들어지면 배란이 일어난 것으로 생각해 볼 수 있다.

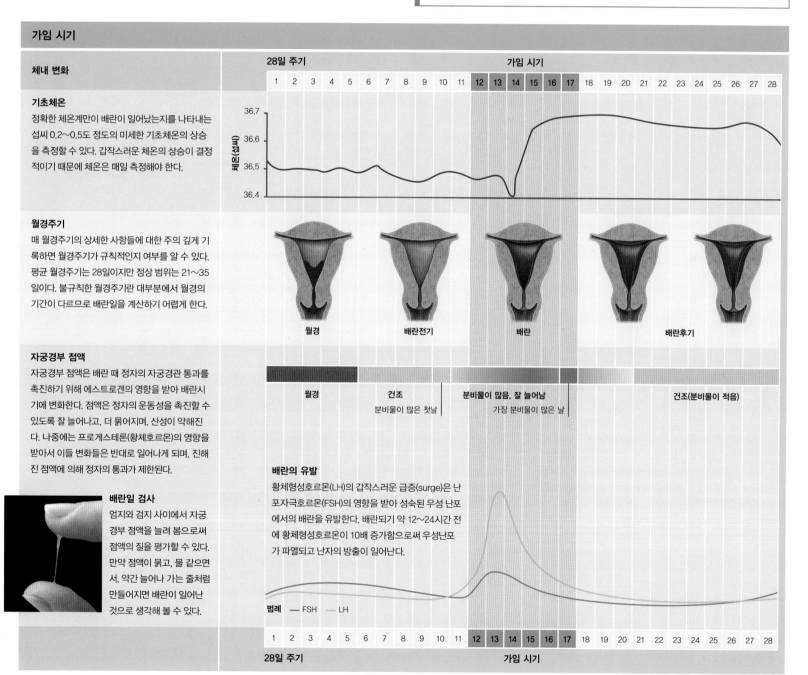

28일 주기 / 가임 시기

(체온 그래프) 체온(섭씨): 36.7, 36.6, 36.5, 36.4

월경 / 배란전기 / 배란 / 배란후기

월경 / 건조 (분비물이 많은 첫날) / 분비물이 많음, 잘 늘어남 (가장 분비물이 많은 날) / 건조(분비물이 적음)

배란의 유발
황체형성호르몬(LH)의 갑작스러운 급증(surge)은 난포자극호르몬(FSH)의 영향을 받아 성숙된 우성 난포에서의 배란을 유발한다. 배란되기 약 12~24시간 전에 황체형성호르몬이 10배 증가함으로써 우성난포가 파열되고 난자의 방출이 일어난다.

범례 — FSH — LH

28일 주기 / 가임 시기

수태

수태가 되려면 사정된 수많은 정자 중 단 하나가 난자 내부로 뚫고 들어가야 한다.
그러나 정자는 먼저 자궁경부(자궁목)와 자궁을 지나 자궁관(난관) 속으로 헤엄쳐
들어가야 하는데, 최종 목적지에 도달하는 정자는 소수에 불과하다.

난자는 난소에서 배란된 직후에 말미잘처럼 생긴 자궁관술이 자궁관 속으로 쓸어 넣는다. 수정은 대개 자궁관 중 중간에 있는 넓은 부분인 자궁관 팽대에서 일어난다. 하지만 수많은 정자 중 대부분은 여기까지 도달하지 못한다. 이 사실은 중요한데, 그래야 가장 튼튼한 정자가 난자를 만나서 수정할 확률이 높아지기 때문이다.

임신 15일
난자 통과
자궁관 끝부분에 있는 자궁관술에 쓸려 들어간 난자는 자궁관을 따라 이동하다가 널찍한 자궁관 팽대 부분에서 잠시 지체한다. 수정은 대개 이 위치에서 일어나는데, 배란 후 하루나 이틀이 지나 일어난다.

난자의 이동 경로

자궁관 팽대
수정은 대개 이곳에서 일어난다.

정자 200~300개가
각 자궁관에 도달한다.

난소

자궁관술

정자 10만 개가
자궁안(자궁강)에 진입한다.

정자 6000만~8000만 개가
자궁경부(자궁목)를 통과한다.

정자 2억~3억 개가
질로 들어간다.

임신 12~14일
정자 경주
한번 사정할 때 나오는 정액은 2~6밀리리터인데, 그 속에 수억 개의 정자가 포함되어 있다. 정자는 움직임에 한계가 있지만 자궁경부 점액과 자궁이 정자를 잘 받아들이는 환경이면 분당 최대 2~3밀리미터의 속도로 전진한다.

정자의 수정능 획득

정자는 질 속으로 들어오자마자 이동할 수 있지만 자궁에 도달한 후에야 비로소 활발히 움직일 수 있다. 자궁 속 환경이 질에 비해 덜 산성이면서 정자가 활동하기가 더 좋기 때문이다. 정자는 수정능 획득이라는 과정을 거친 후에야 비로소 난자와 수정할 수 있게 된다. 수정능 획득은 정자 머리 부분을 덮고 있는 단백질인 첨단체가 제거되는 과정으로, 이 과정을 거쳐야만 정자가 난자와 합쳐질 수 있다. 수정능 획득 과정은 오래 걸리지 않으며, 정자 하나에 한번씩만 일어난다. 대개 가장 건강하고 성숙한 정자들만 난자를 향해 이동하면서 수정능 획득을 완수하게 된다.

꼬리   첨단체   핵   목   머리

임신 14일
배란
대개는 가장 발달한 난포 하나가 배란 단계까지 성숙한다. 주기가 28일인 경우는 대개 14일에 배란이 일어난다. 주기가 28일보다 짧으면 배란이 좀 더 일찍 일어나고, 주기가 길면 더 늦게 일어난다. 주기가 길든 짧든 수정이 일어날 확률은 대략 40퍼센트다.

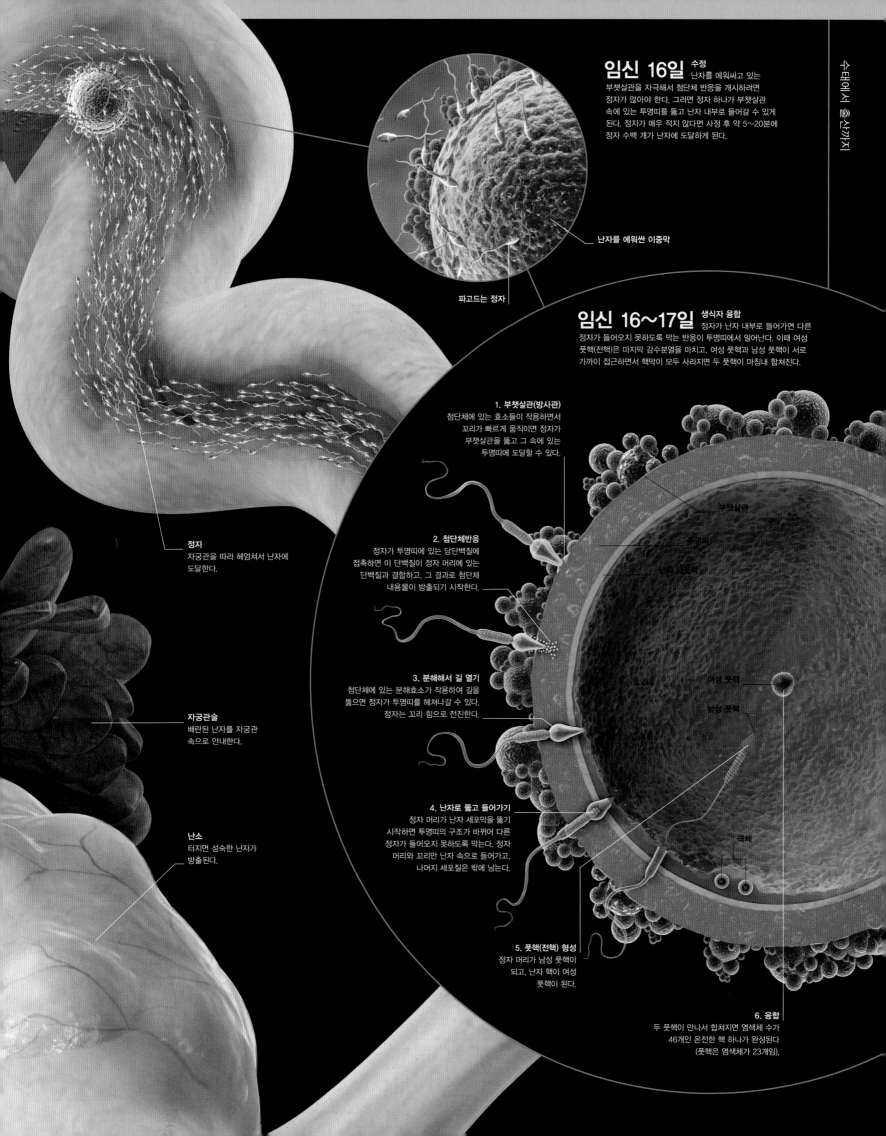

임신 16일 수정

난자를 에워싸고 있는 부챗살관을 자극해서 첨단체 반응을 개시하려면 정자가 많아야 한다. 그러면 정자 하나가 부챗살관 속에 있는 투명띠를 뚫고 난자 내부로 들어갈 수 있게 된다. 정자가 매우 적지 않다면 사정 후 약 5~20분에 정자 수백 개가 난자에 도달하게 된다.

난자를 에워싼 이중막

파고드는 정자

임신 16~17일 생식자 융합

정자가 난자 내부로 들어가면 다른 정자가 들어오지 못하도록 막는 반응이 투명띠에서 일어난다. 이때 여성 풋핵(전핵)은 마지막 감수분열을 마치고, 여성 풋핵과 남성 풋핵이 서로 가까이 접근하면서 핵막이 모두 사라지면 두 풋핵이 마침내 합쳐진다.

정자
자궁관을 따라 헤엄쳐서 난자에 도달한다.

자궁관술
배란된 난자를 자궁관 속으로 안내한다.

난소
터지면 성숙한 난자가 방출된다.

1. 부챗살관(방사관)
첨단체에 있는 효소들이 작용하면서 꼬리가 빠르게 움직이면 정자가 부챗살관을 뚫고 그 속에 있는 투명띠에 도달할 수 있다.

2. 첨단체반응
정자가 투명띠에 있는 당단백질에 접촉하면 이 단백질이 정자 머리에 있는 단백질과 결합하고, 그 결과로 첨단체 내용물이 방출되기 시작한다.

3. 분해해서 길 열기
첨단체에 있는 분해효소가 작용하여 길을 뚫으면 정자가 투명띠를 헤쳐나갈 수 있다. 정자는 꼬리 힘으로 전진한다.

4. 난자로 뚫고 들어가기
정자 머리가 난자 세포막을 뚫기 시작하면 투명띠의 구조가 바뀌어 다른 정자가 들어오지 못하도록 막는다. 정자 머리와 꼬리만 난자 속으로 들어가고, 나머지 세포질은 밖에 남는다.

5. 풋핵(전핵) 형성
정자 머리가 남성 풋핵이 되고, 난자 핵이 여성 풋핵이 된다.

6. 융합
두 풋핵이 만나서 합쳐지면 염색체 수가 46개인 온전한 핵 하나가 완성된다 (풋핵은 염색체가 23개임).

부챗살관

투명띠

여성 풋핵

남성 풋핵

극체

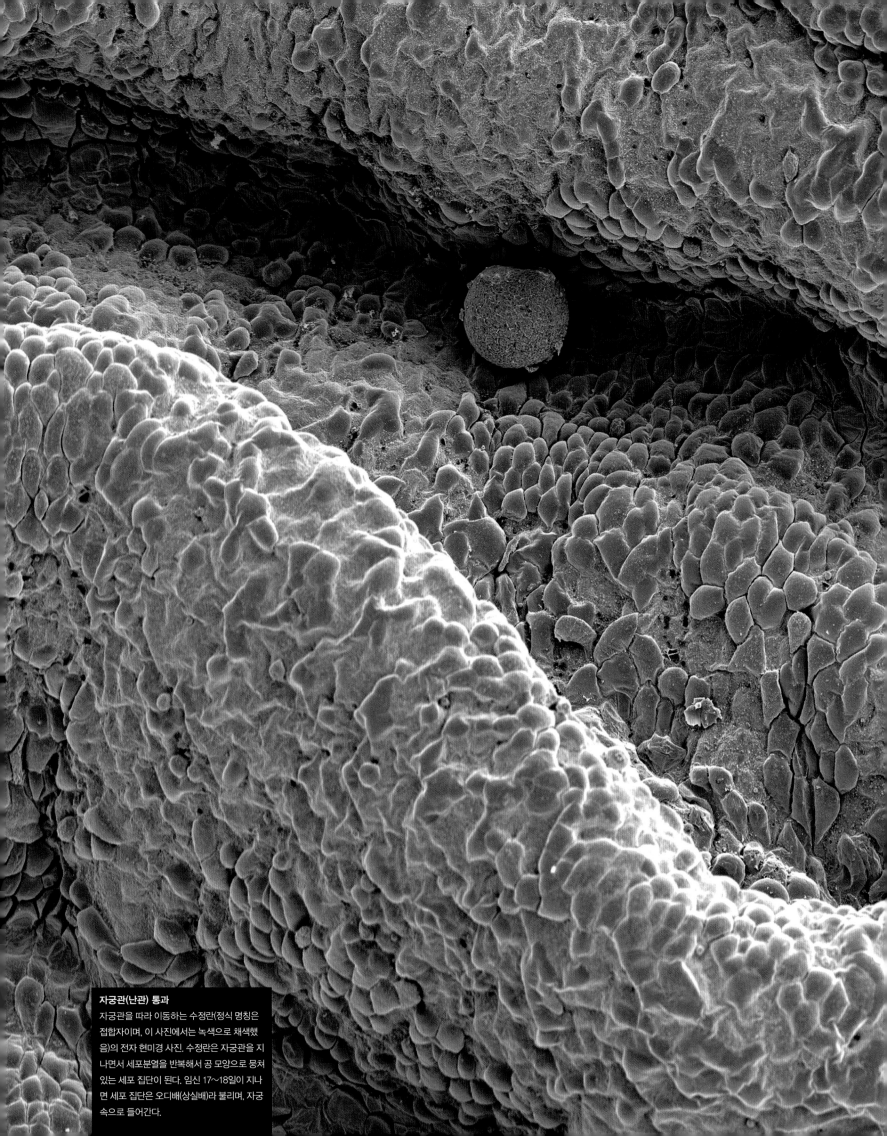

자궁관(난관) 통과
자궁관을 따라 이동하는 수정란(정식 명칭은
접합자이며, 이 사진에서는 녹색으로 채색했
음)의 전자 현미경 사진. 수정란은 자궁관을 지
나면서 세포분열을 반복해서 공 모양으로 뭉쳐
있는 세포 집단이 된다. 임신 17~18일이 지나
면 세포 집단은 오디배(상실배)라 불리며, 자궁
속으로 들어간다.

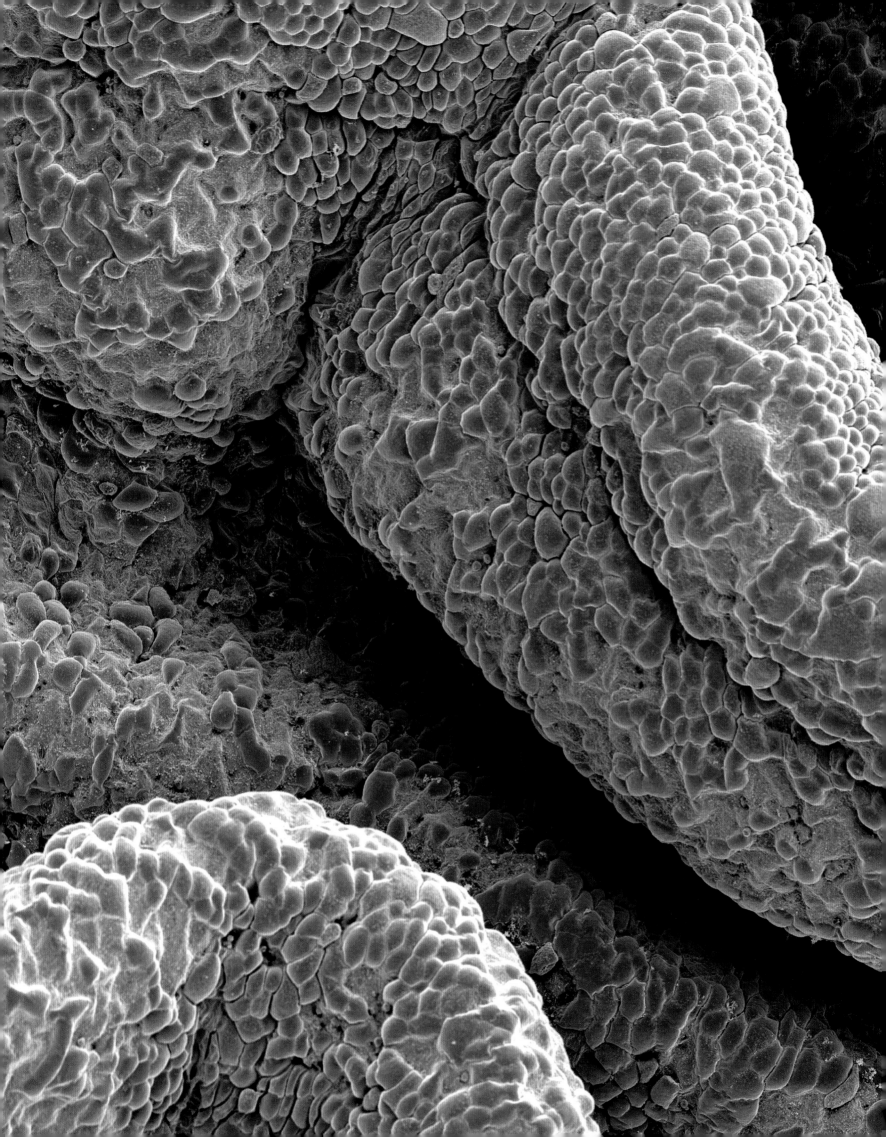

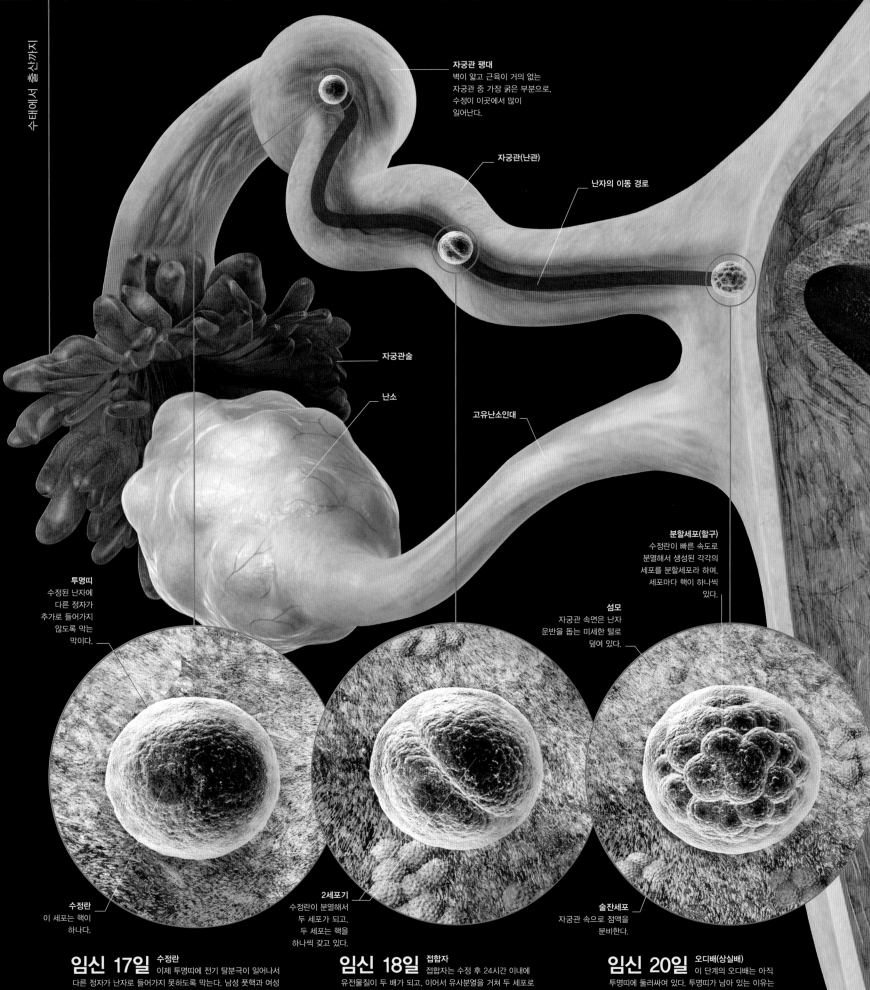

자궁관 팽대
벽이 얇고 근육이 거의 없는 자궁관 중 가장 굵은 부분으로, 수정이 이곳에서 많이 일어난다.

자궁관(난관)

난자의 이동 경로

자궁관술

난소

고유난소인대

분할세포(할구)
수정란이 빠른 속도로 분열해서 생성된 각각의 세포를 분할세포라 하며, 세포마다 핵이 하나씩 있다.

섬모
자궁관 속면은 난자 운반을 돕는 미세한 털로 덮여 있다.

투명띠
수정된 난자에 다른 정자가 추가로 들어가지 않도록 막는 막이다.

수정란
이 세포는 핵이 하나다.

2세포기
수정란이 분열해서 두 세포가 되고, 두 세포는 핵을 하나씩 갖고 있다.

술잔세포
자궁관 속으로 점액을 분비한다.

임신 17일 수정란
이제 투명띠에 전기 탈분극이 일어나서 다른 정자가 난자로 들어가지 못하도록 막는다. 남성 풋핵과 여성 풋핵은 합쳐져서 '접합자'를 형성하고, 접합자는 첫 세포분열을 준비한다. 드물게 두 정자가 동시에 한 난자와 수정하면 기태임신이 일어난다(227쪽 참조).

임신 18일 접합자
접합자는 수정 후 24시간 이내에 유전물질이 두 배가 되고, 이어서 유사분열을 거쳐 두 세포로 분할된다(50쪽 참조). 그리고 빠른 속도로 세포분열을 거쳐 분할세포(할구)라 불리는 16~32개의 세포들이 만들어진다. 이 세포들이 오디배를 구성하는데, morula는 라틴 어로 '오디(뽕나무 열매)'를 뜻한다.

임신 20일 오디배(상실배)
이 단계의 오디배는 아직 투명띠에 둘러싸여 있다. 투명띠가 남아 있는 이유는 세포가 분열하지만 그냥 갈라지기만 해서 각 세포 크기가 작아지는 데 있다. 오디배는 자궁관을 따라 이동하다가 자궁안(자궁강)으로 모습을 드러내고, 착상을 준비하게 된다.

수정과 착상

수정란은 착상하기 전에 빠른 속도로 분열하지만 전체 크기는 변하지 않으며 보호막인 투명띠에 여전히 둘러싸여 있다.
주머니배는 투명띠를 갉아서 빠져나올 구멍을 뚫는다. 그래야 주머니배가 자궁내막 밑으로 들어가서 착상하고 성장할 수 있다.

모든 수정란이 착상에 성공하지는 못한다. 자궁내막은 프로게스테론의 자극을 받아서 착상 준비를 한다. 프로게스테론은 난소에서 분비되며, 배란과 관련이 있다. 이 반응으로 인해 자궁내막은 점도가 높아지며 주머니배가 이용할 영양소가 풍족해진다. 만일 수정란 이동이 막히면 자궁관에 착상하는 딴곳임신(자궁외 임신)이 일어날 수 있다(227쪽 참조). 착상이 일어나면 사람 융모생식샘자극호르몬(hCG)이 분비되기 시작한다. 이 호르몬으로 인해 황체가 또 다른 호르몬들을 만들기 시작하고, 황체가 분비한 호르몬들은 첫 11~12주까지 임신이 지속되도록 돕는다.

자궁안(자궁강)

주머니배공간(포배강)
주머니배의 중앙에
액체로 찬 공간이
형성된다.

세포영양막
장차 태반의 속층이 되는
세포층

융합영양막
바깥 영양막층은 주머니배로부터
떨어져 나와 자궁내막을
파고들어 주머니배가 착상할
공간을 만든다.

융합영양막의 핵

자궁내막(자궁속막)

자궁내막 혈관

배아모체
속에 있는 세포
집단으로, 장차
배아가 된다.

자궁안(자궁강)

점점 더 커지는 세포 덩이

변성된 투명띠
커진 세포 덩어리가 투명띠를 뚫고 나온다.

임신 21일 주머니배(포배)
오디배가 분열하면서 주머니배로 바뀐다. 주머니배는 속에 밀집한 세포 집단인 속세포덩이가 있고, 그 겉을 바깥 세포층이 둘러싸고 있다. 속세포덩이는 배아모체라고도 하는데, 배아모체는 장차 배아가 되고, 바깥 세포층인 영양막은 장차 태반이 된다. 주머니배는 커지면서 투명띠를 뚫고 밖으로 나온다.

임신 23일 착상
프로게스테론으로 인해 자궁내막이 착상에 대비하면서 끈적끈적해진다. 주머니배의 바깥 세포층은 자궁내막에 접촉하자마자 뚫고 들어갈 굴을 만든다. 그러면 사람 융모생식샘자극호르몬(hCG) 분비가 촉발되고, 이 호르몬은 난소의 황체로 하여금 에스트로겐과 프로게스테론을 만들게 하여 초기 임신을 유지하게 한다.

쌍둥이

쌍둥이 임신이 일어나는 방식은 두 가지가 있다. 일란성 쌍둥이는 수정란 하나가 둘로 갈라져서 자란 똑 같은 쌍둥이로, 당연히 性도 같다(114쪽 참조). 난자 두 개가 따로따로 수정되면 똑 같지는 않은 이란성 쌍둥이가 되는데, 性이 같거나 다를 수 있다.

한 수정란이 둘로 갈라진다.

일란성 쌍둥이

두 난자가 따로 수정된다.

이란성 쌍둥이

85

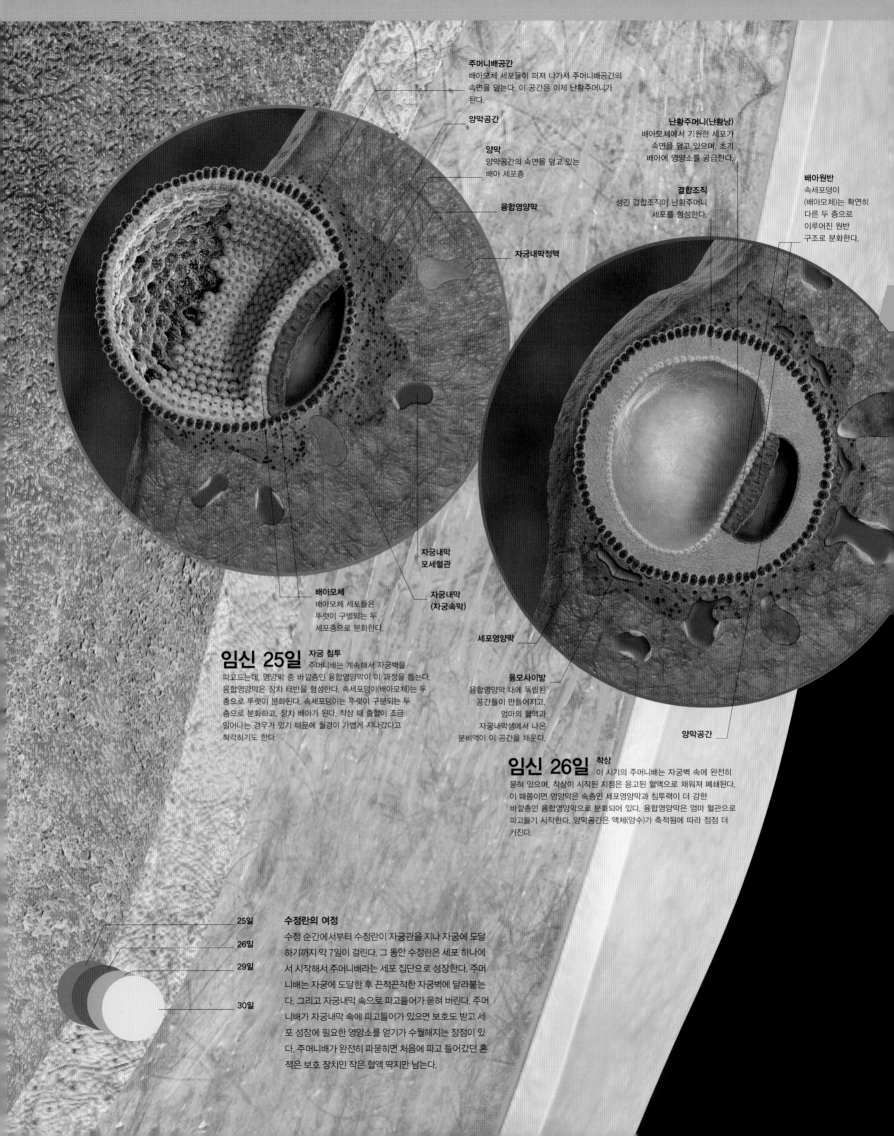

주머니배공간
배아모체 세포들이 퍼져 나가서 주머니배공간의 속면을 덮는다. 이 공간은 이제 난황주머니가 된다.

양막공간

난황주머니(난황낭)
배아모체에서 기원한 세포가 속면을 덮고 있으며, 초기 배아에 영양소를 공급한다.

양막
양막공간의 속면을 덮고 있는 배아 세포층

융합영양막

결합조직
성긴 결합조직이 난황주머니 세포를 형성한다.

배아원반
속세포덩이 (배아모체)는 확연히 다른 두 층으로 이루어진 원반 구조로 분화한다.

자궁내막정맥

자궁내막 모세혈관

배아모체
배아모체 세포들은 뚜렷이 구별되는 두 세포층으로 분화한다.

자궁내막 (자궁속막)

세포영양막

융모사이방
융합영양막 내에 독립된 공간들이 만들어지고, 엄마의 혈액과 자궁내막샘에서 나온 분비액이 이 공간을 채운다.

양막공간

임신 25일 자궁 침투

주머니배는 계속해서 자궁벽을 파고드는데, 영양막 중 바깥층인 융합영양막이 이 과정을 돕는다. 융합영양막은 장차 태반을 형성한다. 속세포덩이(배아모체)는 두 층으로 뚜렷이 분화된다. 속세포덩이는 뚜렷이 구분되는 두 층으로 분화하고, 장차 배아가 된다. 착상 때 출혈이 조금 일어나는 경우가 있기 때문에 월경이 가볍게 지나갔다고 착각하기도 한다.

임신 26일 착상

이 시기의 주머니배는 자궁벽 속에 완전히 묻혀 있으며, 착상이 시작된 지점은 응고된 혈액으로 채워져 폐쇄된다. 이 때쯤이면 영양막은 속층인 세포영양막과 침투력이 더 강한 바깥층인 융합영양막으로 분화되어 있다. 융합영양막은 엄마 혈관으로 파고들기 시작한다. 양막공간은 액체(양수)가 축적됨에 따라 점점 더 커진다.

25일
26일
29일
30일

수정란의 여정

수정 순간에서부터 수정란이 자궁관을 지나 자궁에 도달하기까지 약 7일이 걸린다. 그 동안 수정란은 세포 하나에서 시작해서 주머니배라는 세포 집단으로 성장한다. 주머니배는 자궁에 도달한 후 끈적끈적한 자궁벽에 달라붙는다. 그리고 자궁내막 속으로 파고들어가 묻혀 버린다. 주머니배가 자궁내막 속에 파고들어가 있으면 보호도 받고 세포 성장에 필요한 영양소를 얻기가 수월해지는 장점이 있다. 주머니배가 완전히 파묻히면 처음에 파고 들어갔던 혼적은 보호 장치인 작은 혈액 딱지만 남는다.

배아 발생

착상에 성공해야 주머니배가 초기 배아로 성장할 수 있다. 주머니배는 자궁에 잘 착상하자마자 다시 내부 구조에 변화가 일어나고 자궁내막 속 깊숙이 파고든다.

주머니배는 두 가지 세포집단으로 분화된다. 즉 장차 배아(태아)가 되는 배아모체와 장차 태반을 만드는 영양막 두 층이 된다. 영양막 두 층 중 속층은 세포영양막으로, 세포 사이 경계가 뚜렷하며 장차 엄마 혈액과 태아 혈액 사이의 최종 경계를 이룬다. 바깥

층인 융합영양막은 세포 경계가 없이 융합되어 있으며, 주위로 퍼져나가서 엄마 조직으로 빠르게 침투하여 이를 파괴한다. 그 덕분에 주머니배가 자궁내막에 깊숙이 파고들어갈 수 있다.

발생 중인 배아
착상한 주머니배는 매우 빠른 속도로 성장한다. 만 4주가 되면 장차 배아가 될 초석이 이루어져 있다.

융합영양막
수많은 융합세포들로 구성되어 있다.

배아바깥공간
결합조직 내에 공간들이 형성되고 이 공간들은 점차 커지다가 합쳐져서 결합조직을 밀어낸다.

세포영양막
이 층을 이루는 각 세포들은 저마다 정상 세포막에 둘러싸여 있다.

융모막공간
합쳐진 공간은 결국 융모막공간이 된다 (양막주머니와 난황주머니를 둘러싸는 큰 공간으로, 액체가 차 있다).

연결줄기
융모막공간이 형성된 후에 남은 결합조직 부위. 장차 탯줄이 된다.

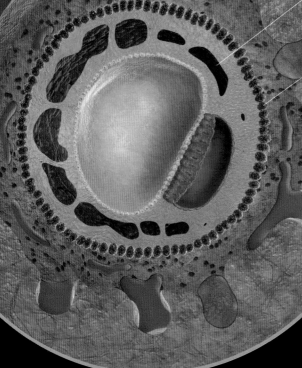

임신 29일 **공간 형성**
주머니배의 바깥 세포벽으로부터 난황주머니가 더 멀리 분리된다. 융합영양막 층은 계속해서 엄마 혈관을 파고들어가서 영양소가 풍부한 혈액이 주머니배를 그물처럼 둘러싸게 된다. 결합조직 속에서 공간들이 형성되고 서로 합쳐지기 시작한다.

혈액 연결망
모세혈관이 계속해서 벽이 허물어지고 서로 합쳐짐에 따라 그물 같은 구조가 형성된다.

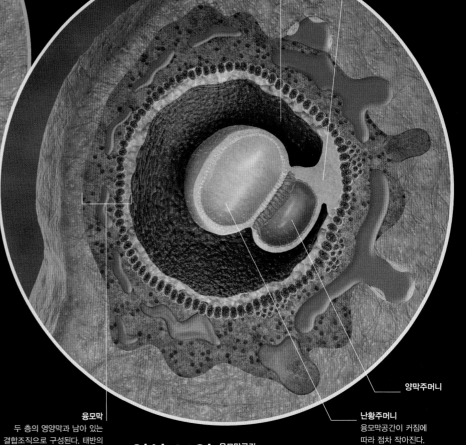

양막주머니

난황주머니
융모막공간이 커짐에 따라 점차 작아진다.

융모막
두 층의 영양막과 남아 있는 결합조직으로 구성된다. 태반의 대부분을 형성하게 된다.

임신 30일 **융모막공간**
장차 배아가 될 주머니배가 연결줄기에 매달려 있다. 난황주머니보다 작았던 양막공간은 계속 커져서 임신 8주에 이르면 배아를 에워싸게 된다. 난황주머니는 배아에 영양소를 공급하게 되며, 적혈구가 가장 먼저 만들어지는 장소가 된다.

임신 중 안전

임신 중 이 세상은 자라나는 태아에게 위험을 초래할 수 있는 것들로 가득 찬 위험한 장소일 수 있다. 감염증, 동물, 약품, 가정 내 화학물질, 심지어는 일부 음식물에 이르기까지 모든 것이 우려의 대상이 될 수 있다. 다행히도 조금만 현명하게 조심한다면 위험을 최소화할 수 있으며, 건강한 임신이 보장되도록 도울 수 있다.

감염에 의한 위험

임신 중에는 여성의 몸이 태아에게 거부반응을 나타내지 못하도록 여성의 면역체계는 억제되어 있다. 그러나 불행하게도 이것은 임신부가 어떤 감염증들에 더 감염이 잘 되고, 또한 감염증으로 인한 합병증이 더 잘 발생할 수 있음을 의미하기도 한다. 여성의 건강에 영향을 미칠 뿐 아니라 어떤 감염인자들은 태반을 지나 성장하는 태아에게 나쁜 영향을 줄 수 있다. 오염된 음식, 감염성 질환과 고양이 같은 동물에 의해 매개되는 병들이 특히 위험하다.

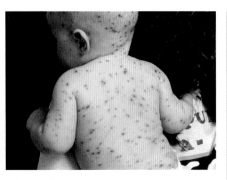

선천성 감염증

풍진(rubella), 수두(chickenpox), 홍역(measles)과 거대세포바이러스(CMV) 등을 포함하는 감염성 질환들은 태반을 지나 태아에게 다양한 출생 기형을 나타낼 수 있는 선천성 감염증들을 유발시킬 수 있다. 드물지만, 만일 감염이 임신 제1삼분기 동안 일어나면 위험도가 가장 높아진다. 예방접종은 반드시 최근까지 받아야 하며, 감염된 사람들을 피해야 한다.

동물들과의 접촉

몇몇 동물과 대변은 성장하는 태아에게 해가 되는 병을 옮길 수 있다. 임신한 여성은 고양이 깔개, 새장, 파충류, 설치류와 출산기의 양으로부터 멀리 떨어져 있어야 한다. 고양이는 주방이나 식당에서 멀리 떨어진 데 두고, 고양이를 만진 후에는 반드시 손을 씻어야 한다. 고양이가 변을 본 장소의 경우에는 맨손으로 정원을 가꾸는 일도 피해야만 한다.

감기, 인플루엔자와 예방접종

임신 중에는 면역체계가 억제되어 있기 때문에 임신부는 감기나 인플루엔자에 더 잘 걸리고, 합병증이 심해져 사망할 수도 있다. 감기나 인플루엔자의 증상이 있는 사람들과 멀리하고, 가능하면 사람이 많은 곳을 피하며, 수도꼭지나 전화기, 문 손잡이 등과 같이 여러 사람들이 만지는 물건을 만진 후에는 손을 씻음으로써 감염의 위험을 줄일 수 있다. 매년 인플루엔자 예방주사를 맞으면 합병증의 발생을 막을 수 있을 뿐 아니라, 출생 후 첫 6개월 동안 신생아의 감염도 줄일 수 있다.

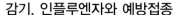

톡소포자충증

이 드문 감염증은 동물의 대변이나 새의 배설물, 덜 익힌 고기나 생선, 토양이나 오염된 과일과 야채 등에서 발견되는 기생충에 의해 발병한다. 특히 임신 제2삼분기 동안의 감염은 태아에서 눈과 뇌의 손상, 선천성 기형, 유산, 사산, 조산과 저체중(low birth weight)을 유발할 수 있다. 가장 흔한 감염원은 집고양이와 덜 익힌 고기이며, 따라서 음식물 위생에 주의해야만 한다.

화학물질

화학물질에 대해 완전하게 노출을 피한다는 것은 거의 불가능하지만, 단순한 주의만으로도 현명하게 대처할 수 있다. 화학물질의 사용은 최소한으로 줄이고, 환기가 잘 되는 장소에서 사용하도록 하며, 보호복을 입고, 포장지에 있는 안전을 위한 주의사항을 따라야 한다.

집안 일

많은 임신부들이 세제의 위험성에 대해 걱정을 하고 있지만, 사실 위험도는 상대적으로 낮다. 그러나 표백제를 다른 세제와 섞어서는 안되며, 오븐을 세척하는 것도 가능하면 피해야만 한다. 유기제라 하더라도 농약과 살충제는 출생 기형(birth defects), 임신 합병증과 유산(miscarriage)을 일으킬 수 있다. 가능하다면 특히 임신 제1삼분기 동안에는 모두 사용을 피해야만 한다. 페인트용 화학물질에 대한 장기간의 노출도 유산이나 출생 기형의 위험을 증가시킬 수 있다. 아직 머리 염색약이 태아에게 해롭다는 확실한 증거는 없지만 이런 종류의 화학물질에 대한 노출도 최소화하는 것 또한 상식적이다. 머리카락 전부를 염색하는 것보다 부분 염색을 하는 것이 대안이 될 수 있으며, 헤나 염료와 같은 식물성 염료도 좋은 선택이다.

약물

임신 중 복용한 일부 처방약이나 일반 의약품, 한약, 혹은 기분전환용 약물은 태반을 통과해 태아에게 영향을 미칠 수 있다. 약물 복용을 전부 피할 수는 없지만 의사들은 어떤 약물이 임신 중 안전한지 조언해 줄 수 있다. 일반 의약품에는 여러 가지 성분이 들어 있을 수 있으므로 주의해야만 한다.

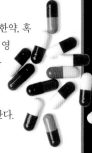

흡연

임신 중 흡연은 엄마와 태아 모두에게 나쁘다. 유산, 조산, 저체중, 요람사(crib death)와 신생아 시기 호흡 부전의 위험도를 증가시키는 것과 같은 많은 문제점들과 연관되어 있다.

물리적 위험

임신 중 여성의 몸은 일반적으로 태아에게 안전한 보호막 (cocoon)을 제공한다. 하지만 물리적 위험들을 피하기 위해서는 아직도 특별한 주의가 필요하다. 무게 중심이 바뀌고 인대가 약해져 염좌(sprains)나 긴장(strains)과 같은 부상이 더 자주 발생할 수 있다. 이런 경우 특별한 안전 의식을 가져야 할 것이며,

지지복을 입거나, 낮은 신발을 신고, 신체를 접촉하는 운동이나 다른 위험한 활동을 피하고, 운전할 때는 안전벨트를 매는 등의 현명한 예방책을 따라야 한다. 심한 낙상(fall)이나 사고 혹은 손상을 입은 경우에는 즉시 의사의 조언을 구해야 한다.

여행

여행이란 감염증과 사고라는 두 가지 중요한 위험요소를 내포하고 있다. 위험을 줄이려면 목적지를 주의 깊게 조사해야 하며, 말라리아로부터의 보호나 예방접종에 대해서는 의사에게 자문을 구해야 한다. 상수도의 안전성을 확인해야 하며, 음식물 위생에도 주의해야 한다. 임신부는 다리에 혈전 생성(DVT) 위험이 높기 때문에 장거리 비행 동안 너무 오래 앉아 있는 것은 피해야 한다.

비행 여정
대부분의 여행사들은 임신한 여성이 비행기로 여행하는 것을 임신 35주 말까지 허용하고 있다. 의학적으로 문제가 있는 여성들은 비행 여정 전에 의사의 확인을 받아야 한다.

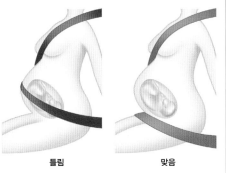

안전벨트
가로벨트는 불룩 나온 배 아래로 매서 골반뼈 위에 편안하게 위치하도록 착용하고 어깨벨트는 불룩 나온 배의 옆을 지나도록 한다.

틀림   **맞음**

사고와 낙상

임신 중 여행과 낙상은 흔히 있는 일이다. 무게중심의 변화로 몸의 균형이 바뀌고, 관절과 인대가 느슨해지며, 많은 여성이 어지럼 발작(dizzy spells)을 경험하게 된다. 만일 낙상이나 충돌 후에 출혈, 통증 혹은 태동 감소가 있다면 즉시 진찰을 받아야 한다.

작업 환경

대부분의 여성이 임신 중에도 별다른 조치 없이 일을 계속하게 되는데, 해로운 물질이나 과도한 육체적 노동에 노출되지 않도록 보장하는 것은 고용주의 의무이다. 어떤 고용주들은 임신한 직원에게 근무 시간을 줄이거나, 휴식 시간을 더 갖거나, 서서 일하는 시간을 줄이거나, 혹은 보조 좌석을 쓰도록 허용하기도 한다.

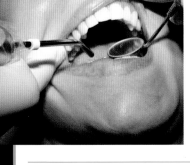

치아 관리

좋은 구강위생 상태는 임신 중에 특히 중요하다. 호르몬의 변화들이 잇몸질환의 위험을 증가시키게 되는데, 잇몸질환의 발생과 조산 가능성의 증가가 서로 연관성이 있다고 한다. 대부분의 치과 치료는 임신 중에 안전하게 받을 수 있지만, X선 검사나 몇몇 항생제 사용과 같은 시술이나 치료들은 임신 중 최대한 피해야만 하기 때문에, 여성이 임신했는지 여부를 치과의사가 아는 것은 중요하다.

스트레스

스트레스는 심박동과 혈압 그리고 스트레스 호르몬들의 증가를 유발할 수 있다. 특히 임신 초기의 심한 스트레스가 조산, 저체중아, 유산이나 사산과 연관성이 있다는 제한적 증거가 있다. 휴식, 규칙적인 운동, 건강한 식습관과 충분한 수면이 일상생활의 한 부분이 되어야 한다.

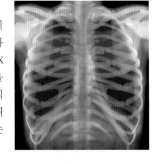

방사선

X선은 성장하는 태아에게 손상을 줄 수 있기 때문에 의사나 치과의사에게 자신이 임신했을 가능성이 있다는 것을 말해 주는 것은 중요하다. 만일 흉부나 복부 X선 검사, 컴퓨터 단층 촬영술(CT scan) 혹은 방사선을 이용한 검사나 치료가 필요한 경우에는 위험보다 이익이 우세해야만 한다. 과학자들은 초음파나 컴퓨터, 휴대전화 혹은 기지국, 송전선, 공항 검색대들에서 방출되는 전자기장은 위험이 낮다고 믿고 있다.

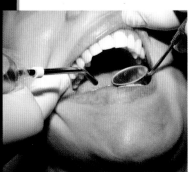

과열

임신 제1삼분기 동안의 체온 상승이 태아 척추 기형의 위험도 증가와 연관이 있다고 한다. 사우나와 열탕은 피해야 하는데, 단지 10~20분간 뜨거운 곳에 있는 것으로도 체온은 위험 수준까지 올라갈 수 있다. 뜨거운 물 목욕은 상체가 시원한 공기에 노출되어 있고, 물도 점차 식게 되므로 동일한 위험은 없다.

취침 시간

임신한 여성은 편안히 잠을 자는 자세를 찾기가 힘든데, 특히 임신 후반기에는 자궁에 의한 압박이 혈관을 누를 수 있기 때문에 똑바로 누워 있는 것은 피해야 한다. 심지어는 침대에서 일어나는 것이 더 힘들 수 있다. 침대에서 일어날 때에는 어지럼증, 배 근육들의 뭉침 혹은 등의 통증 악화를 피하기 위해 천천히 일어나야만 한다.

식사와 운동

식사와 운동은 임신 중 전반적인 건강 유지에 중요한 부분을 차지한다. 잘 먹고 규칙적으로 운동하는 것은 태아가 건강하게 자라고 발달하는 데 도움을 줄 것이며, 어머니의 몸이 최상의 상태에 도달하여 분만을 위해 준비되도록 보장해 줄 것이다.

체중 증가

대부분의 임신한 여성들은 임신 중 10~13킬로그램의 체중이 증가한다. 과도한 체중 증가는 자간전증(preeclampsia)이나 당뇨(diabetes)와 같은 합병증 위험을 증가시키며, 반면에 과소 체중 증가는 조산이나 저체중아와 연관성이 있다. 임신 전 체중 또한 중요한 고려 대상이다. 만일 체중에 대한 우려가 있다면, 조산사나 의사가 합리적인 목표 체중을 조언해 줄 수 있을 것이다.

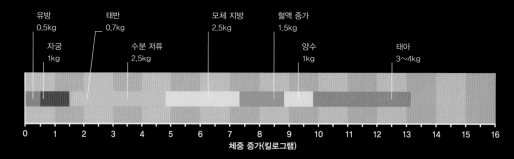

유방 0.5kg | 태반 0.7kg | 모체 지방 2.5kg | 혈액 증가 1.5kg
자궁 1kg | 수분 저류 2.5kg | 양수 1kg | 태아 3~4kg

0 1 2 3 4 5 6 7 8 9 10 11 12 13 14 15 16
체중 증가(킬로그램)

제한 혹은 회피

건강한 식사의 일부로서 정상적으로 먹을 수 있던 음식들이 임신 중에는 위험할 수 있는데, 그 이유는 음식 안에 평균 식중독의 위험도보다 위험성이 높은 균이 들어 있거나, 태아에게 해를 줄 수 있는 특정 균이나 독소들이 들어 있을 수 있기 때문이다. 이상적으로는 임신 중의 건강한 식사법에 대한 안내는 여성들이 임신을 원하는 순간부터 시작되어야 한다. 그러나 만일 예상외로 임신이 된 경우라면 임신이 확인된 이후 가능한 한 빨리 건강 식사 요법을 시작해야 한다.

식품 위생

식중독은 위험할 수 있으며, 톡소포자충증(toxoplasmosis, 88쪽 참조)과 같은 경우에는 특별한 위험을 가할 수 있다. 부엌의 표면은 항상 청결해야 하며, 화장실을 사용한 후나 음식을 준비하기 전, 살코기나 조류를 만진 후와 무엇이든 먹기 전에는 반드시 손을 씻어야만 한다.

연질 치즈와 유제품

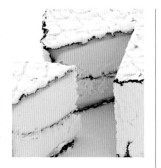

임신부는 브리 치즈, 스틸턴 치즈, 카망베르 같은 연질의 푸른반점 치즈 등 저온 살균하지 않은 유제품에 의해 리스테리아증에 걸릴 위험이 높다. 이 질환은 유산, 사산 혹은 신생아 사망을 초래할 수 있다. 경질 치즈들과 희고 연한 치즈는 안전하며, 칼슘의 좋은 제공원이 된다.

파테와 간

모든 고기와 야채 파테(pate)에는 리스테리아균이 들어 있을 수 있으므로 먹지 말아야 한다. 간, 소시지와 파테에는 출생 기형을 일으킬 수 있는 고농도의 비타민 A(레티놀)가 들어 있다.(고강도의 종합비타민제나 비타민 A가 든 대구 간유도 피해야 한다.)

장보기, 보관, 음식 준비

유효 기간의 날짜를 넘기지 말아만 한다. 날 음식은 따로 보관하고, 모든 종류의 날고기는 다른 음식에 물이 떨어지지 않도록 냉장고 아래쪽에 보관한다. 날고기는 도마를 분리해서 사용하고, 샐러드, 과일이나 야채는 씻거나 껍질을 벗겨 두어야만 한다.

음식물 데우기

데웠던 음식물이 식으면 해로운 균들이 더 잘 자랄 수 있다. 음식을 다시 데울 때에는 적어도 2분 동안 음식에서 김이 날 만큼 뜨거워질 때까지 데워야 한다. 음식은 제공되기 전까지 계속 뜨거운 상태여야만 하며, 또한 즉시 먹어야 한다. 음식은 한 번 이상 데워서는 안 된다. 미리 조리된 즉석 음식물의 경우에는 조리법을 잘 따르는 것이 중요하다.

덜 익은 달걀

날달걀이나 반숙 달걀에서는 식중독 원인인 살모넬라(salmonella)균이 잘 자랄 수 있다. 달걀은 난황이 무르지 않고 단단해질 때까지 익혀야만 하며, 집에서 만든 마요네즈와 같이 날달걀이 들어간 음식이나 달걀 반숙은 먹지 말아야 한다.

카페인과 알코올

고농도의 카페인 섭취는 저체중아나 유산과 연관이 있으므로 카페인 소비를 제한해야만 한다. 어느 정도의 알코올 섭취가 안전한지에 대해서는 아직 명확하게 밝혀지지 않았기 때문에 알코올은 완전히 끊는 것이 가장 좋다.

기름진 생선

정어리, 고등어와 다른 기름진 생선은 건강한 식사의 일부로서 먹어야만 한다. 그러나 기름에는 태아에게 해가 되는 오염물질이 농축되어 있을 수 있으므로, 임신한 여성들은 일주일에 2토막만 먹도록 하고, 상어, 청새치나 황새치는 피해야 한다.

음식물 요리

덜 익은 육류나 가금류와 생선에는 식중독이나 다른 질병을 일으킬 수 있는 세균이나 바이러스, 혹은 기생충이 들어 있을 수 있다. 냉동 식품은 녹인 후 정확한 온도에서 정확한 시간 동안 조리해야만 하고, 먹기 전까지 뜨겁게 데워야 한다.

건강한 식사

수태 전과 임신 중에 건강한 식사를 하는 것은 건강한 임신을 위한 영양소들이 몸에 필요한 만큼 저장될 수 있도록 도와준다. 주식을 올바르게 균형 잡히도록 먹는 것도 임신 중 체중 증가가 건강한 범위 내로 지속될 수 있도록 보장해 줄 것이다.

영양

건강하고 균형 잡힌 식사에는 덜 정제된 탄수화물이 풍부한 녹말(감자, 통곡물 빵과 통곡물), 매일 적어도 5쪽의 과일과 야채, 충분한 양의 고기, 생선 혹은 고급 단백질(달걀, 견과류, 콩)이 포함된다. 우유와 유제품 혹은 다른 칼슘의 공급원들은 성장하는 태아를 위해 특히 중요하다.

철분이 풍부한 음식
1∼2조각

단백질
2∼3토막

신선한 과일
4∼5조각

유제품
2∼3조각

권장식사량

야채
4∼6조각

미정제 탄수화물
4∼6조각

보충제

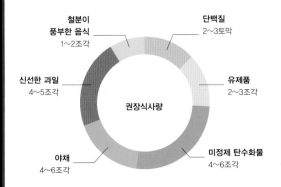

임신을 원하는 여성은 피임을 중단한 시기부터 임신 제1삼분기 동안 매일 엽산 400마이크로그램을 복용하도록 권장된다. 엽산의 복용은 척추갈림증과 같은 출생 기형을 예방하도록 도와줄 수 있다. 어떤 여성들은 종합비타민, 비타민 D, 아스피린, 오메가-3 혹은 철분을 추가적으로 복용하도록 권장을 받기도 한다.

약초

대부분의 약초들은 요리에는 안전하나 바질, 샐비어, 오레가노나 다량의 로즈메리는 피해야 한다. 유산을 일으킬 수 있으므로 페니로열 혹은 화란국화, 알로에도 사용하지 말아야 한다. 임신 말기에 산딸기 잎을 차로 마시면 분만진통이 쉽고 빠를 수 있다.

활동과 운동

의학적이나 임신과 연관된 문제가 없다면, 임신 전부터 해 왔던 대부분의 육체적 활동을 계속하는 것은 일반적으로 안전하다. 손상이나 충격을 줄 수 있는 활동은 예외다. 떨어지거나 충격을 주거나 혹은 배에 타격을 가하면 조기 진통을 유발할 수 있으며, 과거에 유산한 경험이 있는 여성들은 격렬한 운동이나 활동을 피하도록 충고해야 한다. 의심스러운 경우에는 의사나 조산사에게 자문을 구해야만 한다.

건강한 임신을 위한 운동

운동은 임신 중이나 분만을 위해 몸을 준비하는 데 많은 도움을 준다. 운동은 건강을 유지하고, 근육을 강화하며, 혈액순환을 증가시키고, 또한 정맥류나 변비와 요통을 예방할 수 있도록 도움을 준다. 그러나 격렬한 운동은 더 어려움을 줄 수도 있다. 비록 임신 전에 운동했던 수준이지만 피로와 호흡곤란이 나타난다면 그 단계에서 멈춰야 하며, 임신은 과도한 운동을 시작할 시기는 아니다. 만일 통증과 어지럼증이 나타나면 즉시 운동을 중지해야만 한다.

적절하게 운동하기

고위험	주의해서 시행	권장
심한 충격을 주거나 산소 이용도를 떨어뜨리는 운동은 사고가 일어날 위험이 높기 때문에 특히 임신 12주 이후에는 피하는 것이 좋다	임신이 진행되면서 어떤 활동들은 더 힘들 수 있다. 자신의 느낌에 따라 운동 여부를 결정해야 하며, 만일 어떤 증상이든 나타나면 중지해야 한다.	체중이 증가하고, 무게중심이 변화함에 따라, 체중을 부하하지 않는 운동이나 부드럽고 율동적인 운동이 가장 좋다.
• 승마　• 다이빙 • 스카이다이빙 • 스키 혹은 스케이트 타기	• 테니스　• 체육관 가기 • 달리기　• 춤추기 • 격렬한 유산소 운동	• 수영　• 자전거 타기 • 걷기　• 태극권 • 요가(바로 누운 자세 제외)

케겔(Kegel) 운동

골반바닥(pelvic floor)을 운동시키는 것은 자궁의 무게로 인해 골반바닥이 약해지는 것을 방지하고, 분만에 사용되는 근육들을 강화시킨다. 이 운동은 산후 실금(incontinence)이나 자궁 탈출(prolapse) 위험도 감소시킨다. 케겔 혹은 골반바닥 운동은 간단하며, 어떤 자세에서도 시행할 수 있다. 이 운동에 포함되는 근육들은 배나 궁둥이의 근육들에 힘을 주지 않은 상태에서, 소변을 보다가 중간에 중단할 때처럼 압축을 가하면 확인할 수 있다. 근육들은 셋을 셀 동안 조였다가 셋을 셀 동안 이완시키고, 10번을 반복해야 한다. 하루에 3번 시행하며, 10초간 조이고 25번 반복할 때까지 가능한 한 자주 반복하면서 횟수를 증가시킨다.

골반바닥 근육들
질을 둘러싸고 있는 근육들은 걸이(sling)를 형성하여 골반 장기들(방광, 자궁, 장)을 지지한다.

질

골반 장기 근육들

골반

항문

분만을 위한 운동

분만을 위해서는 에너지가 필요하며, 건강할수록 분만진통은 더 순조롭다. 어떤 종류든 적어도 30분 정도씩 일주일에 세 번 정도 규칙적으로 운동하면 도움이 된다. 쪼그려 앉기는 넓적다리 근육을 강화시키고, 책상다리를 하는 것은 골반 관절들의 유연성을 향상시킨다.

성교

임신 중 성교는 일반적으로 안전하다. 임신한 배를 피하기 위해 자세를 바꿀 수도 있으나 태아는 양수 속에서 안전하게 충격에 대해 보호될 것이며, 자궁경부 점액에 의해 감염으로부터 보호될 것이다. 만일 유산, 조산, 출혈 혹은 다른 합병증들의 병력이 있다면 의사들이 성교를 피하도록 조언할 수 있다.

임신 2개월 | 임신 5∼8주

놀라운 성장이 일어나는 이 시기 동안, 배아는 주요 장기들의 빠른 성장과 함께 쌀알 크기에서 산딸기 크기에
이르도록 자라게 된다. 여성의 자궁은 자몽의 크기에 도달하게 되며, 허리가 굵어지고, 유방도 커진다.

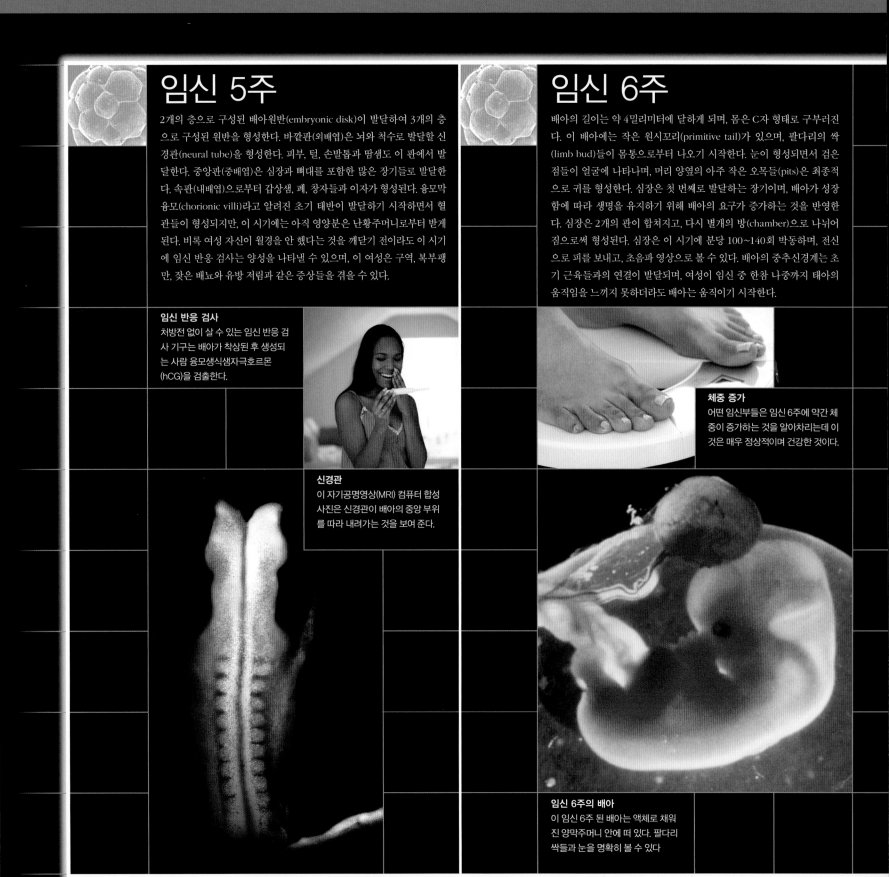

임신 5주

2개의 층으로 구성된 배아원반(embryonic disk)이 발달하여 3개의 층으로 구성된 원반을 형성한다. 바깥판(외배엽)은 뇌와 척수로 발달할 신경관(neural tube)을 형성한다. 피부, 털, 손발톱과 땀샘도 이 판에서 발달한다. 중앙판(중배엽)은 심장과 뼈대를 포함한 많은 장기들로 발달한다. 속판(내배엽)으로부터 갑상샘, 폐, 창자들과 이자가 형성된다. 융모막 융모(chorionic villi)라고 알려진 초기 태반이 발달하기 시작하면서 혈관들이 형성되지만, 이 시기에는 아직 영양분은 난황주머니로부터 받게 된다. 비록 여성 자신이 월경을 안 했다는 것을 깨닫기 전이라도 이 시기에 임신 반응 검사는 양성을 나타낼 수 있으며, 이 여성은 구역, 복부팽만, 잦은 배뇨와 유방 저림과 같은 증상들을 겪을 수 있다.

임신 반응 검사
처방전 없이 살 수 있는 임신 반응 검사 기구는 배아가 착상된 후 생성되는 사람 융모생식샘자극호르몬(hCG)을 검출한다.

신경관
이 자기공명영상(MRI) 컴퓨터 합성 사진은 신경관이 배아의 중앙 부위를 따라 내려가는 것을 보여 준다.

임신 6주

배아의 길이는 약 4밀리미터에 달하게 되며, 몸은 C자 형태로 구부러진다. 이 배아에는 작은 원시꼬리(primitive tail)가 있으며, 팔다리의 싹(limb bud)들이 몸통으로부터 나오기 시작한다. 눈이 형성되면서 검은 점들이 얼굴에 나타나며, 머리 양옆의 아주 작은 오목들(pits)은 최종적으로 귀를 형성한다. 심장은 첫 번째로 발달하는 장기이며, 배아가 성장함에 따라 생명을 유지하기 위해 배아의 요구가 증가하는 것을 반영한다. 심장은 2개의 관이 합쳐지고, 다시 별개의 방(chamber)으로 나뉘어짐으로써 형성된다. 심장은 이 시기에 분당 100∼140회 박동하며, 전신으로 피를 보내고, 초음파 영상으로 볼 수 있다. 배아의 중추신경계는 초기 근육들과의 연결이 발달되며, 여성이 임신 중 한참 나중까지 태아의 움직임을 느끼지 못하더라도 배아는 움직이기 시작한다.

체중 증가
어떤 임신부들은 임신 6주에 약간 체중이 증가하는 것을 알아차리는데 이것은 매우 정상적이며 건강한 것이다.

임신 6주의 배아
이 임신 6주 된 배아는 액체로 채워진 양막주머니 안에 떠 있다. 팔다리 싹들과 눈을 명확히 볼 수 있다

임신 7주

배아는 강낭콩 크기 정도인 약 8밀리미터에 달할 때까지 빠르게 성장을 지속한다. 팔다리 싹들은 끝이 노 모양으로 발달하는데, 이곳으로부터 손가락과 발가락이 형성될 것이다. 혼적눈(rudimentary eyes)에서 수정체(lens)와 망막(retina)이 발달하기 시작하며, 간(liver)이 형성되어 적혈구를 생산하기 시작한다. 태아의 피부 아래에서 정맥들(veins)이 확실히 보이기 시작한다. 발달하는 융모막 융모가 모체의 혈류로부터 산소와 영양소들을 배아에게 공급하는 것이 증가하면서, 난황주머니는 위축되기 시작한다. 이 시기에는 임신부의 옷이 허리 부근에서 불편하게 꽉 낀다고 느끼기 시작할 수 있다. 종종 입맛이 바뀌며, 어떤 임신부들은 특정한 음식들에 대해 혐오감이 생기기도 한다. 어떤 임신부들에서는 순환하는 혈액량의 증가로 인해 두통이 생길 수도 있다.

융모막 융모
융모막 융모에는 배아에게 영양소들을 공급하기 위해 모체의 혈관에 접속해 있는 혈관들이 있다.

냄새와 맛
많은 임신한 여성들은 특별한 냄새나 맛에 대해 민감해지거나 혐오감(aversion)을 느낀다.

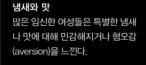

임신 8주

임신 제 2개월 말이 되면 배아의 길이는 산딸기 크기인 1.4센티미터 정도에 달하게 되며, 모든 주요 장기들이 형성되기 시작한다. 원시꼬리(primitive tail)는 퇴화되기 시작하며, 팔다리는 길어지고 물갈퀴 형태의 손가락들과 발가락들이 발달한다. 고유의 지문은 이미 형성되었다. 팔꿈치들이 발달하면서 팔들은 굽혀지고 움직일 수 있다. 뇌는 더 성숙해지며, 심장 판막들이 형성되어 원시적 순환이 올바른 방향으로 이루어지게 된다. 폐는 성장을 계속하며, 기도들이 발달하여 목구멍(throat)의 뒤쪽까지 연결된다. 이 시기에 모체의 자궁은 작은 자몽 크기이며, 아래쪽 척추에 압박을 가해 간혹 요통을 일으키기도 한다. 다른 사람들에게 두드러지게 임신한 것처럼 보일 것 같지는 않지만, 임신부의 허리선은 이 시기에 더 굵어지고, 유방들은 더 크게 보일 수 있다.

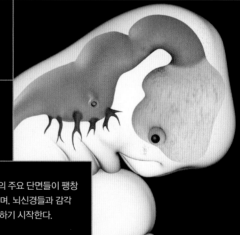

뇌의 발달
이제 뇌의 3개의 주요 단면들이 팽창된 것처럼 보이며, 뇌신경들과 감각 신경들이 발달하기 시작한다.

줄기세포
이 전자 현미경 사진에서 보이는 태아의 조혈 줄기세포들은 적혈구 혹은 모든 유형의 백혈구들을 만들어낸다.

임신 2개월 | 임신 5~8주
모체와 배아

이 단계에 이르면 임신부 중 상당수가 속이 메스꺼워지고(아침에만 속이 메스껍기는 않은 임신부도 많다), 피로감이 커지며, 소변을 더 자주 보게 된다. 임신 초기에 나타나는 이 증상들은 임신 12주가 지나면 사라지기도 하지만 일부 임신부는 더 오랫동안 겪기도 한다. 이 증상들 중 상당수는 초기 배아의 발생과 성장을 돕기 위해 난소가 호르몬을 분비하면서 생긴 부작용이다. 그다음 두 주가 지나면서 배아는 점점 더 사람다운 모습이 된다. 뇌의 성장 속도가 특히 빨라며, 그 결과 머리가 신체 길이의 절반에 이른다. 배아는 아직 양수주머니 속에서 웅크린 자세로 부력을 받아 둥둥 떠 있는 상태다. 임신 8주까지는 모든 장기가 다 형성되지만 아직 크기가 작고 기능도 불완전하다.

임신 8주의 임신부

임신부 중 일부는 임신 초기에 일어나는 변화를 모르고 지나치기도 하지만 다른 임신부는 이 큰 신체 변화에 대해 매우 강력한 반응을 보이기도 한다.

위
구역질은 임신 6주부터 흔한 증상이며, 대개 12주경까지는 계속된다. 프로게스테론 때문에 위산 역류로 인한 속 쓰림이 심해지기도 한다.

창자
프로게스테론이 창자의 민무늬근육(평활근)을 이완시키는데, 그 결과로 대변 이동이 느려져서 변비가 될 수 있다.

자궁
자궁은 약간 커졌지만 아직 골반을 벗어나지 않았다.

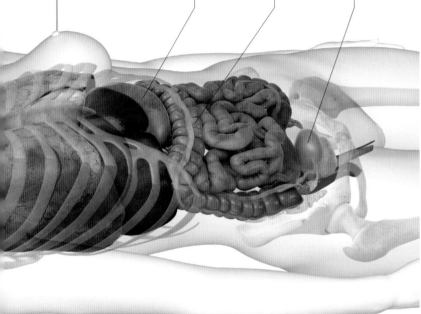

통계

모체
- 분당 66회
- 106/69mmHg
- 4.33리터

400밀리그램
임신부는 12주까지 염산을 매일 400밀리그램씩 복용해야 한다.

배아
- 분당 144회
- 1.6센티미터
- 1그램

1센티미터
배아는 이 시기에 빠른 속도로 성장한다. 임신 6주에서 8주까지 단 두 주 동안 길이가 1센티미터쯤 커진다.

임신 8주까지는 심장 발생이 완성되어 이상판 이상심이 모두 박동하게 된다.

배아는 임신 2개월에 역물이나 독소 작용에 가장 민감하다. 이 시기에 임신부가 복용한 약물 중 어떤 것들은 선천기형을 유발할 수 있으며 심하면 유산을 일으킬 수 있다.

임신 6주

배아는 털모습이 좀 더 사람다워진다. 수많은 내장의 형태가 목 밖으로 비치며, 귀와 눈과 팔목 및 다리싹도 뚜렷해진다. 이 시기는 성장 속도가 매우 빨라서 다음 두 주 동안 배아 크기가 두 배가 된다.

난황주머니(난황낭)
최초의 혈구가 벽에서 형성된다.
모세혈관은 난황주머니 벽에서 형성된다.

융모
형태가 단순한 일차융모가 태반을 구성하는데, 이 시기는 태반이 배아보다 빠른 속도로 성장한다.

핏줄(제대)
핏줄은 아직 짧아서 꼬이지 않는다. 핏줄 속에 있는 혈관이 또렷이 보인다.

몸분절(체절)
몸분절은 척추뼈, 척추, 몸통 근육, 피부(진피) 등으로 발생한다.

눈

인두굽이(새궁)
인두굽이는 장차 아래턱과 목에 있는 장기와 구조를 형성한다.

배아
배아는 양수에 둥둥 떠 있다.

심장
심장 발생은 거의 완성 단계이다. 혈액 순환이 이루어지고 심장이 박동하기 시작한다.

팔싹
팔싹은 나중에 팔로 발생한다.

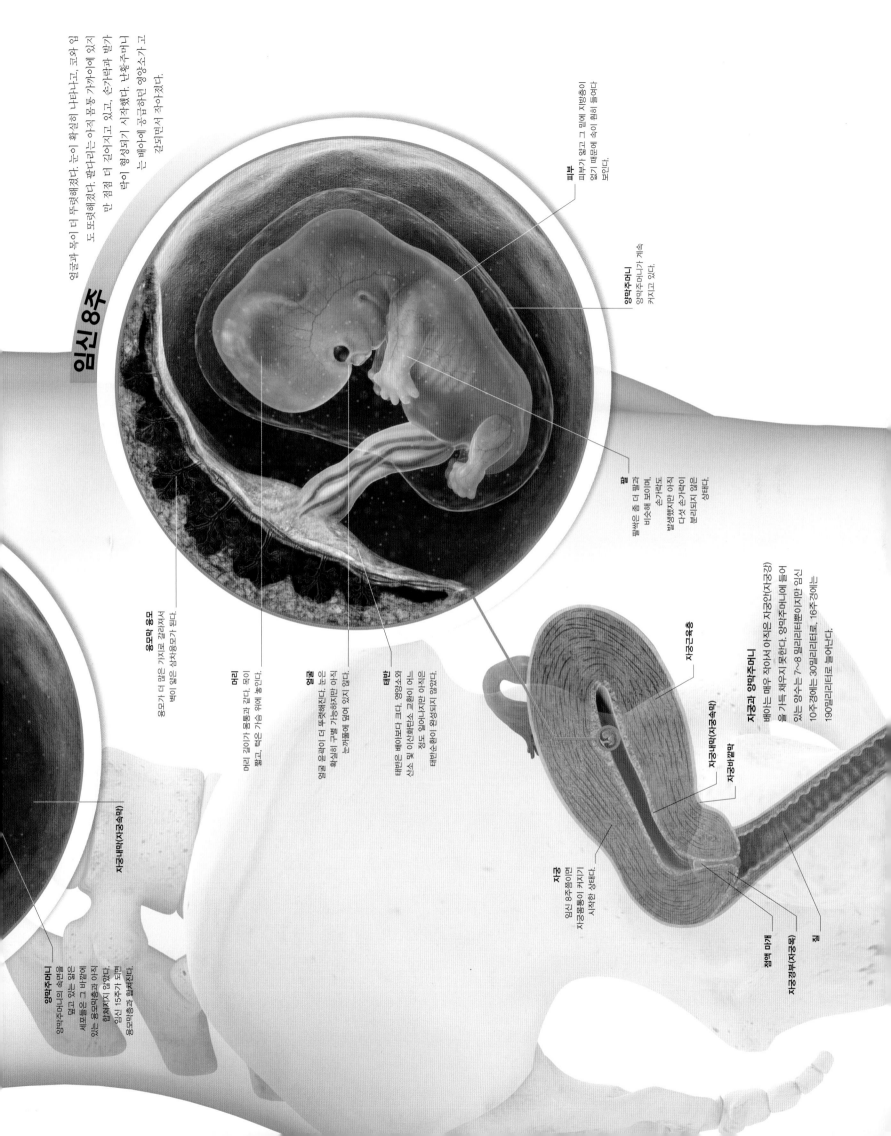

임신 8주

얼굴과 목이 더 뚜렷해졌다. 눈이 확실히 나타나고, 코와 입도 뚜렷해졌다. 팔다리는 아직 몸통 가까이에 있지만 점점 더 길어지고 있고, 손가락과 발가락이 형성되기 시작했다. 난황주머니는 배아에 공급하던 영양소가 고갈되면서 작아졌다.

피부
피부가 얇고 그 밑에 지방층이 없기 때문에 속이 훤히 들여다보인다.

양막주머니
양막주머니가 계속 커지고 있다.

팔
팔꿈치 좀 더 팔과 비슷해 보이며, 손가락도 발생했지만 아직 다섯 손가락이 분리되지 않은 상태다.

태반
태반은 배아보다 크며, 영양소와 산소 및 이산화탄소 교환이 어느 정도 일어나지만 아직 태반순환이 완성되지 않았다.

얼굴
얼굴 윤곽이 더 뚜렷해진다. 눈은 확실히 구별 가능하지만 아직 눈꺼풀에 덮여 있지 않다.

머리
머리 길이가 몸통과 같다. 목이 짧고, 턱은 가슴 위에 놓인다.

난황막 융모
융모가 더 많은 가지로 갈라져서 벽이 얇은 삼차융모가 된다.

자궁내막(자궁속막)

양막주머니
양막주머니의 속껍질은 얇고 있는 양은 세포들은 그 바깥에 있는 융모막과 아직 합쳐지지 않았지만, 임신 15주가 되면 융모막과 합쳐진다.

자궁과 양막주머니
배아는 매우 작아서 아직은 자궁안(자궁강)을 가득 채우지 못한다. 양막주머니에 들어 있는 양수는 7∼8 밀리리터이지만 임신 10주 경에는 30밀리리터로, 16주 경에는 190밀리리터로 늘어난다.

자궁근육층

자궁내막(자궁속막)

자궁바깥막

자궁
임신 8주쯤이면 자궁몸통이 커지기 시작한 상태다.

점액 마개

자궁경부(자궁목)

질

수태에서 출산까지

모체

임신 검사

임신 검사는 수태 후에 생성되어 소변에서 2주 이내에 발견되는 사람 융모생식샘자극호르몬(hCG)에 반응한다. 이 호르몬에는 알파와 베타 단백질 분자들(소단위들, subunits)이 있는데, 베타 소단위는 사람 융모생식샘자극호르몬만의 특별한 것으로, 임신 검사에서 측정되는 요소이다. 최근 임신 검사는 매우 민감해졌으며, 심지어는 다음 월경예정일 수일 전에도 임신된 것을 알 수 있다.

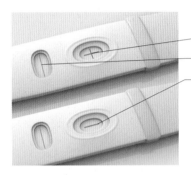

양성 반응
대조창
음성 반응

결과의 판독
이 임신 검사 기구에서 양성 결과란 한 쪽 창에 파란색 (+) 표시가 나타나야 하고, 대조창에는 파란색 선만 나타나야 한다. 다른 검사 기구들은 다른 방법으로 결과를 나타내기도 한다.

자궁경부 점액 마개

수정에 의해 자극된 호르몬의 영향을 받아 자궁경부 점액의 굳기가 변하게 된다. 임신 4주경이 되면 묽었던 점액이 자궁경관(자궁목관) 안에서 자궁의 출입구를 막는 진하고, 단단한 마개로 변하게 된다. 이것은 질로부터 자궁으로 향하는 모든 오름감염(ascending infection)에 대한 방벽을 형성한다.

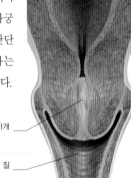

점액 마개

질

방벽
점액 마개는 임신 중 계속해서 자궁경부 안에 단단하게 자리잡고 있다. 자궁경부가 짧아지고 열리기 시작하면서 점액이 방출되면 진통의 초기 징후들(signs) 중 하나가 일어난 것이다.

태아 받아들이기

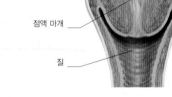

임신이란 미묘하게 모순점을 잘 해결해 나가는 상황이며, 대부분의 유산은 임신 첫 12주 동안에 일어난다. 모체의 면역체계는 가능한 감염원들에 대해 방어기전을 유지해야 하는 한편 발달하는 배아를 수용해야 할 필요도 있는데, 만일 그렇지 않다면 배아는 이물질로 간주되어 공격을 받을 수 있기 때문이다. 모체의 면역성으로부터 배아를 보호하는 기전이 모두 알려지지는 않았지만, 프로게스테론(황체호르몬)의 역할은 매우 중요하다. 프로게스테론은 배아로부터 분비되어 면역 반응을 일으키는 물질들인 항원을 없애는 차단항체(blocking antibody)를 형성하며, 또한 백혈구들로 하여금 이물질에 대한 공격도 덜 하도록 한다.

다른 조직
자궁내막의 어떤 백혈구들은 일반적인 순환계통의 백혈구들보다 외부 물질을 잘 받아들이며, 이런 상황이 발달하는 배아를 보호하는 데 도움을 주게 된다.

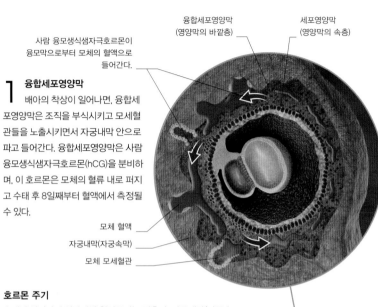

사람 융모생식샘자극호르몬이 융모막으로부터 모체의 혈액으로 들어간다.

융합세포영양막
(영양막의 바깥층)

세포영양막
(영양막의 속층)

1 융합세포영양막
배아의 착상이 일어나면, 융합세포영양막은 조직을 부식시키고 모세혈관들을 노출시키면서 자궁내막 안으로 파고 들어간다. 융합세포영양막은 사람 융모생식샘자극호르몬(hCG)을 분비하며, 이 호르몬은 모체의 혈류 내로 퍼지고 수태 후 8일째부터 혈액에서 측정될 수 있다.

모체 혈액
자궁내막(자궁속막)
모체 모세혈관

호르몬 주기

수태가 일어나면 일반적인 월경주기는 멈춘다. 자궁내막(자궁속막)은 떨어져 나가는 대신 3가지의 주요 임신 호르몬의 연쇄반응에 의해, 착상하는 배아를 수용할 수 있게 성숙되고 또한 영양분을 공급할 수 있도록 유지된다.

범례
→ 사람 융모생식샘자극호르몬 (hCG)
→ 에스트로겐
→ 프로게스테론

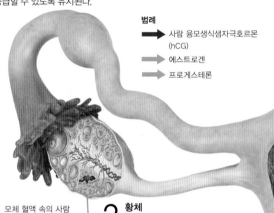

모체 혈액 속의 사람 융모생식샘자극호르몬이 황체(corpus luteum)의 붕괴를 막는다.

모체 혈관들

2 황체
혈액 내 고농도의 사람 융모생식샘자극호르몬(hCG)은 난소에서 황체의 지속적인 성장을 자극하며 만일 그렇지 못하면 황체는 붕괴된다. 황체는 모체의 혈류 속으로 프로게스테론과 에스트로겐을 분비한다.

프로게스테론과 에스트로겐이 황체에서 분비된다.

황체

호르몬의 변화

임신의 시작 시점에서 중요한 호르몬들 중 하나는 배아가 자궁내막에 착상되면서 분비하는 사람 융모생식샘자극호르몬(hCG)이다. 이 호르몬은 난소에서 황체를 유지시키며, 그 결과 황체는 비교적 소량이지만 중요한 양의 에스트로겐과 프로게스테론을 분비한다. 사람 융모생식샘자극호르몬은 임신 12주 이후에는 감소하지만, 아래 그래프는 호르몬이 낮은 농도로 유지되는 것을 보여 주는데, 임신 중에는 임신 검사가 양성을 나타낸다는 것을 의미한다. 임신 12주가 지나면 태반이 에스트로겐과 프로게스테론의 생성을 떠맡게 되며, 두 호르몬을 다량으로 분비하게 된다. 프로게스테론 농도는 임신 28주경까지 에스트로겐보다 높지만, 그 후에는 에스트로겐 농도가 높아진다.

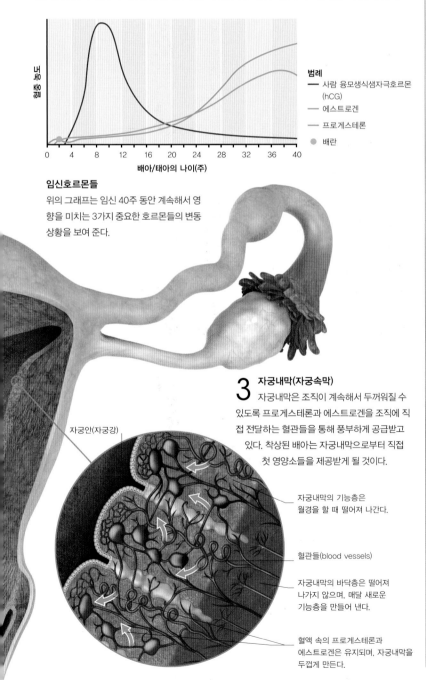

임신호르몬들
위의 그래프는 임신 40주 동안 계속해서 영향을 미치는 3가지 중요한 호르몬들의 변동 상황을 보여 준다.

범례
— 사람 융모생식샘자극호르몬 (hCG)
— 에스트로겐
— 프로게스테론
● 배란

세로축: 혈중 농도
가로축: 배아/태아의 나이(주) — 0 4 8 12 16 20 24 28 32 36 40

3 자궁내막(자궁속막)
자궁내막은 조직이 계속해서 두꺼워질 수 있도록 프로게스테론과 에스트로겐을 조직에 직접 전달하는 혈관들을 통해 풍부하게 공급받고 있다. 착상된 배아는 자궁내막으로부터 직접 첫 영양소들을 제공받게 될 것이다.

자궁안(자궁강)

자궁내막의 기능층은 월경을 할 때 떨어져 나간다.

혈관들(blood vessels)

자궁내막의 바닥층은 떨어져 나가지 않으며, 매달 새로운 기능층을 만들어 낸다.

혈액 속의 프로게스테론과 에스트로겐은 유지되며, 자궁내막을 두껍게 만든다.

임신의 초기 증상들

임신의 초기 증상들의 대부분은 사실상 성공적인 임신을 위해 필수적인 호르몬들이 급증해 생긴 부작용들이다. 시기나 강도에서 개인별로 다양한 증상 차이가 있다. 더 나아가 두 번의 임신에서도 증상들은 똑같지 않으며, 어떤 증상들은 어느 임신에서는 매우 심할 수 있지만 다음 임신에서는 그렇지 않다. 시간이 지나면 대부분의 증상들은 나아질 것이며, 임신 12주가 지나면 자연적으로 감소하는 사람 융모생식샘자극호르몬(hCG)의 농도와 연관이 있는 것처럼 보인다. 가장 흔한 초기 임신 증상들을 아래의 표에 설명해 놓았다.

구역의 완화
입덧(morning sickness)은 매우 흔하며, 많은 지장을 줄 수 있다. 박하차나 생강차 등 허브차를 마시거나 식사를 규칙적으로 하면 구역을 완화시키는 데 도움이 된다.

초기 증상들	
월경의 중단	배란일 근처에 성교를 하면 수정이 잘 되지만, 수정이 되지 않으면 배란이 되고 약 2주일 지나면 월경이 있게 된다. 월경이 중단된 시점에서의 임신 검사는 초기 임신 여부를 확인할 수 있을 만큼 충분히 민감하다.
유방의 압통과 비대	유방의 변화는 수태 후 바로 시작되는데 유방의 크기가 커지고, 민감도가 높아지며, 혈관 무늬가 두드러져 보인다. 초기 임신호르몬의 영향을 받아 관 계통(ductal system)이 우선 증식하며, 샘조직은 임신 중 한참 후에 증가한다. 임신 제1삼분기에 느끼는 유방의 통증은 임신이 진행되면서 완화되는 경향이 있다.
피로	임신 초기 중 피로의 정확한 원인은 잘 모른다. 피로가 모든 여성에서 나타나지는 않으며, 대개 임신 12주가 되면 나아진다. 피로는 아마 초기 호르몬 변화나 임신에 대한 신체의 점진적 순응과 연관이 있을 것 같다.
빈뇨	임신 초기부터 콩팥에 혈류가 증가하고 여과능(flitering capacity)이 향상되어 소변을 자주 볼 수 있다. 그러나 소변을 과도하게 자주 보거나 소변볼 때 통증이 있으면 치료를 받아야 하는 감염증이 생긴 것일 수도 있다.
구역과 구토	일반적으로 입덧이라고 알려진 구역과 구토는 임신의 전형적인 초기 증상들이다. 밤낮 없이 언제든 증상이 나타날 수 있으며, 특정한 음식이나 냄새로 인해 악화될 수 있다. 흔히 경증으로 나타나지만, 드물게는 훨씬 심한 임신입덧이 나타날 수 있다.
금속성의 맛	입에서 금속성의 맛을 느끼거나 특정한 음식들을 선호하게 되는 맛감각의 변화가 나타날 수 있다. 이들 맛의 변화는 대개 임신 중 혹은 그 뒤에 곧 없어진다.
점상출혈과 출혈	점상출혈은 착상 시기에 일어날 수 있는데, 이것은 다음 월경이 예정된 시기와 일치하여 일어나므로 월경이 소량으로 있는 것과 혼동을 초래할 수 있다.
변비	프로게스테론(황체호르몬)은 만삭이 되기 전에 자궁의 수축을 막아 주지만 모든 민무늬근육(smooth muscle)들의 수축도 천천히 일어나게 한다. 이 현상은 소화가 천천히 되게 해서 변비를 일으킨다.

배아

기본 배엽층 발생

두 층으로 이루어진 배아원반은 착상이 일어난 후에 급속한 변화를 겪는다. 두 층 중에 위층에서 세포들이 모여서 띠처럼 생긴 원시선을 형성하고, 원시선 세포로부터 또 다른 두 세포층이 만들어져서 본래 두 층 중 아래층 세포들을 밀어낸다. 결국 3층으로 이루어진 배아원반이 만들어진다. 이 세 기본 배엽층(종자층)은 인체를 건축하는 벽돌 같은 존재로, 이로부터 인체의 모든 장기와 조직이 유래한다. 셋 중 외배엽은 가장 위층이며, 내배엽은 가장 아래층이고, 중배엽은 둘 사이에 끼어 있다. 세 배엽층은 세포들이 독립적인 발생 경로를 밟게 되면서 처음으로 단순 분화해서 만들어진 결과물이다. 인체의 대부분의 장기들은 세 배엽층이 모두 조합되어 구성되지만, 한 배엽층으로만 구성되는 장기도 있다.

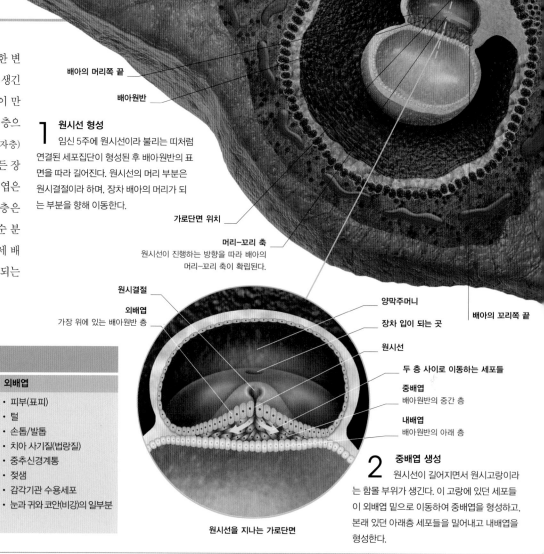

배아의 머리쪽 끝

배아원반

1 원시선 형성
임신 5주에 원시선이라 불리는 띠처럼 연결된 세포집단이 형성된 후 배아원반의 표면을 따라 길어진다. 원시선의 머리 부분은 원시결절이라 하며, 장차 배아의 머리가 되는 부분을 향해 이동한다.

가로단면 위치

머리-꼬리 축
원시선이 진행하는 방향을 따라 배아의 머리-꼬리 축이 확립된다.

인체의 장기와 조직을 구성하는 배엽층(종자층)		
내배엽	**중배엽**	**외배엽**
• 소화관	• 피부(진피)	• 피부(표피)
• 호흡관	• 뼈	• 털
• 비뇨관	• 근육	• 손톱/발톱
• 간	• 연골	• 치아 사기질(법랑질)
• 분비샘(갑상샘, 이자 등)	• 결합조직	• 중추신경계통
• 생식관	• 심장	• 젖샘
	• 혈구와 혈관	• 감각기관 수용세포
	• 림프구와 림프관	• 눈과 귀와 코안(비강)의 일부분
	• 콩팥과 요관	

원시결절

외배엽
가장 위에 있는 배아원반 층

양막주머니

배아의 꼬리쪽 끝

장차 입이 되는 곳

원시선

두 층 사이로 이동하는 세포들

중배엽
배아원반의 중간 층

내배엽
배아원반의 아래 층

원시선을 지나는 가로단면

2 중배엽 생성
원시선이 길어지면서 원시고랑이라는 함몰 부위가 생긴다. 이 고랑에 있던 세포들이 외배엽 밑으로 이동하여 중배엽을 형성하고, 본래 있던 아래층 세포들을 밀어내고 내배엽을 형성한다.

배아 접힘

임신 5주 말쯤에는 납작한 3층 구조의 배아원반으로의 분화가 완료되고, 이어서 머리쪽 끝에서부터 꼬리쪽 끝으로, 그리고 양옆으로 복잡한 입체적 접힘이 일어난다. 그 결과 초기 사람 배아의 형태가 만들어진다. 배아 접힘이 끝나면 내배엽으로 둘러싸인 원시창자관이 만들어진다. 원시창자관은 배아의 머리쪽 끝에 있는 앞창자(전장)에서부터 중간창자(중장)를 지나 배아의 꼬리쪽 끝에 있는 뒤창자(후장)까지 이어진다. 이 시기의 중간창자는 난황주머니에 연결되어 있다. 중간창자와 난황주머니 사이의 연결부분은 점점 더 좁아지다가 탯줄이 연결되는 곳에서 배아의 내부로 들어간다. 탯줄은 초기 태반에 연결되던 연결줄기로부터 만들어진다. 뒤창자에서 요막이라는 작은 관이 발생해서 연결줄기 속으로 밀고 들어간다. 요막은 나중에 방광에 연결된다. 초기 발생 단계인 이 시기는 종이 다른 동물도 형태가 서로 비슷한데, 왜냐하면 가장 기본적인 신체 구성원의 윤곽이 이 시기에 서서히 확립되고 있기 때문이다.

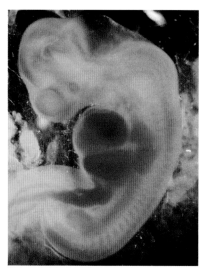

접혀 있는 6주 된 배아
배아는 임신 6주가 되면 다른 조직과 확연히 구분할 수 있는 형태를 갖춘다. 투명한 피부 밑으로 심장과 간이 드러난다. 심장은 배아의 중앙에 있고, 간은 심장의 아래에 있다.

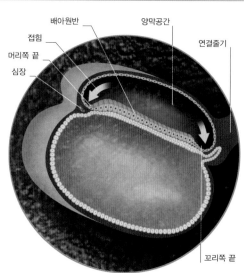

배아원반

양막공간

접힘

연결줄기

머리쪽 끝

심장

꼬리쪽 끝

1 임신 31일
배아원반의 머리쪽 끝과 꼬리쪽 끝이 빠른 속도로 성장하기 때문에 배아 접힘이 시작된다. 원시 심장은 우리 몸에서 가장 먼저 발생하는 장기 중 하나로, 초기에는 배아의 머리쪽 끝 근처에서 조그맣게 튀어나와 있다.

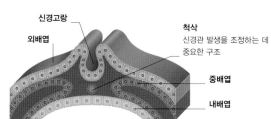

줄기세포

사람의 줄기세포는 인체의 모든 유형의 세포로 발생할 수 있는 잠재력을 갖고 있다. 이 특성은 대개 줄기세포가 피부세포나 신경세포나 근육세포가 되는 정해진 길을 따라 분화하기 시작하면서 사라진다. 탯줄에 있는 혈액인 탯줄혈액(제대혈)은 태아 줄기세포를 많이 추출할 수 있는 보물창고로, 그 사람과 유전 정보가 정확히 일치하며, 어떤 세포 유형으로든지 배양할 수 있기 때문에 장차 질병 치료에 이용할 가능성이 매우 높다.

분화 중인 세포들
배아줄기세포의 전자 현미경 사진이다. 이 세포는 분화(특화) 능력이 있기 때문에 수많은 과학자들이 집중적으로 연구하고 있다.

신경관 형성

신경관은 장차 뇌와 척수로 이루어진 중추신경계통이 된다. 신경관 발생은 척삭 출현을 계기로 시작되는데, 척삭은 장차 척주가 될 부분을 따라 이어지는 속이 막힌 원기둥 모양의 세포 집단이다. 척삭 바로 위에 있는 외배엽 세포들은 밑으로 가라앉아 신경고랑을 형성하고, 이 고랑의 양쪽 모서리가 서로 합쳐져서 대롱 형태의 구조가 만들어진다. 이 대롱이 바로 신경관으로, 배아의 중간부분에서 처음 만들어지고, 이어서 배아의 세로축을 따라 차례대로 완성된다. 신경관은 머리쪽 끝부분이 임신 38일에 닫히고, 이틀 후에 척주의 아래끝부분에서 닫힌다. 배아가 위아래로 접힘에 따라 신경관은 C자 형태가 된다. 신경관은 지름이 일정하지 않다. 신경관 중 머리쪽 끝부분은 세 곳이 확장되어 장차 앞뇌와 중간뇌와 마름뇌가 될 부분으로 분화하기 때문에 나머지 척수가 될 부분과 뚜렷이 구분된다.

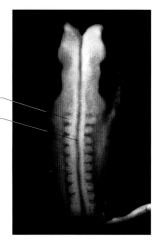

몸분절
신경관

몸분절(체절)
중배엽은 마디마디 응축되어 몸분절 여러 쌍을 형성한다. 몸분절은 임신 5주에 처음 형성된다. 그리고 머리 부분에서 시작해서 날마다 서너 쌍씩 새로 형성되다가 임신 6주쯤이면 모두 42쌍이 만들어진다.

신경고랑
외배엽
척삭
신경관 발생을 조정하는 데 중요한 구조
중배엽
내배엽

1 신경고랑 형성
신경관과 달리 속에 빈 공간이 없는 척삭은 중배엽층에서 유래한다. 그 바로 위에 있는 외배엽 세포들이 아래로 가라앉으면 신경고랑이 형성된다.

두 신경주름이 만난다.
초기 신경관
장차 척수가 되는 곳

2 좌우 신경주름의 융합
신경고랑이 깊어지면서 그 모서리인 두 신경주름이 점점 더 접근해서 초기 신경관을 형성한다.

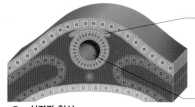

신경능선
특화된 세포들로 구성되며, 신체 여러 곳으로 이주해서 수많은 각종 구조로 발생하기 시작한다.
신경관
두 신경주름이 합쳐져서 신경관이 완성된다.

3 신경관 형성
두 신경주름이 만나고 합쳐진 후 결국 그 위에 있는 외배엽으로부터 분리된다. 신경주름이 합쳐지지 못하면 척추갈림증 기형이 생긴다.

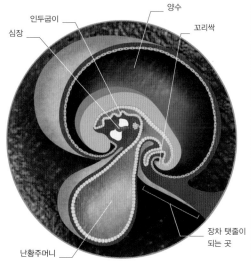

앞창자
중간창자
뒤창자
인두굽이
심장
양수
꼬리싹
장차 탯줄이 되는 곳
요막
난황주머니

2 임신 38일
배아가 길어지면서 머리가 빠른 속도로 커지기 때문에 머리가 심장융기 주위로 굽혀진다. 배아 내부에서는 신경능선세포들이 온몸으로 퍼져서 눈과 피부와 신경과 부신 등의 성분이 된다.

3 임신 42일
이제 양막공간은 거의 완전히 배아를 에워싼다. 꼬리싹은 점차 퇴화되고 머리는 계속 커지며 인두굽이 조직은 장차 목과 아래턱 부위를 형성하게 된다.

사람 꼬리

사람 꼬리는 매우 드물게 나타나며, 원인도 확실히 밝혀지지 않았다. 진짜 꼬리와 달리 속에 뼈가 없이 척주의 아래끝에서부터 길게 이어진 피부와 신경조직으로만 구성되어 있는데, 신경조직의 양은 일정하지 않다. 이 기형은 척주의 아랫부분이 척수를 완전히 둘러싸지 못하는 기형이 있을 때 함께 나타나는 경우가 많다.

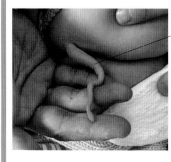

물렁물렁한 꼬리

퇴화 흔적
사람은 꼬리가 있어도 대개 매우 짧다. 이 사진처럼 유난히 긴 꼬리는 드물다.

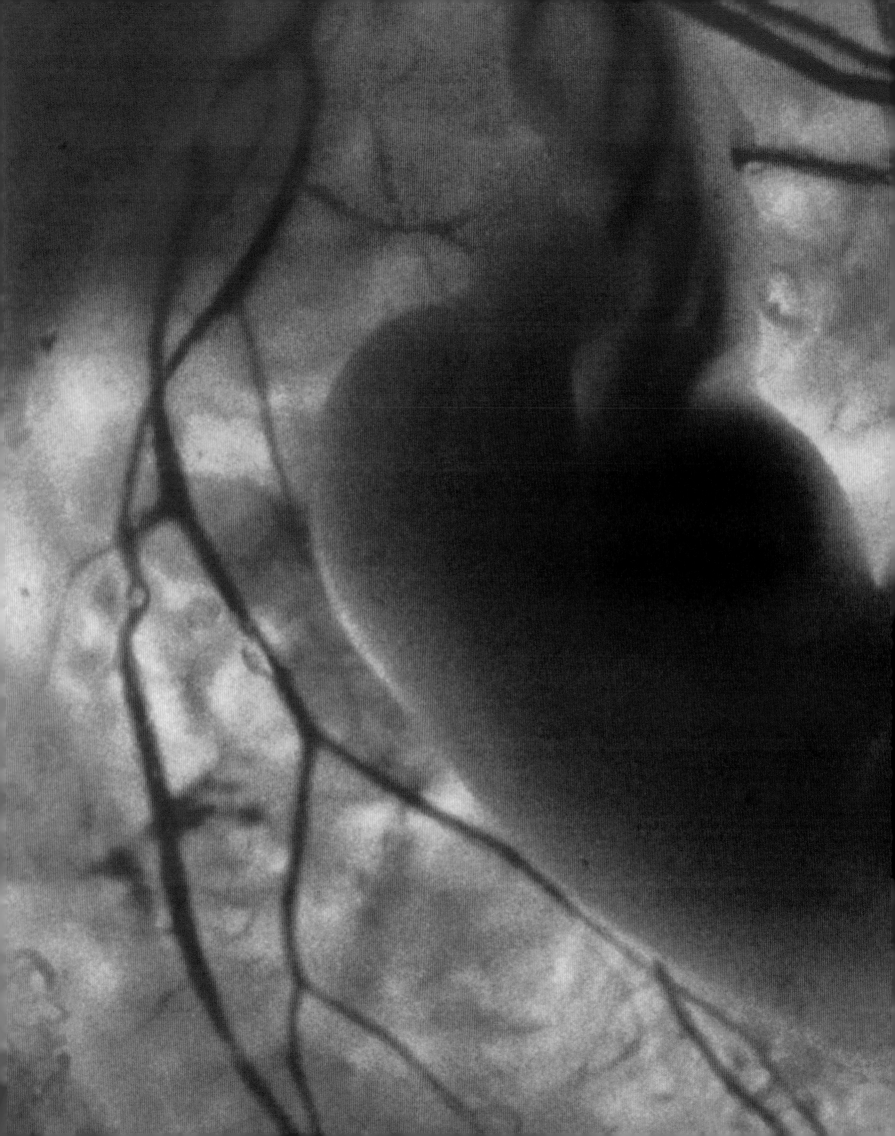

성장 중인 배아
7주 된 배아 사진으로, 자궁 속에 떠 있으며, 양막과 융모막에 둘러싸여 있다. 난황주머니의 잔유물이 배아의 머리 위에 보인다. 안구의 망막도 쉽게 확인할 수 있다. 배아 몸통에 있는 커다란 검은 부위는 간이다.

배아

배아 영양 공급

초기 배아는 단순확산을 거쳐서만 난황주머니로부터 영양소를 공급받고 노폐물을 제거한다. 하지만 곧 이것만으로는 성이 차지 않아서 임신부의 혈액과 태아 사이에 경계면을 이루는 태반이 형성된다. 바깥 영양막 층은 엄마의 자궁내막을 파고들어가 모세혈관을 침식한다. 그러면 엄마의 혈액이 가득 찬 저수지 같은 방들이 갓 형성된 태반에 만들어진다. 태반 조직은 손가락처럼 생긴 융모들이 돌출되면서 혈액에 노출된 표면적이 더욱 넓어진다. 융모는 점점 더 가늘어지는 동시에 수가 늘어나다가 임신 5주가 되면 융모 내부에 간단한 태아 모세혈관이 형성된다. 일주일 후 초기 태반은 배아 전체를 둘러싸지만 탯줄을 중심으로 성숙한 태반이 형성되면서 더 멀리 위치한 융모들은 사라진다. 영양소 교환은 여전히 불충분하지만 임신 10주에 삼차융모에 태아 혈액이 들어차면서 제대로 된 순환체계가 확립되면 영양소 교환이 충분히 일어나게 된다.

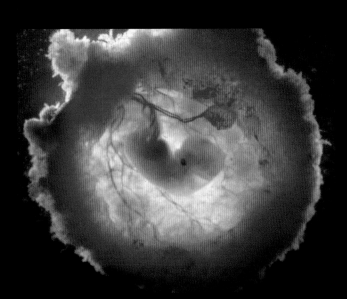

융모막
주머니배의 바깥벽을 융모막이라 한다. 융모막은 임신 8주에 양막주머니와 합쳐지기 시작한다(융합 과정은 15주까지 지속되기도 함). 그 결과로 두 겹의 막이 태아를 둘러싸게 된다. 이 막들이 분만 과정에서 파열되면 '양수가 터졌다'고들 표현한다.

난황주머니의 기능

난황주머니(난황낭)는 배아의 몸 밖에 있는 구조로, 초기 배아를 돌보고 유지하는 데 관여한다. 난황주머니는 임신 초기에 태반을 통해 전달되는 영양소가 아직 불충분할 때 단순확산을 통해 배아에 영양소를 공급하기 때문에 중요하다. 난황주머니는 여러모로 간과 기능이 비슷하다. 최초의 간단한 모세혈관이 난황주머니 벽에서 형성되고, 산소를 운반하는 적혈구도 이곳에서 만들어진다. 태반이 제 역할을 하기 시작하면 난황주머니는 작아지다가 임신이 끝날 때쯤 사라진다.

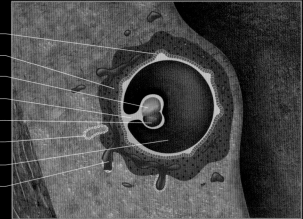

일차융모
영양막 속층에 돌기들이 형성된다.

바깥 영양막 층

난황주머니

연결줄기

양막주머니

자궁내막샘

융모막주머니

침식
자궁내막 모세혈관에서 나온 엄마의 혈액이 자궁내막샘을 채운다.

1 일차융모
임신 26일이 되면 바깥 영양막 층이 엄마 조직으로 침투하면서 가지가 없는 줄기 형태의 융모가 형성된다. 엄마의 혈액은 자궁내막샘으로 흘러나온다.

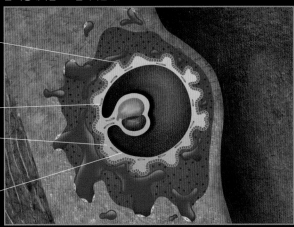

이차융모
일차융모가 굵어지면서 손가락처럼 생긴 돌기들이 형성된다.

혈관 형성
초기 혈관이 결합조직에 형성되기 시작한다.

결합조직
이차융모 속 핵심 조직을 이룬다.

융모막주머니 벽
영양막과 결합조직의 두 층으로 구성된다.

2 이차융모
임신 28일이 되면 엄마 모세혈관벽이 사라지면서 엄마 혈액으로 이루어진 작은 저수지 같은 구조가 다수 형성된다. 영양소 교환을 차단하던 엄마 조직의 방벽은 해체되었다.

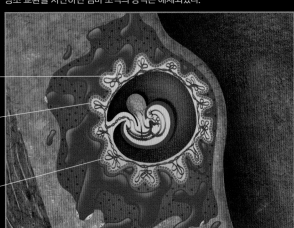

혈관
융모 속에서 혈관망을 형성함으로써 연결줄기와 배아로 연결된다.

방벽
영양막 속층 때문에 엄마와 배아의 혈액이 섞이지 않는다.

확산
융모가 발달한 덕분에 영양소와 산소가 확산되어 통과할 수 있는 면적이 넓어졌다.

3 삼차융모
융모 가지가 점점 더 많아지면 더욱 정교한 삼차융모가 형성된다. 삼차융모는 엄마 혈액이 가득 찬 저수지 같은 구조들 속으로 돌출된다. 태아 모세혈관이 충분히 자라지 못했기 때문에 아직은 영양소가 효율적으로 전달되지 못한다.

양수

양수는 외상으로부터 태아를 보호하며, 태아가 자라고 움직이
기에 충분한 공간을 제공한다. 양수는 폐 발생에 일조하며, 태
아가 체온을 일정하게 유지하도록 돕는다. 양수는 처음에는
태아 혈액을 이루는 혈장과 비슷하지만 태아 콩팥이 소변을 생산
하기 시작하면 결국 소변이 양수로 유입된다. 임신이 끝날 때쯤이면 양
수는 더 진해지고 소변에 가까워진다. 양수는 태아가 삼키고 창자에서
흡수됨으로써 치워진다. 임신이 진행되면서 양수 부피가 꾸준히 증가해
서 임신 32주에 1리터가 되는데, 최대 2리터에 이르기도 한다. 임신 말기
가 되면 태아가 양수를 매일 0.5~1리터씩 삼켜서 없애고는 소변으로 다
시 채운다.

난황주머니

탯줄

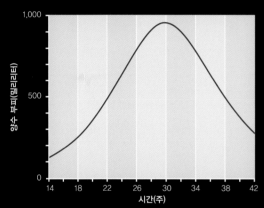

양수 부피 변화
임신 말기에 이르면 태아 콩팥
에서 양이 적고 농축된 소변이
만들어지기 때문에 양수 부피가
감소한다.

양막주머니

양막주머니
양막주머니는 배아를 완전히 둘러싼다.
난황주머니는 반투명 구조로, 여전히 양
막주머니 밖에 있다.

혈액 발생

임신 31일부터 원시 적혈구가 난황주머니 벽에 나타난다. 원시 적혈구는 간단한 모세
혈관에 둘러싸인 혈액섬에서 발생한다. 가장 먼저 나타난 원시 적혈구는 성인의 성숙
적혈구와 달리 배아에만 있는 특수 헤모글로빈이 들어 있으며, 핵도 있다. 임신 74일이
되면 난황주머니가 혈구 생산을 멈추고 대신에 태아 간이 혈구를 독점 생산하게 된다.
처음 나타났던 원시 적혈구와 달리 태아 간에서 만들어진 혈구는 적혈구나 백혈구로
다양하게 분화할 수 있다. 임신 말기가 되면 골수에서도 혈구가 생산된다.

태아 혈구
이 전자 현미경 사진에 있는 세포는 일종의 줄기세
포다. 이 태아 줄기세포는 적혈구는 물론 모든 종류
의 백혈구로 분화할 수 있다.

혈구(혈액세포)

간은 임신 37일에 혈구를 생산하기
시작한다. 빠르면 임신 10주에 골수가
혈구를 만들기 시작하지만 출산 전까지는
여전히 간이 혈구를 가장 많이 생산한다.
적혈구 생산은 활발히 진행된다. 태아
적혈구의 수명은 60일인데, 이는 성인
적혈구의 절반에 불과하다. 배아는
철과 엽산과 비타민 B_{12}가 있어야
적혈구를 충분히 만들 수 있다.

백혈구

적혈구

적혈구의 유형
태아 적혈구는 성인 적혈구와 닮았지만 그
헤모글로빈(혈색소)은 성인 헤모글로빈에
비해 산소와 훨씬 잘 결합한다.

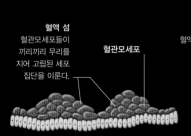

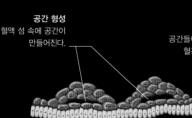

혈액 섬
혈관모세포들이
끼리끼리 무리를
지어 고립된 세포
집단을 이룬다.

혈관모세포

공간 형성
혈액 섬 속에 공간이
만들어진다.

속공간
공간들이 점점 커지다가 합쳐지면
혈관의 속공간이 만들어진다.

혈구(혈액세포)
혈관의 속면에서
혈구가 만들어진다.

1 혈액 섬
혈구가 뭉쳐 있는 혈액 섬이 난황주머니
와 연결줄기에 발생한다. 속에 있는 세포들은
원시 적혈구가 되고, 바깥 세포들은 모세혈관
벽을 만든다.

2 공간 발달
혈액 섬 내부에 공간이 만들어지면서 모
세혈관벽과 원시 적혈구가 분리되기 시작한다.

3 혈관 형성
처음 만들어진 혈구는 거의 모두 원시
적혈구다. 임신 5주 말이 되면 간단한 모세혈
관망이 완성된다.

배아

기관발생(장기발생)

기관발생이란 급속히 진행되는 배아 발생 과정의 일부로, 이 과정이 끝날 때면 주요 장기와 외부 구조가 모두 나타나게 된다. 기관발생 과정은 임신 6주에서 10주까지 계속된다. 이때 서로 다른 여러 계통의 장기들이 동시 다발적으로 발생한다. 호흡계통은 앞창자의 일부가 양복 안주머니처럼 자라나온 후 장차 폐(허파)를 형성하고, 소화계통에서는 창자와 간과 쓸개와 이자 등이 발생한다. 가장 먼저 완전하게 작동하는 계통은 심장혈관계통으로, 심장과 혈관망으로 이루어진다. 혈관망은 배아가 성장함에 따라 끊임없이 개조된다.

폐(허파) 발생

폐 발생은 임신 50일에 시작해서 영아기 초기까지 계속된다. 갓 만들어진 기관싹에서 좌우 두 기관지싹이 갈라져 나오고, 각 기관지싹은 여러 번에 걸쳐 점점 더 가는 대롱 구조로 갈라진다. 처음 기관지싹이 갈라지는 패턴은 모든 배아가 동일하지만 최종 양상은 다르다. 그 후 임신 18주까지 모두 14번에 걸쳐 가지 나누기(분지)를 해서 호흡길을 형성하지만 그 결과로 말단에 형성된 세기관지는 굵고 벽이 두꺼워서 아직은 산소와 이산화탄소 교환(호흡)을 할 수 없다. 가스 교환이 가능할 정도로 벽이 얇은 원시 허파꽈리(폐포)는 임신 38주가 되어야 관찰할 수 있다(152~153쪽 참조).

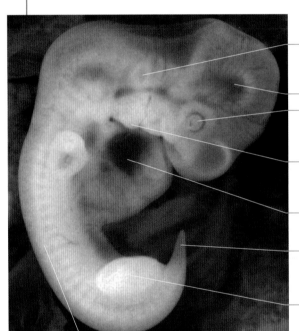

귀
이 얕게 패인 오목이 결국 귀가 되는 곳이다.

뇌
뇌가 빠른 속도로 발생하기 때문에 고개를 앞으로 숙인다.

눈
수정체가 될 전구체가 관찰된다. 나중에 눈꺼풀이 발생하면 눈을 감게 된다.

인두굽이(인두궁)
배아 때만 관찰되는 모두 다섯 쌍의 아치 모양 능선 구조로, 머리와 목의 장기와 조직이 발생한다.

심장
이 거무스레한 부위 속에 심장이 위치한다.

꼬리
진정한 의미의 꼬리는 아니며, 척수를 덮고 있는 피부가 연장된 것이다.

다리싹
다리가 발생 중인 곳이지만 성인 다리와는 닮은 구석이 없다.

몸분절(체절)
몸분절은 신경관의 양옆에 있으며, 장차 피부(진피)와 근육과 척추뼈로 분화한다.

초기 신체 구조
7주 된 배아로, 기관발생 과정이 절반 가까이 진행된 상태다. 배아 몸이 커지는 것보다는 소화계통 같은 각 계통들이 활발히 발생하고 있다.

1 기관싹
식도에서 양복 안주머니 같은 구조가 바깥 및 아래로 자라나오면 기관(숨통) 발생이 시작되었음을 알 수 있다.

인두 / 호흡곁주머니 / 기관싹 / 식도

2 기관지싹
임신 56일이면 기관은 이미 충분히 길어진 상태로, 좌우 두 기관지싹으로 갈라진다. 두 기관지싹은 장차 좌우 폐를 형성한다.

인두 / 기관 / 기관지싹 / 식도

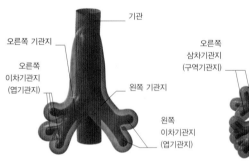

3 이차기관지(엽기관지)
기관지싹에서 다음 기관지가 갈라져 나오는 과정은 좌우가 다르다. 오른쪽 기관지싹은 셋으로 갈라지고, 왼쪽 기관지싹은 둘로 갈라진다.

기관 / 오른쪽 기관지 / 오른쪽 이차기관지(엽기관지) / 왼쪽 기관지 / 왼쪽 이차기관지(엽기관지)

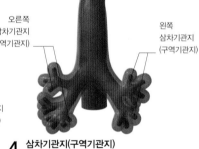

4 삼차기관지(구역기관지)
임신 70일쯤이면 세 번째 가지 나누기가 진행 중이다. 그 결과 오른쪽 폐는 10개 구역으로 분할되고, 왼쪽 폐는 8개 구역으로 분할된다.

오른쪽 삼차기관지(구역기관지) / 왼쪽 삼차기관지(구역기관지)

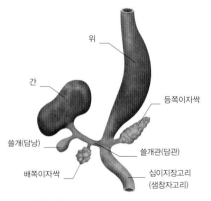

1 7주 된 배아
특화된 구조들이 창자관에서 갈라져 나온다. 초기 이자(췌장)는 두 곳에 형성된 싹으로부터 시작된다.

위 / 간 / 쓸개(담낭) / 배쪽이자싹 / 등쪽이자싹 / 쓸개관(담관) / 십이지장고리(샘창자고리)

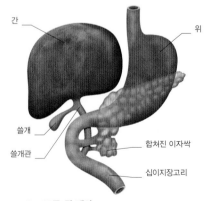

2 10주 된 배아
따로 있던 두 이자싹이 하나로 합쳐지고, 쓸개(담낭)를 십이지장(샘창자)에 연결하는 쓸개관(담관)이 길어졌다.

간 / 위 / 쓸개 / 쓸개관 / 합쳐진 이자싹 / 십이지장고리

소화계통

소화계통은 입에서 시작해서 항문까지 죽 이어진 단순한 대롱으로 시작한다. 그 후 부위마다 서서히 모양이 변하기 시작하는데, 임신 6주에 위(胃)가 가장 먼저 형성되기 시작한다. 임신 9주에는 창자가 매우 길어져서 뱃속에 다 들어 있지 못하고 일부가 탯줄을 통해 몸 밖으로 빠져 나온다. 밖으로 나왔던 창자는 임신 12주 말까지는 시계반대방향으로 90도 회전한 후에 뱃속으로 되돌아간다. 임신 14주까지는 작은창자(소장)와 큰창자(대장)가 최종 위치에 안착한다. 임신 17주쯤이면 태아가 삼키는 운동을 규칙적으로 하기 때문에 양수가 창자 속으로 들어간다. 임신 중기까지는 창자 운동이 일어나지 않지만 작은창자의 융모는 물을 흡수할 수 있다.

심장 발생

심장이 일찍 발생하는 덕분에 배아 발생에 필요한 영양소가 골고루 공급될 수 있다. 심장혈관계통은 완전 작동하는 최초의 계통이다. 심장은 대략 임신 50일부터 박동하며, 혈액순환은 2~3일 뒤에 시작된다. 장차 심장이 될 불룩한 부분이 탯줄이 몸통에 들어가는 지점의 위에 나타나는데, 이곳에서 벽이 얇은 두 대롱이 위에서부터 아래로 합쳐지면서 심장이 형성된다. 심장의 기본 구조가 완성됨에 따라 혈액순환이 계속된다. 심장관(심장대롱)이 굽혀지고 개조되는 과정은 빠르게 진행되다가 임신 10주 말에 끝난다. 태아 심장의 속면은 심장속막(심내막)이라는 특수 조직으로 덮여 있으며, 심장근육(심근)은 심장 자체의 규칙적 리듬에 맞춰 자발적으로 박동할 수 있는 독특한 능력을 갖고 있다.

두 심방과 두 심실의 분할

심장에는 좌우 심방과 심실이 있다. 심방은 심실 위에 있으면서 정맥망에서 온 혈액을 받는다. 두 심실은 혈액을 심장 밖으로 뿜어낸다. 심방과 심실은 각각 사이막이라는 벽에 의해 좌우로 나뉘는데, 심방사이막과 심실사이막은 각각 심장의 중심에 있는 ✝자처럼 생긴 심장속막융기를 향해 성장한다. 각 심방과 심실 사이에는 혈액이 한쪽으로만 흐르게 하는 판막이 있다. 이 판막 덕분에 혈액은 심방에서부터 심실로만 흐르고, 그 반대 방향으로는 흐르지 못한다.

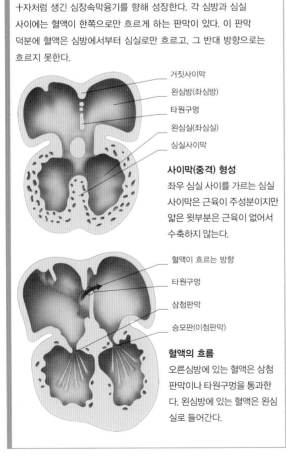

거짓사이막
왼심방(좌심방)
타원구멍
왼심실(좌심실)
심실사이막

사이막(중격) 형성
좌우 심실 사이를 가르는 심실 사이막은 근육이 주성분이지만 얇은 윗부분은 근육이 없어서 수축하지 않는다.

혈액이 흐르는 방향
타원구멍
삼첨판막
승모판(이첨판막)

혈액의 흐름
오른심방에 있는 혈액은 삼첨판막이나 타원구멍을 통과한다. 왼심방에 있는 혈액은 왼심실로 들어간다.

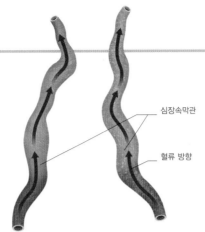

심장속막관
혈류 방향

1 심장속막관
발생 초기에는 아직 합쳐지지 않은 채 나란히 이어지는 대롱 한 쌍을 통해 혈액이 배아 머리를 향해 흐른다.

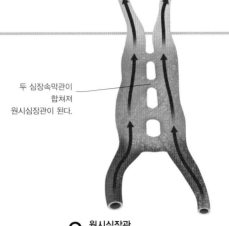

두 심장속막관이 합쳐져 원시심장관이 된다.

2 원시심장관
두 심장속막관이 아래쪽에서부터 위로 합쳐지다가 임신 50일쯤 되면 원시심장관이 하나 만들어진다.

동맥줄기
심장팽대
심실
심방
정맥굴

3 칸 나누기 시작
심장젤리와 심장근육층이 심장속막관을 둘러싸는 동시에 몇 곳이 잘록해져서 칸이 나뉜다.

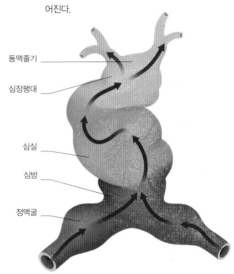

동맥줄기
심장팽대
심실
심방
정맥굴

4 심장관이 휘어진다
임신 51일에 심장관은 박동하면서 길어지고 오른쪽으로 구부러져서 꽈배기 구조가 된다.

동맥줄기
심장팽대

5 S라인 형성
임신 53일이 되면 심장관이 뒤틀어져서 S자 모양이 된다. 그 결과 두 심방과 두 심실이 제 위치와 방향을 잡게 된다.

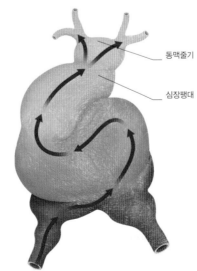

대동맥
위대정맥
산소가 고갈된 혈액이 흐르는 방향
폐동맥
심방
산소가 풍부한 혈액이 흐르는 방향
심실
아래대정맥

6 심방과 심실 자리잡기
두 심방과 두 심실은 임신 84일이 되면 완전히 분할되고, 심장판막은 임신 91일이 되면 자리가 잡힌다.

임신 3개월 | 임신 9~12주

이 시기부터 배아는 태아가 된다. 이제 태아는 인간으로 인식되며, 활발하게 움직인다. 임신 제1삼분기가 끝날 때가 되면 임신은 안정적으로 확립되며, 유산의 위험성은 많이 줄어드는데, 많은 여성들이 이 시기를 자신이 임신했음을 공표하는 시기로 택하고 있다.

임신 9주

이제 배아는 큰 포도알 크기인 약 1.8센티미터로 자라며, 꼬리는 없어진다. 손가락들은 분리되기 시작하며, 손목은 구부러지고 움직여진다. 코는 제 모양을 갖추고, 입과 입술들은 거의 완벽하게 형성되며, 눈꺼풀들은 눈 위에서 서로 합쳐지는데, 이 눈꺼풀들은 임신 26주경이 되기까지는 다시 열리지 않는다. 궁극적으로 가슴과 배의 공간을 구분하게 될 근육질의 판인 가로막(diaphragm)이 형성되기 시작하며, 방광(bladder)과 요도(urethra)는 장관(intestinal tract)의 아래쪽 끝에서부터 분리된다. 태반이 배아 영양의 대부분을 공급하게 되며, 난황주머니는 더 줄어든다. 임신한 여성은 체중이 더 증가하는 것을 알 수 있게 되는데, 이것은 주로 액체의 잔류와 혈액량의 증가 때문이다. 임신부의 유방은 아마도 눈에 띄게 커지게 되며, 통증도 느낄 수 있다.

첫 산전진찰의 약속
일부 임신부들은 임신 9주경에 첫 산전진찰의 약속을 잡는다. 의사 혹은 조산사에게 산전진찰의 약속을 잡을 수 있다

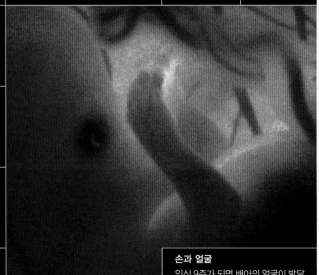

손과 얼굴
임신 9주가 되면 배아의 얼굴이 발달하기 시작한다. 손가락들은 분리되기 시작하며, 손목은 구부러지고 움직여진다.

임신 10주

수정 후 발달의 8주째(임신 10주)가 되면 배아는 공식적으로 태아가 된다. 이제 태아의 길이는 말린 자두 크기 정도인 3센티미터에 이르며, 힘차게 움직일 수 있다. 머리는 전체 길이의 거의 절반을 차지하며, 얼굴 모양과 귀들을 알아볼 수 있다. 뼈대의 연골(cartilage)은 뼈를 형성하기 위해 단단해지기 시작하며(뼈되기, 골화), 발톱들이 나타난다. 호르몬들이 원시 생식샘(gonad)들을 자극해서 난소들이나 고환들로 발달하게 하며, 난소들은 난자들을 생성하기 시작한다. 바깥생식기관들도 분화하기 시작하지만, 아직은 남성과 여성을 구별해서 말할 수는 없다. 방광에서 유래된 싹들은 앞으로 콩팥들이 될 골반 속의 조직과 만나기 위해 위쪽으로 자란다. 임신부의 호흡계통은 임신으로 인한 요구량에 맞추기 위해 적응하기 시작한다.

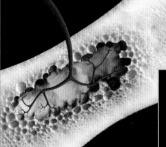

뼈의 성장
임신 10주경이 되면, 태아의 연골은 혈액 공급을 통해 제공된 세포들의 도움을 받아 단단해지면서 뼈되기가 시작된다.

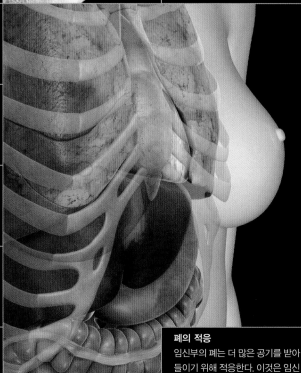

폐의 적응
임신부의 폐는 더 많은 공기를 받아들이기 위해 적응한다. 이것은 임신으로 인해 늘어난 산소 요구량에 맞추기 위해서이다.

임신 11주

태아의 길이는 이제 서양 자두 크기인 5센티미터 정도이다. 태아는 하품을 하고 삼키는 것이 가능하도록 입을 열었다 닫았다 할 수 있다. 턱(jaw) 안쪽에는 작은 치아싹들이 형성되며, 손가락들과 발가락들에서 물갈퀴 막이 없어지기 시작하고, 피부는 두꺼워지면서 원래의 투명함이 없어진다. 심장은 분당 120~160회로 더 빨리 뛰고, 혈액은 빠른 속도로 태아의 몸 전체를 순환한다. 임신부의 배는 약간 튀어나올 수 있으며, 운동을 하면 심장과 폐의 작업부하가 증가하면서 점차 숨이 가빠지는 것을 느낄 수 있다. 점차 커지는 자궁은 이제 골반을 벗어나 위쪽으로 움직여서 방광에 대한 압력이 줄어들게 되고 따라서 요로증상들은 줄어들지만, 원래부터 있던 정맥류나 치핵(hemorrhoid)은 부풀어 오를 수도 있고, 혹은 새로운 것들이 발생할 수도 있다.

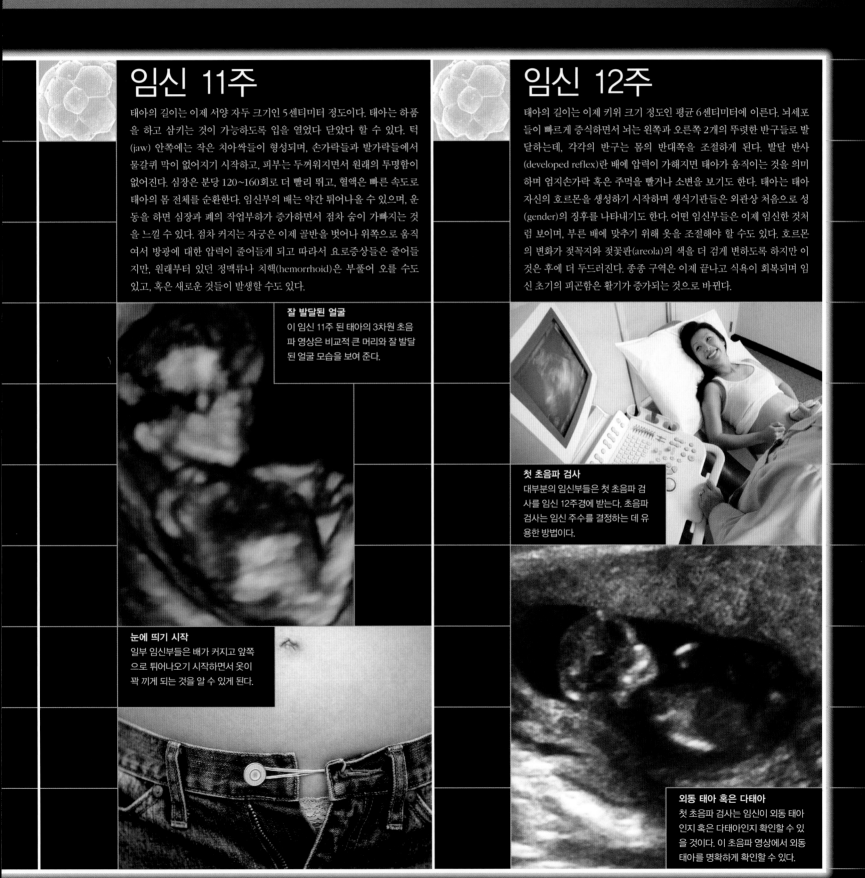

잘 발달된 얼굴
이 임신 11주 된 태아의 3차원 초음파 영상은 비교적 큰 머리와 잘 발달된 얼굴 모습을 보여 준다.

눈에 띄기 시작
일부 임신부들은 배가 커지고 앞쪽으로 튀어나오기 시작하면서 옷이 꽉 끼게 되는 것을 알 수 있게 된다.

임신 12주

태아의 길이는 이제 키위 크기 정도인 평균 6센티미터에 이른다. 뇌세포들이 빠르게 증식하면서 뇌는 왼쪽과 오른쪽 2개의 뚜렷한 반구들로 발달하는데, 각각의 반구는 몸의 반대쪽을 조절하게 된다. 발달 반사(developed reflex)란 배에 압력이 가해지면 태아가 움직이는 것을 의미하며 엄지손가락 혹은 주먹을 빨거나 소변을 보기도 한다. 태아는 태아 자신의 호르몬을 생성하기 시작하며 생식기관들은 외관상 처음으로 성(gender)의 징후를 나타내기도 한다. 어떤 임신부들은 이제 임신한 것처럼 보이며, 부른 배에 맞추기 위해 옷을 조절해야 할 수도 있다. 호르몬의 변화가 젖꼭지와 젖꽃판(areola)의 색을 더 검게 변하도록 하지만 이것은 후에 더 두드러진다. 종종 구역은 이제 끝나고 식욕이 회복되며 임신 초기의 피곤함은 활기가 증가되는 것으로 바뀐다.

첫 초음파 검사
대부분의 임신부들은 첫 초음파 검사를 임신 12주경에 받는다. 초음파 검사는 임신 주수를 결정하는 데 유용한 방법이다.

외동 태아 혹은 다태아
첫 초음파 검사는 임신이 외동 태아인지 혹은 다태아인지 확인할 수 있을 것이다. 이 초음파 영상에서 외동 태아를 명확하게 확인할 수 있다.

임신 3개월 | 임신 9~12주
모체와 태아

피로나 구역(nausea)과 같은 임신 초기의 증상들은 아마도 사람 융모생식샘자극호르몬(hCG)의 농도가 높은 것 때문에 일반적으로 이 시기에 가장 심하다. 이 시기 동안 배아기(embryonic period)는 끝나고 태아기가 시작된다. 난황주머니는 줄어들며, 난황주머니의 역할은 태반이 대신하게 되면서 역할이 감소한다. 태반은 이제 태아보다 훨씬 더 크며, 산소와 영양소의 요구량을 쉽게 충족시킬 수 있고, 노폐물들과 이산화탄소를 제거할 수 있게 된다. 이 시기 동안에 메니지는 보채인 장기 구조들이 완성을 위해 정교화된다. 눈이 형성되고, 틱과 목은 길어지며, 귀들은 최종적인 위치로 움직여 가서 태아의 얼굴은 더 잘 알아볼 수 있게 된다. 아직 목은 비교적 짧으며, 태아는 머리를 가슴 쪽으로 하면서 구부린 자세를 취하고 있다. 뇌의 빠른 성장을 반영하듯이 머리가 전체 머리엉덩이길이(crown-to-rump length)의 절반을 차지하고 있으며, 3주가 지나면 태아는 크기가 두 배가 된다.

모체

- 분당 66회
- 105/68mmHg
- 4.4리터
- 27밀리리터

임신 12주의 임신부
앞으로의 요구량을 예상해서 임신부는 더 깊게 호흡하고, 더 효과적으로 영양소를 흡수하며, 순환계가 더 많은 혈액을 태반으로 보낸다.

위
임신 12주가 되면 많은 산부들에서 구역과 병을 일으킬 수 있는 사람 융모생식샘자극호르몬(hCG) 농도가 최고치에 도달한다.

창자
프로게스테론(황체호르몬) 농도의 증가는 창자의 이동 시간을 늦게 함으로써 변비가 생기게 한다. 고섬유질 식사를 하거나 충분한 양의 물을 마시면 증상들을 줄일 수 있다.

자궁
자궁은 커지기 시작하며, 이 시기에 자궁의 위쪽이 약간 앞쪽을 향한다. 이것은 골반 가장자리 위에서 만져볼 수 있다.

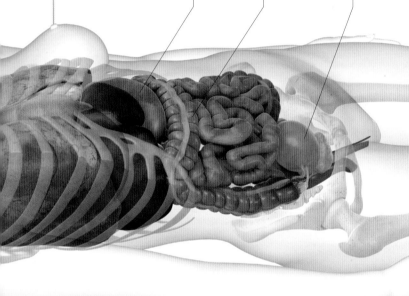

통계

태아

- 분당 175회
- 5.4센티미터
- 14그램

배아가 태아가 되는 임신 10주가 되면 배아기가 끝난다. 태아기는 장기 성장의 초기 성숙이 함께 시작된다.

임신 12주가 되면 초음파 검사를 통해 머리엉덩이길이(CRL)라고 부르는 태아의 길이를 측정함으로써 임신 기간을 정확하게 정할 수 있다.

초음파 검사는 태아심장 박동과 팔다리들을 보여 줄 것이다. 간단한 팔통과 팔다리 운동도 이 시기에 볼 수 있다. 삼키기(swallowing)가 시작되며, 위와 방광에서 액체를 볼 수 있다.

임신 10주

임신 10주가 되면 빠르게 성장하는 태아는 요구를 지지하기 위해 태반의 효율성이 향상된다. 탯줄(umbilical cord)의 기저부(base) 안쪽으로 밀고 들어간다. 태아의 창자는 임신 11~12주가 되면 다시 돌아가기 위해 회전하면서 태아의 배 안으로 들어간다(122쪽 참조).

융모막 융모
잘 형성된 섬유조직모들이 영양소의 운반을 돕기 위해 태반 안에 나타나기 시작한다.

탯줄
태아의 꼬이는 것을 촉진한다.

다리들
다리들은 몸에 비해 덜 발달되어 있으며, 발가락은 완전히 분리되어 있지 않다.

머리
머리가 전체 태아 길이의 50퍼센트를 차지하게 된다. 이것은 다른 장기들이나 계통들이 성숙하기 전에 뇌의 발달이 일어나야 하는 필요성의 정도를 반영하는 것이다.

귀
귀는 턱선 부근으로 성장이 아래쪽에 위치하지만, 2~3주가 지나면 최종적인 자리로 올라간다.

목
목은 아직 짧기 때문에 머리가 가슴 쪽으로 기울게 만들고, 태아가 구부러진 자세를 취하도록 한다.

| 1 | 2 | 3 | 4 | 5 | 6 | 7 | 8 | 9 | 10 | 11 | 12 | 13 | 14 | 15 | 16 | 17 | 18 | 19 | 20 | 21 | 22 | 23 | 24 | 25 | 26 | 27 | 28 | 29 | 30 | 31 | 32 | 33 | 34 | 35 | 36 | 37 | 38 | 39 | 40 |

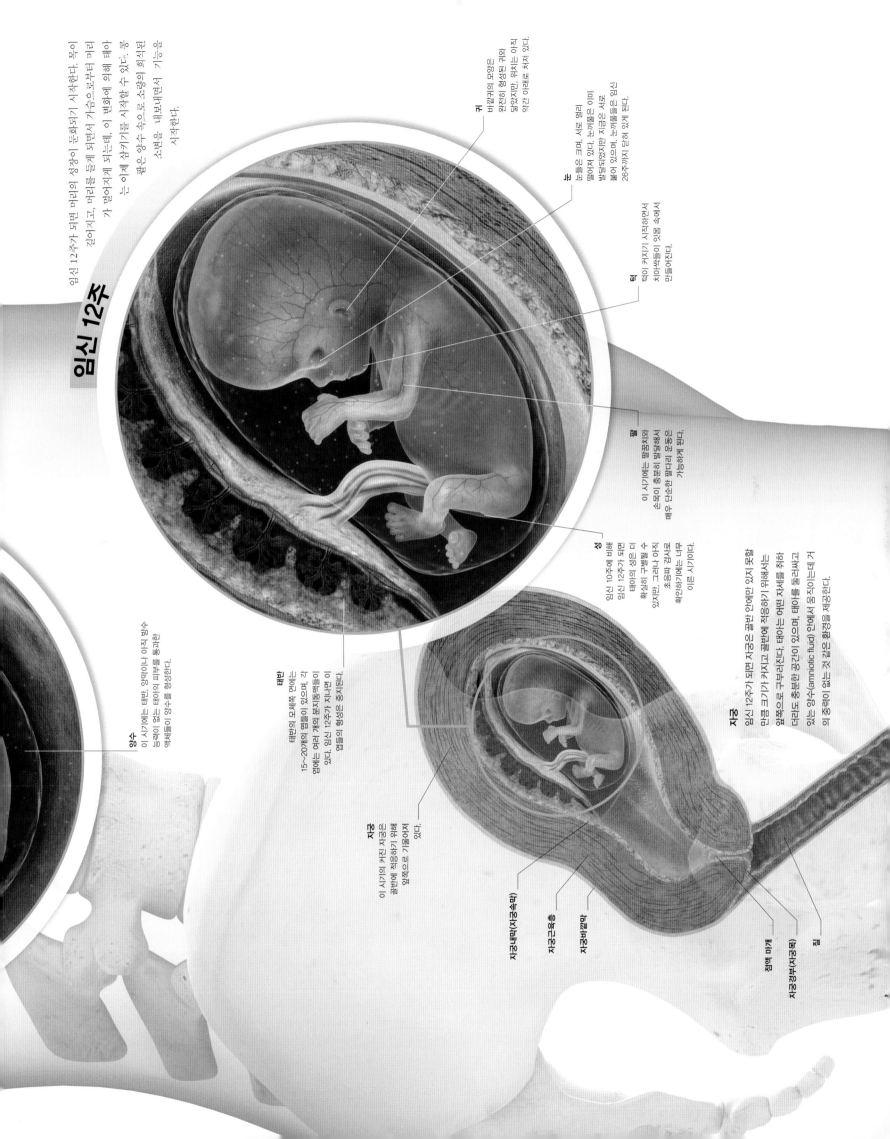

임신 12주

임신 12주가 되면 배아의 성장이 둔화되기 시작한다. 목이 길어지고, 머리를 들데 되면서 가슴으로부터 머리가 떨어지게 되는데, 이 변화에 의해 태아는 이제 삼키기를 시작할 수 있다. 콩팥은 양수 속으로 소량의 희석된 소변을 내보내면서 기능을 시작한다.

귀
바깥귀의 모양은 완전히 형성된 귀와 닮았지만, 위치는 아직 약간 아래로 처져 있다.

눈
눈꺼풀은 크게, 서로 멀리 떨어져 있다. 눈꺼풀은 이미 발달되었지만 지금은 서로 붙어 있으며, 눈꺼풀들은 임신 26주까지 닫혀 있게 된다.

턱
턱이 커지기 시작하면서 치아싹들이 잇몸 속에서 만들어진다.

팔
이 시기에는 팔꿈치와 손목이 충분히 발달해서 매우 단순한 팔다리 운동은 초음파 검사로 확인하기에는 너무 이른 시기이다.

성
임신 10주에 비해 임신 12주가 되면 태아의 성은 더 확실히 구별될 수 있지만, 그러나 아직 초음파 검사로 확인하기에는 너무 이른 시기이다.

양수
이 시기에는 태반, 양막이나 아직 방수 능력이 없는 태아의 피부를 통과한 액체들이 양수를 형성한다.

태반
태반의 모체쪽 면에는 15~20개의 엽들이 있으며, 각 엽에는 여러 개의 분지동맥들이 있다. 임신 12주가 지나면 이 엽들의 형성은 중지된다.

자궁
이 시기의 커진 자궁은 골반에 적응하기 위해 앞쪽으로 기울어져 있다.

자궁내막(자궁속막)

자궁근육층

자궁바깥막

자궁
임신 12주가 되면 자궁은 골반 안에만 있지 못할 만큼 크기가 커지고 골반에 적응하기 위해서는 앞쪽으로 구부러진다. 태아는 어떤 자세를 취하더라도 충분한 공간이 있으며, 태아를 둘러싸고 있는 양수(amniotic fluid) 안에서 움직이는데 거의 중력이 없는 것 같은 환경을 제공한다.

점액 마개

자궁경부(자궁목)

질

수태에서 출산까지

모체

초기 산전진찰

처음 산전진찰에서 의료 전문가는 선별검사들이나 식이 정보를 포함하여 임신이나 의료 서비스, 생활방식의 선택 방법들에 대한 정보를 제공한다. 각종 검사들을 거절할 권리도 설명된다. 이 시기는 의문사항에 대해 질문을 해야 하고, 개인별 산전관리 계획을 상담해야 하는 시기이다. 산전진찰이 병원 혹은 각 지역 의원에서 이루어지든 상관없이 산전진찰에는 의료 전문가와의 정기적 만남이 포함될 것이다. 병원과 해당 산전관리팀에 대한 상세한 내용들은 임신부의 진료 기록에 기록될 것이다.

의료 전문가와의 만남
의료 전문가와의 첫 만남은 임신 12주 이전이 좋으며, 그래야만 앞으로 임신 중 필요한 사항들에 대해 논의할 시간이 충분하다.

산전진찰의 약속(제1삼분기와 제2삼분기)
매 산전진찰마다 모든 것이 제대로 진행되고 있는지를 확인하기 위해서, 그리고 추가적인 관리나 의학적 관찰이 필요한지 여부를 식별하기 위해 여러 가지 일상적인 점검들과 검사들이 시행된다.

시기	산전진찰의 종류
임신 11~14주	처음으로 초음파 검사를 시행하여 임신 주수를 결정한다. 많은 병원들에서는 이 시기에 다운증후군 선별검사를 시행할 것이지 여부를 물어본다.
임신 16주	처음 방문 때 시행했던 혈액 검사 결과를 확인한다. 혈압을 측정하게 되고, 감염 여부를 알려 줄 수 있는 단백뇨 검사를 시행한다.
임신 18~20주	태반과 태아의 발달 정도의 평가를 위해 초음파 검사를 시행한다. 태반이 자궁 아래쪽에 있으면(139쪽 참조), 추가 초음파 검사를 임신 32주에 시행한다.
임신 20주	종종 임신에 대한 앞으로의 계획을 최종적으로 결정하거나 초음파 검사 결과에 대해 논의하기 위해 의료진과 재검토하도록 제안을 받는다.
임신 24주	만일 이번이 첫 임신이라면, 이번 산전진찰은 혈압이나 자궁의 성장을 측정하기 위한 일상적인 점검이다

임신 중 일반적으로 고려해야 할 사항들

어떤 임신부들은 아기가 움직이는 것을 느끼지 못하는 것에 대해 우려하기도 하지만, 이런 현상은 매우 다양할 수 있다(138쪽 참조). 구역(nausea)과 몸이 아픈 증상은 정상이고 임신 20주까지 일어날 수 있으며, 가슴쓰림(heartburn)은 더 오래 지속될 수 있다. 자궁이 커지고 인대와 관절이 늘어나면서 일어나는 몇몇 불편감들은 흔히 있으나, 만일 통증이 매우 심하다면 의료진에게 반드시 이야기해야 한다. 질분비물은 정상이지만, 가려움증이나 냄새가 없어야 하고 출혈이 동반되지 않아야 한다. 배뇨감도 훨씬 자주 느낄 수 있지만, 소변 볼 때 통증은 없어야 한다.

자궁 통증
지금과 같은 임신 초기에는 가끔 불편감이 있다는 것은 흔한 일이지만, 지속적으로 통증이나 출혈, 혹은 물 같은 분비물이 흐른다면 항상 검사를 받아야 한다.

폐의 적응

산소의 요구량이 증가할 것에 대비하여 폐는 임신 초기부터 빠르게 적응한다. 처음에는 임신부들에게 호흡곤란(short of breath)을 느끼게 할 수 있지만, 이런 변화는 사실상 폐로 하여금 더 효율적으로 일하도록 해 준다. 더 깊게 숨을 쉬는 것은 산소의 흡수를 증가시키고, 더 많은 이산화탄소를 제거하도록 한다. 이것은 갈비뼈(rib)의 위치 변화와 가로막의 상승을 통해 이루어지는 것이며, 폐의 구조적 변화에 의한 것은 아니다. 가로막이 밀려 올라가게 되면, 정상적으로 한 번 숨을 들어쉬는 데 들어오는 공기의 양인 일회호흡량(tidal volume)을 지지할 수 있도록 가스 교환(gas exchange)에 참여하지 않는 잔기량(residual volume)이 감소한다.

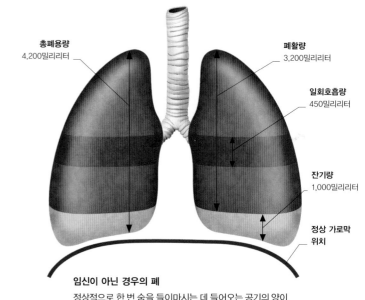

총폐용량
4,200밀리리터

폐활량
3,200밀리리터

일회호흡량
450밀리리터

잔기량
1,000밀리리터

정상 가로막 위치

임신이 아닌 경우의 폐
정상적으로 한 번 숨을 들이마시는 데 들어오는 공기의 양이 일회호흡량이다. 깊게 숨을 들이쉰 후에 내쉬는 공기의 양은 폐활량(vital capacity)이다.

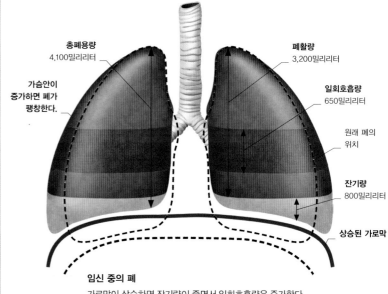

총폐용량
4,100밀리리터

폐활량
3,200밀리리터

가슴안이 증가하면 폐가 팽창한다.

일회호흡량
650밀리리터

원래 폐의 위치

잔기량
800밀리리터

상승된 가로막

임신 중의 폐
가로막이 상승하면 잔기량이 줄면서 일회호흡량은 증가한다. 이것은 폐가 더 많은 공기를 흡입하게 된다는 것을 의미한다.

면역성 전달

태아와 태어난 후 신생아에 대한 보호는 모체로부터 태반을 통과해 온 면역성에 의존하게 된다. 임신 중 대부분의 바이러스성 감염들은 모체의 면역체계에 의한 공격을 받는다. 태어난 후에는 임신 중 모체로부터 태반을 통과해 온 면역글로불린 G(IgG) 항체가 신생아에게 면역성을 제공한다. 모유수유는 신생아에 대한 추가적인 보호를 위해 면역글로불린 A(IgA)를 제공할 수 있도록 한다. 그러나 모든 항체들이 태반을 지나 태아에게 전달되는 것은 아니다. 바이러스 공격의 초기에 생성되는 면역글로불린 M(IgM) 항체는 너무 크기 때문에 태반을 통과하지 못한다.

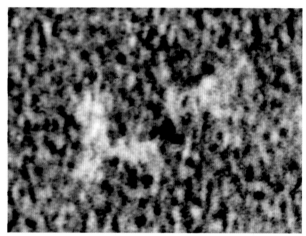

면역글로불린 G
이 색조영 전자 현미경 사진은 면역글로불린 G(IgG) 항체의 Y 모양의 구조를 보여 준다. 면역글로불린 G(IgG)는 가장 풍부한 항체들로써 모든 체액(body fluids) 안에 존재한다. 또한 면역글로불린 G(IgG)는 태반을 통과할 수 있는 유일한 항체이다.

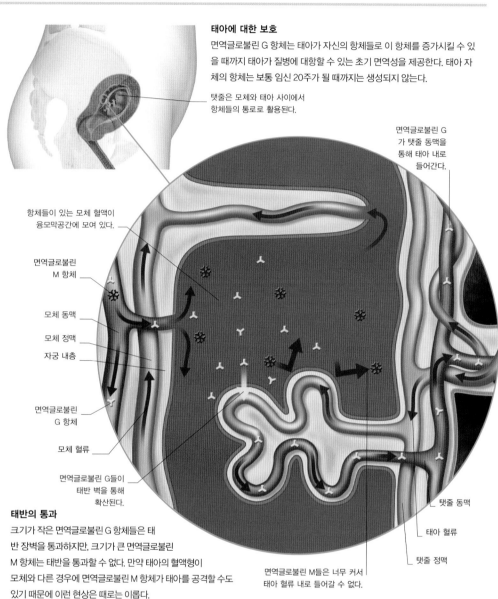

태아에 대한 보호
면역글로불린 G 항체는 태아가 자신의 항체들로 이 항체를 증가시킬 수 있을 때까지 태아가 질병에 대항할 수 있는 초기 면역성을 제공한다. 태아 자체의 항체는 보통 임신 20주가 될 때까지는 생성되지 않는다.

탯줄은 모체와 태아 사이에서 항체들의 통로로 활용된다.

면역글로불린 G가 탯줄 동맥을 통해 태아 내로 들어간다.

항체들이 있는 모체 혈액이 융모막공간에 모여 있다.

면역글로불린 M 항체

모체 동맥

모체 정맥

자궁 내층

면역글로불린 G 항체

모체 혈류

면역글로불린 G들이 태반 벽을 통해 확산된다.

탯줄 동맥

태아 혈류

탯줄 정맥

면역글로불린 M들은 너무 커서 태아 혈류 내로 들어갈 수 없다.

태반의 통과
크기가 작은 면역글로불린 G 항체들은 태반 장벽을 통과하지만, 크기가 큰 면역글로불린 M 항체는 태반을 통과할 수 없다. 만약 태아의 혈액형이 모체와 다른 경우에 면역글로불린 M 항체가 태아를 공격할 수도 있기 때문에 이런 현상은 때로는 이롭다.

코의 울혈

아직까지 왜 발생하는지 잘 알려져 있지 않지만, 코의 울혈(임신성 코염, pregnancy rhinitis)은 최근에는 임신 중 잘 알려진 증상이다. 이 증상은 임신부 5명 중 1명에서 발생하며, 간혹 건초열(hay fever)과 혼동되기도 하지만 알레르기 반응(allergic reaction)은 아니다. 코의 울혈은 임신 기간 중 어떤 때나 발생할 수 있지만 분만 후 1~2주가 지나면 호전된다. 널리 알려진 성공적인 치료법은 없지만, 침대의 머리 부분을 높게 하거나, 운동을 하거나, 식염수로 세척을 하는 것과 같은 단순한 방법들이 도움을 줄 수 있다. 의사는 임신성 코염과 항생제 치료가 필요할 수 있는 부비동 감염(sinus infection)을 감별할 수 있을 것이다.

염증성 코선반(concha)에 의해 공기 통로가 협착된다.

흡입한 공기

선반 모양의 코선반 뼈가 코안을 분할한다.

코의 모세혈관들
코의 내층에는 들어오는 공기를 덥혀 주는 수많은 모세혈관들이 있다. 코의 내층에 대한 자극은 임신성 코염을 악화시킬 수 있는 모세혈관들의 충혈을 일으킨다.

공기 통로의 협착
과도한 점액 생성이나 코의 통로 내층에 대한 자극은 모두 공기 흐름의 제한을 초래할 수 있다. 공기의 흐름을 향상시키기 위해 식염수 세척이 필요할 수 있다.

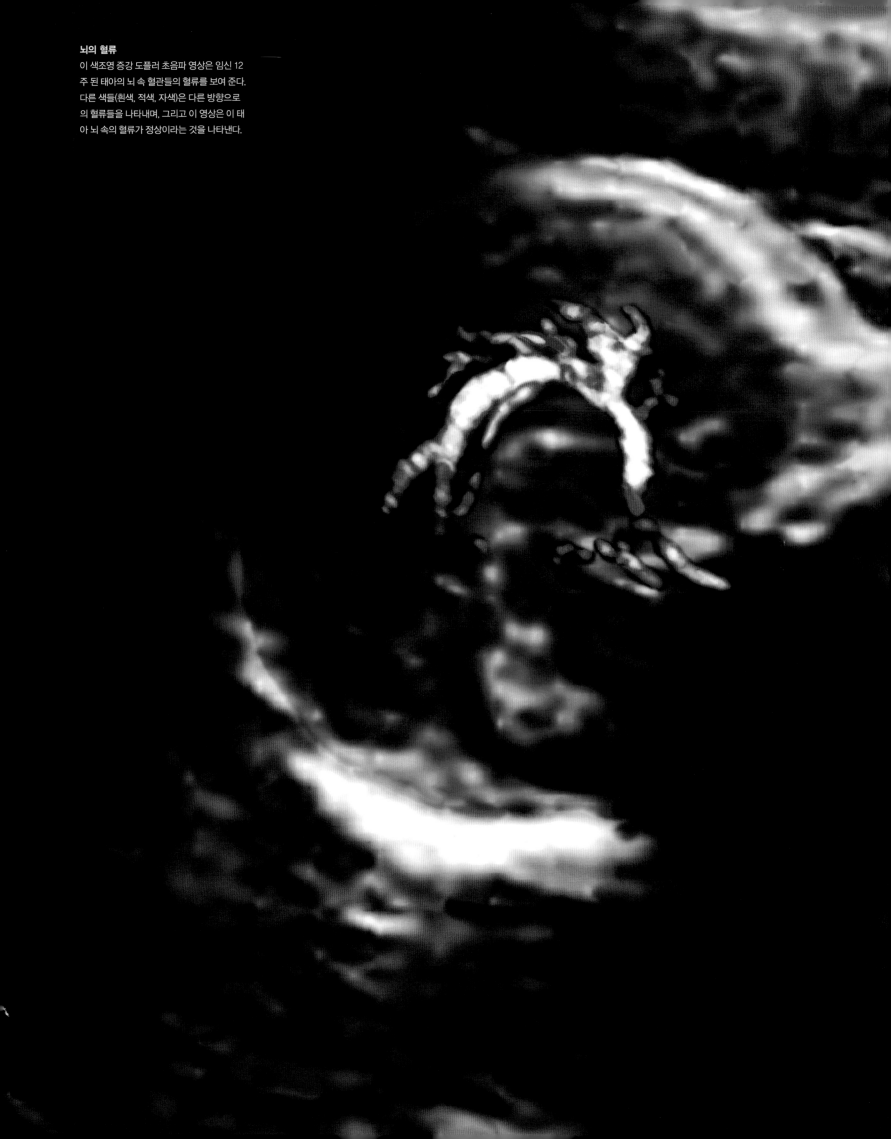

뇌의 혈류
이 색조영 증강 도플러 초음파 영상은 임신 12주 된 태아의 뇌 속 혈관들의 혈류를 보여 준다. 다른 색들(흰색, 적색, 자색)은 다른 방향으로의 혈류들을 나타내며, 그리고 이 영상은 이 태아 뇌 속의 혈류가 정상이라는 것을 나타낸다.

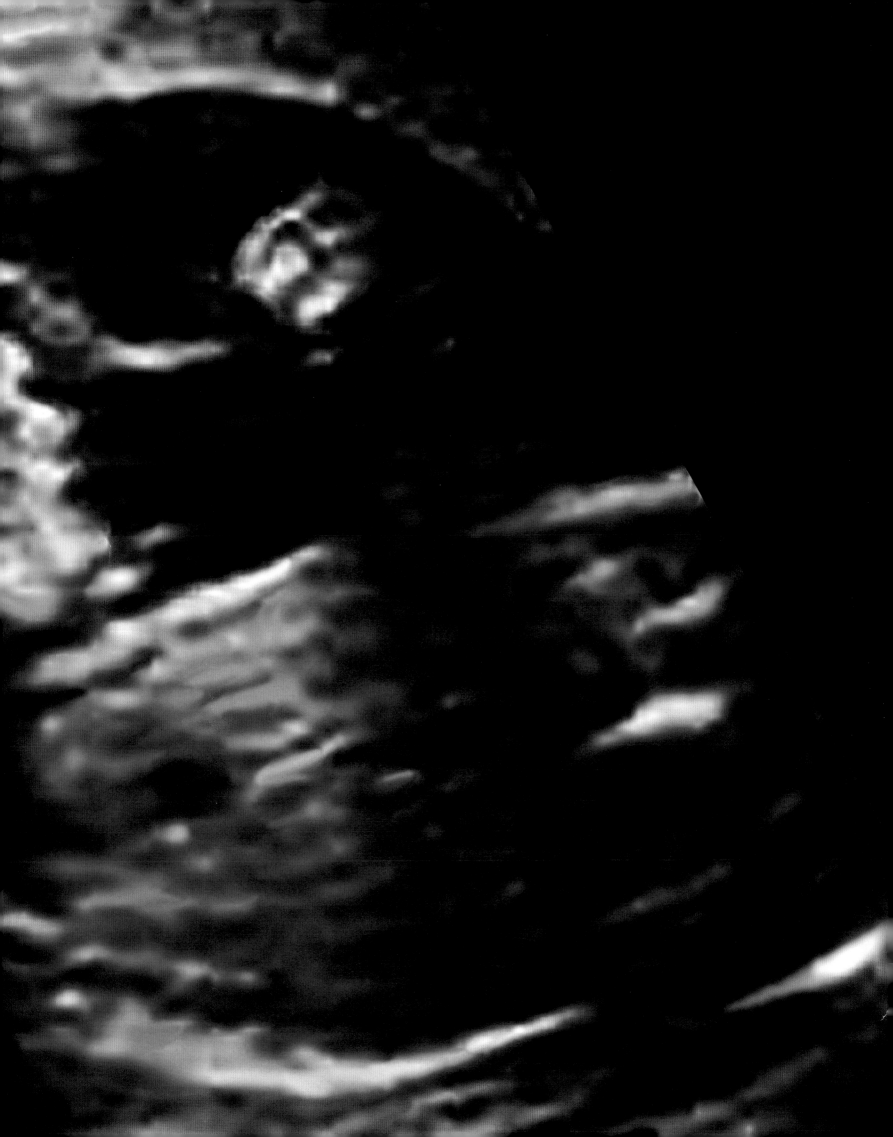

태아

태반 발생

태반은 구조가 계속 성숙해서 표면적이 넓어지고, 엄마 혈액과 태아 혈액 사이의 경계를 이루던 조직이 얇아진다. 엄마 동맥의 벽은 태아 세포가 침투해서 구조가 약해지고, 결국 늘어나서 저항이 약해지면 혈액이 태반의 융모사이방으로 콸콸 흘러 들어오게 된다. 태아 쪽에서는 융모가 나뭇가지처럼 새로운 가지가 계속 만들어져서 엄마 혈액이 고인 융모사이방에 바닷말처럼 떠 있는 삼차융모가 형성된다. 삼차융모들은 임신 9주에 길어지기 시작해서 16주쯤이면 길이가 최대에 이른다. 그러나 태아가 성장함에 따라 영양소 등이 점점 더 많이 필요해지기 때문에 태반은 이를 충족시키기 위해 임신 후반기에도 계속 발달한다. 영양소와 산소 및 이산화탄소 전달을 촉진하기 위해 임신 24주 이후에는 융모 벽이 얇아지기 시작하고, 가는 곁가지들이 나타난다.

탯줄

탯줄이 있기 때문에 태아 혈액이 둘둘 말린 두 배꼽동맥을 통해 태반으로 전달되고, 영양소와 산소를 취해서 하나뿐인 배꼽정맥을 통해 태아로 되돌아간다. 보통은 정맥이 아니라 동맥이 산소를 운반한다. 그러나 정맥은 혈액을 심장 쪽으로 운반하고 동맥은 심장에서부터 멀리 혈액을 운반하기 때문에 배꼽정맥과 배꼽동맥의 이름을 그렇게 정했다. 태아가 움직이면 탯줄이 서서히 감긴다. 탯줄이 감기는 현상은 보호 기능으로, 탯줄이 꼬이지 않도록 막는다. 젤리 같은 조직인 '와튼 젤리'도 탯줄이 꼬이지 않도록 돕는다.

태아의 생명줄

자궁 속에서 찍은 사진으로, 둘둘 감긴 탯줄 속에 있는 혈관들이 비쳐 보인다.

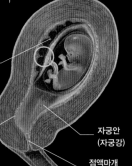

거친융모막(융모융모막)
융모막은 양치식물이나 해초의 잎사귀처럼 생겼기 때문에 표면적이 넓고, 따라서 산소와 이산화탄소 교환이 잘 일어난다.

평활융모막 (무융모융모막)
양막주머니가 자궁안으로 돌출됨에 따라 침식을 받아서 융모막이 매끈해진다.

자궁안 (자궁강)

점액마개

생사가 달린 영양 공급

태아는 임신 기간 내내 전적으로 탯줄을 통해서만 영양소와 산소를 공급받고 노폐물과 이산화탄소를 배출한다.

태아 노폐물이 엄마 혈액으로 배출된다.

배꼽정맥은 산소가 풍부한 혈액을 운반한다.

배꼽동맥은 산소가 고갈된 혈액을 운반한다.

엄마 혈관

산소와 영양소가 태아 혈액으로 확산되어 들어간다.

엄마 혈액이 융모사이방에 고여 있다.

태아에 전달되는 혈류

태아에서 온 혈류

산소와 이산화탄소 교환

엄마 혈액과 태아 혈액 사이에 물질 교환은 융모사이방에서 일어난다. 융모는 태아의 일부분이며, 융모사이방으로 돌출되어 있는데, 엄마 혈액이 이 공간까지 흐른다. 엄마 혈액에 있던 산소와 영양소는 융모 속을 흐르는 혈액으로 전달되고, 이산화탄소와 노폐물은 반대 방향으로 전달된다.

쌍둥이

이란성 쌍둥이는 두 수정란에서 따로 시작하며, 性이 같을 수도 있고 다를 수도 있다. 이란성 쌍둥이는 전체 쌍둥이 중 92퍼센트를 차지한다. 더 드물게 수정란 하나가 갈라져서 똑같은 쌍둥이가 되는 일란성 쌍둥이가 있는데, 당연히 性도 같다. 일란성 쌍둥이는 갈라지는 시기에 따라 태반이 하난지 둘인지, 양막이 하난지 둘인지가 결정된다.

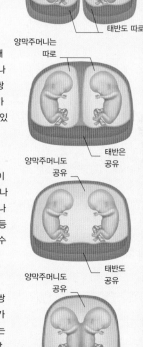

수정 후 1~3일에 갈라지면

수정란 하나가 일찍이 이 시기에 두 일란성 쌍둥이로 갈라지면 둘은 완전히 따로 자라게 된다. 이 쌍둥이는 태반을 공유하지 않기 때문에 혈액 순환을 공유하지 않는다. 또한 서로 엉킬 위험도 없다.

양막주머니도 따로

태반도 따로

수정 후 4~8일에 갈라지면

다른 양막주머니에 둘러싸여 있기 때문에 엉킬 염려는 없지만 태반이 하나라서 혈액 순환이 섞일 수 있다. 한 쌍둥이가 받는 혈액보다 다른 쌍둥이가 받는 혈액이 많다면 문제가 생길 수 있다(아래 참조).

양막주머니는 따로

태반은 공유

수정 후 8~13일에 갈라지면

양막이 하나뿐이기 때문에 두 쌍둥이를 가르는 양막이 없으며, 태반도 하나뿐으로 쌍둥이가 공유한다. 태반 하나를 함께 쓰는 쌍둥이는 혈액이 불균등 분배될 가능성이 있는데, 이를 태반수혈증후군이라 한다.

양막주머니도 공유

태반도 공유

수정 후 13~15일에 갈라지면

수정 후 13~15일에 분열하면 결합쌍둥이가 된다. 결합쌍둥이는 머리나 가슴이나 배가 붙어 있다. 결합쌍둥이는 혈액순환이 복잡하고 장기를 공유할 수 있기 때문에 분리 수술을 하려면 최악의 결과를 감수해야 한다.

양막주머니도 공유

태반도 공유

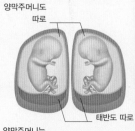

첫 초음파 촬영

첫 초음파 검사는 대개 임신 11~14주에 받는다. 이때가 정확한 임신 날짜를 정하고 분만예정일을 정확히 계산할 수 있는 최적의 시기다. 임신 날짜는 태아의 머리에서 꼬리까지의 거리인 머리엉덩길이(정둔장)를 측정함으로써 추정할 수 있다. 임신 11~14주 때는 이 길이가 태아에 관계없이 동일하다. 태아 크기는 임신 후반기가 되어야만 차이가 드러난다. 이 첫 태아 영상에는 손과 발이 모두 보이며, 위와 방광에 들어 있는 액체가 관찰되고, 심장박동을 확인할 수 있다. 태아가 둘 이상이면 양막주머니의 수와 태반의 수를 이 시기에 가장 정확히 파악할 수 있다.

머리마루점 | 머리뼈 | 대뇌반구 | 코뼈

탯줄

심장

척주

임신 12주 때 초음파 영상
이 사진에서 태아 머리는 왼쪽에 있다. 태반은 태아 위에 있고, 탯줄이 태아 배에 연결되어 있다.

목덜미 투명도(투명대) 촬영

초음파 촬영을 이용한 목덜미 투명도 측정 검사는 임신 11주에서 만 13주 6일까지 시행한다. 그러면 다운증후군 위험이 큰 임신을 미리 골라낼 수 있다. 다운증후군은 태아 목덜미 부위에 있는 체액의 양이 늘어날 수 있는데, 이를 산모 나이와 함께 고려하면 다운증후군 위험도를 산출할 수 있다. 목덜미 투명도 검사를 하면 다운증후군 태아 10명 중 약 7명을 골라낼 수 있다고 한다. 최근에는 혈액 내 호르몬 농도 검사를 병행함으로써 다운증후군이 발생할 위험도를 더 정확히 계산할 수 있다. 이상의 선별 검사를 종합해서 위험도가 높다고 판정한 태아 10명 중 9명은 다운증후군으로 최종 진단된다.

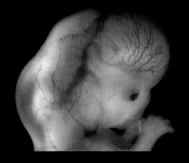

지나치게 많은 목덜미 체액
자궁 속 태아 사진으로, 사진의 왼쪽을 보면 목덜미에 체액이 지나치게 많이 고여 있다. 어느 태아든 목덜미에 체액이 어느 정도 고여 있는데, 이 체액이 아무 뚜렷한 이유 없이, 또는 특정 유전질환이나 구조적 문제로 인해 비정상적으로 양이 늘기도 한다.

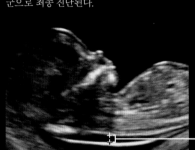

정상 초음파 사진
태아 얼굴의 옆모습이 보이고 밑에 양막이 없는 상태에서 목덜미 투명대 중 가장 넓은 부분의 두께(두 +표 사이)를 정밀 측정한다.

정상 목덜미주름
이 사진은 목덜미 투명대가 좁은 정상 태아의 사진으로, 정상치는 대부분 1~3밀리미터다.

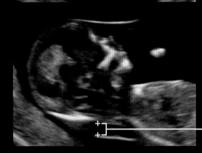

목덜미 체액이 증가한 태아 사진
목덜미 체액이 정상보다 많아지면 의료진은 이 검사 결과가 무엇을 의미하는지와 어떤 결과가 초래될 수 있는지에 관해 부모와 상의해야 한다.

늘어난 목덜미 주름
이 태아의 목덜미 투명대는 3.5밀리미터가 넘는다.

융모막 융모 표본 채취(CVS)

유전 질환이나 염색체 질환이 있을 가능성이 높은 태아는 임신 10주에서부터 최대 15주까지 융모막 융모 표본을 채취해서 태아 염색체와 유전자를 검사하기도 한다. 이때 주로 양수천자(양막천자)를 해서 표본을 얻는다. 태반의 유전 정보는 태아의 유전 정보와 거의 항상 동일하다. 한편으로는 초음파 촬영을 하면서 길고 가는 주사바늘을 엄마 배를 통해 태반으로 찔러 넣고, 태반 조직을 아주 조금 제거한 후 검사실에서 분석한다. 이때 초음파 영상을 통해 실시간으로 확인하면서 바늘이 태반에 정확히 도달하도록 유도한다. 표본은 항상 탯줄이 닿는 곳에서 채취해야 한다. 때로는 자궁경부(자궁목) 입구를 통해 가느다란 대롱을 집어넣은 후 살며시 흡입해서 표본을 채취해야 하는 경우도 있다. 양수천자와 융모막 융모 표본 채취는 둘 다 100번에 1번꼴로 유산이 일어날 가능성이 있다.

배벽을 통해 채취하는 방법
배벽을 통해 주사바늘을 삽입해서 탯줄이 닿는 곳에서 세포를 채취한다. 초음파 촬영으로 유도하면 주사바늘을 안전하고 정확하게 찔러 넣을 수 있다.

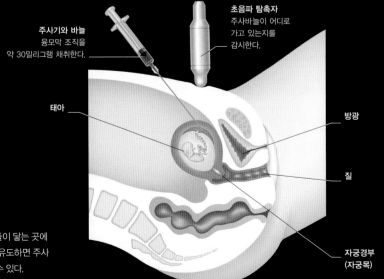

주사기와 바늘
융모막 조직을 약 30밀리그램 채취한다.

초음파 탐촉자
주사바늘이 어디로 가고 있는지를 감시한다.

태아

방광

질

자궁경부(자궁목)

태아

초기 뇌 발생

태아 뇌는 임신 기간 내내 발달한다. 임신 3개월이면 중요한 변화는 이미 모두 일어난 상태다. 시상은 이 시기의 뇌에서 가장 큰 구성원으로, 대뇌반구로 연결되는 중계역으로 작용한다. 좌우 시상 아래에는 시상하부가 있다. 시상하부는 심장박동 같은 내장 기능을 조절한다. 시상하부의 중앙에는 셋째뇌실이 있는데, 뇌실은 순환하는 뇌척수액(CSF)이 차 있는 방이다. 뇌척수액은 좌우 가쪽뇌실 등에 있는 맥락얼기에서 생산된다. 대뇌반구는 급속히 커지는데, 이 시기는 표면이 아직 밋밋하지만 임신 후반기가 되면 특유의 주름이 많이 형성된다. 이 시기는 뇌 발생의 시작 단계에 불과하며, 배아의 다른 계통과 달리 임신 내내 큰 변화를 겪게 된다.

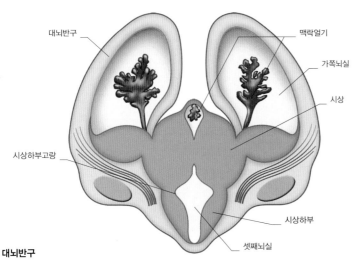

대뇌반구
좌우 대뇌반구는 뇌의 윗부분을 차지하는데, 표면이 아직 매끈하다. 대뇌반구 내부에는 해초 이파리처럼 생긴 맥락얼기(맥락총)가 있다. 맥락얼기에서 만들어지는 뇌척수액은 뇌와 척수를 보호한다.

태아머리
이 시기 태아는 어른 손바닥에 쏙 들어갈 정도로 작지만 성장 속도가 빠르다. 몸에 비해 머리가 매우 큰 것은 그 속에서 뇌가 급속히 성장하고 있기 때문이다. 하지만 대뇌의 특징인 주름은 아직 나타나지 않고 있다.

뇌하수체 발생

뇌하수체는 보통 장기와 달리 두 부분으로 구성된다. 즉 초기 뇌조직이 아래로 튀어 나와서 형성된 깔때기 부분과 장차 입천장이 될 곳 근처 부위가 위로 돌출된 뇌하수체주머니 부분으로 구성된다. 이렇게 배아 때 두 부분이 서로 다른 과정을 거쳐 발생하기 때문에 성인의 뇌하수체 앞엽과 뒤엽은 기능이 완전히 별개며, 만드는 호르몬도 다르다. 뇌하수체 뒤엽은 뇌하수체 줄기를 통해 시상하부에 부착되어 있는데, 시상하부에서 만들어진 호르몬이 신경전달물질처럼 뇌하수체 뒤엽에 전달된 후 분비된다. 이렇게 뇌하수체 뒤엽에서 분비되는 호르몬은 옥시토신과 항이뇨호르몬이다. 뇌하수체 앞엽은 베타-엔도르핀과 일곱 호르몬을 분비한다. 일곱 호르몬은 성장호르몬과 황체형성호르몬과 난포자극호르몬과 프로락틴과 부신겉질자극호르몬과 갑상샘자극호르몬과 멜라닌세포자극호르몬으로, 되먹임 방식을 통해 조절받는다.

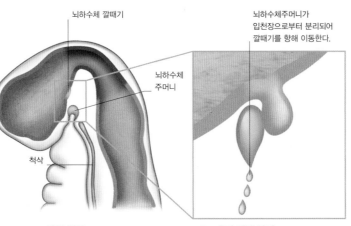

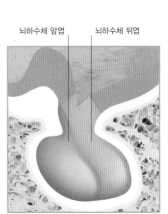

1 발생 위치
뇌하수체는 두 엽으로 구분된다. 두 엽은 기원이 서로 달라서 앞엽은 뇌하수체주머니로부터, 뒤엽은 뇌하수체 깔때기로부터 발생한다.

2 초기 이동 과정
뇌하수체주머니는 발생이 진행되면서 본래 배아 때 있던 위치인 목구멍 뒷부분에서 완전히 떨어져 나온다.

3 최종 위치
뇌하수체는 두 엽이 합쳐지고 시상하부와 연결되면서 뼈에 둘러싸일 때 최종 위치에 도달한다.

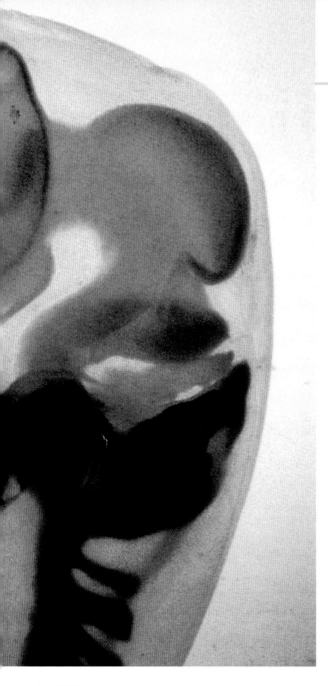

귀 발생

귀는 세 부분, 즉 속귀(내이)와 가운데귀(중이)와 바깥귀(외이)로 구성되는데, 바깥귀 중 귓바퀴만 겉에서 보인다. 귓바퀴는 피부로 솟은 작은 혹 모양 돌기 여섯 개에서 발생하기 시작하며(150쪽 참조), 바깥귀길과 고막을 거쳐 가운데귀로 이어진다. 소리는 가운데귀에 있는 작은 세 뼈를 따라 전달되면서 20배 이상 증폭되어 속귀에 도달한다. 이 뼈들은 각각 모양에 따라 망치뼈와 모루뼈와 등자뼈라 불린다. 속귀에 있는 털세포는 소리 진동이 가해지면 털 각도가 변한다. 각도가 변하는 정도는 신경 자극으로 변환되어 뇌로 전달된다.

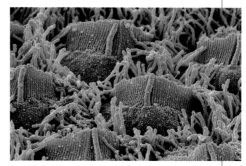

속귀의 털세포
태아 속귀에 있는 나선기관(코티 기관)의 전자현미경 사진으로, 털세포(분홍색)가 관찰된다. 이 털세포에 있는 꽃술처럼 생긴 미세융모(회색)는 발생이 진행되면서 흡수되어 사라진다.

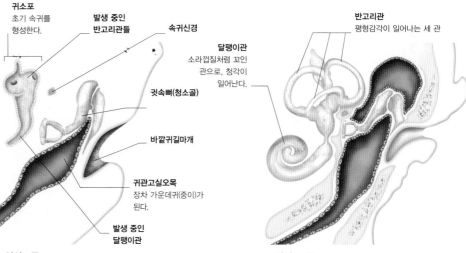

1 임신 5주
귀의 세 부분인 속귀와 가운데귀와 바깥귀는 전혀 다른 성분으로 따로따로 시작했다가 점차 하나로 합쳐진다.

2 임신 40주
속귀는 꼬여 있는 달팽이관에서 소리를 감지할 뿐 아니라 세 반고리관에서 머리의 자세와 움직임을 판단한다.

눈 발생

임신 4주경에 외배엽 표면이 얕게 함몰된 후 동그랗게 접혀 들어가서 속이 빈 수정체를 형성하기 시작한다. 이 수정체는 원시 앞뇌의 일부가 바깥으로 튀어나와 형성한 눈술잔이 둘러싼다. 다음 두 주 동안 수정체섬유가 증식해서 수정체의 내부 공간을 메운다. 수정체는 이렇게 급속히 성장하기 때문에 혈관이 눈소포줄기를 통해 들어와서 혈액을 공급한다(출생 후에는 이 혈관이 사라진다). 이 시기는 눈꺼풀이 없어서 눈을 감지 못한 상태다. 임신 8주에는 눈꺼풀이 나타나고, 이어서 10주가 되면 위아래 눈꺼풀이 합쳐져서 눈을 감은 상태가 되었다가 26~27주가 되어서야 비로소 눈을 다시 뜰 수 있게 된다. 눈물샘은 눈물을 분비해서 눈을 매끄럽게 하지만 출생 후 6주가 지나야 비로소 제대로 작동한다. 색소를 포함한 망막은 매우 간단한 구조로 시작하지만 출생 때가 되면 여러 층들로 분화된다. 눈소포줄기는 임신 8주경에 시각신경으로 발달하기 시작한다.

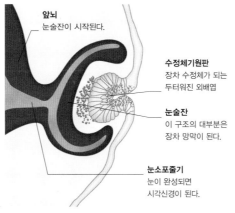

1 임신 46일
눈 비슷한 형태를 갖추게 된다. 수정체기원판이 표피로부터 분리되기 시작하면서 독립된 수정체를 형성하기 시작하고, 눈술잔은 수정체기원판을 거의 완전히 에워싸고 있다.

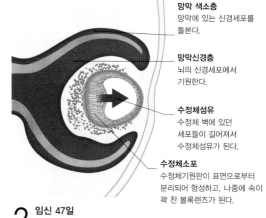

2 임신 47일
수정체소포의 빈 공간은 수정체섬유들이 증식하면서 채운다. 눈소포줄기도 속이 빈 구조였지만 이제 신경섬유들로 채워져 있다. 이 신경섬유들은 장차 시각신경을 이룬다.

뼈대(골격)

뼈대는 발생 중인 태아를 보호하고 지지한다. 태아 뼈대는 대부분이
처음에는 연골로 시작했다가 이 연골이 다양한 속도로 서서히 뼈로
바뀌는 뼈되기(골화) 과정을 거치기 때문에 뼈가 커지면서 태아의
급속한 성장 속도와 보조를 맞출 수 있다.

뼈대 발생

뼈대는 중배엽 세포층에서 발생하기 시작한다. 뼈가 형성되는 방식에는 두 가지가 있
다. 대부분은 물렁한 연골 틀로 먼저 나타나고, 그 뒤에 뼈되기(골화) 과정을 거쳐 단단
한 뼈가 연골 조직을 대체한다. 머리뼈를 구성하는 납작뼈들은 앞서 설명한 연골 단계
를 거치지 않고 중배엽 조직이 직접 뼈로 바뀐다. 하지만 대부분의 뼈는 먼저 연골세
포가 연골 틀을 만든다. 그리고 모든 뼈는 뼈모세포가 칼슘염을 바탕질에 깔아서 뼈
바탕질이 만들어진 다음에 뼈파괴세포가 뼈 바탕질을
흡수해서 개조하는 끊임없이 반복되는 뼈 형성 과
정을 거쳐 최종 형태가 만들어진다.

이마뼈(전두골)
위턱뼈(상악골)
아래턱뼈(하악골)
노뼈(요골)
자뼈(척골)
위팔뼈(상완골)
정강뼈(경골)
종아리뼈(비골)
빗장뼈(쇄골)
어깨뼈(견갑골)
납다리뼈(대퇴골)
갈비뼈
엉덩뼈

위턱뼈(상악골)

납작뼈
이마뼈를 포함한 머리뼈의 대부분은
납작뼈에 속한다. 이 뼈들은 기존
연골조직이 없는 상태에서 이곳에
형성된다.

아래턱뼈(하악골)

긴뼈(長骨)
팔다리와 팔다리가 몸통에
연결되는 부위는 긴뼈로 구성되어
있다. 이 뼈들의 조직은
연골바탕질을 거쳐 발생한다.

몸통뼈대
척주와 갈비뼈는
몸통뼈대에 속한다. 그
뼈조직은 연골바탕질을
거쳐 발생한다.

갈비뼈(늑골)

10주 된 태아
각 뼈는 아직 구조가 단순하고 연골로 틀이 잡혀 있지만 기본 형
태는 완성된 상태다. 그리고 근육들이 뼈에 붙은 곳이 고정되기
때문에 간단한 운동이 가능해진다.

17주 된 태아
태아의 뼈대와 관절은 가능
한 모든 운동을 할 수 있을 만
큼 성숙해진다. 이때 엄마는
태아가 움직이고 있음을 알
아차리게 된다.

긴뼈(長骨)

빗장뼈(쇄골)를 제외한 모든 긴뼈는 연골 단계를 거쳐 동일한 방식으로 뼈되기 과정을 거쳐 형
성된다. 즉 뼈모세포가 연골 바탕질에 칼슘염을 침전시키는 과정을 거친다. 임신 때 이 과정이
일어나는 시기는 뼈마다 다르며, 복장뼈(흉골) 같은 일부 뼈는 출생 후에야 비로소 뼈되기가 완
성된다. 일차뼈되기(일차골화) 단계에서는 긴뼈의 중간 몸통을 둘러싸고 있는 고리처럼 생긴
뼈조직이 먼저 형성되고, 뼈의 양끝 부분은 아직 연골로 남아 있다. 출생 후에 이차뼈되기(이차
골화)가 일어날 때도 긴뼈의 양끝부분에는 여전히 연골이 남아 있다. 긴뼈의 뼈되기
는 약 20세가 되어서야 끝난다. 덕분에 아이가 이때까지 성장할 수 있다.

연골로 이루어진
뼈끝

이차뼈되기중심
출생 후와 사춘기 때 양쪽
뼈끝에 나타난다.

뼈조직
연골을
대체한다.

뼈고리
뼈몸통을 둘러싸며,
뼈를 보강한다.

혈관망
뼈가 성장하는 데 필요한
영양소를 공급받을 수
있게 한다.

뼈끝(골단)
긴뼈의 양끝부분

뼈몸통(골간)
긴뼈의 중간 부분

영양동맥

일차뼈되기중심

1 7주 된 배아
뼈몸통의 중심 부분에서 연골세
포가 아교질(콜라겐)을 만들고, 장차 칼
숨염이 침전되어 뼈가 만들어진다.

2 10주 된 태아
혈액 공급이 시작되면 연골세포
가 뼈모세포로 대체되고 뼈되기 과정
이 서서히 일어나기 시작한다.

3 12주 된 태아
처음 뼈되기가 일어나는 부분은
뼈고리다. 뼈고리는 뼈를 보강하며, 뼈
몸통을 동그랗게 둘러싸서 뼈몸통이
길어지고 굵어지게 한다.

4 신생아
출생 후에도 뼈되기와 개조가 계
속된다. 적색골수는 혈구가 주로 생산
되는 곳이다.

납작뼈

얼굴과 머리를 구성하는 납작뼈는 연골 단계를 거치지 않고 중배엽 세포들이 바로 뼈모세포로 변환됨으로써 발생한다. 이 과정을 막속뼈되기(막내골화)라 한다. 낱개머리뼈들 사이에 있는 간격인 숫구멍 (천문)은 아직 닫히지 않았기 때문에 뇌가 자람에 따라 머리도 커질 여지가 있다. 분만 때 산도를 통과하는 태아 머리는 숫구멍 덕분에 축소될 수 있다.

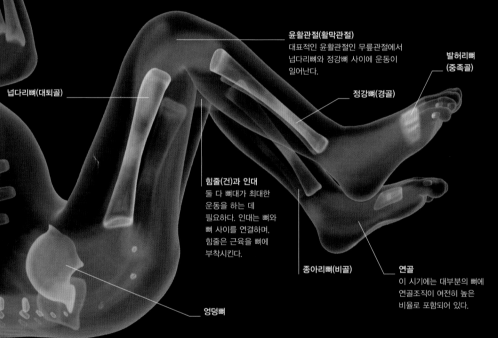

손가락뼈

앞숫구멍(대천문)
마루뼈(두정골)
관자뼈(측두골)
막속뼈되기로 인해 형성된 뼈가시

이마뼈(전두골)
연골로 이루어진 코
치아가 발생하는 곳
아래턱뼈

14주 된 태아 머리뼈를 옆에서 촬영한 사진

자뼈(척골)
노뼈(요골)

넙다리뼈(대퇴골)

엉덩뼈

윤활관절(활막관절)
대표적인 윤활관절인 무릎관절에서 넙다리뼈와 정강뼈 사이에 운동이 일어난다.

힘줄(건)과 인대
둘 다 뼈대가 최대한 운동을 하는 데 필요하다. 인대는 뼈와 뼈 사이를 연결하며, 힘줄은 근육을 뼈에 부착시킨다.

발허리뼈 (중족골)

정강뼈(경골)

종아리뼈(비골)

연골
이 시기에는 대부분의 뼈에 연골조직이 여전히 높은 비율로 포함되어 있다.

척추뼈 발생

척수와 척추뼈는 서로 밀접하게 연관되어 있다. 각 몸분절 (체절)에서 피부근육분절과 뼈분절이 발생하는데(99쪽 참조), 피부근육분절은 피부와 그 밑에 있는 몸통근육을 형성하고, 뼈분절은 척주를 형성한다. 척수신경이 척수에 서 돋아나려면 뼈분절이 다시 두 부분으로 분할되어야 한 다. 그 후에 서로 이웃한 두 절반 뼈분절이 다시 합쳐져서 척추뼈로 발생한다.

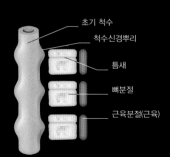

초기 척수
척수신경뿌리
틈새
뼈분절
근육분절(근육)

1 뼈분절 형성
척수신경뿌리가 초기 척수에서 자라나옴에 따라 각 뼈분절이 두 부분 으로 분할되기 시작한다. 분할이 일어난 곳에 틈새가 나타난다.

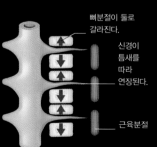

뼈분절이 둘로 갈라진다.
신경이 틈새를 따라 연장된다.
근육분절

2 분할 중인 뼈분절
틈새가 각 뼈분절의 중심을 지나 는 통로가 되고, 척수신경뿌리가 이 통로 를 통해 자라나와서 해당 근육분절에서 발생한 근육들에 연결된다.

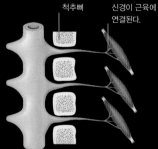

척추뼈
신경이 근육에 연결된다.

3 합쳐진 척추뼈
한 뼈분절의 아랫부분과 그 바로 아래 에 있는 뼈분절의 윗부분이 성장하면서 서로 가까워지다가 마침내 합쳐지고, 결국 척추뼈 하나가 된다. 척수신경은 해당 근육에 연결 된다.

윤활관절(활막관절)

관절은 대부분이 윤활관절에 속한다. 윤활관절은 그 구조 덕분에 운동범위가 넓다. 윤활관절은 관절주머니에 둘러싸여 있는데, 그 속에 있는 두 뼈의 끝부분은 매끈한 연골로 덮여 있고, 둘 사이에 는 관절액이 차 있다. 덕분에 관절 운동이 일어나도 단단한 뼈가 부 딪혀서 마찰이 일어나지 않는다. 만일 뼈끼리 직접 닿아서 마찰이 일어난다면 뼈 표면이 침식될 것이다. 늦어도 임신 15주까지는 모 든 윤활관절이 충분히 형성되어 가능한 모든 운동을 할 수 있게 된다.

섬유모세포를 포함한 결합조직

1 미분화 단계
물렁물렁한 연골 뼈대의 일부분 이 섬유모세포를 포함한 결합조직으로 분화하는 것이 초기 발생 과정이다.

연골   치밀결합조직

2 조직 분화
섬유모세포는 장차 관절이 되는 곳에서 치밀한 결합조직층을 형성하고 그 부위의 양옆에서 연골이 계속 형성 되도록 자극한다.

관절연골(나중에 관절면을 덮는다)

3 분화 계속
관절연골이 형성되지만 관절운 동은 아직 일어나지 못한다. 치밀결합조 직이 윤활액이 차 있는 윤활관절로 탈 바꿈한 후에야 비로소 관절 운동이 일 어날 수 있다.

결합조직에 있는 작은 공간

4 윤활관절안(윤활관절공간)
치밀결합조직 속에 작은 빈 공간 들이 형성되고, 이들이 합쳐지면 윤활 액이 차 있는 공간인 윤활관절안이 만 들어진다. 뼈와 뼈를 연결하는 인대도 나타나기 시작한다.

관절반달 (반월판)
관절 속에 있는 인대

5 완성 관절
관절은 이제 인대를 포함한 관절 주머니에 둘러싸여 보호를 받는다. 덕 분에 관절은 가능한 모든 범위의 운동 을 할 수 있게 된다.

관절주머니   윤활관절안

근육 발생

우리 몸을 이루는 근육에는 세 가지, 즉 심장근육(심근)과 뼈대근육 (골격근)과 민무늬근육(평활근)이 있다. 이 중에 뼈대근육은 수의근이고, 민무늬근육은 불수의근이며 창자 근육 등이 속한다. 몸통은 물론 팔다리, 가로막, 혀에도 있는 뼈대근육은 몸분절에서부터 발생하는데, 그 과정이 척추뼈와 어느 정도 비슷하다. 모든 몸분절에는 근육분절이 포함되는데, 근육분절로부터 뼈대근육이 발생한다. 근육분절은 척수신경이 분포하기 때문에 뼈대근육을 우리 의도대로 조절할 수 있다. 이 과정은 임신 7주에 시작되는데, 이때 근육 집단이 장차 척주가 될 부분의 양옆으로 점차 나타나고, 이어서 몸통 주위와 팔다리쪽 쪽으로 연장된다.

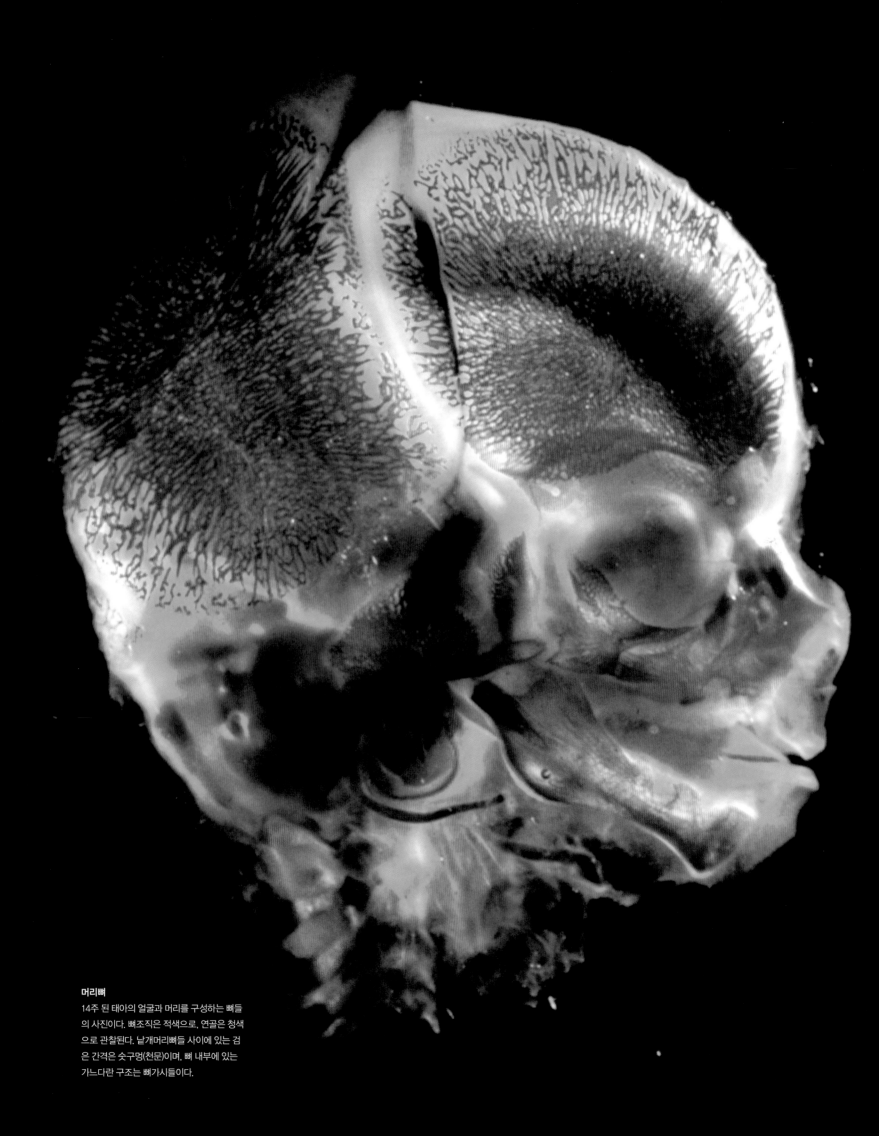

머리뼈
14주 된 태아의 얼굴과 머리를 구성하는 뼈들의 사진이다. 뼈조직은 적색으로, 연골은 청색으로 관찰된다. 낱개머리뼈들 사이에 있는 검은 간격은 숫구멍(천문)이며, 뼈 내부에 있는 가느다란 구조는 뼈가시들이다.

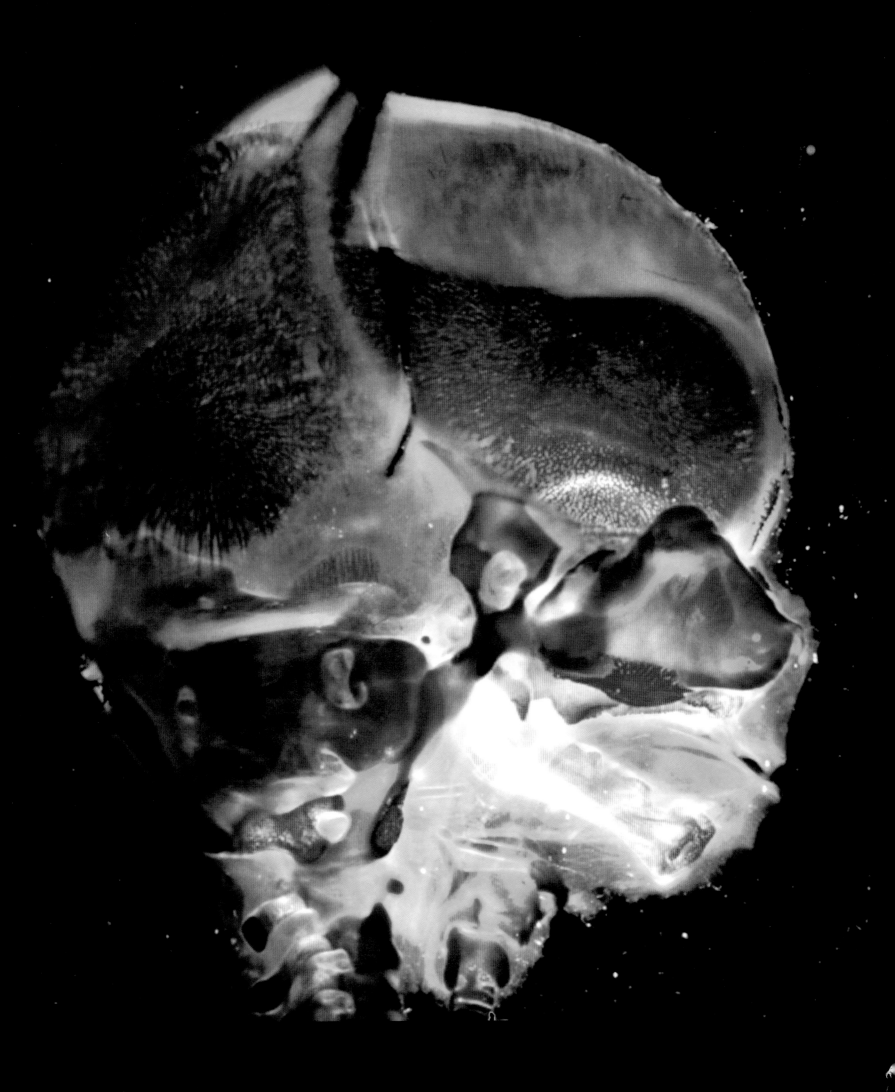

태아

팔다리 형성

임신 10주가 되면 팔다리의 모든 관절이 형성되고 간단한 운동이 가능해진다. 팔다리 관절은 굽혔다 폈다 할 수 있고, 손을 얼굴에 댈 수도 있다. 팔 발생은 다리에 비해 조금 더 앞서간다. 팔과 다리는 둘 다 싹이 자라남으로써 시작해서 서로 동일한 발생 패턴을 따르는데, 이 패턴은 세포 성장과 세포 사망이 차례대로 일어나는 정교하게 짜인 시나리오라 할 수 있다. 팔싹과 다리싹은 점차 길어지고, 그 조직 속에 물렁물렁한 연골로 이루어진 뼈대가 형성된다. 이 연골뼈대는 점차 단단해지는데, 각 뼈대의 중심에서 뼈되기가 시작해서 양끝으로 진행된다(118~119쪽 참조). 이 시기의 피부는 투명한데다 피부 밑에 지방층이 사실상 없기 때문에 팔다리 혈관이 잘 드러나 보인다.

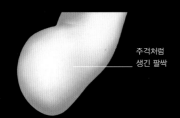

주걱처럼 생긴 팔싹

1 손판
팔은 임신 6주에 몸 밖으로 돌출된 짧고 밋밋하고 넙적한 싹으로 시작한다. 매끈한 주걱 같이 생긴 손판이 팔싹의 말단에 형성된다.

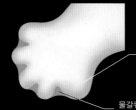

부챗살처럼 펼쳐진 손가락의 원기가 형성된다.

물갈퀴 부위

2 부챗살처럼 펼쳐진 손가락의 원기
손판의 모서리에 짧은 돌기가 5개 나타나서 손가락을 형성한다. 발가락 발생은 1주 정도 늦지만 동일한 방식으로 일어난다.

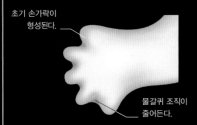

초기 손가락이 형성된다.

물갈퀴 조직이 줄어든다.

3 초기 손가락
돌출된 부분이 길어지고, 손가락 사이에 있는 세포들이 죽어서 사라진다. 그 결과로 손가락들 사이에 있는 물갈퀴 조직이 점차 줄어든다.

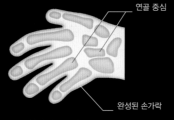

연골 중심

완성된 손가락

4 분리된 손가락들
임신 8주 말이 되면 손가락 5개가 뚜렷이 구분된다. 사람마다 다른 지문을 이루는 피부능선은 임신 18주가 되어야 비로소 완전히 발생한다.

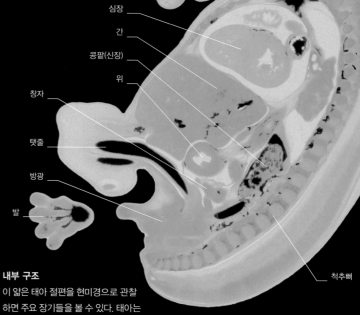

심장
간
콩팥(신장)
위
창자
탯줄
방광
발
척추뼈

내부 구조
이 얇은 태아 절편을 현미경으로 관찰하면 주요 장기들을 볼 수 있다. 태아는 목이 짧고 굽혀져 있어서 턱이 가슴에 닿아 있다. 이 태아는 남성인 듯 보이지만 성을 정확히 판별하기에는 너무 이르다.

창자 발생

창자관은 계속 길어지면서 부위마다 다르게 분화된다(104쪽 참조). 작은창자는 배아 뱃속에 다 들어 있기에는 너무 길어져서 결국 탯줄의 시작부분으로 밀고 들어간다. 창자는 혈액을 공급하는 혈관과 함께 탯줄 속에서 회전하는데, 뱃속으로 되돌아갈 때 회전이 모두 끝난다. 그리고 나서 큰창자의 위치가 고정되면 전체 창자가 자리를 잡게 된다. 이 과정은 임신 8주에 시작해서 12주가 되면 완료되는 게 정상이다. 창자는 아직 본연의 기능을 수행할 수 없으며, 배아는 양수를 삼키지 못한다.

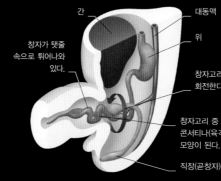

간
대동맥
창자가 탯줄 속으로 튀어나와 있다.
위
창자고리가 회전한다.
창자고리 중 아랫부분이 콘서티나(육각형 손풍금) 모양이 된다.
직장(곧창자)

1 창자의 회전
아직 모양이 단순한 창자관이 탯줄의 시작 부분 속에서 시계반대방향으로 90도 회전한다.

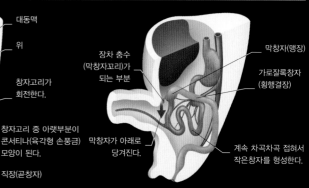

장차 충수 (막창자꼬리)가 되는 부분
막창자(맹장)
가로잘록창자 (횡행결장)
막창자가 아래로 당겨진다.
계속 차곡차곡 접혀서 작은창자를 형성한다.

2 창자가 뱃속으로 돌아온다
탈출했던 창자고리가 뱃속으로 돌아오면서 시계반대방향으로 180도 회전한다. 막창자(맹장)는 아래로 당겨지고, 그 위로 오름잘록창자(상행결장)가 형성된다.

비뇨계통

처음에는 방광과 창자의 끝부분인 직장(곧창자)이 배설강이라는 출구에 함께 열린다. 그리고 배설강은 둘로 나눠져서 창자와 방광이 분리된다. 요관싹이 방광의 양옆에서 돋아난 후 점점 더 자라서 임신 5주에 원시 콩팥과 합쳐진다. 그 다음 4주 동안 좌우 콩팥은 점점 더 위치가 올라가고, 그에 따라 요관이 길어지면서 성숙한다. 요관은 콩팥 속에서 여러 차례 갈라지고, 그 결과로 일련의 집합관들이 만들어진다. 여과된 소변은 집합관을 통해 요관으로 들어간다. 이 과정은 임신 32주에 완성되는데, 이때 약 200만 개의 가지가 형성된 상태다.

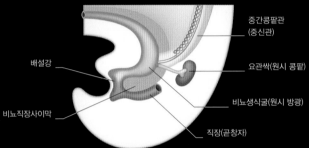

1 분할 중인 배설강
비뇨직장사이막이 배설강막을 향해 아래로 이동하고, 결국 직장(곧창자)과 방광이 분리된다. 방광에서 몸 밖으로 연결되는 관인 요도는 아직 완성되지 않았지만 방광과 함께 직장으로부터 분리된다.

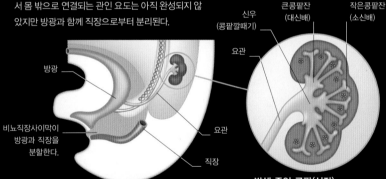

2 방광과 직장(곧창자) 형성
분할 과정은 임신 10주에 완료된다. 직장은 아직 몸 밖으로 열려 있지 않고 얇은 막으로 잠깐 덮여 있다. 이 막은 다음 10일에 걸쳐 사라진다.

발생 중인 콩팥(신장)
요관에서 나온 가지들이 큰콩팥잔을 형성하고, 다시 작은콩팥잔으로 갈라진다. 작은콩팥잔은 계속 갈라져서 콩팥에서 나온 소변을 모은다.

림프계통

혈액에서 새어 나온 체액이 세포 주위에 축적되면 조직에 체액이 넘치게 된다. 남는 체액인 림프는 결국 혈액으로 돌아가야 한다. 림프는 계속 이어지는 주머니들을 거쳐 혈액으로 돌아가고, 발생이 더 진행되면 림프관을 통해 혈액으로 돌아간다. 이 경로를 총칭해서 림프계통이라 한다. 배아 때 림프계통은 혈관계통과 나란히 발생한다. 림프계통은 임신 7주에 상반신의 림프를 거두는 위림프주머니 한 쌍이 형성된다. 그 다음 주에 아래림프주머니 4개가 형성되어 하반신의 림프를 거둔다. 이 주머니들이 서로 연결되고 변형이 계속 일어나면 대부분의 림프가 상반신에 있는 가슴림프관(흉관)을 통해 왼쪽 목에 있는 빗장밑정맥으로 배출된다.

생식기관

남녀 모두 비뇨계통 발생 과정은 속생식기관 형성과 밀접한 관련이 있다. 난황주머니에서 발생한 종자세포는 임신 6주에 배아로 이동한다. 배아의 몸 속으로 들어간 종자세포는 결국 한창 성장 중인 척주의 양옆에 있는 비뇨생식기능선(생식기능선)에 정착한다. 이 세포들은 비뇨생식기능선에서 난소(여아)나 고환(남아) 중 하나가 만들어지도록 자극한다. 그 옆에는 중간콩팥곁관(뮐러 관) 한 쌍이 새로 만들어지는데, 남아는 이 관이 퇴화되지만 여아는 자궁관과 자궁과 질(윗부분)이 이 관으로부터 발생한다. 생식기관이 남성으로 분화할지 여성으로 분화할지는 Y 염색체에 있는 유전자들이 좌지우지한다. 이 유전자가 없는 배아는 여성으로, 있는 배아는 남성으로 발생한다.

미분화 생식샘(성선) 단계
이 단계에서는 남녀 생식샘이 비슷해 보이지만 그 후 발생하는 과정은 Y 염색체 유무에 따라 달라진다.

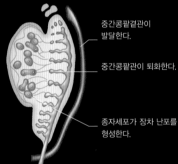

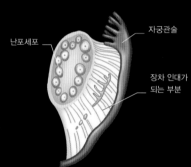

초기 여성 생식기관
Y 염색체가 없으면 미분화 생식샘이 자동으로 여성 생식샘이 되어 난모세포(난자의 전 단계 세포) 수백만 개가 들어 있는 난소가 형성된다. 난모세포들은 사춘기가 올 때까지 활동을 중단한다.

발생이 어느 정도 진행된 여성 생식기관
중간콩팥곁관 중 윗부분은 자궁관술을 형성한다. 그 아랫부분은 자궁관의 나머지 부분과 자궁과 질(윗부분)을 형성한다.

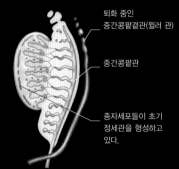

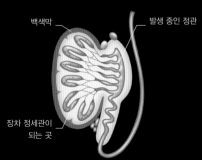

초기 남성 생식기관
고환에 있는 종자세포들은 발생 중인 정자를 돌보는 세르톨리 세포(도우미 세포)도 형성한다. 정세관들 사이에 있는 사이질내분비세포(라이디히 세포)는 테스토스테론을 만들어서 남성 생식기관 발생이 진행되도록 자극한다.

발생이 어느 정도 진행된 남성 생식기관
중간콩팥곁관(뮐러 관)은 이제 고환의 꼭대기에 작은 흔적으로만 남아 있다. 중간콩팥관은 정관으로 발생한다. 고환은 정세관과 정관을 통해 요도에 연결된다.

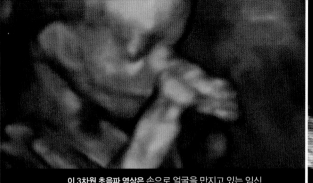

이 3차원 초음파 영상은 손으로 얼굴을 만지고 있는 임신 13주 된 태아를 보여 주고 있다. 지금 태아의 손에서 동작이 허용되는 모든 관절들을 볼 수 있다.

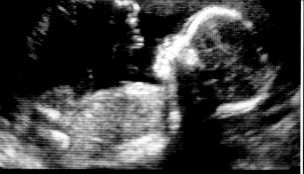

이 2차원 초음파 영상은 자궁 내에 있는 임신 20주 된 태아를 보여 준다. 이 시기에는 일반적으로 태아가 기대한 대로 성장 하고 있는지를 확인하기 위해 초음파 검사를 시행한다.

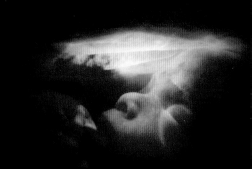

이 임신 5개월 된 태아의 사진은 발달한 얼굴 모습을 보여 준다. 눈꺼풀들은 임신 제3삼분기가 시작될 때까지 계속 해서 닫혀 있다.

임신 제2삼분기
임신 4～6개월 | 임신 13～26주

임신 제2삼분기는 지속적인 성장과 발달의 시기이다. 인체 계통이 모두 제자리를 잡게 되었지만, 태아는 아직 독립적인 삶을 살 수는 없다.

입덧이나 피로와 같은 임신 제1삼분기 동안의 모체의 불편감은 임신 제2삼분기가 시작 되면서 안정을 찾기 시작한다. 꾸준히 증가하는 혈액량과 더 역동적인 혈액순환은 어머 니가 될 임신부들로 하여금 건강미(healthy glow)가 넘치게 한다. 자궁의 가장 위쪽인 자궁바닥은 임신 4개월째가 되면 골반 위로 올라오게 되어 임신했음을 더 뚜렷하게 한 다. 자궁바닥은 매주 약 1센티미터의 속도로 계속 상승한다. 이 수치는 임신 주수를 판 단하는 데 좋은 기준이 되는데, 예를 들어 임신 20주의 자궁바닥높이(height of fundus) 는 약 20센티미터가 될 것이다. 임신부가 태아의 움직임을 처음으로 느끼는 것이 '첫태

동감(quickening)'이라고 알려져 있으며, 대개 임신 5개월에 일어나지만, 아기를 낳아 본 여성의 경우에는 더 일찍 느낄 수도 있다. 임신 제2삼분기를 지나면서 태아는 크기가 3 배 이상으로 커지며, 체중은 약 30배 증가한다. 임신 제2삼분기의 전반기 동안에 태아 의 뇌와 신경계통(nervous system)에서는 아직 발달 과정의 중대한 시기가 진행되고 있 는 중이다. 임신 제2삼분기의 후반기 동안에 태아의 몸과 팔다리들은 빠르게 성장하지 만 머리는 상대적으로 천천히 성장하는 것을 볼 수 있다. 결과적으로 임신 제2삼분기가 끝날 때쯤이면 태아 모습의 비율이 어른과 더 비슷해진다.

시간에 따른 변화

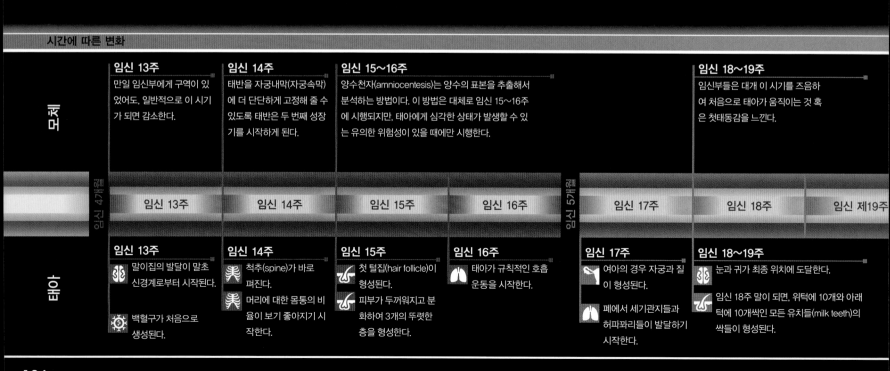

모체

임신 13주 만일 임신부에게 구역이 있 었어도, 일반적으로 이 시기 가 되면 감소한다.

임신 14주 태반을 자궁내막(자궁속막) 에 더 단단하게 고정해 줄 수 있도록 태반은 두 번째 성장 기를 시작하게 된다.

임신 15～16주 양수천자(amniocentesis)는 양수의 표본을 추출해서 분석하는 방법이다. 이 방법은 대체로 임신 15～16주 에 시행되지만, 태아에게 심각한 상태가 발생할 수 있 는 유의한 위험성이 있을 때에만 시행한다.

임신 18～19주 임신부들은 대개 이 시기를 즈음하 여 처음으로 태아가 움직이는 것 혹 은 첫태동감을 느낀다.

임신 4개월 | 임신 13주 | 임신 14주 | 임신 15주 | 임신 16주 | 임신 5개월 | 임신 17주 | 임신 18주 | 임신 제19주

태아

임신 13주 말이집의 발달이 말초 신경계로부터 시작된다.

백혈구가 처음으로 생성된다.

임신 14주 척추(spine)가 바로 펴진다.

머리에 대한 몸통의 비 율이 보기 좋아지기 시 작한다.

임신 15주 첫 털집(hair follicle)이 형성된다.

피부가 두꺼워지고 분 화하여 3개의 뚜렷한 층을 형성한다.

임신 16주 태아가 규칙적인 호흡 운동을 시작한다.

임신 17주 여아의 경우 자궁과 질 이 형성된다.

폐에서 세기관지들과 허파꽈리들이 발달하기 시작한다.

임신 18～19주 눈과 귀가 최종 위치에 도달한다.

임신 18주 말이 되면, 위턱에 10개와 아래 턱에 10개씩인 모든 유치들(milk teeth)의 싹들이 형성된다.

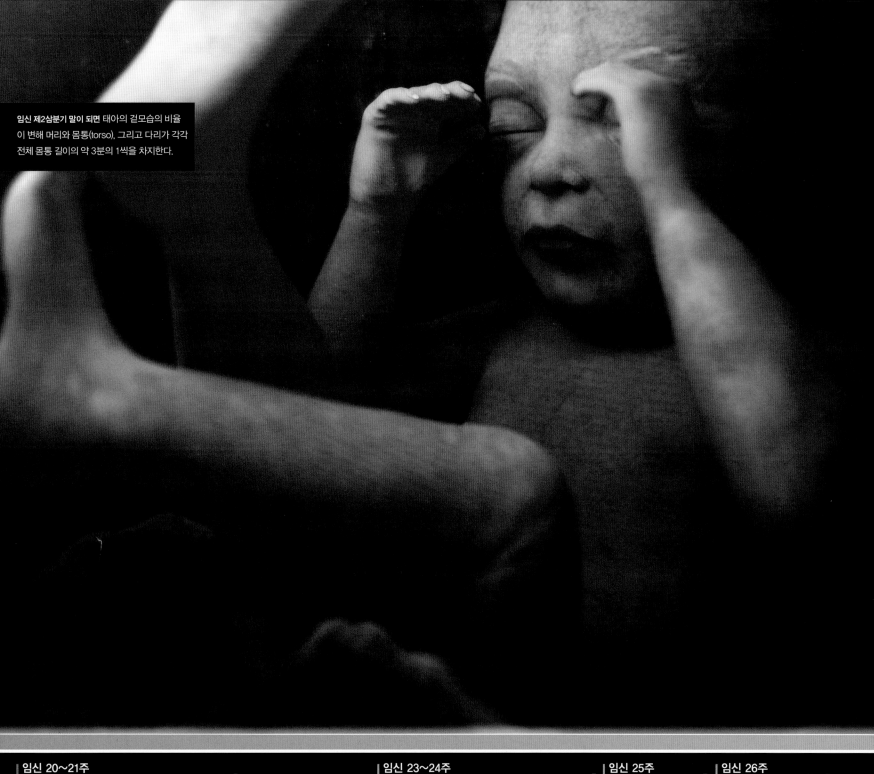

임신 제2삼분기 말이 되면 태아의 겉모습의 비율이 변해 머리와 몸통(torso), 그리고 다리가 각각 전체 몸통 길이의 약 3분의 1씩을 차지한다.

임신 20~21주
임신 중기 초음파 검사는 태아의 장기들이나 팔 다리들이 정상적으로 발달하고 있는지를 확인하기 위해 일반적으로 임신 제20주경에 시행된다.

임신 23~24주
조산(premature delivery)의 위험성을 예측하기 위해 자궁경부 길이를 측정하는 초음파 검사를 이 시기에 시행할 수 있다. 만일 자궁경부 길이가 2센티미터보다 짧아지면 조산의 위험성이 증가한다.

임신 25주
소변을 검사하고 혈압을 측정하며, 태아가 기대한 만큼 잘 자라고 있는지를 확인하기 위해 일반적으로 이 시기에 산전진찰이 이루어 진다.

임신 26주
임신 26주가 되면 자궁바닥높이(height of fundus)가 26센티미터 정도가 된다.

| 임신 20주 | 임신 21주 | 임신 22주 | 임신 23주 | 임신 24주 | 임신 25주 | 임신 26주 |

 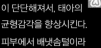

임신 20주
더 일찍 발달할 수도 있겠지만, 진정한 의미의 의식(awareness)은 이 시기까지는 발달이 시작되지 않는 것으로 생각된다.

임신 21주
태아가 지방을 피부 아래에 축적하기 시작한다.

항문조임근(anal sphincter)이 완전하게 기능하기 시작한다.

임신 22~23주
속귀(inner ear)의 뼈들이 단단해져서, 태아의 균형감각을 향상시킨다.

피부에서 배냇솜털이라 불리는 미세한 솜털이 발달하기 시작한다.

손발톱바닥(nail bed)에 손톱과 발톱이 나타나기 시작한다.

임신 24주
출생 후에 가스 교환이 일어날 수 있도록 혈류와 허파꽈리(alveoli)사이의 장벽(barrier)이 얇아진다.

임신 25~26주
뇌의 매끈한 표면에 주름이 잡히기 시작하면서 대뇌겉질(cerebral cortex)이 계속해서 발달한다.

분만의 스트레스에 대한 태아의 준비를 돕기 위해 부신(adrenal gland)이 스테로이드 호르몬들을 방출하기 시작한다.

임신 4개월 | 임신 13~16주

임신 4개월은 임신 제2삼분기의 시작으로 알려져 있다. 자궁은 골반의 가장 위쪽에 도달할 정도로 커지며, 두덩뼈(pubic bone) 위에서 만질 수 있게 된다. 이것은 임신했다는 것이 곧 알려지기 시작할 것이라는 것을 의미한다.

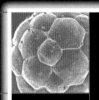

임신 13주

입덧 같은 일부 증상들은 나아지지만, 변비나 소화불량 같은 다른 증상들이 대신 나타난다. 태아에서는 땀샘들이 나타나며, 머리덮개(scalp)에서 머리털을 볼 수 있다. 명확히 구분되는 목(neck)이 형성되며, 턱(chin)은 더 곧게 서 있다. 머리가 몸에 비해 큰 편이어서 머리엉덩길이의 절반을 차지한다. 팔은 몸에 비례해서 성장하지만, 다리는 아직 너무 짧아 보인다. 근육계통과 신경계통은 충분히 발달해서 자유로운 팔다리 운동이 가능하다. 척수(spinal cord)는 척주관(vertebral canal)의 전체 길이에 맞게 자라나며, 뇌와 말초신경계(peripheral nervous system)의 신경세포들은 증가하면서 적절한 위치로 이동해 간다. 또한 신경섬유들은 서서히 지방 말이집(fatty myelin sheath)에 의해 절연화된다.

목의 형성
이 임신 13주 된 태아의 3차원 초음파 영상은 어떻게 목이 길어지는지를 보여 준다. 턱은 이제 더 이상 가슴 위에 놓여 있지 않다.

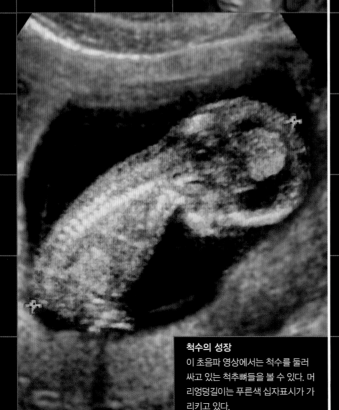

척수의 성장
이 초음파 영상에서는 척수를 둘러싸고 있는 척추뼈들을 볼 수 있다. 머리엉덩길이는 푸른색 십자표시가 가리키고 있다.

임신 14주

모체의 혈류와 혈액량의 변화는 간혹 임신부들로 하여금 임신 중 얼굴 빛남 현상(pregnancy glow)이라고 불리는 건강한 혈색을 갖도록 한다. 불러진 배와 함께 이 얼굴 빛남 현상은 임신 상태에 대한 외적인 단서가 된다. 이제 태아는 빠르게 자라나서 앞으로 3주일이 지나면 탄수화물과 함께 지방을 에너지원으로 사용하면서 크기가 두 배로 커지게 될 것이다. 그 결과 태아의 몸은 이제 머리보다 더 길어진다. 태반은 체액평형을 조절하기 위해 아직 콩팥과 같은 일을 수행하고 있지만, 태아의 비뇨계통은 이제 아주 희석된 소량의 소변을 생성할 수 있도록 충분히 발달하였다. 방광은 채워지고 수축하는 것을 매 30분마다 반복하지만, 그러나 단지 찻숟가락보다 적은 정도인 매우 소량의 소변만을 보유하고 있을 수 있다. 이 시기에는 작은 발톱들이 발톱바닥에서 자란다.

성장의 급증
이 사진은 비대된 간(어두운 덩이 부분)을 보여 주는데, 이곳에서는 빠른 성장을 가능케 하는 적혈구들을 생성한다.

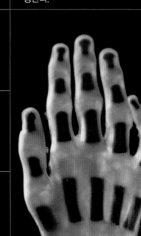

태아의 손뼈
이 사진에서 붉은 부분들은 손가락 뼈들과 손의 뼈들에서 단단한 뼈가 만들어지는 곳을 보여 준다.

임신 15주

태아의 성장이 가속되면서 태아의 근육들과 장기들을 만들기 위해 모체의 혈액으로부터 아미노산이 추출된다. 태아는 모체의 식이를 통해 맛을 가지고 있는 양수를 마신다. 폐는 팽창하며, 소량의 점액을 생산하게 된다. 이 시기가 되면 바깥생식기관을 확인할 수 있으며, 초음파 검사를 통해 성(gender)을 구별하는 것이 가능할 수 있다. 여아에서는 이 시기 동안에 난소에서 수백, 수천의 난자들이 생성된다. 동시에 난소는 배쪽에서 골반 쪽으로 움직여 내려간다. 탯줄은 두꺼워지고 길어져서, 태반으로부터 태아에게 영양소가 많고 산소가 풍부한 피를 더 많이 보내주며, 산소가 없어진 피와 폐기물들은 모체로 돌려준다.

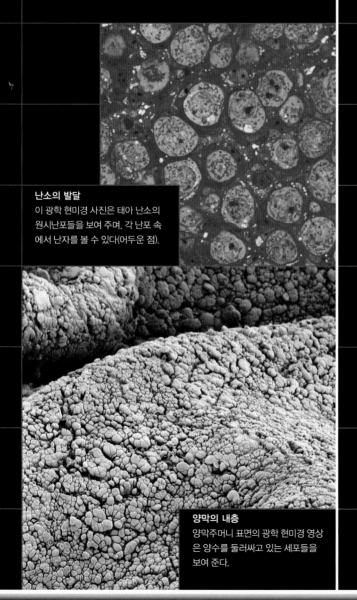

난소의 발달
이 광학 현미경 사진은 태아 난소의 원시난포들을 보여 주며, 각 난포 속에서 난자를 볼 수 있다(어두운 점).

양막의 내층
양막주머니 표면의 광학 현미경 영상은 양수를 둘러싸고 있는 세포들을 보여 준다.

임신 16주

눈은 정면을 바라볼 수 있는 올바른 위치에 있고, 귀는 제자리를 향해 위로 움직여 가서 태아의 얼굴이 명백하게 사람처럼 보인다. 갑상샘은 혀의 바닥 쪽에서 목 쪽으로 내려온다. 이 시기에 태아는 거의 태반의 크기와 같아지며, 태반의 두 번째 성장기인 지금 태반은 자궁에 더 단단하게 고정되면서 태아에 대한 혈류가 증가한다. 임신부들은 태아의 세포를 분석하기 위해 양수의 표본을 채취하는 양수천자를 포함한 여러 가지 선별검사들을 받도록 권고받는다. 이 검사는 임신 15주부터 시행할 수 있지만, 일반적으로는 임신 15~16주에 시행한다. 이 검사는 보통 아기에게 다운증후군과 같은 염색체 이상의 위험도가 정상보다 높은 임신부들에게 한해서 권고한다.

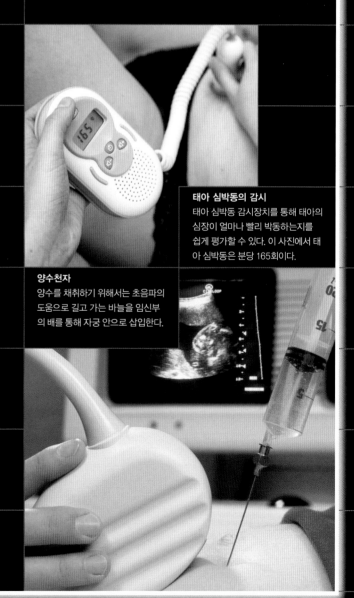

태아 심박동의 감시
태아 심박동 감시장치를 통해 태아의 심장이 얼마나 빨리 박동하는지를 쉽게 평가할 수 있다. 이 사진에서 태아 심박동은 분당 165회이다.

양수천자
양수를 채취하기 위해서는 초음파의 도움으로 길고 가는 바늘을 임신부의 배를 통해 자궁 안으로 삽입한다.

임신 4개월 | 임신 13~16주
모체와 태아

임신 4개월은 임신 제2삼분기의 시작으로 일컬어져 있다. 피로와 구역 같은 임신 초기 증상들은 대개 가라앉기 시작하고, 임신한 표시가 나타나기 시작하며, 임신부들은 꽃이 활짝 핀 것처럼 보이면서 종종 건강한 상태라고 느끼게 된다.

이 시기에는 태아에게 발달이상의 위험이 있는지를 확인하기 위해 다양한 종류의 선별검사들을 받게 할 수 있다. 만일 고위험 인자가 있는 경우에는 다운증후군 같은 염색체 발달이상기 위해 임신 4개월이 끝날 때쯤에 양수천자를 시행할 수 있다.

태아는 여전히 성장하고 있으며, 미세한 솜털(배냇솜털, lanugo)이 피부의 털부위 증가하면서 득유의 얼굴 붓털 현상이 나타난다. 태아는 양수 속으로 들어간다. 태아의 얼굴 모습은 발달을 계속하게 되며, 균형 잡힌 모습이 더욱 성인과 비슷하게 보이기 시작한다. 태이는 소변을 생성하기 시작하며, 이 소변은 요도를 지나 양수 속으로 들어간다.

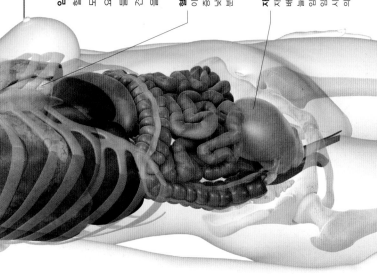

모체
- 분당 68회
- 104/66mmHg
- 4.5리터
- 30퍼센트

임신 16주의 임신부
혈압이 떨어지는 것과 호르몬 농도가 올라가는 것이 이 시기의 증상 변화들이다. 이 호르몬 변화들이 임신 첫 3개월 동안 흔한 소견이던 입덧(morning sickness)을 없애는 것으로 생각되고 있다.

혈액량과 혈압
이 시기에 혈액량은 유의하게 증가하지만 반면에 혈압은 약간 낮아지는데, 이 시기가 지나면 혈압은 분만들 때까지 계속 상승한다.

자궁의 팽창
자궁이 배쪽으로 커지기 시작하며, 배꼽은 평평하던 자궁에 맞추어 늘어난다. 이것이 임신의 첫 징후인 임신한 배의 융기를 초래한다. 대개 임신 후반기에 나타나기는 하지만, 이 시기에 임신선들이 배벽의 팽창에 의해 발생할 수 있다.

태아
- 분당 158회
- 12센티미터
- 100그램

100퍼센트
임신 4개월째가 되면 태아의 키는 두 배가 된다.

30분
태아의 방광은 매 30분마다 비워진다. 소량의 소변을 양수로 내보낸다.

휴대용 도플러 초음파 기계를 이용하면 태아의 심박동을 임신 4개월부터 들을 수 있다. 태아의 심박동은 모체의 심박동보다 약 두 배 이상 빠르다.

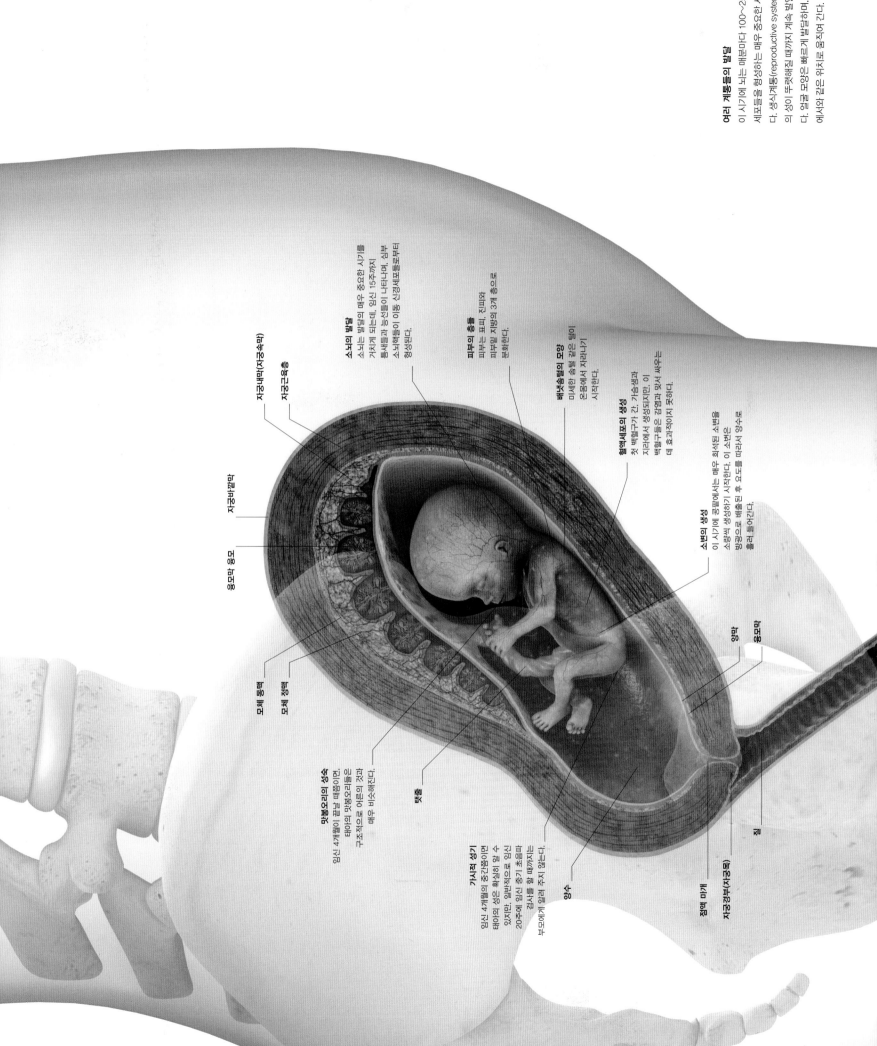

여러 계통들의 발달

이 시기에 뇌는 매분마다 100~25만 개의 뇌세포들을 형성하는 매우 중요한 시기를 가진다. 생식계통(reproductive system)은 태아의 성이 뚜렷해질 때까지 계속 발달하게 된다. 얼굴 모양은 빠르게 발달하며, 눈은 얼굴에서와 같은 위치로 움직여 간다.

자궁내막(자궁속막)

자궁근육층

소뇌의 발달
소뇌는 발달이 매우 중요한 시기를 가치게 되는데, 임신 15주까지 틈새들과 등선들이 나타나며, 심부 소뇌핵들이 이동 신경세포들로부터 형성된다.

피부의 층들
피부는 표피, 진피와 피부밑 지방의 3개 층으로 분화한다.

배냇솜털의 모양
미세한 솜털 같은 털이 온몸에서 자라나기 시작한다.

혈액세포의 생성
첫 백혈구가 간, 가슴샘과 지라에서 생성되지만, 이 백혈구들은 감염과 맞서 싸우는 데 효과적이지 못하다.

소변의 생성
이 시기에 콩팥에서는 매우 희석된 소변을 소량씩 생성하기 시작한다. 이 소변은 방광으로 배출된 후 요도를 따라서 양수로 흘러들어간다.

융모막 융모

자궁바깥막

모체 동맥

모체 정맥

탯줄

양수

점막 미개

자궁경부(자궁목)

양막

융모막

가시적 성기
임신 4개월의 중간쯤이면 태아의 성은 확실히 알 수 있지만, 일반적으로 임신 20주에 임신 중기 초음파 검사를 할 때까지는 부모에게 알려 주지 않는다.

맛봉오리의 성숙
임신 4개월이 끝날 때쯤이면, 태아의 맛봉오리들은 구조적으로 어른의 것과 매우 비슷해진다.

모체

임신 표시의 시작

이제 자궁바닥(fundus)은 골반 위로 충분히 올라와 있어서, 배를 진찰할 때 쉽게 만질 수 있다. 이 시기에 여성이 임신한 것처럼 보일 수 있는지 여부는 때론 임신부의 키나 체격에 달렸으며, 또 때론 임신부의 체중 증가 정도에 달려 있다. 모든 임신의 경우마다 다르며, 심지어 같은 여성의 경우에도 다르다. 그러나 일반적으로 키가 평균보다 크거나, 과다체중이거나, 혹은 처음 임신한 임신부의 경우에서 키가 작거나, 체격이 더 빈약하거나, 또는 둘째 혹은 그 이상의 아기를 가진 임신부들보다 더 빨리 임신된 것의 표시가 나타나지는 않는다.

임신한 배의 융기
임신 사실이 뚜렷하게 나타나지 않고 헐거운 옷을 입어 쉽게 감출 수 있음에도 불구하고 허리선은 두드러지게 굵어지고 유방(breast)은 커진다.

입덧의 감소

임신부 10명 중 7명에서 나타나는 입덧은 임신 제1삼분기가 지나면 완화되기 시작하며, 대개 임신 14주경이 되면 사라진다. 일부 임신부는 임신 기간 내내 입덧이 지속되기도 한다. 명확한 원인은 모르지만, 입덧은 저혈당, 담즙(bile) 분비 증가, 에스트로겐(estrogen)이나 사람 융모생식샘자극호르몬(hCG)과 같은 일부 호르몬들의 농도 증가와 연관이 있는 것 같다.

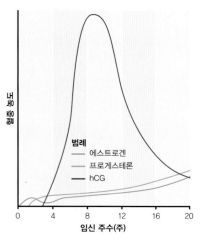

호르몬 농도와의 연관성
사람 융모생식샘자극호르몬의 혈중 농도는 임신 12주가 되면 현저하게 떨어지는데, 이같은 현상이 이 시기에 입덧이 해소되는 이유일 가능성이 있다.

임신 중 얼굴 빛남 현상

임신 중 건강한 모습으로 얼굴이 활짝 피는 현상은 임신 4개월경에 시작되며, 순환계의 혈액량이 증가하고 혈관들이 확장되는 것 때문에 일어난다. 이 현상은 피부로 더 많은 혈액이 지나감으로써 임신부의 얼굴이 빛나게 되는 것이다. 혈관들의 확장은 임신 중 농도가 유의하게 증가하는 프로게스테론(황체호르몬)의 효과 때문이다. 임신 중에 혈액량은 45퍼센트 정도 증가하지만 혈액 속의 적혈구는 단지 20퍼센트만 증가한다. 대부분의 혈액량 증가는 혈관 내 액체의 잔류(fluid retention) 때문에 일어난다. 이렇게 일어난 희석 현상은 혈색소(hemoglobin) 농도를 떨어지게 한다. 예전에는 이런 현상 때문에 흔히 빈혈로 진단되어 많은 임신부들이 철분제로 치료를 받았다. 이제는 의사들도 혈액의 희석 현상은 임신 중 당연한 것으로 깨닫게 되어 철분제를 더 이상 일상적으로 처방하지는 않게 되었다.

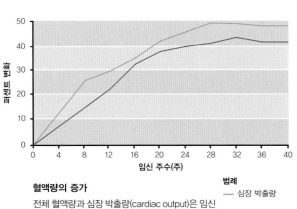

혈액량의 증가
전체 혈액량과 심장 박출량(cardiac output)은 임신 초기부터 증가하여 임신 32주에 최고조에 달한다.

범례
— 심장 박출량
— 전체 혈액량

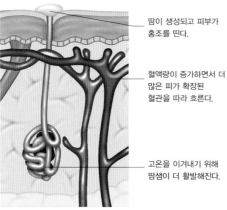

피부의 온도는 정상이다.

혈관은 정상적인 양의 혈액을 운반한다.

운동을 하지 않는다면 땀샘은 최소한의 땀을 생성한다.

혈관들의 정상적인 직경
보통 피부 표면으로의 혈류는 온도, 운동이나 알코올 섭취와 같은 생활방식 요소들에 의해 결정된다.

땀이 생성되고 피부가 홍조를 띤다.

혈액량이 증가하면서 더 많은 피가 확장된 혈관을 따라 흐른다.

고온을 이겨내기 위해 땀샘이 더 활발해진다.

확장된 혈관들
임신 중에는 혈액량이 더 많아지고 혈관이 확장되면서 피부로 향하는 혈류가 증가한다.

혈압의 변화

혈압이 다시 오르기 시작하는 임신 제2삼분기 중반까지 혈압은 낮아진다. 임신부의 자세(posture)는 혈압에 중대한 영향을 미친다. 임신부가 똑바로 누워 있는 경우에는 커진 자궁이 배안의 뒤쪽에 있는 대정맥을 압박할 수 있다. 이런 현상의 결과로 임신부가 앉아 있거나 똑바로 누워 있거나 혹은 왼쪽 옆으로 누워 있는지에 따라 혈압이 영향을 받는다. 따라서 혈압을 잴 때마다 임신부가 같은 자세를 취하는 것은 혈압을 정확하게 비교하기 위해 중요하다.

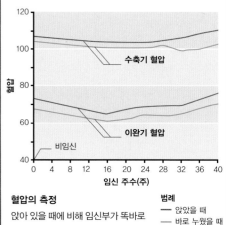

혈압의 측정
앉아 있을 때에 비해 임신부가 똑바로 누워 있는 경우에는 수축기 혈압과 이완기 혈압 모두가 계속해서 낮게 측정된다. 어떤 자세를 취하든지 혈압은 혈압측정띠가 심장 높이가 되도록 한 후 측정해야 한다.

범례
— 앉았을 때
— 바로 누웠을 때

태아

선별검사

대개 임신 4개월째가 되면 태아의 발달을 평가하기 위해 다양한 선별검사들을 시행한다. 어떤 이상들은 초음파 검사를 통해 확인될 수 있지만, 다른 것들은 오로지 혈액 검사와 양수천자(아래 그림 참조)와 같은 더 침습적인 방법을 통해서만 확인될 수 있다. 선별검사를 받아야 할지에 대한 결정은 개인마다 다르다. 검사를 받을지에 대한 결정을 내리기 전에 검사의 위험도와 이점에 대해 가능한 한 많은 정보를 얻는 것이 중요하다. 고위험이란 결과가 미치는 영향에 대해 상담하는 것은 결정을 내리는 과정의 일부로 반드시 필요하다. 유전 상담가들, 의사들과 다른 전문가들이 부모들이 결정을 내리는 데 도움을 줄 수 있다.

혈액 검체의 분석

다운증후군과 몇몇 다른 태아의 기형들은 혈액 속의 여러 가지 태반호르몬들의 농도를 측정함으로써 발견할 수 있다.

다운증후군의 선별검사

다운증후군의 위험도를 예측하기 위해 여러 가지 검사들이 이용되는데, 이들은 모두 혈액 속의 다양한 호르몬들과 단백질들의 농도를 측정하는 것이다. '위양성'의 결과가 다운증후군에 대해 고위험이라고 암시할 수도 있지만, 이것은 진단적 검사를 통해 잘못된 것으로 판단될 수 있다.

선별검사 방법	검사 시기 (주)	발견율 (퍼센트)	위양성율 (퍼센트)
세가지 표지자 검사	15~20	69	5
네가지 표지자 검사	15~20	76	5
혼합 검사	11~13	85	5
통합 검사	11~13 15~22	85	1

초음파 탐촉자

초음파는 바늘이 들어가는 가장 안전한 부위를 확인해 주고, 양수를 채취하는 동안 시술자를 유도하도록 도와준다.

양수

양수를 채취하고 나면, 양수는 분석을 위해 검사실로 보내진다. 검사의 종류에 따라 결과를 확인하는 데 2주일까지 걸릴 수 있다.

주사기

양수천자

이것은 자궁으로부터 소량의 양수를 채취한 후 검사실에서 분석하는 방법이다. 배벽을 통해 가늘고 긴 바늘을 삽입하게 되며, 초음파 탐촉자(transducer)를 이용하여 바늘이 정확한 장소를 향해 들어가고 있는지를 확인한다. 약 찻숟가락 4개의 분량 혹은 20밀리리터를 태아를 둘러싸고 있는 양막주머니에서 채취한다. 이 액체에는 분석해야 할 유전 물질인 생생한 태아의 피부 세포들이 들어 있다. 양수천자는 임신 15주가 지나면 시행할 수 있지만, 일반적으로 임신 15~16주에 시행된다. 일반적으로 이 시술은 아기가 다운증후군(237쪽 참조)과 같은 염색체 이상을 가지고 있을 위험이 정상보다 높다고 평가된 임신부들에 한해서만 시행해야 한다. 양수천자는 태아 세포들에서 염색체의 수를 명확하게 확인할 수 있으며, 또한 태아가 남아인지 혹은 여아인지도 확인할 수 있다. 임신 후반기에는 양수천자는 태아의 폐성숙을 예측할 수 있으며, 또한 감염에 대한 진단도 할 수 있다.

양막주머니

천자된 자리는 신속하게 아물게 되며, 양수는 곧 다시 채워진다.

태반

자궁

바늘이 자궁의 근육벽을 관통하고 있다.

탯줄

두덩뼈

방광

점액 마개

질

자궁경부 (자궁목)

양수의 채취

이 시술을 할 동안에는 양수를 채취하는 바늘이 태반을 포함한 주요 장기들에게 손상을 주지 않도록 세심하게 주의해야 한다. 양수 검체를 채취할 수 있는 안전한 장소로 바늘을 유도하기 위해 초음파 검사가 이용된다.

임신 4개월 | 주요 발생 과정

뇌 발생

임신 4개월의 뇌는 강낭콩 크기로, 나머지 신체에 견주어 큰 편이다. 뇌의 신경세포는 신경관의 속공간을 덮고 있는 세포에서 시작된다. 이때쯤 이 세포들은 분당 10만~25만 회라는 엄청난 속도로 분열하고, 그 결과 만들어진 신경세포들은 신경관에서 뇌소포로 이주한다. 태아가 움직일 때마다 전기 신호가 근육에서 뇌로 전달된다. 그렇게 되면 자세와 운동을 조절하는 소뇌와 대뇌반구 운동 겉질이 자극을 받아서 발달하는 데 도움이 된다. 대뇌 운동겉질과 소뇌는 장차 수의운동을 일으키는 데 관여한다.

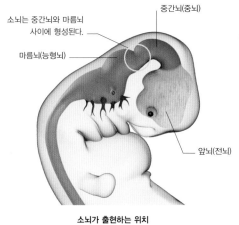

소뇌가 출현하는 위치

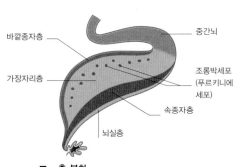

1 층 분화
급속히 분열하던 신경세포들이 임신 12주까지는 표면으로 이주하여 회색질인 바깥종자층을 형성한다. 여기에는 근육 운동 조절에 관여하는 조롱박세포가 포함된다.

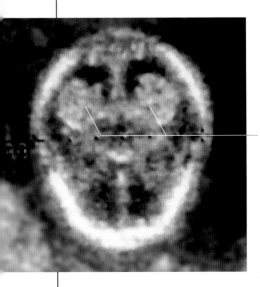

맥락얼기(맥락총)
뇌척수액은 맥락얼기에서 만들어진 후 뇌와 척수를 휘감아 흐른다.

임신 13주 때 태아의 뇌
13주 된 태아 뇌의 초음파 영상으로, 좌우 대뇌반구에 있는 맥락얼기가 관찰된다. 사진 윗부분에 있는 검은 부위는 뇌척수액이 들어 찬 가쪽뇌실이다.

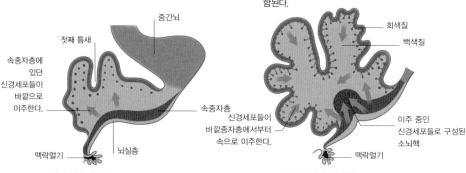

2 첫째 틈새 형성
임신 13주가 되면 소뇌 표면에 주름이 잡히기 시작해서 큰 틈새가 만들어진다. 발생 중인 뇌 신경세포들은 속종자층에서부터 계속해서 바깥으로 이주한다.

3 틈새와 능선의 발생
임신 15주가 되면 소뇌에 주름들이 더 많이 형성되어 있다. 이 주름들 속에 있는 수많은 특수한 신경세포들이 태아 운동에 관여한다.

소변 생성

태아 콩팥은 임신 4개월 초 전후에 소변을 조금씩 생산하기 시작한다. 방광은 아직 작아서 소변을 몇 밀리리터만 저장할 수 있으며, 묽은 소변이 아래 사진처럼 조금씩 양수로 배설된다. 임신이 진행함에 따라 소변이 점점 더 많이 만들어지고 진해진다. 태아는 이 액체를 마셔서 재활용한다.

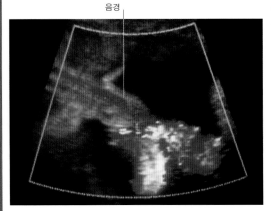

누가 양수에 오줌 쌌어
태아의 도플러 초음파 사진으로, 왼쪽에 있는 태아(남아)가 양수로 소변을 누고 있다. 소변은 청색과 백색과 적색으로 강조했다.

비뇨계통 발생

비뇨계통은 일찍이 임신 6주에 배아의 하부 골반 부위에서 발생하기 시작한다. 콩팥(신장)은 임신 7주에 형성되기 시작한다. 이 때부터 임신 4개월까지 콩팥은 골반부위에서 시작해서 복부에 도달하기까지 엄청난 위치 변화를 겪는다. 콩팥은 임신 4개월에 소변을 만들 수 있는데, 소변은 콩팥에서 배출된 후 요관을 따라 내려와서 방광에 도달했다가 요도를 통해 배설된다. 여성 태아는 질 구멍과 요도 구멍이 임신 6개월까지 한 곳에 열려 있다.

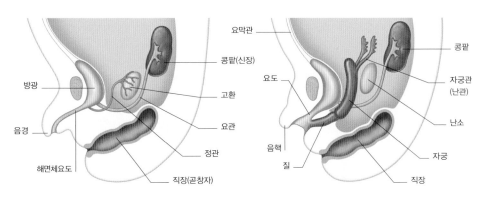

임신 14주 때 남성 태아
남성은 생식계통과 비뇨계통의 발생 과정이 서로 밀접하게 연관되어 있어서 두 계통이 음경을 지나 같은 출구를 통해 몸 밖으로 열린다.

임신 14주 때 여성 태아
여성은 비뇨계통과 생식계통이 별도로 발생한다. 질판 앞에 있는 비뇨생식굴의 일부인 방광으로부터 짧은 요도가 시작된다.

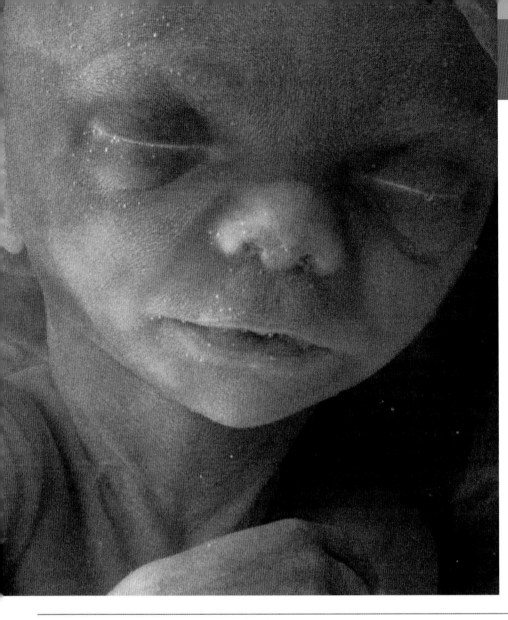

변화하는 겉모습

이 시기는 태아의 성장이 매우 빠르고 이목구비도 빠르게 성장하고 있다. 태아 이마는 다른 곳에 비해 여전히 크고 튀어나와 있지만 두 눈은 머리 옆면에서 앞면으로 자리를 옮겼다. 이로 인해 인상이 크게 변했지만 위아래 눈꺼풀은 아직 완전히 발생하지 않은 채 합쳐져 있으며, 태아는 사람다운 모습을 갖추기 시작한다. 귓바퀴도 형성되었고, 작고 둥근 코도 있다. 팔과 손목과 손과 손가락은 다리와 발과 발가락보다 앞서 발달하고 있다. 수많은 작은 혈관이 얇은 피부를 통해 또렷이 비치기 때문에 피부가 빨갛게 보인다.

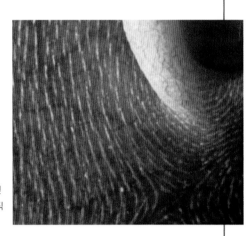

이목구비 발달
임신 4개월 때 태아를 자궁 속에서 촬영한 사진으로, 위아래 눈꺼풀이 아직 붙어 있다. 태아 뒤에 둥둥 떠 있는 탯줄이 살짝 보인다.

배냇솜털
4개월 된 태아의 피부는 섬세하며, 배냇솜털로 덮여 있다. 배냇솜털은 아직 덜 자란 귓불에도 있다.

바깥생식기관 형성

초기 배아는 남성과 여성을 겉모습만으로 구별할 수 없는데, 이 시기를 미분화기라 한다. 아기의 性은 임신 4개월이 되어야 쉽게 확인할 수 있다. 남성 태아는 불룩 튀어나온 좌우 두 음순음낭융기가 정중선에서 합쳐져서 음낭을 형성한다. 동그랗게 튀어나온 생식기결절(생식결절)은 길어져서 음경이 된다. 여성 태아는 좌우 두 음순음낭융기가 합쳐지지 않은 채 질 입구를 에워싸는 좌우 대음순을 형성한다.

1 미분화기 초기
생식기결절과 음순음낭융기가 임신 6주경에 나타나는데, 겉으로 봐서는 남녀를 구별할 수 없다.

2 미분화기 말기
임신 8주까지는 항문이 비뇨생식막으로부터 완전히 분리된다

3 임신 14주
임신 4개월의 중간쯤이면 바깥생식기관을 보고 남성인지 여성인지 확실히 판별할 수 있게 된다. 남성 태아는 좌우 음순음낭융기가 합쳐져서 비뇨생식막이 막혀 버리지만 여성 태아의 비뇨생식막은 처녀막이 된다.

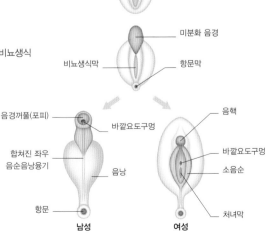

생식기결절
비뇨생식주름
음순음낭융기
배설강막

미분화 음경
비뇨생식막
항문막

음경꺼풀(포피)
바깥요도구멍
합쳐진 좌우 음순음낭융기
음낭
항문
남성

음핵
바깥요도구멍
소음순
처녀막
여성

자궁 형성

자궁과 자궁경부(자궁목)는 좌우 중간콩팥곁관(뮐러 관)의 끝부분이 합쳐져서 형성된다(132쪽 참조). 임신 4개월까지는 좌우 두 중간콩팥곁관이 합쳐진 흔적인 사이막이 완전히 사라져서 근육으로 이루어진 속이 빈 장기인 자궁이 하나 나타난다. 질은 이와 별개로 질판이라 불리는 납작한 원형 세포 집단으로부터 형성된다. 이 세포 집단이 두꺼워지면서 아래쪽으로 자라서 속이 꽉 찬 원기둥 구조를 이룬다. 이어서 이 원기둥 속에 공간이 생기기 시작해서 임신 16주경까지는 질이 완전히 형성된다.

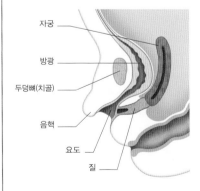

자궁
방광
두덩뼈(치골)
음핵
요도
질

1 임신 14주 때 자궁
자궁은 이제 긴 관이 되고, 질은 속에 공간이 생기기 시작한다. 임신 14주에 질의 아랫부분은 요도구멍으로 열리지만 곧 요도와는 다른 곳으로 열리게 된다.

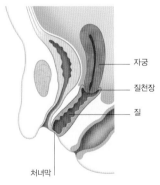

자궁
질천장
질
처녀막

2 신생아 자궁
이때 자궁은 약간 휘어진 것이 정상이며, 골반 속에서 앞으로 기울어 있다. 질의 아래끝은 처녀막이라는 얇고 불완전한 막이 보호하고 있다.

임신 5개월째가 되면 태아는 키가 빠르게 자라고, 체중은 이 한 달 사이에 두 배 정도 증가한다. 자궁이 커져서 이제는 겉으로 보기에도 임신임이 분명해지고, 임신부는 자궁 내에서 자라고 있는 생명체를 좀 더 확실하게 알아차릴 수 있게 된다.

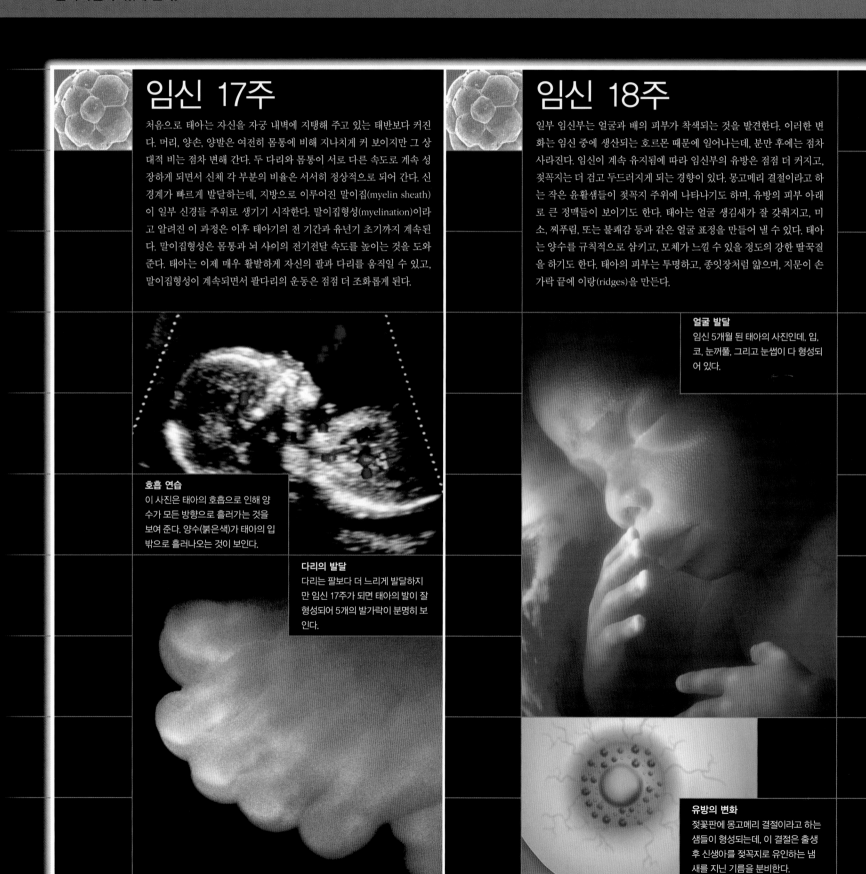

임신 17주

처음으로 태아는 자신을 자궁 내벽에 지탱해 주고 있는 태반보다 커진다. 머리, 양손, 양발은 여전히 몸통에 비해 지나치게 커 보이지만 그 상대적 비는 점차 변해 간다. 두 다리와 몸통이 서로 다른 속도로 계속 성장하게 되면서 신체 각 부분의 비율은 서서히 정상적으로 되어 간다. 신경계가 빠르게 발달하는데, 지방으로 이루어진 말이집(myelin sheath)이 일부 신경들 주위로 생기기 시작한다. 말이집형성(myelination)이라고 알려진 이 과정은 이후 태아기의 전 기간과 유년기 초기까지 계속된다. 말이집형성은 몸통과 뇌 사이의 전기전달 속도를 높이는 것을 도와준다. 태아는 이제 매우 활발하게 자신의 팔과 다리를 움직일 수 있고, 말이집형성이 계속되면서 팔다리의 운동은 점점 더 조화롭게 된다.

호흡 연습
이 사진은 태아의 호흡으로 인해 양수가 모든 방향으로 흘러가는 것을 보여 준다. 양수(붉은색)가 태아의 입 밖으로 흘러나오는 것이 보인다.

다리의 발달
다리는 팔보다 더 느리게 발달하지만 임신 17주가 되면 태아의 발이 잘 형성되어 5개의 발가락이 분명히 보인다.

임신 18주

일부 임신부는 얼굴과 배의 피부가 착색되는 것을 발견한다. 이러한 변화는 임신 중에 생산되는 호르몬 때문에 일어나는데, 분만 후에는 점차 사라진다. 임신이 계속 유지됨에 따라 임신부의 유방은 점점 더 커지고, 젖꼭지는 더 검고 두드러지게 되는 경향이 있다. 몽고메리 결절이라고 하는 작은 윤활샘들이 젖꼭지 주위에 나타나기도 하며, 유방의 피부 아래로 큰 정맥들이 보이기도 한다. 태아는 얼굴 생김새가 잘 갖춰지고, 미소, 찌푸림, 또는 불쾌감 등과 같은 얼굴 표정을 만들어 낼 수 있다. 태아는 양수를 규칙적으로 삼키고, 모체가 느낄 수 있을 정도의 강한 딸꾹질을 하기도 한다. 태아의 피부는 투명하고, 종잇장처럼 얇으며, 지문이 손가락 끝에 이랑(ridges)을 만든다.

얼굴 발달
임신 5개월 된 태아의 사진인데, 입, 코, 눈꺼풀, 그리고 눈썹이 다 형성되어 있다.

유방의 변화
젖꽃판에 몽고메리 결절이라고 하는 샘들이 형성되는데, 이 결절은 출생 후 신생아를 젖꼭지로 유인하는 냄새를 지닌 기름을 분비한다.

임신 19주

임신 19주 말이 되면 유치의 싹들이 위턱과 아래턱에 각각 10개씩 모두 형성된다. 이 아주 작은 유치싹들은 출생 후 일정 기간까지 잇몸 바로 밑에 발육정지 상태로 존재한다. 태아의 눈썹과 머리카락이 보이기 시작하는데, 눈꺼풀은 아직까지는 서로 꼭 붙어 있어서 그 밑에서 발달 과정 중에 있는 연약한 눈을 보호하고 있다. 태아가 빠른 성장을 계속하면서 자궁의 상단이 1주일에 1센티미터씩 위로 자라 올라간다. 자궁의 상단은 이제 거의 임신부의 배꼽 수준까지 올라오게 된다. 장차 태아 골격의 토대가 되는 연골이 부분적으로 굳어지기 시작해서 뼈를 형성하는 구역도 생기게 된다. 뼈되기라고 불리는 이 과정은 출생 후에도 계속되어 유년기 성장으로 이어진다.

발달 중인 치아싹들
유치 싹이 실제 치아의 모습을 닮아 가기 시작한다. 그림의 좌측 위에 발달중인 영구치의 싹을 볼 수 있다.

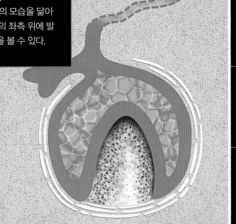

팽창하는 배
임신은 전체 기간 중 거의 중간 시기 쯤에 와 있고, 자궁의 상단(자궁바닥)은 놀라운 속도로 위쪽으로 자라 올라간다.

임신 20주

임신 18~20주에 태아의 팔다리와 각종 장기가 바르게 잘 발달되어 가고 있는지 확인하기 위해 임신 중기 초음파 검사를 시행한다. 초음파 검사를 통해 외부 생식기를 볼 수 있어 태아의 성별이 더욱 명백해진다. 여아인 경우에는 양쪽 난소가 복부에서 하강하여 골반 내로 내려온다. 남아인 경우에도 양쪽 고환이 하강을 하기는 하지만, 아직 몸통을 벗어나 음낭 내로 내려와 있지는 않다. 태아는 신경계통이 점차 발달함으로 인해 외부 환경과 상호 작용하는 능력이 증가한다. 놀랍게도 태아는 이미 많은 종류의 소리와 맛을 감지하며, 통증, 온도 및 촉감에 관한 정보를 전달하는 신경 경로들이 발달하기 시작한다. 시험적이지만 태아가 인식하고 있다는 기미들이 처음으로 나타난다.

임신 중기 초음파 검사
임신 20주에 시행하는 초음파 검사를 통해 태아의 주요 장기들과 신체 계통들이 정상적으로 발달하고 있는지 확인한다.

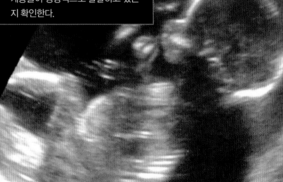

임신 21주

태아는 꾸준히 성장하며, 피부 밑에 지방이 축적된다. 비록 피부가 아직은 주름이 지고 분홍빛을 띠지만, 이제 2개의 층이 발달하여 이전보다 덜 투명해 보인다. 손금과 지문이 뚜렷해진다. 소량의 태변(검은 녹색을 띤 단단한 물질로, 장의 내벽에 존재하던 세포들이 떨어져 나온 것과 태아가 삼킨 양수로부터 나온 폐기물질들이 섞여서 이루어짐)이 장을 지나쳐 간다. 항문조임근이 임신 21주경에 제 기능을 하기 시작한다.

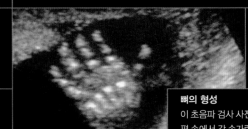

뼈의 형성
이 초음파 검사 사진은 태아의 활짝 편 손에서 각 손가락 내에 형성되고 있는 뼈(흰색)를 잘 보여 주고 있다.

임신 5개월 | 임신 17~21주
모체와 태아

임신부는 태아의 움직임을 보통 이달에 처음 느끼게 된다(첫태동감). 또한 피부가 착색되는 것을 알아차리기도 한다. 임신부는 젖을 알아차리기 시작하기도 한다. 예를 들면 배꼽부터 아래로 몰반까지

수직으로 나타나는 검은 선(후씨선과 빨)에 이 두 가지 착색 변화는 호르몬 변화 때문에 나타난다. 임신부의 유방은 커지고, 젖꼭지와 그를 둘러싸고 있는 젖꽃판이 검어진다. 임신 중기 초음파 검사는 보통 20주에 시행하는데, 태아의 주요 기형을 찾고, 태반의 위치를 확인하며, 태아의 성별을 확인한다. 배꼽과 더 규칙적으로 움직이며 팔꿈치를 하기 시작한다. 지방층이 신경을

절연시키기 시작하는데, 이를 통해 태아의 움직임이 더 빨라지고 조화롭게 된다.

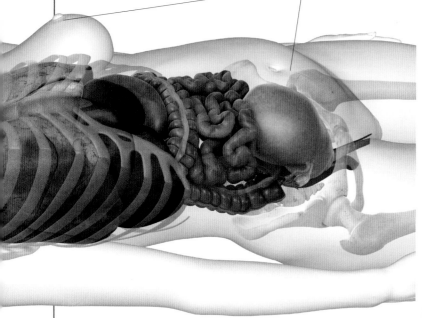

임신 21주의 임신부
이 시기가 종종 임신부가 태아의 움직임을 처음 느끼는 달이기도 하다. 임신부의 유방이 눈에 띄게 더 커지는데, 수유를 위한 준비과 정으로 볼 수 있다.

유방의 변화
젖꼭지와 젖꽃판이 점점 더 검게 변해지고, 작은 윤활샘들이 젖꽃판 여기저기에 작은 돌기처럼 나타난다.

멜라닌 생산
멜라닌 색소의 생산 증가로 인해 배꼽과 아랫배 사이에 수직으로 옅고 검은 선이 생길 수도 있다. 얼굴에 거무스름한 얼룩이 나타날 수도 있는데, 이것이 때로는 '임신부(mask of pregnancy)' 이라고 부를 정도가 되기도 한다.

임신 5개월부터 시작해서 자궁의 상단(자궁바닥)이 1주일에 1센티미터의 속도로 위로 올라간다.

모체
- 분당 72회
- 105/69mmHg
- 4.6리터

20퍼센트
임신부의 혈액량은 이제 임신 전에 비해 20퍼센트 증가해 있다.

통계

| | | | | | | | | | | | | | | | | | | | | | | | | | | | | | | | | | | | | | | | |
|1|2|3|4|5|6|7|8|9|10|11|12|13|14|15|16|17|18|19|20|21|22|23|24|25|26|27|28|29|30|31|32|33|34|35|36|37|38|39|40|

태아
- 분당 150회
- 26센티미터
- 350그램

50:50
임신 중 처음으로 태아의 체중이 태반의 무게와 같아진다.

90퍼센트
이 시기에는 수분이 태아 몸의 90퍼센트를 차지하는데 출생 시에는 70퍼센트, 어른이 되면 60퍼센트로 점차 줄어든다.

임신 중기 초음파 검사에서는 태아가 예상대로 잘 자라는지, 주요 기형이나 결손은 없는지 확인한다. 태아의 성별을 분명하게 알 수 있다.

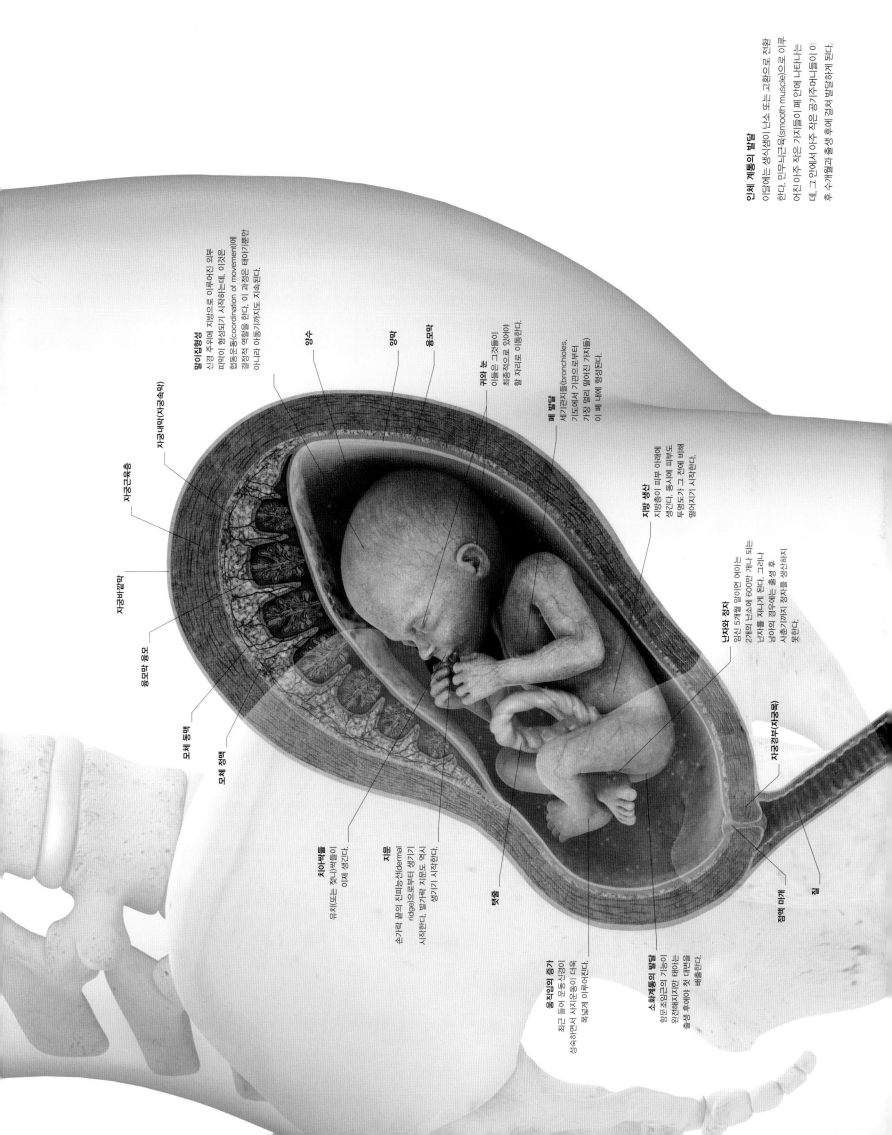

인체 계통의 발달
이맘때는 생식샘이 난소 또는 고환으로 전환
한다. 민무늬근육(smooth muscle)으로 이루
어진 아주 작은 가지들이 폐 안에 나타나는
데, 그 안에서 아주 작은 공기주머니들이 이
후 수개월과 출생 후에 걸쳐 발달하게 된다.

움직임의 협력성
신경 주위에 지방으로 이루어진 외부
피막이 형성되기 시작하는데, 이것은
협동운동(coordination of movement)에
결정적 역할을 한다. 이 과정은 태아기뿐만
아니라 아동기까지도 지속된다.

자궁내막(자궁속막)

자궁근육층

자궁바깥막

융모막 융모

모체 동맥

모체 정맥

양수

양막

융모막

귀와 눈
이들은 그것들이
최종적으로 이동
할 자리로 이동한다.

폐 발달
세기관지들(bronchioles,
기도에서 기관으로부터
가장 멀리 떨어진 가지들)
이 폐 내에 형성된다.

지방 생산
지방층이 피부 아래에
생긴다. 동시에 피부도
투명도가 그 전에 비해
떨어지기 시작한다.

난자와 정자
임신 5개월 말이면 여아는
2개의 난소에 600만 개나 되는
난자를 지니게 된다. 그러나
남아의 경우에는 출생 후
사춘기까지 정자를 생산하지
못한다.

치아싹들
유치(또는 젖니싹들이
이제 생긴다.

지문
손가락 끝의 진피능선(dermal
ridge)으로부터 생기기
시작한다. 발가락 지문도 역시
생기기 시작한다.

탯줄

자궁경부(자궁목)

움직임의 증가
최근 들어 운동신경이
성숙하면서 사지운동이 더욱
폭넓게 이루어진다.

소화계통의 발달
항문조임근의 기능이
안전해지지만 태아는
출생 후에야 첫 대변을
배출한다.

점액 마개

질

모체

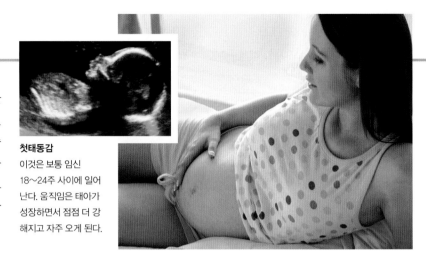

첫태동감

임신부가 태아의 움직임을 처음 느끼는 것을 첫태동감이라 한다. 펄럭이는 느낌과 같은 이 움직임은 전형적으로 임신 5개월에 발생하는데, 초음파 검사법이 도입되기 전에는 임신 중 중요한 시기로 여겨졌다. 이전에 임신을 한 적이 없던 임신부는 종종 첫태동감을 장내 가스의 움직임으로 착각한다. 두 번째 또는 이후 임신을 계속 하는 경우에는 첫 임신 때보다 첫태동감을 종종 더 일찍 느끼기도 한다. 그 까닭은 한편으로는 임신부가 무엇이 일어날지를 미리 알게 되고 다른 한편으로는, 자궁벽이 임신을 하면 할수록 좀 더 얇아져서 작은 움직임도 더 쉽게 느낄 수 있기 때문이다.

첫태동감
이것은 보통 임신 18~24주 사이에 일어난다. 움직임은 태아가 성장하면서 점점 더 강해지고 자주 오게 된다.

표면
검게 색소침착이 되어 생긴 얼룩이 피부 표면에 나타난다.

각질세포
이 세포들은 멜라닌 과립들을 다량 함유하고 있는데 멜라닌세포의 활성도에 따라 그 양이 결정된다.

표피
진피

멜라닌세포
색소를 생산하는 세포로 멜라닌소체들을 방출한다. 이 멜라닌세포는 바로 오른쪽의 세포보다 더 활성화되어 있어서, 이 세포 위쪽 피부 표면이 전반적으로 더 검다.

멜라닌소체
멜라닌을 지니고 있는 소체로, 여기서 방출되는 멜라닌과립들은 상부의 피부세포 (각질세포) 내에 퍼져 분포하게 된다.

멜라닌 생산
피부 색소 변화는 임신 중 에스트로겐과 프로게스테론(황체호르몬)의 농도가 높아져서 멜라닌세포에 대한 자극이 증가하기 때문으로 생각된다. 색소가 일률적으로 모든 피부세포에 똑같은 양으로 흡수되는 것이 아니기 때문에 피부에 얼룩처럼 나타나게 된다.

피부 색소 변화

임신 중에는 호르몬 변화가 피부 색소침착에 영향을 줄 수 있는데, 종종 임신 5개월에 알아차리게 된다. 예비엄마에게 엷고 검은 멜라닌 색소 선이 아랫배에서 배꼽까지, 때로는 그 위까지 나타나는데, 이를 흑색선이라고 부른다. 일부 임신부는 얼굴에 불규칙한 모양의 갈색 얼룩이 나타난다. 기미라고 부르는 이 얼룩은 위쪽 뺨, 코, 이마, 또는 윗입술 등에 나타날 수 있다. 색소 변화는 보통 분만 후에 점차 사라진다.

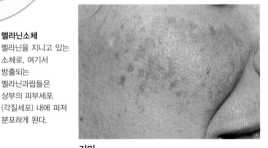

기미
색소침착으로 인해 얼굴에 생긴 갈색 얼룩은 때로 '임신탈'이라고 불리기도 한다.

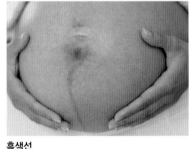

흑색선
'linea nigra'는 라틴 어로 흑색선이라는 뜻이다. 임신부의 75퍼센트에서 나타난다.

유방의 변화

유방은 에스트로겐의 농도가 증가함에 따라 임신 초기부터 변화하기 시작한다. 임신 5개월이 되면 유방은 눈에 띄게 더 커질 뿐만 아니라 점점 더 부드러워지기도 한다. 젖꼭지와 주위의 젖꽃판이 검게 되고, 더 넓어지며, 피부 바로 아래의 정맥들이 더 두드러져 보이기도 한다. 젖꽃판에 있는 몽고메리 결절이라 불리는 작은 윤활샘들이 종종 작은 돌기처럼 보인다. 임신 제2삼분기에 유방은 초유라고 불리는 첫 단계의 젖을 생산하는데, 이것이 젖꼭지로부터 흘러나오기도 한다.

크기와 색깔
유방은 임신 중 점차 크기가 커져 출산 후 수유에 대비한다. 젖꼭지와 젖꽃판이 점차 더 검게 된다.

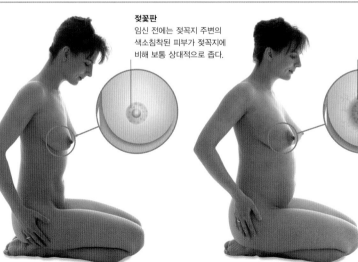

젖꽃판
임신 전에는 젖꼭지 주변의 색소침착된 피부가 젖꼭지에 비해 보통 상대적으로 좁다.

제2젖꽃판
색이 좀 더 연한 제2젖꽃판이 형성되기도 한다. 이를 둘러싸고 있는 정맥들이 더 잘 보이기도 한다.

젖꼭지와 젖꽃판
임신 5개월이 되면 젖꼭지와 젖꽃판이 더욱 커지고 검게 된다.

몽고메리 결절들
젖꽃판 내에 있는 아주 작은 분비샘들이 윤활유를 분비하는데, 출생한 아기를 젖꼭지로 유인하고 감염을 예방하는 데 도움을 주기도 한다.

임신 전   임신 5개월

태아

임신 중기 초음파 검사

늦어도 임신 5개월까지는 태아의 장기와 주요 인체 계통이 상당 수준으로 발달된다. 임신 중기 초음파 검사는 대개 임신 20주 때 실시하며, 태아가 정상적으로 발달하고 있는지를 확인하고 태아 구조에 큰 이상이 있는지 검사한다. 이때 태아 심장이 네 방으로 이루어져 있고 정상적으로 박동하는지, 그리고 복부 내장이 피부에 덮여 있는지를 반드시 확인해야 한다. 태아는 끊임없이 움직이기 때문에 한번 검사로 모든 것을 확인할 수 없다. 따라서 추후 다시 방문해서 검사를 해야 하는 경우도 있다.

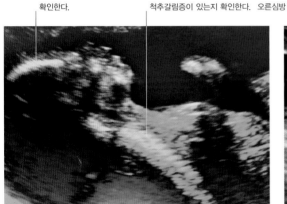

척추뼈 검사
척추뼈의 위치와 너비를 검사하면 척추갈림증(이분척추) 같은 여러 가지 발생 결함을 확인할 수 있다

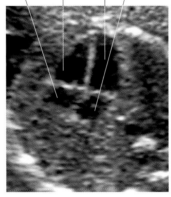

심장 발생
대개 심장을 가장 먼저 검사해서 네 방이 모두 정상적으로 발생하고 있는지를 확인한다.

임신 중기 초음파 검사를 해서 알아낼 수 있는 질환

임신 중기 초음파 검사는 태아 이상 초음파 검사라고도 한다. 이 검사를 해서 발견할 수 있는 태아의 발생 이상들은 다음 표에 정리했다.

질환명	검출률
무뇌증(태아의 머리 꼭대기부분이 없음)	99퍼센트
주요 팔다리 이상(팔다리가 없거나 매우 짧음)	90퍼센트
척추갈림증(척수가 노출됨)	90퍼센트
주요 콩팥 질환(콩팥이 없거나 비정상)	85퍼센트
주요 심장 질환(심방이나 심실, 판막, 혈관의 결함)	75퍼센트
물뇌증(뇌 속에 액체가 지나치게 많이 고임)	60퍼센트
입술갈림증이나 입천장갈림증(윗입술에 틈이 있거나 입천장이 갈라져 있음)	25퍼센트

태반의 위치

임신 중기 초음파 검사를 할 때 검사자는 태반이 자궁의 앞벽이나 뒷벽에 부착되어 있는지, 또는 태반이 낮게 자궁경부 근처에 위치하는지를 기록한다. 낮게 위치한 하위태반도 자궁이 커짐에 따라 자궁경부에서부터 점점 위로 올라가는 것이 일반적이다. 그러나 하위태반인 임신부는 임신 32주에 다시 검사를 해서 태반의 위치 때문에 혹시 자연 분만에 문제가 없을지를 확인해야 한다.

정상 — 자궁 꼭대기에 부착된 태반 / 탯줄 / 자궁 / 자궁내막(자궁속막) / 점액 마개 / 자궁경부(자궁목)

정상 — 태반이 자궁 옆벽에 부착되어 있는 경우도 자주 있다.

하위태반 — 태반 중 아랫부분이 자궁 속구멍 근처에 있다.

전치태반 — 태반이 자궁 속구멍을 덮어 버린다.

자궁경부를 덮거나 자궁경부에서 2.5센티미터 이내에 위치한 태반을 전치태반이라 한다(228쪽 참조). 태반이 계속 이 위치에 있으면 제왕절개를 해서 출산해야 한다.

딸일까 아들일까?

태아의 性은 정자가 난자와 수정하는 순간 이미 정해져 있다. 늦어도 임신 12주까지는 태아의 생식계통이 제법 잘 발달되어 있지만 태아의 성은 20주 전후에 임신 중기 초음파 검사를 해야 비로소 뚜렷이 드러나는 것이 정상이다. 여성 태아는 난소에 이미 수백만 개나 되는 난자가 들어 있고, 질은 발달해서 속에 빈 공간이 나타나기 시작한다. 남성 태아는 고환이 배안(복강)에 고정된 상태로 아직 음낭으로 이동하지 않았다. 음낭융기는 음경 밑에서 아직 빈 공간이 생기지 않은 주머니 구조를 형성하는데, 음경은 초음파 검사를 할 때 종종 인지할 수 있다. 골반뼈 모양도 성을 판정하는 단서가 될 수 있다.

심심풀이 미신
태아의 성을 판정하는 '천연적' 방법에는 임신부 배 위에 금반지를 매달고 흔드는 것 등이 있다. 반지가 원을 그리면 아들이고, 앞뒤로 흔들리면 딸이라 점쳤다. 하지만 이런 방법을 쓰느니 차라리 동전을 던져 정하는 게 더 정확할 수도 있다.

20주 된 태아
임신 20주쯤이면 태아는 이목구비와 팔다리
와 손가락과 발가락이 잘 발달된 완전한 사람
의 모습을 갖춘다. 하지만 이 시기에도 머리는
여전히 다른 신체에 비해 불균형적으로 크다.
얼굴과 팔다리에는 피부밑지방이 거의 없고,
섬세한 배냇솜털이 온몸을 덮고 있다.

태아

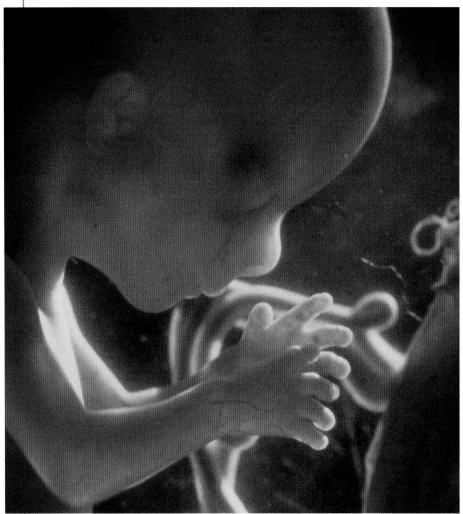

길어진 팔다리
팔이 점점 길어진다. 다리나 몸통도 마찬가지다.
하지만 손과 손가락은 팔에 비해 여전히 커 보인다.

비율 변화

임신 제1삼분기는 신경계통 발생에서 가장 중요하고 결정적인 시기다. 뇌와 머리는 이 시기에 빠른 속도로 성장해서 머리 크기가 태아 전체 길이의 절반에 이른다. 임신 5개월에는 태아의 몸통과 팔다리가 부쩍 빠른 속도로 자라서 머리의 신체 비율이 성인에 가까워지기 시작한다. 이때부터 출생 때까지 머리는 다른 신체가 엄청나게 빠른 속도로 성장하는 데 비해 느리게 자란다. 머리와 넙다리뼈(대퇴골)를 측정하면 임신 날짜와 태아 나이를 정확히 파악할 수 있지만 이러한 정보는 대개 첫 초음파 촬영 때나(11~14주) 임신 중기에 초음파를 촬영할 때(20주) 얻게 된다.

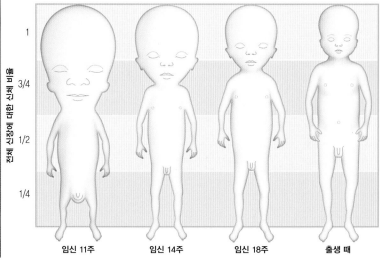

전체 신장에 대한 신체 비율

1
3/4
1/2
1/4

임신 11주 　임신 14주 　임신 18주 　출생 때

신체 부위별 성장 속도 차이
임신 제1삼분기에 태아 머리는 전체 신체에 비해 빠르게 성장한다. 그 후로 머리 성장 속도가 상대적으로 느려져서 임신 5개월쯤에는 태아의 신체 비율이 성인에 좀 더 가까워진다.

움직임이 많아진다

임신 4개월 말까지는 태아의 팔다리가 완전히 형성되고, 팔다리 관절이 움직일 수 있게 된다. 이때면 만삭으로 태어난 아기가 할 수 있는 운동인 하품이나 엄지손가락 빨기나 호흡 운동 등을 모두 할 수 있게 된다. 태아는 팔다리를 자주 흔들고 큰 소리에 깜짝깜짝 놀란다. 아직은 대부분의 운동이 반사작용이지만 신경섬유에 말이집(수초)이 계속 만들어지면서(143쪽 참조) 일부는 여러 근육이 조율을 거쳐 작용하는 좀 더 복잡한 협동 운동이 일어나게 된다. 태아는 손으로 입술을 만지거나 엄지손가락을 빠는 것 같은 의도된 운동을 하기 시작한다. 태아는 눈을 움직일 수 있지만 위아래 눈꺼풀은 여전히 붙어 있어서 임신 7개월이 되어야 비로소 눈을 뜨게 된다.

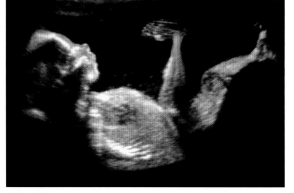

팔다리 운동
이 초음파 사진의 태아는 근육을 수축시켜 팔다리를 흔들고 있다. 태아는 자궁을 발로 차고 주먹으로 친다. 이러한 태아의 움직임을 엄마는 느낄 수 있다. 엄마 배가 흔들리는 광경도 종종 목격된다.

딸꾹질

태아는 제2삼분기의 중간쯤에 딸꾹질을 하기 시작한다. 그리고 임신이 진행됨에 따라 딸꾹질이 심해지고 잦아진다. 가로막이 저절로 수축해서 공기가(태아 때는 양수가) 갑자기 기도로 몰려들어가기 때문에 좌우 성대 사이 틈새인 성대문이 닫힐 때 일어나는 현상이 딸꾹질이다. 인류는 아기가 젖을 빨 때 젖이 폐로 들어가지 못하게 막기 위해 이 반사를 동원하도록 진화했을 가능성이 있지만, 확실하지는 않다.

말이집형성(수초화)

임신 5개월까지는 태아의 팔다리를 척수에 연결하는 축삭(신경섬유) 중 일부에 지방으로 이루어진 말이집(수초)이 덮이게 된다. 이 과정을 말이집형성이라 하는데, 말이집에 둘러싸인 축삭은 전기가 밖으로 새지 못하게 차단하기 때문에 이웃 신경세포에 영향을 주지 않으면서 신호를 전달할 수 있다. 말이집이 완성되면 신호가 뇌에서 신체로, 또는 신체에서 뇌로 더 수월하게 전달된다. 그 덕분에 느리고 경련 같던 태아 운동이 더 빠르게 일어나고 잘 조정된 협동운동이 일어나게 된다. 말이집은 태아기는 물론 초기 소아기 동안 계속해서 만들어진다.

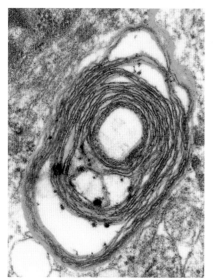

축삭을 둘러싼 말이집
두루마리 화장지처럼 축삭을 둘러싸고 있는 말이집(청색)의 전자 현미경 사진으로, 전선을 절연테이프로 감싸는 방식과 비슷하다.

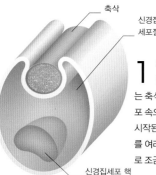

1 패어져 들어간다
말이집형성의 첫 단계는 축삭 하나가 한 신경집세포 속으로 파고들어가면서 시작된다. 기다란 축삭 하나를 여러 신경집세포가 일렬로 조금씩 나눠서 둘러싼다.

(축삭 / 신경집세포(슈반세포) 세포질 / 신경집세포 핵)

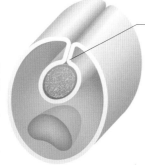

2 오므려 닫는다
축삭이 신경집세포 깊숙이 파고듦에 따라 신경집세포의 양쪽 모서리가 만나는 곳에서 두 겹의 막이 형성된다. 이 막이 축삭간막이다.

(신경집세포의 세포막이 축삭을 둘러싼다)

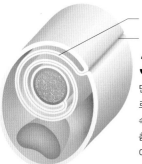

3 둘둘 감기는 말이집
말이집형성이 진행되면서 축삭간막이 축삭 주위로 회전한다. 축삭간막은 계속 회전하고, 결국 축삭을 촘촘히 둘러싸서 가두는 말이집이 만들어진다.

(겹겹이 둘러싸고 있는 말이집 / 세로 고랑)

4 말이집 완성
막이 두루마리 화장지처럼 축삭을 여러 겹 둘러싸서 말이집이 만들어지기 때문에 신경 신호가 발생해도 주위에 있는 다른 축삭의 작용에 영향을 주지 않은 채 그 축삭 하나만을 따라 전달될 수 있다.

(말이집이 완성된 축삭)

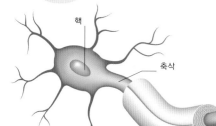

(핵 / 축삭 / 가지돌기(수상돌기) / 말이집과 말이집 사이의 틈새인 신경섬유마디(랭비어 결절) / 말이집 / 신경집세포 핵)

신경세포(뉴런)의 구조
신경집세포는 신경세포의 축삭을 둘둘 감싸는데, 전체적으로 보면 염주나 줄줄이 소시지처럼 생겼다. 전기 신호가 한 신경섬유마디에서 다음 신경섬유마디로 건너뛰기 때문에 신경 전달 속도가 빨라진다.

감각 자극
20주 된 태아가 왼손으로는 자신의 왼쪽 귀를 더듬으면서 오른손으로는 왼팔을 잡고 있다. 주위 환경을 탐색하면서 얻은 정보가 뇌를 자극하고, 이러한 뇌 자극 덕분에 태아의 의식(인식)이 점점 더 향상된다.

주위 환경 의식(인식)

태아가 정확히 언제 주위 환경을 의식하게 되는지는 잘라 말할 수 없다. 뇌 신경세포들 사이 연결인 시냅스(연접)가 처음 만들어지는 시기는 임신 12주지만 진정한 의미의 의식은 20주쯤 되어야 비로소 시작된다. 의식에는 여러 가지가 있다. '정적' 의식은 태아가 깨어는 있지만 쉬고 있을 때 의식이며, '동적' 의식은 깨어 있으면서 (종종 매우 격렬하게) 움직일 때 의식이다. 태아는 엄마 몸에서 나는 소리와 외부 환경에서 들리는 소음에 반응한다. 태아는 말이집이 형성되고 뇌 발달이 진행됨에 따라 자신의 몸과 움직임을 점점 더 의식하게 된다.

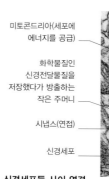
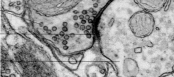

(미토콘드리아(세포에 에너지를 공급) / 화학물질인 신경전달물질을 저장했다가 방출하는 작은 주머니 / 시냅스(연접) / 신경세포)

신경세포들 사이 연결
이 전자 현미경 사진에서 신경세포들(녹색) 사이를 연결하는 시냅스가 관찰된다. 신경전달물질(적색 원 구조에 들어 있음)이 작용하면 한 신경세포에서 다음 신경세포로 전기 신호가 전달된다.

임신 6개월 | 임신 22~26주

임신 6개월이 되면 예비엄마는 임신 제2삼분기의 막바지를 향해 가게 된다. 자궁과 유방은 더욱 커지게 되고, 매 분당 심장이 분출하는 혈액량이 증가한다. 이 시기에 대부분의 임신부는 일주일에 500그램가량 체중이 증가한다.

임신 22주

태아의 속귀에 있는 뼈들이 단단해지기 시작하고, 나선형의 달팽이관이 저주파수의 소리를 처리할 수 있을 정도로 충분히 발달한다. 다가오는 수주에 걸쳐 태아는 고주파수의 소리도 알아차리게 된다. 태아는 이제 신경계가 충분히 발달하여 자궁 내로 전해 오는 소리를 감지하기 시작한다. 예를 들면 엄마의 숨소리, 심장박동, 위장에서 나는 꾸르륵 소리, 그리고 엄마의 목소리 등이다. 태아가 소리들에 점점 더 잘 반응하는 것을 알아차릴 수도 있는데, 태아는 큰 소리에는 깜짝 놀라는 반응을 보이게 된다. 신경계통이 발달하면서 태아는 발로 차거나 공중제비를 도는 것과 같은 훨씬 더 정교한 운동을 할 수 있게 되고, 임신부는 배 안에서 태아의 활동이 점점 더 증가하는 것을 느끼게 될 것이다.

바깥귀의 발달
귀는 아래쪽 목 부위에서 생겨나서 턱뼈가 커지면서 위쪽으로 올라간다. 사진에서 귀는 이제 거의 최종 목적지에 도달해 있다.

음악에 대한 반응
헤드폰을 양쪽으로 벌려서 배위에 대고 태아에게 음악을 들려주면 뇌 발달을 촉진하는 데에 도움이 될 수도 있다.

임신 23주

태아의 피부세포들은 케라틴이라고 하는 튼튼하고 보호 작용이 있는 단백질을 축적하는데, 피부세포층이 가장 두꺼운 곳은 손바닥과 발바닥이다. 피부는 매우 주름이 져 있고, 미끈미끈한 태지와 가는 배냇솜털로 덮여 있는데, 이들은 태아를 수중에서 보호하며, 절연시키는 효과도 있다. 손발톱바닥 기초부위에서 손발톱이 보이기 시작하고, 눈꺼풀과 눈썹이 발달한다. 폐 안에 작은 혈관들이 보이기 시작한다. 이 모세혈관들과 장차 공기주머니가 될 조직 사이의 벽이 얇아져서 아기가 태어나면 가스교환이 일어나게 한다. 폐의 내층을 이루는 분화된 세포(허파세포)들이 나타난다. 이들이 생산하는 표면활성제라고 불리는 물질은 공기주머니의 표면장력을 줄여서 출생 후 주머니가 쉽게 부풀려질 수 있게 한다.

공기주머니의 발달
이 광학 현미경 사진은 공기주머니 안의 허파세포를 보여 준다. 이 같은 세포들은 앞으로 몇 주가 지나면 표면활성제를 방출하기 시작한다.

서로 붙어 있는 눈꺼풀
이 사진은 태아의 아래위 눈꺼풀이 서로 단단히 붙어 있는 것을 보여 준다. 손으로 입술을 만지는 동작은 신경 발달을 도와준다.

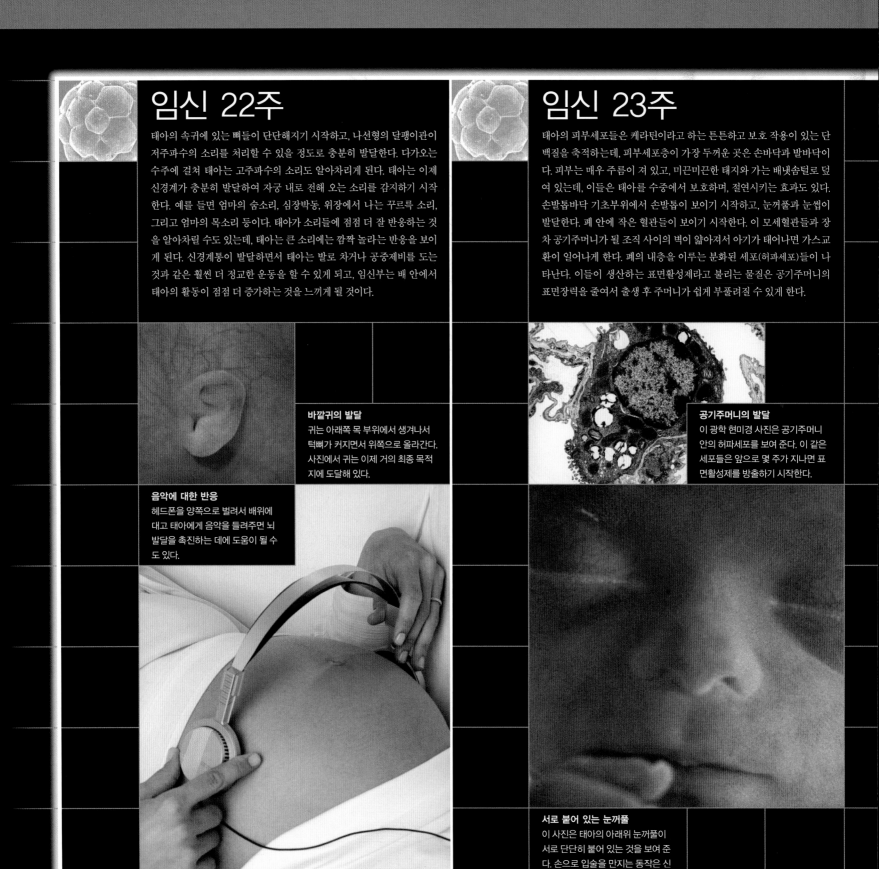

123456789

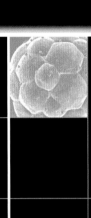

임신 24주

태아의 뇌에서 시각과 청각에 관여하는 구역들이 좀 더 활성화되기 시작한다. 기억을 하게 되고, 뇌파 활동은 이제 신생아의 그것과 비슷해진다. 입과 입술이 더욱 민감해지고, 태아는 이전보다 더 자주 딸꾹질과 하품을 한다. 간니의 치아싹들이 잇몸 내에 나타나고 콧구멍이 뚫리게 된다.

반사기능의 발달
이 3차원 초음파 검사 사진은 태아가 탯줄을 잡고 있는 것을 보여 준다. 이것은 탯줄이 손바닥을 건드리면 나타나는 반사작용이다.

임신 25주

태아는 근육과 지방을 축적함에 따라 이제 빠르게 성장한다. 모체의 자궁은 이에 맞춰 위로 또 좌우로 커진다. 이로 인해 모체의 무게중심이 변하게 되므로 임신부는 균형을 유지하기 위한 자세에 적응해야 한다. 이러한 변화는 요통과 같은 문제를 일으킬 수 있다. 자궁이 커지면서 위와 횡격막을 위로 압박하게 되어 숨을 깊게 들이쉴 수 있는 능력을 떨어뜨릴 수 있고, 위산역류 및 소화불량과 같은 증상들이 자주 발생하기도 한다. 태아의 뇌는 점점 더 복잡해진다. 신경세포(neuron)들은 서로 새롭게 연결되고, 많은 신경전달경로를 만든다. 어떤 경로는 신체로부터 감각 정보를 받아들이는 한편, 다른 경로는 자발적 운동과 비자발적 운동의 협동을 지시한다.

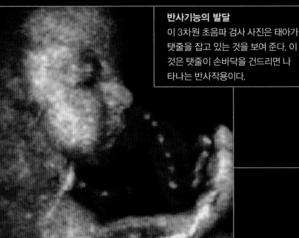

신경의 연결
태아의 뇌세포들을 보여 주는 세사진으로, 각 세포의 몸통(붉은색)에는 자극을 다른 세포들에게 전달하는 가지돌기(녹색)들이 있다.

임신 26주

태아 뇌의 회색질(피질)의 틀이 이제 자리를 잡는다. 이곳은 의식, 성격, 그리고 생각하는 능력과 관계되는 신경활동이 위치하는 장소이다. 이즈음에 태아 손의 조화로운 움직임이 극적으로 향상된다. 태아는 손을 모아서 주먹을 쥘 수 있고, 엄지손가락을 빠는 데 오랜 시간을 보내기도 한다. 뇌의 표면은 아직 평탄해 보이지만, 피질이 계속 성숙해 감에 따라 접히기 시작해서 특징적인 주름들이 형성된다. 태아가 남아인 경우에 고환들은 골반으로부터 음낭으로 내려간다. 태아발달 9주째에 형성된 이래 계속 서로 붙어 있던 눈꺼풀들도 열리기 시작한다. 태아는 규칙적으로 눈을 껌벅거리게 되고, 엄마의 배를 통해 매우 강한 빛이 스며들면 이를 향해 돌아서기도 한다.

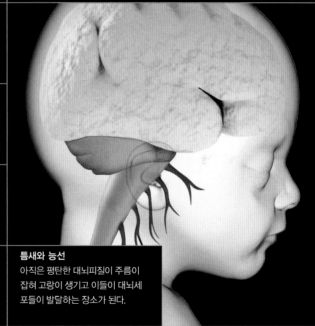

틈새와 능선
아직은 평탄한 대뇌피질이 주름이 잡혀 고랑이 생기고 이들이 대뇌세포들이 발달하는 장소가 된다.

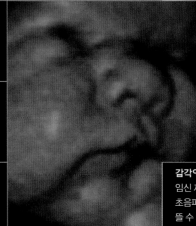

감각이 발달
임신 제2삼분기 말에 찍은 이 3차원 초음파 검사 사진은 태아가 두 눈을 뜰 수 있음을 보여 준다.

임신 6개월 | 임신 22~26주
모체와 태아

임신 제2삼분기가 끝나가면서 대부분의 임산부는 기분이 좋고 건강해 보이는 홍조를 띤다. 한편 임신선이 이달 중에 부쩍 부위에 나타나기 시작하고, 성욕이 감소할 수도 있다. 질 초음파 검사를 통해 자궁경부(자궁목)의 길이를 측정하여 조산의 위험도를 예측하기도 한다. 이 검사는 이전 임신에서 조산한 병력이 있는 경우이는 좋은 방법이다. 태아의 신체기관들의 발달 정도가 이제 태반으로부터 공급되는 에너지와 영양소를 이용하여 체내에 지방을 축적할 수 있을 정도에 이르게 된다.

이런 이유로 태아의 체중은 매우 빠르게 증가한다. 이전에는 간세포와 생산피던 작혈구가 이제는 긴 뼈들의 골수에서도 생산된다. 만일 태아가 이달의 끝 부위에 태어나면 신생아 집중관리를 통해 중등도의 생존 기회가 주어진다.

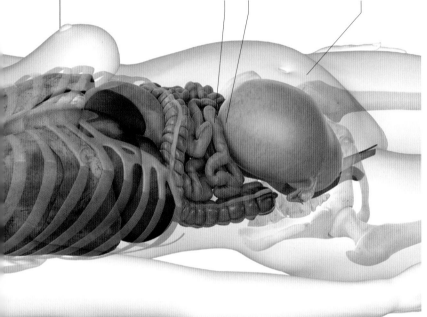

임신 26주의 임산부
자궁의 팽창으로 인해 폐 용적이 감소하기 시작하여 숨가쁨을 느낄 수도 있다. 변비와 같은 다른 불편함이 발생하기도 한다.

변비
커진 자궁이 소화계통을 압박하여 변비를 일으키기도 한다.

자궁바닥 높이
자궁 위쪽에서 시작해 자궁의 높이를 재는 것은 임신 기간을 알 수 있는 좋은 방법이다. 임신 24주에 자궁바닥 높이는 24센티미터다. 이제 자궁은 1주일에 약 1센티미터의 속도로 위로 팽창해 올라간다.

임신선
대부분의 태아는 왕성한 움직임을 보이는 기간 사이사이로 이제는 좀 더 규칙적인 휴식 주기를 가진다.

모체
- 분당 72회
- 105/70mmHg
- 4.8리터

50퍼센트
이달에는 프로게스테론 농도가 50퍼센트 증가한다. 에스트로겐 농도도 역시 꾸준히 증가한다.
자궁경부가 조기에 열릴 열리는지 찾아내기 위해 초음파 검사로 자궁 경부 길이를 측정하기도 한다.

통계

태아
- 분당 150회
- 36센티미터
- 750그램

3분의 1
머리, 몸통 및 다리 길이가 태아가 전체 길이의 3분의 1씩을 차지한다.

12퍼센트
어른 뼈에서 칼슘이 차지하는 비율이 90퍼센트인데에 비해 태아의 뼈에서는 칼슘 함유 비율이 12퍼센트에 불과할 경우도 있다.

65퍼센트
임신 24주에 태어나는 조산아의 생존 기능성이 25퍼센트에 불과한데 비해 임신 26주에 태어나는 조산아는 65퍼센트의 생존 기능성이 있다.

1 2 3 4 5 6 7 8 9 10 11 12 13 14 15 16 17 18 19 20 21 22 23 24 25 26 27 28 29 30 31 32 33 34 35 36 37 38 39 40

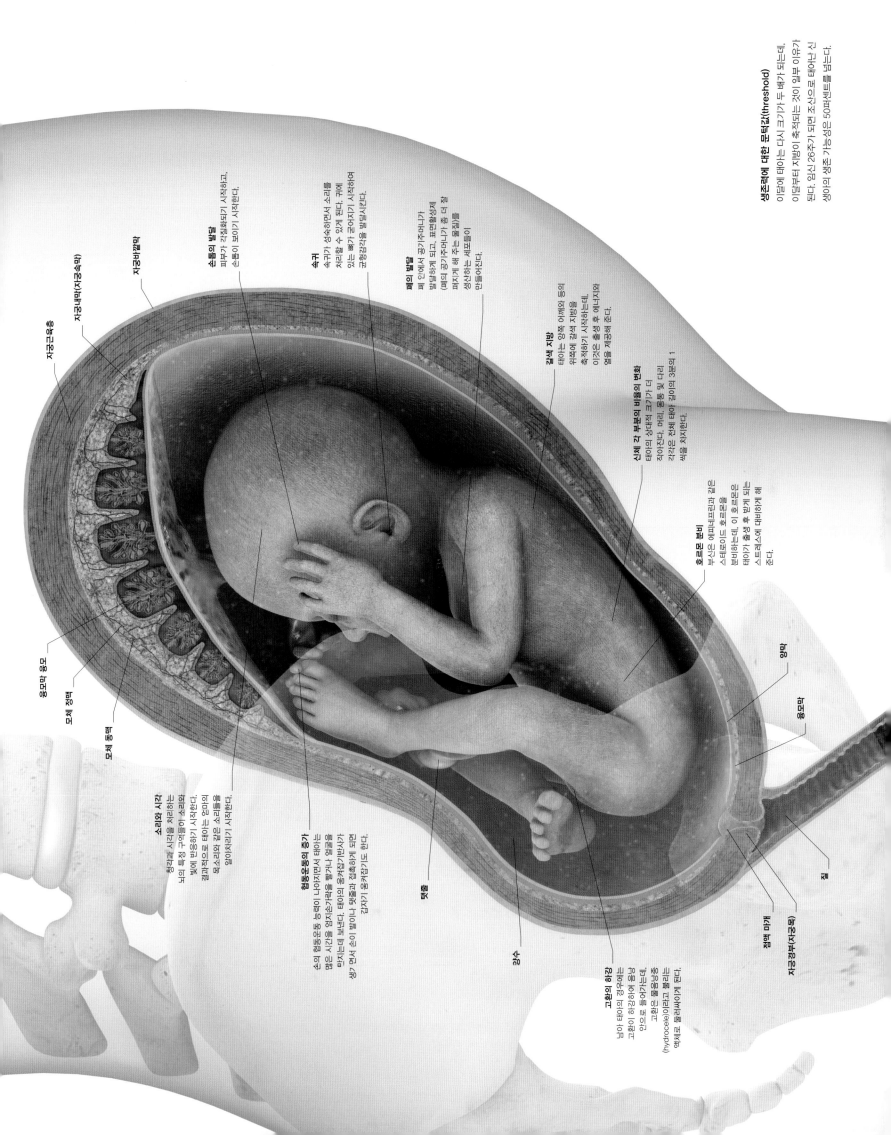

자궁근육층

자궁내막(자궁속막)

자궁바깥막

손톱의 발달
피부가 각질화되기 시작하고, 손톱이 보이기 시작한다.

속귀
속귀가 성숙하면서 소리를 처리할 수 있게 된다. 귀에 있는 뼈가 굳어지기 시작하여 균형감각을 발달시킨다.

폐의 발달
폐 안에서 공기주머니가 발달하게 되고, 표면활성제 (폐의 공기주머니가 좀 더 잘 펴지게 해 주는 물질)을 생산하는 세포들이 만들어진다.

갈색 지방
태아는 양쪽 어깨와 등의 위쪽에 갈색 지방을 축적하기 시작하는데, 이것은 출생 후 에너지와 열을 제공해 준다.

신체 각 부분의 비율의 변화
태아의 상대적 크기가 다 자아진다, 머리, 몸통 및 다리 각각은 전체 태아 길이의 3분의 1 씩을 차지한다.

호르몬 분비
부신은 에피네프린과 같은 스테로이드 호르몬을 분비하는데, 이 호르몬은 태아가 출생 후 받게 되는 스트레스에 대비하게 해 준다.

양막

융모막

질

점액 마개

자궁경부(자궁목)

양수

탯줄

고환의 하강
남아 태아의 경우에는 고환이 하강하여 음낭 안으로 들어가는데, 고환은 물음액증 (hydrocele)이라고 불리는 액체로 둘러싸이게 된다.

소리와 시각
청각과 시각을 처리하는 뇌의 특정 구역들이 소리와 빛에 반응하기 시작한다. 결과적으로 태아는 엄마의 목소리와 같은 소리들을 알아차리기 시작한다.

꿈틀운동의 증가
손의 꿈틀운동 능력이 나아지면서 태아는 많은 시간을 엄지손가락을 빨거나 얼굴을 만지는데 보낸다. 태아의 운동감각반사가 생겨 면서 손이 발이나 탯줄과 접촉하게 되면 깜짝 움켜잡기도 한다.

융모막 융모

모체 정맥

모체 동맥

생존력에 대한 문턱값(threshold)
이달에 태어는 다시 크기가 두 배가 되는데, 이달부터 지방이 일부 이유가 된다. 임신 26주가 되면 조산으로 태어난 신생아의 생존 가능성은 50퍼센트를 넘는다.

수태에서 출산까지

모체

임신선

임신선(stretchmarks, striae gravidarum)은 피부가 주름이 잡힌 것처럼 파열된 것으로, 임신 중 흔히 나타난다. 발생하는 이유는 부분적으로는 급격한 체중 증가 및 복벽의 팽창과 관계가 있고, 또 한편으로는 프로게스테론(황체호르몬)의 영향 때문이다. 임신선은 처음에는 붉은 자줏빛을 띠다가 점차 옅어져서 은회색을 띠게 된다. 이유를 알 수는 없지만 일부 여성은 임신선 변화가 없는데, 임신을 여러 번 한 후에도 생기지 않는다. 임신 시작 무렵에 과체중인 여성에게 발생률이 증가한다. 습윤 마사지와 필수지방산이 풍부한 음식을 섭취하는 것이 발생 정도를 줄이는 데 도움이 될 수도 있다.

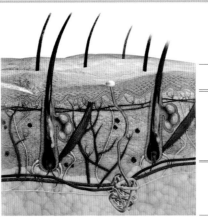

표피
표피라고 알려진 피부 바깥의 노출된 층은 임신선의 표층 위에 손상되지 않은 채로 남아 있다.

진피
진피라고 하는 피부의 더 깊은 층의 지지조직이 늘어나고 얇아진다. 이것은 통증이 없이 조직이 찢어지게 되는 것인데, 피부 표면에서는 임신선으로 보이게 된다.

피하 지방
임신 중 진피 밑에 지방의 축적되는 양이 점점 증가하는데, 임신선의 발생에 영향을 미친다.

임신선의 발생 원인
임신선은 진피 내에 있는 아교질과 탄력소 섬유들이 빠른 속도로 얇아지고 늘어나면서 생긴다.

임신선의 발생 부위
임신선은 신체 어느 부위에나 생길 수 있지만, 배, 엉덩이, 넓적다리, 그리고 유방 부위에 가장 흔히 발생한다.

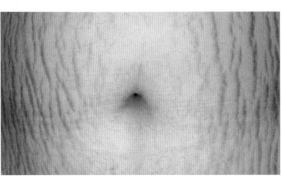

임신 중 성욕의 변화

임신 중 성욕은 증가하거나 감소할 수도 있고, 또는 그대로 유지하기도 한다. 임신부가 겪게 되는 호르몬 변화가 예측 가능함에도 불구하고 모든 임신부가 느끼는 성욕의 정도는 서로 다르다. 심리적인 영향이 크게 작용하며, 또한 생식기로 가는 혈류양의 증가, 윤활 정도, 그리고 임신 중에는 극치감(orgasm)에 좀 더 쉽게 도달하고 더 강해진다는 사실도 관여한다. 체력적으로 지쳐서 성욕이 낮을 수도 있는데, 특히 임신 마지막 3개월 동안에는 더욱 그렇다. 이 시기에는 수유 준비에 관여하는 프로락틴의 혈중 농도가 증가하기 시작하는데, 이 호르몬은 성욕을 떨어뜨리는 경향이 있다. 성욕 감퇴가 불가피한 것은 아니어서, 높은 농도의 에스트로겐과 프로게스테론이 프로락틴의 영향을 줄이는 것을 도와준다.

자궁경부 길이 측정

조산의 위험이 있는 경우에 질 초음파 검사를 통해 자궁경부 길이를 측정하기도 한다. 자궁경부가 정상보다 더 짧아졌는지, 또는 더 부드러워졌는지 평가하기 위해 윤활제를 묻힌 초음파 더듬자(probe)를 질 내로 부드럽게 삽입한다. 자궁경부 길이를 측정하고, 자궁경관의 윗부분(내구, internal os)이 이루는 모양을 조사한다. T 모양으로 내구가 잘 닫혀 있는 경우에는 조산이 잘 동반되지 않는다. 자궁경부 길이가 짧아지고 내구가 열리기 시작하면 모양이 Y 모양, 다음은 V 모양, 그리고 마지막에는 U 모양을 이루게 된다. 내구 주변이 깔때기처럼 모양이 변하게 되면 태아막이 돌출하게 되고, 조산의 가능성이 매우 높아진다.

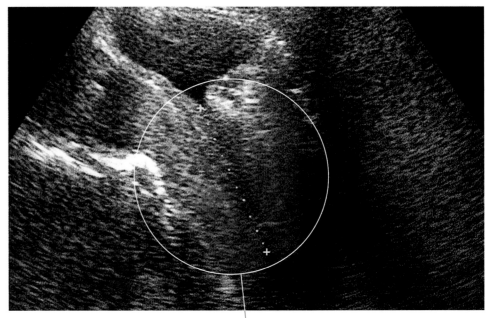

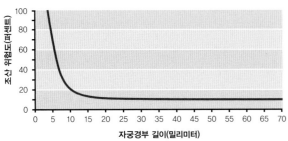

조산의 위험
이 그래프는 임신 23주에 자궁경부 길이와 조산의 위험도 사이의 상관관계를 보여 준다. 만일 자궁경부 길이가 약 2센티미터 미만으로 짧아지면 위험도가 증가한다.

[그래프 세로축: 조산 위험도(퍼센트) 0, 20, 40, 60, 80, 100]
[그래프 가로축: 자궁경부 길이(밀리미터) 0, 5, 10, 15, 20, 25, 30, 35, 40, 45, 50, 55, 60, 65, 70]

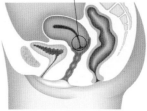

자궁경부(자궁목)의 위치

정상 길이
이 초음파 검사 사진은 임신 5개월째의 자궁목을 보여 준다. 이 사진에서 자궁경부 길이는 2.5센티미터가 넘어 정상임을 보여 준다. 이 임신에서 자궁경부 무력증(자궁경부가 특정 기간 이상 태아를 지니고 있지 못하는 것)으로 인한 조산의 위험도는 낮다. 이 사진에서 태아는 보이지 않는다.

태아

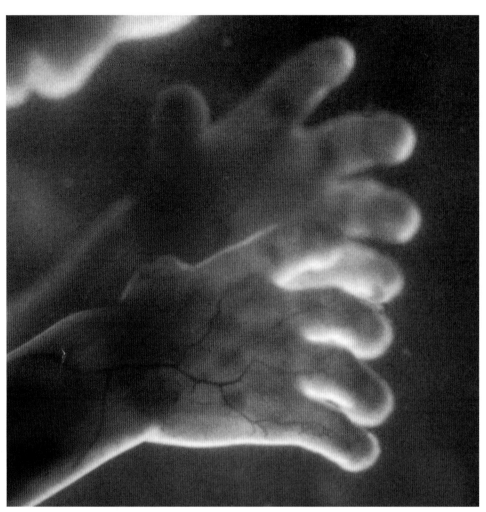

적혈구 생산

태아 몸 구석구석에 산소를 공급하는 적혈구는 태아 몸을 구성하는 전체 세포 중에서 가장 많다. 배아기 때 적혈구는 먼저 난황주머니(난황낭)에서 만들어지고, 임신 3·4개월부터는 아직 발생 중인 간과 지라(비장)에서 만들어진다. 임신 6개월에는 태아 긴뼈 속의 빈 공간에 자리잡은 적색골수 조직이 적혈구를 생산하기 시작한다. 태아 콩팥과 태반에서 만들어진 물질들이 적혈구 생산 과정을 조절한다.

태아 골수

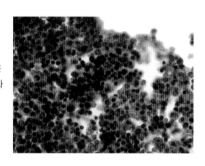

적혈구가 많은 태아 골수의 광학 현미경 사진이다. 이 골수 세포들은 배아줄기세포에서 분화되었다(99쪽 참조).

심장박동수

이 시기 태아의 심장박동수는 분당 140~150회 정도다. 태아 심장박동수는 낮과 밤이 다른 게 정상이다. 태아 심장박동수와 혈압은 새벽에(오전 4시경) 가장 낮고, 깨어나기 직전에 다시 상승해서 오전 9~10시경 정점에 달하는 것이 정상인데, 엄마도 마찬가지다. 남성 태아가 심장박동이 빠르다는 속설이 있지만 1만 명의 태아를 조사한 연구 결과는 그렇지 않았다. 그리고 임신 시기에 따라 태아 심방박동수가 변한다.

도플러 장치

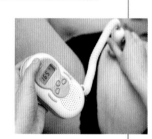

도플러 태아 심장박동수 감시장치를 엄마 배에 설치하고 태아 심장박동을 체크한다. 심장박동수가 화면에 표시되고 있다.

손가락과 발가락 발생

태아의 손가락과 발가락은 임신 6개월까지는 완전히 발생한다. 손톱바닥과 발톱바닥은 형성된 상태고, 손톱과 발톱은 이제 나타나기 시작한다. 손금과 발금으로 나타나는 표피융기는 초기 배아기 때 형성되는데, 태아 피부가 두꺼워지고 더 불투명해짐에 따라 좀 더 뚜렷이 드러난다. 손금과 발금은 태아가 물려받은 유전자에 따라 결정된다. 손금뿐 아니라 손가락 끝 살집에 있는 지문도 더 뚜렷해진다. 지문은 사람마다 독특하며, 발생 초기의 영양 공급이나 태반 혈류 공급 상태가 그 무늬 형성에 영향을 미친다고 생각된다. 지문에는 나이가 들어 고혈압이 발생할지를 예견하는 데 도움이 되는 정보가 들어 있다고 주장하는 연구 결과도 있다.

손가락

6개월 된 태아 사진으로, 손과 손가락이 잘 발달되었음을 알 수 있다. 손가락 피부 밑에 손톱바닥이 형성되기 시작했고, 손톱은 자라기 시작하는 중이며, 손가락 끝의 살집 부분에는 사람마다 독특한 지문이 나타나기 시작했다.

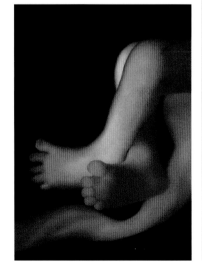

발가락 벌리기

컴퓨터로 처리한 임신 22주 때 태아 다리의 영상이다. 이때 이미 발가락을 벌릴 수 있음을 알 수 있다.

태아 심장박동수

아래 그래프는 임신 시기에 따른 태아 심장박동수의 변화를 보여 준다. 태아 심장박동수는 임신 초기에 정점에 이르고, 그후 출산 때까지 소폭으로 오르내린다.

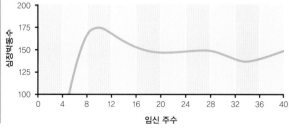

태아

청각 발달

청각은 가장 먼저 발달하는 감각 중 하나다. 속귀(내이)와 가운데귀(중이)와 바깥귀(외이)는 배아의 각각 다른 세 부분으로부터 발생하지만 서로 협력해서 소리를 감지한다. 바깥귀 중에 귓바퀴는 복잡하게 생겼지만 6주 된 배아에서는 작은 혹처럼 생긴 귓바퀴결절 여섯 개로 나타난다. 귓바퀴결절은 서서히 커지면서 합쳐져서 구겨진 것처럼 생긴 귓바퀴를 이룬다. 귓바퀴는 처음에 태아 목의 아랫부분에 있다가 아래턱뼈가 발생하고 머리의 각 부분마다 서로 다른 속도로 성장함에 따라 조금씩 위로 올라가는 것처럼 보인다. 그러다가 결국 눈과 같은 높이에 도달하게 된다. 귓바퀴는 그 생김새 덕분에 깔때기처럼 음파를 모아서 귓구멍으로 보낸다. 음파는 고막(귀청)을 지나 가운데귀에 있는 작은 세 귓속뼈를 거쳐 전달되고, 결국 속귀에 다다른다. 음파는 속귀에서 진동을 일으켜서 신경 신호로 변환되고, 신경 신호는 뇌에 전달되어 처리된다.

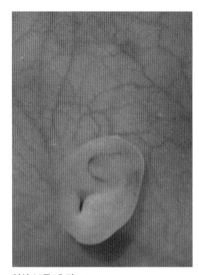

임신 22주 때 귀
임신 22주까지는 귓바퀴가 거의 완성된다. 그때까지 귓바퀴는 위로 이동하다가 최종 성인 위치인 머리의 중간쯤에서 눈과 같은 높이에 도달하게 된다.

엄마 목소리 인식

태아는 엄마 목소리를 가장 잘 알아차린다. 왜냐하면 엄마 목소리가 가장 자주 들리는데다 엄마 몸이 소리와 진동을 잘 전달하는 훌륭한 전도체기 때문이다. 엄마 목소리는 내부로 엄마 몸 조직을 거쳐 태아에 전달될 뿐 아니라 밖으로도 공기를 거쳐 엄마 배를 통해 태아에 전달된다. 엄마 목소리는 태아가 주위 환경을 점점 더 의식하게 되면서 가장 먼저 듣고 알아차리는 자극 중 하나다. 엄마 목소리는 진정 작용이 강력하기 때문에 출생 후에 아기가 들으면 편안해지는 효과도 있다.

심장박동수에 미치는 효과
신생아는 엄마 목소리를 들을 때마다 심장박동수가 감소한다는 연구 결과가 있다.

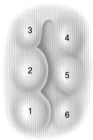
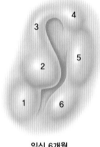

임신 2개월 / 임신 6개월

귓바퀴결절
초기 배아 때 귓바퀴는 귓바퀴결절 여섯 개에서부터 형성되기 시작한다. 귓바퀴결절은 점점 커지면서 서로 합쳐지고, 결국 구겨진 것처럼 생긴 귓바퀴가 된다.

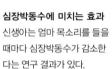

조가비틈
맞구슬
귀둘레
귀구슬
귀조가비
맞둘레

신생아

태아는 뭘 듣고 있을까
자궁 속은 엄마 심장이 뛰는 소리나 엄마 창자가 꾸르륵거리는 소리 같은 소음 때문에 항상 시끄럽다. 이는 태아가 자궁 속에서 크기가 70데시벨 정도인 소음에 노출되어 있음을 뜻한다. 이 정도 소음은 평범한 대화 수준이다.

태아 귀에 익숙한 소리 크기

소리 출처 / 소리 크기(데시벨)

- 속삭임
- 조용한 방
- 자궁 내부의 소음 크기
- 번화가
- 시끄러운 음악
- 제트엔진

0 20 40 60 80 100 120 140 160

반사 발달

아주 어린 아기는 태어날 때부터 자신을 보호할 수 있는 원시 반사를 70가지 넘게 갖고 있다. 이 반사는 초기 발생기 때 신경 연결이 형성되면서 신경계통 내부에 프로그램으로 저장된다. 먹이 찾기 반사나 젖 빨기 반사(수유 반사) 같은 반사는 젖을 먹는 데 도움이 된다. 움켜잡기 반사 등은 안정된 자세를 유지하도록 돕는 생존 본능에 속한다. 움켜잡기 반사는 임신 10주 전후에 형성되는데, 이때는 손가락을 오므리는 게 아직 불완전하다. 임신 6개월쯤이면 약하지만 제대로 된 움켜잡기 반사가 확실히 일어난다.

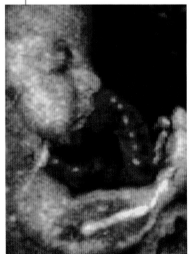

움켜잡기 반사(파악반사)
24주 된 태아의 색조영 3차원 초음파 사진으로, 태아가 탯줄(보라색)을 만지작거리고 있다.

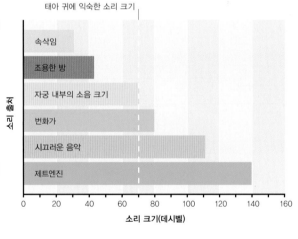
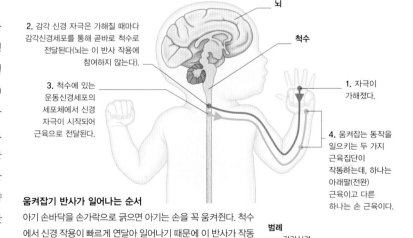

뇌
척수

2. 감각 신경 자극은 가해질 때마다 감각신경세포를 통해 곧바로 척수로 전달된다(뇌는 이 반사 작용에 참여하지 않는다).

3. 척수에 있는 운동신경세포의 세포체에서 신경 자극이 시작되어 근육으로 전달된다.

1. 자극이 가해졌다.

4. 움켜잡는 동작을 일으키는 두 가지 근육집단이 작동하는데, 하나는 아래팔(전완) 근육이고 다른 하나는 손 근육이다.

움켜잡기 반사가 일어나는 순서
아기 손바닥을 손가락으로 긁으면 아기는 손을 꼭 움켜쥔다. 척수에서 신경 작용이 빠르게 연달아 일어나기 때문에 이 반사가 작동할 수 있다.

범례
— 감각신경
— 운동신경

조기분만(조산)

외둥이가 임신 37주가 되기 전에 태어나면 소기분만이라 칭한다. 임신 24주 때 조기분만으로 태어나 신생아집중치료실에서 치료를 받는 아기는 생존 가능성이 높지 않다. 이 아기는 신생아집중치료실에서 소생 치료를 받아야 하며, 24시간 내내 전문인력이 돌보면서 체온을 따뜻하게 유지하고 적절한 양의 산소와 영양을 공급해야 한다. 가능하면 엄마 젖을 짜서 영양공급 튜브를 통해 아기에게 먹이는 게 좋다. 영양공급 튜브는

코를 통해 아기의 작은 위에 삽입해야 한다. 조산아는 호흡 장애를 겪을 수 있으며 감염 위험이 높기 때문에 계속 감시해야 한다. 조산아는 폐나 면역 기능이 완전히 성숙하지 않았다. 임신 6개월 때 아기는 아직 작고 피부 주름이 많으며 피부밑지방이 매우 적다. 이때 간은 적혈구 색소가 대사된 물질인 빌리루빈을 처리하기가 아직 벅차기 때문에 황달이 일어나서 피부가 노랗게 변한다. 신생아 황달은 특수 자외선을 쪼여서

빌리루빈을 소변이나 대변으로 배설될 수 있는 형태로 변환시키면 치료된다. 황달 치료 기간은 아기의 출생 때 체중, 나이, 혈액 내 빌리루빈 농도에 따라 달라진다. 아기가 호전되는 즉시 부모가 아기 치료를 적극적으로 돕도록 장려해야 한다. 이때 직접 살갗을 맞대는 것이 중요한데, 그래야 아기가 편안해지고 엄마와 아기 사이에 유대감이 깊어지는 데 도움이 되기 때문이다.

폐(허파) 발육부전

임신 34주가 되기 전에 태어난 아기 중 대부분이 호흡곤란을 어느 정도 겪는다. 주된 원인은 표면활성제 부족이다. 표면활성제는 허파꽈리에 있는 특정 세포에서만 생산되는 화학물질로, 허파꽈리가 짜부라지지 않도록 막아준다.

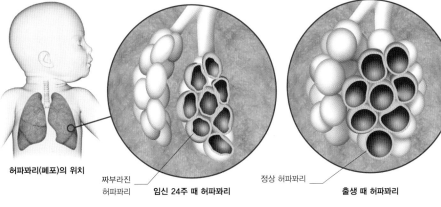

허파꽈리(폐포)의 위치

짜부라진 허파꽈리   **임신 24주 때 허파꽈리**

정상 허파꽈리   **출생 때 허파꽈리**

생존율

아기는 자궁에 오래 머물수록 생존율이 높아진다. 임신 24주에 태어난 아기는 생존율이 24퍼센트에 불과하다. 그러나 임신 28주가 되면 생존율이 86퍼센트로 오른다. 성인이 될 때까지 생존한 가장 어린 조산아는 21주 5일에 태어난 캐나다 아기였다.

황달 치료
황달 때문에 피부가 노랗게 변한 아기에게 자외선을 쪼여서 치료하고 있다. 두 눈은 가리개로 보호하고 있다.

산소 공급기
산소 공급기를 이용해서 산소를 아기가 필요한 만큼 폐에 공급한다. 이때 압력을 살짝 가하면 섬세한 허파꽈리가 짜부라지지 않는 데 도움이 된다.

심장박동계
아기 심장이 제대로 작동하는지 꼼꼼히 감시해야 한다. 보통 심장박동수는 분당 140~150회다.

생명 유지 장치와 감시
임신 24주에 태어나 신생아집중치료실에서 돌보고 있는 조산아 사진이다. 감시장치를 이용해서 아기가 건강한지 계속 살펴보고 관을 통해 산소를 공급하고 젖을 먹이며 약을 투여한다.

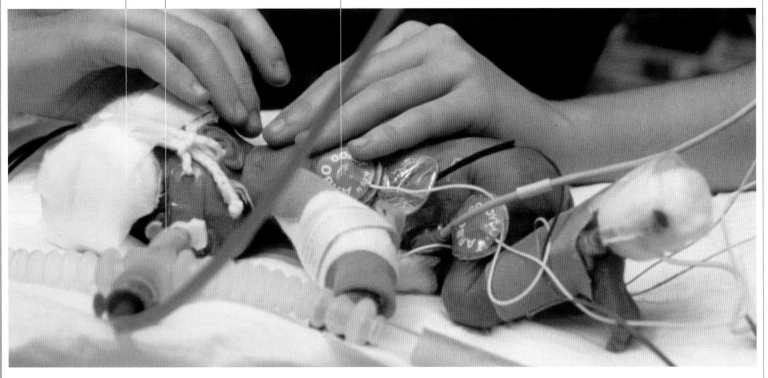

호흡계통 발생

호흡계통은 차근차근 단계적으로 발생하는데, 임신 말기에 가장 결정적인 단계를 거친다.
호흡계통은 출생 후에야 비로소 본연의 기능인 호흡을 수행한다. 출생 전에는 호흡계통에
공기 대신 액체가 차 있다.

자궁 속 태아는 태반으로 들어온 엄마 혈액을 통해 산소를 공급받는다. 하지만 태어난 후에는 즉시 스스로 호흡을 시작해야 한다. 그래야 주위 공기로부터 산소를 얻고 태아 몸에서 만들어진 노폐물인 이산화탄소를 뱉어낼 수 있다. 하기도(하부 기도)는 기관(숨통)에서 시작하는데, 기관은 임신 6주에 발생하기 시작한다. 그리고 이 주에 기관은 왼쪽 기관지와 오른쪽 기관지로

갈라진다. 오른쪽 폐(허파)는 세 엽으로 발생한다. 하지만 왼쪽 폐는 두 엽으로만 발생하여 심장이 자리잡을 여지를 둔다. 폐는 대개 임신 36주경까지는 발생이 완료되지 않는다. 따라서 조산아(미숙아)는 출생 후 첫 며칠에서 몇 주 동안 호흡장애를 이겨내도록 도와줘야 한다.

표면활성제
분비되면 허파꽈리(폐포)가 늘어나고 좁아지는 과정을 돕는다.

2형 허파꽈리세포
표면활성제를 분비한다. 표면에 털처럼 생긴 돌기들이 있다.

표면활성제 생산
표면활성제는 허파꽈리에 있는 특수 세포에서만 만들어지는 화학물질이다. 이 물질은 표면장력을 낮춰서 허파꽈리가 쉽게 늘어났다 줄어들 수 있게 한다. 이 사진에서 이 세포(2형 허파꽈리세포)가 분비하고 있는 표면활성제(녹색)를 관찰할 수 있다.

상부 호흡계통(상기도)

입과 코와 인두는 하기도 및 폐와 동시에 발생하지만 발생하는 곳은 다르다. 임신 7주에 머리의 앞부분에 있는 두꺼워진 부분이 속으로 접혀 들어가서 좌우 두 코오목을 형성한다. 그 결과 융기된 조직이 생겨나고, 이 조직은 발생 중엔 위턱에 눌려서 봉긋한 코의 틀을 이룬다. 입은 위턱과 아래턱이 각각 아치처럼 자라면서 합쳐짐으로써 모양을 갖추게 된다.

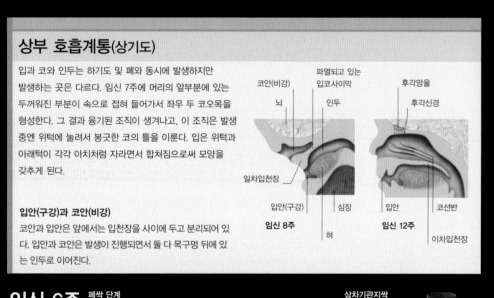

코안(비강) 파열되고 있는 입코사이막
뇌 인두 후각망울
후각신경

일차입천장

입안(구강) 심장 입안 코선반

임신 8주 혀 **임신 12주** 이차입천장

입안(구강)과 코안(비강)

코안과 입안은 앞에서는 입천장을 사이에 두고 분리되어 있다. 입안과 코안은 발생이 진행되면서 둘 다 목구멍 뒤에 있는 인두로 이어진다.

기관
본류에 해당하는 기도로, 숨통이라고도 한다.

발생 중인 연골
고리 모양 연골들이 비닐하우스의 골조처럼 굵은 기도가 항상 열려 있도록 지탱한다.

임신 18주 때 폐

상피
이 상피는 곧 분화해서 두 가지 세포가 만들어진다.

임신 6주 폐싹 단계

호흡계통은 앞창자에서 갈라져 나온 작은 폐싹에서 발생하기 시작한다. 폐싹의 시작부분은 결국 기관(숨통)과 후두가 된다. 폐싹의 아래끝은 갈라져서 왼쪽 기관지싹과 오른쪽 기관지싹을 형성한다. 두 기관지싹은 계속 갈라져서 다수의 이차기관지싹과 삼차기관지싹을 형성한다.

삼차기관지싹
이차기관지싹은 갈라져서 삼차기관지싹을 몇 개씩 형성한다.

오른쪽 기관지
이 기관지는 갈라져서 세 이차기관지싹을 형성한다.

임신 9주 때 폐

계속되는 가지 나누기
기관지싹은 다음 몇 주에 걸쳐 여러 차례 갈라진다.

임신 7주 때 폐

첫 가지 나누기
폐싹이 갈라져서 왼쪽 기관지와 오른쪽 기관지를 형성한다.

왼쪽 기관지
이 기관지는 갈라져서 두 이차기관지싹을 형성한다.

임신 6주 때 폐

결합조직세포

모세혈관
모세혈관은 허파꽈리에 점점 더 가까워진다.

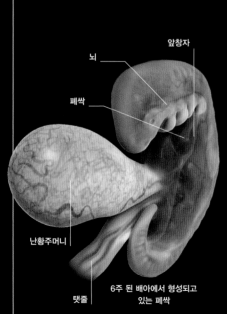

뇌 **앞창자**

폐싹

난황주머니

탯줄 6주 된 배아에서 형성되고 있는 폐싹

임신 6~9주 거짓샘 단계

발생 중인 호흡계통은 가지 나누기를 계속해서 점점 더 가는 관들이 더 많이 만들어진다. 이차기관지(엽기관지)와 삼차기관지(구역기관지)가 형성된 후에도 14번 더 가지 나누기를 해서 임신 24주경에는 매우 가는 세기관지들이 만들어진다. 이렇게 가지 나누기 과정을 거치면서 폐의 엽과 소엽의 위치와 크기와 모양이 결정된다. 이 시기는 아직 초기 단계로, 가장 가는 관의 명칭이 종말세기관지다.

임신 18주

세관 단계
종말세기관지는 갈라져서 가는 관처럼 생긴 호흡세기관지를 형성한다. 호흡세기관지는 끝부분이 볼록하게 튀어나와서 종말주머니라는 구조를 형성한다. 혈관은 발달하면서 종말주머니에 점점 더 접근한다.

호흡세기관지
가지가 많은 나무처럼 생긴 이 시기의 전체 호흡관에서 가장 말단에 있는 가는 가지가 호흡세기관지다.

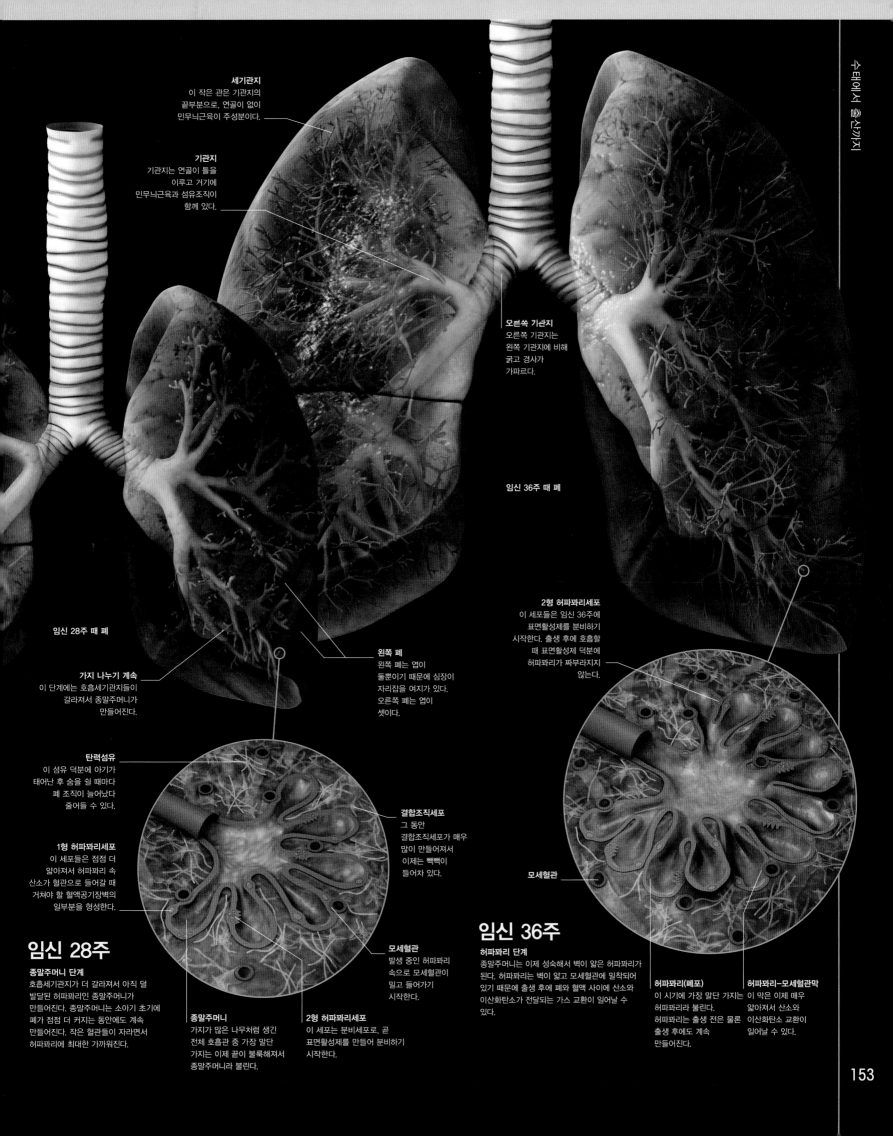

세기관지
이 작은 관은 기관지의
끝부분으로, 연골이 없이
민무늬근육이 주성분이다.

기관지
기관지는 연골이 틀을
이루고 거기에
민무늬근육과 섬유조직이
함께 있다.

오른쪽 기관지
오른쪽 기관지는
왼쪽 기관지에 비해
굵고 경사가
가파르다.

임신 36주 때 폐

임신 28주 때 폐

가지 나누기 계속
이 단계에는 호흡세기관지들이
갈라져서 종말주머니가
만들어진다.

왼쪽 폐
왼쪽 폐는 엽이
둘뿐이기 때문에 심장이
자리잡을 여지가 있다.
오른쪽 폐는 엽이
셋이다.

2형 허파꽈리세포
이 세포들은 임신 36주에
표면활성제를 분비하기
시작한다. 출생 후에 호흡할
때 표면활성제 덕분에
허파꽈리가 찌부러지지
않는다.

탄력섬유
이 섬유 덕분에 아기가
태어난 후 숨을 쉴 때마다
폐 조직이 늘어났다
줄어들 수 있다.

1형 허파꽈리세포
이 세포들은 점점 더
얇아져서 허파꽈리 속
산소가 혈관으로 갈 때
거쳐야 할 혈액공기장벽의
일부분을 형성한다.

결합조직세포
그 동안
결합조직세포가 매우
많이 만들어져서
이제는 빽빽이
들어차 있다.

모세혈관

임신 28주

종말주머니 단계
호흡세기관지가 더 갈라져서 아직 덜
발달된 허파꽈리인 종말주머니가
만들어진다. 종말주머니는 소아기 초기에
폐가 점점 더 커지는 동안에도 계속
만들어진다. 작은 혈관들이 자라면서
허파꽈리에 최대한 가까워진다.

모세혈관
발생 중인 허파꽈리
속으로 모세혈관이
밀고 들어가기
시작한다.

종말주머니
가지가 많은 나무처럼 생긴
전체 호흡관 중 가장 말단
가지는 이제 끝이 불룩해져서
종말주머니라 불린다.

2형 허파꽈리세포
이 세포는 분비세포로, 곧
표면활성제를 만들어 분비하기
시작한다.

임신 36주

허파꽈리 단계
종말주머니는 이제 성숙해서 벽이 얇은 허파꽈리가
된다. 허파꽈리는 벽이 얇고 모세혈관에 밀착되어
있기 때문에 출생 후에 폐와 혈액 사이에 산소와
이산화탄소가 전달되는 가스 교환이 일어날 수
있다.

허파꽈리(폐포)
이 시기에 가장 말단 가지는
허파꽈리라 불린다.
허파꽈리는 출생 전은 물론
출생 후에도 계속
만들어진다.

허파꽈리-모세혈관막
이 막은 이제 매우
얇아져서 산소와
이산화탄소 교환이
일어날 수 있다.

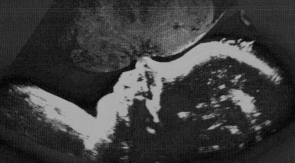

이 2차원 초음파 사진은 자궁 내의 33주 태아를 보여 준다. 자궁 내 공간이 점점 더 빈틈이 없어져서 태아의 코가 태반에 눌려 보일 수도 있다.

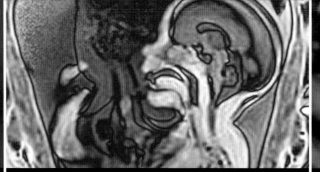

이 MRI 사진은 만삭 쌍태임신 태아들을 보여 준다. 쌍태아는 보통 단태아보다 일찍, 약 37주경에 분만된다.

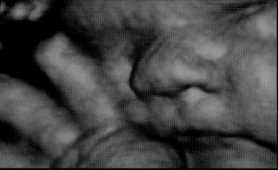

이 3차원 초음파 사진은 만삭 태아가 눈을 비비는 것을 보여 준다. 태아는 이제 눈을 뜨게 되고, 아직 초점을 맞추지는 못하지만 빛에 반응한다.

임신 제3삼분기
임신 7~9개월 | 임신 27~40주

임신 제3삼분기는 성숙과 빠른 성장이 일어나는 시기이다. 임신 40주가 되면 태아의 신체 각 기관들은 출생 후 독립적인 생존이 가능한 정도까지 발달하게 된다.

임신 제3삼분기 태아의 주요 발달은 지방이 축적되고, 신체 각 기관이 성숙하여 출생 후 자체적으로 충분히 기능을 할 수 있도록 되는 것이다. 출생 후 신생아가 처음으로 호흡을 할 수 있도록 호흡계통이 특히 극적인 변화를 보여야 한다. 이를 돕기 위해서 공기주머니(폐포) 안을 둘러싸고 있는 특별한 세포들이 표면활성제라는 물질을 생산한다. 이 물질은 표면장력을 낮추어서 폐가 쉽게 부풀도록 한다. 태아의 뇌는 이 마지막 세달 동안 계속 팽창하여 머리둘레가 28센티미터에서 38센티미터까지 증가한다. 동시에 태아의 신체 길이는 대략 38센티미터에서 48센티미터로 늘어나며, 몸무게는 1.4킬로그램

에서 3.4킬로그램으로 증가한다. 마지막 10주 동안은 태아의 성장이 매우 현저한 시기로, 최종 만삭 체중의 거의 절반이 이 시기에 늘어난다. 제3삼분기 말이 되면 태아는 완전히 형태를 갖추게 되며, 출생에 대비하여 머리가 몸통보다 밑에 위치하는 자세(head-down position)를 유지한다. 예비 엄마는 이 기간 중에 자세의 변화로 인해 근육과 인대에 대한 부담이 증가함에 따라 요통에 시달리기도 한다. 피로도 문제가 될 수 있는데, 주된 이유는 태아의 체중이 더해지기 때문이다. 유방은 초유라고 불리는 크림색의 전유(pre-milk)를 생산하기 시작하는데, 출생 후 첫 며칠 동안 신생아에게 영양을 공급한다.

시간에 따른 변화

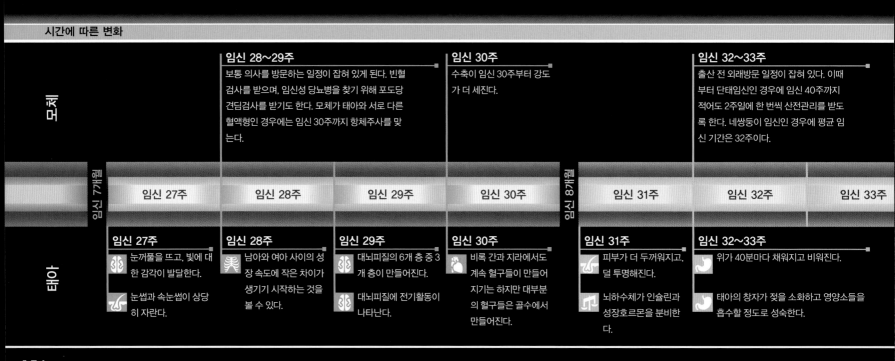

모체

임신 28~29주
보통 의사를 방문하는 일정이 잡혀 있게 된다. 빈혈 검사를 받으며, 임신성 당뇨병을 찾기 위해 포도당 견딤검사를 받기도 한다. 모체가 태아와 서로 다른 혈액형인 경우에는 임신 30주까지 항체주사를 맞는다.

임신 30주
수축이 임신 30주부터 강도가 더 세진다.

임신 32~33주
출산 전 외래방문 일정이 잡혀 있다. 이때부터 단태임신인 경우에 임신 40주까지 적어도 2주일에 한 번씩 산전관리를 받도록 한다. 네쌍둥이 임신인 경우에 평균 임신 기간은 32주이다.

임신 7개월 / 임신 8개월

임신 27주 | 임신 28주 | 임신 29주 | 임신 30주 | 임신 31주 | 임신 32주 | 임신 33주

태아

임신 27주
눈꺼풀을 뜨고, 빛에 대한 감각이 발달한다.
눈썹과 속눈썹이 상당히 자란다.

임신 28주
남아와 여아 사이의 성장 속도에 작은 차이가 생기기 시작하는 것을 볼 수 있다.

임신 29주
대뇌피질의 6개 층 중 3개 층이 만들어진다.
대뇌피질에 전기활동이 나타난다.

임신 30주
비록 간과 지라에서도 계속 혈구들이 만들어지기는 하지만 대부분의 혈구들은 골수에서 만들어진다.

임신 31주
피부가 더 두꺼워지고, 덜 투명해진다.
뇌하수체가 인슐린과 성장호르몬을 분비한다.

임신 32~33주
위가 40분마다 채워지고 비워진다.
태아의 창자가 젖을 소화하고 영양소들을 흡수할 정도로 성숙한다.

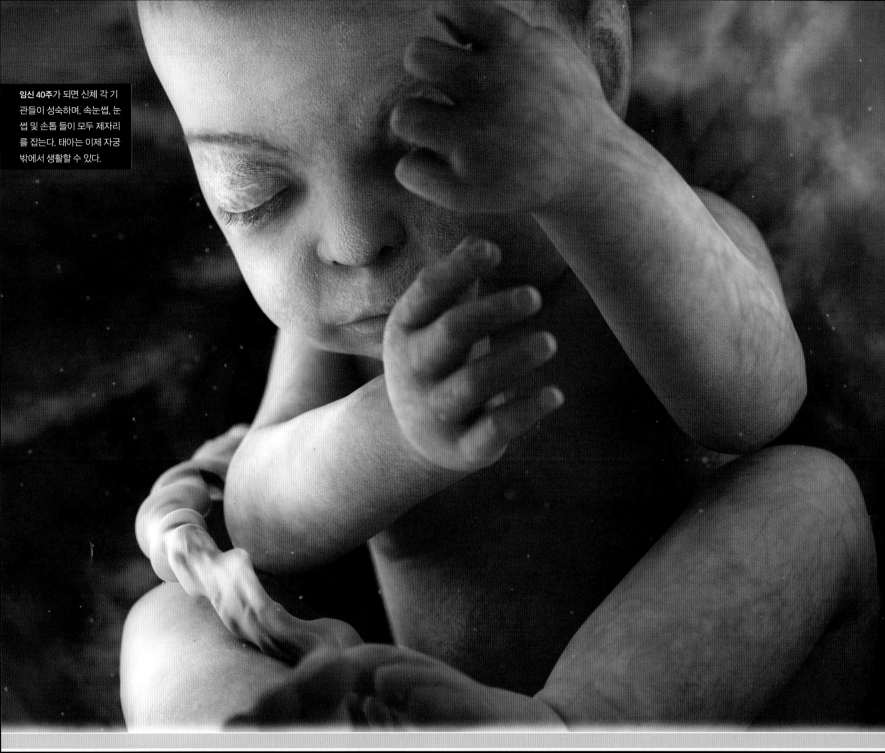

임신 40주가 되면 신체 각 기관들이 성숙하며, 속눈썹, 눈썹 및 손톱 들이 모두 제자리를 잡는다. 태아는 이제 자궁 밖에서 생활할 수 있다.

임신 34주
보통 이 주에 출산 계획을 상의하고 필요한 경우에 비타민 K 주사를 맞기 위해 담당 의사를 방문하게 된다.

임신 36주
태반기능과 태아의 성장, 심장박동수 및 전반적인 건강 상태를 확인하기 위한 검사들을 받을 수도 있다.

임신 37~38주
임신부의 복부 진찰을 통해 태아의 머리가 몸통보다 아래에 위치해 있는지 알 수 있다. 비록 둔위(breech)라고 해도 태아가 스스로 돌아갈 시간은 아직 있다. 쌍태임신의 적절한 분만 시기는 임신 37주로 알려져 있다.

임신 39주
유방은 초유를 생산하고, 수유에 대비하게 된다.

임신 40주
태아를 아직 분만하지 않은 경우에는 산전 방문을 한다. 출산이 42주까지 이루어지지 않으면 유도분만을 시행한다.

임신 9개월

임신 34주	임신 35주	임신 36주	임신 37주	임신 38주	임신 39주	임신 40주

임신 34주
빨기반사가 나타난다.

임신 35주
폐가 지속적으로 표면활성제를 생산하여, 출생 후 숨을 쉴 때 허파 꽈리가 좀 더 쉽게 펴지고 허탈한다(collapse).

임신 36~37주
대부분의 배냇솜털이 떨어지고 가는 솜털로 바뀐다.

위팔뼈, 넙다리뼈 및 정강뼈에서 골화가 이루어진다.

콩팥이 성숙하면서 소변이 좀 더 농축된다.

임신 38주
손톱들이 손가락 끝에까지 도달한다.

눈을 움직일 수 있게 되는데, 아직 초점을 맞추지는 못한다.

임신 39~40주
간이 성숙하여 태반에 의해 이루어지던 대사기능을 모두 떠맡게 된다.

남아의 경우에는 고환들이 보통 음낭 안으로 내려와 있게 된다.

임신 7개월 | 임신 27~30주

예비 엄마는 이제 임신 제3삼분기에 접어든다. 이 시기에는 태아가 조산으로 태어나더라도 독립적인 생활을 할 수 있고, 특별 관리를 받으면 생존 가능성이 매우 높다. 대부분의 태아 발달은 이제 뇌, 폐, 그리고 소화계통에 초점이 맞추어진다.

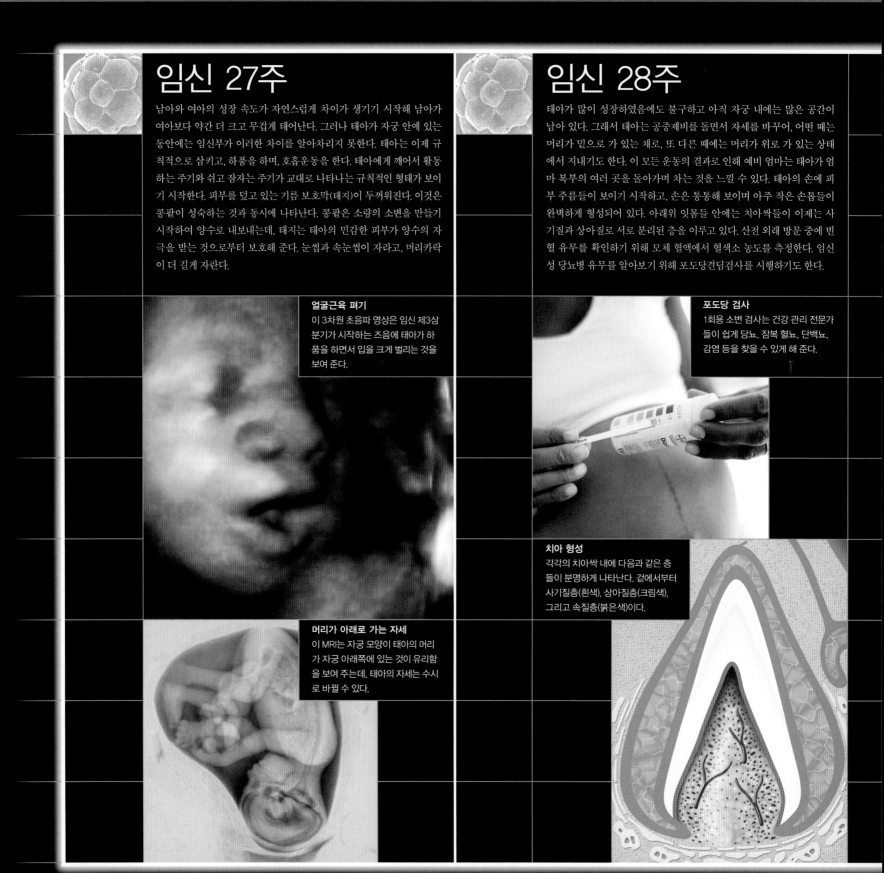

임신 27주

남아와 여아의 성장 속도가 자연스럽게 차이가 생기기 시작해 남아가 여아보다 약간 더 크고 무겁게 태어난다. 그러나 태아가 자궁 안에 있는 동안에는 임신부가 이러한 차이를 알아차리지 못한다. 태아는 이제 규칙적으로 삼키고, 하품을 하며, 호흡운동을 한다. 태아에게 깨어서 활동하는 주기와 쉬고 잠자는 주기가 교대로 나타나는 규칙적인 형태가 보이기 시작한다. 피부를 덮고 있는 기름 보호막(태지)이 두꺼워진다. 이것은 콩팥이 성숙하는 것과 동시에 나타난다. 콩팥은 소량의 소변을 만들기 시작하여 양수로 내보내는데, 태지는 태아의 민감한 피부가 양수의 자극을 받는 것으로부터 보호해 준다. 눈썹과 속눈썹이 자라고, 머리카락이 더 길게 자란다.

얼굴근육 펴기
이 3차원 초음파 영상은 임신 제3삼분기가 시작하는 즈음에 태아가 하품을 하면서 입을 크게 벌리는 것을 보여 준다.

머리가 아래로 가는 자세
이 MRI는 자궁 모양이 태아의 머리가 자궁 아래쪽에 있는 것이 유리함을 보여 주는데, 태아의 자세는 수시로 바뀔 수 있다.

임신 28주

태아가 많이 성장하였음에도 불구하고 아직 자궁 내에는 많은 공간이 남아 있다. 그래서 태아는 공중제비를 돌면서 자세를 바꾸어, 어떤 때는 머리가 밑으로 가 있는 채로, 또 다른 때에는 머리가 위로 가 있는 상태에서 지내기도 한다. 이 모든 운동의 결과로 인해 예비 엄마는 태아가 엄마 복부의 여러 곳을 돌아가며 차는 것을 느낄 수 있다. 태아의 손에 피부 주름들이 보이기 시작하고, 손은 통통해 보이며 아주 작은 손톱들이 완벽하게 형성되어 있다. 아래위 잇몸들 안에는 치아싹들이 이제는 사기질과 상아질로 서로 분리된 층을 이루고 있다. 산전 외래 방문 중에 빈혈 유무를 확인하기 위해 모체 혈액에서 혈색소 농도를 측정한다. 임신성 당뇨병 유무를 알아보기 위해 포도당견딤검사를 시행하기도 한다.

포도당 검사
1회용 소변 검사는 건강 관리 전문가들이 쉽게 당뇨, 잠복 혈뇨, 단백뇨, 감염 등을 찾을 수 있게 해 준다.

치아 형성
각각의 치아싹 내에 다음과 같은 층들이 분명하게 나타난다. 겉에서부터 사기질층(흰색), 상아질층(크림색), 그리고 속질층(붉은색)이다.

임신 29주

태아 뇌의 표면은 점차 주름이 많아져 표면적이 늘어나게 되어 계속 만들어지고 있는 수백만 개의 신경세포들을 수용할 수 있게 된다. 더 많은 신경세포들이 지방으로 이루어진 말이집(myelin sheath)에 둘러싸이게 되는데, 이것이 신경세포들 사이를 서로 절연시켜 준다. 이로 인해 태아의 운동발달 정도가 더욱 가속화한다. 태아를 싸고 있는 태아막과 그 안의 양수가 이제 충분히 발달한다. 두개층의 태아막(안쪽의 양막과 바깥쪽의 융모막)은 태아가 자궁 내에서 몸을 비틀고 자세를 바꾸면서 생기는 마찰을 줄이기 위해 서로 미끄러져 움직인다. 태아의 크기가 최대로 되는 마지막 수주 동안에도 태아막은 매우 신축성이 좋아서 태아가 자라는 것에 맞추어 계속 늘어난다.

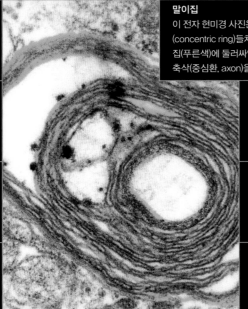

말이집
이 전자 현미경 사진은 동심반지(concentric ring)들처럼 보이는 말이집(푸른색)에 둘러싸인 신경세포의 축삭(중심환, axon)을 보여 준다.

지속적인 요통
자궁이 커지면서 무게중심과 자세가 변하게 되어, 종종 등이 걸리고 불편함을 느끼게 된다.

임신 30주

태아는 이제 점점 더 둥글고, 포동포동해지고, 영양상태가 좋아 보이기 시작하며, 임신 마지막 10주 사이에 체중은 두 배가 된다. 태아는 규칙적인 수면-각성상태를 갖게 되며, 시간의 약 절반은 조용한 휴식상태로 보낸다. Rh 음성 혈액형을 가진 임신부는 임신 30주까지는 Rh(D) 항체주사를 맞게 된다. 그리고 출산 직후 또 한번의 항체주사를 맞는다. 만일 태아의 혈액형이 Rh 양성인 경우에는 이 항체주사를 통해 모체 내에서 면역반응이 일어나는 것을 무력화시킨다. 항체주사 투여는 임신부가 자체적으로 Rh(D) 항체를 만들 가능성을 줄여 준다. 만일 모체가 Rh(D) 항체를 가지고 있으면, 추후 Rh 양성 태아를 임신하게 되는 경우에 문제가 발생할 수 있다.

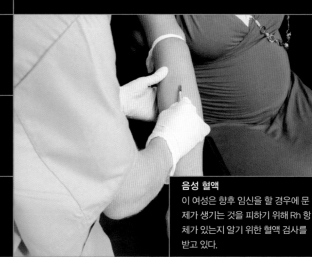

음성 혈액
이 여성은 향후 임신을 할 경우에 문제가 생기는 것을 피하기 위해 Rh 항체가 있는지 알기 위한 혈액 검사를 받고 있다.

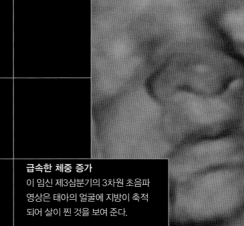

급속한 체중 증가
이 임신 제3삼분기의 3차원 초음파 영상은 태아의 얼굴에 지방이 축적되어 살이 찐 것을 보여 준다.

임신 7개월 | 임신 27~30주
모체와 태아

임신 7개월이 되면 임신 마지막 삼분기가 시작한다. 이달이 첫 주에 태아의 아래위 눈꺼풀이 서로 분리되어 눈을 깜박이기 시작한다. 영양소들이 근육과 지방을 만드는 쪽으로 점점 더 전환되어 태어나 바로 전 달 마지막부터 시작되었던 급격한 체중 증가가 시작한다. 태아의 콩팥은 이제 더 많은 양의 소변을 만드는데, 그것이 자주 배출됨으로써 양수의 양이 많아진다. 태아의 피부는 태아기름막이라고 불리는 기름 보호 층으로 덮여 있는데, 다음날 여러 기능이 있지만 그 가운데에도 태가 되어 태아가 중으로 옆에 있느데, 다음날 여러 기능이 있지만 그 가운데에도 태가 되어 태아가 산도를 내려올 때 도움을 준다. 임신부는 임신성 당뇨병 유무를 확인하기 위해 포도당선검사를 받기도 한다. 만일 임신 초기 혈액 검사에서 모체가 Rh 음성 혈액형을 가진 것으로 판명되면 이달 중순쯤 Rh(D) 항체주사를 처음 맞게 된다.

임신 30주의 임신부
임신부는 몸의 무게중심이 바뀌어 서듯이 근육과 인대들의 긴장도 가중하기 때문에 요통으로 힘들어하기 시작한다. 또한 임신부는 큰소리가 들릴 때 태아가 깜짝 놀라는 것을 느끼기도 한다.

약한 자궁수축
이달 말이 되어 가면서 자궁 바닥에서 유래하는 작은 자궁수축을 느낄 수 있게 된다.

무게중심의 변화
자궁이 커지면서 임신부의 무게중심이 앞쪽으로 이동하고, 그에 따라 자세도 변한다. 이 때문에 등록 허리부위의 굴선 부위가 더 휘어져 요통을 가져올 수 있다.

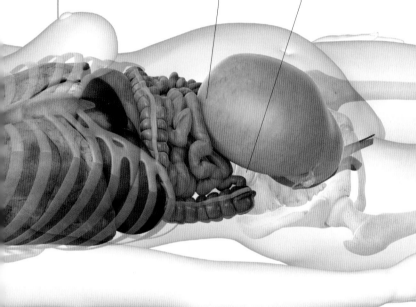

1 2 3 4 5 6 7 8 9 10 11 12 13 14 15 16 17 18 19 20 21 22 23 24 25 26 27 28 29 30 31 32 33 34 35 36 37 38 39 40

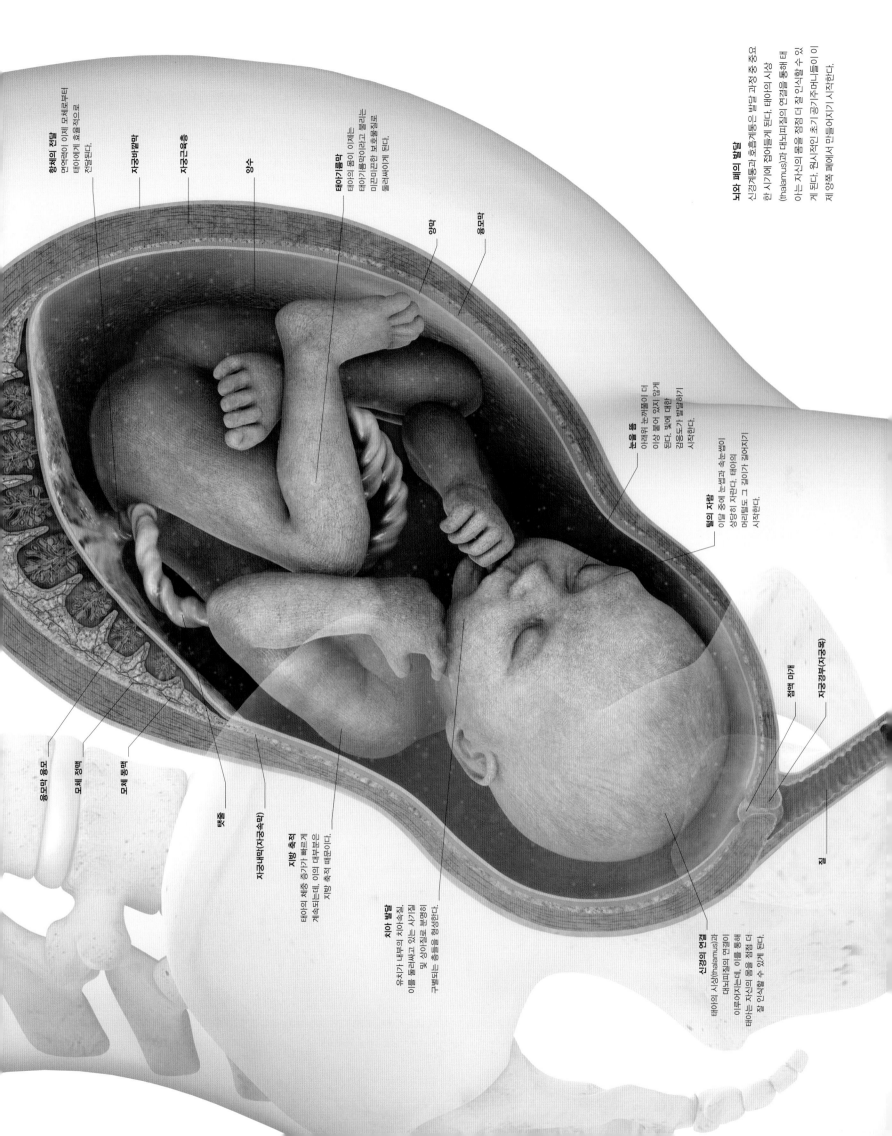

항체의 전달
면역력이 이제 모체로부터
태아에게 효율적으로
전달된다.

자궁바깥막

자궁근육층

양수

태아기름막
태아의 몸이 이제는
태아기름막이라고 불리는
미끈미끈한 보호물질로
둘러싸이게 된다.

양막

융모막

눈꺼풀 틈
아래위 눈꺼풀이 더
이상 붙어 있지 않게
된다. 빛에 대한
감응도가 발달하기
시작한다.

털의 자람
이달 중에 눈썹과 속눈썹이
상당히 자란다. 태아의
머리털도 그 길이가 길어지기
시작한다.

점액 마개

자궁경부(자궁목)

질

신경의 연결
태아의 시상(thalamus)과
대뇌피질의 연결이
이루어지는데, 이를 통해
태아는 자신의 몸을 좀더 더
잘 인식할 수 있게 된다.

치아 발달
유치가 내부의 치아속질,
이를 둘러싸고 있는 사기질
및 상아질로 분명히
구별되는 층들을 형성한다.

지방 축적
태아의 체중 증가가 빠르게
계속되는데, 이의 대부분은
지방 축적 때문이다.

자궁내막(자궁속막)

탯줄

모체 동맥

모체 정맥

융모막 융모

뇌와 폐의 발달
신경계통과 호흡계통은 발달 과정 중 중요
한 시기에 접어들게 된다. 태아의 시상
(thalamus)과 대뇌피질의 연결을 통해 태
아는 자신의 몸을 좀더 더 잘 인식할 수 있
게 된다. 원시적인 호기 공기주머니들이 이
제 양쪽 폐에서 만들어지기 시작한다.

모체

무게중심의 변화

임신 제3삼분기에는 자궁의 부피와 무게가 늘어나기 때문에 임신부의 무게중심이 앞쪽으로 이동한다. 이런 현상을 보정하고 안정성을 유지하기 위해 예비 엄마는 자연적으로 상체를 뒤로 젖히게 된다. 그런데 이런 자세로 인해 척추 옆을 따라 길게 내려가는 근육들은 양 어깨를 뒤로 잡아당기고 배를 들어올리기 위해 더 힘들게 일을 해야 한다. 양 어깨가 뒤로 후퇴함에 따라 머리는 자연스럽게 앞쪽으로 이동한다. 이와 같은 자세의 변화로 인해 허리, 어깨, 그리고 목에 통증이 발생할 수 있다.

휘기 쉬운 척추

척추뼈들은 일련의 미끄럼관절들로 서로 연결되어 4개의 완만한 곡선을 이루는데, 이를 통해 힘, 유연성, 그리고 안정감을 제공한다. 이 곡선들은 목, 가슴, 허리, 그리고 엉치 곡선이라고 불린다. 임신 중에 무게중심이 이동함에 따라 자연스럽게 상체를 뒤로 젖히게 되는데, 이런 이유로 허리 곡선을 이루는 5개의 척추뼈에 더 많은 부담이 주어진다.

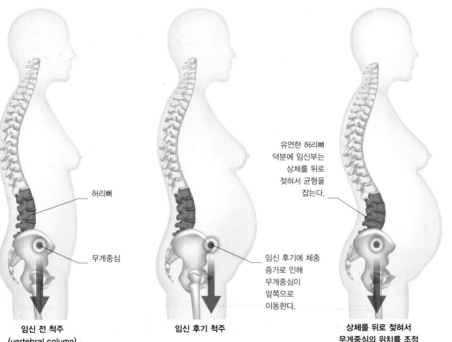

유연한 허리뼈 덕분에 임신부는 상체를 뒤로 젖혀서 균형을 잡는다.

허리뼈

무게중심

임신 후기에 체중 증가로 인해 무게중심이 앞쪽으로 이동한다.

임신 전 척주
(vertebral column)

임신 후기 척주

상체를 뒤로 젖혀서 무게중심의 위치를 조정

임신 중 요통

임신 후기의 자세 변화는 허리 아래쪽 근육, 인대 및 관절들에 추가로 부담을 주어 통증을 유발한다. 요통을 증가시키는 다른 요인으로는 운동 부족, 배 중심부 근육의 긴장도 감소, 그리고 릴랙신(relaxin)이라는 호르몬 분비의 증가를 들 수 있다. 릴랙신은 분만 시기가 다가옴에 따라 인대를 부드럽게 해 주는데, 이것이 종종 신체 내 많은 관절 부위에 염증과 통증을 유발하기도 한다. 허리의 문제는 임신 중에 무릎을 구부리지 않고 허리를 굽혀 무거운 물체를 들어 올릴 때에도 발생할 수 있다.

국부적인 통증 부위들

관절이나 인대들의 긴장도 증가에 따른 불편함에 더하여, 주변의 근육들이 경련을 일으켜 넓은 부위에 걸쳐 통증과 압통을 유발하기도 한다.

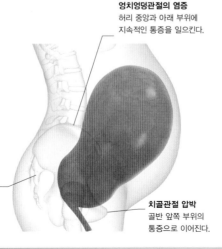

엉치엉덩관절의 염증
허리 중앙과 아래 부위에 지속적인 통증을 일으킨다.

척추에 대한 압박
꼬리뼈 주변으로 통증을 유발한다.

치골관절 압박
골반 앞쪽 부위의 통증으로 이어진다.

출산 준비 수업

출산 준비 수업은 임신부와 배우자가 정서적, 육체적으로 출산에 대비하는 것을 도와주는 중요한 정보를 제공해 준다. 수업은 보통 출산 중 아기와 엄마에게 어떤 일이 일어나는지, 분만 진통 중 취하는 자세, 그리고 제왕절개술, 흡입분만 또는 겸자 분만과 같은 중재술들을 다루게 된다. 호흡법과 이완법을 배우고, 통증을 줄이는 여러 가지 방법들에 대해 토의한다.

출산 교육
출산 준비 수업은 분만 진통, 출산, 그리고 출산 후 첫 2~3개월을 느긋하게 대비하는 방법이다.

출산 전 정기 관리

임신 제3삼분기에 시행하는 정기적인 검사들에는 임신부의 혈압과 자궁의 높이 측정 및 태아의 위치 확인이 포함된다. 소변을 받아 단백뇨, 당뇨, 혈뇨, 그리고 감염이 의심되는 결과는 없는지 확인한다. 채혈을 통해 빈혈 유무를 확인하고, 포도당견딤검사를 시행하기도 한다. 임신부가 Rh 음성 혈액형이고, 배우자가 Rh 양성인 경우에는(230쪽 참조), Rh 항체가(antibody titer) 검사를 정기적으로 시행한다. 항체가가 매우 높은 경우에는 주사를 맞아야 할 수 있다.

혈당 검사
예비 엄마의 소변에서 당이 발견되면 임신성 당뇨 유무를 확인하기 위해 포도당견딤검사가 필요하다.

제3삼분기 병원 방문 예약

28주	임신성 당뇨와 빈혈 유무를 확인하기 위해 병원을 방문함. Rh 혈액형 부적합이면 항체 주사 투여가 필요할 수 있음.
34주	출산 계획을 상담하기 위한 방문. Rh 혈액형 부적합이면 두 번째 항체 주사 투여가 필요할 수 있음.
41주	유도분만 가능성을 상의하기 위한 병원 방문 계획을 세움.
41+3주	산모를 위한 주간 관리실(maternity day care unit) 방문. 태아 안녕 상태를 확인하기 위한 초음파 검사 시행

태아

고환 하강

좌우 두 고환은 발생 중인 남성 배아의 뒤배벽에서 콩팥 근처에 처음 발생한다. 두 고환은 각각 고환길잡이라 불리는 인대에 부착된다. 임신 28주에서 35주 사이에 고환길잡이는 점점 짧아지고 굵어진다. 고환길잡이는 고환을 아래로 당겨서 샅굴(서혜관)을 지나 음낭에 자리잡게 하는 길라잡이로 작용한다. 고환은 배 밖으로 나와서 음낭으로 들어가야 온도를 차게 유지하는 데 도움이 된다. 이렇게 해야 사춘기 이후에 만들어지는 정자의 질이 향상된다.

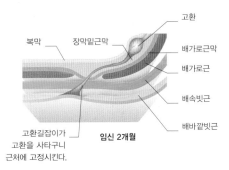

임신 2개월

복막 / 장막밑근막 / 고환 / 배가로근막 / 배가로근 / 배속빗근 / 배바깥빗근

고환길잡이가 고환을 사타구니 근처에 고정시킨다.

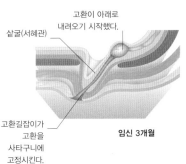

임신 3개월

고환이 아래로 내려오기 시작했다.

샅굴(서혜관)

고환길잡이가 고환을 사타구니에 고정시킨다.

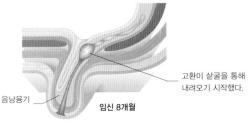

임신 8개월

음낭융기

고환이 샅굴을 통해 내려오기 시작했다.

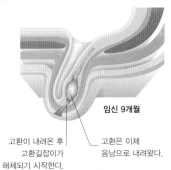

임신 9개월

고환이 내려온 후 고환길잡이가 해체되기 시작한다.

고환은 이제 음낭으로 내려왔다.

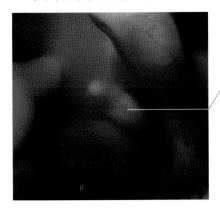

음낭

최종 하강
고환은 출생 전에 음낭으로 들어가는 것이 정상이다. 하지만 만삭 출생한 남아의 1퍼센트와 조기분만 남아의 10퍼센트가 한쪽 고환이 내려오지 않은 상태로 태어난다.

고환이 이동하는 방식과 경로
고환은 샅굴(서혜관)을 통과해서 음낭으로 들어간다. 샅굴은 배안(복강)에서 시작해서 골반뼈 바깥으로 이어지는 좁은 굴처럼 생긴 통로다. 고환이 음낭에 자리를 잡는 즉시 고환길잡이가 퇴화하기 시작한다.

눈 발생

아래위 두 눈꺼풀은 임신 제1삼분기 말 이후로 합쳐져 있다가 임신 7개월 초가 되면 분리되기 시작하기 때문에 태아가 눈을 뜨고 깜박이기 시작한다. 이 시기는 빛을 감지하는 두 가지 세포인 막대세포와 원뿔세포를 포함해서 망막의 모든 층들이 발생한 상태다. 희미한 빛이 엄마의 배벽을 통해 들어와서 태아의 막대세포를 자극한다. 막대세포는 어두운 환경에서 흑색과 회색과 백색을 감지하는 세포다. 태아는 밝음과 어둠이나 낮과 밤의 차이를 인식할 수 있으며, 손과 발과 탯줄의 윤곽을 볼 수 있다. 원뿔세포가 자극을 받아서 일어나는 색각은 출생 후에 발달하는 것으로 생각된다.

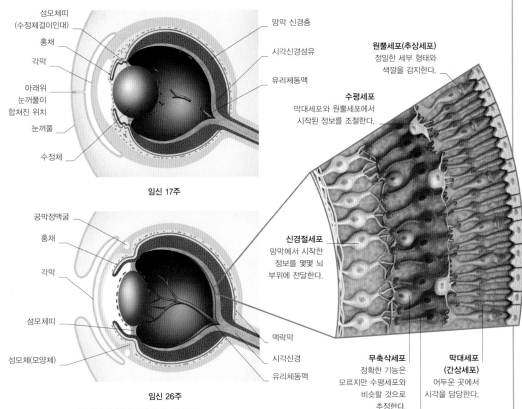

임신 17주

섬모체띠 (수정체걸이인대) / 홍채 / 각막 / 아래위 눈꺼풀이 합쳐진 위치 / 눈꺼풀 / 수정체

망막 신경층 / 시각신경섬유 / 유리체동맥

임신 26주

공막정맥굴 / 홍채 / 각막 / 섬모체띠 / 섬모체(모양체)

맥락막 / 시각신경 / 유리체동맥

임신 17주와 26주 때 눈의 구조
17주와 26주 사이에 수많은 구조들이 발생한다. 공 모양에 가깝던 수정체는 달걀 모양에 가까워지고, 위아래 눈꺼풀이 분리되며, 섬모체가 형성되기 때문에 수정체가 움직여서 모양이 변할 수 있다.

원뿔세포(추상세포)
정밀한 세부 형태와 색깔을 감지한다.

수평세포
막대세포와 원뿔세포에서 시작된 정보를 조절한다.

신경절세포
망막에서 시작한 정보를 몇몇 뇌 부위에 전달한다.

무축삭세포
정확한 기능은 모르지만 수평세포와 비슷할 것으로 추정한다.

막대세포(간상세포)
어두운 곳에서 시각을 담당한다.

두극세포
막대세포와 원뿔세포에서 시작된 정보를 신경절세포로 전달한다.

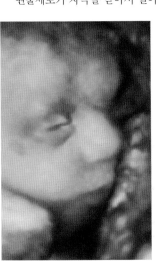

두 눈을 뜨기 시작한다
임신 7개월 때 태아의 3차원 초음파 영상으로, 아래위 눈꺼풀이 분리되기 시작했다. 태아는 빛을 감지하기 시작하고, 밝은 빛을 향해 고개를 돌리게 된다.

태아

치아 형성

아기 때 처음 돋는 치아 한 벌인 젖니(유치) 20개는 임신 8주 전후에 발생하기 시작한다. 젖니는 위턱과 아래턱 모두를 따라 이어지는 띠 모양 조직인 치아판에서 싹이 돋는다. 치아판은 치아싹이 제자리를 잡도록 이끌어 준 후에 해체된다. 그리고 치아싹은 속으로 접혀서 종(鐘)처럼 생긴 구조를 형성한다. 속사기질상피 세포들은 발생 중인 치아 표면에 단단한 사기질(법랑질)을 차곡차곡 쌓고, 그 밑에 있는 치아유두는 그보다 덜 단단한 상아질과 치아속질(치수)을 만든다. 임신 7개월에 이르면 사기질과 상아질이 각각의 층을 형성한다(그림 3). 장차 간니(영구치)가 되는 간니싹은 임신 3개월에 이미 형성되지만 겉으로 드러나지 않은 채 숨어 있다가 만 여섯 살 전후에 차례로 돋기 시작한다.

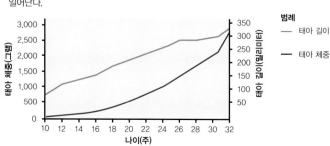

보호층
두껍고 단단한 사기질(적색) 층이 속에 있는 덜 단단한 상아질(분홍색)과 치아속질(황색)을 보호하고 있다.

사기질(법랑질)
상아질
치아속질(치수)

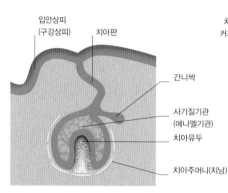

입안상피(구강상피)
치아판
간니싹
사기질기관(에나멜기관)
치아유두
치아주머니(치낭)

1 이른 종(鐘) 단계
임신 10주쯤이면 젖니가 치아주머니 내에 형성되기 시작한다. 간니싹은 그 옆에서 발생하기 시작한다.

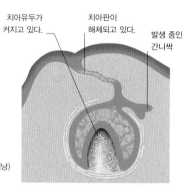

치아유두가 커지고 있다.
치아판이 해체되고 있다.
발생 중인 간니싹

2 늦은 종 단계
임신 14주쯤이면 치아를 잇몸 표면에 연결하던 치아판이 더 이상 필요하지 않기 때문에 해체되기 시작한다.

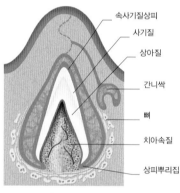

속사기질상피
사기질
상아질
간니싹
뼈
치아속질
상피뿌리집

3 사기질(법랑질)과 상아질
임신 7개월까지는 젖니의 치아속질 바깥에 사기질층과 상아질층이 뚜렷이 구분될 정도로 형성된다.

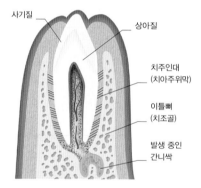

사기질
상아질
치주인대(치아주위막)
이틀뼈(치조골)
발생 중인 간니싹

4 초기 이돋이 단계
치아는 잇몸의 표면을 향해 솟아오르다가 결국 치아머리(치관)가 잇몸 밖으로 뚫고 나온다. 젖니는 생후 6개월에서 두 살 사이에 모두 돋는다.

근육과 지방 증가

태아는 임신 내내 꾸준히 키가 커진다. 따라서 초음파 검사를 하면서 몇 가지 크기를 측정하면 태아 나이를 비교적 정확히 산출할 수 있다. 처음에는 태아 체중이 천천히 늘어나다가 임신 7개월이 되면 급속히 늘기 시작한다. 태아는 근육이 계속 증가하고 지방이 쌓이면서 성장 속도가 급격히 빨라지기 시작해서 임신 30주와 40주 사이에 체중이 두 배로 는다.

급격한 성장
태아 길이는 임신 내내 꾸준히 증가하지만 체중 증가는 대부분이 임신 7개월 이후에 일어난다.

범례
— 태아 길이
— 태아 체중

태아 체중(그램): 3,000 / 2,500 / 2,000 / 1,500 / 1,000 / 500
태아 길이(밀리미터): 350 / 300 / 250 / 200 / 150 / 100 / 50
나이(주): 10 12 14 16 18 20 22 24 26 28 30 32

태아기름막(태지)

태아기름막은 희고 기름기 많은 물질로, 태아 피부를 덮는 막을 형성한다. 태아기름막은 임신 20주 전후에 처음 나타나며, 7개월까지는 태아 몸 대부분을 덮게 된다. 태아기름막은 태아 피부에서 분비된 피지와 피부 세포와 배냇솜털로 이루어져 있다. 태아기름막은 피부가 촉촉해지도록 도와주며, 항상 양수에 노출되어 있는 피부를 보호한다. 양수로부터 피부를 보호하는 이유는 임신 제3삼분기에 콩팥이 성숙해지면 더 진한 소변이 양수에 배설되기 때문이다.

태아기름막은 분만 때 아기가 마찰 없이 엄마 산도를 통과하도록 도와주는 기능도 있다.

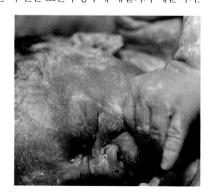

보호막
두껍고 매끄러운 태아기름막이 아기가 태어날 때까지 남아 있기도 한다. 태아기름막을 뜻하는 영어인 vernix caseosa는 라틴 어로 '치즈 칠'이라는 뜻이다.

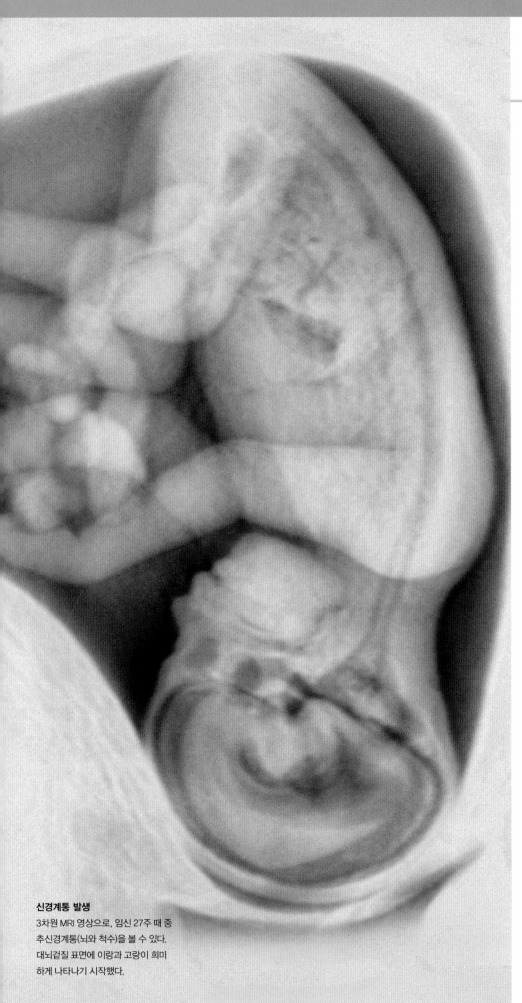

신경계통 발생
3차원 MRI 영상으로, 임신 27주 때 중
추신경계통(뇌와 척수)을 볼 수 있다.
대뇌겉질 표면에 이랑과 고랑이 희미
하게 나타나기 시작했다.

의식의 탄생

의식은 자기 신체 존재를 느껴서 인식하고 자아를 인식하며 외
부 세상을 인식하는 것으로 대강 정의할 수 있다. 의식의 구성원
중 하나인 자기 신체 인식은 임신 7개월에 발달하기 시작하는
데, 이때 태아는 냄새와 촉각과 소리에 반응할 수 있다. 의식의 다
른 두 구성원은 출생 후에 비로소 발달하기 시작한다. 임신 7개월
에는 뇌 신경세포 사이 연결인 시냅스(연접)가 더 많이 형성되고,
의식이나 성격이나 사고능력과 관련이 있는 신경 작용이 발달한
다. 이때 뇌와 신체 사이에 여러 가지 다양한 신경로가 깔리고
있다. 신경로 중 일부는 신체에서 시작한 감각 정보를 받아들이
고, 다른 어떤 신경로들은 수의운동과 불수의운동을 조정하도
록 돕는 지시를 하달한다. 대뇌로 오는 정보 중 대다수는 시상
을 거치는데, 시상에서 정보가 처리된 후 대뇌겉질(대뇌피질) 중
적절한 부위에 전달되어 분석이 이루어진다. 시상은 또한 의식
과 각성과 인식을 조절하는 과정에도 관여한다.

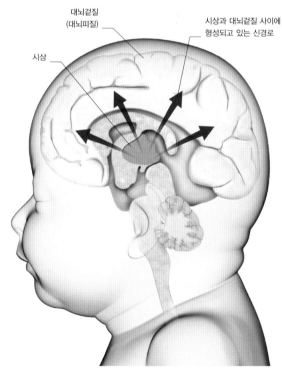

대뇌겉질
(대뇌피질)

시상과 대뇌겉질 사이에
형성되고 있는 신경로

시상

신경망 발생
임신 28주 때 태아 뇌의 그림이다. 이 시기에 시상(녹색 부위)과 대뇌겉질 사이
에 연결이 많이 형성된다. 시상의 역할 중 하나가 감각 신호를 처리하는 것이
다. 시상과 대뇌겉질 사이에 연결이 형성되면 시상에 도달한 신경 신호가 대뇌
겉질 중 적절한 곳으로 중계될 수 있다.

임신 8개월에 접어들면 태아의 체중은 놀라운 속도로 증가한다. 모든 신체 기관들이 성숙해 가면서 가까운 장래에 있게 될 분만에 대비한다. 예비 엄마는 태어날 아기의 보금자리를 깨끗하게 정리하여 잘 준비하고 싶은 충동을 느끼게 되지만, 중요한 것은 휴식과 기분 전환의 시간을 갖도록 하는 것이다.

임신 31주

태아의 골격은 이제 거의 출생할 때의 크기로 자란다. 태아는 앞으로 계속 많은 체중 증가가 있을 것이기 때문에 지금은 오히려 길쭉하고 날씬해 보인다. 피부가 두꺼워지고 그 밑으로 지방층이 형성되기 때문에 피부색이 붉은색보다는 분홍빛으로 보인다. 태아는 유연성이 매우 좋은데, 아직 양막주머니의 공간이 여유가 있어서 태아는 발을 머리에 올리기도 하고 심지어는 발가락을 입에 가져가기도 한다. 자궁 안의 비좁은 여건으로 인해 이제부터 다태임신 태아들은 성장 속도가 단태임신 태아에 비해 느려지기 시작하고, 또한 분만예정일 이전에 출생하는 경향을 보인다. 이미 이 시기에 어떤 태아들은 머리가 몸통보다 밑으로 가는 자세를 취하여 출산 준비를 하는 반면, 다른 태아들은 임신 막바지가 거의 다 될 때까지 돌지 않고 있기도 한다.

쌍태아의 성장
이 MRI 사진은 임신 8개월에 자궁 안에 있는 쌍태아를 보여 준다. 태반 (우측 하부)이 한 개인 것은 그들이 일란성임을 암시한다.

운동 범위
태아는 발을 머리까지 쉽게 가져갈 수 있다. 발가락을 펼 수도 있고, 발을 자궁벽에 버티고 있을 수도 있다.

임신 32주

태아의 폐에 있는 공기주머니(허파꽈리)들이 이제 빠르게 증식한다. 비록 이 주머니 내에 액체가 담겨 있기는 하지만 태아는 임신 후반 5개월 동안 호흡운동 연습을 한다. 이 운동은 처음에는 짧고 돌발적인데, 10초 이상 지속되지 않는다. 다음 수 주일에 걸쳐 태아가 출생 후 유지해야 할 호흡수인 분당 40회의 호흡운동을 하게 되기까지 호흡 방식은 더 규칙적이고 율동적이 되어 간다. 예비 엄마는 임신 마지막 삼분기에 피곤함을 점점 더 많이 느끼기도 한다. 태아와 커져 버린 자궁 및 양수의 무게를 지탱해야 하는데다가, 임신부의 심장은 몸 전체에 추가로 필요해진 혈액을 공급하기 위해 더 열심히 일을 해야 한다. 낮 동안에 규칙적인 휴식을 취하기 위해 드러누워 쉬는 것은 태아에게 전달되는 혈류를 증가시키고 모체와 태아를 모두 도와주는 것이다.

혈류의 증가
낮 동안에 휴식을 취하기 위해 드러누워 쉬는 것은 태반을 통해 흐르는 혈류를 증가시키는 것을 돕는 추가 이득이 있다.

감각의 인식
이 3차원 초음파 사진에서 태아가 자신의 얼굴을 만지고 있다. 태아는 이제 감각을 더 잘 인식하고, 자신의 신체도 탐사하곤 한다.

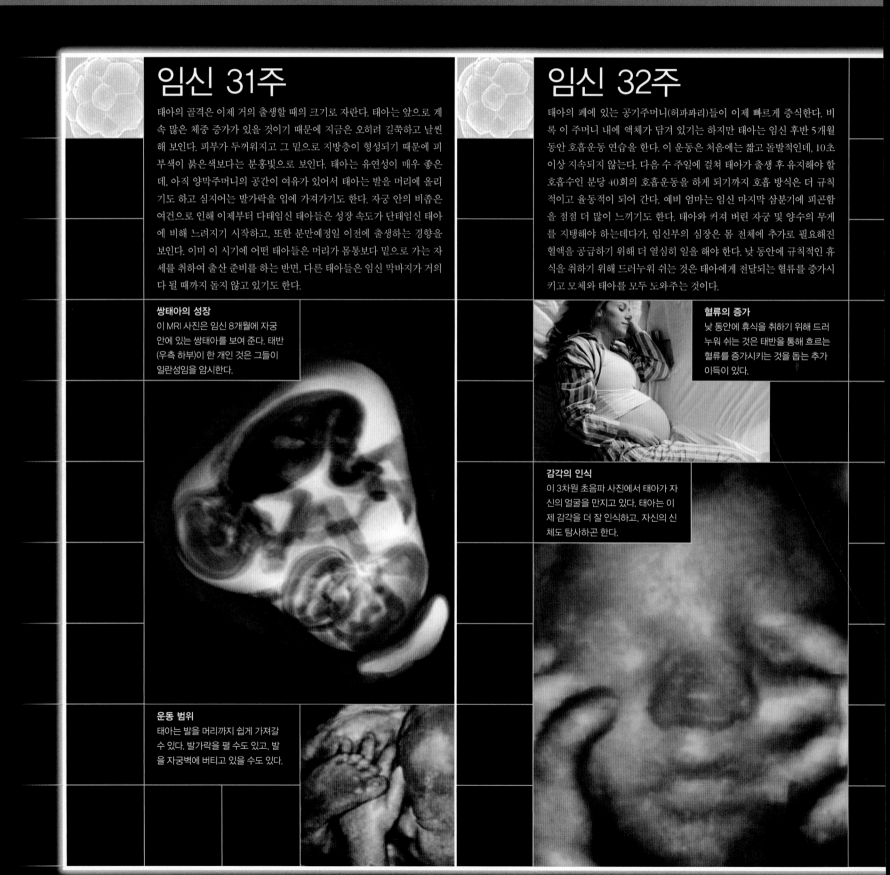

임신 33주

태아는 주위 환경으로부터 많은 소리를 듣는다. 태아는 엄마의 심장박동, 뱃속의 꾸르륵거리는 소리 및 숨소리를 알아차릴 뿐만 아니라 태반과 탯줄을 통해 혈액이 흘러가며 나는 쉭 하는 소리노 듣는다. 뇌가 성숙하면서 태아는 이 소리들을 기억하고 이에 적응하며, 다른 누구보다도 엄마의 목소리를 더 잘 알아차리게 된다. 큰 소음은 태아를 놀라게 할 수도 있는데, 엄마는 그것을 태동이라는 반응으로 느낄 수도 있다. 임신부는 '브랙스톤 힉스(Braxton Hicks) 수축'이라고 불리는 규칙적인 자궁 수축을 느끼기 시작하기도 한다. 이 연습 수축들은 분만진통에 대비하여 자궁 근육을 강화시키는 것을 도와준다. 태아의 장은 이제 모유를 충분히 소화하여 영양소를 흡수할 수 있을 정도로 성숙하게 된다.

탯줄혈관
이 전자 현미경 사진은 탯줄에 있는 혈관을 보여 주는데(빨간색), 이것은 태아에게 영양소를 공급해 준다.

임신 34주

태아는 잠자는 데 소비하는 시간이 더 줄어들고, 깨어서 활동하는 시간이 더 길어지는데, 태어날 때가 되면 24시간 중 8시간가량 깨어 있게 된다. 태아는 자기 자신과 바로 주변의 세계를 훨씬 더 잘 인지하게 된다. 그래서 종종 얼굴을 만지거나 탯줄을 잡거나 엄지 손가락을 빨기도 한다. 태아의 빨기반사(sucking reflex)는 매우 강해져서 태아가 지금부터 만삭 사이 어느 때에 태어나게 되어도 젖을 빨 수 있어서 모유를 먹이는 일을 매우 쉽게 할 수 있다. 태아가 체중이 늘고 더 크게 성장함에 따라 자궁 내에는 태아가 돌아다닐 공간이 더 줄어든다. 태동이 좀 더 조화롭게 되면서 엄마는 태동을 각각 따로 느끼기보다는 합쳐져 연속적으로 이어져 흘러가는 동작으로 느낄 수 있다. 그것이 엄마에게는 태아가 이전보다 더 많이 움직이는 것처럼 느껴질 수 있다.

복잡해진 바깥귀
초음파 사진에서 보이는 완전하게 형성된 바깥귀는 소리를 모아 전달할 수 있다. 큰 소음은 태아를 놀라게 한다.

임신 35주

태아의 폐는 그 안에 있는 공기주머니를 좀 더 쉽게 부풀게 하는 표면활성제를 생산한다. 만일 태아가 지금 태어난다면 도움 없이 숨을 쉴 수 있을 수도 있겠지만, 자궁 내에 수 주간 더 머물면서 체중을 불리고 더 성숙하는 것이 도움이 된다. 임신 전 기간에 걸쳐 계속 분비되고 있는 릴랙신이 이제는 분만을 대비해 치골인대를 이완시키고 자궁경부를 부드럽게 하는 것을 도와주기도 한다.

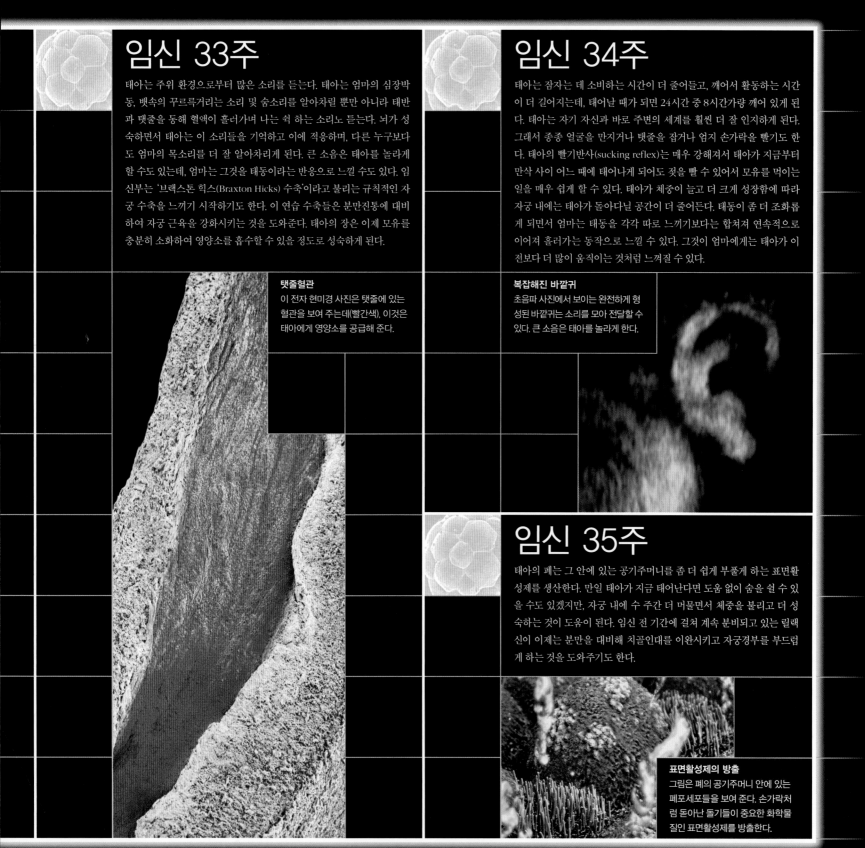

표면활성제의 방출
그림은 폐의 공기주머니 안에 있는 폐포세포들을 보여 준다. 손가락처럼 돋아난 돌기들이 중요한 화학물질인 표면활성제를 방출한다.

임신 8개월 | 임신 31~35주
모체와 태아

이달에도 태아의 체내 지방 창고가 계속 채워지는 것은 출생 후 첫 며칠 동안 모유가 생산되지 않는 시기에 신생아에게 에너지를 제공하는 데에 필수적인 때문으로 추정되고 있다. 태아는 이제 이전보다 잠자는 시간은 더 줄어들고 깨어 있는 시간은 더 많아진다. 가슴벽이 일정하게 움직이면서 호흡을 하게 되는데, 이를 통해 폐와 뇌에 있는 호흡 조절 중추가 출생 후 신생아가 첫 호흡을 하는 것을 대비하게 된다. 임신부의 일정해진 노동으로 증가하는데, 이를 통해 지릉인 임신

태가 이완되고 자궁경부가 부드러워지며 분만에 대비하게 된다. 이제는 커진 임신 부의 자궁이 골반바닥에 부담을 가해 방광을 눌러서 소변이 자주 마려워진다. 임신부의 예비 엄마들은 이제 점점 더 피곤해짐을 느끼기 시작한다. 임신이 막 바지에 접어들면서 모체와 태아 모두의 관리를 위해 출산 전 병원 방문 횟수를 보통 늘리게 된다.

모체

- 🫁 분당 74회
- 💓 109/73mmHg
- 🩸 5.25리터

800밀리리터
자궁 내 양수의 양은 이제 800밀리리터에 도달하며, 임신 9개월 째부터는 감소하기 시작한다.

40퍼센트 이상
임신부의 혈액량은 이제 임신 전에 비해 40퍼센트 이상 증가한다.

임신 35주의 임신부
임신부의 몸에 많은 변화가 일어나는데, 호르몬 농도가 증가하고, 브랙스톤 힉스 수축의 규칙성이 증가한다. 이 두 변화는 임신부의 몸이 분만진통에 대비하게 한다.

지속적인 자궁수축
이맘때 브랙스톤 힉스 수축이 더 강해지고, 더 자주 발생한다.

축가된 무게
태아 체중의 증가와 다양한 호르몬 변화가 복합적으로 작용하여 임신부를 더욱 피곤하게 만들 수 있다.

릴랙신 생산의 증가
릴랙신의 생산량이 더욱 증가하는데, 이것은 태아가 산도를 통해 내려올 때를 대비해서 관절들을 부드럽게 해 준다.

태아

- 🫁 분당 144회
- 📏 46센티미터
- ⚖️ 2.4킬로그램

500밀리리터
태아는 하루에 양수를 약 500밀리리터 마신다. 이 양수 대부분이 소변을 통해 양수로 되돌아간다.

남아에서는 고환이 샅굴(inguinal canal)을 통해 음낭 안으로 들어가는 마지막 하강을 시작한다.

폐에 있는 공기주머니(폐포) 내의 특정 세포들이 임신 35주에 표면활성제를 방출하기 시작한다. 이 물질은 공기주머니가 찌부러지지 않고 공기주머니 내로 공기가 들어날 수 있게 해 주는데, 이것은 출생 후 신생아가 숨을 쉬기 시작하는 데 절대적으로 필요하다.

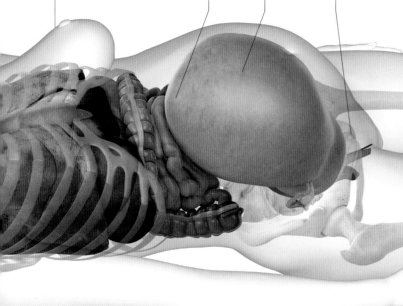

- 양수
- 자궁바깥막
- 자궁근육층
- 융모막 융모
- 자궁내막(자궁속막)
- 모체 동맥
- 모체 정맥

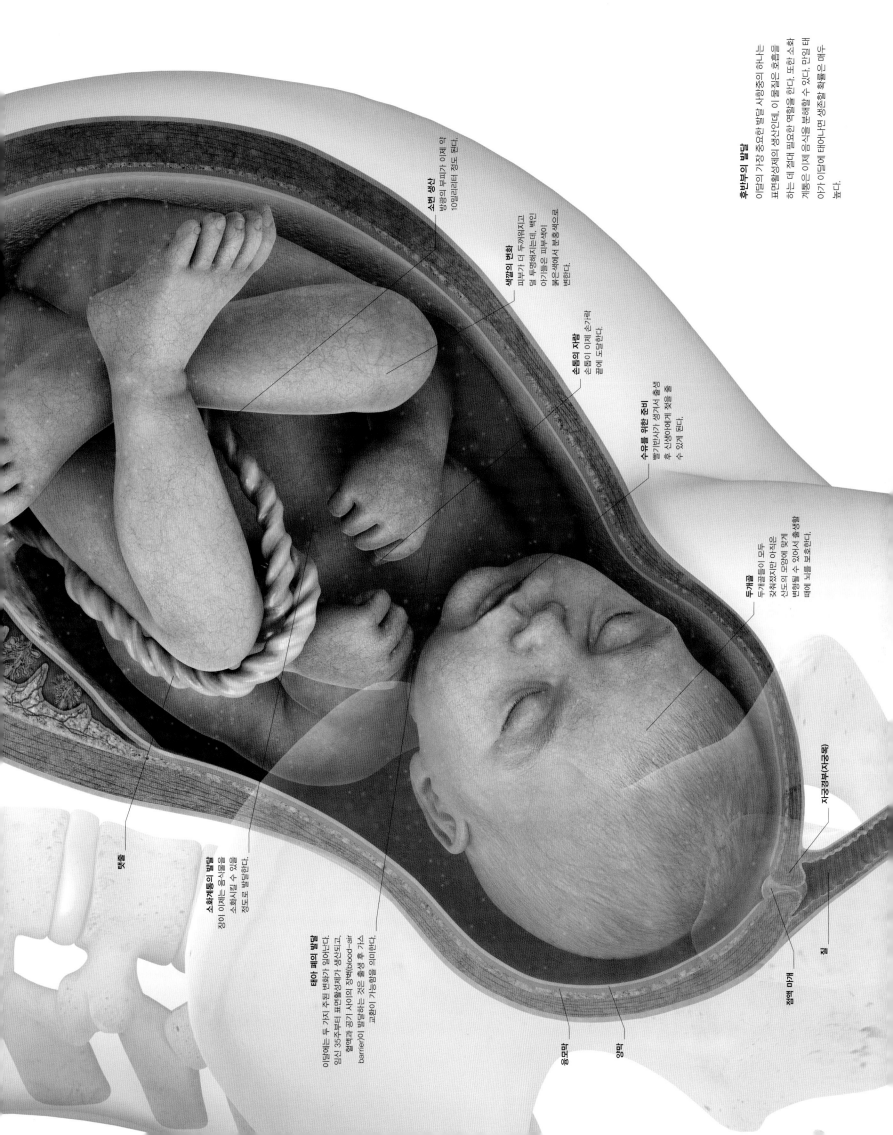

후반부의 발달
이들의 가장 중요한 발달 사항중의 하나는 표면활성제의 생산인데, 이 물질은 호흡을 하는 데 절대 필요한 역할을 한다. 또한 소화 계통은 이제 음식을 분해할 수 있다. 만일 태아가 이맘때 태어나면 생존할 확률은 매우 높다.

소변 생산
방광의 부피가 이제 약 10밀리리터 정도 된다.

색깔의 변화
피부가 더 두꺼워지고 덜 투명해지는데, 백인 아기들은 피부색이 붉은색에서 분홍색으로 변한다.

손톱의 자람
손톱이 이제 손가락 끝에 도달한다.

수유를 위한 준비
빨기반사가 생겨서 출생 후 신생아에게 젖을 줄 수 있게 된다.

두개골
두개골들이 모두 갖춰졌지만 아직은 산도의 모양에 맞게 변형될 수 있어서 출생할 때에 뇌를 보호한다.

자궁경부(자궁목)

질

점액 마개

융모막

양막

탯줄

소화계통의 발달
장이 이제는 음식물을 소화시킬 수 있을 정도로 발달한다.

태아 폐의 발달
이들에는 두 가지 주된 변화가 일어난다. 임신 35주부터 표면활성제가 생산되고, 혈액과 공기 사이의 장벽(blood-air barrier)이 발달하는 것은 출생 후 가스 교환이 가능함을 의미한다.

모체

브랙스톤 힉스 수축

자궁은 임신 기간 내내 규칙적으로 수축한다. 브랙스톤 힉스 수축으로 알려진 이 '연습' 수축들은 임신 8개월째부터 더욱 두드러지는데, 때로는 분만진통으로 오인하기도 한다. 이 수축들은 단단해지는 느낌으로 감지되는데, 1분 또는 그 이상 지속되기도 하며, 이로 인해 분만진통 중 나타나는 현상인 자궁경부 열림은 발생하지 않는다. 자궁수축은 태아를 압박하며, 태아의 감각 발달에 중요한 자극제가 되고, 분만진통에 대비해 자궁 근육의 긴장도를 조절한다.

임신 중 자궁의 활동

이 도표들은 자궁의 압력(mmHg로 표시)이 규칙적으로 증가하여 가는 브랙스톤 힉스 수축들을 보여 준다. 이 수축들의 강도는 임신 8개월이면 더욱 세지지만, 그러나 아직 진짜 분만진통에 비하면 미약하다.

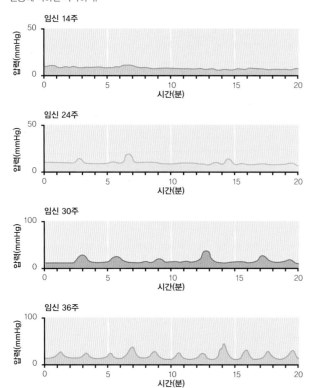

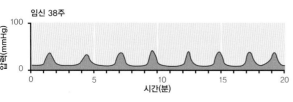

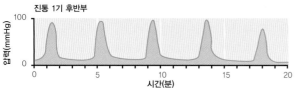

임신 후기의 릴랙신

릴랙신은 신체 내의 다른 인대들뿐만 아니라 출산에 대비하여 골반 관절 및 인대들을 부드럽게 만드는 호르몬이다. 비록 이 변화들이 임신 후반부에 종종 요통과 골반통을 가져올 수 있지만 릴랙신은 모체의 골반 뼈들을 더욱 유연하게 만들어서 태아의 머리가 통과하기에 충분할 만큼 산도를 넓혀 준다. 또한 릴랙신은 자궁과 태반에 있는 혈관들의 발달에 도움을 주기도 하는데, 이것은 자궁을 이완시켜 임신이 진행됨에 따라 자궁이 늘어나는 것을 도와주는 것으로 보인다.

릴랙신은 어디서 만들어지는가?

릴랙신은 유방, 난소, 태반, 융모막, 그리고 탈락막에서 만들어진다.

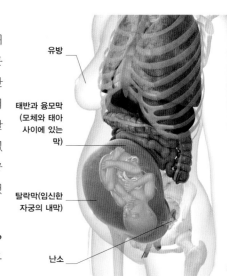

유방

태반과 융모막 (모체와 태아 사이에 있는 막)

탈락막(임신한 자궁의 내막)

난소

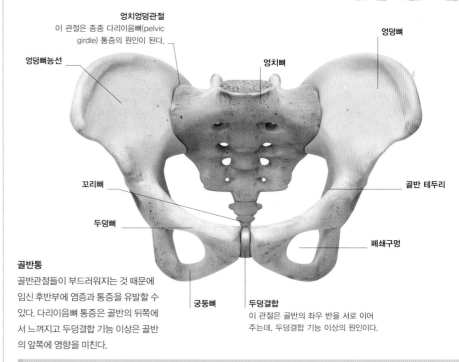

엉치엉덩관절
이 관절은 종종 다리이음뼈(pelvic girdle) 통증의 원인이 된다.

엉덩뼈능선

엉치뼈

엉덩뼈

꼬리뼈

골반 테두리

두덩뼈

폐쇄구멍

궁둥뼈

두덩결합
이 관절은 골반의 좌우 반을 서로 이어 주는데, 두덩결합 기능 이상의 원인이다.

골반통

골반관절들이 부드러워지는 것 때문에 임신 후반부에 염증과 통증을 유발할 수 있다. 다리이음뼈 통증은 골반의 뒤쪽에서 느껴지고 두덩결합 기능 이상은 골반의 앞쪽에 영향을 미친다.

피로감의 증가

임신 말기가 다가옴에 따라 임신부는 종종 피로감이 더 심해지는 것을 느낀다. 그 이유는 한편으로는 임신부가 지탱해야 하는 무게가 증가하기 때문이고, 또 다른 이유는 몸 안에서 일어나는 다양한 호르몬 변화 때문이다. 지나친 피로감이 철 결핍(빈혈)의 징후일 수도 있다. 임신 중 외래에서 여러 시기에 빈혈을 확인하기 위한 혈액검사를 시행하는 것은 이러한 이유 때문이다.

휴식의 이점

앉아 있거나 드러눕는 것은 자궁으로 가는 혈액량을 증가시켜 모체와 태아 모두에게 도움이 된다.

태아

빠른 성장

태반은 성숙함에 따라 효율이 최고조에 이르기 때문에 산소와 포도당과 그밖에 꼭 필요한 영양소들이 태아로 최대한 전달될 수 있다. 이 영양소들 중 최대 70퍼센트가 급속히 성장 중인 뇌의 몫이다. 태아의 신체는 이제 발생이 거의 완성되었으며, 소중한 에너지 자원을 버리지 않고 체지방을 쌓아 저장하는 데 돌려쓸 수 있다. 태아는 쭈글쭈글했던 피부에 살이 붙기 시작하면서 영양 상태가 더 좋아 보이기 시작한다. 한편으로는 이 기간 동안 태아는 급속히 성장하기 때문에 자궁 속에서 움직이는 데 제한을 받기 시작한다.

근육 형성
자궁 속에 있는 8개월 된 태아의 색조영 MRI 사진으로, 태아 근육(분홍색 부위)이 잘 형성되었음을 알 수 있다.

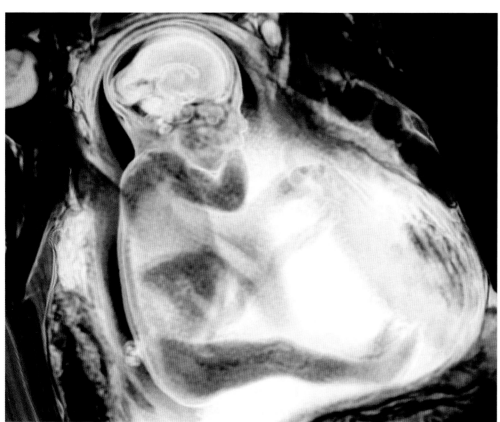

쌍둥이 임신

쌍둥이는 자궁 하나를 함께 쓰기 때문에 엄마가 준 영양소나 공간 등도 공유한다. 쌍둥이는 이렇게 서로 경쟁하게 되면서 성장 속도가 외둥이에 비해 느려지기 시작하며, 더 일찍 태어나는 경향이 있다. 쌍둥이 임신은 평균 38주 지속되며, 외둥이 임신은 약 40주 지속된다. 쌍둥이는 일찍 태어나기 때문에 대개 외둥이에 비해 체중이 가볍다.

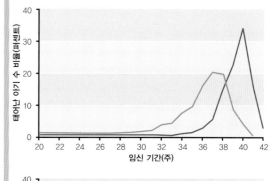

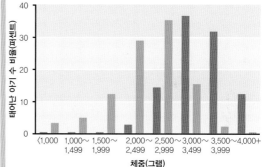

더 일찍 더 가볍게
위 그래프를 보면 쌍둥이가 외둥이에 비해 대개 두 주 일찍 태어난다는 사실을 알 수 있다. 아래 그래프는 쌍둥이 체중이 외둥이에 비해 1킬로그램 정도 가벼움을 뜻한다.

범례
■ 외둥이
■ 쌍둥이

호흡 '예행 연습'

태아는 이제 허파꽈리(폐포)가 거의 완성되었고, 시간의 절반을 호흡 연습을 하는 데 보낸다. 연습이라 함은 실제 산소 호흡은 출생 후에나 일어나며, 태아는 준비만 하고 있기 때문이다. 호흡 연습을 할 때 양수가 실제로 태아 폐로 들어가지는 않지만 폐가 정상적으로 발달하려면 가로막과 가슴벽이 협동해서 움직이는 운동이 꼭 필요하다.

빨간색 영상은 분출된 양수를 가리킨다.

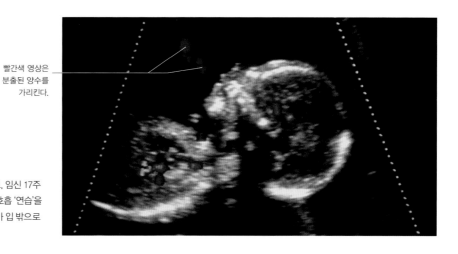

조기 호흡
채색 도플러 초음파 사진으로, 임신 17주경 태아가 공기 대신 양수로 호흡 '연습'을 하고 있다. 빨간 조각은 태아가 입 밖으로 뿜은 양수의 영상이다.

임신 9개월 | 임신 36~40주

태아는 이제 완전히 형체가 갖춰지고, 출산에 대비해 이미 머리가 몸통 밑에 자리를 잡고 있기도 한다. 태아는 출생 후 자궁 밖에서 보호가 충분하지 못한 생활을 맞이하게 될 때를 대비해 임신 마지막 몇 주 사이에 더 많은 양의 지방을 체내에 축적한다.

임신 36주

분만예정일이 다가오지만, 임신 초기에 계산한 분만예정일에 태어나는 신생아는 20명 중 1명에 불과하다. 계산된 분만예정일 전과 후로 각각 2주 이내에 태어나는 것은 여전히 정상으로 간주한다. 태반의 효율성이 떨어져 가므로, 태아가 필요한 모든 영양소를 다 공급받고 있는지 확인하는 것이 중요하다. 임신 막바지를 향해 가면서 필요하다면 특수 검사들을 시행하기도 한다. 그런 것들에는 태반의 기능, 태아의 성장, 태아 심장박동수, 그리고 태아의 안녕 등을 평가하는 검사들이 포함된다. 이들 검사들은 병원 급에서 시행하기도 하고, 개인 의원 외래에서 시행하기도 한다. 임신부의 복부 진찰을 통해 태아의 머리가 밑으로 향하고 있는지, 아니면 둔위(breech presentation)인지를 확인하게 된다.

임신 37주

임신 37주가 되면 태아 발달은 완성된 것으로 간주되어, 단태아인 경우에는 만삭으로 분류한다. 10명 중 1명쯤은 이 이전에 태어나는데, 미숙 또는 조산으로 기록한다. 더 이른 시기에 태어날수록 문제는 더욱 많아지고 복잡해진다. 태아의 몸은 이제 지방층이 꽤 생겨서 건강하고 포동포동해 보인다. 태아는 태어날 준비가 다 되어 있는 것이다. 초기 발달과정 중에 태아를 덮고 있던 대부분의 배냇솜털은 떨어져 나가고 매우 가는 솜털로 대체된다. 태아의 움직임은 이제 서로 잘 조화롭게 이루어지며, 제한된 공간 때문에 태아는 팔과 다리를 몸 쪽으로 끌어당기게 된다. 많은 원시적인 반사들이 생겨나는데, 친숙한 소리들이나 자궁 내로 스며들어오는 강한 빛을 향해 돌아서는 동작들이 그것이다.

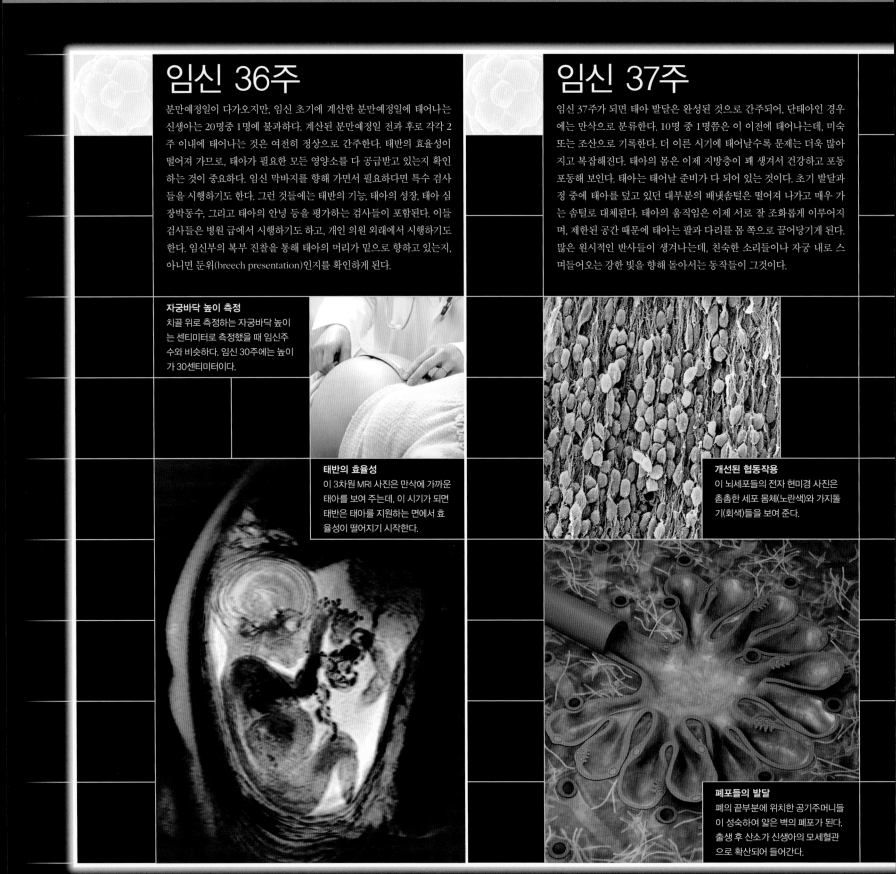

자궁바닥 높이 측정
치골 위로 측정하는 자궁바닥 높이는 센티미터로 측정했을 때 임신주수와 비슷하다. 임신 30주에는 높이가 30센티미터이다.

태반의 효율성
이 3차원 MRI 사진은 만삭에 가까운 태아를 보여 주는데, 이 시기가 되면 태반은 태아를 지원하는 면에서 효율성이 떨어지기 시작한다.

개선된 협동작용
이 뇌세포들의 전자 현미경 사진은 촘촘한 세포 몸체(노란색)와 가지돌기(회색)들을 보여 준다.

폐포들의 발달
폐의 끝부분에 위치한 공기주머니들이 성숙하여 얇은 벽의 폐포가 된다. 출생 후 산소가 신생아의 모세혈관으로 확산되어 들어간다.

임신 38주

때가 되면 무엇이 정확히 출산을 자극하는지는 아직 알려져 있지 않다. 호르몬 농도의 변화가 관계되는 것으로 보이지만, 연구자들은 분만진통 시작 신호가 모체보다는 태아로부터 나오는 것으로 점점 더 믿고 있다. 태아의 편평한 머리뼈들은 아직 서로 융합되지 않아서 출산할 때에 각 뼈들이 서로 미끄러지면서 중첩되는데, 이를 통해 산도에 맞춰 머리 모양이 변형되어 태아가 산도를 안전하게 빠져 나오게 된다. 이 뼈들은 출생 후 다시 원상태로 돌아간다. 태아마다 머리카락의 수와 길이는 다양해서, 태아에 따라 숱이 별로 없거나 많을 수도 있다. 머리카락의 길이는 4센티미터 또는 그 이상이 되기도 한다. 태아의 피부는 이제 더 굵고 강해 보인다. 피부주름과 같은 취약한 부위를 제외하고는 피부의 대부분에서 태아기름막이 사라진다.

출산 준비 완료
이 3차원 초음파 사진에서 만삭 태아가 자신의 눈을 만지고 있다. 아주 통통하게 살찐 뺨이 영양 상태가 좋음을 말해 준다.

앞숫구멍(anterior fontanelle)
분만 촉진을 위해 머리뼈들은 서로 미끄러져 중첩된다. 뼈들 사이의 가장 넓은 공간(앞숫구멍)은 출생 후 18개월이 되면 닫힌다.

임신 39주

많은 예비 엄마들은 대청소를 하고, 집안을 정돈하고, 아기 방을 준비하고 싶은 욕구가 생긴다. 이러한 공통된 현상을 보금자리 만들기 본능(nesting instinct)이라고 한다. 임신부의 유방은 수유 준비가 되어가고 있어서 이미 초유를 생산하기 시작한다. 초유는 에너지, 항체, 그리고 다른 면역증강 물질들이 풍부하다. 임신 마지막 수일 동안에 예비 엄마는 충분히 많이 휴식을 취해야 한다. 일부 부모들은 이미 아기의 성별을 알고 있는 반면에, 다른 부모들은 출산 전에는 알기를 원하지 않는 경우도 있다. 곧 태어날 신생아의 이름을 선택하고 태아에게 말을 거는 것이 출생 전부터 모자 간에 긴밀한 유대관계를 형성하는 데 도움을 준다. 부모 중 누구라도 임신과 출산에 대해 지나치게 많은 걱정을 하고 있다면 의사나 조산사로부터 조언을 받아야 한다.

엄지 손가락 빨기
초음파 사진의 만삭 태아는 엄지 손가락을 빨고 있는데, 이렇게 하는 것이 태아를 편안하게 하고 출생 후 수유에 대한 연습이 되기도 한다.

임신 40주

임신 기간은 최종월경 시작일로부터 280일(40주)간 지속된다. 절반이 안 되는 아기가 아직 자궁 내에 머물러 있게 된다. 즉 절반 이상은 출생하게 되는 것이다. 임신이 막바지에 이르면서 자궁경부(자궁목)는 출산에 대비해 부드러워진다. 요통, 압박감, 그리고 월경통과 같은 골반통을 흔히 느끼게 된다. 규칙적인 식사는 분만진통 중 힘을 제공하고, 따뜻한 물로 하는 목욕이나 허리 마사지는 불편함을 완화시킬 수 있다.

갑갑한 상황들
만삭 태아는 몸을 돌릴 공간을 거의 갖지 못하며, 예비 엄마는 태아의 모든 경련과 딸꾹질을 느낄 수 있다.

임신 9개월 | 임신 36~40주
모체와 태아

임신 37주가 되면 태아는 거의 발달이 완료되어 만삭으로 간주된다. 그렇지만 자궁 내에 얼마 더 머물러 있는 것이 아직 아이에 될 것인데, 어떤 아기는 임신 42주까지 태어나지 않는 경우도 한다. 태아의 체중은 늘어나가고, 임신 23주부터 피부를 덮고 있던 배냇솜털이 떨어져 나간다. 대신에 가늘고 부드러운 솜털이 이전보다 양이 더 많아진 양막주머니 안의 녹 빛 소변으로부터 태아를 보호해 준다. 손톱들이 빠르게 자라네, 태아 주어야 할 경우도 있다. 태아의 호흡 운동은 규칙적인 리듬을 찾게 되는데, 태아는 분당 40회 정도로 빠르게 호흡한다. 태아는 큰 소리에 놀라기도 하고, 친숙한 목소리를 알아차리기도 한다. 임신부가 자궁의 옷배 쪽으로 더욱 빠르면서도 않은 호흡을 하게 되고, 쾌르함과 소화불량을 호소하기도 한다.

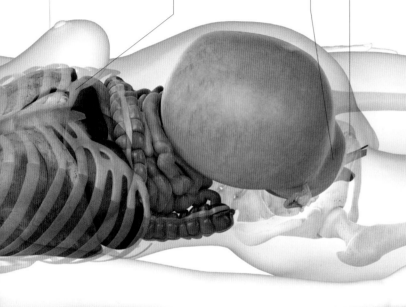

임신 40주의 모체
이맘때는 태아의 머리가 분만을 위해 골반 쪽으로 진입함에 따라 자궁의 높이가 낮게 측정된다.

갈비뼈에 대한 압박의 경감
임신 9개월째부터 나타나는 진입 또는 가벼워짐(lightening)으로 인해 갈비뼈에 대한 압박이 줄어들어 호흡이 약간 더 편해진다.

방광에 대한 태아 머리의 압박
임신부는 소변 마려운 느낌이 자주 들기도 하는데, 태아 머리가 방광을 압박하기 때문이다.

골반 관절들의 느슨해짐
자궁결합 관절이 이완되면서 유연성이 증가하기 때문에 태아가 산도를 좀 더 쉽게 지나갈 수 있다.

모체

- 분당 75회
- 108/68mmHg
- 5.5리터

1,000
임신 전 자궁과 비교하여 임신 중 늘어날 수 있는 자궁 용적의 배수

700그램
이제 태반의 무게는 약 700그램이 되고, 직경은 20~25센티미터, 그리고 두께는 2~3센티미터가 된다.

통계

태아

- 150회/분
- 50센티미터
- 3.5킬로그램

5퍼센트 미만
분만예정일에 태어나는 아기의 비율. 분만예정일보다 30퍼센트는 더 일찍, 70퍼센트는 더 늦게 태어난다.

96퍼센트
임신 40주에 머리가 몸통보다 아래에 위치하는 자세를 취하는 비율이다. 3퍼센트는 둔위이고, 남은 1퍼센트는 다른 자세를 취한다.

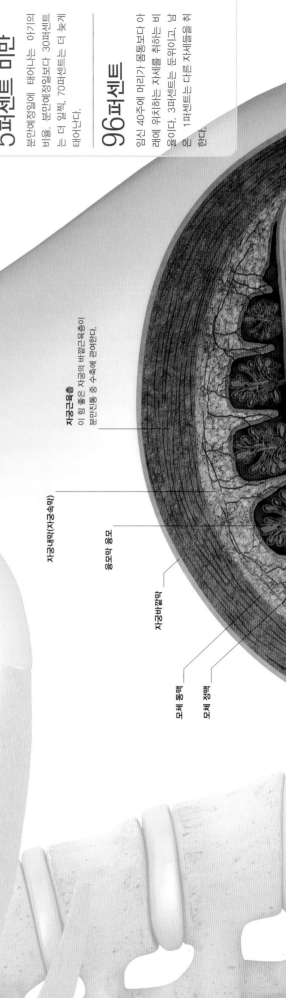

자궁근육층
이 힘 좋은 자궁의 바깥근육층이 분만진통 중 수축에 관여한다.

자궁내막(자궁속막)

융막 융모

자궁바깥막

모체 동맥

모체 정맥

1 2 3 4 5 6 7 8 9 10 11 12 13 14 15 16 17 18 19 20 21 22 23 24 25 26 27 28 29 30 31 32 33 34 35 36 37 38 39 40

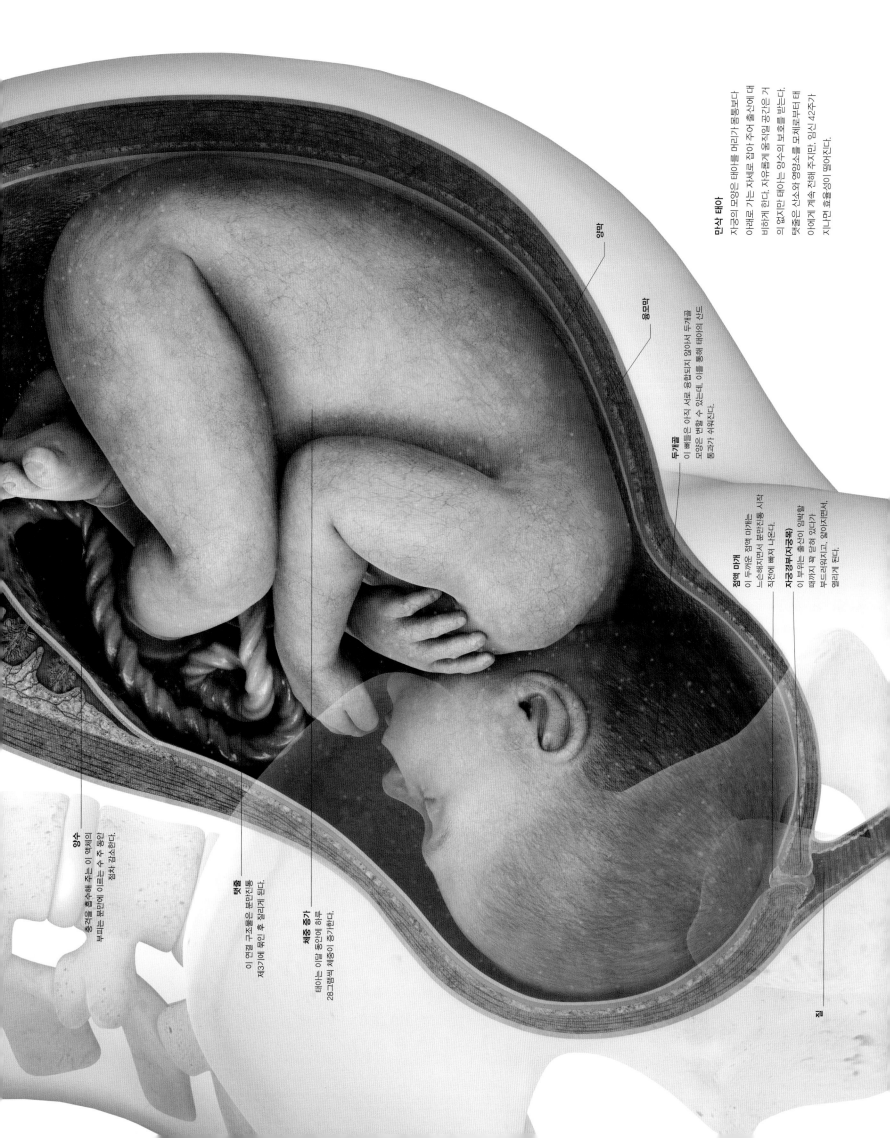

만삭 태아

자궁의 모양은 태아를 머리가 몸통보다
아래로 가는 자세로 잡아 주어 출산에 대
비하게 한다. 자유롭게 움직일 공간은 거
의 없지만 태아는 양수의 보호를 받는다.
탯줄은 산소와 영양소를 모체로부터 태
아에게 계속 전해 주지만, 임신 42주가
지나면 효율성이 떨어진다.

양막

융모막

두개골
이 뼈들은 아직 서로 융합되지 않아서 두개골
모양은 변할 수 있는데, 이를 통해 태아의 산도
통과가 쉬워진다.

점액 마개
이 두꺼운 점액 마개는
느슨해지면서 분만진통 시작
직전에 빠져 나온다.

자궁경부(자궁목)
이 부위는 출산이 임박할
때까지 꽉 닫혀 있다가
부드러워지고, 얇아지면서,
열리게 된다.

양수
충격을 흡수해 주는 이 액체의
부피는 분만에 이르는 수주 동안
점차 감소한다.

탯줄
이 연결 구조물은 분만진통
제3기에 묶인 후 잘리게 된다.

체중 증가
태아는 이달 동안에 하루
28그램씩 체중이 증가한다.

질

모체

모유 생산

임신 막바지를 향해 가면서 유방은 초유(colostrum)라는 영양이 풍부한 크림색의 전유를 생산하기 시작한다. 초유는 때로 임신 제3삼분기에 유두에서 저절로 분비되기도 한다. 분만 후 태반 만출이 되면서 에스트로겐, 프로게스테론(황체호르몬) 및 태반젖샘자극호르몬(human placental lactogen) 농도가 갑자기 감소한다. 젖분비호르몬(prolactin) 농도는 계속 높게 유지되는데, 이것이 모유를 최대로 생산하도록 자극하는 바로 그 호르몬이다. 보통 출생 후 신생아를 가능하면 빨리 엄마의 가슴에 올려놓도록 권장된다. 젖을 빨게 되면 모유 생산이 촉진되며 모유는 출생 후 2~6일째부터 나오는 것이 보통이다. 이 이전의 신생아는 소량의 초유를 먹는데, 초유는 에너지, 항체, 그리고 다른 면역증강 물질들을 제공한다. 성숙한 모유가 충분히 생산되기 이전인 출생 후 2~6일에 신생아들은 정상적으로 출생 체중의 10퍼센트까지 감소하기도 한다.

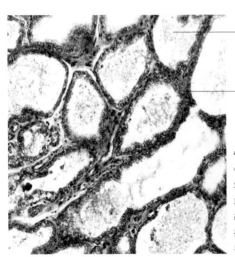

모유
분비샘에서 생산되어 주머니 같은 꽈리 속으로 분비된다.

분비 소엽
분비샘 군집(소엽)이 모여 엽을 형성한다.

수유 중인 유방 조직
수유 중인 건강한 유방 조직의 광학 현미경 사진으로 분화된 샘 세포들이 내벽을 둘러싼 공간(꽈리)을 보여 주는데, 샘 세포들로부터 분비된 모유가 이곳에 모인다.

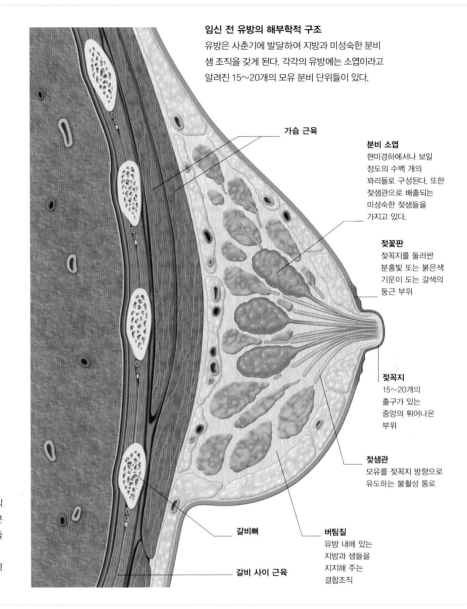

임신 전 유방의 해부학적 구조
유방은 사춘기에 발달하여 지방과 미성숙한 분비샘 조직을 갖게 된다. 각각의 유방에는 소엽이라고 알려진 15~20개의 모유 분비 단위들이 있다.

가슴 근육

분비 소엽
현미경하에서나 보일 정도의 수백 개의 꽈리들로 구성된다. 또한 젖샘관으로 배출되는 미성숙한 젖샘들을 가지고 있다.

젖꽃판
젖꼭지를 둘러싼 분홍빛 또는 붉은색 기운이 도는 갈색의 둥근 부위

젖꼭지
15~20개의 출구가 있는 중앙의 튀어나온 부위

젖샘관
모유를 젖꼭지 방향으로 유도하는 불활성 통로

갈비뼈

버팀질
유방 내에 있는 지방과 샘들을 지지해 주는 결합조직

갈비 사이 근육

분만일

분만예정일은 임신 초기에 최종월경 시작일에 근거해서 계산한다. 태아의 재태연령은 초기 초음파 검사에서 얻은 측정치를 통해서 판단한다. 이렇게 하면 때로는 새로운 분만예정일이 얻어진다. 단일 태아인 경우에는 임신 37주부터 만삭으로 간주하는데, 임신 40주까지 3주를 추가로 더 자라는 것이 이익이 되는 것이 보통이지만 태아는 이제 자궁을 떠날 준비가 충분히 되었다. 만일 태아가 42주까지 자궁 내에 머물고 있으면 보통 분만을 유도하는데, 그 이유는 노화한 태반이 더 이상 최상의 기능을 발휘하지 못하기 때문이다.

둥지 짓기 본능

임신 막바지에 접어들면서 임신부는 새로운 가족 구성원의 도착이 임박한 것에 대비해 집을 청소하고 아기 방을 준비하고자 하는 강한 욕구를 가지게 되는 것이 보통이다.

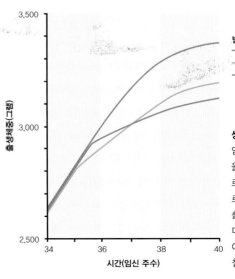

범례
— 평균
— 흡연자들
— 영양상태 불량

세로축: 출생체중(그램), 3,500 / 3,000 / 2,500
가로축: 시간(임신 주수), 34 / 36 / 38 / 40

생활습관이 주는 영향
임신 35주 이후에 흡연을 하거나 음식을 제대로 먹지 못하는 임신부로부터 태어난 아기들은 출생체중이 평균보다 더 적다. 이것은 미래의 아기 건강에 영향을 미칠 수 있다.

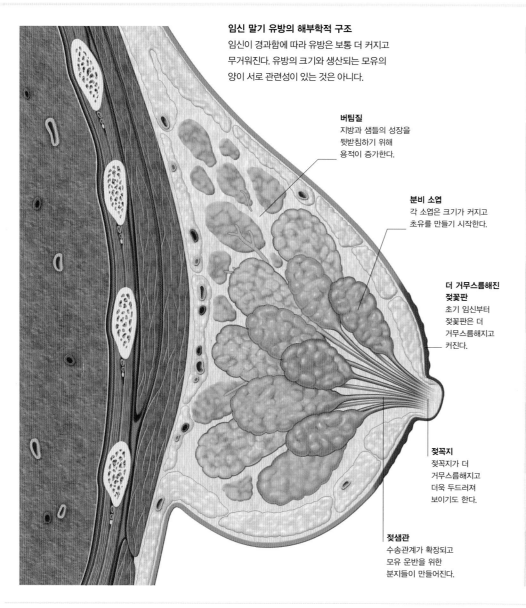

임신 말기 유방의 해부학적 구조
임신이 경과함에 따라 유방은 보통 더 커지고 무거워진다. 유방의 크기와 생산되는 모유의 양이 서로 관련성이 있는 것은 아니다.

버팀질
지방과 샘들의 성장을 뒷받침하기 위해 용적이 증가한다.

분비 소엽
각 소엽은 크기가 커지고 초유를 만들기 시작한다.

더 거무스름해진 젖꽃판
초기 임신부터 젖꽃판은 더 거무스름해지고 커진다.

젖꼭지
젖꼭지가 더 거무스름해지고 더욱 두드러져 보이기도 한다.

젖샘관
수송관계가 확장되고 모유 운반을 위한 분지들이 만들어진다.

수유에 관여하는 호르몬들

임신과 출산의 여러 다른 상황들과 같이 수유(lactation)도 호르몬의 섬세한 상호 작용을 통해 이루어진다. 임신부의 몸 안에 이미 순환되고 있던 호르몬들에 추가하여 몇몇 다른 호르몬들이 분비된다.

프로게스테론 (progesterone)	처음에는 황체(배란 후의 비어 있는 난포)에서 만들어지다가 이후 태반에서 만들어진다. 고농도의 프로게스테론은 유방 내 꽈리와 소엽들의 성장을 촉진한다.
에스트로겐(estrogen)	사춘기의 유방 발달에 관여한다. 임신 중 증가한 에스트로겐 농도는 모유관 계통(milk duct system)의 성장과 발달을 자극한다.
젖분비호르몬(prolactin)	뇌하수체에서 생산되며, 모유 생산을 촉진한다. 젖꼭지를 빨면 젖분비호르몬이 분비되어 유방 내에 모유가 차게 된다. 옥시토신이 젖분비호르몬과 같이 분비된다.
옥시토신(oxytocin)	정서적 자극(아기의 울음)이나 젖꼭지에 대한 자극을 통해 옥시토신이 뇌하수체에서 분비되어 꽈리의 민무늬근육이 수축하면 젖이 관 안으로 뿜어져 나온다(사출반사).
태반젖샘자극호르몬 (human placental lactogen)	임신 2개월째부터 태반에서 생산되는 태반젖샘자극호르몬은 젖분비호르몬(프로락틴)과 성장호르몬의 작용을 닮아서, 유방, 젖꼭지 및 젖꽃판이 커지게 한다.
코르티솔(cortisol)	코르티솔은 수유 시작 후 첫 2일 동안 초유에 비교적 많은 양이 존재한다. 그 양이 줄면서 모유 내 보호 항체(IgA)가 증가한다.
티록신(thyroxine)	모유에는 적은 양의 티록신이 존재한다. 이 호르몬은 신생아의 소화계통이 기능을 시작하는 것을 돕는 것으로 여겨진다.

평균 임신 기간
대부분의 임신은 임신부의 최종월경시작일로부터 약 280일(40주)에 끝이 난다. 이같이 임신 기간을 계산하는 것을 재태연령이라고 한다.

범례
- 미숙
- 만삭
- 과숙

네쌍둥이 네쌍둥이가 임신부의 평균 임신 기간은 32주이다.

만삭 임신이 만 37주가 되면 태아는 만삭으로 간주된다.

1주일 이내 모든 아기의 절반이 분만예정일 1주일 이내에 태어난다.

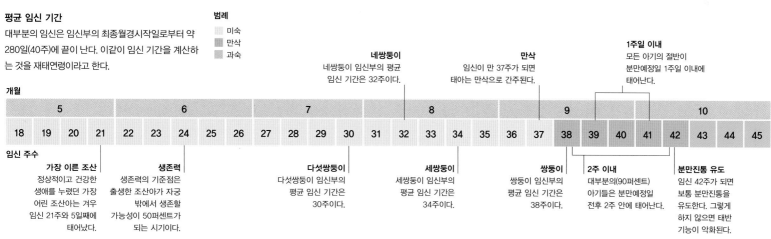

개월	5	6	7	8	9	10

| 임신 주수 | 18 | 19 | 20 | 21 | 22 | 23 | 24 | 25 | 26 | 27 | 28 | 29 | 30 | 31 | 32 | 33 | 34 | 35 | 36 | 37 | 38 | 39 | 40 | 41 | 42 | 43 | 44 | 45 |

가장 이른 조산 정상적이고 건강한 생애를 누렸던 가장 어린 조산아는 겨우 임신 21주와 5일째에 태어났다.

생존력 생존력의 기준점은 출생한 조산아가 자궁 밖에서 생존할 가능성이 50퍼센트가 되는 시기이다.

다섯쌍둥이 다섯쌍둥이가 임신부의 평균 임신 기간은 30주이다.

세쌍둥이 세쌍둥이가 임신부의 평균 임신 기간은 34주이다.

쌍둥이 쌍둥이가 임신부의 평균 임신 기간은 38주이다.

2주 이내 대부분의(90퍼센트) 아기들은 분만예정일 전후 2주 안에 태어난다.

분만진통 유도 임신 42주가 되면 보통 분만진통을 유도한다. 그렇게 하지 않으면 태반 기능이 약화된다.

뇌 형성

뇌는 배아의 바깥층에 있는 외배엽이 두터워지면서 발생하기 시작하는데, 아기가 태어날 때쯤이면 특화된 세포인 신경세포(뉴런)를 1,000억 개 넘게 포함한 고도로 복잡한 장기가 되어 있다.

신경계통이 발생하는 첫 조짐은 외배엽 세포가 분화해서 형성한 신경관이다. 신경관이 두터워지고 접혀서 신경관을 형성하고, 신경관으로부터 뇌와 척수가 발생한다. 임신 6주가 지나기 전에 뇌는 크게 세 부분으로 확실히 구분된다. 소뇌는 임신 13주에 형성되

기 시작하며, 운동 조정에 관여한다. 대뇌는 뇌에서 가장 큰 부분으로, 회색질과 백색질이라는 두 가지 다른 조직으로 구성된다. 회색질은 뇌의 정보 처리 중추가 되며, 백색질은 다른 뇌 부위에 정보를 전달하는 경로가 된다.

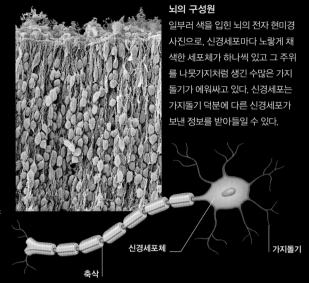

뇌의 구성원
일부러 색을 입힌 뇌의 전자 현미경 사진으로, 신경세포마다 노랗게 채색한 세포체가 하나씩 있고 그 주위를 나뭇가지처럼 생긴 수많은 가지돌기가 에워싸고 있다. 신경세포는 가지돌기 덕분에 다른 신경세포가 보낸 정보를 받아들일 수 있다.

축삭 　신경세포체 　가지돌기

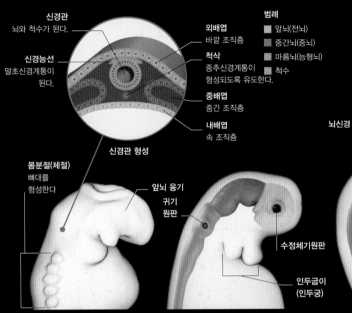

신경관
뇌와 척수가 된다.

신경능선
말초신경계통이 된다.

외배엽
바깥 조직층

척삭
중추신경계통이 형성되도록 유도한다.

중배엽
중간 조직층

내배엽
속 조직층

범례
■ 앞뇌(전뇌)
■ 중간뇌(중뇌)
■ 마름뇌(능형뇌)
■ 척수

신경관 형성

몸분절(체절)
뼈대를 형성한다

앞뇌 융기

귀기원판

수정체기원판

인두굽이(인두궁)

뇌신경

귀기원판

수정체 기원판

인두굽이

대뇌

소뇌

뇌줄기

임신 5주
신경판에 고랑이 형성되고, 이 고랑을 중심으로 주름이 만들어진 후 신경관이 형성된다. 머리쪽 끝 신경관은 확장되어 앞뇌 융기가 된다.

임신 6주
머리쪽 끝에는 속이 빈 주머니처럼 부풀어 오른 세 구조가 각각 앞뇌와 중간뇌와 마름뇌로 발생한다. 이로써 중추신경계통을 구성하는 주요 부분이 확립된다.

임신 9주
장차 뇌줄기와 소뇌와 대뇌가 되는 부분은 저마다 성장 속도가 다르기 때문에 서로 겹치고 접히기 시작한다. 대뇌는 좌우 두 반구로 분할된다. 뇌신경과 감각기가 형성되고 있다.

임신 13주
대뇌반구는 커지면서 여러 엽으로 나뉜다. 뇌 신경세포들 사이에 연결이 형성되기 시작한다. 마름뇌는 소뇌와 뇌줄기로 분할되는데, 뇌줄기는 호흡 같은 필수 기능을 조절한다.

신경망

기본적 신경망은 태어날 때 이미 형성되어 있다. 이 신경망은 호흡이나 심장박동이나 소화나 반사 같이 생명 유지에 꼭 필요한 기능을 조절하는 데 도움을 준다. 신경망이 더 많이 형성되고 신경세포에서 시작하는

축삭에 말이집이 많이 형성될수록 고등 정신 기능이 발달한다. 이 기능의 예로는 기억, 고도의 집중력, 언어, 지능, 사교술 등이 있다. 초기 성인기쯤이면 복잡한 신경망이 완성된다.

출생 때　6세　18세

고랑과 이랑

대뇌는 뇌 중에 가장 큰 부분으로, 좌우 반구로 분할된다. 각 대뇌반구는 발생이 진행됨에 따라 앞으로 커져서 이마엽(전두엽)이 되고, 위 및 옆으로 커져서 마루엽(두정엽)이 되며, 뒤 및 아래로 커져서 뒤통수엽(후두엽)과 관자엽(측두엽)이 된다. 새로 만들어진 신경세포들이 대뇌의 바깥층인 대뇌겉질(대뇌피질)로 점점 더 많이 이주함에 따라 이 세포들을 모두 포용할 수 있도록 대뇌 표면에 주름이 접힌다. 결국 얕게 패인 고랑과 깊이 패인 틈새와 솟아 있는 이랑이 곳곳에 형성된다. 각 대뇌엽마다 특징적인 고랑과 이랑과 틈새가 생기는데, 이 구조들은 대부분의 사람에서 확인할 수 있다. 예를 들어 중심뒤이랑은 신체에서 시작된 감각(몸감각)이 해석되는 대표적인 뇌 영역이고, 중심앞이랑은 의도적 운동을 조절하는 곳이다.

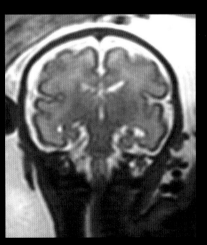

대뇌겉질 발생
임신 25주 된 태아 머리의 MRI 사진으로, 발생 중인 대뇌에서 복잡한 주름이 관찰된다. 이 대뇌 가로단면에서 고랑과 이랑을 확실히 관찰할 수 있다.

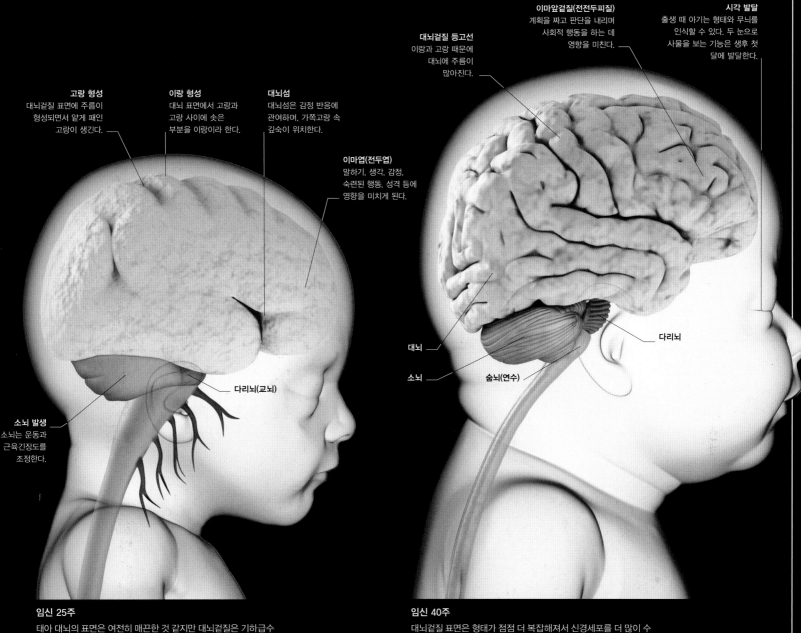

고랑 형성
대뇌겉질 표면에 주름이
형성되면서 얕게 패인
고랑이 생긴다.

이랑 형성
대뇌 표면에서 고랑과
고랑 사이에 솟은
부분을 이랑이라 한다.

대뇌섬
대뇌섬은 감정 반응에
관여하며, 가쪽고랑 속
깊숙이 위치한다.

이마엽(전두엽)
말하기, 생각, 감정,
숙련된 행동, 성격 등에
영향을 미치게 된다.

대뇌겉질 등고선
이랑과 고랑 때문에
대뇌에 주름이
많아진다.

이마앞겉질(전전두피질)
계획을 짜고 판단을 내리며
사회적 행동을 하는 데
영향을 미친다.

시각 발달
출생 때 아기는 형태와 무늬를
인식할 수 있다. 두 눈으로
사물을 보는 기능은 생후 첫
달에 발달한다.

소뇌 발생
소뇌는 운동과
근육긴장도를
조정한다.

다리뇌(교뇌)

대뇌

소뇌

숨뇌(연수)

다리뇌

임신 25주
태아 대뇌의 표면은 여전히 매끈한 것 같지만 대뇌겉질은 기하급수
적으로 늘어나는 신경세포들을 수용할 수 있도록 주름이 잡히기 시
작한다. 이때부터 출생 후 몇 달까지 뇌가 급속히 커진다. 이를 뇌 급
성장 시기라 한다.

임신 40주
대뇌겉질 표면은 형태가 점점 더 복잡해져서 신경세포를 더 많이 수
용할 수 있다. 출생 때 대뇌에는 1000억 개나 넘는 신경세포가 존재
하지만 이 세포들 사이의 연결은 아직 완성되지 않은 상태다. 대뇌
겉질은 20대 중반이 되어야 비로소 완전히 성숙한다.

회색질 형성

도우미 세포인 신경아교세포는 발생 중
인 뇌에서는 신경관에서 세포분열을 거
쳐 새로 만들어진 신경세포가 붙잡고 대
뇌반구의 바깥부분으로 이동할 수 있는
동아줄 같은 틀로 작용한다. 신경세포들
로 이루어진 회색질인 대뇌겉질은 여섯
층으로 발달하기 시작한다. 신경세포는
신경아교세포가 만든 동아줄 승강기를
타고 어떤 화학물질을 좇아 표면 쪽으로
이동하는 것으로 생각되는데, 이 물질은
신경세포에게 어디에서 내려서 층을 형
성할지를 지시하는 것으로 보인다. 한 층
이 완성되면 다음 신경세포 무리가 더 높
이 표면을 향해 이동하는데, 직전에 형성
된 층을 지나 그 위에(겉에) 새로운 층을
하나 형성한다. 이 층들이 체계적으로 형
성되지 않으면 출생 후에 정보 처리가 체
계적으로 일어나지 않는다.

**여섯 층으로
구성된 회색질**
대뇌겉질을 형성하는
신경세포들은 끊임없
이 생성되어 출생 때까
지는 여섯 층을 이룬
다. 이 층들에 모여 있
는 신경세포들은 대뇌
부위에 따라 특화되어
생각이나 글쓰기나 말
하기 같은 다양한 과제
를 수행하게 된다.

범례
■ 뇌실구역
▨ 백색질
■ 밑판
■ 겉질판
■ 제1~6층

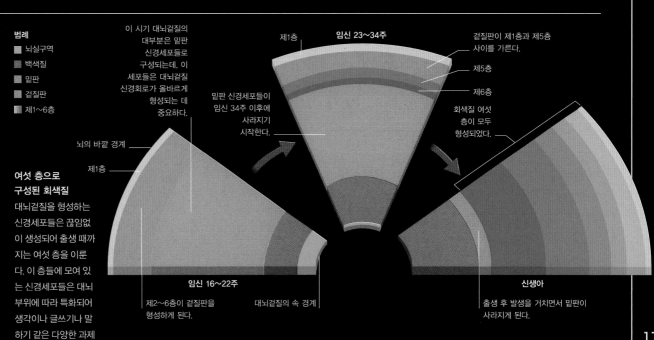

이 시기 대뇌겉질의
대부분은 밑판
신경세포들로
구성되는데, 이
세포들은 대뇌겉질
신경회로가 올바르게
형성되는 데
중요하다.

뇌의 바깥 경계

제1층

임신 16~22주
제2~6층이 겉질판을
형성하게 된다.

대뇌겉질의 속 경계

임신 23~34주

제1층

밑판 신경세포들이
임신 34주 이후에
사라지기
시작한다.

겉질판이 제1층과 제5층
사이를 가른다.

제5층

제6층

회색질 여섯
층이 모두
형성되었다.

신생아
출생 후 발생을 거치면서 밑판이
사라지게 된다.

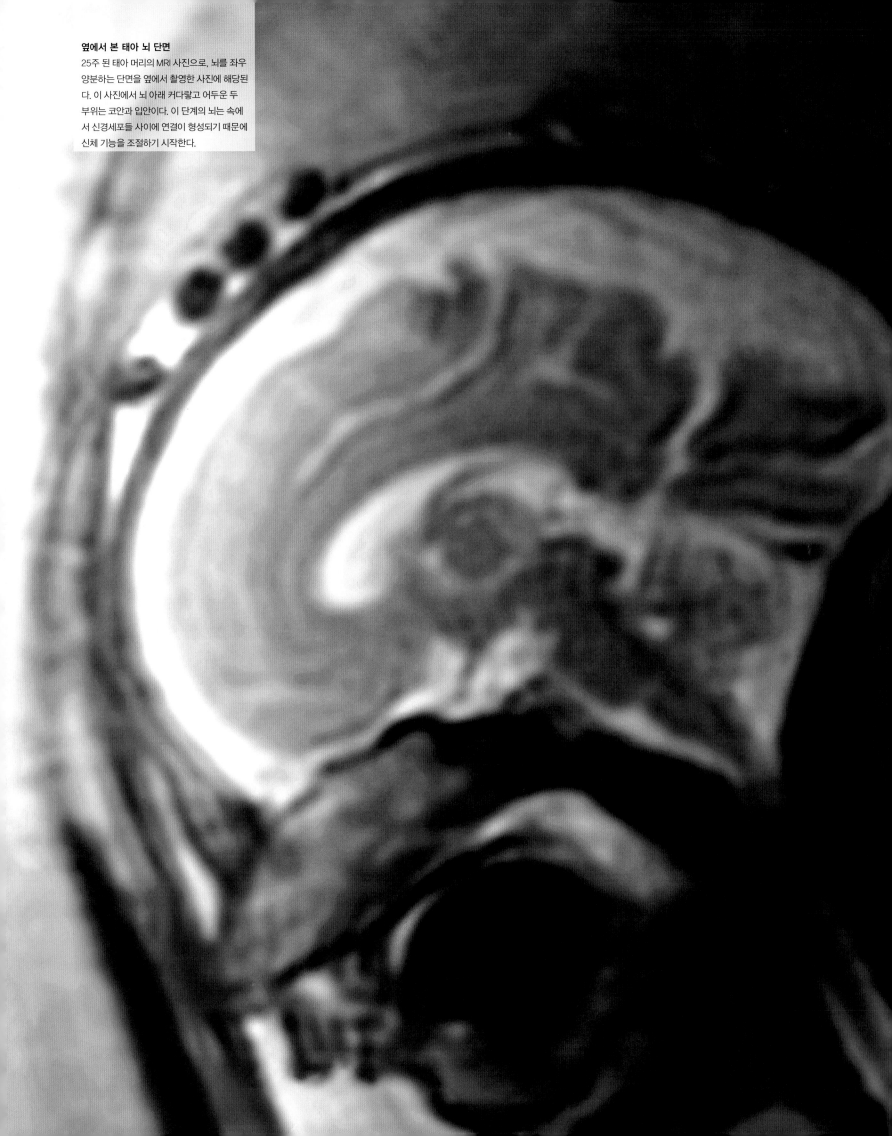

옆에서 본 태아 뇌 단면
25주 된 태아 머리의 MRI 사진으로, 뇌를 좌우 양분하는 단면을 옆에서 촬영한 사진에 해당된다. 이 사진에서 뇌 아래 커다랗고 어두운 두 부위는 코안과 입안이다. 이 단계의 뇌는 속에서 신경세포들 사이에 연결이 형성되기 때문에 신체 기능을 조절하기 시작한다.

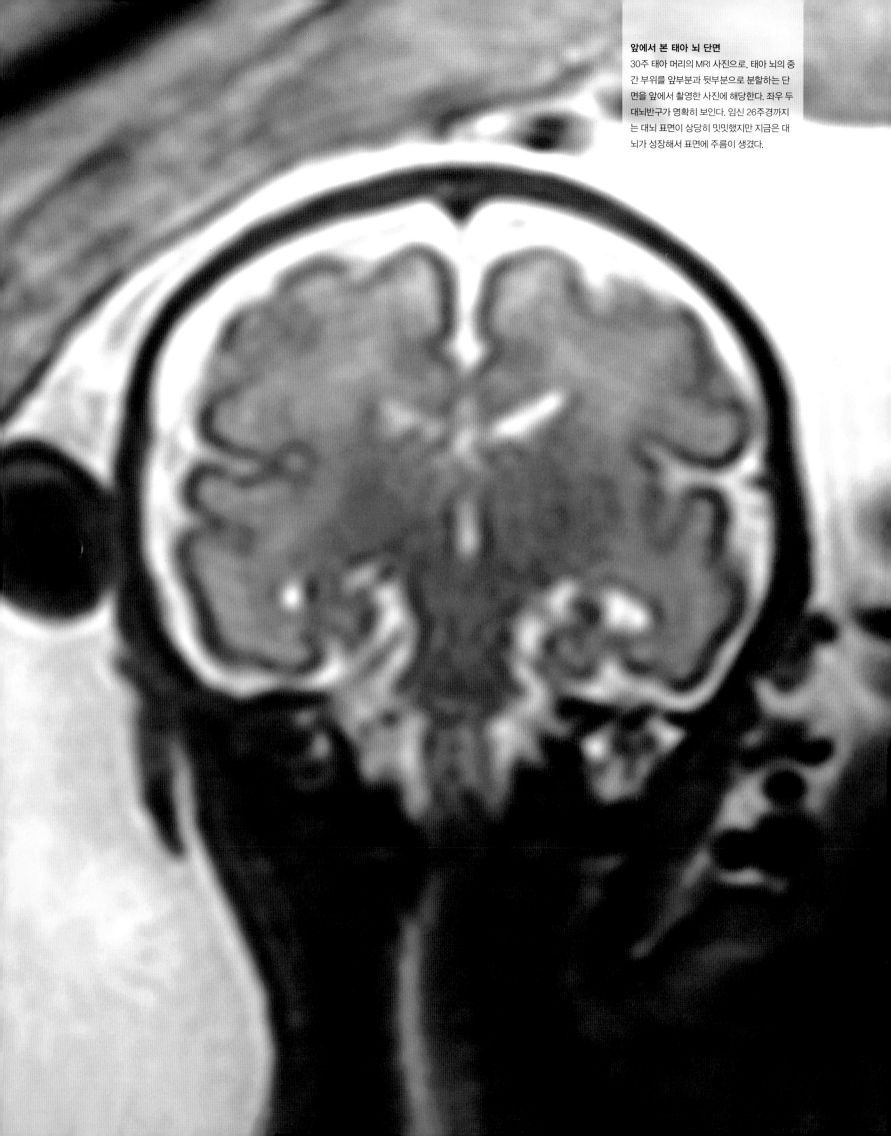

앞에서 본 태아 뇌 단면

30주 태아 머리의 MRI 사진으로, 태아 뇌의 중간 부위를 앞부분과 뒷부분으로 분할하는 단면을 앞에서 촬영한 사진에 해당한다. 좌우 두 대뇌반구가 명확히 보인다. 임신 26주경까지는 대뇌 표면이 상당히 밋밋했지만 지금은 대뇌가 성장해서 표면에 주름이 생겼다.

수태에서 출산까지

태아

태아 머리뼈(두개골)

태아 뇌가 매우 빠른 속도로 성장하기 때문에 만삭 태아의 머리
는 산도보다 2퍼센트 더 크다. 하지만 태아 뇌를 보호하고 있는
납작하고 부드러운 낱개머리뼈들이 아직 합쳐지지 않은데다 서
로 미끄러져 기왓장처럼 겹칠 수 있기 때문에 태아 머리가 산도
보다 큼으로 인해 생기는 걸림돌을 극복할 수 있다. 낱개머리뼈
들이 서로 조금씩 겹치면 전체 머리뼈 지름이 작아져서 산도를
통과할 때 손상을 입지 않는다. 태아의 낱개머리뼈들이 만나는 곳
들 중에서 앞머리와 뒷머리에 넓은 간격이 생기는데, 앞에 있는 것
이 앞숫구멍이고 뒤에 있는 것
이 뒤숫구멍이다. 머리뼈 옆면에
는 작은 숫구멍이 넷 더 있다. 봉
합은 낱개머리뼈들이 맞물리는
곳에 있는 이음선이다.

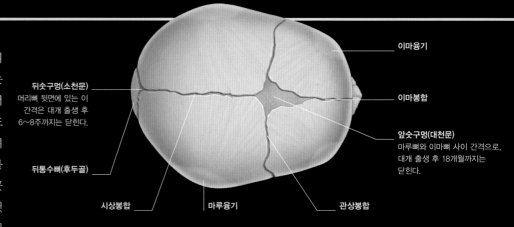

뒤숫구멍(소천문)
머리뼈 뒷면에 있는 이
간격은 대개 출생 후
6~8주까지는 닫힌다.

뒤통수뼈(후두골)

이마융기

이마봉합

앞숫구멍(대천문)
마루뼈와 이마뼈 사이 간격으로,
대개 출생 후 18개월까지는
닫힌다.

시상봉합   **마루융기**   **관상봉합**

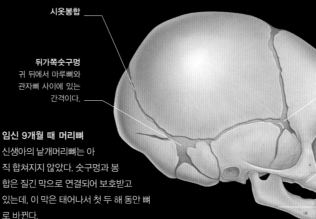

시옷봉합

뒤가쪽숫구멍
귀 뒤에서 마루뼈와
관자뼈 사이에 있는
간격이다.

앞가쪽숫구멍
이마뼈와 관자뼈와 나비뼈
사이에 형성된다.

위턱뼈(상악골)
위턱에도 아래턱처럼
치아싹이 있어서 태어난 후
천천히 이가 돋는다.

임신 9개월 때 머리뼈
신생아의 낱개머리뼈는 아
직 합쳐지지 않았다. 숫구멍과 봉
합은 질긴 막으로 연결되어 보호받고
있는데, 이 막은 태어나서 첫 두 해 동안 뼈
로 바뀐다.

아래턱뼈(하악골)
아래턱은 천천히 발달하기
때문에 아기가 엄마 유방에
바싹 붙어서 젖을 빨 수 있다.

뒤숫구멍

숫구멍 영상
태아 머리를 뒤에서 촬영한 3차원
초음파 사진으로, 뒤통수뼈와 좌우
마루뼈 사이에 있는 간격인 뒤숫구
멍이 관찰된다.

협동운동(조정) 향상

태아 뇌에 있는 신경세포는 경이적인 속도로 증식해서
1초에 5만~10만 개가 새로 만들어진다. 회색질인 대뇌
겉질은 겹겹이 쌓인 층들로 구성된다. 한 층이 완성되
면 다음 신경세포 무리가 이주해서 먼저 층 위에 새로
운 층을 쌓는다. 뇌가 빠르게 커지면서 뇌 신경세포들
은 다른 신경세포와 점점 더 많은 연결(시냅스)을 형성
하고, 그 결과로 태아의 협동운동이 향상되고 훨씬 더
복잡해진다.

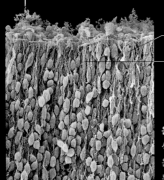

신경세포체
핵이 들어 있는 신경세포의
통제 중추

가지돌기(수상돌기)
신경 자극을 받아들이는
통신선

운동을 주관하는 신경세포
색조영 전자 현미경 사진으로, 자세와
운동을 조절하는 태아 뇌 부위에 있
는 신경세포(녹색)들이 관찰된다.

태아 감시 특수 검사

만삭에 가까워지면 태반은 더 이상 자라지 않고 태아의 성장과 생명 유
지에 필요한 영양소를 공급하는 효율이 낮아진다. 이때 여러 가지 다양
한 검사를 이용하면 태아가 영양공급을 제대로 받고 있는지를 평가할 수
있다. 이 검사는 태아 성장과 건강을 평가하는 데 도움이 되며, 호흡이나
운동이나 심장박동 등에 이상이 없는지를 확인할 수 있다. 이 검사는 전
문화된 장비를 써야 하기 때문에 대개 병원 외래나 병동에서 실시한다.

태아 건강을 평가하는 검사

검사법	검사 항목
태아 성장	태아 성장 속도가 느리면 정기적으로 초음파 검사를 해야 한다. 태아 머리 둘레와 간의 크기를 측정하고, 넙다리뼈(대퇴골) 길이도 측정한다. 태반 기능에 문제가 생기면 저장된 지방이 고갈되기 때문에 (또는 지방이 축적되지 않기 때문에) 태아 머리가 간에 비해 커지는 경향이 있다.
태아 건강 상태	분만태아 심장묘사기(CTG)를 이용해서 태아 심장박동을 감시하고 초음파영상을 촬영해서 양수의 양과 태아 운동과 팔다리 길이와 호흡을 측정하면 다방면에 걸쳐 태아 건강 상태를 평가할 수 있는 생체물리학 자료를 얻을 수 있다. 태아가 예정보다 성장이 더디고 배꼽동맥을 흐르는 혈류가 적으면 이 검사를 종합해서 시행한다.

배 검사
만삭 임신부의 배를 전문가가 검사하고
있다.

마무리 발생

임신 9개월 때 태아는 충분히 성숙했으며 머리가 다른 신체에 비해 제법 작아져서 균형을 이룬다. 얼굴은 지방이 점점 더 많이 쌓이고, 주름이 대부분 사라져서 토실토실해진다. 태아는 보호막인 태아기름막으로 덮여 있는데, 겨드랑이 같이 피부가 접힌 곳에 있는 태아기름막이 특히 두껍다. 배냇솜털이 조금 남아 있기는 하지만 이들도 출생후 곧 없어진다. 손톱과 발톱은 거의 완전히 자라서 손가락 끝과 발가락 끝까지 자라 있기도 한다. 태아는 팔다리를 몸통 쪽으로 당긴 상태로 있는 경향이 있으며, 손가락을 제법 야무지게 움켜쥘 수 있다. 대부분의 태아는 이제 머리가 아래를 향한 자세를 취하며 태어날 준비가 되어 있지만 안 그런 태아도 있다.

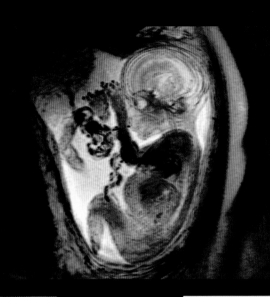

혼자 살기도 빠듯해
임신이 끝날 때가 다가오면 자궁이 최대한 늘어나 있지만 속에는 빈 공간이 거의 없다. 이렇게 자궁속이 꽉 차 있기는 하지만 그래도 태아는 보호막인 양막 속에서 몸을 가눌 수 있다.

비포 앤드 애프터
태아 얼굴의 3차원 초음파 영상과 이 태아가 태어난 후 촬영한 얼굴 사진을 비교하라. 출산 전 초음파 영상이 얼마나 정확한지 실감할 수 있다.

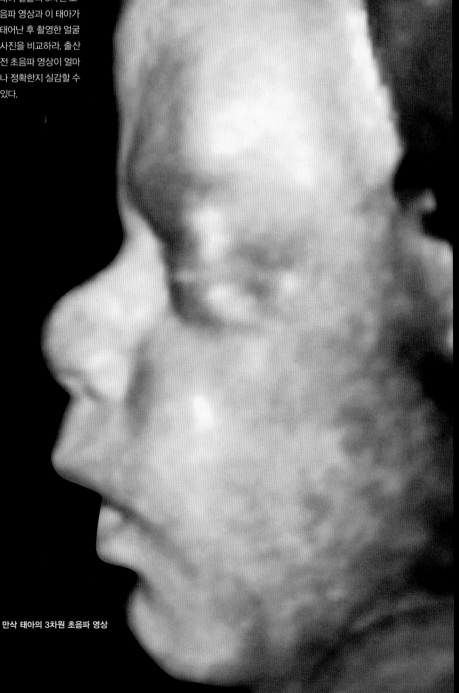

만삭 태아의 3차원 초음파 영상

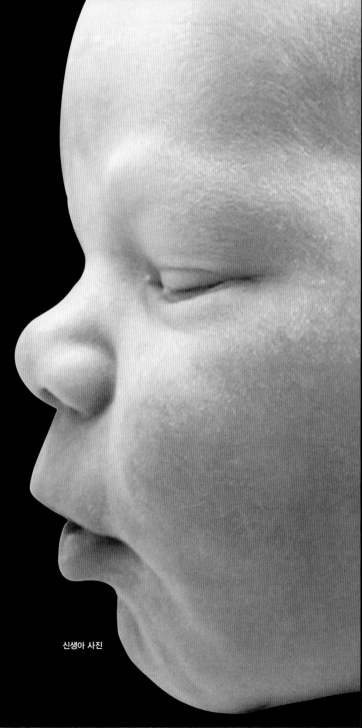

신생아 사진

임신부의 신체 변화

임신 중 여성의 신체는 아주 큰 변화를 겪게 된다. 이들 변화 중 많은 것은 유익한 것으로, 손톱이 더 튼튼해진다든가 혈색이 건강해 보이기도 한다. 그러나 한편으로는 요통, 호흡곤란, 피로감과 같은 불편함이 발생할 수도 있다.

임신 중의 모체는 임신부 자신의 폐, 심장, 그리고 소화계통을 위해 추가로 활동하는 한편, 태아가 발달함에 따라 그 요구량이 점차 증가하는 산소 및 영양소를 제공해야 한다. 임신부의 신체는 태아뿐만 아니라, 태반의 성장과 양수의 생산도 지원해야 한다. 임신이 계속 유지되도록 따라 자궁은 위와 옆으로 팽창하여 모체의 장과 횡격막을 압박한다. 유방은 수유에 대비해 커지기 시작하고, 혈액, 체액, 그리고 지방 비축량이 증가한다. 총합적으로, 이들 변화로 인해 약 10~13킬로그램의 정상적인 체중 증가가 일어난다.

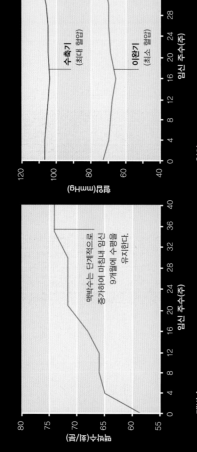

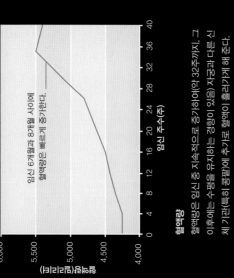

맥박수

임신 중 모체의 맥박수는 혈액량의 증가하면서 수행함과 수행하게 되는 추가 활동량으로 혈액을 공급하기 위해 증가한다.

맥박수(회/분) — 임신 주수(주) 0 4 8 12 16 20 24 28 32 36 40

맥박수는 단계적으로 증가하여 임신 9개월에 마침내 수평을 유지한다.

혈압

혈압은 임신 초기에 혈액량의 증가와 성장이 태반으로 혈액을 공급하면서 수행하게 되는 추가 활동량에 맞추기 위해 증가한다.

혈압(mmHg) — 임신 주수(주) 0 4 8 12 16 20 24 28 32 36 40

수축기 (최대 혈압) / 이완기 (최소 혈압)

혈액량

혈액량은 임신 중 지속적으로 증가하여(약 32주까지), 그 이후에는 수평을 유지하는 경향이 있음) 자궁과 다른 신체 기관(특히 콩팥)에 추가로 혈액로 흘러가게 해 준다.

혈액량(밀리리터) — 임신 주수(주) 0 4 8 12 16 20 24 28 32 36 40

임신 6개월과 8개월 사이에 혈액량은 빠르게 증가한다.

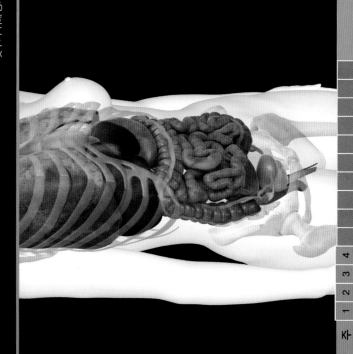

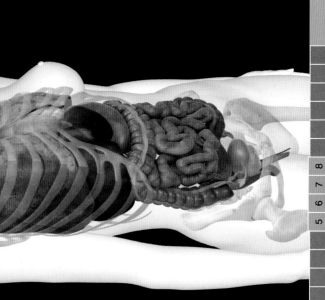

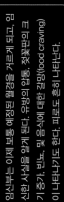

1

주 1 2 3 4 · 개월 1

이때에는 임신부가 자신이 임신한 사실조차 모르고 있을 수 있다. 첫 징후는 보통 예정된 월경을 거르는 것이다. 어떤 임신부는 미각의 변화, 유방이 커짐, 또는 유별난 피로감을 인지하게 된다.

2

5 6 7 8 · 개월 2

임신부는 이제 보통 예정된 월경을 거르게 되고, 임신한 사실을 알게 된다. 유방이 아픔, 젖꼭지의 크기 증가, 빈뇨, 및 음식에 대한 갈망(food craving)이 나타나기도 한다. 피로도 흔히 나타난다.

3

9 10 11 12 · 개월 3

임신 제1삼분기가 끝나며 되면 자궁은 커져서 골반강의 꼭대기에 도달하게 된다. 질 분비물이 증가할 수 있다. 혈액량이 증가하고, 어떤 임신부는 벌써 건강한 혈색(pregnancy glow)을 보인다.

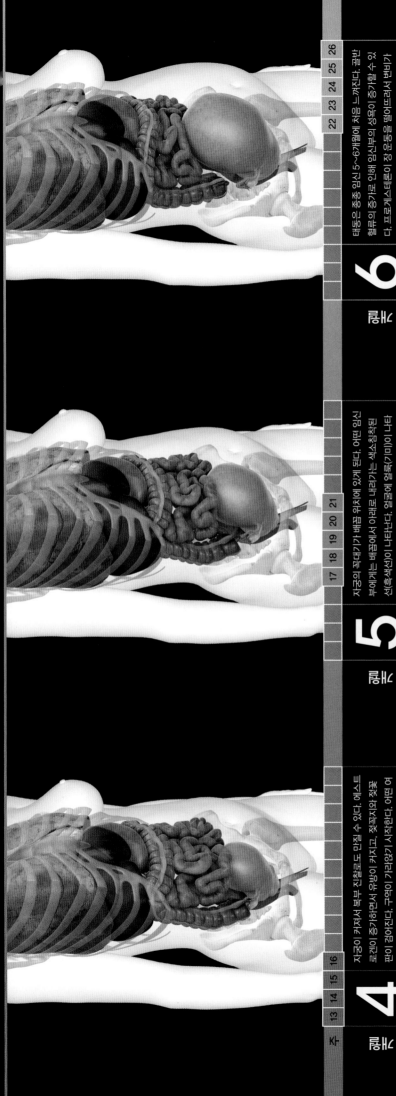
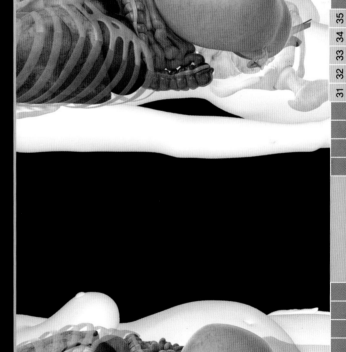
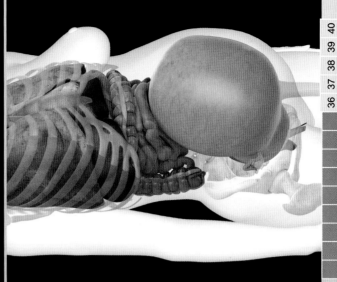

4 개월 · 주 13 14 15 16

자궁이 커져서 복부 진찰로도 만질 수 있다. 에스트로겐이 증가하면서 유방이 커지고, 젖꼭지와 젖꽃판이 검어진다. 구역이 가라앉기 시작한다. 어떤 여성은 얼굴에서 임신한 표시가 난다.

5 개월 · 17 18 19 20 21

자궁의 꼭대기가 배꼽 위쪽에 있게 된다. 어떤 임신부에게는 배꼽에서 아래로 내려가는 색소침착된 선(흑색선)이 나타난다. 얼굴에 얼룩(기미)이 나타나기도 하는데, 출산 후에는 사라진다.

6 개월 · 22 23 24 25 26

태동은 종종 임신 5~6개월에 처음 느껴진다. 골반 혈류의 증가로 인해 임신부의 성욕이 증가할 수 있다. 프로게스테론이 장 운동을 떨어뜨려서 변비가 생길 수 있다.

7 개월 · 주 27 28 29 30

급격한 복부 팽만과 호르몬 변화는 배, 넓적다리, 엉덩이, 또는 유방에 임신선(stretch marks)을 생기게 할 수 있다. 자궁이 장을 밀어 올리면서 소화불량과 가슴쓰림이 나타날 수 있다.

8 개월 · 31 32 33 34 35

지방이 아래 사이, 등의 위쪽, 무릎 주변과 같은 특이한 장소에 축적되기도 한다. 만일 자궁이 횡격막을 압박하면 깊은 숨을 쉬기가 어렵다, 브랙스톤 히스 수축이 발생할 수 있다.

9 개월 · 36 37 38 39 40

태아의 머리가 골반 내에 진입하면 골반에 압박감을 느낄 수 있다. 따로기가 증가하는 것이 정상이다. 유방을 쪼르를 만드는, 자궁경부가 부드러워져 점액 마개가 빠져 나오면 분만이 임박한 것이다.

태아의 신체 변화

세포 하나에 불과하던 수정란은 40주 임신 기간 동안 놀라운 변화를 겪으면서 살아 숨쉬는 한 아기로 탈바꿈한다. 이 기간 동안 태아 신체를 구성하는 열한 가지 주요 계통들이 나타나서 정해진 시간표를 따라 차근차근 성장하고 발달한다.

아기 몸의 구성은 믿을 수 없을 만큼 복잡하다. 수 조가 넘는 세포들은 저마다 이웃 세포들과 정보를 소통하며, 화학물질과 호르몬의 지시를 따라서 어디로 이동할지, 무슨 세포가 될지 등을 결정한다. 이 상호 작용은 부모가 물려준 유전자에 따라 결정된다. 각 신체 계통의 앞날을 결정하는 기본 틀은 배아기, 즉 수정 후 첫 8주 동안 만들어지며, 그후 배아는 태아로 이름이 바뀐다. 임신 제2삼분기가 끝날 때까지는 조기분만으로 태어나도 생존할 가능성이 있는 수준까지 태아의 각 계통들이 발달한다. 임신 제3삼분기는 태아가 빠른 속도로 성장하는 기간으로, 태아가 자궁 밖 세상에 대비하도록 돕는다.

주요 변화가 일어나는 일정표
열한 가지 신체 계통들은 저마다 정해진 순서대로 탈바꿈한다. 구체적인 변화를 겪으면서 단계적으로 성장한다. 대부분의 인체 계통들은 임신 37~40주 이후에는 충분히 성숙해서 제 기능을 할 수 있기 때문에 이 시기를 만삭이라고 한다.

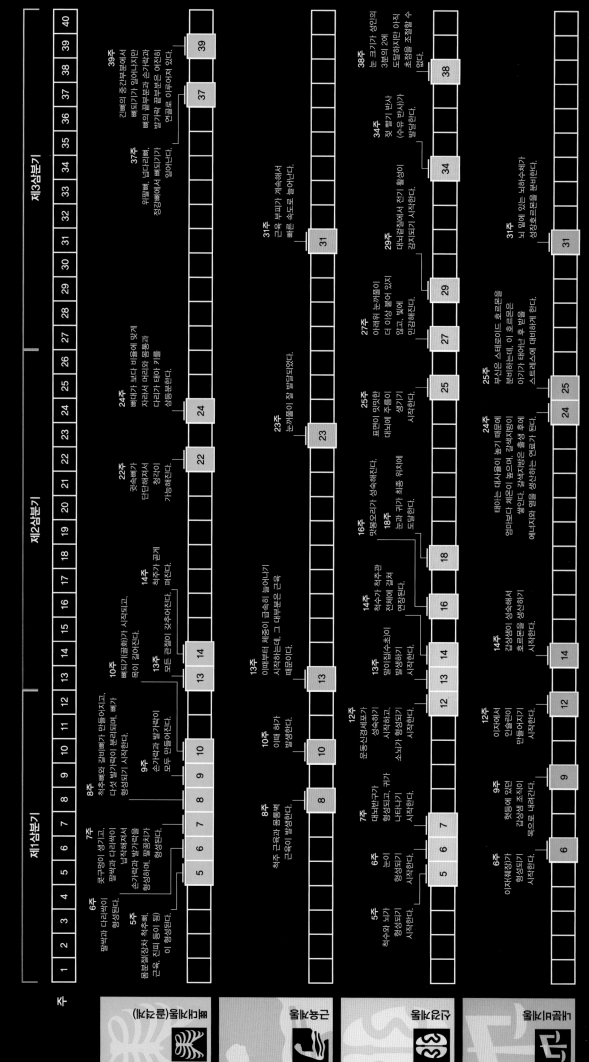

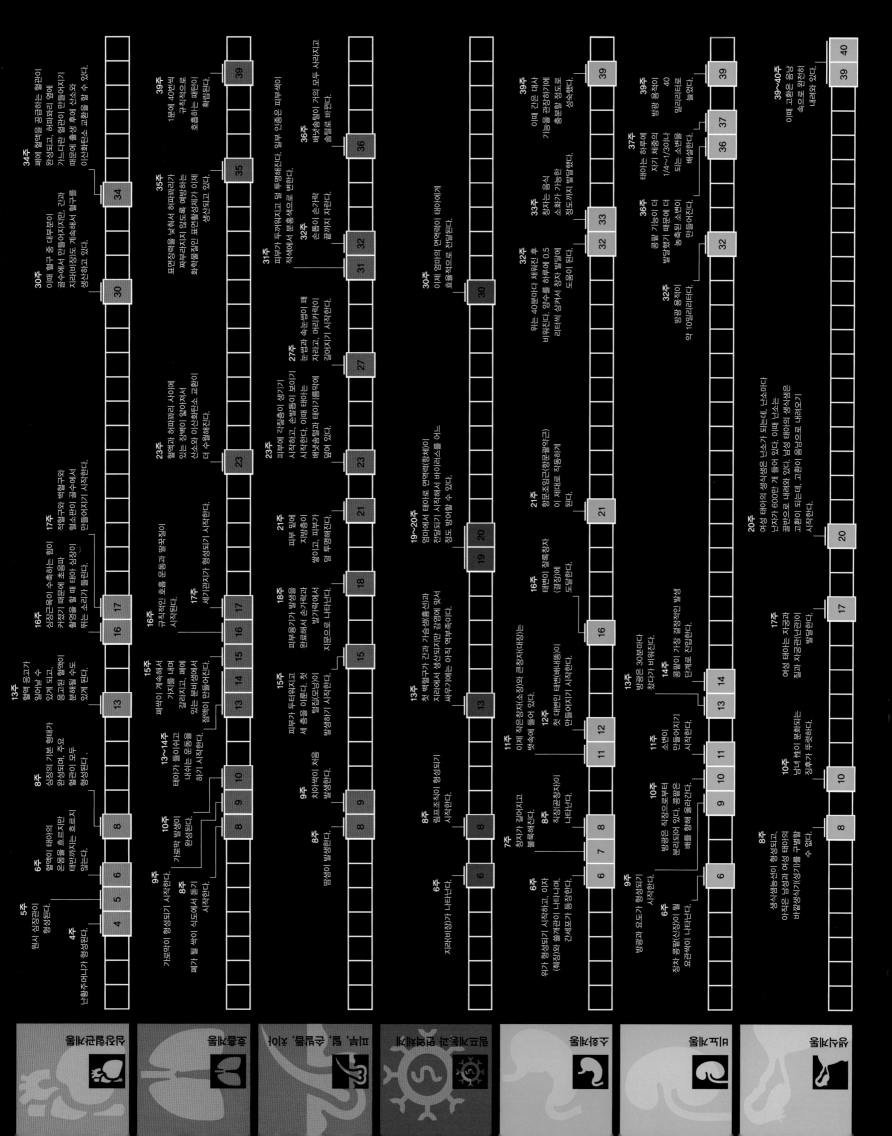

모체와 태아는 임신 내내 놀랄 만한 변화를 겪으며, 가장 놀라운 일의 결정체는 출산(birth)이다. 진통이 시작되면 자궁 근육층 수축의 강도와 빈도가 늘어나면서 때가 되면 자궁경부가 열리고 산도(birth canal)를 통해 태아가 내려온다. 태아는 몸을 비틀고 회전하면서 산도를 내려오는데, 이때 태아의 두개골은 산도를 통과하기 쉽게 바뀐다. 아기의 첫 호흡은 바로 폐나 심장에 변화를 일으키고, 독립적인 삶의 시작을 알리는 신호가 된다.

진통과 출산

출산의 준비

모체의 호르몬 변화와 골반으로 밀고 내려오는 태아의 압박들이 다가오는 출산을 위해서 자궁을 준비시킨다.

초기 자궁수축

임신 제2삼분기에 매우 약한 자궁수축이 시작되며 임신이 진행되면서 강도나 빈도가 점점 증가한다. 무통성 팽팽함, 즉 브랙스톤 힉스 수축은 30초 정도씩 지속된다. 이것은 태반에 혈류량을 증가시킨다. 이 때문에 출산 직전 성장의 마지막 단계에 있는 태아에게 전달되는 산소와 영양분도 증가한다. 이 수축은 불편감을 주고, 일부 산모, 특히 첫아기를 출산하는 산모의 경우에 진진통의 시작으로 오해할 수 있다.

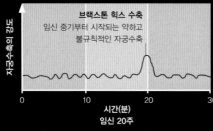

브랙스톤 힉스 수축
임신 중기부터 시작되는 약하고 불규칙적인 자궁수축

자궁수축의 강도

시간(분)
임신 20주

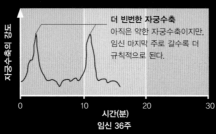

더 빈번한 자궁수축
아직은 약한 자궁수축이지만, 임신 마지막 주로 갈수록 더 규칙적으로 된다.

자궁수축의 강도

시간(분)
임신 36주

자궁수축
브랙스톤 힉스 수축은 임신이 진행됨에 따라 발생 빈도가 높아진다. 명확하게 구별하기는 어렵지만 이것은 진진통의 시작인 강하고 규칙적인 진통의 시작일 수 있다.

잠복기

이 시기는 진통의 극초기 단계이며 약하고 불규칙한 수축이 특징이다. 이 수축들로 인한 변화로 자궁경부(자궁목)가 정상보다 부드러워지고 얇아지면서 짧아진다. 잠복기는 보통 8시간 정도 지속되지만 경산모인 경우에는 더 짧을 수 있다. 약한 진통은 요통이나 생리통처럼 느껴질 수 있지만 대개 고통을 유발하지는 않는다. 일부 산모들은 이러한 시기가 있는지를 모를 수 있다. 진통 시작 시기(190쪽 참조)에 일어나는 더 강하고 빈번한 자궁수축에 의해 자궁경부가 열리기 시작한다.

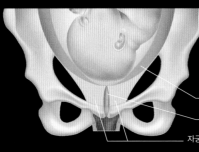

자궁경부의 연화
초기 약한 진통은 자궁경부를 부드럽게 하고 짧게 만든다. 태아의 머리가 통과할 정도로 충분히 열리기 전에 거쳐야 하는 과정이다.

자궁하부

점액 마개(plug)는 자궁경부를 꽉 막고 있다.

자궁경부의 연화

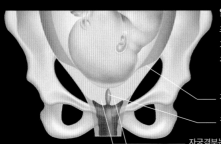

얇아지는 자궁경부
초기 진통의 약한 수축이 지속되고 태아의 머리가 자궁경부에 압력을 주면 자궁경부가 열리기 전에 얇아지면서 자궁벽과 합쳐지기 시작한다.

자궁벽과 합쳐지는 자궁경부

점액 마개는 느슨해진다.

자궁경부는 더 짧고 넓어진다.

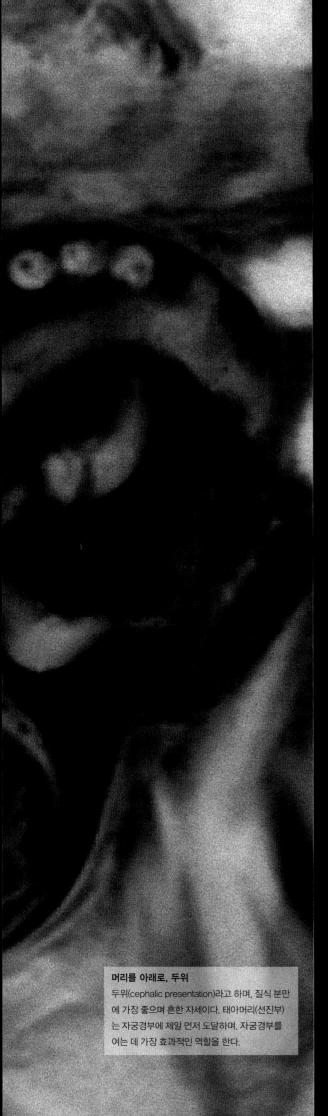

머리를 아래로, 두위
두위(cephalic presentation)라고 하며, 질식 분만에 가장 좋으며 흔한 자세이다. 태아머리(선진부)는 자궁경부에 제일 먼저 도달하며, 자궁경부를 여는 데 가장 효과적인 역할을 한다.

태아의 태축

태아의 자궁 내 위치를 알려 주는 태축은 수직, 수평 또는 대각선으로 있을 수 있다. 수직 태축은 두위(머리~아래) 또는 덜 흔하지만, 둔위(엉덩이~아래)일 수 있다. 수평이나 대각선 태축인 경우는 선진부가 없다. 임신 35주쯤 대부분의 태아는 두위로 자궁 내에 있게 된다. 만삭 때 95퍼센트의 태아가 두위이고, 4퍼센트는 둔위, 그리고 1퍼센트에서 횡위(수평위) 또는 대각선 태축으로 있다.

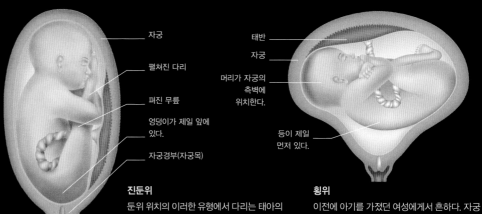

진둔위
둔위 위치의 이러한 유형에서 다리는 태아의 앞쪽에 있고, 대조적으로 완전둔위(complete breech)는 태아의 다리가 엇갈려 있다.

횡위
이전에 아기를 가졌던 여성에게서 흔하다. 자궁 근육의 느슨함이 태아로 하여금 수평으로 가로질러 있게 한다.

진입

'진입'이란 태아머리의 5분의 3 이상이 골반입구(pelvic inlet)를 통과했을 때를 말한다. 의사나 조산사는 복부 진찰을 통해 골반입구의 치골(pubic bone)에서 태아머리의 위치를 보고 진입 여부를 알 수 있다. 진통하는 동안은 진입은 내진(vaginal examination)으로 알 수 있다.

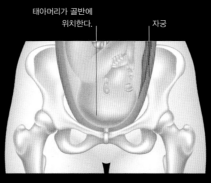

진입 전
태아머리의 5분의 3 이상이 골반입구 위에 있으면, 진입이 된 것은 아니다. 대부분의 첫 태아는 임신 36주쯤 진입이 된다. 일부 태아의 머리는 진통시작 때까지 진입이 되지 않는다.

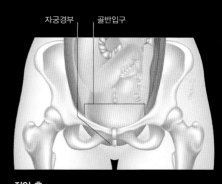

진입 후
태아머리의 5분의 2 미만이 골반입구 위에 있을 때 진입이 되었다고 한다. 태아는 자궁 하부가 늘어나기 때문에 내려올 수 있게 된다.

후기 임신 호르몬의 변화

에스트로겐 수치는 프로게스테론 수치가 안정화되면서 임신 후반기에 상승한다. 프로게스테론이 골반을 태아가 통과하기 쉽게 관절들을 이완시키는 반면, 에스트로겐은 자궁의 수축들을 유발한다. 사람 융모생식샘자극호르몬(hCG)의 수치는 난소의 황체를 유지시키는 데 중요한 역할을 한 이후이기 때문에 임신 4개월 이후에는 수치의 큰 변화가 없다.

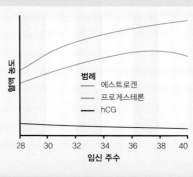

변화되는 수치들
임신 후반기에 에스트로겐의 수치는 올라가고, 프로게스테론(황체호르몬)의 수치는 안정화되며 사람 융모생식샘자극호르몬(hCG)의 수치는 아주 조금 낮아진다.

진통 1기

진통의 이 시기는 규칙적이고 통증이 있는 수축들의 시작이 특징이며, 자궁경부가 태아가 빠져나갈 정도로 완전히 다 열렸을 때에 끝난다. 이 시기에 자궁수축은 더 강해지면서 짧아진다.

진통의 초기 증후

진통 1기 전에 약하고 불규칙적인 수축들이 생기기 시작한다 (188쪽 참조). 이러한 수축들은 강해지고 규칙적으로 바뀌게 된다. 진통이 진행됨에 따라 임신 동안 자궁경부(자궁목) 안에 있던 점액 마개가 빠져나온다(이것을 '이슬(show)'이라고 한다). 양수는 대부분 진통 중이나 진통 시작 전에 샐 수 있다. 가끔 양수가 임신 37주 전인 조기에 새기도 한다.

자궁수축

진통 1기 초기에는 수축들은 매우 약하며, 자궁경부의 벌어짐이 조금밖에 진행되지 않는다. 후에 진진통이 생겼을 때 강력한 수축들이 생겨서 태아를 자궁경부 쪽으로 밀어내고 이로 인해 더 빨리 열리게 된다. 자궁벽의 근육들은 풍부한 혈류 공급을 받는다. 각 수축은 근육들에게 산소나 영양분을 공급하는 혈관들을 압착하고 산소 공급의 감소를 일으키며 통증을 유발한다. 이러한 통증은 수축들이 더 강해지고 더 길어지면서 더 심해진다.

하복부 통증
강한 수축들의 시작시점에 하복부 통증과 종종 하부 요통이 생긴다. 이런 불편함을 덜어 주는 데 도움이 되는 방법들이 있다.

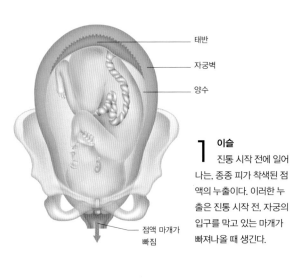

태반
자궁벽
양수

1 이슬
진통 시작 전에 일어나는, 종종 피가 착색된 점액의 누출이다. 이러한 누출은 진통 시작 전, 자궁의 입구를 막고 있는 마개가 빠져나올 때 생긴다.

점액 마개가 빠짐

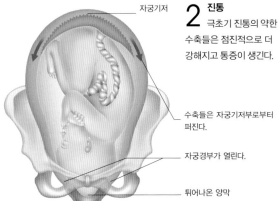

자궁기저

2 진통
극초기 진통의 약한 수축들은 점진적으로 더 강해지고 통증이 생긴다.

수축들은 자궁기저부로부터 퍼진다.

자궁경부가 열린다.

튀어나온 양막

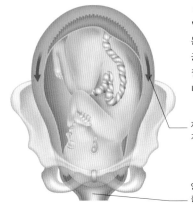

3 양수 파수
태아를 둘러싸고 있는 양막이 찢어지면서 자궁경부를 통해 맑은 짚 색깔(straw-color)의 액체가 나오게 된다.

자궁수축들은 계속 일어난다.

양수가 산도로 흘러나온다.

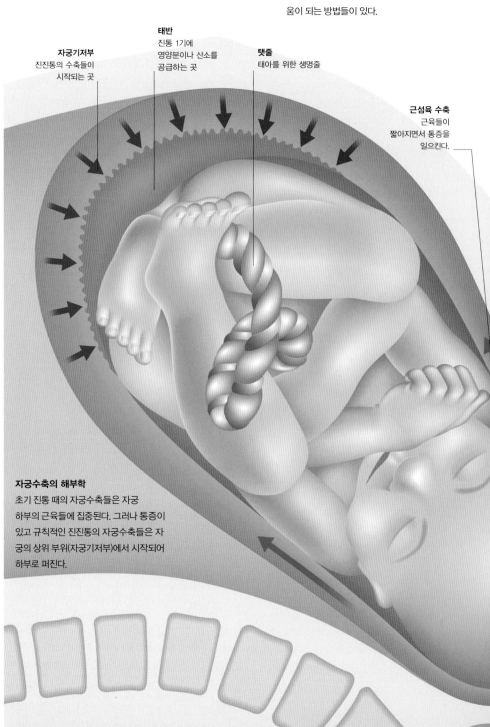

자궁기저부
진진통의 수축들이 시작되는 곳

태반
진통 1기에 영양분이나 산소를 공급하는 곳

탯줄
태아를 위한 생명줄

근섬육 수축
근육들이 짧아지면서 통증을 일으킨다.

자궁수축의 해부학
초기 진통 때의 자궁수축들은 자궁 하부의 근육들에 집중된다. 그러나 통증이 있고 규칙적인 진진통의 자궁수축들은 자궁의 상위 부위(자궁기저부)에서 시작되어 하부로 퍼진다.

자궁경부 확장

진통이 일어나는 동안 자궁경부(자궁목)는 10센티미터까지 열린다. 초기에 의사와 조산사는 자궁경부의 확장, 길이, 경도 등을 포함해서 자궁경부의 여러 상태를 내진을 통해 검사한다. 태아가 골반으로 얼마 정도나 들어왔는지뿐만 아니라 태아의 태축도 기록한다(189쪽 참조). 진통 1기에 일어나는 여러 과정이 모체에서 적절하게 진행되는지 확인하기 위해 자궁경부 개대와 골반 내로 태아가 얼마나 하강했는지 정기적인 복부 검사와 내진을 통해 확인하게 된다.

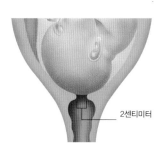
2센티미터

1 초기 자궁경부 확장
진통 초기 자궁수축이 약하기 때문에 자궁경부는 서서히 열린다.

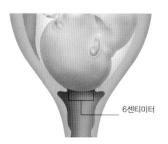
6센티미터

2 자궁경부가 열림
진통이 본격적으로 시작되면 수축들은 효과적으로 기능해 자궁경부를 4센티미터에서 10센티미터까지 열게 된다.

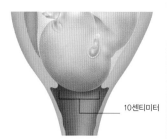
10센티미터

3 완전히 확장된 자궁경부
자궁경부가 10센티미터까지 열리면 모체는 태아를 밀어낼 수 있다.

이행기

일부 산모의 경우 자궁경부가 완전히 확장되는 시기와 태아를 밀어내기 시작하는 시기 사이의 기간이 있다. 이행기라고 알려져 있으며, 이 시기는 몇 분에서 한 시간까지 걸릴 수 있다. 자궁수축은 이 시기에 매우 강하고 빈번해지기 때문에 진통 2기로 넘어가는 것을 기다리는 산모에게 힘들 수 있다.

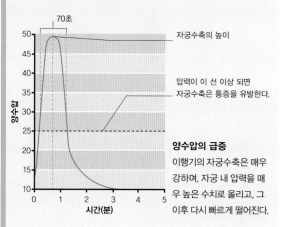
70초
자궁수축의 높이
압력이 이 선 이상 되면 자궁수축은 통증을 유발한다.
(세로축: 양수압 / 가로축: 시간(분))

양수압의 급증
이행기의 자궁수축은 매우 강하며, 자궁 내 압력을 매우 높은 수치로 올리고, 그 이후 다시 빠르게 떨어진다.

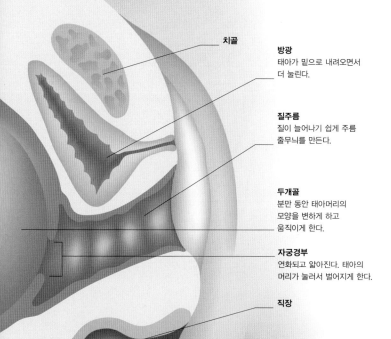

자궁기저부
수축 사이에 근육이 이완됨으로써 부드러워진다.

근섬유의 이완
근육을 이완된 상태로 길어지게 한다.

수축과 수축 사이
수축 사이에 한숨 돌리는 순간은 산모가 더 쉽게 숨을 쉴 수 있도록 하며, 다음 수축 전에 이완되도록 한다. 이 간격은 진통이 진행될수록 더 짧아진다.

자궁경부
태아의 머리가 가하는 압력으로 인해 열린다.

치골

방광
태아가 밑으로 내려오면서 더 눌린다.

질주름
질이 늘어나기 쉽게 주름 줄무늬를 만든다.

두개골
분만 동안 태아머리의 모양을 변하게 하고 움직이게 한다.

자궁경부
연화되고 얇아진다. 태아의 머리가 눌러서 벌어지게 한다.

직장

태아 감시

진통이 일어나는 동안 태아의 건강 상태를 파악하는 주요 지표는 태아 심박동수와 자궁수축 강도이다. 태아 심박동을 듣기 위해 사용하는 가장 간단한 방법은 피나르(Pinard) 청진기 또는 휴대용 음파 탐지기를 사용하는 것이다. 전자 태아 감시장치는 오랫동안 사용되었으며, 산모 복부에 2개의 센서를 설치해 사용한다. 때때로 태아 머리에 붙인 전극으로 태아의 심박동수를 측정하기도 한다.

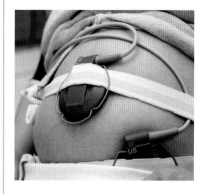

전자 태아 감시장치
태아 심박동수와 자궁수축 강도를 측정할 수 있다. 2개의 센서는 분만태아심장묘사(cardiotocograph) 기계와 연결되어 있어서 심박동수와 수축 강도의 변화 궤적을 보여 준다.

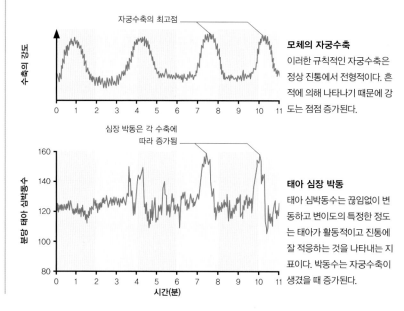
자궁수축의 최고점
(세로축: 수축의 강도 / 가로축: 시간)

모체의 자궁수축
이러한 규칙적인 자궁수축은 정상 진통에서 전형적이다. 흔적에 의해 나타나기 때문에 강도는 점점 증가된다.

심장 박동은 각 수축에 따라 증가됨
(세로축: 분당 태아 심박동수 / 가로축: 시간(분))

태아 심장 박동
태아 심박동수는 끊임없이 변동하고 변이도의 특정한 정도는 태아가 활동적이고 진통에 잘 적응하는 것을 나타내는 지표이다. 박동수는 자궁수축이 생겼을 때 증가된다.

출산

진통 2기는 새로운 인간이 출현하는 출산의 시점이기도 하다. 태아를 산도로 내려보내려면 강하고
빈번한 자궁수축을 비롯해 모체의 커다란 노력이 필요하다.

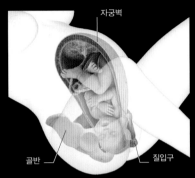

자궁벽

자궁벽

골반

질입구

골반에서의 태아의 위치

진통 2기는 자궁경부가 완전히 열릴 때 시작되며, 자궁수축은 강하고 규칙적이
고 산모는 밀어내고 싶은 마음이 생긴다. 태아는 회전하고 산모의 골반의 가장
넓은 부분에 태아머리의 가장 넓은 부분이 자리잡으면서 태아머리가 산도로 내
려오기 위해 변화한다. 태아의 머리가 질 밖으로 나오게 되면, 태아는 다시 어깨
를 쉽게 빼내기 위해 다시 회전한다. 태아가 질 밖으로 나왔을 때, 탯줄이 태아의
목 주위에 감겨 있는지 확인해야 한다. 태아의 코와 입에 부착되어 있는 점액은
태아의 호흡을 돕기 위해 제거해야 한다. 출산은 전형적으로 1~2시간 지속된다.

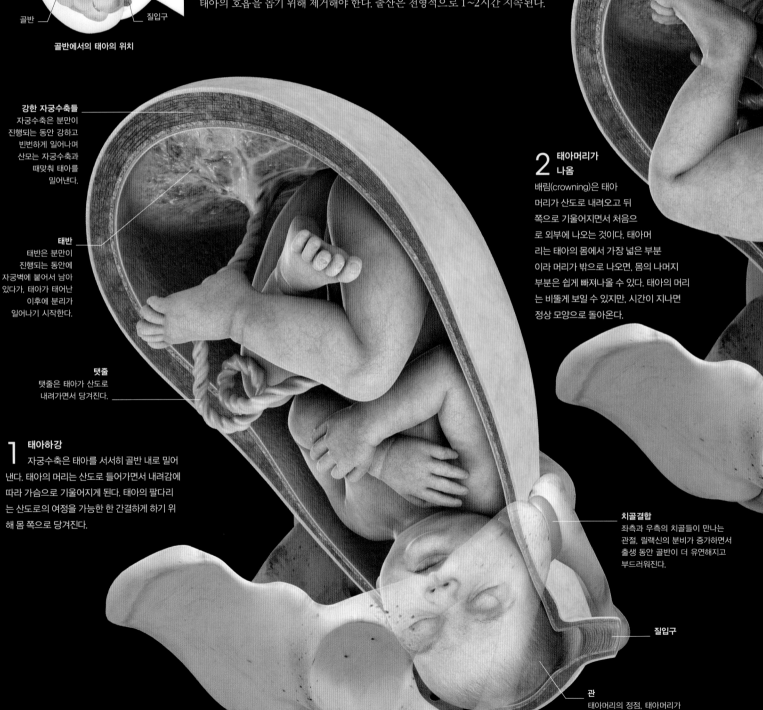

축소되는 자궁
자궁의 정점은 태아가
골반 내로 내려감에
따라 낮아진다.

강한 자궁수축들
자궁수축은 분만이
진행되는 동안 강하고
빈번하게 일어나며
산모는 자궁수축과
때맞춰 태아를
밀어낸다.

태반
태반은 분만이
진행되는 동안에
자궁벽에 붙어서 남아
있다가, 태아가 태어난
이후에 분리가
일어나기 시작한다.

탯줄
탯줄은 태아가 산도로
내려가면서 당겨진다.

1 태아하강
자궁수축은 태아를 서서히 골반 내로 밀어
낸다. 태아의 머리는 산도로 들어가면서 내려감에
따라 가슴으로 기울어지게 된다. 태아의 팔다리
는 산도로의 여정을 가능한 한 간결하게 하기 위
해 몸 쪽으로 당겨진다.

2 태아머리가 나옴
배림(crowning)은 태아
머리가 산도로 내려오고 뒤
쪽으로 기울어지면서 처음으
로 외부에 나오는 것이다. 태아머
리는 태아의 몸에서 가장 넓은 부분
이라 머리가 밖으로 나오면, 몸의 나머지
부분은 쉽게 빠져나올 수 있다. 태아의 머리
는 비뚤게 보일 수 있지만, 시간이 지나면
정상 모양으로 돌아온다.

치골결합
좌측과 우측의 치골들이 만나는
관절. 릴랙신의 분비가 증가하면서
출생 동안 골반이 더 유연해지고
부드러워진다.

질입구

관
태아머리의 정점. 태아머리가
나타나는 것을 배림이라고 한다.

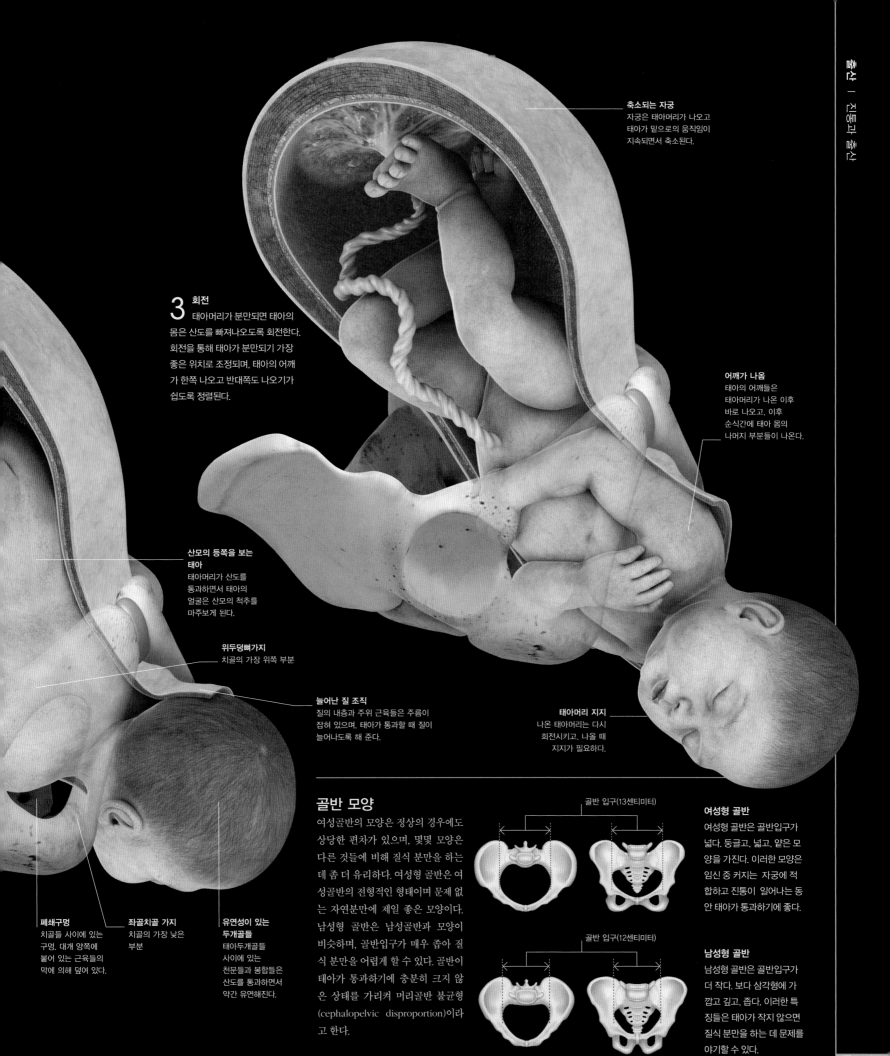

축소되는 자궁
자궁은 태아머리가 나오고
태아가 밑으로의 움직임이
지속되면서 축소된다.

3 회전
태아머리가 분만되면 태아의
몸은 산도를 빠져나오도록 회전한다.
회전을 통해 태아가 분만되기 가장
좋은 위치로 조정되며, 태아의 어깨
가 한쪽 나오고 반대쪽도 나오기가
쉽도록 정렬된다.

어깨가 나옴
태아의 어깨들은
태아머리가 나온 이후
바로 나오고, 이후
순식간에 태아 몸의
나머지 부분들이 나온다.

**산모의 등쪽을 보는
태아**
태아머리가 산도를
통과하면서 태아의
얼굴은 산모의 척추를
마주보게 된다.

위두덩뼈가지
치골의 가장 위쪽 부분

늘어난 질 조직
질의 내층과 주위 근육들은 주름이
잡혀 있으며, 태아가 통과할 때 질이
늘어나도록 해 준다.

태아머리 지지
나온 태아머리는 다시
회전시키고, 나올 때
지지가 필요하다.

폐쇄구멍
치골들 사이에 있는
구멍. 대개 양쪽에
붙어 있는 근육들의
막에 의해 덮여 있다.

좌골치골 가지
치골의 가장 낮은
부분

**유연성이 있는
두개골들**
태아두개골들
사이에 있는
천문들과 봉합들은
산도를 통과하면서
약간 유연해진다.

골반 모양

여성골반의 모양은 정상의 경우에도
상당한 편차가 있으며, 몇몇 모양은
다른 것들에 비해 질식 분만을 하는
데 좀 더 유리하다. 여성형 골반은 여
성골반의 전형적인 형태이며 문제 없
는 자연분만에 제일 좋은 모양이다.
남성형 골반은 남성골반과 모양이
비슷하며, 골반입구가 매우 좁아 질
식 분만을 어렵게 할 수 있다. 골반이
태아가 통과하기에 충분히 크지 않
은 상태를 가리켜 머리골반 불균형
(cephalopelvic disproportion)이라
고 한다.

골반 입구(13센티미터)

여성형 골반
여성형 골반은 골반입구가
넓다. 둥글고, 넓고, 얕은 모
양을 가진다. 이러한 모양은
임신 중 커지는 자궁에 적
합하고 진통이 일어나는 동
안 태아가 통과하기에 좋다.

골반 입구(12센티미터)

남성형 골반
남성형 골반은 골반입구가
더 작다. 보다 삼각형에 가
깝고 깊고, 좁다. 이러한 특
징들은 태아가 작지 않으면
질식 분만을 하는 데 문제를
야기할 수 있다.

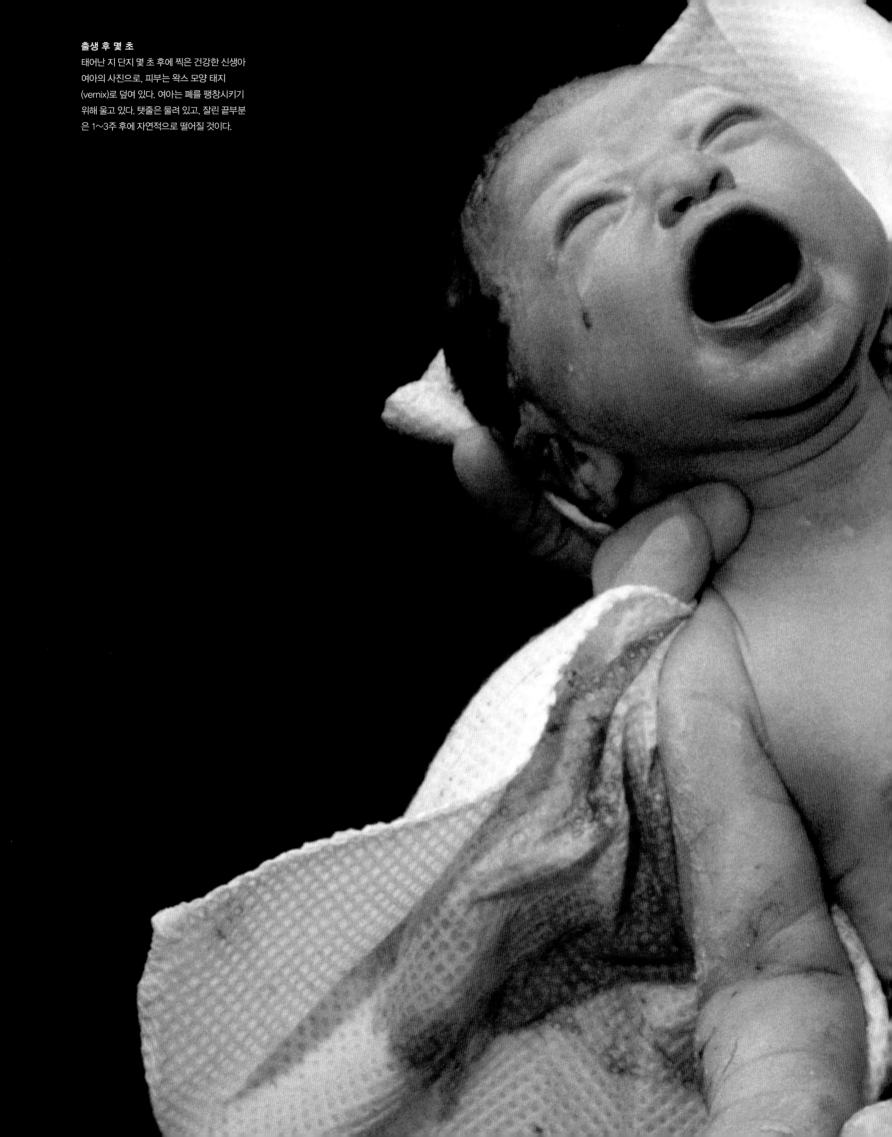

출생 후 몇 초
태어난 지 단지 몇 초 후에 찍은 건강한 신생아 여아의 사진으로, 피부는 왁스 모양 태지 (vernix)로 덮여 있다. 여아는 폐를 팽창시키기 위해 울고 있다. 탯줄은 물려 있고, 잘린 끝부분은 1~3주 후에 자연적으로 떨어질 것이다.

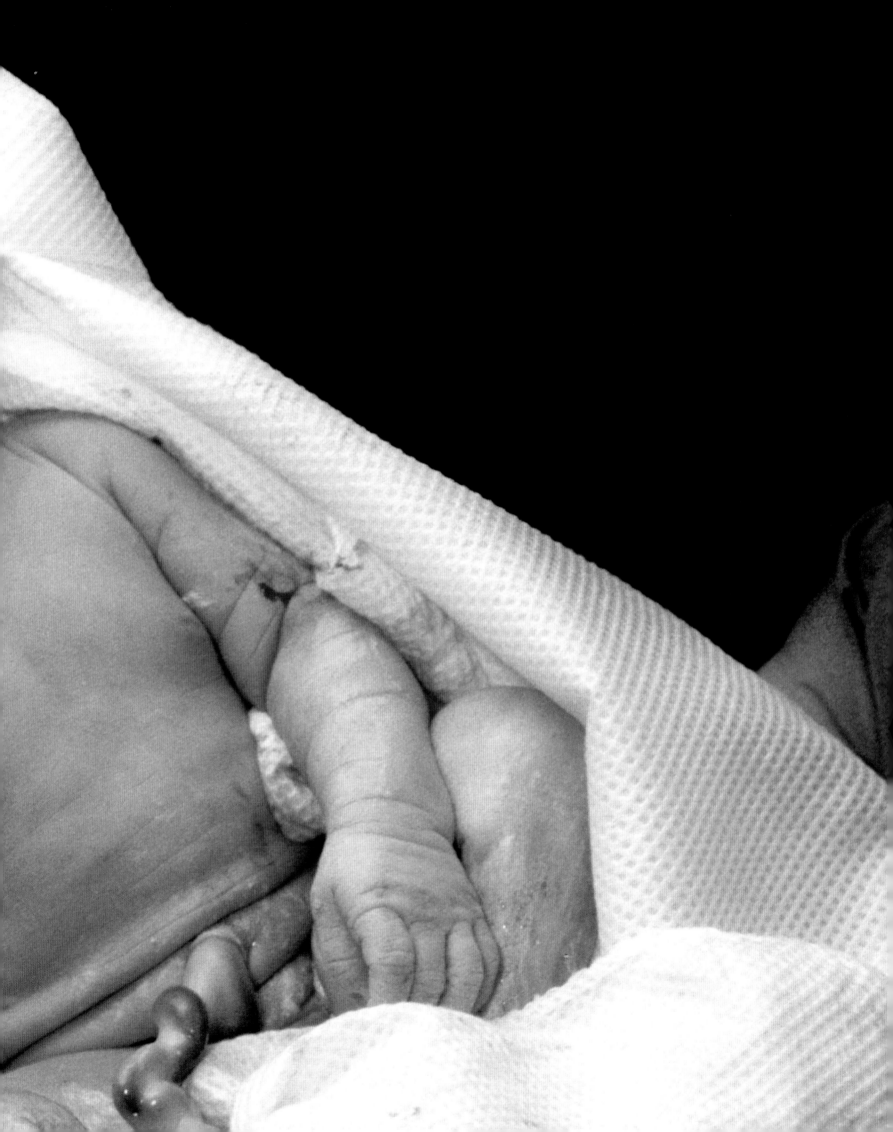

출산 자세

진통을 견디고 출산을 하는 자세는 다양하다. 많은 산모들은 진통 1기에 움직이는 편이 도움된다는 것과 단순히 누워 있기보다 여러 자세를 취하는 것이 도움된다는 것을 알고 있다. 어떤 산모들은 베개에 등을 기대고 침대에 앉아 있는 것이 더 편안하다고 느끼는 반면, 다른 산모들은 무릎을 꿇고 앉거나 웅크리거나 출산의자를 사용하는 것을 더 좋아한다.

똑바로 앉기
베개를 등 뒤에 받치는 이런 자세는 산모 본인의 허벅지를 당길 수 있기 때문에 편안하고 좋을 수 있다.

무릎 꿇기
다른 이의 도움을 받아 무릎 꿇고 똑바로 앉거나 사지를 바닥에 대는 자세에 있다. 이 자세를 취하면 중력이 태아가 하강해 똑바로 태위를 잡는 데 도움을 준다.

웅크리기
골반이 더 쉽게 열리며 중력이 태아의 분만을 도와준다.

둔위 분만

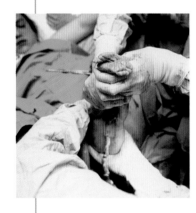

태아 발 먼저
둔위 분만 때, 태아의 엉덩이와 발들이 먼저 나오고 이후 몸이 분만된다. 태아의 가장 넓은 부분인 머리는 가장 나중에 나온다.

태아가 둔위인 경우(태아의 엉덩이가 선진부인 경우) 많은 산모들(189쪽 참조)은 제왕절개술을 받는다. 질식 분만도 고려될 수 있지만 예를 들어 탯줄탈출인 경우(탯줄이 먼저 질로 빠져나오는 경우)에는 질식 분만이 어렵다. 만약 이렇게 먼저 빠져나온 탯줄이 눌리게 되면, 태아에게 공급되는 산소가 부족해져 태아 절박가사가 일어나고 태아가 사망에 이를 수 있다 (232쪽 참조).

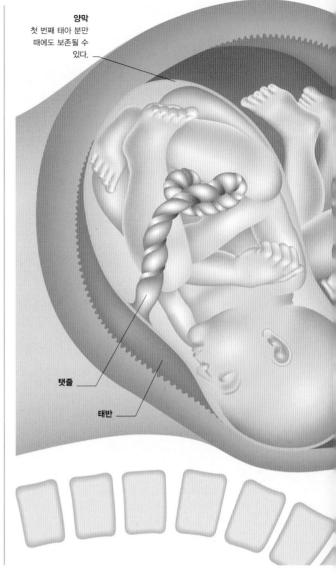

양막
첫 번째 태아 분만 때에도 보존될 수 있다.

탯줄

태반

진통제

진통 시 생기는 통증을 완화시킬 수 있는 방법은 여러 가지이다. 어떤 것은 국부적으로 통증을 완화시키고, 어떤 것은 몸 전체에 영향을 미치기도 한다. 가장 흔하게 사용되는 통증 완화 방법은 모르핀이나 모르핀에서 유래된 아편 유사제 같은 진통제를 사용하는 것이다. 모르핀과 아편 유사제는 전신에 작용하는 진통제이지만 이와 대조적으로 신체 일부에만 작용하는 진통제도 있다. 약물을 쓰지 않는 비약물 방법도 있는데 근육 이완뿐만 아니라 통증 조절에도 도움이 된다.

가스와 공기

엔토녹스(Entonox)라는 상품명으로 더 유명한 이 아산화질소와 산소의 혼합 기체는 원래 전신 마취에 쓰이는 마취제이다. 그런데 진통 시 생기는 통증을 완화시키는 진통제로 쓰이기도 한다. 엔토녹스는 마우스피스나 마스크를 통해 처방된다. 기체나 가스로 된 진통제를 사용할 때에는 호흡을 깊게, 규칙적으로 해야 한다. 통증이 완전히 없어지지는 않지만, 통증이 줄어들어 산모가 안정하는 데 도움이 된다. 이 효과는 30초 이후에 느끼기 때문에 적절한 효과를 보려면 자궁수축이 생길 때 호흡을 시작해야만 한다. 기체 진통제는 메스꺼움과 어지러움을 일으킬 수 있고 통증 완화 효과가 빨리 약해지기 때문에 미국을 포함한 몇몇 국가에서는 사용되지 않는다.

약물 주사

진통 중 사용되는 진통제들은 주사나 정맥관으로 투약된다. 그런 약들은 산모의 몸 전체에서 통증을 감소시킨다. 주로 진통 초기에 처방된다. 가장 흔하게 사용되는 것은 모르핀이지만, 스타돌(Stadol)이나 뉴베인(Nubaine)도 사용된다. 이 약들이 모두 잠재적 부작용이 있지만, 투약이 쉽고 통증을 빠르게 완화시키기 때문에 자주 사용된다.

유형	사용법	부작용
모르핀	모르핀은 근육에 주사하거나 팔이나 자가 조절이 가능한 펌프에 의해 정맥관에 줄 수 있다(자가 조절 진통(patient-controlled analgesia)이라고 함).	산모의 오심과 구토, 진정, 태아의 진정과 호흡 억제
스타돌	모르핀과 비슷, 정맥주사로 투여된다.	효과는 모르핀과 비슷하지만 단기적이다.
뉴베인	정맥주사로 투여된다.	효과는 모르핀과 비슷하지만 단기적이다.

다태아의 출산

대부분의 경우 다태아의 출산은 제왕절개술을 통해 이루어진다. 물론 쌍둥이인 경우 질식 분만으로 출산을 시도할 수 있다. 쌍둥이를 질식 분만으로 출산하는 경우에, 쌍둥이의 건강 상태를 전자 태아 감시장치로 주의 깊게 관찰하게 된다. 대개 첫째 태아는 태아의 두피에 전극을 부착해 관찰하지만, 둘째 태아는 산모의 배에 연결된 센서를 통해 관찰한다. 혹시 모를 문제가 발생할 수 있기 때문에 산과의사나 조산사, 소아과의사 그리고 마취과 의사들이 분만 현장 근처에 있어야 한다. 만약 제왕절개술이 필요한 경우에 산모에게 경막외 마취를 할 수 있다.

태반

탯줄

치골

눌린 방광

쌍둥이 분만
쌍둥이의 경우 둘 다 태아머리가 밑에 있는 경우가 가장 흔하다. 이것은 첫째가 태어나고 둘째가 태어날 수 있도록 해 준다. 첫째가 태어나면 둘째를 주의 깊게 관찰해야 한다.

태아머리가 나옴
첫째 태아는 머리가 먼저 나온다.

열린 자궁경부
첫째가 통과하고 둘째도 통과할 수 있도록 자궁경부가 완전히 열린다.

출산 직후의 조치들

태어난 지 몇 초 내에 태아는 가장 먼저 폐를 팽창시키고 울면서 첫 호흡을 한다. 조산사는 아기의 상태와 신체적 모습을 평가하고 아기의 체중과 머리 둘레를 측정한 다음 아기를 말리고 아기의 체온을 빼앗기지 않도록 천에 싼다. 아기 혈액 응고에 도움을 주기 위해 비타민 K를 보충해 주어야 한다.

아프가 점수

아프가 점수는 응급 처치가 필요한지 알기 위해 출생 후 아기의 상태를 빠르게 평가하는 방법이다. 출생 후 1분, 5분에 점수를 매겨 신생아의 상태를 평가한다. 피부가 검은 아기일 경우, 입, 손바닥, 발바닥을 가지고 색깔을 이야기한다.

징후	0점	1점	2점
심박동수	없음	분당 100회 미만	분당 100회 이상
호흡수	없음	불규칙, 약한 울음	규칙적, 강한 울음
근육긴장	늘어져 있음	중등도의 다리 구부림	활동적 움직임
반사반응	없음	중등도의 반응 또는 찡그림	울음 또는 강한 찡그림
색깔	창백 또는 청색	손과발이 분홍색 파란색	분홍색

경막외 또는 척수 마취

이것은 국소 마취 방법 중 하나이다 등 아래쪽 척수 주위에 주사를 해서 주사 부위 아래로 감각을 차단할 수 있다. 그러나 복부의 통증을 마비시키는 것뿐만 아니라, 다리를 못 움직이게 만들 수도 있다. 경막외 마취는 효과가 나타나는 데 20~30분 정도 걸리지만 척수 마취는 약물 주사 후에 바로 효과가 나타난다.

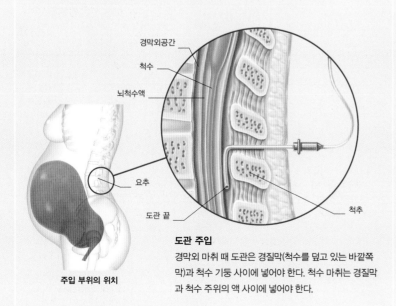

경막외공간

척수

뇌척수액

요추

도관 끝

척추

주입 부위의 위치

도관 주입
경막외 마취 때 도관은 경질막(척수를 덮고 있는 바깥쪽 막)과 척수 기둥 사이에 넣어야 한다. 척수 마취는 경질막과 척수 주위의 액 사이에 넣어야 한다.

비약물성 완화

통증 완화 방법에는 호흡 요법, 반사 요법, 침술, 최면 요법, 이완 요법, 물담금법(198쪽 참조) 그리고 마사지 같은 비약물 방법도 있다. 경피 전기 신경 자극(TENS)은 미세한 전류를 이용해 사람 몸에 있는 천연 진통제인 엔도르핀의 분비를 촉진시켜 통증을 완화시킨다.

만기 진통 1기
이 시기는 자궁수축의 정점에서는 얕은 숨을, 수축의 시작과 끝에서는 깊은 숨을 쉬는 것을 말한다.

이행기
너무 일찍 산모가 밀어내는 힘주기 하는 것을 피하기 위해 산모는 짧은 숨을 쉬는 것과 부는 것을 번갈아 해야 하고 자궁수축이 끝날 때는 숨을 내쉬어야 한다.

진통 2기
산모는 부드럽게 밑으로 힘이 가는 동안 심호흡을 길게 한다. 힘주기 후 깊은 숨을 쉬어야 한다.

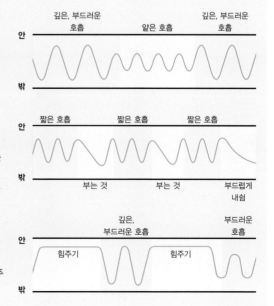

깊은, 부드러운 호흡　　얕은 호흡　　깊은, 부드러운 호흡
안
밖

짧은 호흡　　짧은 호흡　　짧은 호흡
안
밖
부는 것　　부는 것　　부드럽게 내쉼

깊은, 부드러운 호흡　　부드러운 호흡
안
힘주기　　힘주기
밖

대안 출산

여성에게는 분만 장소와 방법을 비롯해 다양한
선택 사항이 있다. 결정에는 개인적 취향과 건강
상태, 태아의 안전이 주요 고려 요소이다.

수중 분만

물속에서 분만하는 것은 이완을 도와줄 뿐만 아니라 통증 완화
에 도움이 된다. 또한 물의 부력은 산모를 더 가볍게 만들어 줘
쉽게 움직일 수 있도록 해 준다. 수중 분만은 아기들에게 충격을
덜 줄 수 있는데, 자궁에 있는 양수를 떠난 아기가 욕조 속의 물
로 나오기 때문이다. 출산 욕조는 병원에 있는 것을 이용할 수
있고 임대해 쓸 수도 있다. 모든 병원에 출산 욕조 시설이 있는
것은 아니며, 있어도 대부분 1개이다.

출산 욕조
요즘 많은 병원들이 출산 욕조 시설을 갖추고
있는데 진통 1기에 자궁수축을 완화시키는 데
사용할 수 있다. 산모는 분만실에서 대부분의
처치를 받지만 욕조에서 분만할 수도 있다.

가정 분만

이러한 방법은 전에 의학적 문제 없이 정상 임신과 분만을 했던
여성에게 적합하다. 일반적으로 첫 분만은 병원에서 하는 것이
좋다. 영국의 경우 가정 분만을 원하는 산모의 산전진찰과 분만
은 지역 조산사들이 하게 된다. 진통이 진행되는 동안에 예기치
않은 합병증이 생길 경우 산과병원에 빠르게 갈 수 있는 준비를
해 둬야 한다.

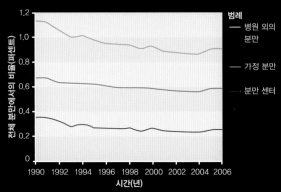

병원 외 출산
가정 분만과 분만 센터(조산사가 주도하는 가정적 출산 서비스를 제공하
는 곳)에서의 출산은 전체 분만에서 적은 부분을 차지한다. 이 그래프는 미
국의 자료로 1990년 이후부터는 병원 외 출산이 감소되는 경향을 보인다.

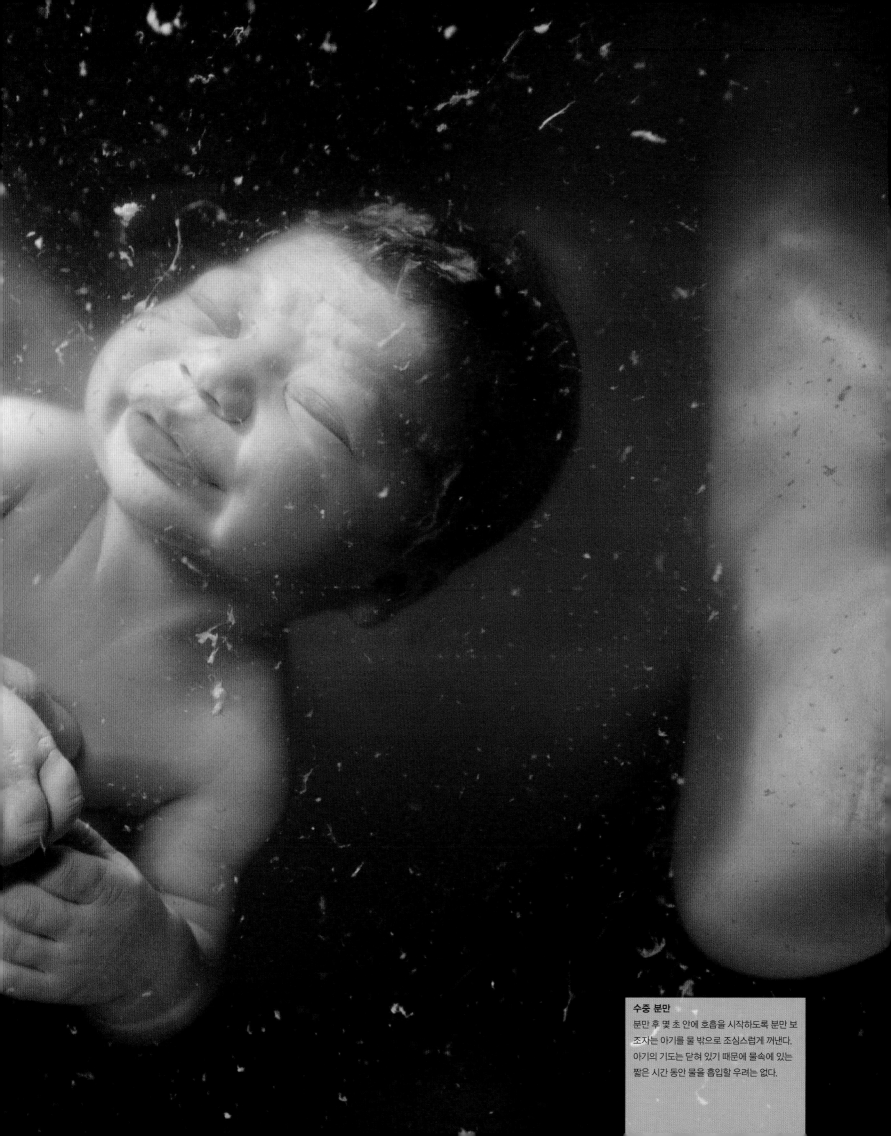

수중 분만
분만 후 몇 초 안에 호흡을 시작하도록 분만 보
조자는 아기를 물 밖으로 조심스럽게 꺼낸다.
아기의 기도는 닫혀 있기 때문에 물속에 있는
짧은 시간 동안 물을 흡입할 우려는 없다.

출산 후

분만 후 몇 초 안에 첫 호흡이 시작된다. 탯줄은 집게로 물린 뒤 곧 절단되고 아기는 산모와 직접적인 연결 없이
먹기 시작할 수 있다.

태반 분만

아기가 분만되고 나면 탯줄을 절단하고 태반을 제거해야 한
다. 이것을 진통 3기라고 한다. 진통 후에 자궁이 수축되면 조
산사 또는 의사는 약하게 탯줄을 당기면서 한 손은 산모의 자
궁 위치를 유지하기 위해 아랫배를 누르고 다른 한 손은 탯줄
을 서서히 당겨 태반을 제거한다. 태반은 자세히 검사해야 하
는데 잔류조직이 자궁에 남아 있으면 산후출혈을 일으키고
자궁이 완전히 수축되는 것을 방해하기 때문이다.

탯줄
절단되지 않는 탯줄은
3분까지 박동이 있을 수
있다.

혈관의 네트워크
많은 작은 혈관들은
탯줄로부터 퍼진다.

건강한 태반
태반은 대개 무게 500그램 정도,
길이 20~25센티미터이다. 심각
한 산후출혈이나 감염을 막기 위
해서는 태반뿐만 아니라 막
(membrane)도 자궁에서 제거해
야 한다.

자궁기저부
자궁의 제일 정점인
기저부는 점진적으로
낮아지고 태반이
떨어지기 시작한다.

분리되기 시작하는 태반
분만 후 5~15분쯤 태반은
자궁벽에서 떨어지기
시작한다.

탯줄 당기기
자궁수축이 있을 때
탯줄을 서서히 당기면
태반을 빠르게 제거할
수 있다.

태반 떨어짐
아기가 태어난 이후에 지속되는 작은 자궁
수축들에 의해 태반은 자궁벽에서 떨어져
나오기 시작한다. 태반 뒤쪽에 생기는 출혈
로 인한 응고는 태반이 더 잘 떨어지도록 도
와준다.

산도
정상 크기로 돌아오고
있음에도 불구하고,
아직도 태반이
빠져나오기에는 충분히
크다.

탯줄
의사나 조산사가 힘 조절을
하면서 탯줄을 당기는 것은
태반 제거에 도움이 된다.

탯줄 절단

탯줄은 임신 40주 동안에 아기의 생명줄이다. 아기는 산소나 영
양분을 공급받고, 노폐물을 제거하는 과정에서 탯줄에 있는 혈
관에 의존한다. 분만 후 바로 탯줄을 절단하면 아기는 엄마와 독
립적으로 살 수 있게 된다. 태반 속에 있는 피가 아기의 순환계
로 들어가서 피의 양을 늘릴 수 있기 때문에 잠시 탯줄을 끊지
않고 그대로 두는 것이 도움이 될 수도 있다. 탯줄이 연결된 상
태로 짧은 시간 동안 산모의 배 위에 아기를 놓아 두면 된다. 이
시간은 3분 정도이다.

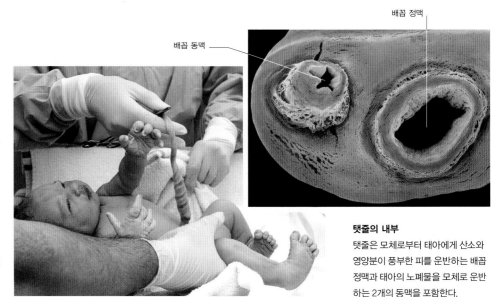

배꼽 동맥

배꼽 정맥

집게로 물리고 절단됨
2개의 집게(clamp)를 4센티미터 정도 떨
어지게 해서 탯줄에 물리고, 그 중간을 절
단하면 된다. 이러한 과정은 아기와 태반
으로부터 피가 새는 것을 막아 준다.

탯줄의 내부
탯줄은 모체로부터 태아에게 산소와
영양분이 풍부한 피를 운반하는 배꼽
정맥과 태아의 노폐물을 모체로 운반
하는 2개의 동맥을 포함한다.

태아의 순환계

태아는 출생 전까지 자신의 폐를 사용할 수 없어서 태아의 폐는 출생 전에는 수축되어 있다. 자궁 내에서 모체의 혈액으로부터 산소를 공급받는데 태반에서 태아 혈액으로 전달된다. 태아 혈액의 대부분은 심장의 한쪽에서 다른 쪽으로 작은 구멍인 타원구멍(foramen ovale)을 통해 직접 흘러간다. 동맥관(ductus arteriosus)이라는 혈관을 통해 혈액이 폐를 거치지 않고 대동맥으로 흐른다.

출생 직후 신생아의 순환계

아기의 첫 호흡으로 신생아의 순환계가 본격적으로 가동되기 시작한다. 혈액이 심장의 우측에서 산소를 얻기 위해 폐로 흘러 들어가고, 심장의 좌측으로 다시 들어간 다음 대동맥으로 흐른다. 동맥관, 정맥관, 배꼽 정맥은 닫히고 인대로 변한다. 타원구멍 역시 폐에서 산소를 공급받은 혈액이 좌심방으로 돌아오면서 생기는 압력으로 닫힌다.

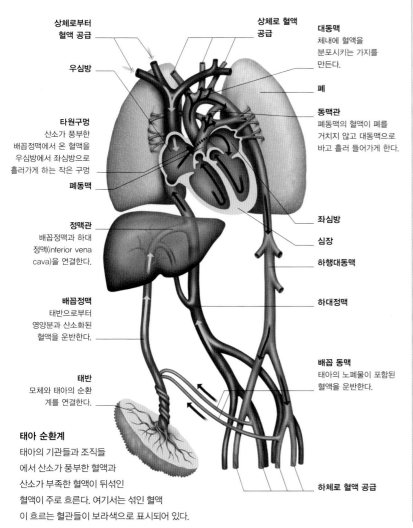

상체로부터 혈액 공급

우심방

타원구멍
산소가 풍부한 배꼽정맥에서 온 혈액을 우심방에서 좌심방으로 흘러가게 하는 작은 구멍

폐동맥

정맥관
배꼽정맥과 하대정맥(inferior vena cava)을 연결한다.

배꼽정맥
태반으로부터 영양분과 산소화된 혈액을 운반한다.

태반
모체와 태아의 순환계를 연결한다.

상체로 혈액 공급

대동맥
체내에 혈액을 분포시키는 가지를 만든다.

폐

동맥관
폐동맥의 혈액이 폐를 거치지 않고 대동맥으로 바고 흘러 들어가게 한다.

좌심방

심장

하행대동맥

하대정맥

배꼽 동맥
태아의 노폐물이 포함된 혈액을 운반한다.

하체로 혈액 공급

태아 순환계
태아의 기관들과 조직들에서 산소가 풍부한 혈액과 산소가 부족한 혈액이 뒤섞인 혈액이 주로 흐른다. 여기서는 섞인 혈액이 흐르는 혈관들이 보라색으로 표시되어 있다.

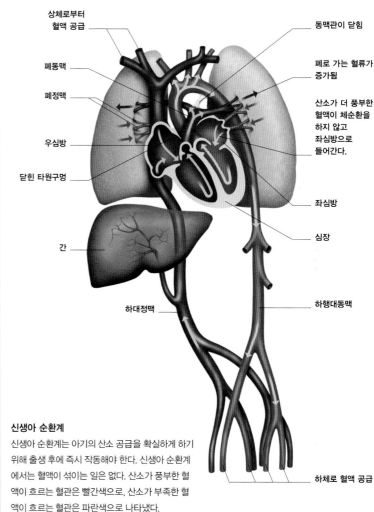

상체로부터 혈액 공급

폐동맥

폐정맥

우심방

닫힌 타원구멍

간

하대정맥

동맥관이 닫힘

폐로 가는 혈류가 증가됨

산소가 더 풍부한 혈액이 체순환을 하지 않고 좌심방으로 들어간다.

좌심방

심장

하행대동맥

하체로 혈액 공급

신생아 순환계
신생아 순환계는 아기의 산소 공급을 확실하게 하기 위해 출생 후에 즉시 작동해야 한다. 신생아 순환계에서는 혈액이 섞이는 일은 없다. 산소가 풍부한 혈액이 흐르는 혈관은 빨간색으로, 산소가 부족한 혈액이 흐르는 혈관은 파란색으로 나타냈다.

빨기반사

출생 때부터 원시반사는 존재하고, 먹이 찾기 반사(rooting reflex, 210쪽 참조)와 밀접하게 연관되어 있다. 아기의 입천장을 부드럽게 건드리면 빨기반사가 시작된다. 이런 일이 일어나기 때문에, 아기는 입으로 젖꼭지(또는 병 젖꼭지)를 받아들이게 된다. 많은 신생아들은 출생 후에 바로 젖을 물고, 바로 먹을 수 있다. 그러나 어떤 신생아들은 효과적으로 젖을 빨려면 시간과 격려가 필요할 수 있다. 젖꼭지를 빠는 것은 젖의 생성과 분비에 필요한 호르몬인 옥시토신(oxytocin)과 프로락틴(prolactin)의 생성을 촉진시킨다.

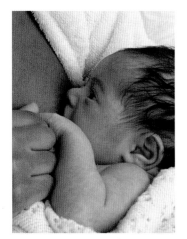

첫 수유
처음 며칠 동안은 초유가 분비된다. 크림 같은 물질인 초유는 항체를 풍부하게 포함하고 있다.

출산 후 호르몬의 변화

에스트로겐, 프로게스테론과 다른 호르몬들은 아기의 출생 후에 급격하게 감소된다. 감소의 효과들은 자궁이 수축하게 하고, 골반 기저 근육들의 강도를 강화시킨다. 태아 때문에 늘어난 모체의 순환 혈액량은 정상으로 되돌아온다.

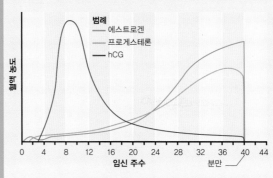

범례
— 에스트로겐
— 프로게스테론
— hCG

(y축) 혈중 농도
(x축) 0 4 8 12 16 20 24 28 32 36 40 44
임신 주수   분만

급락하는 농도들
에스트로겐과 프로게스테론(황체호르몬)의 수치가 빠르게 떨어지는 것은 산후우울증(baby blue)과 관련 있다고 여겨지고 있다. 일부 여성들이 출산 후 호르몬의 급감에 민감하게 반응하는 이유는 아직 밝혀지지 않았다.

보조 출산

아기의 분만에 도움이 필요한 상황, 즉 진통이 느리게 진행되거나 멈추거나, 태아 곤란 또는 비정상적인 태위인
경우를 말한다. 보조 분만은 계획할 수도 있고, 진통 전 또는 진통 시 문제가 발생하면 긴급히 필요할 수도 있다.

진통 유도

진통 유도는 임신 42주가 지났거나, 양수가 나오는데 진통이 시
작되지 않거나, 예를 들어 자간전증(임신중독증, preeclampsia) 같
은 특수한 의학적 문제가 있을 경우 추천되는 방법이다. 양막에
손가락훑어내기(sweeping)를 함으로써 자궁경부와 양막 사이
를 부드럽게 분리시켜 줌으로써 진통을
유도할 수 있다. 이것은 질검사 때 동시에
할 수 있다. 또 다른 방법은 질 내에 프로
스타글란딘(prostaglandin)을 넣는 것이
다. 만약 이러한 방법이 실패한다면, 피토
신(합성 옥시토신, pitocin)을 사용해 자궁
수축을 증가시킬 수 있다.

옥시토신 결정
광학 현미경 사진은 뇌하수체에 분비되는 호르몬
인 옥시토신의 구조를 보여 준다. 주요 기능 중 하
나는 진통을 시작하는 것이지만, 이 물질의 분비가
시작되는 기작에 대해서는 잘 모른다.

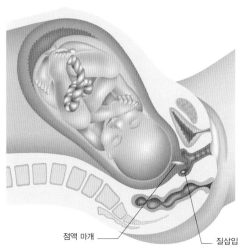

점액 마개 · 질삽입

프로스타글란딘 삽입
프로스타글란딘은 진통을 유도할 때 사용되는 물질로, 자
궁경부에 가까운 질에 삽입한다. 호르몬유사물질은 자궁
경부를 숙화시키고 자궁수축을 자극한다.

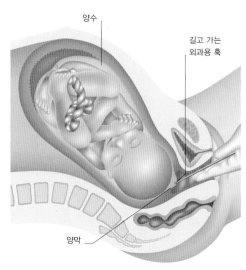

양수 · 길고 가는 외과용 훅

양막

양막 파수
질 속에 바늘을 넣어서 양막을 터트리면 양수가 흘러나오게
된다. 진통이 시작되지 않았을 때보다는 진통이 느리게 진행
될 때 이 방법을 주로 사용한다.

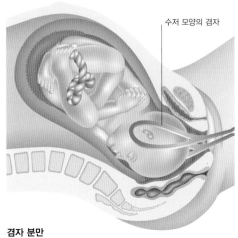

수저 모양의 겸자

겸자 분만
겸자의 두개의 날(blade)을 태아의 머리 주위에 위치시
키고, 함께 결합한다. 의사는 자궁수축이 있으면서 산
모가 힘주기를 하는 동안 겸자를 당긴다.

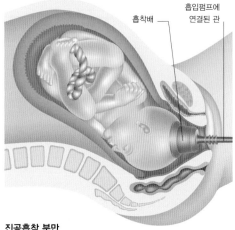

흡입펌프에
연결된 관

흡착배

진공흡착 분만
흡착배는 태아의 머리에 위치되고, 흡착은 안전하게
고정된다. 이러한 기구는 태아의 만출을 부드럽게 도
와준다.

겸자 분만과 진공흡착 분만

분만의 5~15퍼센트는 겸자 분만과 진공흡착 분만으로 이루어
진다. 여러 이유가 있지만 대부분 태아 곤란이나 여러 시간에 걸
친 진통 후에 산모가 탈진된 것이 원인이다. 골반이 낮은 경우에
태아의 분만을 돕기 위해 쓰는 방법들로서 이 방법들을 쓰려면
장비가 산도를 통과해야 하기 때문에 자궁경부(자궁목)가 다 열
려 있어야 한다. 겸자는 샐러드 집게와 비슷하고 두 조각으로 나
뉘어 있지만 분만할 때 태아의 머리가 납작하게 되는 것을 피하
기 위해 고정되어 있다. 그 끝은 태아의 머리에 맞추어 곡선으로
되어 있다. 진공흡착기(실라스틱(silastic))는 태아의 머리에 부착
되는 흡착배(suction cup)와 흡입펌프로 구성된다. 회음절개술
은 겸자 분만 때는 반드시 필요하지만 진공흡착기 분만 때는 필
요하지 않을 수 있다.

회음절개술

회음절개술은 조직 손상을 막기 위해
질과 항문 사이 조직을 절개하는 것이다.
잘못된 찢어짐을 막기 위해서 하고, 태아
곤란이 있거나 태아가 빨리 분만되어야 할
경우에 한다. 이 절개술은 국소나 경막외
또는 척수 마취를 하고 시행한다. 절개는
분만 이후에 봉합한다.

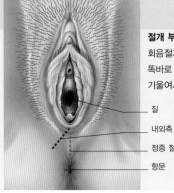

절개 부위
회음절개술은 질입구에서 항문으로
똑바로 할 수도 있고, 한쪽 방향으로
기울여서 할 수도 있다.

질
내외측 절개
정중 절개
항문

흡착배에 의해
생긴 일시적인 링

실라스틱 흔적
태아머리를 흡착배로 흡인
하게 되면 시뇽(chignon)이
라고 불리는 빨간 고리 모양
자국이 멍처럼 남을 수 있다.
걱정스럽게 보일지 모르지
만, 이 흔적은 단지 1주일 정
도 지속된다.

제왕절개술

제왕절개술을 시행하면 태아는 절개된 복벽을 통해 자궁으로부터 나온다. 질식 분만이 불가능하거나 바람직하지 못한 경우는 여러 가지이고 원인도 다양하다. 긴급하지 않은 경우, 예를 들어 쌍둥이를 임신했을 때 시행하기도 하고, 태아 곤란이 발생하거나 진통이 진행되지 않는 등 긴급한 상황에서도 비계획적인 제왕절개술이 이루어진다. 수술 전에 복부의 감각을 제거해야 되는데, 산모가 의식이 있는 부분 마취(경막외 또는 척수)나 산모가 의식이 없는 전신마취를 하고 시행한다.

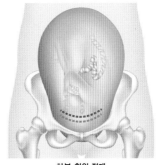

하부 횡위 절개

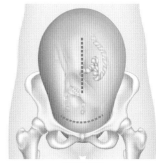

고전적 절개

여러 가지 절개 방법
자궁 절개의 가장 흔한 종류는 하부 횡위 절개이다. 더 크게 수직 절개(고전적 절개)를 해야 하는 경우도 있는데, 이때는 태아가 산모의 복부를 가로질러 있다. 하부 수직 절개는 태위가 비정상적인 다른 경우에 시행한다. 복벽의 초기 절개는 세 경우 모두 일반적으로 비슷하다.

범례
- ---- 복벽 절개
- ---- 자궁 절개

하부 수직 절개

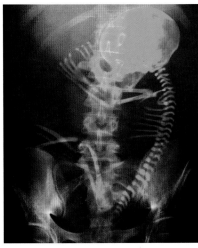

둔위
이 X선 사진은 둔위(태아머리가 선진부가 아닌 경우)로 있는 태아를 보여 주고 있다. 만약 태아를 진통 전에 머리가 밑으로 내려오게 조작할 수 없다면, 제왕절개술이 가장 안전한 분만 방법이다.

제왕절개술을 시행하는 방법
복부의 피부를 절개하고 자궁을 드러내기 위해 조직과 근육층을 분리한다. 여러 가지 절개 방법(오른쪽 위) 중 하나로 자궁을 절개한 후 태아를 끄집어내게 된다.

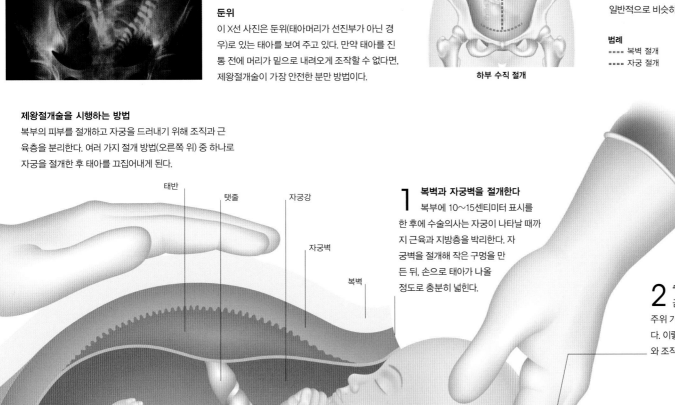

태반　태줄　자궁강

자궁벽

복벽

1 복벽과 자궁벽을 절개한다
복부에 10~15센티미터 표시를 한 후에 수술의사는 자궁이 나타날 때까지 근육과 지방층을 박리한다. 자궁벽을 절개해 작은 구멍을 만든 뒤, 손으로 태아가 나올 정도로 충분히 넓힌다.

2 수술용 견인기를 넣음
금속성 기구를 복벽 절개 부위 주위 가장자리에 걸고 부드럽게 당긴다. 이렇게 하면 수술의사가 내부장기와 조직들을 잘 볼 수 있다.

3 태아 분만
태아를 자궁과 복벽의 구멍으로 들어올린 다음 소아과의사나 조산사에게 전달한다. 가능한 한 산모가 아기를 받아 볼 수 있도록 한다.

수술용 견인기

치골

눌린 방광

자궁경부

질

태아가 임신 동안 모체와 함께 지내면서 발달한 특별한
특징들이 출생 후에는 아기가 독립적으로 살 수 있도록 바로
변한다. 신생아는 주위의 환경 자극에 매우 빨리 반응할
필요가 있다. 이러한 과정에서 발달 구성 요소가 출생 후 며칠
안에 축적되고 인식 패턴으로 발달하게 된다. 아기에 필요한
핵심 기술을 발달 이정표(developmental milestones)라고 한다.
이러한 것은 체중이나 머리 둘레 같은 다른 요인들과 함께

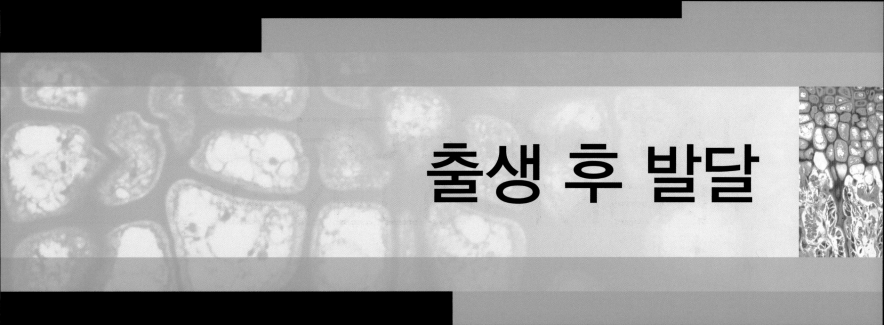

출생 후 발달

회복과 수유

출산 후 몇 주간 엄마에게는 큰 정신적, 육체적 변화가 일어난다. 그중 가장 특징적인 변화는 수유의 시작이다. 호르몬들의 변화, 부모가 되는 책임감 증가 그리고 심각한 수면 부족이 여러 영향을 미칠 수 있다.

회복하는 산모

새로 태어난 아기와 함께하는 첫 몇 주는 행복한 시간이다. 그러나 엄마는 다양한 육체적 변화를 겪기 때문에 피곤한 시간이기도 하다. 커진 자궁과 느슨해진 복벽은 복부를 여전히 임신한 것처럼 보이게 할 수 있고, 자궁이 줄어들면서 자궁수축과 비슷한 쥐어짜는 듯한 통증을 느낄 수도 있다. 처음 2주와 6주 사이에 질 출혈이 일어날 수도 있고, 질 분비물의 색이 변한다. 처음에는 밝은 붉은색에서 분홍색으로 변하고 이후 갈색으로 변한다. 회음절개를 받았다면 흉터(202쪽 참조)는 초기에 아플 수 있고, 소변이 불편할 수도 있다. 변비 또한 흔한 문제이다. 모유 수유 경우에도 초기에 가슴이 아프거나 부풀어 오를 수 있다. 젖꼭지의 압통은 아기 젖 물리기만 잘 하면 나아진다. 이러한 모든 문제들은 시간이 지나면 좋아진다.

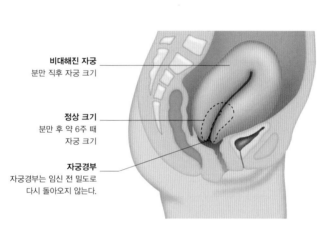

줄어드는 자궁
출생 후 6주쯤 자궁은 거의 임신 전 크기로 돌아온다. 모유수유는 근육 수축을 촉진시키는 옥시토신(207쪽 참조) 생성 과정에 도움을 주기도 한다.

비대해진 자궁
분만 직후 자궁 크기

정상 크기
분만 후 약 6주 때 자궁 크기

자궁경부
자궁경부는 임신 전 밀도로 다시 돌아오지 않는다.

수유를 통합 결합
피부와 피부의 접촉은 엄마와 아기 사이의 결합 과정에서 특별한 부분이다. 수유는 모자 양쪽에 평온한 순간을 줄 뿐만 아니라, 건강상 이점도 제공한다.

케겔 운동

방광, 장, 자궁을 지지하는 걸이(sling) 같은 근육들인 골반저(pelvic floor)를 강화시키는 운동으로 임신 기간뿐만 아니라 출생 후에도 중요하다. 이런 근육들은 소변 볼 때 소변줄기를 끊는 기능에 관여한다. 또한 이런 근육들은 하루에 2~3번 몇 초 동안 조였다 다시 풀었다 하면서 단련할 수 있다. 이 운동을 잘 하게 되는 데에는 시간이 필요하다.

아기와 함께 운동하기
케겔 운동은 아기가 잘 때에도 매일 정기적으로 할 수 있다. 2~3분 정도 이 근육들을 강화하면 몸의 회복에 도움을 준다.

폭넓은 감정 기복

대부분의 산모들은 출산 후 의기양양한 성취감에서 우울하고 울적한 감정까지 폭넓은 감정 기복을 경험한다. 이러한 감정 기복은 호르몬의 큰 변화와 신생아 양육 때 거의 모든 이들이 겪는 수면 부족으로 이해할 수 있다. 보통은 출산 후 기쁨과 성취감을 느끼지만 이것이 곧 슬픔으로 바뀌기도 한다. 이런 경우를 산후우울(baby blue)이라고 하며, 대개 시간이 지나면 좋아진다. 그러나 이 우울함에 대한 적절한 대처가 없다면 분만후우울증(postpartum depression)이 생기고 전문가의 도움이 필요해질 수 있다(243쪽 참조).

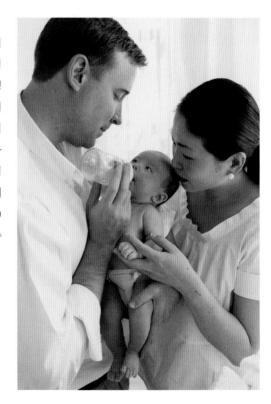

결속
아빠의 육아 참여는 엄마의 육체적, 감정적인 압박감을 덜어 줄 뿐만 아니라, 아기와 아빠 사이의 결속도 강화할 수 있기 때문에 초기부터 육아에 참여하는 것이 중요하다.

젖 물리기

젖을 물리는 일도 쉬운 일은 아니다. 아기의 입을 유방의 정확한 위치에 가져다 대야 아기가 효과적으로 젖을 빨 수 있기 때문이다. 이것은 항상 자연스럽게 되는 것은 아니며, 잘 못하면 아플 수 있다. 유방은 젖꼭지와 함께 유륜(areola, 젖꼭지 주변의 검은색 부분)의 대부분이 입 안에 잘 위치되어야 한다. 아기는 위아래 턱을 움직이고 혀를 움직여 젖을 나오게 한다. 이 자세는 젖꼭지가 당겨지거나 끼거나 아프게 되는 것을 피할 수 있으며, 젖의 분비량을 극대화시킬 수 있다.

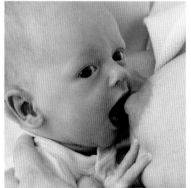

1 반사 자극
젖꼭지로 아기의 입술을 스치면 아기는 입을 열고 젖꼭지를 받아들인다. 아기의 머리를 손으로 받치고 자세를 교정한다.

2 자세 교정
입이 크게 열리면, 아기의 머리 위치를 유지한 채 입안 깊숙히 젖꼭지와 유륜을 넣어 준다.

모유수유

모유는 신생아의 초기 성장과 발달에 필요한 영양분을 포함하고 있으며, 장염이나 폐렴 같은 여러 질병을 이기는 데 도움되는 항체를 공급하기 때문에 가장 이상적인 음식이라고 흔히 여겨진다. 또한 첫 한 살 동안 병의 발생을 낮추어 준다. 모유의 생성과 분비는 뇌의 뇌하수체에서 생성되는 2가지 호르몬에 의존한다. 즉 프로락틴은 젖의 생성을 촉진하고, 옥시토신은 젖의 방출에 관여한다. 초기에 유방은 '초유(아래 참조)'를 생산하지만 이것은 2일 정도 후에 성숙된 젖으로 바뀐다. 수유할 때마다 양쪽 유방에서는 갈증을 해소해 주는 전유(foremilk)가 먼저 나오고 이후 영양분이 풍부한 후유(hindmilk)가 나온다.

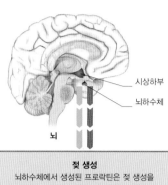

시상하부
뇌하수체

뇌

젖 생성
뇌하수체에서 생성된 프로락틴은 젖 생성을 위해 유방의 분비성 소엽(lobules)을 자극한다.

젖 분비
뇌하수체에서 옥시토신을 분비하며, 이것은 분비성 소엽의 평활근을 수축시켜서 젖꼭지의 젖샘관(lactiferous duct)들로 젖이 나가도록 한다.

범례
■ 프로락틴 분비
■ 옥시토신 분비

사출반사
유방에서 젖이 분비되는 것은 옥시토신에 의해 촉진된다. 일시적으로 통증을 느낄 수 있고 얼얼할 수도 있다. 모유수유가 일단 잘 되면, 아기의 소리나 울음소리를 듣는 것만으로도 호르몬 분비가 시작될 수 있다.

분비성 소엽
젖샘관

유방 구조

	에너지 55kcal	
젖당 5.3g		**나트륨** 48mg
지방 2.9g		**칼슘** 28mg
단백질 2.0g		**비타민** 189mmg

초유(100ml)

	에너지 67kcal	
젖당 7.0g		**나트륨** 15mg
지방 4.2g		**칼슘** 30mg
단백질 1.1g		**비타민** 134mmg

모유(100ml)

모유의 성분 변화
초유와 모유는 물질 성분 구성이 다르다. 또한 '첫젖'인 초유는 아기의 미성숙 면역체계로도 감염을 이길 수 있는 항체들을 풍부하게 포함하고 있다. 초유는 또한 비타민들도 풍부하다.

젖병 수유

모든 엄마들이 모유수유를 원하는 것은 아니다. 일부 엄마들은 건강이나 다른 이유로 못한다. 영아용 조제 분유인 포뮬러(formula)는 모유를 최대한 복제한 것으로 젖소의 우유에 미네랄과 비타민을 첨가한 것이다. 엄마가 아기에게 포뮬러를 먹인다는 죄의식을 느끼지 않는 게 중요하다. 젖병 수유 역시 모유수유처럼 아기에게 필수 영양분을 공급하는 동시에 가족을 위한 결합(bonding)의 기회를 제공한다. 아빠에게는 아기와 특별한 시간을 보낼 기회를 준다. 밤에 젖병 수유를 하면 엄마가 모유를 짤 필요 없이 잠을 잘 수 있다.

신생아

건강한 신생아는 장기와 조직의 전체 수가 성인과 동일하다. 그러나 아기가 성장함에 따라 장기와 조직이 변하고 성숙한다. 아기의 겉모습은 생후 첫 6주에 걸쳐 변하기 시작한다.

해부학

한국 신생아의 평균 체중은 3.3킬로그램이다. 아기의 장기와 조직은 바깥 세상에서 살아갈 준비가 충분히 되어 있지만 성인이 될 때까지 끊임없이 변하고 발달할 것이다. 일부 장기와 조직은 상대적 크기가 신생아 때 더 크다. 왜냐하면 이 장기가 태아 때나 초기 소아기 때 중요한 역할을 하기 때문이다. 예를 들어 가슴에 있는 커다란 가슴샘(흉선)은 초기 면역 기능 발달에 꼭 필요하다. 그러나 소아기가 끝날 무렵이면 가슴샘이 더 이상 필요하지 않기 때문에 위축되기 시작한다. 태어날 때 순환계통에도 변화가 일어나는데, 이 변화는 아기가 첫 숨을 쉼으로써 유발된다. 첫 숨을 쉬면 폐(허파)가 작동하기 시작해서 아기 스스로 호흡할 수 있게 된다(201쪽 참조). 신생아 겉모습의 특징 중에서 머리가 원뿔 모양인 것 등은 출산 과정에 일어난 것이며 시간이 지나면 해결된다.

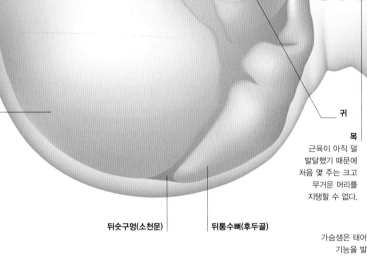

눈
신생아의 눈꺼풀은 산도를 통과할 때 압박을 받기 때문에 부어 있는 경향이 있다. 초기에는 시력이 좋지 못하며, 안구근육이 덜 발달했기 때문에 두 눈이 사시처럼 보일 수 있다.

머리뼈와 뇌

머리뼈는 뼈판들로 구성되는데, 각 뼈판은 재봉선처럼 생긴 봉합에서 만나고, 뼈판 사이에 숫구멍(천문)이라 불리는 물렁물렁한 곳들이 있다. 그렇기 때문에 뼈판이 서로 미끄러져 기왓장처럼 겹칠 수 있는데, 덕분에 머리가 산도를 통과할 때 머리뼈가 변형될 수 있다. 일부 신생아의 머리가 잠깐 동안 원뿔 모양인 것은 바로 이 때문이다. 시간이 지나면 숫구멍이 닫히는데, 뒤숫구멍은 6주경에 닫히고 앞숫구멍은 18개월경에 닫힌다.

뇌 발달
신생아 머리의 CT 사진으로, 대뇌에서 발달 중인 커다란 신경망(녹색)이 관찰된다. 출생 후에는 뇌 신경세포들 사이에 연결이 대량으로 형성된다.

초기 신체 구조
아기 몸의 신체 비율과 구성은 시간이 지남에 따라 변한다. 생후 몇 주 동안 아기 신체 구조를 정기적으로 검사해서 정상적으로 발달하고 있는지를 확인해야 한다.

손목 손목뼈(수근골)들은 아직 주성분이 연골이다.

심장 심장에서 뿜어져 나온 혈액이 처음으로 폐에 전달된다.

아래턱뼈(하악골) 젖니는 완전히 형성되어 있지만 아직 돋지 않고 아래턱뼈 속에 숨어 있다.

눈확(안와)

폐(허파) 아기가 첫 숨을 쉬면 공기가 폐 속으로 들어가서 폐가 작동하기 시작한다.

이마뼈(전두골)

기관(숨통)

앞숫구멍(대천문)

마루뼈(두정골)

귀

목 근육이 아직 덜 발달했기 때문에 처음 몇 주는 크고 무거운 머리를 지탱할 수 없다.

뒤숫구멍(소천문)

뒤통수뼈(후두골)

가슴샘(흉선) 가슴샘은 태어날 때 매우 크며, 면역 기능을 발달시키는 데 핵심적인 역할을 한다.

가슴우리(흉곽)

손톱 신생아의 손톱은 빨리 자라며, 날카로울 수도 있다.

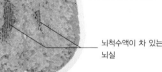

대뇌반구

발달 중인 신경망

뇌척수액이 차 있는 뇌실

체온 조절

신생아는 체온 조절 능력이 미숙하다. 신생아는 체중에 비해 피부 표면적이 넓기 때문에 열 손실이 심하고, 몸을 떨어 체온을 올릴 수도 없다. 아기는 땀을 흘리고 피부 혈관을 확장시킴으로써 체온을 낮출 수는 있다. 하지만 열 방출 능력이 성인만큼 효율적이지 않기 때문에 아기 체온을 지나치게 높이면 안 된다.

포대기 싸기
이 사진처럼 포대기를 싸면 아기가 안정감을 느끼게 하면서 과열을 피할 수 있다.

출생 직후 건강 검진

아기는 누구나 태어난 직후에 건강 검진을 받고 약 6주 후에 재검을 받아야 한다. 이렇게 해야 손이나 발 같은 외부 구조는 물론 심장이나 폐나 엉덩관절(고관절)이나 기타 내장 등을 조사할 기회가 생긴다. 의사는 입천장을 검사해서 입천장갈림증(구개열)이 있는지를 확인하고, 눈에 불빛을 비춰 보며, 귀 기울여 가슴을 청진해야 한다. 등도 조사해서 척추 질환을 시사하는 징후가 있는지 확인해야 하며, 두 다리도 움직여봐서 엉덩관절이 불안정하지 않은지 살펴봐야 한다. 사내아이는 음낭을 조사해서 고환이 둘 다 있는지 확인해야 한다. 피부에 점(모반)이 있는지도 찾아봐야 한다.

심장 청진
비정상 심장음인 심장잡음이 들리는지 확인하고 있다. 심장잡음이 들려도 정상인 경우가 있고, 반대로 문제가 있음을 시사하기도 한다.

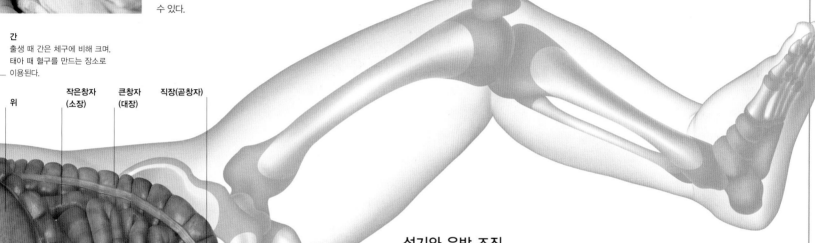

간
출생 때 간은 체구에 비해 크며, 태아 때 혈구를 만드는 장소로 이용된다.

위

작은창자(소장)

큰창자(대장)

직장(곧창자)

쓸개(담낭)

충수(막창자꼬리)

성기와 유방 조직

남아나 여아 모두 성기는 커다랗게 부어 있고 색이 짙은 것처럼 보이는데, 이는 출산 전에 엄마의 여성호르몬 농도가 높기 때문이다. 이 호르몬들은 엄마에서부터 태반을 거쳐 아기로 전달된다. 한쪽 또는 양쪽 유방이 커져 있기도 하며, 출생 직후에는 젖꼭지에서 액체가 조금 새어 나오기도 한다. 여아는 질에서 분비물이 나오기도 하는데, 때로는 피가 조금 섞여 있다.

성기(바깥생식기관)

골반

발
신생아는 발끝이 바깥을 향한 채로 누워 있는 경우가 많다.

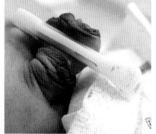

탯줄(제대)
탯줄은 자른 후 완전히 마르고 굳어서 혈류가 모두 차단될 때까지 플라스틱 집게로 막아 둔다(200쪽 참조). 잘린 꼭지 부분은 검어지다가 10일 이내에 떨어져 나간다.

엉덩관절(고관절)
넙다리뼈(대퇴골) 머리부분이 골반 절구 속에 확실히 자리잡고 있지 못하면 엉덩관절이 불안정해질 수 있다.

뼈
어떤 뼈들은 성숙하면서 합쳐진다.

연골
긴뼈(장골)의 양 끝부분은 연골로 되어 있기 때문에 연골이 서서히 뼈로 바뀌기 전에 더 길어질 수 있다.

각질이 일어나는 듯한 피부
신생아 피부는 각질이 일어나는 것처럼 보일 수 있는데, 이 현상이 며칠 또는 몇 주 지속되기도 한다. 그밖에 과숙아는 피부가 약간 건조하고 쭈글쭈글한 경우도 있다.

초기 반사와 발달

아기는 하루의 절반 이상을 잠을 자며 보낸다. 출생 후 첫 몇 주 동안은 이렇다 할 활동이 없음에도 불구하고 매우 많은 변화가 일어난다. 즉 빠른 속도로 성장하고 거의 날마다 새로운 기술들을 익힌다.

성장

아기는 초기 몇 주와 몇 달 동안 놀라우리만큼 빠른 속도로 성장하고, 이와 동시에 내장들도 발달하고 성숙한다. 이렇게 빠른 속도로 성장하려면 자주 먹어서 영양을 보충해야 하며, 활동을 않고 자는 시간이 많아야 한다. 정기적으로 아기 신장과 체중을 정확히 측정해야 하는데, 왜냐하면 신장과 체중이 아기의 건강과 발달 상태를 나타내는 가장 중요한 지표기 때문이다. 시간에 따른 신체 변화 기록에는 백분위수 그래프를 많이 이용한다. 정기적으로 측정해서 그래프를 작성하면 아기가 정상 범위에 속하는지, 꾸준한 속도로 성장하고 있는지를 알 수 있다. 성장 속도가 점점 느려지면 아기 건강에 문제가 있음을 시사한다.

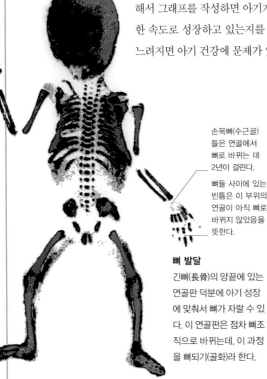

손목뼈(수근골)들은 연골에서 뼈로 바뀌는 데 2년이 걸린다.

뼈들 사이에 있는 빈틈은 이 부위의 연골이 아직 뼈로 바뀌지 않았음을 뜻한다.

범례
— 99.6 백분위수
— 75 백분위수
— 50 백분위수
— 25 백분위수
— 0.4 백분위수
▨ 전체 범위

뼈 발달
긴뼈(長骨)의 양끝에 있는 연골판 덕분에 아기 성장에 맞춰서 뼈가 자랄 수 있다. 이 연골판은 점차 뼈조직으로 바뀌는데, 이 과정을 뼈되기(골화)라 한다.

성장 그래프
측정치가 최고 백분위수와 최저 백분위수 사이에 속하면 보통 수준으로 간주한다. 이 세 그래프는 여아의 성장 속도를 나타낸다. 남아는 성장 속도가 다르기 때문에 다른 그래프를 사용해야 한다.

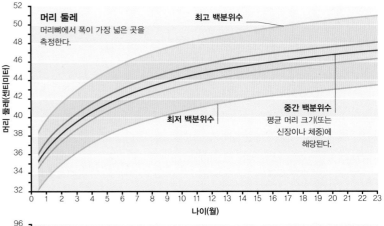

머리 둘레
머리뼈에서 폭이 가장 넓은 곳을 측정한다.

최고 백분위수

최저 백분위수

중간 백분위수
평균 머리 크기(또는 신장이나 체중)에 해당된다.

머리 둘레(센티미터)

나이(월)

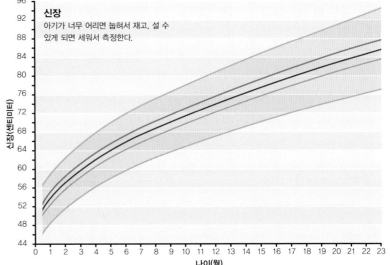

신장
아기가 너무 어리면 눕혀서 재고, 설 수 있게 되면 세워서 측정한다.

신장(센티미터)

나이(월)

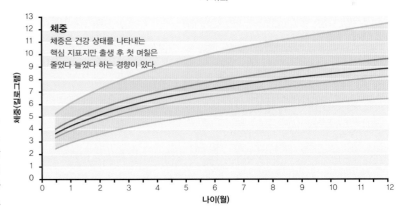

체중
체중은 건강 상태를 나타내는 핵심 지표지만 출생 후 첫 며칠은 줄었다 늘었다 하는 경향이 있다.

체중(킬로그램)

나이(월)

원시 반사

몇 가지 자극을 가하면 여러 가지 반사 반응이 나타날 수 있는데, 이 반사는 영아가 특정 발달 단계에 도달할 때 사라진다. 이 반사들이 나타나면 신경계통이 제대로 작용하고 발달하고 있음을 뜻한다. 주치의는 초기 정기검진 때 이 반사들이 일어나는지를 꼭 확인해야 하는데, 평소 아기가 활동할 때 이 반사들을 자주 목격할 수 있다. 젖을 먹일 때 먹이 찾기 반사를 활용하면 아기가 엄마 젖꼭지에 달라붙게 만들 수 있다(205쪽 참조).

놀람 반사
아기는 머리를 갑자기 뒤로 떨구면 깜짝 놀라서 두 팔을 날개처럼 펼친다. 이 반사는 3개월 동안 나타나며, 사람 이름을 따서 모로(Moro) 반사라고도 부른다.

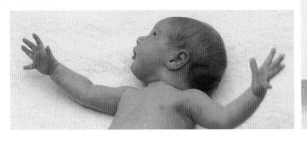

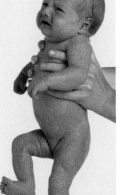

보행 반사
바닥이 단단한 곳에서 아기를 잡고 똑바로 세우면 아기는 마치 걸음을 걷듯이 발을 내딛는다. 이 반사는 첫 6주 동안 나타난다.

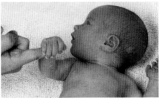

움켜잡기 반사 (파악반사)
아기는 태어난 후 약 3개월 동안은 손바닥에 물체를 올려놓으면 손을 오므린다.

먹이 찾기 반사
아기는 입 근처를 만지면 자극이 가해진 쪽으로 고개를 돌린다. 이 반사는 대개 4개월경에 사라진다.

자다가 깨다가

아기는 낮에도 잠들었다가 깨어남을 자주 반복하는데, 신생아는 하루에 평균 6~7번 잔다. 깨어 있을 때 아기는 점점 더 예민해진다. 아기는 위가 작아서 거의 항상 먹을 것이 필요하기 때문에 대개 2~4시간마다 잠을 깬다. 아기는 한두 해가 지나야 밤새 계속 잠을 자는데, 몇몇 아기는 훨씬 더 나이가 들어야 밤새 잠을 자기도 한다. 하지만 6주경까지는 24시간 주기가 확립되고, 밤에 더 오래 잠을 잘 수 있게 된다.

수면 발달
아기는 몇 주가 지나기 전에 한번에 최대 5시간 동안 잠을 자기도 하는데, 이 현상은 위가 서서히 커지고 있음을 뜻한다.

멜라토닌의 작용

이 호르몬은 뇌의 일부인 솔방울샘(송과체)이 분비하며, 다른 호르몬을 조절하고 우리 몸이 수면-각성 주기를 유지하도록 돕는다. 멜라토닌 농도가 높아지면 수면 욕구가 증가한다. 엄마의 멜라토닌은 태반을 거쳐 태아에 전달되거나 모유를 통해 아기에게 전달된다. 멜라토닌 농도가 높아지면 아기가 잠을 자는 데 도움이 된다고 여겨진다.

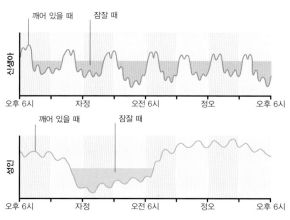

솔방울샘 (송과체)

솔방울샘의 위치

⏱ 25분
'활동 수면'(빠른 눈운동 수면, REM 수면)
이 수면 단계는 뇌 활동이 활발하며, 신경조직 발달에 도움을 준다고 생각된다. 신생아는 잠자는 시간 중 50퍼센트를 빠른 눈운동 수면에 할애하는데, 이는 성인의 두 배나 된다. 아기는 빠른 눈운동 수면 동안 눈이 앞뒤로 빠르게 움직이며, 깊이 잠들지 못하고 쉽게 깬다.

⏱ 25분
'안면'(비급속 눈운동 수면, 비REM 수면)
비급속 눈운동 수면에는 중요한 단계가 둘 있다. 즉 선잠과 깊은 잠 단계다. 아기는 빠른 눈운동 수면 단계로 진입하기 전에 선잠에서 깊은 잠 단계로 전환했다가 반대로 돌아오기를 반복한다.

선잠
아기는 잠들면 뇌 활성이 느려진다. 가벼운 경련을 일으키기도 하며, 빛과 소리에 반응하기도 한다.

수면-각성 주기
신생아는 한 주기에 대략 50분 잠을 자는데, 각 주기는 비급속 눈운동 수면과 빠른 눈운동 수면으로 구성된다. 빠른 눈운동 수면 단계일 때 신경계통이 발달한다고 생각된다.

잠 깨기
아기가 가장 자주 깨고 수면-각성 주기가 중단되는 때는 깊은 잠에서 선잠으로 돌아오는 도중이다.

깊은 잠
뇌 활성이 가장 낮은 단계다. 아기가 조용하고 움직임이 없으며, 깨우기 가장 어려운 단계다.

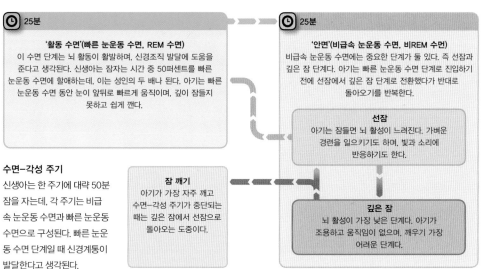

깨어 있을 때 | 잠잘 때

신생아

오후 6시 | 자정 | 오전 6시 | 정오 | 오후 6시

깨어 있을 때 | 잠잘 때

성인

오후 6시 | 자정 | 오전 6시 | 정오 | 오후 6시

수면 시간
신생아는 하루에 평균 16시간 잠을 잔다(정상 범위는 12~20시간). 일반 성인은 그 절반이면 충분하다.

감정 표현
아기 울음소리의 특성을 기준으로 아기가 필요한 것이 무엇인지 알 수 있다. 아플 때는 배고플 때와 다른 울음소리를 내는데, 이는 일종의 언어로서 부모는 이 언어에 점점 더 익숙해진다.

첫 미소

처음으로 진짜 미소를 짓는 시기는 아기마다 차이가 있지만 대부분은 약 4~6주가 지난 후에 처음으로 방긋 웃는 것으로 생각된다. 대개 부모 얼굴을 봤거나 목소리를 들었을 때 이 같은 반응이 나타난다. 그 전에도 아기가 미소 비슷하게 얼굴을 찡그릴 수 있지만 이것은 트림이나 피로 때문인 경우가 많다.

초기 의사소통

아기는 태어나는 순간부터 다른 사람들과 의사를 소통한다. 사실 아기의 생존 여부는 자신이 필요한 것을 표현하는 능력에 달려 있다고도 할 수 있는데, 아기들은 다양한 방식으로 이를 표현하지만 주로 쓰는 방법은 울음이다. 아기들은 본능적으로 울음을 통해 배고픔과 고통과 통증과 외로움을 드러내며, 엄마는 아기 울음소리를 듣고 그 뜻을 정확히 간파하게 된다. 약 2주 뒤에는 비명을 먼저 질렀다가 이어서 까르륵거리고 옹알거리는 것 같이 서로 다른 소리를 조합해서 낼 수 있게 된다. 아기는 말을 한 마디도 하지 않지만 부모는 아기의 기분을 즉시 이해할 수 있게 된다.

가식 없는 반응
아기가 처음 진짜로 방긋 웃는다는 것은 놀라운 변화가 아닐 수 없는데, 아기의 웃음은 입과 눈에서 모두 나타나는 반사 반응을 포함한다.

감각

아기는 태어난 후부터 소리에 매우 민감한데, 이는 신생아가 큰 소음에 깜짝 놀라다가 몇 주 이내에 목소리가 들리는 곳으로 고개를 돌리기 시작하는 것으로 보아 알 수 있다. 아기는 출생 후 몇 주 이내에 선별 청력검사를 받는 것이 좋다. 그러나 태어날 때 시력은 청력에 비해 미숙하다고 여겨지며, 신생아는 약 20~25센티미터 거리에 있는 물체를 가장 잘 볼 수 있다.

극명히 대비되는 무늬
아기는 시력이 덜 발달했기 때문에 대비가 뚜렷한 원색이나 흑백 색상과 단순하고 규칙적인 형태에 주로 반응한다.

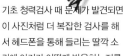

청력검사
기초 청력검사 때 문제가 발견되면 이 사진처럼 더 복잡한 검사를 해서 헤드폰을 통해 들리는 딸깍 소리에 아기가 어떻게 반응하는지를 평가한다.

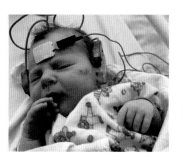

첫 두 해

소아기 초기는 신체와 기능에 매우 큰 변화가 일어나는 시기다. 이때 뇌 속에 복잡한 신경회로가 형성되기 때문에 아기가 앉고 서며 첫 걸음을 걷고 처음 말을 할 수 있다. 이 이른 시기에도 아기는 의심할 여지없는 독립된 인격체로, 무엇이 필요한지와 무엇을 바라는지를 표현할 수 있다.

신체 변화

아기는 태어난 후 첫 두 해 동안 겉모습이 많이 변하는데, 대표적 변화로는 신체에 대한 머리 크기 비율이 작아지는 것이 있다(오른쪽 참조). 그 밖에 아기가 움직임이 많아지고 성장함에 따라 팔다리와 몸통에 지방(젖살)이 약간 줄고, 털이 굵어지고 길어지며, 얼굴 모양이 좀 더 성숙해진다. 얼굴이 변하는 이유는 젖니의 대부분이 돋고 볼과 턱 주위에 있는 피하지방 중 일부가 없어지기 때문이다.

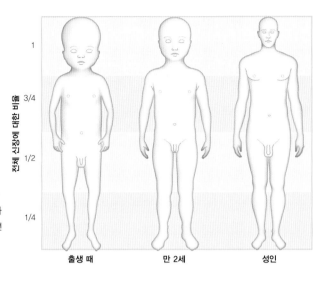

신체 비율 변화
태어날 때 머리는 폭이 어깨와 같으며, 길이가 신장의 약 4분의 1을 차지한다. 만 두 살이 되면 신장에 대한 머리 크기 비율이 더 줄어든다.

전체 신장에 대한 비율

출생 때 / 만 2세 / 성인

이가 나는 시기

젖니(유치)는 대개 6~8개월 때 처음 나며, 거의 만 3세가 될 때까지 차례로 난다. 간니(영구치)는 6세경부터 나기 시작한다. 이가 남으로 인해 열 같은 증상이 생기는지에 대해서는 이견이 있다. 대부분의 전문가들은 단순히 우연의 일치라고 믿고 있다. 그러나 이가 남으로 인해 잇몸이 붓거나 침을 흘리거나 잠을 설치기도 한다.

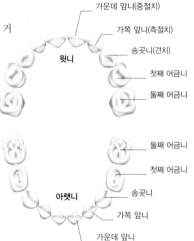

가운데 앞니(중절치)
가쪽 앞니(측절치)
송곳니(견치)
윗니
첫째 어금니
둘째 어금니
둘째 어금니
첫째 어금니
아랫니
송곳니
가쪽 앞니
가운데 앞니

젖니(유치)
젖니는 차례대로 잇몸을 뚫고 돋는데, 대개 아래 가운데 앞니 두 개가 먼저 돋고 이어서 위 가운데 앞니 두 개가 돋는다.

윗니 출현	
치아	이가 돋는 시기
가운데 앞니(중절치)	8~12개월
가쪽 앞니(측절치)	9~13개월
송곳니(견치)	16~22개월
첫째 어금니	13~19개월
둘째 어금니	25~33개월

아랫니 출현	
치아	이가 돋는 시기
가운데 앞니(중절치)	6~10개월
가쪽 앞니(측절치)	10~16개월
송곳니(견치)	17~23개월
첫째 어금니	14~18개월
둘째 어금니	23~31개월

이유(젖뗌)

아기가 젖을 줄이면서 이유식(고형식)을 시작하는 것을 이유라 한다. 이유 시기는 아기에 따라 다르지만 대개 6개월 때 이유식을 시작하는 게 좋은데, 그 전에는 소화계통이 여전히 발달 중이기 때문이다. 대부분의 부모는 아기에게 죽이나 같은 음식을 몇 주 동안 먹인 후에 아기가 스스로 집어먹을 수 있는 작은 음식 조각을 준다. 하지만 만 한 살 때까지는 여전히 모유나 분유가 가장 중요한 영양 공급원이 된다.

첫 이유식
첫 이유식으로 야채나 과일을 간편한 죽처럼 만들어 먹이는 경우가 많다. 손가락으로 집어 먹을 수 있는 음식을 만들어 주면 아기가 스스로 먹는 데 도움이 된다.

뇌 기능 발달

신생아 뇌는 1000억 개가 넘는 신경세포들로 구성되는데, 이 세포들은 신경섬유를 통해 정보를 주고받는다. 이 시기에 신경세포들의 수와 종류는 거의 다 갖추어졌지만 연결은 미흡하다. 새로운 연결은 초기 몇 년 동안 새로운 감각 자극을 받아들이고 이에 신체가 반응함에 따라 많이 만들어진다. 뇌는 출생 후 첫 6년 동안 가장 빠른 속도로 발달하여 최대 크기에 육박한다.

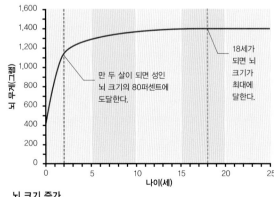

만 두 살이 되면 성인 뇌 크기의 80퍼센트에 도달한다.

18세가 되면 뇌 크기가 최대에 달한다.

뇌 무게(그램)

나이(세)

뇌 크기 증가
나이에 따라 뇌 무게를 측정한 이 그래프에서 뇌가 빠른 속도로 발달함을 알 수 있다. 출생 때 뇌 무게는 약 400그램이고, 만 두 살쯤에 성인 최종 무게인 1400그램의 80퍼센트에 도달한다.

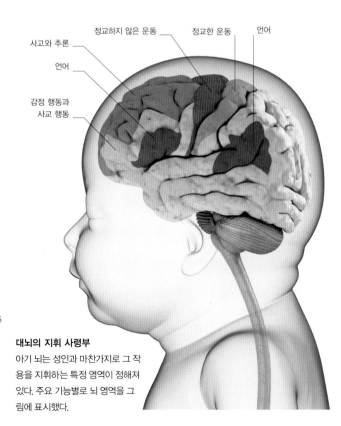

정교하지 않은 운동
정교한 운동
언어
사고와 추론
언어
감정 행동과 사교 행동

대뇌의 지휘 사령부
아기 뇌는 성인과 마찬가지로 그 작용을 지휘하는 특정 영역이 정해져 있다. 주요 기능별로 뇌 영역을 그림에 표시했다.

운동과 조정(협동운동)

신생아는 머리를 지탱하거나 전후 좌우로 움직일 수 없기 때문에 머리를 항상 받쳐주어야 한다. 몇 주가 지나면 점차 머리를 제대로 가눌 수 있게 되기 때문에 아기 머리를 받쳐줄 필요가 적어진다. 머리를 가누는 것은 꼭 필요한 기능으로, 신체 자세 조절과 더불어 모든 운동 기능의 기본이 된다. 여기에는 정해진 순서가 있다. 아기는 먼저 체중을 지탱하는 법을 익히고, 이어서 균형을 유지하는 법을 배운다. 혼자 걸을 수 있으려면 여러 차례 시도해야 하는데, 10개월 이전에 걷기 시작하는 아기는 거의 없다. 여러 가지 운동들이 조정을 거쳐 한번에 일어나게 되면서 아기의 움직임이 더 복잡해진다.

독자 운동
아기는 7개월 말경이면 기기 시작하고, 이어서 뭔가에 의지한 채 걷기 시작한다. 어떤 아기들은 궁둥이를 바닥에 끌면서 처음으로 주위를 돌아다니기 시작한다.

언어와 의사소통

아기는 말과 몸짓 등을 모두 사용해서 자신이 느낀 바와 필요한 것을 주위에 알린다. 울음은 본능적 의사소통 방법 중 하나다(211쪽 참조). 아기는 생후 첫 몇 주 동안 까르륵거리는 소리를 내다가 점차 자신의 목소리를 인식하고 시행착오를 거친 후에 또렷이 발음하게 된다. 손짓도 중요한 의사소통 수단이 되는데, 그 예로는 원치 않는 것을 밀어내는 동작 등이 있다. 생후 6개월 전후에는 옹알거리며 대화하기 시작하고, 늦어도 만 한 살까지는 '맘마'나 '빠빠'같이 확실히 알아들을 수 있는 단어를 이야기하고 친숙한 소리를 즐겨 따라 한다.

아기의 몸짓말
아기는 이르면 6개월 때부터 간단한 몸짓말(손짓말)을 배워서 자신이 원하는 바를 표현할 수 있다. 이 사진 속 엄마는 아기에게 '더 많이'를 뜻하는 손짓말을 가르치고 있다.

발달 이정표

초기 소아기를 거치면서 배우는 핵심 기능을 발달 이정표라 한다. 발달 이정표는 대강 세 가지로, (1) 운동 능력 발달과 (2) 추리 및 의사소통 기술과 (3) 사교술과 결합된 감정 발달로 분류할 수 있다. 이 이정표는 대개 정해진 순서를 따라 일어나는데, 대다수 아이들은 특정한 나이 전후에 일어난다. 그러나 일부 아기들은 어떤 이정표를 더 일찍, 또는 더 늦게 성취하기도 하며, 어떤 기능은 완전히 거르고 지나가기도 한다. 각각의 발달 이정표는 장차 더 복잡한 능력을 익히는 데 기초가 된다. 만 두 살쯤이면 아기가 제법 자주성을 보이고 스스로 걸을 수 있기 때문에 주위 세상을 탐험하려는 본능적 욕구를 표현할 수 있게 된다.

나이(월)

	0	2	4	6	8	10	12	14	16	18	20	22	24

운동 능력
초기에 꼭 필요한 운동 기술은 자세와 균형과 움직임을 조절하는 것이다. 아기는 먼저 머리를 가누는 법을 배우고, 결국 앉을 수 있게 된다. 이 기능을 관장하는 신경회로가 확립된 뒤에는 기고 서고 걷는 동작이 가능해진다.

- 머리와 가슴을 들어올린다.
- 손을 입에 댄다.
- 손으로 물체를 잡는다.

- 관심 대상에 손을 뻗는다.
- 데굴데굴 구른다.
- 두 발로 체중을 지탱한다.
- 스스로 앉는다.
- 몸을 들어올려 선다.

- 기어 다닌다.
- 가구 등을 붙잡고 걷는다.
- 물건끼리 세게 부딪친다.
- 혼자서 손가락으로 작은 음식을 집어먹는다.

- 계단을 기어오른다.
- 몸을 웅크려서 물건을 집는다.
- 두 발로 뛰어오른다.
- 컵으로 물을 마시기 시작한다.

- 도움을 받지 않고 걷는다.
- 장난감을 갖고 다니거나 끌어당긴다.
- 달리기 시작한다.
- 공을 던지거나 찰 수 있다.
- 도움 없이 계단을 걸어 올라간다.
- 연필을 잡고 사용한다.
- 대변을 가리게 된다.

사고와 언어 기능
제대로 의사소통을 하려면 언어를 이해해야 한다. 부모 말소리를 흉내 내는 것이 언어를 배우고 사고와 추론과 논리 같은 고등 기능을 익히는 첫 걸음이다.

- 부모 목소리에 미소를 띤다.
- 소리를 흉내 내기 시작한다.

- 옹알이를 시작한다.
- 손과 입으로 탐색한다.
- 손이 닿지 않는 곳에 있는 물체에 손을 뻗는다.
- 아니야, '위로', '아래로' 등을 이해한다.

- 자기 이름을 알아듣는다.
- 간단한 지시에 반응한다.
- 처음으로 단어를 사용한다.
- 행동을 흉내 낸다.

- 부모에게 '맘마', '빠빠'라고 말한다.
- 두 단어를 붙여서 말할 수 있다.

- 이름이 있는 물체를 가리킨다.
- 모양과 색깔을 가려낸다.
- 간단한 구절을 말한다.
- 간단한 지시에 따른다.
- 상상 놀이에 몰두한다.

사회성과 감정 발달
사람을 보고 미소를 지으면서 사교를 시작한다. 놀이를 하면 사교술을 익히는 데 도움이 된다. 대부분의 아기들은 한 살쯤이면 다른 아기들과 어울리며 즐거워한다. 이때 자주성을 획득하고 사교 행동을 이해하는 것도 꼭 필요하다.

- 눈을 맞춘다.
- 자주 보는 사람을 알아본다.
- 주의를 끌어야 할 때 운다.
- 엄마에게 미소를 짓고, 그 다음에 다른 사람들에게 미소를 짓는다.
- 얼굴을 뚫어져라 본다.
- 부모 목소리를 인식한다.

- 자기 이름을 부르면 반응한다.
- 까꿍 놀이를 한다.

- 부모가 사라지면 울음을 터뜨린다.
- 낯을 가리고 물건도 가려서 좋아한다.
- 소리나 동작을 반복한다.

- 남의 행동을 흉내 낸다.
- 다른 아이들과 함께 있으면 좋아한다.
- 반항 행동을 보인다.
- 낮에는 소변을 가린다.

광범위한 환경 조건들이 인간 생식계통에 영향을 미칠 수 있다. 일부는 불임에 영향을 주는 반면, 임신 또는 출산에만 영향을 미칠 수도 있다. 아기들은 또한 의학적으로 다양한 상태에 처할 수 있다. 일부는 임신 초기의 발달에서 문제가 일어나며, 임신 후기 또는 출산 동안에 문제가 발생하기도 한다. 치료의 향상과 발생 환경에 대한 이해가 늘어나며 많은

질환

불임 질환

불임은 임신을 원하는 부부 10쌍 중 1쌍 이상이 가지고 있는 흔한 문제이다. 문제는 남성 또는 여성 배우자에게 있을 수
있고 복합 요인일 수도 있다. 보조 생식술은 오늘날 많은 불임 부부들에게 희망을 준다.

여성 불임 질환

불임을 겪는 부부들의 반수 정도는 여성과 관련된 문제가 있을 수 있다. 불임의 근
본 원인들은 크게 난자 생산, 자궁으로의 난자 이동, 정자와 난자가 만나는 과정,
수정된 난자의 착상 혹은 자궁에서의 성장을 방해하는 문제로 나눌 수 있다. 나이
도 중요한 요인인데 27세에 생식력이 제일 좋고 이후 점진적으로 감소하다가 35
세 이후에는 빠르게 감소하기 때문이다.

자궁관(난관) 손상

난관이 감염의 결과로 손상되었을 때, 달마다 자궁으로 가는
난자의 여행이 방해 받는다.

한쪽 또는 양쪽 난관이 골반 장기의 감염으로 인해 손상 받을 수
있다(218쪽 참조). 자궁내막증(endometriosis, 218쪽 참조)은 또한
난관에 영향을 줄 수 있다. 난관에 생기는 문제는 키홀 수술
(keyhole surgery), 즉 복강경수술(laparoscopy)로 치료할 수 있고
자궁경부를 통해 조영제를 주사한 다음 방사선 촬영으로 자궁과
난관 연결 여부를 보는 자궁난관조영술(hysterosalpingography)
로 검사할 수 있다. 약간의 난관손상이 있는 경우와 자궁내막증
치료에는 미세수술이 적합하다. 아니면 보조 생식을 고려할 수
있다.

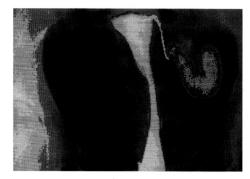

난관 폐쇄
이 자궁 난관 조영술 영상은 우측 난관이 자궁 옆에서 막혀
있으며, 좌측 난관이 비정상으로 팽창되어 있음을 보여 준다.

자궁의 이상

자궁 내의 문제들은 수정된 난자가 착상에서 정상적으로
발달하는 것을 방해한다.

자궁의 내층은 감염에 의해 손상되거나 호르몬 분비에 문제
가 있을 경우 월경 시 이루어지는 임신을 위한 준비가 안 될
수도 있다. 자궁근종(fibroid, 219쪽 참조) 또는 비정상적인 모
양의 자궁(223쪽 참조)은 태아의 정상적인 성장을 방해할 수
있다. 자궁내시경(hysteroscopy, 자궁경부를 통해 자궁을 보는 기
구) 또는 초음파 장비로 자궁을 검사할 수 있다. 이 장비들을
이용해 거대한 자궁근종을 제거하는 등 필요한 조치를 취할
수 있다.

배란 문제

매달 성숙된 난자를 배란하는 난소의 부전은 불임의 가장 흔한
원인 중에 하나이다. 그 원인은 여러 가지가 있을 수 있다.

난소에서 난자가 배란되는 과정은 시상하부, 뇌하수체, 난소들
로부터 분비되는 호르몬들에 의해 조절되며, 이 복잡한 호르몬
분비, 조절 시스템은 항상성을 유지하며 조화롭게 작동된다. 문
제는 이 시스템이 교란될 때 생기게 된다. 다낭성 난소 증후군
(polycystic ovarian syndrome, 219쪽 참조)은 이 시스템 교환의 가
장 흔한 원인이다. 비암성 뇌하수체 종양과 갑상선 문제(갑상선
호르몬은 생식력에 중요함)도 원인이다. 과도한 운동, 비만, 지나친
체중 감량, 스트레스는 호르몬의 불균형을 일으킨다. 조기 폐경
또한 배란 장애를 일으킨다. 혈액 검사로 호르몬 수치를 검사할
수 있고, 초음파로 난소들을
검사할 수 있다. 원인이 있는
경우 가능한 한 치료되지만 원
인이 없는 경우도 있다. 배란
을 촉진하는 약물을 처방하거
나 보조 생식을 고려해야 하
는 경우도 있다.

과도한 운동
난소로 하여금 매달 난자를 배란
하게 하는 호르몬들의 미세한 균
형은 빈번한 격렬한 운동으로 깨
질 수 있다.

자궁경부(자궁목)의 문제

다양한 요인이 자궁경부 점액 생성에 영향을 주고,
자궁경부를 통해 자궁으로 가는 정자의 정상 경로를
방해한다.

정자는 성숙된 난자와 만나기 위해 먼저 자궁경부를 통과
해야만 한다. 자궁경부에서 생긴 점액은 정자의 일시적인
저장소이며 정자의 이송 배지(transport medium)로서 작용
한다. 다양한 이유 때문에(아래 표 참조), 점액은 정상 정자

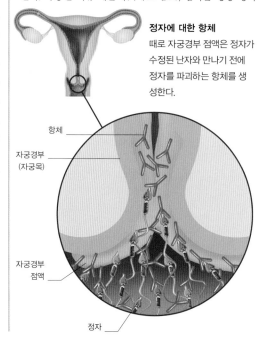

정자에 대한 항체
때로 자궁경부 점액은 정자가
수정된 난자와 만나기 전에
정자를 파괴하는 항체를 생
성한다.

항체

자궁경부
(자궁목)

자궁경부
점액

정자

에게 적대적일 수 있고, 정자의 양이나 농도에 영향을 미칠
수 있다. 만약 자궁경부 점액 항체들이 원인으로 의심된다
면, 성교 후에 바로 점액의 샘플을 분석해야 한다. 코르티코
스테로이드(corticosteroid)를 투여하면 항체 생성을 억제시
킬 수 있으며, 자궁강내 정액 주입(intrauterine insemination)
으로 자궁 내에 직접 정자를 넣어 주는 방법도 있다. 약물 복
용 등이 원인일 경우에는 정당히 조절할 수 있다.

자궁경부 점액에 영향을 주는 요인들

자궁경부 점액에 영향을 주는 정자에 적대적으로 만들거나, 생
성량을 감소시키거나 또는 정자의 질에 손상된 영향을 주는 다
양한 조건들이 있다(41쪽 참조).

점액에 영향을 주는 약물들	점액에 영향을 주는 건강 조건들
불임 치료에 사용되는 클로 미펜시트르산염(clomifene citrate)은 적대적인 점액을 만드는 흔한 원인이다.	다낭성 난소 증후근(219쪽 참조)은 나쁜 자궁경부 점액 생성과 관련이 있다.
항히스타민제(antihista- mine)는 점액(정자의 이송 배지 역할을 한다)의 생성을 감소시킨다.	효모나 질증(220쪽 참조) 같은 감염은 자궁경부의 점액 생성에 영향을 줄 수 있다.
과민성 대장 증후군 치료에 사용되는 디사이크로민 (dicyclomine)은 자궁경부 점액 생성을 감소시킨다.	생검(biopsy) 같은 자궁경부 손상은 점액 생성 능력에 영향을 줄 수 있다.

남성 불임 질환

불임 부부의 약 3분의 1은 남성에게 문제가 있다. 남성 불임의 문제는 크게 두 가지로 나눌 수 있는데 정자 생성의 문제와 정자 전달의 문제이다. 정자 전달 시스템의 문제들은 고환에서 음경까지 정자를 운반하는 복잡한 이송관의 시스템에서 발생할 수 있다. 그리고 사정(ejaculation) 자체와 관련된 문제가 있을 수 있다.

정자 생성과 관련된 문제

정자수가 적거나 생성된 정자가 비정상이거나 난자와 수정할 수 없는 정자가 생성되는 것이 원인이다. 종종 원인이 없는 경우도 있다.

덩굴정맥류(varicocele)처럼 음낭 안의 온도를 올리는 요인이나 만성 질환, 고환 손상, 흡연, 술, 약물 등이 정자의 생성에 영향을 준다. 드물게 염색체 이상 때문에 생기는 테스토스테론(testosterone)과 관련된 문제들이 원인일 수도 있다. 혈액 검사를 통해 의심되는 원인을 찾아낸다. 근본적인 원인 치료가 불가능할 경우 보조 생식술(아래 참조)을 고려할 수 있다.

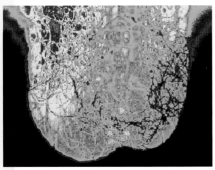

덩굴정맥류의 열 조영상
이 열 조영상은 정소의 나머지 부위와 비교해서 정계정맥류(정소 안에 팽창된 정맥) 부위의 온도가 올라간 것(빨간색 부분)을 보여 준다.

정자 전달 문제

남성 생식계 안에 있는 정자 이송관은 복잡한 시스템을 이루고 있다. 이 싯템은 여러 가지 이유로 손상될 수 있다.

성병으로 인한 정자 이송관들(정관(vasa defentia)과 부고환(epididymides))의 손상은 정자 이동과 전달에 영향을 줄 수 있다. 미세수술로 손상을 치료할 수 있다. 전립선 수술로 인해 사정할 때 정액이 방광으로 역류하는 것을 막는 밸브가 제대로 닫히지 않는 경우도 있다. 이러한 경우에는 인공 정액 주입으로 임신을 시도할 수 있다.

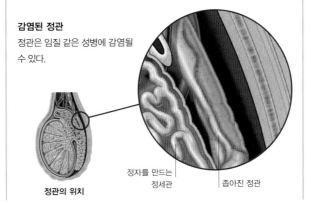

감염된 정관
정관은 임질 같은 성병에 감염될 수 있다.

정관의 위치

정자를 만드는 정세관

좁아진 정관

사정 문제

정자가 건강해도 발기부전의 경우 정자가 질의 끝까지 갈 수 없는 경우가 생긴다.

발기가 안 되거나 유지가 안 되는 발기부전(ED, erectile dysfunction)은 남성 불임의 흔한 원인 중 하나이다. 불안이나 우울증 같은 감정적인 문제들 때문에 생길 수 있고, 흔하지 않지만 고질적 혈관 질환이 음경의 혈류 공급에 영향을 미치기도 하고, 음경으로 연결된 신경 분포가 당뇨 등에 의해 손상되면 발생하기도 한다. 고혈압 치료에 사용하는 처방 약물도 ED를 일으킬 수 있다. 뿐만 아니라, 과음과 흡연도 연관되어 있다. 문제의 원인을 찾고 정신적이나 내과적 치료로 해결하는 것이 목표이지만, 안 되는 경우는 인공 정액 주입으로 문제를 해결할 수도 있다.

보조 생식

1978년에 체외수정(IVF)으로 첫 아기가 태어난 이래 굵직한 발전들이 있었다. 수정약(fertility drug)을 사용하는 방법도 있고, 배란 시기에 정자를 자궁 안에 넣는 자궁강내 정액 주입 같은 방법도 있다. 정자를 난자에게 직접 넣어 주는 기술적으로 더 복잡한 방법도 있다. 공여(donor) 난자와 정자는 흔해졌고, 대리모 출산(surrogacy)도 고려될 수 있다.

체외수정

체외수정은 난관이 손상되었을 때나, 불임의 원인을 찾을 수 없을 때를 포함한 많은 경우에 시행한다. 시술 전에 난자의 생성을 촉진시키기 위해 수정약을 사용하고, 생성된 난자를 바늘을 사용하여 질벽을 통해 난소로부터 채취한 다음, 실험실에서 정자와 결합시킨다. 1~2개의 수정된 난자들을 카테터(얇은 관)를 이용해서 자궁경부를 통해 자궁 안에 넣어 준다. 만약 여건만 잘 맞으면, 1개나 2개 모두 배아가 자궁벽에 착상할 것이다.

세포질내 정자 주입

세포질내 정자 주입법(ICSI)은 남성에게 문제가 있는 부부를 도와주는 데 주로 쓰는 방법으로 체외수정 프로그램의 일부로서 사용할 수 있다.

여성의 난소에서 채취한 난자에 정자를 직접 넣어 준다. 이때에는 정자는 한 마리만 있어도 된다. 정자는 정액 샘플에서 얻거나 부고환이나 고환에서 직접 채취할 수 있다. 체외수정 후 가장 좋은 배아를 자궁경부를 통해 자궁에 직접 이식한다.

생식세포 난관내 이식

생식세포 난관내 이식술(GIFT)은 난자와 정자를 수정이 일어나는 난관 내에 직접 넣어 주는 것을 제외하고는 체외수정과 비슷하다. 덜 흔한 방법이지만, 접합자 난관내 이식술(ZIFT, zygote intrafallopian transfer)은 난관에 접합자(새롭게 수정된 난자)를 넣어 주는 방법이다. 이러한 방법들은 정자수가 적고, 정자의 운동성이 나쁘고, 불임의 원인을 설명할 수 없을 때 사용된다.

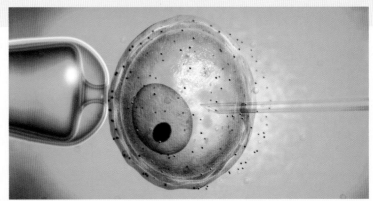

세포질내 정자 주입법
미세한 바늘(이 그림의 우측)을 사용해서 난자에 정제세포 1개를 직접 넣어 주어서 수정을 일으키는 방법이다.

체외수정 성공률

체외수정의 성공률은 여성의 나이와 관련이 있다. 35세 미만의 여성에서 가장 높고, 이후 나이가 많아질수록 낮아진다.

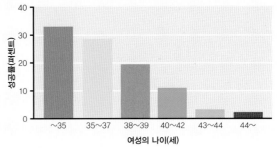

성공률(퍼센트)

40
30
20
10
0

~35 35~37 38~39 40~42 43~44 44~

여성의 나이(세)

여성 생식기 질병

여성 생식기 기관의 복잡한 시스템은 생식 과정에서 각 단계별로 여러 상황의 영향을 받을 수 있다. 예를 들어 난자 생성에 문제가 생길 수도 있고, 자궁관(난관)을 지나온 난자의 흐름이 막히거나 자궁이 수정된 난자의 정상 착상을 방해할 수도 있다. 많은 경우 이러한 문제들은 치료될 수 있고, 현재 시행되고 있는 몇 가지 불임 치료로 회피할 수 있다.

자궁내막증

흔한 병 중 하나로, 자궁에 있어야 하는 조직 일부가 골반이나 복강 같은 다른 곳에서 발견되는 것을 말한다. 불임을 일으킨다.

자궁의 내층인 자궁내막(endometrium)은 임신을 준비하기 위해 매달 두꺼워지며, 만약 수정이 일어나지 않으면 흘러나온다. 자궁내막(자궁속막) 조직들의 조각들은 복강이나 골반 내의 다른 조직이나 장기에 부착될 수 있다. 이 잘못 부착된 자궁내막 조직들은 월경주기의 호르몬 변화에 지속적으로 반응함으로써 생리 시 출혈이나 통증을 일으킨다. 결국에는 이 출혈 부위에서 흉터 조직을 형성하고 난소 낭종(cyst)이 생기게 한다. 자궁내막증의 원인은 아직 완전히 밝혀지지 않았지만 자궁내막의 조각들이 생리 기간 중에 자궁관(난관)을 통해서 복강 내로 들어가는 것이라고 추정하고 있다. 이것은 여러 방식으로 수정을 감소시킨다. 흉터조직이 자궁관을 막을 수도 있다. 병이 있다면, 증상으로는 통증, 심하거나 불규칙한 생리, 소변 시 통증, 성교통이 있을 수 있다. 자궁내막증(endometriosis)은 복벽에 작은 구멍을 뚫어 장기를 검사하는 복강경(laparoscopy)으로 진단할 수 있다. 복합 경구용 피임약, 생리를 일시적으로 멈추게 하는 다른 호르몬제들을 처방하거나 병변 부위를 레이저로 치료한다. 아기를 더 이상 갖지 않을 여성에게는 자궁적출(hysterectomy), 난소 제거, 침범된 조직 제거 같은 치료법을 추천하기도 한다.

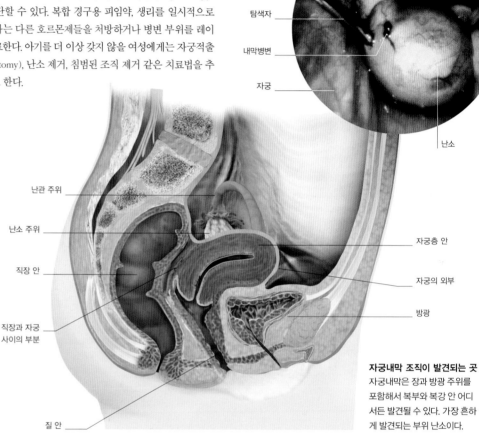

복강안
난소에 생긴 내막병변을 보여 주는 복강경 사진

탐색자
내막병변
자궁
난소

난관 주위
난소 주위
직장 안
직장과 자궁 사이의 부분
질 안

자궁층 안
자궁의 외부
방광

자궁내막 조직이 발견되는 곳
자궁내막은 장과 방광 주위를 포함해서 복부와 복강 안 어디서든 발견될 수 있다. 가장 흔하게 발견되는 부위 난소이다.

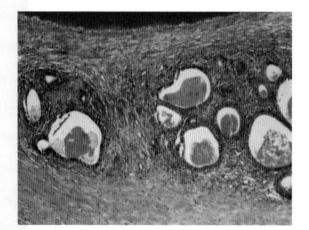

질에 있는 자궁내막 조직
이 현미경 사진은 자궁내막증의 전형적인 비정상 조직인 초콜릿빛의 낭종들을 보여 준다. 이 낭종들은 생리 시에 출혈을 일으킨다.

골반염

골반 내 장기들 중 특히 자궁관에 염증이 생기면 난자와 정자의 흐름은 방해를 받게 된다. 클라미디아(Chlamydia) 같은 성병이 원인인 경우가 많다.

골반염(골반 내 감염, PID, plelvic inflammatory disease)은 증상이 없다가 불임 관련 검사를 하고 나서야 발견될 수도 있다. 감염은 질에서 시작해서 자궁과 자궁관으로 퍼지며, 때때로 난소까지 가게 된다. 코일(자궁내 장치)을 가지고 있는 경우 PID의 가능성이 증가된다. PID를 가진 여성은 비정상적인 질 분비물, 열, 성교통, 심하거나 기간이 긴 생리가 있을 수 있다. 증상이 갑자기 생기거나 심각한 통증과 고열이 있을 때 긴급한 치료가 필요할 수 있다. 뿐만 아니라, 불임의 가능성을 증가시키는 PID는 자궁외 임신 발생 가능성을 높인다.

감염 여부를 알아내는 데에는 자궁경부의 면봉 검사, 자궁관 부종을 보기 위한 초음파 검사, 염증을 찾기 위한 복강경 검사가 사용된다. PID는 항생제로 치료해야 한다.

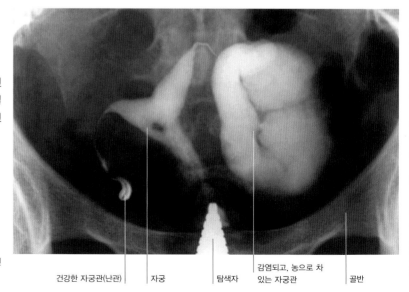

골반의 X선 검사
카테터로 특수 X선 검사용 조영제를 질로 넣어서 찍은 영상이다. 골반염으로 농이 차 있는 자궁관을 확인할 수 있다.

건강한 자궁관(난관)　자궁　탐색자　감염되고, 농으로 차 있는 자궁관　골반

자궁근종과 폴립

자궁이나 자궁경부에 생기는 비암성 종양을 말한다. 자궁근종은 근육층 안에서 발생한 것을 말하고, 폴립은 자구 안쪽 내층으로부터 튀어나온다. 커다란 자궁근종은 불임을 일으킬 수 있다.

자궁근종(uterine fibroid)은 흔하고, 근육과 섬유조직으로 구성되어 있다. 발생 원인은 잘 모르지만, 여성호르몬 에스트로겐과 관련될 수 있다. 자궁근종이 커짐에 따라 통증이 있거나 기간이 길고, 심한 생리 같은 증상이 나타난다. 근종이 커지면 자궁강(uterine cavity)을 찌그러지게 해서 습관성 유산(recurrent miscarriage)을 일으키고, 착상 문제를 일으켜서 생식력에 영향을 준다. 또한 자궁근종은 태아로 하여금 비정상인 위치로 있게 한다. 폴립(polyp)은 피가 묻어 있는 분비물 또는 성교 후나 생리 기간 사이의 출혈을 일으킬 수 있다. 벌리개(speculum, 질벽을 분리시켜서 잡아 주는 기구)를 통해 자궁경부를 볼 때 발견될 수 있고, 이때 제거를 할 수도 있다. 폴립과 자궁근종은 초음파나 자궁경 검사(질과 자궁경부를 통해 자궁안을 볼 수 있는 기구)로 진단할 수 있다. 작은 근종이나 폴립은 자궁경으로 검사하

면서 제거할 수 있다. 커다란 자궁근종은 복부절개를 통해 제거해야 할 수도 있다. 임신을 더 이상 원하지 않는 여성의 경우에 자궁적출술이 고려될 수 있다.

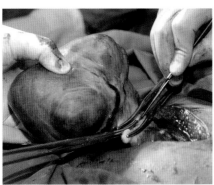

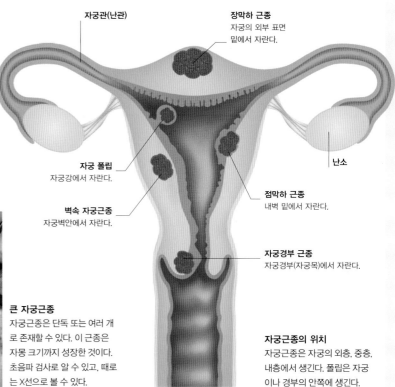

자궁관(난관)

장막하 근종
자궁의 외부 표면 밑에서 자란다.

자궁 폴립
자궁강에서 자란다.

벽속 자궁근종
자궁벽안에서 자란다.

난소

점막하 근종
내벽 밑에서 자란다.

자궁경부 근종
자궁경부(자궁목)에서 자란다.

큰 자궁근종
자궁근종은 단독 또는 여러 개로 존재할 수 있다. 이 근종은 자몽 크기까지 성장한 것이다. 초음파 검사로 알 수 있고, 때로는 X선으로 볼 수 있다.

자궁근종의 위치
자궁근종은 자궁의 외층, 중층, 내층에서 생긴다. 폴립은 자궁이나 경부의 안쪽에 생긴다.

난소 낭종

액체로 가득 찬 종양은 1개가 생길 수도 있고 여러 개가 생길 수도 있다. 낭종은 다낭성 난소 증후군으로 발생하지 않으면, 생식력에 영향을 주지 않는다.

많은 형태의 난소 낭종(ovarian cysts)이 있다. 난소에서 난자가 성숙되는 주머니인 난포(follicle)가 팽창해 낭종을 형성하는 경우도 있다. 배란 이후 난포로부터 생긴 황체(corpus luteum)가 과다 팽창해 생기기도 한다. 피부모양기형낭종(dermoid cyst)은 피부 같은 신체 다른 부위 조직이 변해 낭종이 되는 경우이다. 난소 낭종은 단일 또는 다낭성 난소 증후군(오른쪽 참조)처럼 다수로 발생할 수 있다. 대

개 증상이 없지만 불규칙한 월경, 복부 불편감, 성교통 등 증상을 동반할 수도 있다. 종종 낭종이 터지거나 꼬이면 응급 상황이 생길 수 있다. 어떤 낭종은 커져서 복부의 대부분을 차지할 수도 있다. 낭종은 초음파나 복강경으로 진단되며 치료 없이 좋아질 수도 있고, 수술로 제거할 수도 있다. 제거된 낭종은 아주 가끔 암일 수 있어서 암세포가 있는지 조직 검사를 해야 한다.

자궁   난소의 낭종

난소의 외벽에 생긴 낭종. 액체로 차 있다.

낭종의 위치
낭종(cyst)은 난소의 표면이나 그 안에서 발생할 수 있다. 낭종은 단일 또는 다수로 발생하거나 한쪽이나 양쪽 난소에 생길 수도 있다.

난소 낭종의 근접 촬영
난소 낭종은 여기서 보는 것보다 더 커질 수 있다. 낭종은 안에 든 액체가 늘어나면 커지기도 한다.

다낭성 난소 증후군

이 질환에 걸리면 성호르몬 수치의 불균형으로 인한 생식 문제로 이어지는데, 난소에 작은 낭종이 여럿 생기는 것이 특징이다. 이 낭종은 액체로 차 있다.

대개 다낭성 난소 증후군(PCOS, polycystic ovarian syndrome)의 경우 호르몬 수치가 교란된다. 흔히 뇌하수체에서 형성되는 테스토스테론과 황체형성호르몬(LH)이 정상보다 높아진다. 이로 인해 배란 장애가 오고 생리가 불규칙해지거나 없어질 수도 있다. 비만, 여드름, 다모증(hirsutism)이 생길 수 있다. 이 병이 있는 여성들은 당 조절 호르몬인 인슐린(insulin)에 저항이 생겨서 당뇨도 발생할 수도 있다. 호르몬 수치 혈액 검사나 난소 낭종 초음파 검사로 진단한다. 약물 중 특히 클로미펜(clomifene)은 생식력 회복에 도움이 되고, 복합 경구용 피임제를 사용하면 월경주기를 규칙적인 것으로 되돌릴 수도 있다.

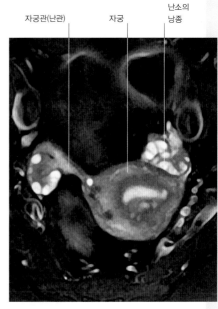

자궁관(난관)   자궁   난소의 낭종

다낭성 난소
자궁과 자궁관(난관), 난소 MRI 영상은 양쪽 난소에서 다낭성 낭종이 생겼음을 보여 주고 있다. 특히 좌측 난소에 더 많다.

임상적 특징들
다낭성 난소 증후군이 야기하는 호르몬 불균형은 몸과 얼굴에 털이 과도하게 생기는 등 원치 않는 효과를 일으킨다. 여드름도 문제일 수 있다.

음문질염

외음부와 질에 염증이 생겨 불편감, 가려움, 분비물 발생을 일으킨다.

이스트균(yeast), 즉 칸디다 알비칸스(Candida albicans, yeast)나 질편모충(Trichomonas vaginalis), 질에 정상적으로 서식하는 세균이 과도하게 증식하는 것이 원인일 것이다. 세탁물의 세제에 있는 자극제가 원인일 수도 있다. 면봉 검사를 시행해서 세균이 발견되면 항생제 치료를 해야 한다. 매우 드물게 암세포들이 있을 수 있어서 경우에 따라서 조직 샘플을 채취해 암을 제거해야 한다. 가능성 물질은 피해야 한다. 대개 치료로 깨끗해지지만, 재발할 수 있다.

질편모충
이 고해상도 영상은 음문질염을 일으킬 수 있는 기생 미생물을 보여 준다.

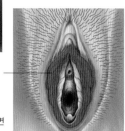

붉어진 음순

감염된 생식기
질벽뿐만 아니라 음순의 내부 표면이 빨갛게 변하고 붓는다.

세균성 질증

질에 정상적으로 존재하는 세균의 과다 증식으로 생긴다. 항생제로 치료할 수 있다.

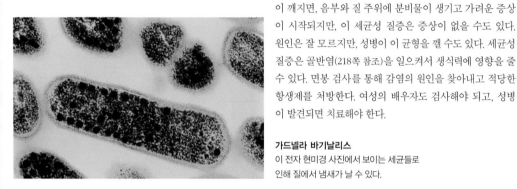

건강한 질에는 세균의 정교한 균형이 있다. 주요한 균으로는 가드넬라 바기날리스(Gardnella vaginalis)와 미코플라스마 호미니스(Mycoplasma bominis)가 있다. 만약 이 균형이 깨지면, 음부와 질 주위에 분비물이 생기고 가려운 증상이 시작되지만, 이 세균성 질증은 증상이 없을 수도 있다. 원인은 잘 모르지만, 성병이 이 균형을 깰 수도 있다. 세균성 질증은 골반염(218쪽 참조)을 일으켜서 생식력에 영향을 줄 수 있다. 면봉 검사를 통해 감염의 원인을 찾아내고 적당한 항생제를 처방한다. 여성의 배우자도 검사해야 되고, 성병이 발견되면 치료해야 한다.

가드넬라 바기날리스
이 전자 현미경 사진에서 보이는 세균들로 인해 질에서 냄새가 날 수 있다.

바르톨린샘염

음부에는 성교 시 윤활제를 분비하는 작은 샘(gland)들이 있다. 이 샘들의 한쪽 또는 양쪽에 염증이 생기는 것을 바르톨린샘염(큰어귀샘염, bartholinitis)이라고 한다.

완두콩 같은 바르톨린샘(큰어귀샘, bartholin's gland)은 작은 관(duct)에 연결되어 음부의 양 옆에 열려 있다. 이 샘은 세균에 감염되면 부어오를 수 있다. 불량한 위생 또는 임질 같은 성병이 원인일 수 있다. 샘으로부터 음부까지 이어져 있는 관이 막히면, 액체로 차 있는 낭종(바르톨린 낭종)이 생기거나 농양(농이 차 있으면서 부어오름)이 생길 수 있다. 포도구균(Staphylococcus) 또는 대장균(E. coli)이 농양을 일으킬 수 있다. 통증이 심하면 즉각적인 치료가 필요하다. 증상을 없애기 위해 바르톨린샘염 항생제가 처방되며 불편감을 줄이기 위해 진통제가 필요할 수도 있다.

낭종은 너무 크거나 문제를 일으키지 않으면 대개 놔 둔다. 농(pus)은 음부벽을 작게 절개해 배액(drain)할 수도 있다. 이 절개 부위는 농양이 더 생기지 않도록 치료될 때까지 열려 있게 하기 위해 봉합해 둘 필요가 있을 수도 있다. 바르톨린샘염은 재발할 수 있다.

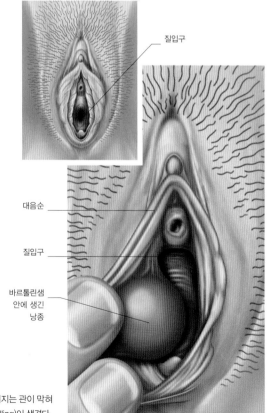

질입구

대음순

질입구

바르톨린샘 안에 생긴 낭종

바르톨린샘의 팽창
오른쪽 바르톨린샘으로 이어지는 관이 막혀서 액체로 가득 찬 종창(swelling)이 생겼다.

월경 문제

월경주기와 하혈은 여러 경우에 중단될 수도 있고, 일부는 임신을 시도할 때 문제를 만들 수 있다. 월경은 양이 많고, 불규칙하고 없거나 통증이 있을 수 있다. 다양한 경우에 증상을 줄여 주거나 기저질환을 치료할 수 있다. 임신에 문제가 있을 때 생식(fertility) 치료를 고려할 수 있다.

월경과다

이러한 용어는 생리대로 조절할 수 없는 정도이거나 많은 혈액 응고가 나오는 과다 생리를 말한다.

지나치게 과도한 생리가 길게 나오면서 통증을 유발할 수 있고, 빈혈을 일으킬 수 있다. 종종 원인을 못 찾는 경우도 있지만, 자궁근종, 자궁폴립(219쪽 참조), 자궁내 장치 또는 드물게 암이 원인일 수 있다. 빈혈이 있는지 혈액 검사를 해야 한다. 초음파로 자궁을 검사해야 하고, 자궁경 검사를 해야 할 수도 있다. 내층의 샘플을 채취해야 될 수도 있다. 기저 원인들을 치료하거나 약물로 하혈의 양을 줄일 수도 있다.

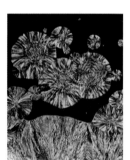

프로게스테론의 역할
고해상도 영상은 프로게스테론(황체호르몬)의 결정을 보여 준다. 순환되는 프로게스테론의 수치가 떨어지면 생리가 시작된다.

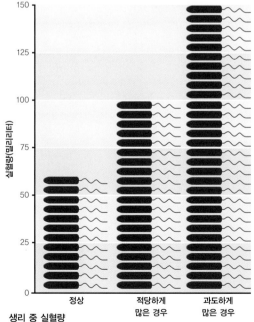

생리 중 실혈량
이 도표는 한 번의 생리 동안 실혈량을 나타낸 것이다. 정상 실혈량은 60밀리리터까지이고, 적당하게 많은 양은 60~100밀리리터, 과도하게 많은 양은 100밀리리터 이상이다.

불규칙자궁출혈

각 생리 기간 사이의 시간 간격이 다른 불규칙한 생리를 자궁출혈이라고 한다.

불규칙자궁출혈(metrorrhagia), 즉 불규칙한 월경의 가장 흔한 원인은 월경주기를 조절하는 호르몬의 정상적인 균형이 깨진 것이다. 그러한 깨짐은 임신이나 출산으로 인해 아주 자연적으로 생길 수 있다. 그러나 호르몬의 불균형은 만성질환이나 스트레스, 불안으로 인해 생길 수 있다. 불규칙한 생리는 다낭성 난포 증후군(219쪽 참조)의 특징일 수도 있고 폐경의 시작일 수도 있다. 그러나 많은 경우 뚜렷한 원인이 없다. 종종, 불규칙한 생리는 적절한 주기로 돌아올 것이지만, 호르몬 수치를 검사하기 위한 혈액 검사와 자궁과 난소 검사를 위한 초음파를 시행해서 원인을 찾도록 해야 한다. 기저질환은 적절하게 치료하고, 복합 경구용 피임제 같은 약물을 생리를 규칙적으로 만드는 데 사용할 수도 있다.

무월경

무슨 이유든 생리가 없는 상태를 무월경이라고 한다.

만 16세까지 생리가 시작되지 않는 것을 일차성 무월경(primary amenorrhea)이라고 한다. 이것은 사춘기 지연일 수도 있으므로 특수 검사로 원인을 찾아야 된다. 이차성 무월경(secondary amenorrhea)은 3개월 이상 생리가 없을 때를 이야기하며, 이 여성은 전에는 생리를 했고, 생리가 중단될 만한 특별한 원인이 없을 때이다. 예를 들어 수유를 하거나, 아기를 가졌거나, 복합 경구용 피임제를 복용 중이거나, 폐경되었을 경우를 말한다. 여성 성호르몬의 정상적인 균형이 깨지는 것은 대개 스트레스, 과도한 운동, 체중 감량이 원인이며, 일부의 경우 다낭성 난소 증후군(219쪽 참조)이나 종양 같은 뇌하수체 질환이 원인일 수도 있다. 호르몬 수치 혈액 검사, 자궁과 난소 초음파 검사, 뇌하수체 CT 촬영이 필요하다. 기저 원인들을 치료하고, 만약 안 되면 호르몬 치료로 생리를 시작하게 할 수 있다.

혹독한 일과들
매우 격렬한 운동은 호르몬을 교란시킬 수 있고 이로 인해 생리가 없어질 수 있다. 이러한 일은 발레리나에게서 흔하다.

체중과 연관된 생리의 시작
정상 체중의 소녀들은 13세 전후에 첫 생리(초경, menarche)를 시작한다. 비만, 과체중이거나 저체중인 소녀들은 그 나이가 달라질 수 있다.

범례
- 초경의 평균 나이
- 소녀들 중 50퍼센트의 초경 나이
- 초경의 전체 나이 범위

(세로축: 초경의 나이(세), 9~15 / 가로축: 비만/과체중, 정상 체중, 저체중)

자궁의 이상

출생 때부터 비정상적인 모양의 자궁은 발달이 적절하게 이루어지지 않은 게 원인이다. 그러나 이 사실은 여성이 임신했을 때나 수정에 문제가 있어 검사를 받을 때 발견되는 경우가 많다. 이러한 상태는 여러 형태(아래 도표 참조)로 존재할 수 있다. 이런 이상은 초음파 검사로 발견할 수 있다. 초음파 영상에 자궁이 일부만 보이거나 자궁강이 2개로 나뉘어 있는 것으로 보인다. 습관성 유산이나 조기 진통은 이러한 자궁 이상의 결과일 수 있다.

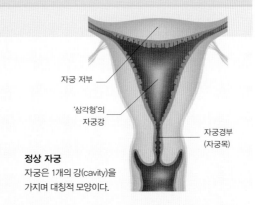

자궁 저부

'삼각형'의 자궁강

자궁경부 (자궁목)

정상 자궁
자궁은 1개의 강(cavity)을 가지며 대칭적 모양이다.

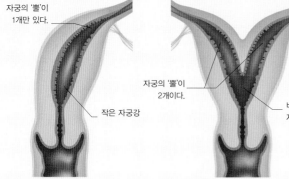

자궁의 '뿔'이 1개만 있다.

작은 자궁강

자궁의 '뿔'이 2개이다.

비정상적인 자궁강

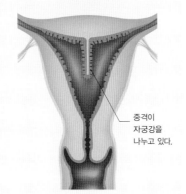

중격이 자궁강을 나누고 있다.

단각 자궁
비정상적으로 자궁이 한쪽만 생겼다. 자궁강이 작고 매우 좁다.

쌍각 자궁
자궁은 2개의 각을 가지고 있고, 자궁의 양쪽 측면은 좁고, 중앙에서는 깊게 나뉘어 있다.

중격 자궁
중격 자궁은 자궁강을 2개로 길게 나누며, 태아의 성장 공간을 제한한다.

월경통

생리 전이나 생리 시 하복부 통증은 최대 75퍼센트의 여성이 겪는 흔한 문제이다.

월경통(생리통)은 (명확한 원인이 없는) 일차성 또는 (골반 장기에 문제가 있는) 이차성일 수 있다. 전자는 10대에 시작해서 시간이 지날수록 호전된다. 후자는 전에 통증이 없던 여성이 심한 통증을 느끼는 것이 특징이고, 골반염(218쪽 참조)이나 자궁내막증이 원인이 될 수 있다. 감염을 찾기 위해 면봉 검사법을 시행하거나 초음파 검사를 할 수 있다. 일차성 월경통은 비스테로이드소염제나 복합 경구용 피임제로 좋아질 수 있다. 이차성 월경통은 기저 원인을 치료해야 한다.

프로스타글란딘, 통증의 전달 물질
프로스타글란딘의 수치는 배란 후에 짧게 상승하고, 자궁의 혈류 공급에 영향을 주는 자궁수축을 일으켜 일차성 생리통의 통증을 일으킨다.

남성 생식기 질병

남성 생식계통의 장기들은 다양한 질병의 영향을 받는다. 감염될 수도 있고 비정상적인 성장이 될 수도 있다. 어떤 것은 성기능 장애를 야기해 정상적인 성교 행위가 힘들어지게 만들고, 어떤 것은 정소와 부고환에 볼거리 같은 감염을 일으켜 남성의 생식력에 영향을 준다. 건강한 정자 생성 능력이나 정자 전달 능력을 손상시키는 남성 생식계통 질병들은 생식력에 영향을 준다.

부고환 낭종

정소에서 생성된 정자를 보관하기도 하고 이송하기도 하는 빽빽하게 꼬인 관으로 이루어진 부고환(epididymal)에는 아무런 통증이 없는, 맑은 액체로 찬 부종(정액낭, spermatocele)이 생길 수 있다.

이러한 낭종이 왜 발생하는지는 모른다. 천천히 커지는데, 대개 증상이 없고 암으로 변하지는 않는다. 양쪽 부고환 모두에 여러 개의 낭종이 생기기도 하고 한쪽에 1개의 낭종만 생기기도 한다. 부종이 음낭(scrotum)에서 발견되면 고환암일 가능성을 배제할 수 없기 때문에 의학적 검사가 매우 중요하다. 낭종은 부종이 있는 부위 아래에서 빛을 비추는 투과조명법(transillumination)으로 임상적으로 진단할 수 있으며 초음파 검사로 확진할 수 있다. 낭종이 너무 작은 경우 대개 치료할 필요는 없다. 종종 커지면 주위 조직을 눌러서 통증을 유발할 경우에는 제거 수술을 하는 게 좋다. 수술적 치료는 생식력에는 영향을 주지 않는다.

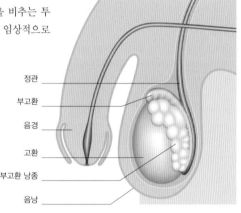

다수의 낭종들
부고환 낭종은 한쪽 부고환에만 생기기도 하고 양쪽에 여러 개가 생기기도 한다. 감염으로 인한 통증을 유발할 수 있다.

정관
부고환
음경
고환
부고환 낭종
음낭

부고환고환염

고환과 인접한 부고환이 감염되면 부종이 생기며 심한 통증을 유발한다.

대개 전립샘(223쪽 전립샘염 참조)이나 요로(urinarytract)의 세균 감염, 젊은 남성에서는 성병(224~225쪽 참조)에 의해 감염이 일어난다. 볼거리 예방접종이 정규 아동 예방접종으로 되기 전에는 볼거리가 소년이나 청년에게 부고환고환염을 일으키는 흔한 원인이었다. 이러한 경우는 생식력에 영향을 줄 수 있다. 이환된 부위의 통증, 발적, 부종, 때때로 고열 등의 증상이 있다. 염증의 원인을 찾기 위해 요도(urethra) 면봉 검사를 하거나 소변 샘플을 채취해 검사한다. 고환염전(testicular torsion)이 의심될 때에는 초음파 검사를 시행한다. 세균 감염 때문에 항생제를 사용해야 되고, 진통제도 쓸 수 있다. 얼음주머니 역시 불편감을 줄여 주는 데 도움이 될 수 있다. 통증은 48시간 안에 가라앉으며, 부종은 몇 주 동안 지속될 수도 있다.

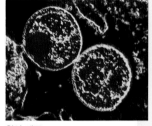

원인 세균
색조영 전자 현미경 사진에서 분홍색으로 보이는 클라미디아는 부고환고환염을 일으킨다.

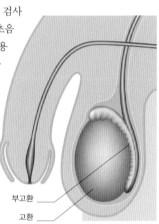

고환과 부고환의 감염
고환과 부고환 모두 감염되면 압통, 부종, 발적이 생긴다. 심한 경우에는 아주 심한 통증과 고열로 이어진다.

부고환
고환

덩굴정맥류

정맥의 팽창으로 음낭에 생기는 결절은 일부 남성에게 불편감을 일으키고, 정자수의 감소를 유발한다. 이유는 잘 알지 못하지만 왼손잡이에게서 더 흔하게 생긴다.

덩굴정맥류(varicocele)는 음낭의 정맥류이다. 정소로부터 혈류가 흘러나가는 정맥들 안에 있는 밸브가 새서 생기는데, 음낭으로 혈류가 역류되고 혈류량이 늘어나면서 정맥이 팽창되고 벌레의 알주머니처럼 보이게 된다. 대개 임상적인 진찰을 통해 진단할 수 있다. 대부분 덩굴정맥류는 작아서 치료가 필요 없으며, 문제를 일으키지 않거나 저절로 좋아진다. 몸에 꼭 맞는 속옷을 입는 것으로도 불편감, 통증, 당기는 느낌을 줄일 수 있다. 만약 통증이 문제가 되거나 생식력이 영향을 받는다면, 늘어난 정맥들을 묶는 치료를 받는 게 좋다.

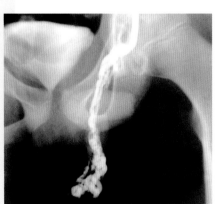

덩굴정맥류의 X선 사진
X선 사진을 찍기 전에 혈류에 주사하는 특수한 염색약으로 덩굴정맥류가 선명하게 드러나게 된다.

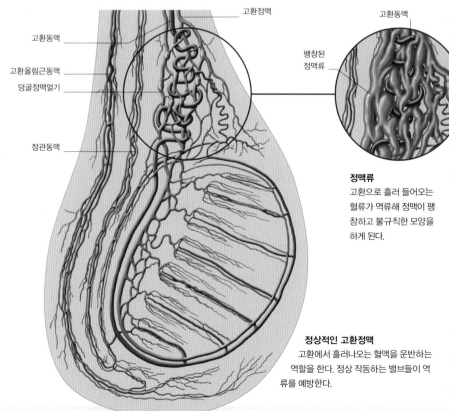

고환정맥
고환동맥
고환동맥
고환올림근동맥
덩굴정맥얼기
팽창된 정맥류
정관동맥

정맥류
고환으로 흘러 들어오는 혈류가 역류해 정맥이 팽창하고 불규칙한 모양을 하게 된다.

정상적인 고환정맥
고환에서 흘러나오는 혈액을 운반하는 역할을 한다. 정상 작동하는 밸브들이 역류를 예방한다.

물음낭종(음낭수종)

이런 부종은 각 고환을 둘러싸고 있는 음낭의 층(layer)들 사이에 액체가 비정상적으로 축적되면서 생긴다. 물음낭종은 통증이 생기는 경우는 드물지만, 커지면 불편감을 줄 수 있다.

물음낭종(hydrocele)은 음낭(29쪽 참조)의 층들 안에 액체가 비정상적으로 다량 있는 것이다. 감염과 고환의 손상들이 원인일 수 있다. 물음낭종은 아동과 노인에게 잘 생긴다. 부종이 있는 곳에 손전등으로 비추는 임상적인 진단을 하거나 초음파로 진단할 수도 있다. 만약 물음낭종의 증상이 심해지면 바늘로 액체를 뽑아내거나 소수술을 해 치료할 수도 있다. 감염이 있으면 항생제 치료가 필요하다.

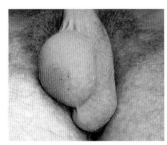

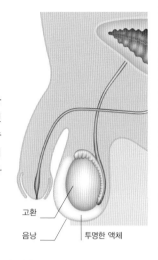

고환에 생긴 부종
물음낭종은 음낭의 한쪽에만 통증 없는 부종이 생기는 것이 특징이다. 이 사진은 남성의 우측 고환에 부종이 생긴 것을 보여 준다. 좌측은 정상으로 보인다.

음낭 안의 부종
물음낭종은 고환부종의 원인 중 하나이다. 액체가 고환 주위에 고인다. 만약 부종이 너무 커지면, 음낭을 찌그러트릴 수 있다.

귀두염

음경의 끝에 생기는 염증, 즉 귀두염은 화끈거리고 불편감을 줄 수 있다. 다행히 대부분 쉽게 치료된다.

음경의 끝(귀두, glans)과 음경꺼풀에 염증이 생기면 화끈거리고 가렵고 발적이 생긴다. 게다가 요도에서 약간의 분비물도 나올 수 있다. 가능한 원인들은 세균 감염, 효모(칸디다 알비칸스)와 성병(224~225쪽 참조)이다. 꽉 끼는 음경꺼풀이 음경의 끝의 청결이 어렵게 만들 수도 있다. 음경의 이학적 검사 후에 면봉 검사로 요도 끝을 검사하고, 가능성 있는 세균을 찾아서 적절한 치료를 해야 한다. 포경 수술(circumcision, 음경꺼풀 제거 수술)은 음경꺼풀이 꽉 끼는 경우에 추천해 볼 수 있다. 몇몇의 경우의 귀두염은 알레르기 반응으로도 생긴다. 되도록이면 자극물을 확인하고 피해야 한다. 음경의 끝은 청결하고 건조하게 유지해야 한다.

고환염전

통증이 심한 경우에 긴급한 치료가 필요할 수 있다. 24시간 안에 수술을 받지 못하면 고환이 고칠 수 없을 정도로 손상될 수 있다.

이유는 명확하지는 않지만, 정관과 고환 혈관이 모여 있는 정삭(spermatic cord)이 꼬이는 경우가 있다. 이럴 경우 고환이 혈류 공급의 장애를 받게 되어, 빨리 되돌려 놓지 않으면 영구 손상을 일으킬 수 있다. 초음파로 진단 후에 정삭을 다시 풀어 주는 수술을 하고 양쪽 고환을 제자리에 놓는 것으로 치료는 대개 빨리 끝난다. 고환을 제시간에 살릴 수 없다면 제거하고 미용 목적으로 보형물을 넣어 주어야 한다. 한쪽 고환이 고환염전으로 손상되었다고 하더라도 이환되지 않는 다른 쪽 고환은 대개 생식력에 영향을 받지 않을 정도로 정자를 만들 수 있다.

전립샘염

두 가지 형태가 있을 수 있다. 한 가지는 통증이 있는 급성 형태와 다른 형태는 증상이 없는 만성 형태이다. 둘 다 만약 발견된다면, 기저 원인을 치료해야 한다. 재발할 수 있다.

특히 성적으로 활동적인 남성에게 흔히 생긴다. 전립샘염(proststitis)은 원인이 발견되지 않을 수도 있지만 성병(224~225쪽 참조)과 세균 감염이 원인인 경우가 흔하다. 급성 전립샘염은 고열과 음경의 뿌리 부위 통증, 허리아래 통증 같은 증상이 심하게, 빠르게 나타난다. 만성 전립샘염은 증상이 없을 수 있고, 음경의 뿌리 부위, 고환 부위, 허리아래 통증과 사정 시 통증이나 정액 안에 피가 보이는 경미한 증상이 나타나기도 한다. 양쪽 형태 모두 빈뇨가 있을 수 있고, 때로는 배뇨 시 통증이 있을 수 있다. 직장 검사로 전립샘을 검사해야 한다. 소변 샘플, 전립샘 분비물을 채취하고 요도 끝 면봉 검사를 한다. 초음파나 CT 촬영은 전립샘염에서 농양을 찾기 위해 시행할 수 있다. 감염 같은 기저 원인은 치료될 수 있지만, 회복되려면 몇 달 걸릴 수도 있다.

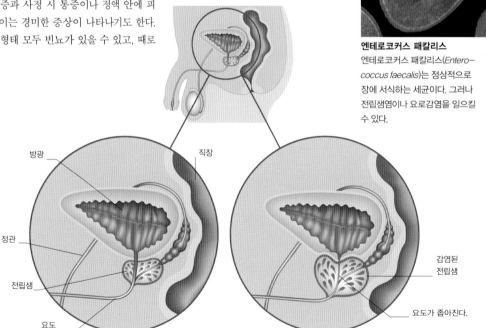

엔테로코커스 패칼리스
엔테로코커스 패칼리스(Enterococcus faecalis)는 정상적으로 장에 서식하는 세균이다. 그러나 전립샘염이나 요로감염을 일으킬 수 있다.

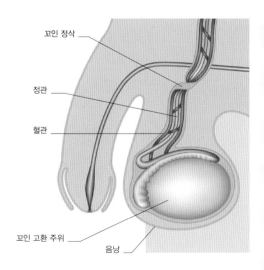

고환염전
정삭이 꼬이면 고환이 음낭 안에서 움직이게 된다. 보통 음낭의 모양이 바뀌곤 한다.

정상 전립샘
대부분의 전립샘(호두 크기)은 방광의 목 바로 밑에 있고 요도를 둘러싸고 있다. 방광에서 나온 소변은 요도로 자유롭게 흘러 나가고, 이후 배뇨 시에 음경을 통해서 나간다.

팽창된 전립샘
전립샘염에 걸리면 전립샘이 붓는다. 부은 전립샘은 요도를 압박해서 소변이 방광에서 자유롭게 나갈 수 없게 된다. 이것은 소변을 자주 보게 되고 소변 양이 줄어드는 것을 의미한다.

성매개질환

성매개질환(STD, sexually tranmitted desease) 또는 성병의 대부분은 성교 시 사람과 사람 사이에서 전염된다.
사람면역결핍바이러스(HIV)와 매독(syphilis)은 태반을 통과할 수 있고, 태아에게 영향을 줄 수 있다. 반면 임질이나 클라미디아 같은 질병은
생식력에 영향을 줄 수 있다. 어떤 병은 태아가 산도를 통과해서 질 밖으로 나오는 분만 시에 엄마로부터 아기에게 전염될 수도 있다.

사람면역결핍바이러스

사람면역결핍바이러스(HIV)로 인한 감염을 치료하지 않으면, 후천면역결핍증후군(AIDS)에
걸리고 면역체계가 심각하게 손상될 수 있다. HIV는 자궁 안 태아에게 전달될 수 있고,
모유수유로도 전달될 수 있다.

HIV는 질, 항문 또는 구강 성교와 감염된 혈액, 혈액 생성물에 의해 전염될 수 있다. 임신을 하
고 있는 동안(HIV 분자들은 태반을 통과할 수 있음), 출산 또는 분만 후에 모유수유 시 전염될
수 있다. 바이러스는 CD4 수용체를 가진 백혈구를 감염시키고, 빠르게 증식하면서 세포들을

사멸시킨다. 신체는 얼마 동안 버틸 수 있지만, 결국 CD4 백혈구가 임계 수준 미만으로 감소하
게 된다. HIV에 감염된 사람들 대부분이 초기에는 증상이 없다. 일부는 바이러스 질환의 전형
적인 증상인 열, 근육통, 관절통, 샘의 부종, 인후통의 증상을 겪을 수 있다. 대부분 증상이 없
는 기간이 다년간 이어질 수도 있다. 결국 CD4 수가 일정 수치 미만으로 떨어지거나, 특히 감
염 질환과 특정한 암이 발생할 때 AIDS에 걸렸다고 말한다. HIV와 AIDS의 치료에는 항레트
로바이러스 약과 항생제를 혼합해서 사용한다. 콘돔은 HIV 전파의 위험률을 낮춘다.

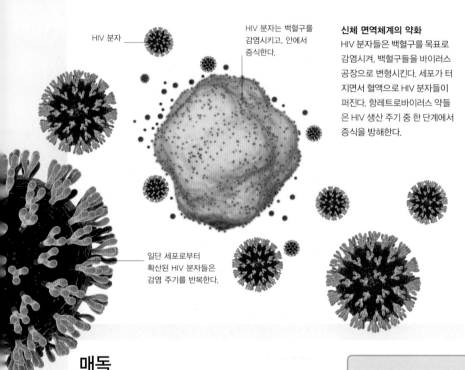

HIV 분자

HIV 분자는 백혈구를 감염시키고, 안에서 증식한다.

일단 세포로부터 확산된 HIV 분자들은 감염 주기를 반복한다.

신체 면역체계의 약화
HIV 분자들은 백혈구를 목표로 감염시켜, 백혈구들을 바이러스 공장으로 변형시킨다. 세포가 터지면서 혈액으로 HIV 분자들이 퍼진다. 항레트로바이러스 약들은 HIV 생산 주기 중 한 단계에서 증식을 방해한다.

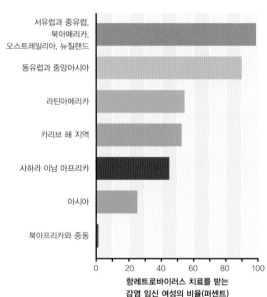

서유럽과 중유럽, 북아메리카, 오스트레일리아, 뉴질랜드

동유럽과 중앙아시아

라틴아메리카

카리브 해 지역

사하라 이남 아프리카

아시아

북아프리카와 중동

항레트로바이러스 치료를 받는
감염 임신 여성의 비율(퍼센트)

HIV 전파의 예방
항레트로바이러스 약들은 임신 때 투여된다. 치료 중인 감염 여성의 비율은 선진국에서는 높고 개발 도상국에서는 낮다. 임신 여성을 치료하는 것이 그들의 예후를 좋게 하며, 아기에게 전파될 가능성을 줄인다.

매독

세균성 질병은 생식기에서 시작되지만, 나중에는 다른 신체
조직 전체에 영향을 줄 수 있다. 아기는 자궁에 있을 때 또는
분만 중 감염될 수 있다.

매독의 원인은 매독균(*Treponema pallidum*)이고 성교 동
안 전염된다. 3단계 중 첫 번째, 두 번째는 최고 2년까지
감염된 것이고, 마지막 단계는 비감염된 것이다. 만약 치
료받지 않으면, 1단계에서 2단계로 진행한다. 요즘은 항생
제의 사용으로 3단계까지 발전하는 일은 드물지만, 잠복
기를 거쳐 3단계(3기 매독)로 발전하기도 한다. 매독은 대
부분 혈액 검사로 진단되며, 항생제 주사로 임신 동안에
치료할 수 있다. 원인 세균의 전파를 막기 위해서는 콘돔
을 사용해야만 한다. 매독의 발생률은 페니실린(penicillin)
의 도입 이후 감소되고 있다.

증상 단계
치료되지 않은 매독 감염은 비교적 명확한 기간에 정의가
명확한 일련의 단계(1기, 2기, 잠복기, 3기)로 진행한다.

1기 매독
굳은 궤양(chancre)은 딱딱하고 통증 없는 아픈 부위인데 대부분은 성기 부위에
나타난다. 노출된 지 평균 21일쯤 생기고, 2~3주 정도 지속된다. 치료하지 않으면
2기 매독으로 진행한다.

2기 매독
일반적인 특징은 열, 인후통, 샘의 부종, 관절통, 반점, 입과 성기의 궤양이 있다. 초기
굳은 궤양이 나타난 이후에 4~10주쯤 시작된다. 치료가 없으면 잠복기로 진행한다.

잠복기 매독
증상은 없어지지만, 혈액 검사에서 감염은 아직도 존재한다. 증상은 2년 안에 다시
시작할 수 있고, 후에 3기 매독으로 진행한다.

3기 매독
고무종(gumma)이라는 특징적인 병변은 주로 피부와 두개골, 다리와 쇄골(collarbone)
을 포함한 뼈에 생긴다. 심장혈관계통과 신경계통 또한 영향을 받을 수 있다.

성기 헤르페스

단순 포진 바이러스에 의해 일어나며, 이런
감염으로 인해 성기 주위에 통증성 궤양이
생긴다.

단순 포진 바이러스(herpes simple virus,
HSV)는 두 가지 형태가 있다. HSV-1은 대
개 입술 헤르페스를 일으키고 HSV-2는
성기 헤르페스를 일으킨다. HSV는 매우
전염력이 강하고 성접촉을 통해 전염된다.
HSV는 분만 동안 전염되면 신생아에게
문제를 일으킬 수 있다. 이 병은 쉽게 재발
한다. 따끔거리거나 통증이 있는 물집이
성기 위와 주위에 생기기도 한다. 다른 증
상은 배뇨통, 질 분비물, 열이 있을 수 있
다. 증상은 3주 정도 지속된다. 진단은 대
부분 병변의 검사를 통해 할 수 있다. 치료
를 통해 완치할 수는 없지만, 중증도를 감
소시킬 수 있다.

생식기 사마귀

인유두종바이러스(human papilloma virus, HPV)에 의해 생긴 생식기 사마귀는 피부 접촉을 통해 전염된다.

생식기 사마귀는 감염 후 20개월이 지나면 나타날 수 있다. 증상이 없고 빠르게 성장하며, 구강 성교의 영향으로 입 안에 생길 수도 있다. 항바이러스 치료를 포함한 다양한 치료를 할 수 있다. HPV에 감염된 여성은 자궁경부암의 위험성이 증가된다. 콘돔은 완전한 방어 장치가 아니기 때문에, HPV의 전염이 일어날 수 있다. 태아 역시 출산 시에 HPV에 감염될 수 있다.

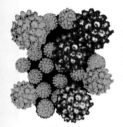

인유두종바이러스
이 고해상도의 사진은 생식기 사마귀와 관련된 감염 병원체인 인유두종바이러스를 보여 준다.

임질

흔한 성매개 세균 감염 질환으로 생식기 부위에서 염증을 일으키고, 종종 증상 없이 남성과 여성에게 분비물을 일으킨다.

임질(gonorrhea)의 세균성 원인으로는 임균(*Neisseria gonorrhea*)이 있는데 질과 구강 및 항문 성교로 전염된다. 대개 감염된 지 2주 안에 증상이 생기지만 몇 달에 걸쳐 발병하지 않다가 감염이 몸 전체로 퍼지기도 한다. 치료를 하지 않으면, 감염은 자궁관(난관)으로 퍼져서, 생식력에 영향을 주는 손상을 일으킬 수 있다. 감염 부위에 대한 면봉 검사로 진단할 수 있고, 감염이 이미 퍼진 경우에는 정맥주사로 항생제 치료를 해야 한다. 다른 성병이 있을 수 있기 때문에 양쪽 배우자를 검사해야 한다. 감염된 여성은 분만 동안 아기에게 전염시킬 수 있고, 눈에 감염이 되면 실명할 수 있다.

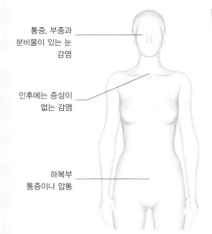

통증, 부종과 분비물이 있는 눈 감염

인후에는 증상이 없는 감염

하복부 통증이나 압통

남성과 여성의 증상
주요 증상은 남녀 모두 비슷하다. 그러나 여성의 50퍼센트, 남성의 10퍼센트는 아무 증상이 없다.

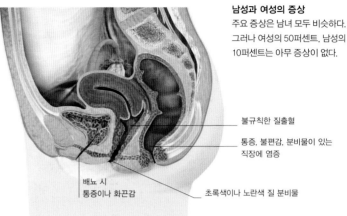

불규칙한 질출혈

통증, 불편감, 분비물이 있는 직장에 염증

배뇨 시 통증이나 화끈감

초록색이나 노란색 질 분비물

클라미디아 감염

세균 감염으로 인한 이 질환은 증상이 없는 경우가 많고 여성에게서 불임의 주요한 원인이다. 감염된 남성의 50퍼센트와 여성의 80퍼센트는 증상이 없어서 감염됐는지 잘 모른다.

성적으로 활동적인 미국 여성의 5퍼센트 이상은 원인균 클라미디아 트라코마티스(*Chlamydia trachomatis*)에 감염된 것으로 추정된다. 만약 증상이 생기면, 남성에게서는 배뇨통과 요도에 분비물이 생기며, 여성에게서는 질 분비물, 생리 사이나 성교 후의 출혈이 생길 수 있다. 자궁관으로 감염되어 불임을 일으킬 수 있다. 클라미디아 트라코마티스는 분만 시 아기에게 감염될 수 있고, 결막염과 폐렴을 야기할 수 있다. 소변 샘플이나 요도 면봉 검사는 남성에게 시행하고 자궁경부 면봉 검사는 여성에게 시행한다. 항생제로 치료하며 임신한 동안에는 일부 항생제는 사용할 수 없을 수도 있다. 콘돔은 클라미디아 감염의 전염을 예방할 수 있다.

질세포 안에 있는 클라미디아 세균
자궁경부 도말 검사의 고해상도 사진에서 내층세포(상피세포) 안에 클라미디아 트라코마티스가 보인다. 이러한 감염은 흔하다.

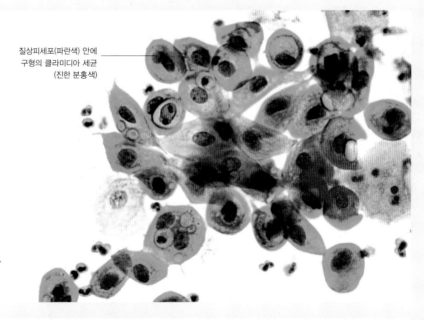

질상피세포(파란색) 안에 구형의 클라미디아 세균 (진한 분홍색)

비임균성 요도염

남성에서 이러한 요도의 염증은 임균 이외에 감염을 일으킬 수 있다. 흔한 성병이며, 특징적인 영향을 줄 수도 있지만, 15퍼센트의 경우에는 증상이 없다.

비임균성 요도염(NGU, nongonococcal urethritis)은 클라미디아 트라코마티스와 질편모충(*Trichomonas vaginalis*), 단순 포진 바이러스와 칸디다 알비칸스(*Candida albicans*)같이 원인이 다양하다. NGU의 약 50퍼센트는 클라미디아 트라코마티스에 의해 일어나고, 여성에게서 클라미디아 감염을 일으킨다(위쪽 참조). 4분의 1에서는 원인을 찾을 수 없다. 이 병은 감염 후 5주 안에 발생하는데, 평균 2~3주 걸린다. 배뇨 시 분비물과 통증은 음경의 끝인 요도 주위에 쓰림과 발적이 동반될 수 있다. 감염은 부고환, 고환, 전립샘으로 퍼질 수 있다. 뿐만 아니라, 어떤 감염은 혈액으로 퍼져서 관절에 염증과 통증을 유발할 수 있다. 소변 샘플과 요도 면봉 검사는 임균과 다른 가능한 감염 원인들을 찾기 위해 시행한다. 콘돔을 사용하는 것은 감염 위험을 줄일 수 있다.

요도
염증은 배뇨 시에 통증을 일으킨다.

부고환
만약 감염이 퍼진다면 염증이 생길 수 있다.

음경
안쪽이 아프고 가려울 수 있다.

고환
감염이 퍼진다면 부종이 생길 수 있다.

비임균성 요도염 증상
증상이 없을 수도 있지만 이 역시 전형적인 비임균성 요도염(NGU)의 특징이다. 결과적으로 감염된 남성은 자기가 병을 가지고 있는지 알지 못한 채 병을 전염시킬 수 있다.

임신의 합병증

대부분의 임신은 심각한 문제없이 진행된다. 그러나 때로는 문제가 발생해서 산모나 태아 또는 모두에게 영향을 줄 수 있다. 예를 들어 배아는 착상이나 적절한 발달에 실패할 수도 있다. 그것도 아니면 태아가 정상적으로 발달하는 것처럼 보이다가도 문제가 발생할 수도 있다. 임신 중 문제들은 유전적 이상이나 염색체 이상 같은 태아 측 요인들 또는 감염이나 호르몬, 해부학적 문제 같은 모체 측 요인에 의해서 생긴다.

유산

임신 24주가 되기 전에 임신이 자연적으로 종결되는 경우로 대부분 임신 14주 내에 일어난다.

초기 유산은 태아의 유전적 또는 염색체 이상으로 생긴다. 후기 유산은 자궁에서의 문제로 인해서 생길 수 있다. 다른 원인은 자궁경부 무력증(cervical incompetence, 아래쪽 참조)과 모체감염이다. 임신 중 흡연, 음주, 약물 남용은 유산을 증가시킨다. 유산의 3가지 주요한 형태가 있다. 절박유산(threatened miscarriage)은 질출혈이 있지만, 태아는 살아 있고 자궁경부는 닫혀 있는 것이다. 불가피유산(inevitable miscarriage)은 자궁경부는 열리지만 태아가 죽은 경우이다. 계류유산(missed abortion)은 태아는 죽었지만 출혈이 없는 것을 말한다. 절박유산의 경우 임신이 만삭까지 지속될 수도 있다. 불가피유산은 조직이 얼마나 남는지에 따라 완전과 불완전으로 나눌 수 있다. 불완전과 계류유산은 자궁을 깨끗하게 하기 위해 수술이 필요할 수도 있다.

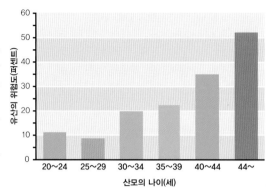

유산율
성인 초기에 유산이 일어날 확률은 5명 임신 중 1명(즉 20퍼센트)이다. 그러나 산모의 나이가 많을수록, 특히 40세 이상에서 유산율이 증가한다.

절박유산
만약 자궁경부가 닫혀 있고, 태아가 살아 있으면, 임신은 종종 만삭까지 지속될 수 있다. 만약 유산이 불가피하게 되면, 자궁경부는 조직을 밖으로 내보내기 위해 열린다.

- 양수
- 12주 태아
- 질로 하혈이 된다.
- 태반
- 탯줄
- 칫덩이
- 자궁경부(자궁목)를 통해 자궁으로부터 피가 흘러나온다.

유산의 원인

유산은 주로 모체 또는 태아에게 생기는 다양한 기저 문제들의 결과로서 발생할 수 있다. 이 원인은 크게 유전, 호르몬, 면역, 감염과 해부학 5가지로 나눌 수 있다. 그러나 항상 원인을 알 수 있는 것은 아니다.

원인	가능한 예
유전	태아의 유전적 또는 염색체 이상은 염색체가 너무 많거나 너무 적은 경우 생긴다.
호르몬	갑상샘의 과다 활동이나 과소 활동, 당뇨와 비정상적으로 낮은 프로게스테론 수치가 원인이 된다.
면역	항인지질증후군(antiphopholipid syndrome, 태아의 혈류 공급을 감소시켜 태반의 응고를 형성함) 같은 드문 면역질환 때문에 유산이 일어난다.
감염	모체에게 영향을 주는 몇 가지의 감염, 즉 풍진이나 톡소포자충증(원충성 감염, toxoplasmosis)은 유산을 일으킬 수 있다.
해부학	자궁이 비정상적인 모양이거나 거대한 자궁근종이 있는 경우에도 유산된다. 자궁경부 무력증이 원인인 경우도 있다.

자궁경부 무력증

만약 자궁경부가 약할 경우 태아의 성장과 양수로 인한 압력으로 인해 자궁경부가 조기에 열리고 이로 인해 유산이 된다.

자궁경부 무력증이 있는 경우 자궁경부에 대한 봉합 수술이나 그 봉합을 다시 풀어 자궁을 다시 여는 여러 과정이 필요할 수 있다. 자궁경부 무력증은 14주 이후에 유산을 일으킬 수 있는데 유산이 일어나기 전에는 종종 증상이 없다. 만약 여성이 후기 유산 경험이 있으면, 초음파 자궁 검사를 받아야 될 수 있다. 초음파 검사에서 자궁경부 무력증이라고 확진된다면 다음 임신(그리고 그 이후의 임신) 때 12~16주에 자궁경부 봉합 수술을 시행해야 한다. 이 봉합은 진통 시작 전인 임신 37주에 제거해야 한다. 만약 진통이 일찍 시작된다면, 봉합은 바로 제거되어야 한다.

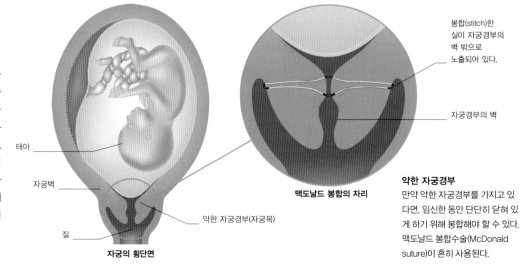

- 태아
- 자궁벽
- 질
- 약한 자궁경부(자궁목)
- **자궁의 횡단면**
- **맥도날드 봉합의 자리**
- 봉합(stitch)한 실이 자궁경부의 벽 밖으로 노출되어 있다.
- 자궁경부의 벽

약한 자궁경부
만약 약한 자궁경부를 가지고 있다면, 임신한 동안 단단히 닫혀 있게 하기 위해 봉합해야 할 수 있다. 맥도날드 봉합수술(McDonald suture)이 흔히 사용된다.

자궁외 임신

수정된 난자가 배아가 올바르게 발달할 수 없는 자궁 밖에 착상하는 경우를 자궁외 임신이라고 한다. 이런 상황은 모체의 생명을 위협할 수도 있다.

대부분의 자궁외 임신에서 수정된 난자는 자궁관(난관)에 착상한다. 드물지만, 그 이외에 자궁경부, 난소, 복강 내에도 착상할 수 있다.

가능한 기저 원인은 수술이나 골반 내 감염 질환(218쪽 참조) 같은 감염에 의한 자궁관의 과거 손상일 수 있다. 자궁내 장치(IUD)도 위험율을 증가시킬 수 있다. 증상은 질 출혈과 대개 하복부 한쪽의 통증이다. 자궁외 임신을 진단하기 위해 임신 검사를 해야 하고, 이 검사에서 양성 결과가 나오면 초음파 검사를 시행해야 한다. 의사는 또한 복강경 검사(복벽을 통해 보는 기구)를 시행할 수 있다. 만약 자궁외 임신이 진단되면, 복강경 검사를 하는 동시에 제거할 수 있다. 만약 자궁외 임신이 자궁관을 파열시키면, 심한 복부 통증과 어깨 끝 통증이 생길 것이다. 이런 상태는 생명을 위협하는 것이므로 긴급한 수술이 필요하다.

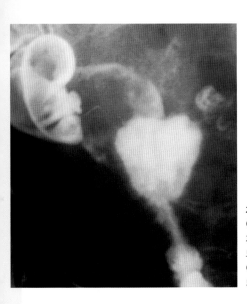

자궁외 임신의 X선 검사
이 X선 검사 사진은 임신 10~12주의 자궁외 임신을 보여 주고 있다. 태아는 모체의 우측 자궁관(난관)에서 발달 중이다. 치료하지 않으면, 자궁관이 파열되어 복부에 출혈을 유발할 것이다.

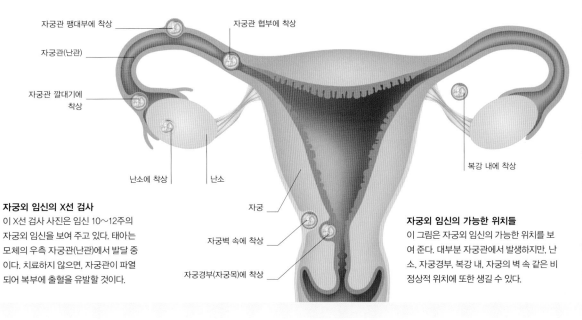

자궁관 팽대부에 착상
자궁관(난관)
자궁관 깔대기에 착상
자궁관 협부에 착상
복강 내에 착상
난소에 착상
난소
자궁
자궁벽 속에 착상
자궁경부(자궁목)에 착상

자궁외 임신의 가능한 위치들
이 그림은 자궁외 임신의 가능한 위치를 보여 준다. 대부분 자궁관에서 발생하지만, 난소, 자궁경부, 복강 내, 자궁의 벽 속 같은 비정상적 위치에 또한 생길 수 있다.

기태임신

정자가 난자와 수정했으나 그 결과 형성된 염색체 집합이 비정상적이어서 정상 임신으로 발달할 수 없을 때 일어난다.

완전 기태임신에서는 낭종의 덩어리들이 자궁 안 전체를 뒤덮는다. 부분 기태임신에서는 태아와 태반이 자라기 시작하지만, 배아가 생존하지는 못한다. 증상은 임신 6주쯤 시작하는 질 출혈과 구역(nausa)과 구토이며 심해질 수도 있다. 기태임신은 자궁경부(자궁목)를 열어서 (전신마취하에) 조직을 제거하는 것으로 치료한다. 드물게 기태임신은 암으로 발전할 수 있기 때문에 항암제 치료 같은 추후 치료가 더 필요할 수도 있다.

자궁 안에 형성된 낭종들

완전 기태임신
자궁 안에 형성된 낭종들의 덩어리는 때로 포상기태(hydatidiform mole, 그리스어로 '포도 모양'의 뜻)를 이루기도 한다.

정상 배아 발달
대개 1개의 난자와 1개의 정자는 각각 23개의 염색체를 가지고 있으며, 수정 때 합쳐져서 46개의 염색체를 가진 정상 배아를 형성한다.

정자
난자
아버지로부터 온 23개 염색체
어머니로부터 온 23개 염색체
46개의 염색체를 가진 정상 배아

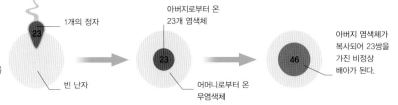

완전 기태임신
23개의 염색체를 가진 정자가 염색체가 없는 빈 난자와 수정하는 경우가 있다. 이때 정자의 23개 염색체가 복사하여 46개의 염색체를 가진 비정상 배아를 형성한다.

1개의 정자
빈 난자
아버지로부터 온 23개 염색체
어머니로부터 온 무염색체
아버지 염색체가 복사되어 23쌍을 가진 비정상 배아가 된다.

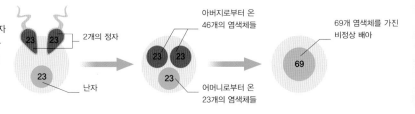

부분 기태임신
23개의 염색체를 가진 2개의 정자가 23개의 염색체를 가진 난자와 수정되어 69개의 염색체를 가진 비정상 배아를 형성한다.

2개의 정자
난자
아버지로부터 온 46개의 염색체들
어머니로부터 온 23개의 염색체들
69개 염색체를 가진 비정상 배아

임신 중 질 출혈

출혈은 임신 시기에 언제든 일어날 수 있고 원인들은 매우 다양하다. 어떤 시기에 출혈은 잠재적으로는 심각할 수 있고, 즉시 전문가의 돌봄이 필요할 수 있다.

임신 14주 안에 생기는 질 출혈은 유산(226쪽 참조)이나, 덜 흔하지만 자궁외 임신(위쪽 참조)의 신호일 수도 있다. 만약 원인이 자궁외 임신이라면 심한 통증이 있을 수도 있다. 때로는 분명한 이유 없이 가벼운 출혈이 일어날 수도 있고, 임신은 지속된다. 임신 14주와 24주 사이의 출혈은 자궁경부 무력증(226쪽 참조) 같은 후기 유산의 신호일 수도 있다. 24주 이후 출혈의 중요한 원인은 통증이 있는 태반조기박리(placental abruption, 228쪽 참조)와 통증이 없는 전치태반(placental previa, 228쪽 참조)이다. 자궁경부 폴립(자궁경부에 생기는 비암성 종양) 등이 있을 때에도 출혈이 생길 수 있다. 자궁경부 검사와 초음파 검사 등으로 원인을 조사한다. 치료 방법은 원인에 따라 달라진다.

전치태반

만약 태반이 자궁 하부에 위치해서 부분적으로나 완전히 자궁의 입구를 덮고 있다면, 출생을 방해할 수 있다. 이러한 상황은 임신부 200명 중 1명에 생긴다.

전치태반은 임신 24주 이후에 일어나는 통증 없는 질 출혈의 흔한 원인이다. 심한 출혈은 잠재적으로 태아나 산모의 생명을 위협한다. 위험 인자들로는 전에 제왕절개를 했던 경우, 다태임신, 여러 번의 과거 임신 등이 있다. 초음파 검사로 진단한다. 자궁이 커짐에 따라 태반이 위로 움직이는 경우도 있지만, 태반이 하부에 있고 출혈이 지속되면, 병원에 입원할 필요가 있다. 38주쯤 제왕절개술을 시행해야 하는 완전 전치태반을 가진 산모는 모두 다약 30주쯤에 입원하는 것이 좋다. 심한 출혈이 있으면, 응급 제왕절개술이 필요할 수도 있다. 제왕절개술은 부분 전치태반을 가진 산모에게도 권유된다.

전치태반의 위치
전치태반에서 태반은 자궁경부(자궁목)를 덮지 않은 수도 있고 완전히 덮은 채 자궁 하부 중앙에 위치할 수 있다.

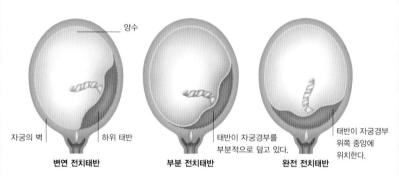

양수

자궁의 벽   하위 태반
변연 전치태반

태반이 자궁경부를 부분적으로 덮고 있다.
부분 전치태반

태반이 자궁경부 위쪽 중앙에 위치한다.
완전 전치태반

태반조기박리

태아가 태어나기 전에 자궁의 벽으로부터 태반의 부분이나 전체가 스스로 떨어지는 것으로, 잠재적으로 생명을 위협하는 병이다.

태반조기박리에는 2가지 형태가 있다. 하나는 임신 28주 이후에 질출혈의 흔한 원인인 드러난 박리(revealed abruption)와 자궁 안에 피가 고여 있기 때문에 출혈이 없는 숨은 박리(concealed abruption)이다. 장기간 고혈압이 있는 경우, 전에 태반박리가 있는 경우, 이전에 여러 번 임신한 경우 태반조기박리의 우려가 있다. 담배, 과도한 음주, 약물 복용 또한 위험을 증가시킨다. 전치태반의 출혈과는 대조적으로 항상 통증이 있어서 자궁이 수축하는 원인이 된다.

태반박리
대부분의 경우에 태반은 일부분만 떨어진다. 출혈된 피는 질로 흘러나오거나, 태반과 자궁벽 사이에 고인다. 드물게 태반 전체가 떨어질 수도 있다.

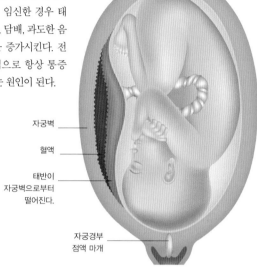

자궁벽

혈액

태반이 자궁벽으로부터 떨어진다.

자궁경부 점액 마개

양수 문제

양막낭에 담긴 액체, 즉 양수의 양은 여러 요인의 영향을 받는다. 양수가 비정상적으로 많을 경우를 양수과다증(polyhydroamnios)이라고 하고 비정상적으로 적을 경우를 양수과소증(oligohydroamnios)이라고 한다.

양수과다증은 산모에게 불편감을 줄 수 있고, 조기 양막 파수나 조기 진통과 관련이 있다. 양수과다증은 또한 태반조기박리(위쪽 참조), 출산 후 출혈(240쪽 참조), 제왕절개, 불안정위(unstable lie)의 위험을 증가시킨다. 임신을 지속시키고 산모나 태아의 합병증을 예방하려 면 가능하면 기저 원인을 치료해야 한다. 양수과소증은 종종 산전진찰에서만 알 수 있다. 조기 양막 파수에 의해 생긴 이러한 상황은 조기 진통과 태반성장제한(fetal growth restriction, 229쪽 참조)과 관련이 있다. 정기적인 태아 건강상태 검사를 해야만 한다.

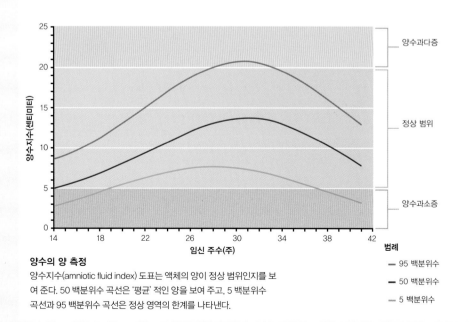

양수과다증

정상 범위

양수과소증

세로축: 양수지수(센티미터)
가로축: 임신 주수(주)

양수의 양 측정
양수지수(amniotic fluid index) 도표는 액체의 양이 정상 범위인지를 보여 준다. 50 백분위수 곡선은 '평균' 적인 양을 보여 주고, 5 백분위수 곡선과 95 백분위수 곡선은 정상 영역의 한계를 나타낸다.

범례
— 95 백분위수
— 50 백분위수
— 5 백분위수

양수 문제의 원인

양수과다증이나 양수과소증의 원인은 산모나 태아에게 있을 수 있다. 일부 흔한 요인은 다음과 같다.

양수과소증의 원인	양수과다증의 원인
조기 양막 파수	당뇨
태아 성장 제한 (자간전증에 의함)	위장관의 폐쇄
소변 생성이 줄거나 소변 배출로의 폐쇄를 일으키는 태아 이상	무뇌아(anencephaly) 같은 태아 이상으로 태아의 삼킴 장애
비소염성 항염증제 같은 약물의 사용	선천적 원인이나 빈혈에 의해 생긴 심부전(heart failure)
쌍둥이 간 수혈증후군(twin-to transfusion syndrome, 한쪽 태아가 다른 쪽 태아보다 더 혈액을 받는 불균형)	태아 소변 생성의 증가(쌍둥이 간 수혈증후군의 경우)
감염	감염(파르보 바이러스(parvovirus)나 매독)
다운증후군 같은 염색체 이상	다운증후군 같은 염색체 이상
과숙(postmaturity, 태아가 지나치게 자라는 것)	연골무형성(achondroplasia, 저신장을 일으키는 골 질환)

태아 성장 제한

자궁 내 성장 지연이라고도 하며 태아가 자궁 안에서 충분하게 성장하는 데 실패하는 것을 말한다. 태아는 마르고 저체중(2.5킬로그램 미만)이다.

태아 성장 제한의 원인으로는 장기간의 고혈압, 자간전증(아래쪽 참조) 또는 풍진 같은 모체 감염 등을 들 수 있다. 때로는 태반이 태아로 충분한 영양분을 공급하는 데 실패하면 생길 수 있다. 태아 성장 제한의 위험성은 임신부의 빈약한 식사, 흡연, 과도한 음주, 약물 복용 등으로 증가된다. 반복적인 초음파 검사와 탯줄 동맥에 대한 혈류 도플러 검사로 태아 성장을

관찰해 진단할 수 있다. 임신부의 안정과 관찰을 위해 병원에 입원해야 할 수 있고, 가능하면 기저 원인을 치료해야 한다. 태아의 건강이 우려되는 경우 조기 분만을 해야 할 수도 있다.

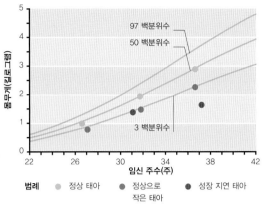

태아 성장의 관찰
이 그래프는 임신 중 태아의 체중 증가 곡선이다. 97 백분위수 곡선과 3 백분위수 곡선은 정상 범위의 상한선과 하한선을 보여 준다. 체중이 하한선 이하로 떨어지기 시작하면, 태아 성장 제한으로 나타난다.

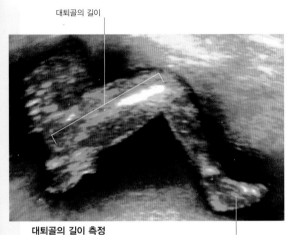

대퇴골의 길이 측정
초음파 영상으로 대퇴골(thighbone)의 길이를 측정할 수 있다. 기간마다 측정하기도 하고 복부 둘레(abdominal circumference)를 재 태아 성장을 평가하기도 한다.

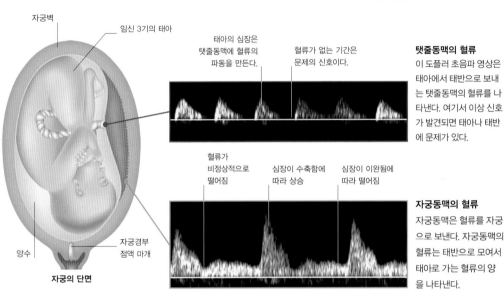

자궁의 단면

탯줄동맥의 혈류
이 도플러 초음파 영상은 태아에서 태반으로 보내는 탯줄동맥의 혈류를 나타낸다. 여기서 이상 신호가 발견되면 태아나 태반에 문제가 있다.

자궁동맥의 혈류
자궁동맥은 혈류를 자궁으로 보낸다. 자궁동맥의 혈류는 태반으로 모여서 태아로 가는 혈류의 양을 나타낸다.

자간전증과 자간증

임신 시에만 생기는 임신중독증의 일종으로 출산 후에는 좋아진다.

자간전증(전자간증, preeclampsia)의 특징은 고혈압, 전신성 부종, 단백뇨(단백질이 소변으로 빠져나가는 현상)의 증상이다. 증상은 상당히 늦게 나타나는데 손, 얼굴, 발의 부종, 두통, 시력 장애, 복부 통증 등이 발생한다. 만약 치료하지 않으면, 고혈압은 자간전증이 있는 여성 1퍼센트에서 자간증(발작, eclampsia)을 일으킨다. 이 때문에 임신하는 여성은 매번 단백뇨가 있는지 소변 검사를 받아야 하며, 산전에 병원을 방문할 때마다 혈압 검사를 받아야 한다. 치료 목표는 정상 범위 안으로 혈압을 되돌리는 것이다. 태아 성장 제한(위쪽 참조)이 있을 수도 있고, 병원 관찰과 태아의 조기 분만이 필요할 수도 있다. 자간증은 긴급히 치료해야 되고, 제왕절개술을 시행할 경우에도 대개 산모가 안정된 후 시행해야 한다.

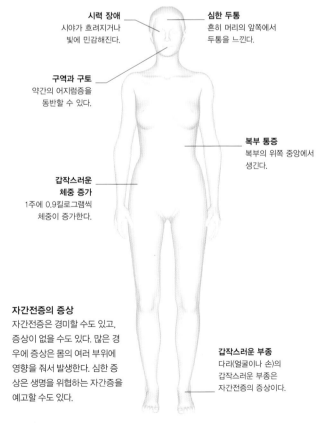

자간전증의 증상
자간전증은 경미할 수도 있고, 증상이 없을 수도 있다. 많은 경우에 증상은 몸의 여러 부위에 영향을 줘서 발생한다. 심한 증상은 생명을 위협하는 자간증을 예고할 수도 있다.

시력 장애 - 시야가 흐려지거나 빛에 민감해진다.
심한 두통 - 흔히 머리의 앞쪽에서 두통을 느낀다.
구역과 구토 - 약간의 어지럼증을 동반할 수 있다.
복부 통증 - 복부의 위쪽 중앙에서 생긴다.
갑작스러운 체중 증가 - 1주에 0.9킬로그램씩 체중이 증가한다.
갑작스러운 부종 - 다리(얼굴이나 손)의 갑작스러운 부종은 자간전증의 증상이다.

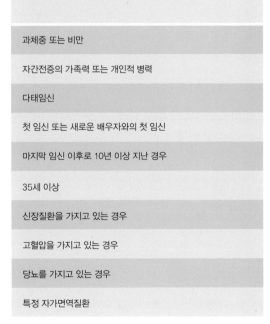

자간전증의 위험 요인
자간전증의 기저 원인은 아직 명확히 이해하지 못하고 있다. 그러나 다음과 같은 요소들이 자간전증 발생을 유발할 가능성을 높이는 것으로 알려져 있다.

과체중 또는 비만
자간전증의 가족력 또는 개인적 병력
다태임신
첫 임신 또는 새로운 배우자와의 첫 임신
마지막 임신 이후로 10년 이상 지난 경우
35세 이상
신장질환을 가지고 있는 경우
고혈압을 가지고 있는 경우
당뇨를 가지고 있는 경우
특정 자가면역질환

임신성 당뇨

췌장이 혈당 조절 호르몬인 인슐린의 증산 요구를 충족시키지 못하면 임신 중에 발생할 수 있다.

임신성 당뇨(gestatonal diabetes)는 종종 증상이 없지만, 심한 갈증, 피로, 다량의 소변 배출 등 증상이 생길 수도 있다. 혈액 검사로 진단된다. 치료법은 식이조절과 몇몇의 경우에는 인슐린 주사이다. 태아는 매우 거대해질 수 있으며, 제왕절개술이 필요할 수 있다. 임신성 당뇨는 대개 출산 후에 사라지고, 재발할 수 있다.

임신성 당뇨의 결과
전형적인 결과는 거대아이다. 산모의 인슐린과 포도당 수치는 대부분 출산 후에 정상으로 된다.

> 임신성 당뇨가 있는 여성은 충분한 양의 인슐린이 만들어지지 않기 때문에, 혈당 조절이 잘 안 된다. 결과적으로 산모의 혈당이 높아진다.

> 이 고혈당 혈액은 태반을 통해 태아에게 전달된다. 혈당은 태아의 주요 식량원이다.

> 태아는 포도당을 이용하기 위해 인슐린 생성을 증가시킨다. 사용되지 않은 포도당은 지방으로 저장된다. 결과적으로 태아는 정상보다 거대해져서, 분만 시 문제를 일으킨다.

임신과다구토(임신입덧)

임신 초기에 구토는 액체나 음식을 못 먹게 하기 때문에 심각한 문제를 야기할 수 있다.

정상적으로 입덧을 하는 산모는 체중이 증가하지만, 임신과다구토가 있는 산모는 이와는 대조적으로 체중 감소와 탈수가 일어나기도 한다. 원인은 알 수 없지만, 임신 중에 만들어지는 고농도의 사람 융모생식샘자극호르몬(hCG)이 주요한 역할을 한다. 쌍둥이를 임신한 경우 hCG의 농도가 높아져 임신과다구토의 위험을 증가시킨다. 스트레스 또한 이러한 상황을 악화시킬 수 있다. 만약 구토가 매우 심하다면, 병원에 입원을 해서, 탈수의 정도를 보는 혈액 검사와 태아를 검사하기 위한 초음파 검사를 시행해야 할 것이다. 정맥내 주사와 항구역 약물을 사용할 수도 있다. 이러한 상황은 대개 임신 14주쯤 사라지지만, 다음 임신 때 재발할 수도 있다.

입덧이 임신과다구토로 언제 되는가?

입덧(morning sickness)	임신과다구토 (hyperemesis gravidarum)
체중 감소가 적다. 실제로는 대부분 체중이 증가한다.	2.2~9킬로그램 또는 그 이상의 심각한 체중 감소가 일어난다.
구역과 구토는 먹는 것과 마시는 것을 방해하지는 않는다.	구역과 구토는 식욕이 떨어지고 탈수를 일으킨다.
구토는 드물고 구역은 가끔씩 생기고 가벼운 경향이 있다.	구토가 빈번해지고, 담즙이나 혈액이 포함될 수 있다. 구역은 지속되고 심각한 수준에 이를 수 있다.
식사와 생활습관의 변화가 필요할 수 있다.	정맥 내 수분의 보충과 항구역제가 필요할 수 있다.
전형적으로 임신 1분기 이후에 좋아지지만, 메스꺼움은 때로 생길 수 있다.	증상은 임신 중기에 약해지지만, 구역과 구토는 지속될 수 있다.
일상적인 활동, 예를 들어 출근이나 아이를 돌보는 것은 대부분 가능하다.	산모는 몇 주 또는 몇 달 동안 출근할 수 없고, 보살핌 받을 필요가 있다.

Rh 부적합

태아와 산모의 Rh 혈액 그룹 사이에 불일치가 생기면 문제를 일으킬 수 있다.

혈액은 적혈구 표면의 Rh 단백질 유무(Rh 상태)에 따라 Rh 양성과 Rh 음성으로 나뉜다. 만약 Rh 음성인 여성이 Rh 양성 배우자와 만난다면, 여성은 Rh 양성 아기를 가질 수 있다.

아기의 Rh 양성 세포는 Rh 양성 혈액세포에 대해서 모체 안에 항체를 형성하게 할 수 있다. 이것은 첫 임신에서는 문제를 일으키지 않지만, 여성이 다시 Rh 양성 아기를 가진다면

형성되어 있던 모체의 항체가 태반을 통과해서 태아의 적혈구를 파괴할 것이다. 이로 인해 출생 후 태아 빈혈과 황달(235쪽 참조)이 생길 수 있다. Rh 부적합(rhesus incompatibility)이 약한 경우에 진통은 임신 37주 전에 일어나고, 심한 경우에는 이미 임신 26주에 일어날 수도 있다. 만약 태아가 너무 아프거나 미성숙

상태로 분만된다면, Rh 음성 혈액의 수혈이 필요할 수도 있다. Rh 부적합을 야기하는 항체 형성과 합병증을 예방하려면, 산모의 순환계통으로 들어가는 태아 혈액세포를 파괴하는 항체 주사를 임신할 때마다 맞아야 한다.

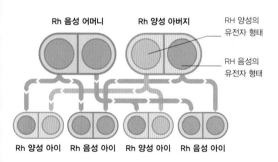

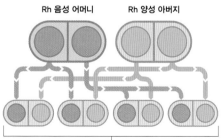

Rh 상태가 유전되는 방법
모든 사람은 2가지 형태의 Rh 유전자를 가진다. 만약 Rh 음성 형태와 Rh 양성이 있다면, 우성인 Rh 양성 형태로 발현된다.

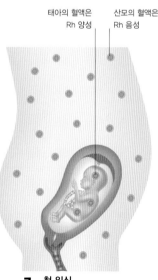

1 첫 임신
산모가 Rh 음성이고 태아가 Rh 양성이어도 부적합 문제가 생기지는 않는다. 문제는 다음 임신 때 산모가 Rh 음성이고 태아가 Rh 양성인 경우에 생긴다.

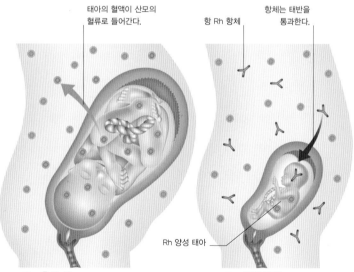

2 출산 시
출산 시 산모의 순환계로 태아의 적혈구가 누출되면 산모에게서 항체를 형성하게 만들 것이다. 이러한 항체는 다음 임신 때 Rh 양성 적혈구에게 불리하게 작용할 것이다.

3 다음 임신
산모의 항체는 태반을 자유롭게 통과할 수 있다. 이 항체는 태아 몸 안에 들어가 Rh 양성인 태아 적혈구를 파괴시키며 태아 빈혈을 일으킨다.

요로 감염

요로의 세균 감염은 임신 중 소변 배출이 지연되면서 흔하게 생긴다.

임신 중 호르몬이 변화하고 자궁이 커지면 소변 흐름을 지연시켜서 임신부가 요로 감염에 취약해진다. 증상으로는 배뇨 동안 화끈거림, 빈뇨, 하복부와 허리아래 또는 어느 한 부위 통증이 있다. 열과 신장 통증은 감염이 요로까지 퍼진 것을 의미할 수 있다. 소변 검사는 진단을 확진하기 위해 필요하며, 항생제로 치료한다. 치료하지 않으면 조기 진통을 일으키거나 저체중아를 출산하게 될 수 있다.

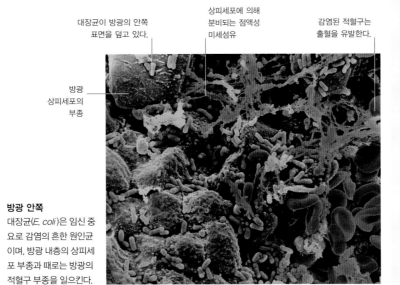

대장균이 방광의 안쪽 표면을 덮고 있다.

상피세포에 의해 분비되는 점액성 미세섬유

감염된 적혈구는 출혈을 유발한다.

방광 상피세포의 부종

방광 안쪽
대장균(E. coli)은 임신 중 요로 감염의 흔한 원인균이며, 방광 내층의 상피세포 부종과 때로는 방광의 적혈구 부종을 일으킨다.

손목굴증후군

손의 저림, 무감각과 통증은 손목 안에 있는 신경이 눌려서 생긴다.

손 신경 중 하나는 손목뼈와 그 위 인대 사이의 작은 틈(손목굴)으로 지나간다. 임신 중 조직들에 부종이 생기면 이 틈을 좁혀 신경을 누른다. 이로 인해 손에 저림, 무감각, 때로는 통증을 유발할 수 있다. 손목과 손가락을 구부리거나 펴면 증상을 완화시킬 수 있다. 이런 상황은 주로 분만 후에 사라지지만, 신경이 받는 압력을 줄이고 증상을 좋게 하기 위해 수술이 필요할 때도 있다.

좌골신경통

좌골신경이 눌려서 생기는 통증으로서 엉덩이로부터 다리의 뒤쪽으로 퍼진다.

임신 중 자세가 변하면 다리의 뒤쪽으로 내려가다 무릎의 외측면에서 나뉘어서 발바닥으로 내려가는 좌골신경에 압력이 생길 수 있다. 좌골신경통으로 인한 통증뿐만 아니라, 서 있거나 심지어 걷는 것이 어려우면 증세가 심각하다. 증상은 간헐적이며 대개 출산 후에 사라진다. 어깨를 뒤로 당기고, 척추는 곧게 유지하고, 엉덩이를 아래로 밀어 넣고, 배도 안으로 밀어 넣고, 무릎은 편하게 하는 바른 자세를 취해 통증을 완화시킬 수 있다.

좌골신경은 등쪽 아랫부분에서 시작해 엉덩이와 허벅지, 무릎을 지나 발까지 내려간다.

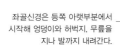

좌골신경의 경로
몸에서 가장 큰 신경인 좌골신경은 하부 척추로부터 나온 신경들이 모여 하나의 두꺼운 신경으로 형성된 것이다. 이 신경과 분지들은 다리의 길이에 따라 연장된다.

정맥류

커진 자궁이 정맥을 압박하면 다리에 정맥류가 생길 수 있다. 이 정맥류는 임신 기간 동안 생기거나 나빠질 수 있다.

임신 후기에 커진 자궁은 다리로 혈액을 운반하는 심부정맥을 눌러서, 정상적으로 역류를 막는 혈관의 판막이 새게(leaky) 된다. 혈액이 심부정맥으로 흘러가는 표피 정맥에 쌓이면서, 표피정맥이 붇고 비정상적으로 팽창되는 등 변형된다. 앉아 있을 때 다리를 올리거나 탄력 스타킹을 착용하면 좋아질 수 있다. 임신 후 치료가 필요하다면 주사 요법이나 수술을 선택할 수 있다.

부종

액체가 축적되어 생기는 부종은 임신 중에 흔하다. 다리, 발, 손에 생긴다.

액체 정체는 특히 임신의 마지막 몇 달에 흔하며, 건강한 임신부의 80퍼센트까지 생긴다. 축적된 액체는 부종을 유발하며, 침대에 누워 있는 밤 동안은 사라지고, 낮 동안에는 점진적으로 나빠진다. 앉아 있을 때 다리를 올려놓거나, 걷거나 수영하는 움직임으로 좋아지고, 탄력 스타킹 또한 도움이 될 수 있다. 액체 정체는 자간전증의 증상일 수 있지만, 대개 걱정할 만한 원인은 없다(229쪽 참조).

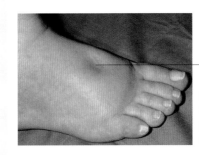

압력 때문에 피부에 함몰이 만들어지면 압력 원인이 없어져야 점차 사라진다.

부어오른 발
액체는 대부분 발에 제일 먼저 축적되고, 만약 심해지면 다리로 퍼진다. 손도 영향을 받을 수 있다. 부종의 압력은 길게 지속되는 함몰을 일으킬 수 있다.

다태임신의 특이한 문제

다태임신은 산모나 태아 건강이나 생명을 위협할 수도 있다. 입덧 같은 정상적인 불편 역시 더 높아진 호르몬 수치와 더 커진 자궁으로 인해 더 악화되기도 한다. 또한 철분결핍성 빈혈과 고혈압, 자간전증(228쪽 참조), 임신과다구토(230쪽 참조), 전치태반(228쪽 참조), 양수과다증(228쪽 참조)과 유산(226쪽 참조) 같은 의학적 문제가 발생할 위험성 역시 높아진다. 태아는 작아지고 조기 진통이 더 잘 생긴다. 다태임신은 특별한 관찰이 필요하지만, 대부분 예후가 좋다.

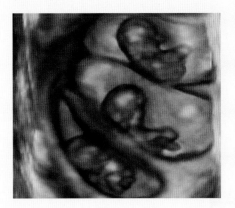

자궁 안 세쌍둥이
세쌍둥이는 8,000명 중 1명꼴로 생긴다. 보조 생식에 의한 다태임신은 사용되는 배아의 수를 제한하고 있기 때문에 요즘은 흔하지는 않다.

진통과 분만의 문제

많은 여성에게 있어 진통과 분만은 강렬한 경험인 동시에 즐거운 경험이고 아무런 문제 없이 이루어진다. 그러나 태아나 산모에게 문제가 생기는 경우도 있다. 예를 들어 만삭이 되기 전에 진통이 생기거나 태아에게 문제가 생겼다는

신호가 발견되어 긴급한 분만이 필요할 수도 있다. 산모의 경우에도 질입구 근처의 조직이 파열되어 보조출산이 필요할 수도 있다.

조기 진통

임신 37주 전에 진통이 시작되는 것을 말한다. 조산으로 태어나는 아기는 합병증과 연관될 수 있다(234쪽 참조).

조기 진통의 원인은 다태임신이나 산모 감염이다. 종종 이유를 찾을 수 없는 경우도 있다. 담배, 임신 중 음주, 스트레스, 조기 진통 경험 등 여러 가지 요인이 위험을 증가시킨다. 복부 쪼임(tightening)은 정상적으로는 무통이지만, 통증이 있고 혈성의 점액성 분비물이 규칙적으로 생기거나, 허리아래 통증이 증상으로 변할 수 있다. 만약 진통이 매우 조기에 시작된다면, 의사는 산모에게 정맥으로 약을 투여해서 진통의 진행을 멈추도록 해야 한다. 만약 불가능하면, 태아 폐성숙을 위해 코르티코스테로이드(corticosteroid)를 투여할 수 있다. 조산된 아기가 얼마나 초기에 병원에 왔는지에 따라 기관이 성숙될 때까지 특수 병동에서 치료가 필요할 수도 있다.

조산된 세쌍둥이
다태아를 가진 산모는 진통이 조기에 시작될 수 있다. 이것은 자궁이 과도하게 늘어나서 생기는 것이다.

태아 곤란

태아가 임신 중이나 진통 시 잘 있지 않거나 정상적으로나 기대한 것처럼 반응하지 않을 때를 말한다.

태아 곤란(fetal distress)에는 산모가 느끼는 태동의 감소, 양수 안의 태변(meconium, fetal feces), 그리고 태아 심박동의 문제가 있는데 태아 심장이 정상보다 더 빨리 뛰거나(빈맥, tachycardia), 더 느리게 뛰거나(서맥, bradycardia), 정상(태아 심박동은 대개 변동을 거듭하는데 자궁수축과 함께 현저한 증가

를 보인다.)보다 훨씬 변이성(variability)이 안 보이는 경우를 포함한다. 가능한 원인은 태반조기박리(228쪽 참조)일 수 있지만 원인이 발견되지 않을 수도 있다. 만약 필요하다면 태아를 즉시 질식 분만하거나 제왕절개술을 시행해야 한다.

태아를 관찰하기 위한 전자 태아 감시장치

전자 태아 감시장치는 태아의 심박동과 산모의 자궁수축 빈도를 지속적으로 기록한다. 심박동수는 각 수축이 있을 때 짧게 상승하며, 출력 자료를 가지고 평가할 수 있다.

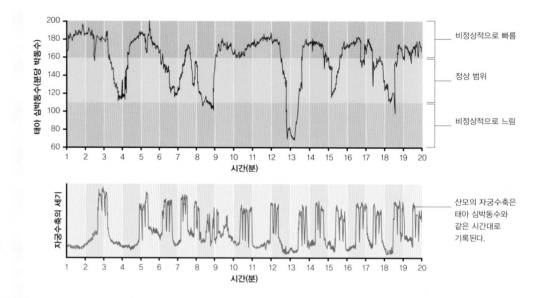

비정상적으로 빠름

정상 범위

비정상적으로 느림

산모의 자궁수축은 태아 심박동수와 같은 시간대로 기록된다.

탯줄탈출

태아의 선진부(자궁에 가장 가까운 부위)가 내려오기 전에 자궁을 통해 탯줄이 빠져나오는 응급 상황을 말한다. 태아의 혈류 공급을 손상시킬 수 있다.

탯줄탈출은 대개 진통 중 일어나지만, 종종 임신 중에 양수가 터져서 일어날 수 있다. 이 경우 탯줄이 눌려서 혈류 공급이 감소한다. 태아가 진입(189쪽 참조)되지 않았을 때, 태아 머리가 밑으로 있지 않은 경우(특히 자궁을 가로질러서 있는 경우), 다태임신의 경우, 양수(양수과다증, 228쪽 참조)가 과도하게 있는 경우에 탯줄탈출이 일어날 수 있다. 만약 탯줄탈출이 일어나면 올바른 자세로 산모를 움직이게 하는 것이 중요하다(아래쪽 참조). 만약 자궁경부가 완전히 다 열려 있다면, 집게나 진공 흡착기의 사용으로 긴급한 질식 분만이 가능할 수도 있다. 그렇지 않으면 응급 제왕절개술을 즉시 시행해야 한다.

압력 줄이기
산모는 사지를 땅에 대고 무릎을 꿇는다. 의사나 조산사는 탯줄로부터 태아를 떨어지게 하기 위해 질안에 손을 넣어 태아 선진부를 밀어올릴 수 있다.

태반
눌리고 있는 탯줄
자궁경부(자궁목) 안에 있는 탯줄
자궁

태아가 탯줄을 누름
만약 태아가 탯줄을 누른다면, 탯줄 안에 있는 혈관이 눌리는 것이고, 태반에서 태아로 공급되는 혈류와 산소가 감소할 수 있다.

잔류태반

때로는 태반이나 양막이 태아가 분만된 이후에 자궁의 벽으로부터 분리되지 않는다.

잔류태반은 자궁이완증(uterine atony, 자궁이 태반이 빠져나온 이후 수축이 안 되는 현상)이나 덜 흔한 상황인 유착태반(자궁벽을 깊이 파고들어 태반이 스스로 떨어질 수 없는 상태) 같은 많은 이유로 생길 수 있다. 만약 태반이나 양막이 일부 또는 온전히 남아 있는 경우, 자궁은 효과적으로 수축할 수 없어서 자궁혈관으로부터 출혈이 지속될 수 있다. 만약 태반이 자궁 안에 그대로 남아 있으면, 부분 마취(경막외 마취 또는 척수 마취가 필요하다. 196~197쪽 참조) 상태에서 손으로 분만할 필요가 있다.

어깨난산

이것은 의학적 응급 상황이다. 태아의 머리는 분만됐지만 태아의 어깨가 산모의 골반의 관절인 치골결합(symphysis pubis)의 뒤에 낀 경우에 일어난다.

어깨난산은 정상 자연분만 또는 보조 분만(집게나 진공흡착기 사용, 202쪽 참조) 중에 갑자기 발생한다. 태아가 숨을 쉴 수 없고, 탯줄이 눌릴 수 있기 때문에 문제를 일으킬 수 있다. 이것은 응급 상황이다. 의사나 조산사는 산모에게 힘을 주지 말라고 해야 하고, 태아가 나올 공간을 만들기 위해 자세를 변경하도록 한다. 의사나 조산사는 어깨가 빠져나오도록 하복부를 누르고, 또한 태아의 질 내 위치가 바뀌도록 해야 한다. 분만의 공간을 키우기 위해 회음절개를 해야 할 수도 있다. 어깨난산은 아기의 팔에 분포하는 신경 네트워크인 팔 신경얼기(brachial plexus)에 손상을 줄 수 있다.

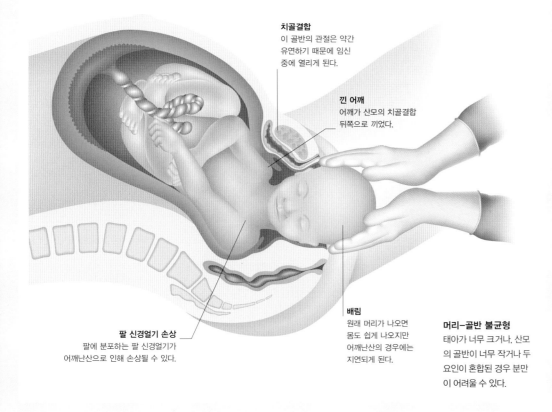

치골결합
이 골반의 관절은 약간 유연하기 때문에 임신 중에 열리게 된다.

낀 어깨
어깨가 산모의 치골결합 뒤쪽으로 끼었다.

팔 신경얼기 손상
팔에 분포하는 팔 신경얼기가 어깨난산으로 인해 손상될 수 있다.

배림
원래 머리가 나오면 몸도 쉽게 나오지만 어깨난산의 경우에는 지연되게 된다.

머리-골반 불균형
태아가 너무 크거나, 산모의 골반이 너무 작거나 두 요인이 혼합된 경우 분만이 어려울 수 있다.

B군 연쇄상 구균 전염

이 세균 감염은 임신 기간이나 분만 시 만약 산모에게서 신생아로 전염된다면 문제가 생길 수 있다.

B군 연쇄상 구균(group B streptococcus)은 많은 여성(3분의 1까지)에게서 장과 질에 정상적으로 존재한다. 이런 여성 중 일부의 경우 이 세균 감염이 감염은 자궁 내(in utero)에서나 분만 때 신생아에게 전염될 수 있을 것이다. 조기 진통(즉 37주 이전) 또는 B군 연쇄상 구균에 의한 요로 감염 등 특수한 요인으로 태아에게 세균이 전달되는 위험성이 증가한다. 감염된 아기의 증상에는 발열, 호흡 곤란, 수유 문제, 발작이 있을 수 있다. 아기의 감염 여부를 진단하기 위해 혈액 배양 검사를 할 수 있고, 항생제로 치료해야 한다.

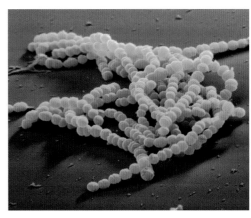

B군 연쇄상 구균 사슬
아무 문제를 일으키지 않고 건강한 성인의 장과 질 등의 부위에 존재할 수 있는 세균이지만 신생아에게 전염되면 매우 심각한 영향을 줄 수 있다.

회음열상

태아가 산도로 내려옴에 따라 조직이 심하게 늘어나게 될 때, 질입구와 항문 사이에서 발생한다.

열상은 질입구의 가장자리에 작게 생길 수도 있고 근육의 심부층 또는 항문에 생길 수도 있다. 작은 열상이 질 상부 쪽에 발생하기도 한다. 질식 분만이 처음인 경우, 전에 심한 열상이 있는 경우, 보조 분만을 하는 경우, 태아가 아래쪽보다는 앞쪽에 위치해 있는 경우 열상의 위험성이 높아진다. 때로는 회음절개(202쪽 참조)보다 더 열상이 생길 수 있다. 봉합은 열상된 층을 다시 열상된 부위로 가져와서 봉합해 주어야 한다.

회음열상에 관련된 조직
열상은 질의 가장자리에서 항문으로 생길 수 있다. 만약 심부 조직에 열상이 생기면, 치료 시 몇 주가 걸릴 수도 있다.

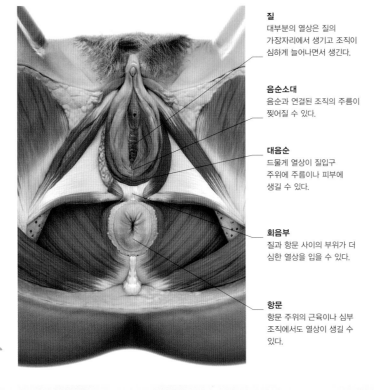

질
대부분의 열상은 질의 가장자리에서 생기고 조직이 심하게 늘어나면서 생긴다.

음순소대
음순과 연결된 조직의 주름이 찢어질 수 있다.

대음순
드물게 열상이 질입구 주위에 주름이나 피부에 생길 수 있다.

회음부
질과 항문 사이의 부위가 더 심한 열상을 입을 수 있다.

항문
항문 주위의 근육이나 심부 조직에서도 열상이 생길 수 있다.

회음열상의 분류	
정도	**연관 부위**
1기	가장 흔한 열상으로 질입구의 피부나 조직에 영향을 주지만 근육에는 영향이 없다. 봉합이 필요할 수도 있고, 스스로 치유될 수도 있다.
2기	질 주위 근육까지 영향을 받으면 열상은 심한 통증을 준다. 녹는 봉합사를 사용해 근육층을 치료한다. 회복은 몇 주 걸린다.
3기	3기 열상에서는 질 조직, 회음부의 피부와 근육 밑 부위, 항문 주위 근육(항문조임근)이 관련된다. 모든 층들은 봉합이 필요하다.
4기	항문조임근 밑에 있는 조직까지 3기 열상을 입으면 4기 열상이라고 본다. 모든 조직을 재위치시키는 데 많은 봉합이 필요할 수도 있다.

신생아 문제

신생아는 다양한 질병의 위험에 노출되어 있다. 이 질병들은 태반을 통과해 신생아를 위협할 수도 있고 출산 시 문제를 일으킬 수도 있다. 이러한 질병들은 조산의 결과일 수도 있고 임신 중이나 분만 시에 생긴 어떤 문제의 결과일 수도 있다. 그러나 분명한 원인이 없을 수도 있다. 소아과의사는 이러한 상황 등을 다루는 데 능숙해야 한다. 때때로 신생아 집중 치료실의 보살핌이 필요할 수도 있다.

조산의 합병증

너무 일찍 태어나거나, 극소 저체중아로 태어나는 조산아에게는 특수한 의학적 문제들이 생기기 쉽다. 발생 시간이 적기 때문인데, 이러한 미성숙으로 인한 문제는 특히 호흡곤란증후군(respiratory distress syndrome, 폐 문제 참조)에서 뚜렷하게 볼 수 있다. 조산아 대처법은 지속적으로 발전해 왔지만 여전히 조산아는 장기 치료를 필요로 하는 특수한 만성 문제들을 가지고 있다.

폐 문제

조산은 아기의 호흡이 비정상적으로 느려지거나 심지어 완전히 멈추는 호흡곤란증후군 같은 수많은 신생아 문제들과 연관되어 있다.

호흡곤란증후군은 대부분 임신 28주 전에 태어난 아기에게 생긴다. 폐의 작은 공기낭(폐포, alveoli)을 열어 주도록 유지시키는 표면활성제(surfactant)라는 물질이 부족해 생긴다. 결과적으로 폐의 표피 부분은 감소되어 아기의 호흡이 힘들어지고 호흡수도 정상보다 증가한다. 만약 조산아가 될 것 같으면, 임신 중에 아기의 폐 성숙을 위해 스테로이드(steroid)를 투여해야 할 수도 있다. 분만 후에는 표면활성제를 관을 통해 아기의 폐로 직접 투여할 수도 있다. 진단을 확진하기 위해 흉부 X선 사진을 찍을 수도 있다. 산소를 공급하고 호흡 사이에 기도 내 압력을 유지시키는 지속성 기도 양압호흡기(CPAP, continuous positive airways pressure)나 아기에게 호흡을 받아들이도록 해 주는 기계식 환기 장치가 필요할 수도 있다. 호흡이 느리거나 없는 경우는 조산아에게서 흔하다. 낮은 산소 농도나 저혈당 농도 때문일 수 있지만, 많은 경우에는 원인이 없을

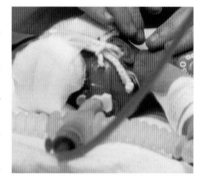

호흡 보조
조산아는 기도 개방을 유지하거나 폐가 성숙하는 동안 호흡을 받아들이도록 호흡 보조가 필요할 수 있다.

수도 있다. 호흡 자극 약물이 필요할 수도 있고, 일부는 CPAP가 필요할 수도 있다.

뇌출혈

뇌에서 발생하는 출혈은 일반적으로 출생 후 첫 72시간 내에 발생하며, 매우 어린 조산아에게서 흔하다. 뇌출혈로 생기는 문제들은 출혈의 정도와 위치에 따라 크게 달라진다.

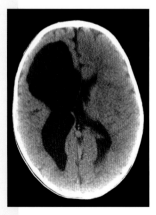

심한 호흡곤란증후군(위 참조)과 출생 전후 산소가 부족했던 아기의 경우에 더 흔하게 일어난다. 일부 뇌출혈은 뇌 신경 조직의 손상으로 인한 뇌성마비(235쪽 참조)나 뇌 안의 물이 늘어나는 수두증(ydroce-phalus)으로 이어질 수 있다. CT나 초음파 검사는 출혈의 위치 및 크기를 평가하는 데 사용된다. 수두증의 경우 뇌 안의 액체를 제거할 수도 있고, 영구적인 션트(shunt)를 삽입해서 뇌에서 복부로 과량의 액체를 우회시킬 수도 있다.

뇌 안의 출혈
취학 전 아동의 뇌 CT 영상. 출혈 때문에 뇌강(cavity)이 부분적으로 사라졌다.

미숙아 망막병증

빛에 민감한 세포와 영상을 형성하기 위해 뇌로 신호를 전달하는 신경세포가 포함되어 있는, 눈의 가장 안쪽에 있는 망막의 혈관 형성이 영향을 받아 생기 질환이다.

미숙아 망막병증(ROP, retinopathy of pre-maturity)은 임신 31주 전에 태어난 극소 저체중아의 약 20퍼센트에서 발생한다. 망막 혈관이 비정상적으로 발달해 망막의 일부 영역에서는 과도하게 성장하지만 다른 부분까지는 뻗어나가지 않는다. 이 비정상적인 혈관은 약하고 쉽게 터지며, 망막 손상과 시력 손실을 일으킬 수 있다. 심한 경우 기저 조직층에서 망막이 박리되고 시력 상실이 진행될 수 있다. ROP는 망막 영상을 찍어 진단하고 평가한다. 경미한 경우는 저절로 좋아질 수도 있지만, 더 심한 경우에는 시력 손실을 줄이기 위해 레이저 치료가 필요할 수도 있다.

망막 영상 찍기
망막 사진기를 사용해서 미숙아의 망막병증을 검사할 수 있다.

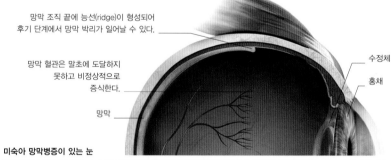

망막 조직 끝에 능선(ridge)이 형성되어 후기 단계에서 망막 박리가 일어날 수 있다.

망막 혈관은 말초에 도달하지 못하고 비정상적으로 증식한다.

망막

수정체

홍채

미숙아 망막병증이 있는 눈

건강한 눈

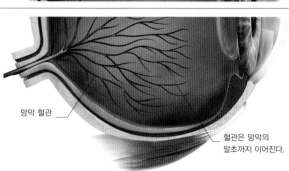

혈관의 미발달
미숙아의 망막병증의 경우 망막의 일부분은 혈관이 없어 필요한 산소와 영양분을 받지 못한다.

망막 혈관

혈관은 망막의 말초까지 이어진다.

의학적 상황

임신, 분만, 출산 시나 출생 직후에 아기들에게 일어나는 일들은 신생아의 건강에 영향을 준다. 어떤 질환은 아이가 뱃속에 있을 때나 산도로 내려오는 과정에 모체로부터 아이에게 전해지기도 한다. 엄마의 임신 중 과도한 음주가 대표적인 사례다. 분만 즈음의 손상은 뇌성마비를 일으킨다. 황달 역시 신생아 때 겪는 흔한 문제이다.

신생아 황달

황달은 신생아에게 흔하다. 증상은 피부가 노랗게, 눈이 하얗게 변하는 것이다. 대개 정상이고, 며칠 지나면 저절로 좋아진다.

황달(neonatal jaundice)은 몸에서 자연적으로 생성되는 빌리루빈(bilirubin)이라는 색소의 농도가 높아지기 때문에 생긴다. 원래 빌리루빈을 간이 처리하는데, 초기에는 적절하게 기능하지 못해서 빌리루빈 농도가 높아진다. 광선요법이 필요할 수도 있지만, 대개 며칠 이내에 저절로 좋아진다. 황달은 Rh 부적합(250쪽 참조), 감염 또는 간 이상 같은 기저 문제의 결과일 수도 있다. 그러한 경우에 황달은 심각할 수도 있고, 만약 치료하지 않으면 청각이나 뇌기능에 문제를 일으킬 수 있다.

광선요법
황달 치료를 위해 빌리루빈을 파괴하는 광파를 쬐는 광선요법이 사용되기도 한다.

선천성 감염

임신 중이나 분만 시 산모로부터 전염되는 감염성 질환이 있을 수 있다.

임신 초기에 태아 풍진 등에 감염되면 발달 장애가 일어나 심장 결손 등의 상태에 이를 수 있다. 또한 임신 초기의 일부 감염은 유산을 일으킬 수 있다. 임신 후기의 특수한 감염은 조기 진통을 일으키거나 신생아에게 병을 일으킬 수 있다. 분만 시에 연쇄상구균과 헤르페스에 감염될 수 있다. 풍진의 경우 예방접종을 통해 예방할 수 있고 음식물 위생 관리로 다른 감염은 예방 가능하다. HIV나 생식기 헤르페스인 경우 산모에 따라 제왕절개술을 해야 할 수도 있다.

태아알코올증후군

임신 중 심한 과음으로 발생하며 심장 문제나 학습 곤란, 특이한 이목구비가 특징이다.

개인마다 다르지만, 태아알코올증후군(FAS, fetal alcohol syndrome)의 특징은 전형적으로 성장 감소, 지능 저하, 심장 이상, 특이한 얼굴 모양이다. 발현된 특징들에 기초해 진단한다. 경우에 따라서는 심장 결손을 치료하기 위한 수술이 필요할 수도 있고, 학습 장애가 있을 경우 특수 교육이 필요할 수도 있다. 또한 행동 장애가 있을 수도 있다. 이 증후군은 평생 지속되며, 독립적 생활이 힘들 수도 있다.

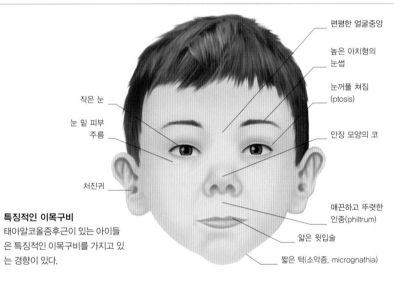

작은 눈
눈 밑 피부 주름
처진귀

편평한 얼굴중앙
높은 아치형의 눈썹
눈꺼풀 처짐 (ptosis)
안장 모양의 코
매끈하고 뚜렷한 인중(philtrum)
얇은 윗입술
짧은 턱(소악증, micrognathia)

특징적인 이목구비
태아알코올증후근이 있는 아이들은 특징적인 이목구비를 가지고 있는 경향이 있다.

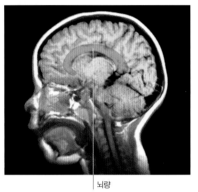

뇌량

아이의 뇌 MRI
뇌의 두 반구(hemisphere)를 연결하는 뇌량(corpus callosum, 보라색 부분)은 흔히 태아알코올증후군의 영향을 받는다.

뇌성마비

출생 전, 출생 시, 출생 후 초기 몇 년 사이에 뇌가 손상될 경우 행동 장애가 생길 수 있다.

뇌성마비는 분명한 이유 없이 생길 수 있고, 선천성 감염(위 참조) 또는 출생 중 산소 결핍으로 생길 수도 있다. 너무 일찍 태어난 조산아는 특히 뇌출혈이 일어날 위험성이 높기 때문에 뇌성마비에 걸릴 가능성도 높다. 뇌막염이나 이른 시기의 뇌 손상이 원인인 경우도 있다. 증상은 몇 개월 후에 분명해지고, 사지 약화, 운동 조절 능력 감소, 삼킴 문제, 발달 지연과 시력과 청력의 문제가 생길 수 있다. 뇌성마비에 걸린 아이들의 약 4분의 1은 학습 곤란이 생긴다. 뇌성마비는 평생 지속되지만 더 악화되지는 않는다. 치료와 지원은 개개인에 필요에 따라 맞춤으로 해야 한다.

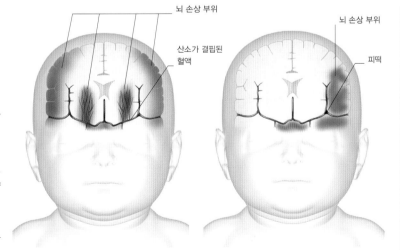

뇌 손상 부위
산소가 결핍된 혈액
뇌 손상 부위
피떡

출생 시 산소 결핍
만약 출생 시 뇌에 공급되는 산소가 결핍된다면, 넓은 범위에 걸쳐 뇌 손상이 일어날 수 있다.

신생아 뇌졸중
피떡(clot)이 뇌의 한 부분을 막으면, 손상은 국소화되고, 이 부분에 의해 조절되는 행동에 영향을 준다.

선천성 갑상선기능저하증

갑상선 기능 저하를 가진 아기는 갑상선 호르몬을 불충분하게 생산한다.

갑상선 호르몬은 아기의 신진 대사를 조절한다. 갑상선 호르몬의 부족이 야기하는 증상들은 아이가 나이가 들어 감에 따라 나타나는 경향이 있다. 체중의 증가 및 유지 실패, 식이 문제, 황달의 지속, 건조하고 얼룩덜룩한 피부, 큰 혀, 말 울음 같은 호흡 소리 등의 증상이 나타나고 학습 장애가 있을 수도 있다. 모든 신생아에 대해 갑상선 기능 저하 검사를 해야 하며 문제를 예방하기 위해 최대한 빨리 치료를 시작해야 한다. 갑상선 호르몬을 보충하는 치료는 평생 동안 해야 한다. 대부분의 경우 조기에 치료되면 정상적으로 성장하고 학습 장애도 생기지 않는다.

염색체와 유전 질환

신체가 발달하고, 성장하고, 기능하는 방식은 체세포 내 23쌍의 염색체에 배열되어 있는 2만~2만 5000쌍의 유전자에 의해 결정된다. 유전 질환과 염색체 질환은 때로는 눈에 띄는 문제를 야기하지 않을 수도 있으나, 하나 이상의 신체계통에 광범위한 질병이 유발하기도 한다. 이러한 병들은 다운증후군과 터너증후군처럼 염색체 중 하나의 숫자가 맞지 않아 생길 수도 있고 낭성섬유종처럼 유전자 하나가 결손되어 발생할 수도 있다.

신경섬유종증

비암성 종양이 신체 도처에 있는 신경섬유에서 발생하는 유전적 질환이다.

대개 아동기에 증상이 발생하는데 피부에 평편한 갈색 반점과 주근깨가 있고, 피부 밑에 작거나 큰 무른 부종이 보기 흉하게 생길 수도 있다. 부종이 근처 조직을 누를 수도 있다. 학습 장애가 생기고 일부에서는 간질이 생길 수도 있다. 드물게 신경섬유종(neurofibroma)은 암으로 변할 수 있고 아주 드물게 성인 때 암으로 발전하기도 한다. 암으로 발전할 경우 피부 밑이 아니라, 종종 속귀(inner ear)에 발생해서 청각 문제를 일으킨다. 양쪽 모든 경우 암을 진단하려면, CT나 MRI 검사를 해야 한다. 치료가 필요하지 않을 수도 있지만, 종양이 커져 문제를 일으키면 제거해야 한다. 학습 장애를 가진 아이들에게 교육적인 지원이 필요할 수도 있다.

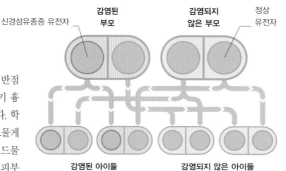

보통염색체 우성 유전
신경섬유종증은 보통염색체 우성 유전된다. 신경섬유종증 유전자와 정상 유전자가 함께 있으면 신경섬유종증 유전자는 정상 유전자를 무효화시킨다.

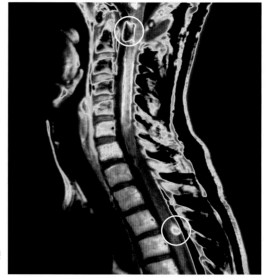

척수 신경섬유종증
색조영 MRI 영상은 흉부와 등 아래쪽 척수(보라색)에 2개의 큰 신경섬유종(녹색)이 있는 것을 보여 준다.

페닐케톤뇨

이 유전적 질병은 단백질에 있는 페닐알라닌을 분해하는 효소가 부족해 생기며, 뇌 손상을 일으킬 수 있다.

페닐케톤뇨(PKU, phenylketonuria)는 단백질이 포함된 음식 안에 있는 물질인 페닐알라닌(phenylalanine)을 분해하는 효소가 몸에서 생성되지 않아서 생기는 드문 보통염색체 열성 질환이다. 대개 6~12개월에 증상이 나타나 발달 장애, 구토, 발작을 일으킨다. 만약 PKU를 치료받지 못하면, 뇌 손상으로 인한 학습 장애가 생길 수 있다. 페닐알라닌은 없지만 충분한 단백질이 있는 특수한 우유로 치료하다 나중에는 페닐알라닌이 적게 함유된 식사를 하도록 한다. 조기 치료를 하면 정상적인 성장이 가능하다. 모든 아이는 출생 후 바로 PKU 검진을 받아야 한다.

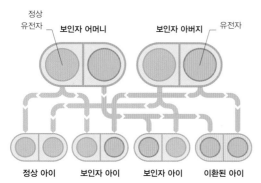

PKU의 보통염색체 열성 유전
아기에게서 페닐케톤뇨(PKU)가 발현하려면 양쪽 부모에게서 PKU 유전자를 받아야만 한다. 만약 PKU 유전자 한쪽과 정상 유전자 한쪽을 받는다면, 아기에게서 PKU가 발현하지 않을 것이다. 그리고 아기는 보인자가 될 것이다.

낭성섬유종

몸 전체의 점액 생산 샘에 영향을 주어서 비정상적으로 진한 점액을 만들게 하는 유전 질환이다.

낭성섬유종(CF, cystic fibrosis)은 외국에서 더 흔한 유전적 질환이며, 2,500명 중 1명의 아기가 이 병을 가지고 태어나며, 25명 중 1명은 CF 유전자의 보인자이다. 보통염색체 열성 방식으로 유전되기 때문에 이 질환이 발생하려면 CF 유전자 복제 2개를 물려받아야만 한다. 이러한 질병은 점액을 분비하는 샘에 영향을 주지만, 특히 폐나 췌장에도 영향을 준다. 후자의 경우 진한 점액이 폐쇄를 일으켜서 소화 효소를 불충분하게 생산한다. CF를 가진 신생아는 복부가 팽창하거나, 며칠 동안 변을 배설하지 못할 수도 있다. CF를 가진 아기는 영아기에 성장이 늦어지고, 체중 유지에 실패하고, 반복적인 흉부 감염으로 고생하며, 창백하고, 기름투성이의 변을 배설하는 등의 증상으로 고생할 수 있다. 영구적인 폐 손상, 간 손상, 당뇨도 발생할 수 있다. 땀 속의 고농도의 소금은 진단하는 데 사용될 수도 있다. 정기적인 물리 치료로 기도에서 점액을 제거할 필요가 있고, 흉부 감염에 항생제를 쓴다. 고열량 식사, 비타민, 소화를 도와주는 효소 같은 치료법도 있다. 일부의 경우에 심장-폐 이식이 가능할 수도 있다. 모든 아기는 출생 후 바로 CF 검사를 받아야 한다.

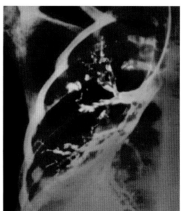

점액으로 차 있는 폐
이 흉부 X선 사진은 낭성섬유종으로 기도의 일부분이 점액(녹색)으로 차 있는 것을 보여 준다. 이 사람은 호흡 곤란이나 지속적인 기침으로 고생하고 있을 것이다.

낭성섬유종의 영향
낭성섬유종은 몸의 다양한 부위에 영향을 주지만, 관련 있는 주요한 부위는 폐와 소화 효소를 생산해 내는 췌장이다.

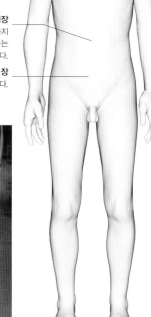

부비동
두개골 내 빈 공간이 감염되면 부비동염(sinusitis)이 된다.

폐
폐 안에 점액이 형성되면 기침, 호흡곤란, 감염을 일으킨다.

췌장
췌장이 충분한 효소를 만들지 못하기 때문에 소화는 불충분해진다.

장
영양분 흡수 문제가 발생한다.

다운증후군

이 증후군은 신체적, 정신적인 문제들을 야기하는데, 염색체 (21번 염색체) 중 하나가 여분의 복사본을 가짐으로써 생긴다.

다운증후군(Down syndrome)은 가장 흔한 염색체 이상이다. 산모의 임신 나이가 주요한 위험 요인이다. 특징과 심각성은 개개인마다 다르지만, 작은 신장, 특징적인 얼굴 모양, 학습 장애 등이 전형적인 특징이다. 다운증후군을 가진 아이들은 선천성 심장 결손, 호흡 곤란, 백혈병, 시력과 청력 문제, 갑상선 호르몬 분비장애 등의 위험에 노출되어 있다. 또한 40대에 치매가 발생할 확률이 높아진다. 임신 시 이 질환을 가진 아이를 가질 위험성이 있는지 검사를 하는데, 확진을 위해 양수 검사 또는 융모막 검사가 필요할 수 있다. 만약 출생 전에 진단되지 않았다 하더라도 출생 후 염색체 검사를 통해 확인할 수 있다. 다운증후군 아이는 장기간 특별한 돌봄과 치료가 필요하고 부모에게도 지원이 필요할 수 있다.

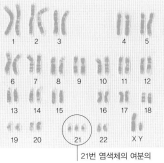

21번 세염색체증
이 그림은 21번 염색체가 3개의 복사본을 갖고 있음을 보여 준다. 이것을 21번 세염색체증(trisomy 21)이라고 하며 다운증후군의 근본 원인이다.

21번 염색체의 여분의 복사본

다운증후군 아기
둥근 얼굴, 아몬드 모양의 눈, 평편한 콧마루, 작은 턱, 튀어나온 혀는 다운증후군을 가진 아이들의 전형적인 특징이다.

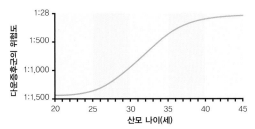

다운증후군 아기를 가질 위험도
산모 나이는 다운증후군을 가진 아기를 가질 가장 중요한 위험 인자이다. 위험도는 30세에 1:900에서 45세에 1:28로 산모의 나이에 따라 증가한다.

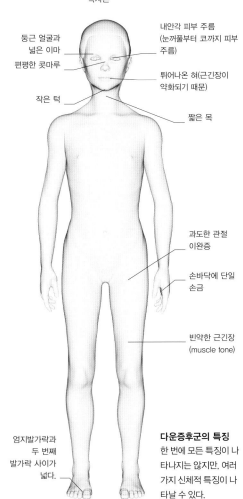

둥근 얼굴과 넓은 이마
편평한 콧마루

작은 턱

내안각 피부 주름 (눈꺼풀부터 코까지 피부 주름)

튀어나온 혀(근긴장이 약화되기 때문)

짧은 목

과도한 관절 이완증

손바닥에 단일 손금

빈약한 근긴장 (muscle tone)

엄지발가락과 두 번째 발가락 사이가 넓다.

다운증후군의 특징
한 번에 모든 특징이 나타나지는 않지만, 여러 가지 신체적 특징이 나타날 수 있다.

터너증후군

여아에게서 나타나는 드문 염색체 질환으로, 보통 2개 있어야 하는 X 염색체가 1개만 있을 때 생긴다.

출생 시 터너증후군(Turner syndrome)의 특징은 부은 발, 넓은 가슴, 처진 귀, 짧고 넓은 목, 식이 장애이다. 그러나 저신장 (short stature)이 분명해지거나, 사춘기의 시작이 지연되는 아동기 이후까지 증상이 없을 수 있다. 비정상적으로 좁아지는 대동맥, 신장 이상, 청력 장애, 불임 같은 다른 문제도 있다. 확진하기 위해서는 염색체 분석이 필요하다. 에스트로겐과 성장 호르몬을 보충함으로써 성장을 자극할 수 있고, 정상적인 사춘기가 생기게 할 수 있는데 에스트로겐 치료는 평생 동안 지속해야 한다. 다른 질병, 예를 들어 대동맥 협착은 수술로 적절하게 치료될 수 있다.

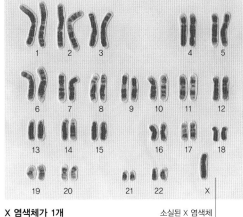

X 염색체가 1개
이 터너 증후군 여성의 염색체의 집합에서 X 염색체 1개가 빠져 있다.

소실된 X 염색체

신생아 검사

신체 검사

신생아는 출생 후와 6주 때 여러 가지 검사를 한다. 아기의 외관을 다양한 측면에서 살펴보고 청력 검사도 실시해야 한다. 주요 검사는 다음과 같다.

질환	검사 항목
신체적 이상	척추 이분증(spina bifida)과 구개열 (cleft palate) 같은 병의 증상이 있는지 신체적 외모를 주의 깊게 검사해야 한다. 반사(reflex)도 검사해야 한다.
선천적 고관절 이형성증	대퇴골의 상단이 골반의 소켓(socket)에 단단히 고정되어 있는지 확인하기 위해 고관절을 움직여 봐야 한다.
고환의 비정상적인 위치	남아의 고환이 음낭 안에 있는지 검사해야 한다.
선천성 백내장	수정체의 혼탁을 확인하기 위해 빛을 눈에 비추어 본다.
선천성 심장 질환	청진기로 심잡음을 들어 심장의 다양한 구조적 이상을 검사해야 한다.

혈액 검사

특수한 유전병을 검사하기 위한 발뒤꿈치 찌름 혈액 검사는 출생 후 1주일 안의 신생아들에게 시행된다. 상태에 따라 다르지만, 모든 아기에게 페닐케톤뇨와 선천성 갑상선기능저하증 검사를 시행한다.

병	해야 할 것
페닐케톤뇨(PKU)	페닐알라닌의 농도를 측정한다. 페닐알라닌의 유해한 분해 물질은 뇌 손상을 일으킨다.
선천성 갑상선기능저하증	갑상선 호르몬의 농도를 검사해야 한다. 갑상선 호르몬의 부족은 식이 장애, 저성장과 발달 장애를 일으킬 수 있다.
낭성섬유종(CF)	트립시노겐(trypsinogen, 췌장에서 생산되는 효소)의 농도를 측정한다. CF는 반복적인 흉부 감염, 느린 성장, 소화 문제를 일으킨다.
낫적혈구병(sickle cell disease)	비정상적인 혈색소의 농도를 검사한다. 낫적혈구병은 적혈구에 영향을 주고 빈혈과 성장 지연과 관련이 있을 수 있다.

해부학적 문제

문제들은 태아 발생의 어느 단계에서든지 일어날 수 있고, 신체의 한 부분 또는 여러 부분의 구조에 영향을 줄 수 있다. 일부 해부학적인 문제인 구순열 같은 경우 명확히 보이기 때문에 출생 즉시 명백하다. 내부적인 문제, 예를 들어 심장 결손 같은 경우는 증상이 발달해 저절로 드러나거나 신생아 검사 중 발견하기까지 시간이 걸릴 수 있다. 대개 대부분의 해부학적인 문제는 치료가 가능하다.

심장 결손

많은 구조적 심장 이상은 태어날 때 생길 수 있다. 일부는 저절로 좋아지고, 일부는 수술적인 교정이 필요할 수도 있다.

심장 결손(heart defects)은 열려 있는 타원구멍(open foramen ovale)과 동맥관 개존증(patent (open) ductus arteriosus)같이 출생 시 정상적으로 사라지는 태아 심장의 특수한 특징이 지속되어 생긴다. 그렇지 않으면 태아 심장이 임신 동안 정상적으로 발달하는 데 실패해서 생길 수 있는데, 예를 들어 대동맥축착(coarctation of aorta, 심장에 가까운 신체의 주요 동맥이 좁아짐)와 밸브 결손 때문이다. 때로는 문제가 몇 가지 발생한다. 호흡곤란을 일으킬 수 있으며 영양 섭취에 영향을 받아서 성장 장애를 일으킨다. 정기 검사 동안 심잡음(murmur)으로 진단되거나, 증상을 검사하다가 발견될 수도 있다. 결손이 의심된다면 심장초음파(echocardiography)를 사용해서 심장을 검사할 수 있다. 대개 치료 없이 좋아지지만, 약 3분의 1은 교정 수술이 필요할 수 있다.

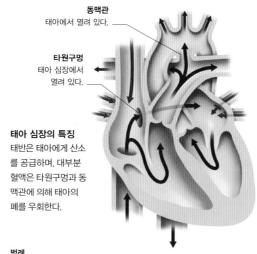

동맥관
태아에서 열려 있다.

타원구멍
태아 심장에서 열려 있다.

태아 심장의 특징
태반은 태아에게 산소를 공급하며, 대부분 혈액은 타원구멍과 동맥관에 의해 태아의 폐를 우회한다.

범례
← 산소가 풍부한 혈액
← 산소가 부족한 혈액
← 혼합된 혈액

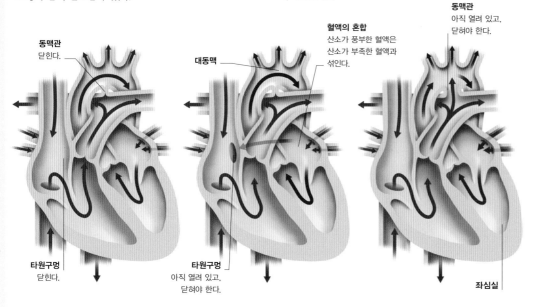

동맥관
닫힌다.

대동맥

혈액의 혼합
산소가 풍부한 혈액은 산소가 부족한 혈액과 섞인다.

동맥관
아직 열려 있고, 닫혀야 한다.

타원구멍
닫힌다.

타원구멍
아직 열려 있고, 닫혀야 한다.

좌심실

건강한 신생아 심장
첫 호흡에 신생아 폐는 부풀고, 태반과 독립적으로 일하도록 심장의 변화가 시작된다. 타원구멍과 동맥관은 둘 다 닫힌다.

열려 있는 타원구멍을 가진 심장
만약 타원구멍이 닫히는 데 실패하면, 산소가 풍부한 혈액은 심장의 우측으로 가서 폐로 재순환될 수 있다. 이것은 불충분한 순환을 일으킨다.

열려 있는 동맥관을 가진 심장
만약 작은 관이 신생아에게 존재한다면, 산소가 부족한 혈액은 대동맥으로 흘러가고, 좌심실로부터의 산소가 풍부한 혈액과 만나게 된다.

신경관 결손

임신 초기 신경 결손의 비정상적인 발달로 척수 손상(척추갈림증, 이분척추, spina bifida)과 뇌 손상이 일어날 수 있다.

만약 신경관(99쪽 참조)이 적절히 합쳐지는 데 실패하면, 뇌와 척수의 결손이 출생 때 일어나는데 허리 아래에 오목(dimple)이나 등 아랫부분의 털뭉치(tuft of hair)처럼 사소한 기형에서 척수의 부분적 노출, 드물게 뇌의 감염까지 생길 수 있다. 심한 경우에는 다리 운동과 감각뿐만 아니라, 장과 방광 조절에도 영향을 준다. 태아 기형 검사(139쪽 참조)와 혈액 검사로 임신 중에 진단될 수 있다. 임신 전과 임신 동안에 엽산 보충은 신경과 결손의 위험성을 감소시킨다.

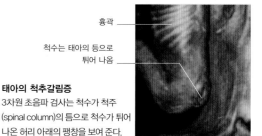

흉곽

척수는 태아의 등으로 튀어 나옴

태아의 척추갈림증
3차원 초음파 검사는 척수가 척주(spinal column)의 틈으로 척수가 튀어 나온 허리 아래의 팽창을 보여 준다.

탈장

탈장이 가장 흔한 기관은 장이며, 근육의 약해진 부위를 통해 튀어나오는데 때로는 눈에 보이는 돌출을 일으킨다.

탈장(hernia)은 다양한 부위에서 생기지만, 아기에게 잘 생기는 서혜탈장(inguinal hernia)은 남아에게서 특히 흔하다. 전형적으로 아기가 울 때, 서혜부(groin)와 음낭에 간헐적인 부종이 생길 수 있다. 탈장이 갇혀 버리면(strangulated), 지속적인 종괴가 나타날 수도 있고, 구토와 몸이 심각한 이상이 나타날 수 있다. 꼬인탈장은 응급 치료가 필요한 심각한 상황이다. 이러한 것을 피하기 위해 서혜탈장인 경우 조기에 수술을 권한다.

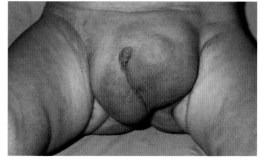

양쪽의 서혜탈장
6개월 남아의 양쪽의 서혜탈장(서혜부의 양쪽에서의 탈장)은 너무 커서 음낭 아래로 확장되어 있고, 성기를 가릴 정도다.

유문협착증

위의 출구가 좁아져 위에서 소장으로 가는 음식물을 방해한다.

유문협착증(pyloric stenosis)은 여아보다 남아에게 5배 더 흔하지만, 원인은 알려져 있지 않다. 증상은 출생 후 3~8주에 생기기 쉽다. 주요한 증상은 매우 강한 지속적인 구토(분출구)이며, 직후에 배고픔이 생긴다. 이환된 아기는 탈수가 되기 쉽기 때문에 정맥 수액을 위해 병원에 입원할 필요가 있다. 의사는 아기의 배를 검사하는데 때로는 식이 동안에 검사하고 초음파 검사 또는 특수 X선이 확진을 위해 필요할 수도 있다. 위 출구를 넓혀 주는 수술적 과정으로 치료되며, 대개 완치된다.

선천적 고관절 이형성증

출생 시 존재하는 이러한 문제는 골반의 소켓 안에 대퇴골 상단부의 '볼(ball)'이 적절하게 맞지 않을 때 생긴다. 만약 치료하지 않으면 걷기 시작할 때 문제를 일으킬 수 있다.

대퇴골의 볼이 소켓에서 미끄러져 있지만, 원래의 위치로 되돌릴 수 있는 불완전탈구(subluxation)에서 대퇴골의 덩이가 골반 소켓 외부에 완전히 밀착된 완전 탈구까지 선천적 고관절 이형성증은 다양하다. 인대가 느슨해서 볼이 과도하게 움직이다 생길 수도 있고, 고관절 소켓 자체가 정상적으로 발달하지 못해 생길 수도 있다. 조기 진단을 통해 다른 문제가 발생하는 것을 예방할 수 있고, 수술적 치료로 줄인다. 결과적으로 신생아 검사(237쪽 참조)를 통해 동안 발견되어야 하며, 몇몇의 경우에는 초음파 검사가 더 필요할 수도 있다. 치료하지 않으면, 선천적 고관절 이형성증은 다리 움직임을 제한할 수 있고, 한쪽 다리가 짧아지거나 절름발이(limp)가 될 수도 있다. 이러한 병이 의심된다면 정형외과 전문가에게 검사를 받아야 한다. 골반의 소켓에 대퇴골의 덩이를 제대로 위치시키고 그것을 유지하기 위해 몇 개월간 부목 고정 장치(splinting device)를 아기에게 채워야 할 수도 있다. X선

또는 초음파 검사로 진행 상황을 관찰한다. 이런 조치로도 완치되지 않으면, 고관절 이형성증을 치료하기 위한 수술을 해야 한다.

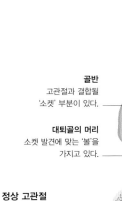

고관절 문제 검사
신생아 검사 시 의사는 아기의 무릎을 구부리거나 다리를 움직여 고관절이 안정적인지 제대로 움직이는지 확인한다.

골반
고관절과 결합될 '소켓' 부분이 있다.

대퇴골의 머리
소켓 발견에 맞는 '볼'을 가지고 있다.

얕은 소켓
대퇴골이 적절하게 맞지 않고 있다.

정상 고관절
대퇴골 머리의 볼이 골반의 소켓에 알맞게 결합해 있다. 이 결합은 몸의 다른 어떤 관절보다 더 넓게 움직일 수 있는 관절을 이룬다.

문제의 가능성이 있는 고관절
만약 소켓이 임신 중에 적절히 발달하지 못하면, 볼을 안전하게 잡지 못하게 된다. 주위 조직이 소켓 안의 볼을 잡아 줄 수 없으면 문제가 발생할 수 있다.

구순열과 구개열

위쪽 입술과 입의 천장이 발생 과정에서 적절히 닫히지 않는 것이다. 때로는 가족력이 있다.

구순열(cleft lip)과 구개열(palate)은 가장 흔한 선천적 결손 중의 하나이다. 한 가지 또는 둘 다 생길 수 있으며, 입술 한쪽 또는 양쪽에 생길 수도 있다. 위험 인자는 임신 중 특이한 약물(특히 일부 항발작제) 복용 또는 과음이다. 가운데귀(중이, middle ear)에서 액체가 형성될 수도 있다. 통상적인 치료는 수술이다. 대개 구순열 수술을 먼저 하고, 이후 구개열 치료를 하게 된다. 구개(입천장, palate)의 틈을 덮는 데 판(plate)을 사용하기도 하고, 수술까지는 수유 도움이 필요하다. 교정 수술은 대개 결과가 좋으며 정상적으로 언어 능력이 발달하는 데 도움이 된다.

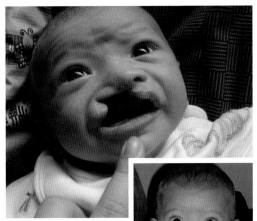

교정 수술 전
약 3개월 된 이 아기의 경우 구개열이 콧구멍과 코의 중격(septum)까지 영향을 주고 있다.

수술 2주 후

손(발)가락 이상

다지증은 손(발)가락 개수가 정상보다 많은 것이다. 합지증은 2개 이상의 손(발)가락이 뭉쳐서 물갈퀴 모양이 되는 것이다.

다지증(polydactyly)은 저절로 생기거나, 종종 유전병의 특징으로 나타날 수도 있다. 손가락이나 발가락 또는 양쪽 모두에서 발생할 수 있다. 부가적인 손(발)가락은 빈약하게 생기지만, 때로는 완전히 형성되어서 기능을 할 수 있다. 빈약하게 발달한 손(발)가락은 대개 수술로 제거된다.

합지증(syndactyly)은 손(발)가락을 따라 손(발)가락의 기저에서 정상적으로 물갈퀴(webbing)를 형성하는 것으로 손과 발에 영향을 줄 수 있다. 발에 이상이 생기면 두 번째와 세 번째 발가락 사이에서 발생하는 경향이 있다. 치료가 필요 없을 수도 있지만, 때로는 물갈퀴 모양이 움직임에 제한을 주면, 손가락을 풀어 주는 수술을 추천한다.

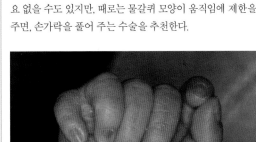

여분의 손가락
이 아기의 손에서 확실히 6번째 손가락을 볼 수 있다. 다지증으로 알려져 있는 이 병은 가족력으로 유전될 수 있지만 그렇지 않을 수도 있다.

1 마름질
입술과 코로 뻗어 있는 틈(cleft)의 가장자리를 조심스럽게 다듬는다.

2 콧구멍 손질
코의 바닥 쪽을 봉합해 다른 쪽 콧구멍과 비슷하게 완전한 콧구멍으로 만든다.

3 입술 닫기
입술 부분의 틈을 여러 번 조심스럽게 봉합해 붙인다. 윗입술이 꼴을 갖추게 된다.

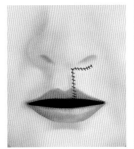

4 완성
마무리 봉합으로 완전히 틈이 닫히면 과정은 끝난다. 치유에는 몇 주 걸린다.

분만 후 산모에게 영향을 주는 문제

대부분의 여성에게 출산은 큰 문제 없이 진행된다. 그러나 이러한 여성에게조차, 출생 후에 문제가 발생할 수도 있다. 분만 시 생길 수 있는 일 또는 기존의 병 같은 다른 요인은 문제를 일으킬 가능성을 증가시킬 수 있다. 대부분의 분만 후

문제는 해결될 수 있고, 심각하지는 않다. 그러나 심부정맥혈전증 같은 일부 문제는 생명을 위협할 수 있기 때문에 긴급한 치료가 필요하다. 요실금 같은 문제는 심각하지 않지만 치료하기가 어려울 수 있다.

분만후출혈

하루 또는 분만의 6주 안에 500밀리리터 이상 출혈이 있을 때로 정의한다. 그러한 출혈은 생명을 위협할 수 있고, 긴급한 치료를 필요로 할 수 있다.

분만후출혈(PPH, postpartum hemorrhage)은 일차성(분만 24시간 안) 혹은 이차성(24시간과 분만 후 6주 사이)일 수 있다. 가장 흔한 일차성 PPH의 원인은 자궁이완증(자궁이 더 이상 수축 하지 않는 것)과 잔류태반조직이다. 출혈이 매 우 심하면 생명을 위협하는 쇼크(shock)가 일

어날 수 있다. 만약 일차성 PPH가 생긴다면, 주의 깊은 진찰이 필요하다. 출혈과 혈압은 주 의 깊게 관찰해야 한다. 수혈을 할 수도 있고 자궁의 수축을 도와주는 약물을 처방할 수 있다. 수술이 필요할 수도 있다. 이차성 PPH 의 흔한 두 원인은 자궁 내층의 감염과 잔류 조직이다. 원인 검사와 치료가 필요하다.

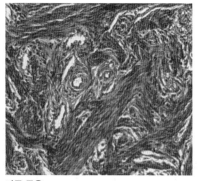

자궁 근육
이 현미경 사진은 자궁벽의 근육을 보여 준 다. 이 자궁근육의 이완증(수축이 적당히 일 어날 수 없게 된다.)은 분만 후 출혈의 원인 이다.

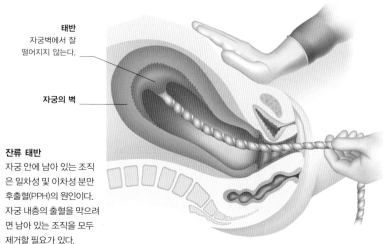

태반
자궁벽에서 잘 떨어지지 않는다.

자궁의 벽

잔류 태반
자궁 안에 남아 있는 조직 은 일차성 및 이차성 분만 후출혈(PPH)의 원인이다. 자궁 내층의 출혈을 막으려 면 남아 있는 조직을 모두 제거할 필요가 있다.

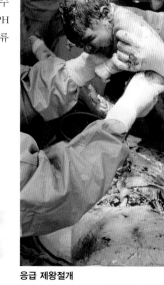

응급 제왕절개
분만 시 시행되는 수술 등의 조치는 일차성과 이차 성 분만후출혈의 위험을 증가시킨다.

자궁과 질의 탈출(증)

만약 자궁과 질을 지지하는 근육과 인대가 약해지면, 변위되면서 자궁과 질의 탈출이 발생할 수 있다.

자궁과 질을 지지하는 조직은 다른 위험 요인과 동반된 출산 에 의해 약해질 수 있다(오른쪽 표 참조). 자궁 탈출증의 정도는 약간 전위(displacement)된 것부터 자궁이 질로 튀어나오는 것 까지 다양하다. 자궁과 질 탈출증의 증상은 빈뇨 증상처럼 배변 과 배뇨에 문제가 생기는 것이다. 질에 뭔가가 느껴지거나, 심한

경우에는 덩어리가 질 아래에서 느껴질 수 있다. 웃을 때처럼 복 압이 증가할 때 소변이 새는 복압성 요실금(stress incontinence) 은 종종 방광류(cystocele, 방광에 영향을 주는 탈출증)와 관련이 있으며, 출산 후에 흔한 증상이다. 가벼운 경우에 케겔 운동 (kegel exercise)이 도움이 될 수 있다. 폐경 후 지지 조직을 강 화시키는 데 에스트로겐 보충이 도움이 될 수 있다. 질 고리 페서리(ring pessary)를 삽입해 자궁 위치를 유지할 수 있다. 노 인의 경우에는 교정 수술이 고려될 수도 있다.

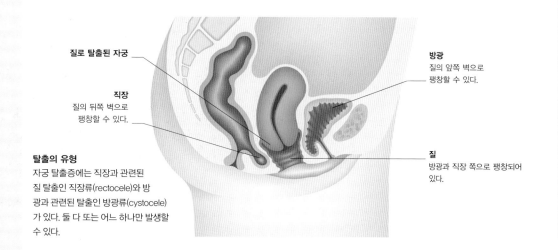

질로 탈출된 자궁

직장
질의 뒤쪽 벽으로 팽창할 수 있다.

탈출의 유형
자궁 탈출증에는 직장과 관련된 질 탈출인 직장류(rectocele)와 방 광과 관련된 탈출인 방광류(cystocele) 가 있다. 둘 다 또는 어느 하나만 발생할 수 있다.

방광
질의 앞쪽 벽으로 팽창할 수 있다.

질
방광과 직장 쪽으로 팽창되어 있다.

자궁과 질 탈출증의 위험 인자

위험 인자
연령 증가(위험도는 10년마다 두 배 증가)
질식 분만하는 경우
몇 번의 질식 분만(횟수는 위험을 증가시킴)
과체중과 비만
탈출증의 가족력
거대아를 임신한 경우
오랫동안 힘주기(pushing, 지연된 진통의 2기)
회음절개를 한 경우
집게 등을 이용한 보조 분만을 한 경우
진통 시 옥시토신을 처방받은 경우
폐경 후에 에스트로겐의 농도가 감소된 경우
만성 기침 또는 만성 변비로 고생한 경우

요실금

기침 할 때나 웃을 때 복부에 압력이 상승되어 소변이 유출되는 증상으로 출산 후에 흔하다.

임신 중 소변 유출 문제가 심해지면 출생 후에 복압성 요실금(urinary incontinence)이 생긴다. 골반 기저부의 근육은 임신과 출산 중에 압력을 받는다(임신 중 호르몬 변화는 근육을 느슨하게 만듦). 방광에 영향을 주는 탈출인 방광류(240쪽 참조)는 소변 유출의 한 가지 원인이다. 복압성 요실금은 일시적일 수도 있고, 몇 주 또는 장기간 지속될 수도 있다. 케겔 운동이 도움이 될 수 있다. 일부 여성의 경우에는 수술로 방광 구조를 단단하게 하고, 가능하면 탈출을 교정할 수 있다.

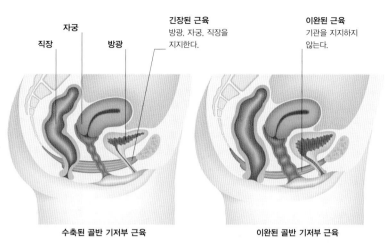

직장 | 자궁 | 방광 | **긴장된 근육** 방광, 자궁, 직장을 지지한다. | **이완된 근육** 기관을 지지하지 않는다.

수축된 골반 기저부 근육 | **이완된 골반 기저부 근육**

골반 기저부 근육과 요실금
자궁과 방광을 지지하는 골반 기저부 근육이 이완되면 요실금이 쉽게 생길 수 있다. 임신 중에, 그리고 출산 후에 정기적으로 하는 케겔 운동은 이를 예방하거나 줄이는 데 도움을 준다.

배변실금

변과 방귀의 유출을 조절하는 것은 보통 때보다 출산 후에 더 어려워질 수 있다.

골반 기저부 근육이 약해지면 직장 탈출 또는 배변실금(fecal incontinence)이 일어날 수 있다. 항문 주위 근육의 고리(ring)가 손상되는 경우, 즉 열상의 결과로도 배변실금이 생길 수 있다(233쪽 참조). 만약 태아가 크거나, 진통-(2기) 시 힘주기가 긴 경우, 출산 시 아기 머리가 위쪽을 향하고 있던 경우에 더 잘 생긴다. 배변실금은 몇 달 동안 지속될 수 있고, 매우 빠르게 좋아질 수도 있다. 일부 여성은 장기간 지속된다. 케겔 운동이 도움이 되지만, 지속적인 문제가 있다면 수술을 해야 할 수도 있다.

상처 감염

제왕절개, 회음절개 또는 열상에 따른 상처는 감염될 수 있다. 항생제 치료가 필요할 수도 있다.

출산으로 인한 이러한 상처 주위는 빨갛게 되고, 감염되면 화끈거림을 느낄 수 있으며 압통과 통증이 있을 수도 있다. 만약 분비물이 있다면, 면봉 검사를 하거나, 세균 존재를 확인하기 위해 검사 분석을 의뢰할 수도 있다. 면봉 검사 시 존재할 가능성이 높은 세균에 따라 항생제를 투여하고 나서 검사 결과가 나오면 처방을 수정할 수 있다. 항생제를 사용해 감염원을 제거해야 한다.

자궁의 감염

분만 후에 자궁 내층이 감염되어 생기는 자궁내막염은 흔하지는 않지만 통증이 있을 수 있다.

만약 진통이 지연되거나 양막 파열과 분만 사이에 긴 시간이 걸리면, 자궁내막염(endometritis)의 가능성이 높아진다. 특히 양막이 파열된 이후나 진통이 이미 시작된 이후에 제왕절개술을 받은 여성은 자궁내막염에 걸릴 가능성이 높아진다. 자궁내막염은 하복부 통증을 일으킨다. 체온이 올라갈 수 있으며, 열과 오한을 동반한다. 분만 후 질로 정상적으로 흘러나오는 액체인 산후질분비물(lochia)에서 불쾌한 냄새가 날 수도 있다. 감염을 찾기 위해 산후질분비물의 면봉 검사를 한다. 항생제로 치료한다.

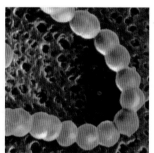

연쇄상 구균 A
이 SEM 이미지는 연쇄상 구균 A 세균의 사슬을 보여 준다. 이 세균은 자궁내막(자궁속막)에서 염증을 일으킬 수 있고 상처 감염도 일으킬 수 있다. 대개 항생제로 치료된다.

심부정맥혈전증

피떡이 다리의 심부 정맥 하나에서 형성되면 피떡의 조각은 떨어질 수 있고, 폐로 흘러 들어가게 된다.

여성은 혈액이 응고되는 경향이 증가되기 때문에 출산 후 심부정맥혈전증(DVT, deep vein thrombosis)에 걸릴 가능성이 높다. 제왕절개술을 받은 여성 역시 위험하며 수술 후에 1~2일 정도 특별히 긴 양말을 착용해야 한다. 이환된 다리는 아프거나 따뜻하게 느껴지고 부종이 생기거나, 빨갛게 될 수도 있다. 체온은 약간 상승될 수도 있다. 피떡이 폐로 흘러 들어가서 폐색을 일으키는 것을 폐색전증(PE, pulmonary embolism)이라고 하는데, 생명이 위험할 수 있고, 지속적인 호흡 곤란과 흉통이 일어날 수 있다. 만약 심부정맥혈전증이 의심된다면 긴급하게 다리의 심부 정맥의 혈류를 검사하는 도플러 검사 등을 시행해야 한다. 혈액의 응고 경향을 감소시키기 위해 약물을 투여할 수 있다. 이러면 폐색전증의 위험을 감소시킬 수 있다.

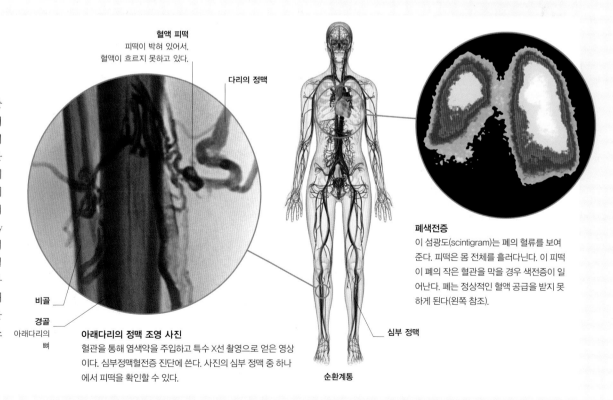

혈액 피떡
피떡이 박혀 있어서, 혈액이 흐르지 못하고 있다.

다리의 정맥

비골

경골
아래다리의 뼈

아래다리의 정맥 조영 사진
혈관을 통해 염색약을 주입하고 특수 X선 촬영으로 얻은 영상이다. 심부정맥혈전증 진단에 쓴다. 사진의 심부 정맥 중 하나에서 피떡을 확인할 수 있다.

순환계통

심부 정맥

폐색전증
이 섬광도(scintigram)는 폐의 혈류를 보여 준다. 피떡은 몸 전체를 흘러다닌다. 이 피떡이 폐의 작은 혈관을 막을 경우 색전증이 일어난다. 폐는 정상적인 혈액 공급을 받지 못하게 된다(왼쪽 참조).

임신 후 우울증

아기의 분만에 따르는 호르몬 변화나 생활 변화는 우울함이나 슬픔 같은 감정적인 영향을 줄 수 있다. 이러한 감정적 어려움을 겪는 여성에게 가족과 의학적 전문가의 도움은 필수적이다.

출산에 따르는 감정 변화는 가볍거나 일시적인 경우에서 일부 심각하고 심신이 약화되는 경우까지 정도가 다양하다. 약하든 심하든 적절한 도움을 받을 수 있으려면 모든 증상에 유의해야 한다.

산후우울

산후우울(baby blues)로 알려진 슬픈 감정은 울음을 매우 흔하게 동반하며 출산 며칠 이내에 시작된다. 슬픈 감정이 마음을 휘젓다가도 곧바로 들뜨는 기분이 이어지는 등 감정 기복이 심해질 수 있다. 새로 엄마가 된 여성들은 부분적으로 호르몬 변동으로 의한 짜증과 수면 부족을 피할 수 없기 때문에 피곤할 수 있다. 출산 후 우울은 대개 몇 주 안에 좋아진다.

분만후우울증

출산 후 우울을 일으키는 호르몬 변화(프로게스테론과 에스트로겐 감소)와 관련 있다고 여겨진다. 분만후우울증(postpartum depression)은 재발하는 경향이 있고, 가족력이 있는 경우 위험이 증가한다. 수면 부족, 관계 문제, 난산 같은 다른 요인들이 이를 악화시킬 수 있다. 분만 후 첫 6개월 안에 다양한 증상, 즉 탈진감, 아기에 대한 관심 감소, 죄책감, 식욕 상실, 불안 징후, 수면 문제가 동반될 수 있다. 항우울제 처방이 좋으며 몇 주 안에 증상이 호전될 수 있다.

산욕기 정신 질환

정신 질환의 개인력이나 가족력이 있으면 산욕기 정신 질환의 발생 위험이 높아진다. 증상은 출산 약 3주 안에 나타나고, 환각(hallucination), 수면 장애, 조울증이다. 심각한 병으로 즉각적인 전문가의 도움과 병원 치료가 필요하다.

우울한 엄마들
우울증이 있는 새 엄마들은 자신의 아기에게 관심이 없고, 친근한 관계를 형성하지 않는다. 이러한 것들은 그들이 이미 가지고 있는 슬픔과 죄책감의 감정을 악화시킬 수 있다.

분만후우울증
출산 후에 10명당 1명에게 생기는 심각한 정신 장애

산욕기 정신 질환
드물지만 심각한 병. 출산 후 1,000명당 1명에게 생긴다.

산후우울
새로 엄마가 된 여성 대부분이 약간씩 경험한다.

임신 후 우울증은 얼마나 흔한가?
산후우울은 매우 흔하다. 분만후우울증은 덜 흔하고, 산욕기 정신 질환은 소수 여성에게 생긴다.

대처 전략

몇 가지 간단한 조치만으로도 아기의 출산 후에 기분이 가라앉은 아기 엄마들을 도울 수 있다. 고립된 기분이 들기	때문에 현실적인 도움뿐만 아니라, 감정적인 도움을 줄 수 있는 사람과 시간을 보내는 것이 중요하다.
새로 엄마가 된 여성들은 아기와 함께 다른 사람의 도움과 지원을 받아야 한다.	새 엄마들은 바깥 세상을 바라보고 다른 사람들과 이야기함으로써 긍정적인 시각을 얻으며, 새로운 아기를 가졌다는 사실을 더 기쁘게 받아들일 수 있다.
아기가 잘 때 언제든 엄마도 잔다는 전통에 따라 잠잘 기회를 확보하는 등 "나"를 찾는 시간을 통해 변화를 추구한다.	자기 비판을 피하고 아무리 사소한 것이라도 성취를 자랑스러워하는 것이 중요하다. 이것은 특히 첫 아기를 가진 경우에 크게 향상된다.
친구들과 가족은 지지와 격려의 큰 근원이 된다. 아기 엄마들은 정기적으로 연락을 유지하면서 고립을 피해야만 한다.	새 엄마는 지나친 기대감을 버려야 하는데, 예를 들어 집안일을 하지 않은 채로 두더라도 괜찮다는 것을 받아들이도록 한다.

유방 충혈

수유가 잘 되지 않으면 젖이 유방에 축적되어 통증과 부종을 일으킨다.

여성이 모유수유를 하지 않으려 할 때 일어나는 유방 출혈은 유방에 감염(유방염, 243쪽 참조)을 일으키기 쉽다. 유방을 받쳐 주는 브라(bra) 착용이 필수적이다. 아세트아미노펜 투여가 통증도 줄여 주는 데 도움이 될 수 있다. 이러한 문제는 아기가 젖을 물고, 잘 먹으면 며칠 안에 해결된다. 모유수유를 중단하려면 수유 횟수를 1~2주에 걸쳐 줄여야만 한다. 이런 식으로 하면 유방은 젖을 덜 만드는 것에 적응하게 된다.

균열 젖꼭지

젖꼭지의 피부는 특히 모유수유의 초기에 갈라질 수 있다.

젖을 제대로 물리지 못하면 젖꼭지 피부가 갈라질 수 있다. 이는 아기가 젖을 빨면서 젖꼭지가 벗겨지면 더 악화된다. 아기를 정확한 위치에 두는 것이 중요하다(207쪽 참조). 피부 연화 크림을 쓰면 통증이나 균열이 완화되지만 수유 전에 씻어 내야 한다. 이러한 문제는 수유 방법을 개선함으로써 서서히 해결해야 한다. 만약 유방에 지속적인 통증이 있으면, 항생제가 필요한 감염이 생길 수 있기 때문에 의학적 도움을 받아야 한다.

막힌 유선

유방으로부터 젖이 흘러나오는 관이 막히면 유방 조직 부위에 통증이 생기고 부종이 생길 수 있다. 이러한 문제는 비교적 흔하다.

감염된 부위에 젖이 축적되면 압통과 통증이 생기게 된다. 관이나 부은 부위가 감염되어 유방염(243쪽 참조)을 일으키기도 한다. 막힌 관은 대개 하루나 이틀 안에 좋아진다. 적당히 젖을 빨리는 게 문제를 해결하는 데 도움이 된다. 통증이 있을 때에도 모유수유를 지속하는 것이 필수이다.

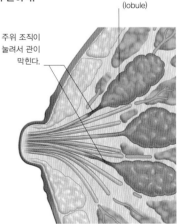

젖을 생산하는 소엽(lobule)

주위 조직이 눌려서 관이 막힌다.

막힌 젖의 흐름
만약 유방에서 젖의 흐름이 특정한 유관(milk duct)에서 막히면 젖은 이 부위에 축적될 것이다.

유방염

모유수유의 첫 6주에 가장 흔한 문제이며, 유방 조직 부위에 감염되어 압통을
일으킨다. 한쪽 유방 혹은 덜 흔하지만 양쪽에 생길 수도 있다.

유방염(mastitis)은 모유수유를 하는 여성 10
명 중 약 1명에게 생기는 흔한 병이다. 유방 조
직이 감염되어 생긴다. 대개 원인은 황색포도
상구균(Staphylococcus aureus)이다. 감염 부
위는 빨갛고, 부종이 있고, 통증이 있을 것이
다. 독감과 비슷한 증상인 고열과 오한이 생길
수 있다. 감염 부위에 가열된 패드를 붙이면
젖의 흐름을 증진시키고, 통증을 약간 감소시
킨다. 감염 치료를 위해 항생제를 투여해야 하
며, 항생제 투여 후 2~3일 안에 좋아진다. 치

료하지 않으면 농양(축적된 농)이 형성되어, 단
단하고 통증이 있는 종괴가 감염 부위에 생길
수 있다. 다행히 그러한 농양은 요즈음은 거
의 드물다.

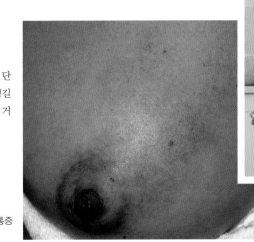

젖 짜기
젖의 형성을 위해 모유수유를 지
속해야 한다. 여분의 젖은 유축기
로 짜내면 된다.

국소 부위 발적
유방염에 걸리면 젖꼭지 부위로부터 뻗어 나가는 통증
과 발적, 부종이 증가할 수 있다.

그 외의 여러 문제들

출산 이후 정상적인 회복 과정 많은 문제가 일어날 수 있다. 분만 6주쯤 후, 의사는 자궁의 축소가
잘 일어나는지 검사할 것이다. 출산 후 우울(242쪽 참조)을 포함한 감정 변화는 산모가 초기에 겪는
대표적인 문제 중 하나이다. 출산 후 다양한 문제를 경감시키는 방법은 여러 가지이다. 산후
모임에서 조산사와 대화하거나 문제를 공유하는 것이 도움이 될 수 있다. 만약 여성에게 요로 감염
같은 치료가 필요한 문제가 있을 것 같다면, 즉시 의학적 상담을 해야 한다.

질 동통
작은 열상과 질 또는 회음부(질과 항문 사이)의 찰과상은 동통을 일으
킨다. 이러한 부위는 빨리 아물지만, 불편감은 오래가지는 않는다. 봉
합된 상처는 몇 주 동안 압통을 유발할 수 있다. 온수 좌욕이 통증을
경감시킨다.

소변 문제
약간의 소변 유출은 임신 후에 흔하며, 특히 기침하거나 웃을 때(복압
요실금) 발생하고 하루에 여러 차례 케겔 운동을 하면 좋아질 수 있
다. 만약 실금이 지속된다면, 의학적 조언을 받아야만 한다.

장 운동 문제
변비는 흔한 문제이다. 움직이고, 물을 많이 마시고, 건강한 음식을 먹
는 것으로 증상을 좋게 할 수 있다. 만약 산모가 회음절개나 열상으로
봉합 치료를 받았다면, 장 운동을 꺼릴 수 있을 텐데 이러한 부위는 영
향을 받지 않는다.

질 분비물
분만 후에 질에서 혈성 분비물(산후질분비물, lochia)이 나올 수 있다.
초기에는 생리처럼 나오다가 양이 적어져 6주까지 지속된다. 만약 악
취나 농이 포함되어 있다면, 감염을 치료할 수 있는 의학적 조언을 받
아야만 한다.

치핵
치핵(henorrhoid)은 임신 중에 발생한다. 좌욕을 하거나 변을 본 후
에 주의 깊게 부위를 닦는 등 변비를 피하는 방법(힘주기는 변비를
악화시킴)으로 호전된다. 연고나 좌약 또한 이용할 수 있다.

피부 변화
일부 여성은 분만 후 첫 몇 주 안에 여드름이 생기는 반면, 다른 여성
은 건조한 피부로 고생한다. 때로는 까맣게 된 반점이 임신 중에 생기
고 점차 사라지는데, 악화되는 걸 막으려면 햇볕 노출을 피해야 한다.

수축
자궁이 줄어들기 시작하면 '산후진통(afterpain)'을 느낄 수 있다. 자
궁근육을 수축시키는 옥시토신 호르몬이 분비되는 모유수유 때 더
분명해진다. 이러한 약한 수축은 점진적으로 사라진다.

화끈거리는 유방과 새는 젖
이러한 문제는 모유수유가 잘 되기 전에 흔하다. 지지 기능이 있는
수유 브라를 착용하고 아기가 원할 때 수유를 하고 젖의 흐름을 도와
주는 유방 마사지를 받거나 아기 젖 물리기를 잘하면 나아진다.

체중 감소
출생 후 첫 며칠간은 태아의 체중과 소변으로 배출되는 축적된 액
체가 빠져 체중이 급격히 감소하는 경향이 있다. 그 후 체중 감소는
서서히 일어나며, 적당한 운동과 건강한 식이는 점진적인 체중 감
소에 도움이 될 수 있다.

산후 조리 계획을 세워라
첫 며칠 동안은 조산사가 방문하며 산모를 조리한다. 그리
고 분만 6주 이후에 산후 검사를 한다. 평소에는 어떤 문제
가 발생하면 도움을 구하는 것이 중요하다.

운동을 다시 시작하기
출산 후 부드러운 운동은 신체적으로, 정신적으로
도움이 된다. 힘이 많이 드는 여러 가지 운동은 산
후 6주 때 검사 이후까지는 피해야만 한다.

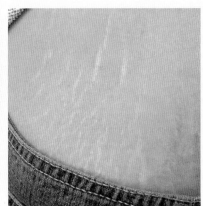

희미해지는 임신선
늘어난 피부와 임신의 호르몬 변화로 생긴 이러
한 흔적은 절대 사라지지 않지만, 시간이 흐르면
서 희미해진다.

용어 해설

A

allele(대립 유전자, 대립인자)
특정 유전자의 형태. 같은 유전자의 다른 대립 유전자들은 대개 다른 형질을 나타낸다.

amniocentesis(양수천자, 양막천자)
양수 샘플(sample)을 채취하기 위해 사용하는 기술. 빈 바늘은 태반과 태아를 피하면서 복부와 자궁벽을 통과한다. 임신 15주쯤 시행한다.

amino acid(아미노산)
약 20종류의 작은 분자들로 이루어진 단백질의 기본 구성 요소. 단일 단백질 분자는 수백 또는 수천 개의 아미노산이 모여서 형성될 수 있다.

amnion(양막)
배아 주머니배(blastocyst)로부터 성장하는 막이며, 자궁 안에 있는 성장하는 태아를 둘러싸기 위해 팽창한다. 주머니배 참조.

amniotic fluid(양수)
액체는 양막에 갇혀 있으며 발달하는 배아나 태아를 둘러싸고 보호한다.

Apgar score(아프가 점수)
분만 후에 첫 1분 동안 신생아의 건강을 측정하기 위해 사용되는 평가 방법. 맥박, 반사, 호흡, 움직임과 피부 색깔은 0, 1, 2점으로 평가되며, 그 점수는 전체 아프가 점수를 측정하기 위해 합산된다.

areola(areolae(복수), 유륜, 젖꽃판)
젖꼭지 주위의 색소화된 원형 부분의 피부.

B

blastocyst(주머니배)
상실배(morula) 다음 단계인 배아 발달의 시기. 주머니배는 배아 주위의 방어막으로 발달하는 세포들의 비어 있는 덩이(영양막 세포)를 구성하며, 배아 자체를 형성하는 배아모체라고 불리우는 영양막 세포 안의 세포들의 그룹을 가리킨다. 상실배 참조.

blastomere(분할세포)
초기 배아에서 분할로부터 생기는 초기 세포들. 분할 참조.

Braxton Hicks' contractions
(브랙스톤 힉스 수축)
임신 동안 나타나는 자궁의 불규칙한 수축. 진통이 시작되는 지표는 아니다. 수축 참조.

breech presentation(둔위)
태아의 위치를 기술할 때 사용하는 단어로서, 머리가 밑으로 있는 것이 아니라, 엉덩이 또는 다리가 출산이 시작되었을 때 자궁경부에 접해 있는 것을 말한다. '둔위 분만'은 더 흔한 두위 분만보다 처치가 더 어렵다.

C

cesarean section(제왕절개술)
복벽과 자궁벽을 절개함으로써 자궁으로부터 태아를 꺼내기 위한 외과적 수술. 종종 합병증이 실제 있거나 예상될 경우 정상분만에서 시행된다.

cervix(자궁경부, 자궁목)
자궁의 가장 하부 부분. 자궁의 나머지 부분과 질을 연결시키는 좁고, 점액이 차 있는 관으로 고리 모양의 결체조직으로 주로 구성되어 있다. 진통 동안, 관은 늘어나고 넓어져서 태아가 통과할 정도까지 된다.

chorion(융모막)
발달하는 배아와 태아를 둘러싸는 가장 바깥쪽의 막. 이것의 일부인 융모막 융모(villous chorion)는 태반을 형성한다. 융모 참조.

chorionic plate(융모판막)
자궁벽에 붙어 있는 융모막의 일부분. 태반의 일부이다.

chorionic villus sampling(CVS, 융모막 검사, 융모막 융모 표본 채취)
태아로부터 생긴 태반의 융모로부터 샘플을 얻는 방법으로 태아의 유전적 이상을 검사할 수 있다. CVS는 양수천자보다 더 이른 시기에 할 수 있다. 양수천자, 융모 참조.

chromosomes(염색체)
생명체의 유전자를 포함하는 세포의 핵 안에 있는 구조. 인간은 신체의 모든 거의 세포 안에 존재하는 46개의 완벽한 세트 안에 23쌍의 염색체를 가지고 있다. 각 염색체는 다양한 단백질과 결합된 단일의 긴 DNA 분자로 구성되어 있다. 23쌍 중 한 쌍은 X와 Y로 이루어진 성염색체로 구성된다. 여성은 2개의 X 염색체를 가지지만, 남성은 1개의 X 염색체와 1개의 Y 염색체를 가진다.

cillia(cilium(단수), 섬모)
난관의 내층 같은 일부 조직의 세포 표면에 있는 미세한 움직이는 털.

cleavage(분할, 난할)
전체 숫자는 변함없이 많은 작은 세포로 나뉘는 것으로 수정된 난자의 초기 시기 분열된다.

clitoris(음핵)
여성 생식기의 일부분으로 발기되는 조직으로 성교 동안 흥분을 제공한다. 음핵의 머리는 작게 튀어나온 것처럼 보이지만, 질의 벽 뒤쪽, 안쪽으로 뻗어 있다. 음경과 배아의 기원이 같다.

colostrum(초유)
아기가 태어난 이후에 바로 유방에 생기는 젖. 이후에 생기는 젖과 모양이나 구성이 다르다.

contraction(수축)
진통이 시작되면서 자궁의 강한 근육이 규칙적으로 짧아질 때를 가리킨다. 수축은 시간이 갈수록 더 강해지고 더 빈번해진다. 자궁경부를 늘어나게 하고, 열리게 해서 태아가 자궁으로부터 나오게 해준다. 브랙스톤 힉스 수축 참조.

corpus hemorrhagicum(출혈황체)
황체로 발달하기 전, 배란 직후의 성숙 난포.

corpus luteum(luteal(형용사), 황체)
배란 이후의 성숙 난포가 남아서 생긴 난소의 구조. 자궁으로 하여금 임신을 유지하게 하는 프로게스테론을 생산하지만, 난자가 착상하지 못하면 황체는 정상적인 월경주기대로 며칠 이후에 없어진다.

cotyledon(태반엽)
자궁의 내층으로 돌출되어 있는 태반의 15~20개의 엽(lobe) 중의 하나.

cytotrophoblast(세포영양막)

영양막 세포의 내부 세포층을 형성하는 세포의 그룹이며 착상에 관여한다. 주머니배, 착상, 융합영양막 참조.

D

deciduas(탈락막)

임신된 자궁의 내막조직이며, 일부는 태반과 관련 있다. 출생 후 떨어져 나간다. 자궁내막 참조.

diploid(두배수체)

각 염색체는 2개의 복제를 가지며, 생식세포를 제외한 거의 모든 세포는 두배수체이다. 홑배수체(haploid) 참조.

DNA

데옥시리보핵산(deoxyribonucleic acid)의 약어. 작은 개별 단위로 구성된 매우 긴 분자. DNA는 살아 있는 세포의 염색체에서 발견되며, 작은 단위들의 순서로 유기체의 특성을 결정짓는 설명을 판독한다. 유전자 참조.

E

ectoderm(외배엽)

배아원판(embryonic disk)이 분할되는 3층의 조직 중 최상부. 나중에 피부와 신경계통으로 발생한다. 배아원판, 내배엽, 중배엽 참조.

ectopic pregnancy(자궁외임신, 딴곳임신)

초기 배아가 자궁의 밖, 주로 자궁관(난관)에 착상하는 상태. 그러한 임신은 유지할 수 없어서 의학적인 개입이 필요하다.

egg(난자, 난모세포)

인간에게서, 근원적으로 정자세포와 수정되어 새로운 개체를 만들 수 있는 세포를 포함한 단일 난황. 생식세포, 난자 참조.

embryo(배아, 배)

인간의 발생에서 가장 초기 단계이며, 난자가 수정된 이후 약 8주까지를 말한다(가장 초기 단계를 배자전(preembryo)이라고 하기도 함). 태아 참조.

embryonic disk(배아원판)

착상 후에 주머니배 안에 나타나는 디스크 모양의 조직이며 배아로 발달한다. 주머니배 참조.

endoderm(내배엽)

배아원판이 분리될 때 조직의 세 층 중 가장 밑. 나중에 장(gut)과 다른 기관으로 발생한다. 외배엽, 배아원판, 중배엽 참조.

endometrium(자궁내막, 자궁속막)

자궁의 내층. 각 월경주기 동안 두께가 증가되지만, 임신이 안 되는 경우에는 붕괴가 일어나고, 일부 조직과 피가 생리로 나오게 된다. 초기 배아가 자궁내막에 착상해서 나중에 여기서 태반이 생기게 된다. 착상, 자궁근(육)층, 자궁외막 참조.

epididymis(epididymides(복수), 부고환)

정자가 고환에서 나온 후에 지나가는 길고, 크게 꼬여 있는 관. 정자는 부고환에서 며칠 동안 성숙된 후에 충분한 수정 능력을 갖는다.

epidural(경막와-, 경질막바깥-)

주로 하부 등 주위의 척수의 외막(경(질)막)에 마취를 적용하여 몸의 부분을 마취시키는 방법으로 경막외 마취의 약어. 산모로 하여금 잠재적으로 고통스러운 출산 동안이나 수술을 하는 동안 의식을 유지하게 할 수 있도록 한다.

episiotomy(외음부절개(술))

질의 입구를 확장시키기 위해 출산 동안 회음부에 절개를 하는 외과적 수술을 하지 않으면, 태아의 머리가 산모의 조직을 찢어지게 만든다.

estrogen(에스트로겐)

다양한 천연 또는 합성의 여성 호르몬의 하나. 천연 에스트로겐은 사춘기 이후부터 난포 세포에서 생성된다. 유방 발육 같은 여성의 특징을 촉진시키고, 생리주기와 여성의 생식에 필수적이다.

F

fallopian tube(자궁관, 난관)

난자가 배란 이후에 이동할 때, 난소에서 자궁으로 이어 주는 관(tube) 중의 하나.

fetus(fetal(형용사), 태아)

자궁 안에 있는 태어나지 않은 아기. 수정 이후 약 8주 또는 산모의 최종 월경 시작일 이후 10주쯤 인간의 모습을 보여 주기 시작한다. 배아 참조.

fimbria(fimbriae(복수), 가는 털, 술)

난소에서 방출된 난자를 모으는 데 도움을 주어서 자궁으로 전달될 수 있도록 하는, 각 자궁관의 끝의 손가락 몇 개 모양의 돌기 중 하나.

follicle(follicular(형용사), 난포, 소포, 낭)

세포로 구성되어 있는 작은 강(cavity). 생식 때, 다른 특별한 세포들에 둘러싸인 난모세포(미성숙 난자 세포)에서 생긴 난소 안에 있는 구조를 난포라고 부른다. 작은 원시난포는 출생 전에 태아의 난소에서 생성되지만, 사춘기 때까지 비활성 상태로 있게 된다. 사춘기 이후에 몇 개의 난포는 1차와 2차 난포로 발달하기 시작하며, 대개 1개만 배란 때 성숙난자의 방출을 하는 구조 포함한 액체를 가진 3차, 즉 성숙난포(Graafian follicle)로 발달하게 된다. 난자(ovum) 참조.

follicle stimulating hormone

(FSH, 난포자극호르몬)

난소와 고환에 영향을 주는 뇌하수체에서 분비하는 호르몬. FSH 증가 수준은 남녀 모두 사춘기가 시작되는 데 필수적이며, 여성에게서 월경주기 동안 난포의 발달을 자극하는 호르몬이다. 난포 참조.

folliculogenesis(난포형성)

완전히 성숙된 하나의 원시난포의 발달.

fontanelles(천문, 숫구멍)

기본 두개골이 아직 서로 융합되지 않아서 아기의 머리의 부드러운 부분.

forceps(집게)

진통 동안 아기의 머리 주위에 집게 끝을 위치시키는 기구로 필요할 경우 아기의 머리를 산도로부터 나오게 하기 위해 부드럽게 당길 수 있다.

fundus(기저, 바닥)

자궁의 상단 부위로 임신의 후기 단계에서 산모의 몸 외부에서 느낄 수 있다. 대개 태반이 위치했다.

245

G

gamete(생식세포, 생식자)

홑배수체 성세포, 즉 정자세포 또는 미수정된 난자
세포. 홑배수체, 접합체 참조.

gene(유전자)

특정 유전 정보를 포함하는 DNA 분자 한 가닥. 많
은 유전자는 특정 단백질 분자를 만드는 설계도이
며, 다른 유전자를 조절하는 역할도 한다. 다른 유
전자는 다른 세포에서 작동함에도 거의 모든 인간
의 세포는 유전자의 완전한 세트(유전체, genome)
를 함유하고 있다.

genome(유전체)

인간이나 다른 생명체의 세포에서 발견되는 유전자
의 완전한 세트.

germ cell(생식세포, 배세포)

생식세포에서 유래된 줄기세포. 미성숙 상태 또는
성숙한 생식세포를 포함한다. 줄기세포 참조.

germ layer(배엽층)

배아원판이 분할되면서 생기는 기본 세포층의 하
나. 외배엽, 내배엽, 중배엽 참조.

goblet cells(술잔세포)

자궁관 같은 일부 조직의 표면에 존재하는 점액 분
비세포.

H

haploid(홑배수체)

쌍보다는 각 염색체의 하나의 복사(copy)만을 가
는 것. 생식세포(성세포)는 홑배수체이며, 수정해서
결합할 때 정상적인 두배수체(diploid) 개체를 다시
만들 수 있다. 두배수체 참조.

human chorionic gonadotropin
(hCG, 사람 융모생식샘자극호르몬)

난소의 황체가 임신을 유지하기 위해 프로게스테
론 생산을 지속하도록 하며, 태반에서 만들어지는
호르몬이다.

hypothalamus(시상하부)

뇌하수체 가까운 뇌의 기저에 있는 제어 센터. 주로

황체형성호르몬(LH)이나 난포자극호르몬(FSH)을
형성하도록 뇌하수체를 자극한다. 난포자극호르
몬, 황체형성호르몬 참조.

I

implantation(착상)

초기 배아(주머니배 시기) 부착되고 자궁의 내막에
합쳐지는 과정. 주머니배, 자궁내막 참조.

in vitro fertilization(IVF, 체외수정)

일부 여성의 난소에서 비수정된 난자를 채취하여
실험실에서 정자와 수정시키고, 주머니배 시기까지
배양해서 자궁 내로 넣어 주어서 착상시키는 지원
개념의 기술. 자궁관이 막혀서 불임이 된 여성에게
서 사용될 수 있다. 주머니배, 착상 참조.

induction(유도)

자연적인 진통이 지연되는 경우에 다양한 방법으
로 진통을 인위적으로 시작하게 하는 과정.

intervillous space(융모사이공간)

모체의 혈액이 순환하는 태반의 융모 사이의 공간
의 하나. 여기서 모체와 태아 사이에 가스 교환이 일
어난다.

L

labia(음순, 입술)

여성의 외음부(외부 생식기)의 일부를 형성하는 주
름의 두 쌍 중 하나이며, 대음순(외부 음순)과 더 민
감한 소음순(내부 음순)을 포함한다.

labor(진통, 분만, 출산)

출산의 과정. 진통 1기에서, 자궁의 규칙적인 수축
은 태아의 머리가 통과할 정도로 자궁경부를 당겨
지게 해서 입구가 열리게 한다. 진통 2기에서 태아
가 태어난다. 진통 3기에서 태반과 그 이외의 것들
이 빠져나온다.

lactation(수유, 젖분비)

유방에 의한 젖 생산 과정.

lanugo(배냇솜털)

태아의 피를 덮고 있는 가는 털.

laparoscopy(복강경검사)

복벽을 통해 복강경이라는 기구를 삽입해서 내부
복부 장기를 보는 방법. 복강경은 소형 비디오 카메
라 및 조명을 탑재하고, 외부로 화상을 전송한다.

lie(fetal, 태위, 태축)

산모의 주요 본체 축과 관련된 자궁 안에 있는 태아
의 각도. 가장 일반적으로 태아는 산모의 척추와 거
의 평행하게 태아의 척추가 위치해 있다.

linea nigra(흑선)

종종 임신 중 복부 피부에 생기는 색소 침착의 수
직선.

lobule(소엽)

작은 엽 또는 유선 같은 기관의 부분.

lochia(산후질분비물)

출산 후에 여러 날 동안 자궁으로부터 흘러나오는
액체.

lumen(내강, 속공간)

혈관이나 선의 관 같은 튜브형 구조의 안쪽 공간.

luteal(황체-)

황체에 관한.

luteinizing hormone(LH, 황체형성호르몬)

난소 및 고환 모두에 작용하는 뇌하수체에 의해 분
비되는 호르몬. 사춘기는 남녀 모두에서 LH의 증가
가 필요하다. LH는 남성에서 남성호르몬 생산을 자
극하며, 여성 월경주기에서 다양한 역할을 한다.

M

mammary gland(젖샘, 유선)

포유동물의 젖을 생산하는 선(gland). 여성에서 유
방 물질의 대부분은 유방선 조직으로 구성되어 있다.

meconium(태변, 배내똥)

첫 장 운동으로 아기가 방출하는 녹갈색 물질.

meiosis(감수분열)

홑배수체 성세포가 두배수체 전구세포로부터 생성
되는 세포의 분열(엄격하게 핵분열)의 특별한 유형.

정상세포보다 더 복잡하고, 두 단계로 이루어진다. 홀배수체, 유사분열 참조.

menarche(초경, 첫월경. menarkey로 발음된다.)
여성의 첫 생리 기간이며, 성적 성숙에 도달되어 있음을 나타낸다.

menopause(폐경)
여성의 인생주기에서 월경이 영구적으로 중지된 시기(주로 45~55세).

menstrual cycle(월경주기)
비임신 여성의 생식력이 있는 동안 생식기에서 일어나는 달마다의 변화. 주기(약 28일)는 첫 월경이 시작하는 날 시작해서 몇 개의 난자를 포함한 난포들이 성숙하기 시작하는 난소에 집중이 된다. 이것을 난포기라고 한다. 일반적으로 1개의 난포가 각각의 달에 생성되고, 난소로부터 방출되며, 중기의 중간쯤, 빈 난포는 황체로 변하면서 황체기가 시작된다. 자궁의 내층(자궁내막)은 또한 두꺼워지고, 임신을 준비한다. 만약 배란 이후에 임신이 발생하지 않으면, 황체는 붕괴되고, 프로게스테론의 생산이 부족해져 자궁내막이 붕괴되어 생리가 일어나며, 주기는 다시 시작한다. 황체, 자궁내막, 난포 참조.

menstruation(월경)
월경주기의 일부로 자궁내막의 혈액과 조직이 방출되는 것으로 월경주기로 알려져 있으며, 각 달에서 발생한다. 자궁내막 참조.

mesoderm(중배엽)
배아원판이 분할되어 생긴 조직의 세 층 중 중간. 중배엽은 나중에 근육, 뼈, 혈관을 포함한 많은 신체 조직으로 발생한다. 외배엽, 배아원판, 내배엽 참조.

milk duct(수유관, 유선)
유선(mammary gland)의 젖을 만드는 조직에서 유방의 젖꼭지로 젖을 전달해 주는 관. 유선 참조.

miscarriage(유산, 낙태)
일반적으로 임신 24주 이내에 어느 시기든 생존하기에 너무 이른 주수에 모체의 몸으로부터 배아나 태아가 자연적으로 빠져나온 것. 이 시기 이후에 나온 경우는 조산이라고 한다. 유산은 완전히 일어

날 수도 있고, 불완전하게(자궁 내에 어떤 조직들이 남아서, 의학적인 개입이 필요한 경우) 일어날 수도 있다. 유산의 원인은 다양하지만, 원인이 분명하지 않을 수도 있다.

mitosis(유사분열)
염색체가 정상적인 세포 분열 중에 분리되어 공유하는 과정. 만들어진 이러한 2개의 세포는 같은 염색체 수를 갖게 된다. 감수분열 참조.

morula(상실배, 오디배)
수정된 난자가 배아로 변화하는 초기 단계로 세포들의 단단한 공 모양으로 보인다. 이러한 시기는 주머니배로 진행한다. 주머니배 참조.

MRI(자기공명영상)
Magnetic Resonance imaging의 약어로서, 몸이 강한 자기장 안에 있는 동안 원자로 하여금 고주파 파형이 흡수되고 방출되도록 해서 내부 장기와 구조의 영상을 얻는 데 사용한다. 초음파와 비교해서 MRI는 더 많은 시간, 더 큰 주의, 정교한 장비가 필요하다. 종종 초음파 검사로 발견된 문제를 조사하는 데 사용하며, 특히 중추신경계를 영상화하는 데 사용된다. 초음파 참조.

mucus plug(점액 마개)
임신 중 자궁경부의 관(canal)을 막는 끈적한 물질로 되어 있는 방어하는 마개. 질로부터 나오게 되면('이슬') 진통이 곧 시작한다는 것을 나타낸다.

mutation(돌연변이)
예를 들어 세포분열하기 전 DNA를 복사하는 시기에 잘못이 생기는 것으로 인해 세포의 유전적 구성에 변화가 생기는 것. 성세포의 변이 또는 초기 배아의 세포에서 생기면 그들의 부모에게서 없는 특이한 유전적 특징을 가진 자손이 생길 수 있다.

myelin(수초, 미엘린)
많은 신경세포의 외측에 따라 있는 절연층. 이것으로 인해 신경 자극은 빠르게 전달될 수 있다.

myometrium(자궁근(육)층)
자궁의 대부분을 형성하는 근육조직. 자궁내막, 자궁외막 참조.

N

neonatal(신생아-)
신생아에 관한.

neural tube(신경관)
뇌와 척수가 발생하는 초기 배아에서 형성되는 세포들의 속이 빈 관(tube).

neuron(신경세포, 뉴런)
신경세포.

nuchal translucency screening
(목투명대 검사)
목의 뒤 피부 아래의 어린 태아에서 발견되는 액체층의 두께를 측정하기 위해 초음파 검사를 하는 방법. 정상층보다 두꺼우면 다운증후군 같은 염색체 이상을 나타낼 수도 있다.

nucleus(핵)
염색체를 포함하는 세포 내의 구조.

O

oocyte(난모세포, 난자)
미성숙 난자. 난자는 난소에서 난포 내에서 발생한다. 난포 참조.

ovary(난소)
미수정된 난자가 성숙되고, 주기적으로 방출되는 여성의 몸에 있는 구조의 쌍 중 하나. 난소는 에스트로겐과 프로게스테론(황체호르몬)을 포함한 중요한 호르몬을 생산한다.

ovulation(배란)
난소에서 미수정된 난자를 방출하는 것.

ovum(ova(복수), 난자, 충란)
난소에서 방출된 특별한 1개의 난자로 수정을 준비한다. 이 단어는 또한 수정된 난자에게서도 사용할 수 있다. 생식세포 참조.

P

pelvic floor(골반바닥, 골반저부)
아래에서 복부 기관을 지지하는 근육들의 조합.

perimetrium(자궁외층)
자궁의 외피. 자궁내층, 자궁근육층 참조.

perinatal(주산기-, 출생전후기-)
출생 전후 몇 주를 포함하는 시기.

perineum(회음)
피부와 외부 생식기 및 항문 사이에 있는 내부 조직의 부분. 산모의 회음은 출산 동안 상당히 늘어난다.

pituitary gland(뇌하수체)
뇌의 기저에 있는 복잡한, 완두콩 크기의 구조로 '주인 선(master gland)'이라고도 한다. 주생식에서 주요 역할은 황체형성호르몬(LH)과 난포자극호르몬(FSH)의 분비에 관여하는 것이다. 옥시토신을 생산한다.

placenta(태반)
모체와 초기 태아의 조직의 결합을 통한 성장을 위해 임신한 자궁의 벽에 형성된 디스크 모양의 기관. 태아의 혈액 순환은 태반의 모체와 영양분, 용해된 가스와 노폐물 교환과 밀접하게 관련이 있다. 탯줄 참조.

placenta previa(전치태반)
태반이 때때로 자궁경부의 입구를 막고, 자궁의 하부에 태반을 형성하는 상태. 그로 인해 제왕절개술이 필요할 수 있다.

postnatal(출생후-)
아기의 경우에 출생 후의 기간을 말한다.

postpartum(분만후-, 산후-)
산모의 경우에 출산 후의 기간을 말한다.

preeclampsia (자간전증, 전자간증)
일부 여성이 후기 임신 동안 생길 수 있는 의학적 상태로 고혈압과 단백뇨가 함께 나타난다. 생명을 위협하는 상태인 자간증이 발생하는 경우에는 긴급한 의학적 집중(종종 유도분만을 포함해서)이 필요하다.

prenata(출생전-)
출생 전 기간을 설명하는 데 사용되는 단어.

primitive streak(원시선)
나중에 배아의 머리와 꼬리 끝으로 발달하는 배아 원판에 있는 세포들의 선형 배열.

progesterone(프로게스테론, 황체호르몬)
난소의 황체에서 주로 생산되는 호르몬. 임신을 유지하기 위해 자궁 내층이 적합한 상태로 있도록 하는 작용을 한다.

prostaglandins(프로스타글란딘)
많은 조직에 의해 생산되는 호르몬양의 물질로 주위 조직의 활동을 변형시킨다. 일부 프로스타글란딘은 자궁수축을 일으키고 진통을 유도하기 위해 인위적으로 사용된다.

prostate gland(전립선, 전립샘)
고환으로 이어지는 관들(정관)과 합쳐져서 남성의 요관을 둘러싸는 샘. 그 분비물은 정액을 형성한다.

puberty(사춘기)
소년과 소녀에게 몇 년 동안 일어나는 성적 성숙과 성인의 성적 특성과 관련이 있는 신체적인 변화가 일어나는 모든 기간.

R
relaxin(릴랙신)
난소 및 다른 조직과 임신 동안 태반에 의해 형성되는 호르몬. 출산을 위해 준비를 위해 조직과 인대를 부드럽게 하고 이완시키는 기능을 한다.

Rhesus factors(레서스 인자)
대부분의 사람들의 혈액 표면에서 발견되는 분자(레서스 양성 또는 Rh 양성)이지만, 소수에게는 없다(레서스 음성 또는 Rh 음성). 만약 Rh 음성인 산모가 둘째 때나 더 후에 임신이 됐을 때, 산모의 면역체계가 태아를 공격할 수 있다.

S
semen(정액)
남성이 사정할 때 성기로부터 방출되는 정자가 포함된 액체. 구성분은 전립샘을 포함한 몇 개의 샘(gland)에서 나온다.

seminiferous tubule(정세관)
정자세포를 형성하는 고환 안에 있는 꼬인 관(tube) 중 하나.

septa(septum(단수), 중격들)
신체의 조직을 분리시키는 막들. 탈락막의 중격들은 태반엽 사이를 구분한다. 태반엽 참조.

somite(체절, 몸분절)
임신 5주 이후로부터 중배엽에서 형성되는 몇 개의 쌍으로 이루어진 구조 중의 하나. 체절은 결국에는 척수, 척추, 몸통의 근육, 피부로 분화된다. 중배엽 참조.

sperm(정자)
남성의 성세포로 정자세포(sperm cell) 또는 정자(spermatozoon)라고도 한다. 각 세포는 길고 움직이는 꼬리를 가지고 있어서 여성의 몸에서 움직이도록 한다. 비기술적인 맥락에서 정액을 가리키기도 한다. 생식세포 참조.

spermatids(정자세포)
정자세포의 즉각적인 전구체. 2차 정모세포가 감수분열을 완성하면 초기 정자세포가 된다. 작고 둥근 세포가 길어지고 변화됨으로써 후기 정자세포에서 성숙된 정자세포로 변화된다. 정모세포 참조.

spermatocytes(정모세포)
정자세포 생성에서 중간 단계의 세포. 감수분열의 첫 번째 단계를 겪은 정모세포를 1차 정모세포라고 하며, 감수분열의 두 번째 단계를 겪은 정모세포를 2차 정모세포라고 한다. 감수분열 참조.

spermatogenesis(정자발생)
정조세포로부터 성숙된 정자까지, 정자형성의 모든 과정.

spermatogonia
(spermatogonium(단수), 정조세포)
정자세포 생성의 초기 단계를 나타내는 세포. 고환의 줄기세포로부터 생기고, 차례 차례로 정모세포로 생성된다.

spiral artery(나선동맥)
자궁의 내막을 공급하는 작은 나선형 모양의 동맥

중 하나이다. 임신 중, 이 동맥은 모체의 순환에서 태반까지 혈류를 공급하도록 크기가 커진다. 자궁 내막 참조.

stem cell(줄기세포)
분열할 수 있고 더 특별한 유형의 세포로 분화할 수 있는 세포. 가장 초기의 배아의 줄기세포는 신체의 어떤 세포로도 변화될 수 있으나, 성인을 포함한 후기 줄기세포는 더 제한된 범위의 특별한 세포로 변화될 수 있다.

surfactant(표면활성제, 표면활성물질)
보다 쉽게 서로 젖은 표면을 '붙지 않게' 함으로써 물의 표면 장력을 낮추는 물질. 폐의 공기주머니(폐포)에서 표면활성제는 폐포가 쉽게 늘어나고 쪼그라들 수 있도록 호흡에 중요한 역할을 한다.

syncytiotrophoblast(융합영양막)
연속체를 형성(융합체, syncytium)하기 위해 연결된 영양막세포의 바깥쪽 세포. 착상에 관여한다. 주머니배, 세포영양막, 착상 참조.

T
testis(testes(복수), 고환)
외부에 위치한 주요 신체강(body cavity)인 음낭에 있는 정자 생산 기관 중의 하나. 고환(testicle)이라고도 하며, 특히 테스토스테론 같은 호르몬도 분비한다. 테스토스테론 참조.

testosterone(테스토스테론)
남성의 주요 성호르몬이며 여성에게서도 낮은 농도로 생긴다. 남성 태아에서, 테스토스테론은 고환에서 남성 생식기의 발달을 촉진시키기 위해 생성되고 사춘기 때 농도가 증가되면 수염의 성장과 같은 특징을 일으키며, 정자 생성에 필수적이다.

transition(이행기)
강한 자궁수축과 연관이 있는 진통 1단계의 마지막 단계로 자궁경부 확장이 완성된다. 진통 참조.

trimester(삼분기, 석 달)
임신을 나누는 약 3개월의 각각의 세 기간의 하나. 제1삼분기는 여성의 임신 전 마지막 월경일의 시작으로부터 측정된다.

trophoblast(영양막)
주머니배 참조.

twins(쌍둥이)
동시에 같은 자궁에서 발생한 두 개체를 나타내는 단어. 동일하지 않거나 이란성 쌍둥이가 2개의 별도 수정된 난자가 함께 자궁에 착상할 때 생긴다. 일란성 쌍둥이(유전적으로 동일함)는 1개의 수정된 난자가 분열이 시작된 이후 두 부분으로 분리될 때, 분리된 배아는 각 개체로 자라면서 생긴다.

U
ultrasound(초음파)
사람의 귀로 듣기에는 매우 높은 소리 주파수. 몸의 조직에 반사된 고주파 소리 파형을 전기적으로 해석해서 정지하거나 움직이는 영상을 만들어 낼 수 있는 초음파 촬영의 기초를 형성한다. 도플러 초음파 촬영이라는 유사한 기술은 동맥의 혈액 같은 유체 이동의 속도를 시각화할 수 있다. 초음파 촬영은 편리하고 부작용이 적어서 일반적으로 태아의 성장을 검사하고 때로는 외과적 수술을 보조하는 데 사용한다.

umbilical cord(탯줄)
발달하는 태아와 태반까지 연결시켜 주는 유연한 줄(cord). 태아의 혈액은 탯줄 안에 있는 혈관을 통해 태반을 순환하면서 모체와 영양분 등의 교환이 일어나게 한다. 태반 참조.

ureter(요관)
신장에서 방광에 소변을 전달하는 2개의 관 중의 하나.

urethra(요도)
방광으로부터 신체의 외부로 전달하는 관. 남성에서는 사정 동안 정액을 전달한다.

uterus(uterine(형용사), 자궁)
자궁(womb)은 임신 중에 태아가 발생하는 비어 있는 근육성 기관이다. 자궁내막, 자궁근육층, 자궁외층 참조.

V
vas deferens(vasa deferentia(복수), 정관)
부고환과 요도를 연결시켜 주는 남성에서 2개의 좁은 근육성 관 중의 하나. 사정을 위한 준비로 정자를 저장하고 이송한다.

ventouse(흡반)
진공흡착기라고 하며, 때때로 진통 동안 아기의 머리가 나타날 때 사용하며 흡반을 당김으로써 산도를 통과하는 아기에게 도움을 준다.

vernix(태지)
태어나지 않은 아기의 피부를 덮은 채 보호하는 미끄러운 물질.

villi(villus(단수), villous(형용사), 융모)
일부 조직의 표면을 형성하는 주름진 돌기. 태반은 줄기, 2차, 3차 융모를 형성함으로써 가지화된 구조인 융모를 생성한다. 융모는 태아 혈관이 있어서 모체의 혈액을 통해 물질 교환이 잘 이루어지도록 한다.

Y
yolk sac(난황낭, 난황주머니)
초기 배아의 안쪽 면의 막으로 둘러싸인 강(cavity)이며, 배아의 첫 번째 혈액세포 생성 장소이다(인간은 난황낭에 저장하지 않음).

Z
zona pellucid(투명층, 투명띠)
난자(ovum) 주위의 투명한 보호층. 착상 전에 주머니배에 의해 떨어져 나간다. 주머니배, 난자 참조.

zygote(접합자, 접합체)
두 생식세포 결합에 의해 형성된 수정된 두배수체 세포. 두배수체, 생식세포 참조.

도판 저작권

Dorling Kindersley would like to thank Dr Paul Moran of the Royal Victoria Infirmary, Newcastle, for providing ultrasound scans, as well as the women who gave permission for their scans to be used – Emma Barnett, Paula Binney, Sophie Lomax, and Katie Marshall. Sarah Smithies and Jenny Baskaya carried out additional picture research, and Laura
Wheadon provided editorial assistance.

Picture credits
The publisher would like to thank the following for their kind permission to reproduce their photographs:

(Key: a-above; b-below/bottom; c-centre; f-far; l-left; r-right; t-top)

4–5 Science Photo Library: Susumu Nishinaga (b). **6 Alamy Images:** Steve Bloom Images (bl). **FLPA:** Ingo Arndt/Minden Pictures (bc). **naturepl.com:** Doug Perrine (br). **Science Photo Library:** Dr Yorgos Nikas (tl); Edelmann (tc, tr). **7 Ardea:** John Cancalosi (bc). **Auscape:** Shinji Kusano (bl). **Getty Images:** Photolibrary/Derek Bromhall (tl). **naturepl.com:** Yukihiro Fukuda (br). **Science Photo Library:** Custom Medical Stock Photo (tr); Dr Najeeb Layyous (tc). **8 Science Photo Library:** Simon Fraser (tl). **8–9 Science Photo Library:** Susumu Nishinaga (t). **9 Science Photo Library:** Miriam Maslo (tr). **10 Science Photo Library:** Ian Hooton (tl); Zephyr (tc); Aubert (tr). **11 Alamy Images:** Janine Wiedel Photolibrary (tc); David R. Gee (tr). **Getty Images:** David Joel (tl). **12 Courtesy of the British Medical Ultrasound Society Historical Collection:** (bl). **Photograph courtesy of Doncaster & Bassetlaw Hospitals NHS Foundation Trust. :** (tc). **13 Science Photo Library:** ISM (fbr); CNRI (bc); Edelmann (br); Dr Najeeb Layyous (cr). **14–15 Dept of Fetal Medicine, Royal Victoria Infirmary**. **15 Science Photo Library:** Dr Najeeb Layyous (br). **16 Dept of Fetal Medicine, Royal Victoria Infirmary:** (cl, br). **Science Photo Library:** Dr Najeeb Layyous (bl); Thierry Berrod, Mona Lisa Production (tl). **17 Science Photo Library:** Tissuepix (t); Dr Najeeb Layyous (bl, br). **18 Dept of Fetal Medicine, Royal Victoria Infirmary:** (bl). **Science Photo Library:** Edelmann (t, br). **19 Science Photo Library:** Edelmann (cl); GE Medical Systems (bl); Dr Najeeb Layyous (tr, br, cr, tl). **20 Dept of Fetal Medicine, Royal Victoria Infirmary:** (bc, br). **Science Photo Library. 21 Dept of Fetal Medicine, Royal Victoria Infirmary:** (b/all). **Science Photo Library. 22 Dept of Fetal Medicine, Royal Victoria Infirmary:** (c, cr, bl). **Science Photo Library:** Dr Najeeb Layyous (cl); CIMN, ISM (bc, br). **23 Dept of Fetal Medicine, Royal Victoria Infirmary:** (l). **Science Photo Library:** BSIP, Kretz Technik (cr). **24–25 Science Photo Library:** Susumu Nishinaga. **25 Science Photo Library:** Susumu Nishinaga (r). **26–45 Science Photo Library:** Susumu Nishinaga (sidebars). **28 Corbis:** Dennis Kunkel Microscopy, Inc./Visuals Unlimited (cr). **Science Photo Library:** Pasieka (bl). **30 Boston University School of Medicine. :** Deborah W. Vaughan, PhD (cl). **Corbis:** Steve Gschmeissner/Science Photo Library (bc). **31 Getty Images:** Stephen Mallon (bl). **32 Science Photo Library:** Susumu Nishinaga (bl). **34 Corbis:** Image Source (cr). **Science Photo Library:** Pasieka (bl). **36 Science Photo Library:** (tl). **37 Science Photo Library:** Professor P.M. Motta & E. Vizza (tr); Steve Gschmeissner (br). **38–39 Lennart Nilsson Image Bank. 41 Alamy Images:** Biodisc/Visuals Unlimited (c). **The Beautiful Cervix Project, www.beautifulcervix.com:** (tr). **Science Photo Library:** Steve Gschmeissner (bc). **43 Fertility and Sterility, Reprinted from:** Vol 90, No 3, September 2008, (doi:10.1016/j.fertnstert.2007.12.049) Jean-Christophe Lousse, MD, and Jacques Donnez, MD, PhD, Department of Gynecology, Université Catholique de Louvain, 1200 Brussels, Belgium, Laparoscopic observation of spontaneous human ovulation; © 2008 American Society for Reproductive Medicine, Published by Elsevier Inc with permission from Elsevier. (bl). **46–47 Science Photo Library:** Pasieka. **47 Science Photo Library:** Pasieka (cr). **48 Science Photo Library:** JJP / Philippe Plailly / Eurelios (ca). **48–55 Science Photo Library:** Pasieka (sidebars). **49 Science Photo Library:** Dr Tony Brain (cr). **52–53 Getty Images:** Marc Romanelli (tc); Vladimir Godnik (c); Emma Thaler (ca). **52 Alamy Images:** Custom Medical Stock Photo (clb). **Corbis:** Photosindia (cr). **Getty Images:** Paul Vozdic (tr); Karen Moskowitz (cra). **53 Corbis:** Bernd Vogel (cla). **Getty Images:** JGI (cl); Steve Allen (cra); IMAGEMORE Co.,Ltd. (tl). **Science Photo Library:** Richard Hutchings (crb). **55 Press Association Images:** John Giles/PA Archive (br). **Science Photo Library:** BSIP, Laurent H.americain (bl). **56–57 Science Photo Library:** Susumu Nishinaga. **57 Science Photo Library:** Susumu Nishinaga (cr). **58 Getty Images:** Priscilla Gragg (cl). **Wellcome Images:** BSIP (b). **58–59 Getty Images:** DEA / G. Dagli Orti. **58–69 Science Photo Library:** Susumu Nishinaga. **59 Getty Images:** Darrell Gulin (bl). **Science Photo Library:** Ken M. Highfill (cra). **60–61 Getty Images:** Yorgos Nikas. **62 Getty Images:** Jupiterimages, Brand X Pictures (cr); PHOTO 24 (c); Beth Davidow (cl). **Science Photo Library:** Professors P.M. Motta & J. Van Blerkom (bl); Gustoimages (tl). **63 Getty Images:** Image Source (bl). **© 2008 Little et al. This is an open-access article distributed under the terms of the Creative Commons Attribution License, which permits unrestricted use, distribution, and reproduction in any medium, provided the original author and source are credited (see http://creativecommons.org/licenses/by/2.5/).. :** Little AC, Jones BC, Waitt C, Tiddeman BP, Feinberg DR, et al. (2008) Symmetry Is Related to Sexual Dimorphism in Faces: Data Across Culture and Species. PLoS ONE 3(5): e2106. doi:10.1371/journal.pone.0002106 (cr). **Science Photo Library:** Steve Gschmeissner (tr). **64 Corbis:** Marco Cristofori (bc). **Science Photo Library:** Manfred Kage (tl). **66 Science Photo Library:** Zephyr (br); W. W. Schultz / British Medical Journal (cl). **67 Science Photo Library:** Professors P.M. Motta & J. Van Blerkom (br). **68 Getty Images:** Dimitri Vervitsiotis (cla). **68–69 Science Photo Library:** ISM (t). **69 Science Photo Library:** Pasieka (cra). **70–71 Science Photo Library:** Hybrid Medical Animation. **71 Science Photo Library:** Hybrid Medical Animation (r). **72–185 Science Photo Library:** Hybrid Medical Animation (sidebars). **72 Science Photo Library:** Cavallini James (tc); Science Pictures Ltd (tl); Dopamine (tr). **74 Science Photo Library:** Steve Gschmeissner (bl); Dr Isabelle Cartier, ISM (cra); Gustoimages (cla). **75 Science Photo Library:** Anatomical Travelogue (br); Dr Yorgos Nikas (bl). **78 Alamy Images:** Dick Makin (bl). **Science Photo Library:** Professor P.M. Motta & E. Vizza (br); Steve Gschmeissner (cl). **79 Wikipedia, The Free Encyclopedia:** Acaparadora (bl). **82–83 PhototakeUSA.com:** Last Refuge, Ltd.. **88 Alamy Images:** PHOTOTAKE Inc. (cb); MG photo studio (ca). **Corbis:** Jean-Pierre Lescourret (br). **Science Photo Library:** Lowell Georgia (cla). **89 Alamy Images:** Elizabeth Czitronyi (clb); Bubbles Photolibrary (tr). **Corbis:** Mango Productions (cr). **Getty Images:** Image Source (cla). **Science Photo Library:** Gustoimages (bc). **92 Science Photo Library:** Anatomical Travelogue (bl); Edelmann (br). **93 Science Photo Library:** Steve Gschmeissner (br). **96 Getty Images. Science Photo Library:** Edelmann (bl). **97 Getty Images:** B2M Productions (cra). **98 Prof. J.E. Jirásek MD, DSc.:** (bl). **99 Rex Features:** Quirky China News (br). **Science Photo Library:** Professor Miodrag Stojkovic (cl); Anatomical Travelogue (c). **100–101 Science Photo Library:** Edelmann. **102 Science Photo Library:** Edelmann (cl). **103 Science Photo Library:** Steve Gschmeissner (crb); Edelmann (tr). **104 Ed Uthman, MD:** (cl). **106 Getty Images:** Jim Craigmyle (cla). **Science Photo Library:** Edelmann (bl). **107 Getty Images:** Katrina Wittkamp (cr); Jerome Tisne (bl). **Science Photo Library:** Dr Najeeb Layyous (cl). **110 Alamy Images:** MBI (cla). **Getty Images:** Stockbyte (bl). **111 Science Photo Library:** Dr Klaus Boller (cl); Susumu Nishinaga (bc). **112–113 Science Photo Library:** Zephyr. **114 Science Photo Library:** Edelmann (tc). **115 Science Photo Library:** Dr G. Moscoso (tr). **116–117 Prof. J.E. Jirásek MD, DSc.**. **117 Science Photo Library:** Steve Gschmeissner (tr). **119 Virginia M. Diewert:** (tc). **120 Virginia M. Diewert. 121 Virginia M. Diewert**. **122 Corbis:** Frans Lanting (tr). **124 Getty Images:** Chad Ehlers – Stock Connection (tc). **Dept of Fetal Medicine, Royal Victoria Infirmary:** (tl). **Science Photo Library:** Neil Bromhall (tr). **126 Dept of Fetal Medicine, Royal Victoria Infirmary:** (cl). **Science Photo Library:** Edelmann (cr); Tissuepix (bc); Sovereign, ISM (bl). **127 Science Photo Library:** Saturn Stills (br); Astier (cr); Susumu Nishinaga (bl); Innerspace Imaging (cl). **130 Alamy Images:** Picture Partners (tl). **131 Science Photo Library:** Mendil (tl). **132 Science Photo Library:** Sovereign, ISM (cl); Ph. Saada / Eurelios (bl). **133 Getty Images:** Steve Allen (tl). **Science Photo Library:** Edelmann (cr). **134 Science Photo Library:** Neil Bromhall (cr); BSIP, Margaux (cl); Edelmann (bl). **135 Alamy Images:** Oleksiy Maksymenko Photography (bl). **Science Photo Library:** P. Saada / Eurelios (br). **138 Alamy Images:** Science Photo Library (fcr); Chris Rout (tr); Picture Partners (bc, br). **Science Photo Library:** Gustoimages (tc); (cr). **139 Corbis:** Ian Hooton/Science Photo Library (bc). **Science Photo Library:** (cl); Living Art Enterprises, Llc (ca). **140–141 Science Photo Library:** Neil Bromhall. **142 Alamy Images:** Nic Cleave Photography (b). **Science Photo Library:** Edelmann (tl). **143 Getty Images:** Photolibrary/Derek Bromhall (tr). **Science Photo Library:** (tl); Thomas Deerinck, NCMIR (br). **144 Getty Images:** Tom Grill (bl). **Science Photo Library:** Steve Gschmeissner (cra); Edelmann (cla, br). **145 Dept of Fetal Medicine, Royal Victoria Infirmary:** (br). **Science Photo Library:** Steve Gschmeissner (bl); CIMN, ISM (cl). **148 Science Photo Library:** Dr P. Marazzi (ca); BSIP, Cavallini James (crb). **149 Science Photo Library:** Edelmann (tl); Ralph Hutchings, Visuals Unlimited (cra); Astier (crb); Anatomical Travelogue (bc). **150 Corbis:** (tr). **Science Photo Library:** Edelmann (t); CIMN, ISM (bl). **151 Science Photo Library:** Penny Tweedie (b). **152 PhototakeUSA.com:** LookatSciences (tr). **154 Dept of Fetal Medicine, Royal Victoria Infirmary:** (tr). **Science Photo Library:** ISM (tc); Ramare (tl). **156 Getty Images:** Ian Hooton (cr). **Science Photo Library:** Simon Fraser / Royal Victoria Infirmary, Newcastle Upon Tyne (bl); Dr Najeeb Layyous (cl). **157 Alamy Images:** Glow Wellness (cr). **Getty Images:** Science Photo Library RF (bl). **Science Photo Library:** (cl); Dr Najeeb Layyous (br/correct). **160 Getty Images:** Jose Luis Pelaez Inc (cra); Science Photo Library RF (crb). **161 Science Photo Library:** Neil Bromhall (cla); Dr Najeeb Layyous (bl). **162–163 Science Photo Library:** Simon Fraser / Royal Victoria Infirmary, Newcastle Upon Tyne. **162 PhototakeUSA.com:** Medicimage (br). **Science Photo Library:** Steve Gschmeissner (cl). **164 Getty Images:** Buena Vista Images (cr). **Science Photo Library:** Simon Fraser (cl); Dr Najeeb Layyous (br); GE Medical Systems (bc). **165 PhototakeUSA.com:** LookatSciences (br). **Science Photo Library:** P. Saada / Eurelios (cr); Susumu Nishinaga (cl). **168 Getty Images:** Jose Luis Pelaez Inc (br). **169 Science Photo Library:** Thierry Berrod, Mona Lisa Production (cl); BSIP, Marigaux (br). **170 Science Photo Library:** AJ Photo (cl); Du Cane Medical Imaging Ltd (bl); Steve Gschmeissner (cr). **171 Dept of Fetal Medicine, Royal Victoria Infirmary:** (cl). **Science Photo Library:** Ian Hooton (br); Matt Meadows (cr). **174 Getty Images:** David Clerihew (bl). **Science Photo Library:** CNRI (cl). **176 Science Photo Library:** Steve Gschmeissner (tr); Sovereign, ISM (br). **178 Science Photo Library:** Sovereign, ISM. **179 Science Photo Library:** Sovereign, ISM. **180 Alamy Images:** Oleksiy Maksymenko (br). **Science Photo Library:** Dr Najeeb Layyous (cl); Steve Gschmeissner (bl). **181 Science Photo Library:** Thierry Berrod, Mona Lisa Production (b/left & right); Du Cane Medical Imaging Ltd (tr). **186–187 Science Photo Library:** Pasieka. **188–189 Science Photo Library:** Simon Fraser. **188–203 Science Photo Library:** Pasieka (sidebars). **190 Corbis:** Radius Images (tr). **191 Science Photo Library:** BSIP, Laurent (cr). **194–195 Science Photo Library:** Custom Medical Stock Photo. **196 Alamy Images:** Angela Hampton Picture Library (b). **Science Photo Library:** Eddie Lawrence (cl). **198 Alamy Images:** Peter Noyce (cl). **198–199 Corbis:** Floris Leeuwenberg/The Cover Story. **200 Corbis:** Juergen Effner/dpa (cl); Rune Hellestad (bc). **Science Photo Library:** Professor P.M. Motta & E. Vizza (br). **201 Corbis:** Jennie Woodcock; Reflections Photolibrary (bl). **202 Alamy Images:** Chloe Johnson (br). **Science Photo Library:** Pasieka (cla). **203 Getty Images:** Vince Michaels (tl). **204–205 Science Photo Library:** Innerspace Imaging. **205 Science Photo Library:** Innerspace Imaging (cr). **206–207 Corbis:** Douglas Kirkland. **206 Getty Images:** Marcy Maloy (br). **206–213 Science Photo Library:** Innerspace Imaging (sidebars). **208 Science Photo Library:** Edelmann (bc). **209 Getty Images:** Lisa Spindler Photography Inc. (tl). **Photolibrary:** Comstock (br). **210 Corbis:** Howard Sochurek (cl). **211 Getty Images:** Jose Luis Pelaez Inc (clb); National Geographic (br). **Science Photo Library:** Ian Hooton (bc). **213 Alamy Images:** Christina Kennedy (tr). **214–215 Science Photo Library:** Professors P.M. Motta & S. Makabe. **215 Science Photo Library:** Professors P.M. Motta & S. Makabe (cr). **216 Getty Images:** Mike Powell (bl). **Science Photo Library:** (ca). **217 Corbis:** MedicalRF.com (crb). **Science Photo Library:** Dr. Arthur Tucker (cl). **218 Science Photo Library:** CNRI (tr, cl); Sovereign, ISM (b). **219 Photolibrary:** Medicimage (ca). **Science Photo Library:** Gustoimages (crb); Dr Najeeb Layyous (bl/photo); John Radcliffe Hospital (br). **220 Science Photo Library:** Eye of Science (tc); Moredun Scientific Ltd (cl); Pasieka (cr). **221 Alamy Images:** Gabe Palmer (tr). **Science Photo Library:** Michael W. Davidson (br). **222 eMedicine.com:** Image reprinted with permission from eMedicine.com, 2010. Available at: http://emedicine.medscape.com/article/382288–overview (bl). **Science Photo Library:** Pasieka (tr). **223 Science Photo Library:** CNRI (cr); Dr P. Marazzi (tl). **225 Science Photo Library:** Dr Linda Stannard, UCT (cla); (cr). **227 Science Photo Library:** Zephyr (tl). **229 Courtesy of Dr John Kingdom, Placenta Clinic, Mount Sinai Hospital, University of Toronto, Canada:** (cr/doppler scans). **Science Photo Library:** BSIP DR LR (cl). **231 Science Photo Library:** Dr Najeeb Layyous (br); Dr P. Marazzi (cr); Professor P.M. Motta et al (t). **232 Corbis:** Nicole Hill/Rubberball (cl). **233 Science Photo Library:** Eye of Science (cr). **234 Children's Memorial Hospital, Chicago:** (bl). **Jamie Lusch / Mail Tribune photo. . :** (cr). **Science Photo Library:** Penny Tweedie (cl). **235 Science Photo Library:** Astier (tl); Du Cane Medical Imaging Ltd (cr). **236 Science Photo Library:** Zephyr (tr); BSIP VEM (bc). **237 Corbis:** Leah Warkentin/Design Pics (cl). **Wellcome Images. 238 Dept of Fetal Medicine, Royal Victoria Infirmary:** (cr). **Science Photo Library:** Dr P. Marazzi (br). **239 CLAPA:** Martin & Claire Bostock (cb/before & after). **Science Photo Library:** Saturn Stills (tr); (br). **240 Science Photo Library:** Biodisc (cl); BSIP, Boucharlat (tr). **241 Science Photo Library:** (bc); BSIP VEM (cr); Sovereign, ISM (br). **242 Alamy Images:** Roger Bamber (cra). **Getty Images:** Alexandra Grablewski (tr). **243 Fotolia:** Lars Christensen (bc). **Science Photo Library:** Dr P. Marazzi (tc); Ian Hooton (bl); Severine Humbert (br)

Endpapers: **Getty Images:** Yorgos Nikas

All other images © Dorling Kindersley
For further information see: www.dkimages.com

옮긴이 후기

행복한 엄마가 되는 지름길 안내서

산부인과 의사로서 많은 임신부들을 대하다 보면 생각 외로 여성들 스스로가 임신 중 일어나는 여러 가지 변화나 문제점 등에 대해 모르는 면이 많다는 것을 느끼게 된다. 이번에 발간하게 된 『임신과 출산』은 그런 면에서 현재 임신 중이거나 혹은 앞으로 임신을 계획하고 있는 모든 여성들에게 그림과 설명을 통한 상세한 안내서가 될 수 있을 것 같다. 특히 이 책은 다른 어떤 책에 비해 수태에서부터 임신, 출산, 그리고 분만 후 신생아에 대한 정보까지 골고루 그림과 함께 나열되어 있어, 그동안 궁금증이 많았던 많은 여성들에게 행복한 엄마가 되는 지름길을 안내해 줄 것으로 믿어 의심치 않는다.

이번 번역에는 강원대학교 의학 전문 대학원의 박경한 교수님, 강원대학교병원 황종윤 교수님, 나성훈 교수님과 울산의대 서울아산병원의 이필량 교수님 다섯 명의 교수진이 함께 참여하여, 보다 알찬 정보를 제공하기 위해 최선을 다하였다. DVD-ROM은 번역된 원고를 토대로 편집부에서 한글화 작업을 담당하였다.

우리나라 모든 여성들이 편안하게 즐기며 볼 수 있는 과학에 대한 교양 서적으로서, 또한 의학을 전공하고자 하는 사람들에게는 임신과 분만에 대한 입문서 혹은 참고서로서 많은 사랑을 받을 수 있기를 원한다. 책의 선정에서부터 마무리까지 고생해 주신 ㈜사이언스북스의 대표님 이하 모든 직원 여러분께, 여성 건강을 책임지고 있는 사람의 하나로 깊이 감사를 드린다. 앞으로 이 책이 많은 사람들의 사랑을 받게 된다면 좀 더 새로운 정보가 포함될 다음 판도 기대해 본다.

옮긴이들을 대표하여
김암(울산의대 서울아산병원 교수)